数学分析解题指南

北京大学数学科学学院
林源渠 方企勤 编

北京大学出版社
·北京·

图书在版编目(CIP)数据

数学分析解题指南/林源渠,方企勤编. —北京:北京大学出版社,
2003.11

ISBN 978-7-301-06550-1

Ⅰ.数… Ⅱ.①林… ②方… Ⅲ.数学分析-高等学校-解题
Ⅳ.017-44

中国版本图书馆CIP数据核字(2003)第083005号

书　　　　名:	数学分析解题指南
著作责任者:	林源渠　方企勤　编
责 任 编 辑:	刘 勇
标 准 书 号:	ISBN 978-7-301-06550-1/O · 0579
出 版 发 行:	北京大学出版社
地　　　　址:	北京市海淀区成府路205号　100871
网　　　　址:	www.pup.cn　电子邮箱:zpup@pup.pku.edu.cn
电　　　　话:	邮购部 62752015　发行部 62750672　理科编辑部 62752021
	出版部 62754962
印　刷　者:	三河市博文印刷有限公司
经　销　者:	新华书店
	890 mm×1240 mm　A5　15.125 印张　430 千字
	2003 年 11 月第 1 版　2024 年 4 月第 22 次印刷
定　　　　价:	58.00元

未经许可,不得以任何方式复制或抄袭本书之部分或全部内容。
版权所有,侵权必究
举报电话:010-62752024　电子邮箱:fd@pup.pku.edu.cn

内 容 简 介

本书是大学生学习"数学分析"课的辅导教材,可与国内通用的《数学分析》教材同步使用,特别适合于作为《数学分析新讲》(北京大学出版社,1991)的配套辅导教材。本书的两位作者在北京大学从事数学分析和高等数学教学工作近 40 年,具有丰富的教学经验。全书共分 7 章,内容包括:分析基础,一元函数微分学,一元函数积分学,级数,多元函数微分学,多元函数积分学,典型综合题分析。在每一节中,设有内容提要、典型例题分析,以及供学生自己做的练习题等部分,书末附有答案,对证明题的大部分给出了提示或解答。本书许多题给出了多种多样解法,某些解法是吸取学生试卷中的想法演变而得的,特别是毕业于北京大学数学系的、国内外知名的当今青年数学家们在学生阶段的习题课上和各种测验中表现出来的睿智给本书增添了不可多得的精彩。本书的另外一大特色是:辅导怎样"答"题的同时,还通过"敲条件,举反例"等方式引导学生如何"问"问题,就是如何给自己"提问题"。**本书第 8 次重印时,根据读者的反馈意见,对第七章综合练习题中较难的题目给出了解答。**

本书可作为综合大学、理工科大学、高等师范学校各专业大学生学习数学分析的学习辅导书。对新担任数学分析课程教学任务的青年教师,本书是较好的教学参考书;对报考硕士研究生的大学生来说,也是考前复习的良师益友。

作者简介

林源渠 北京大学数学科学学院教授。1965年毕业于北京大学数学力学系,从事高等数学、数学分析等教学工作38年,具有丰富的教学经验;林源渠教授对数学分析解题思路、方法与技巧有深入研究、系统归纳和总结。多年参加北京大学数学类硕士研究生入学考试试卷命题与阅卷工作。参加编写的教材有《泛函分析讲义》(上册)、《数值分析》、《数学分析习题课教材》、《数学分析习题集》等。

方企勤 北京大学数学科学学院教授。1957年毕业于北京大学数学力学系,从事数学分析、高等数学等教学工作40余年,具有丰富的教学经验;方企勤教授对数学分析造诣甚深,不仅对传统的数学分析方法与技巧有深入研究,而且有许多创新工作。多年参加北京大学数学类硕士研究生入学考试试卷命题与阅卷工作。参加编写的教材有《复变函数》、《数学分析》、《数学分析习题课教材》、《数学分析习题集》等。

序　　言

"数学分析"是数学系本科生一门重要的基础课。数学分析课程内容的更新,通过数学分析教材的编写得到很好的体现。恰当的习题配置和解题指导是数学分析教材不可或缺的一部分。事实上,学生要想较熟练地掌握数学分析的思想、方法和技巧,非要做一定数量的习题不可。正是从这一观点出发,作者十多年前在北京大学出版社和台湾儒林出版社出版了《数学分析习题课教材》。十多年来,该书早已不易找到了。近些年来,经常收到各地读者来信建议再版该书或询问再版信息。作者与北京大学出版社商量之后觉得,根据当前需要,该书题材有必要修订一番,使得面向更多读者,修订后书名改为《数学分析解题指南》。这个修订不仅更新了体例,还加入了不少新颖的题材,更换了一些旧的例题和习题。全书共分 7 章,内容包括：分析基础,一元函数微分学,一元函数积分学,级数,多元函数微分学,多元函数积分学,典型综合题分析。在每一节中,设有内容提要、典型例题分析,以及供学生自己做的练习题等部分。书末对练习题中的计算题附有答案,对证明题的大部分给出了提示或解答。

在题目的安排上,我们把较难的题或有代表性的题归为典型例题,因有了典型例题的示范和启示,这些练习题相对容易些。练习题中有个别的难题,目的是使读者知道题目所给出的事实,这类题目的提示在书末所示尤为详细。在选择题目时,是按照几个有意义的主题来安排的,尽可能把有紧密联系的题编在一起。本书许多题目给出了多种多样解法,从不同侧面给予归纳、总结,某些解法是吸取学生试卷中的想法演变而得的,特别是毕业于北京大学数学系的、国内外当今知名的青年数学家们在学生阶段的习题课上和各种测验中表现出来的睿智给本书增添了不可多得的精彩。本书的另外一大特色是：辅导怎样"答"题的同时,还通过"敲条件,举反例"等方式引导学生如何"问"问题,就是如何给自己"提问题",进一步去钻研问题。我们在某些题后加了评注,有的是想指出题目的作用和意义,使学生对问题的实质有所理解,而不停留于只会解一个问题;有的是把学生接触过的内容归纳起来,哪些容易出错,哪些有简捷思路等,使知识更系统化、条理化。本书汇集了北京大学数学系几代教师从事数学分析课程教学,和指导学生进行"三基"——基本概念、基本理论和基本技能训练所总结的教学经验,其中也包括两位作者多年从事数学分析课程教学工作所积累的教学经验。

本书作者方企勤教授是第一作者的老师,我们于2003年1月把书稿交于北京大学出版社,不幸方企勤教授于2月因病逝世。他毕一生心血从事数学分析与函数论课程的教学工作。他对数学分析造诣甚深,不仅对传统的数学分析方法与技巧有深入研究,而且有许多独创性的工作。方企勤教授的过早逝世给本书带来无法弥补的损失。为了他的四十多年教学经验不致失传,本书第一作者虽然尽了最大努力,完成本书的最后修订、校对等工作,但因水平有限,难免有缺点和错误,希望读者不吝赐教!

本书可作为综合大学、理工科大学、高等师范学校数学系及应用数学系、力学系各专业大学生学习数学分析的辅导教材。对新担任数学分析课程教学任务的青年教师,本书是较好的教学参考书;对报考硕士研究生的大学生来说,也是考前复习的良师益友。

本书责任编辑刘勇先生对本书提出许多宝贵意见,付出了辛勤劳动。我们表示衷心的感谢。

林源渠
2003年3月于北京大学

目　录

第一章　分析基础 …………………………………………………（1）

§1　实数公理、确界、不等式 …………………………………（1）
　　内容提要 ……………………………………………………（1）
　　典型例题分析 ………………………………………………（2）
　　练习题 1.1 …………………………………………………（3）

§2　函数 …………………………………………………………（4）
　　内容提要 ……………………………………………………（4）
　　典型例题分析 ………………………………………………（4）
　　练习题 1.2 …………………………………………………（7）

§3　序列极限 ……………………………………………………（8）
　　内容提要 ……………………………………………………（8）
　　典型例题分析 ………………………………………………（9）
　　练习题 1.3 …………………………………………………（19）

§4　函数极限与连续概念 ………………………………………（21）
　　内容提要 ……………………………………………………（21）
　　典型例题分析 ………………………………………………（25）
　　练习题 1.4 …………………………………………………（37）

§5　闭区间上连续函数的性质 …………………………………（38）
　　内容提要 ……………………………………………………（38）
　　典型例题分析 ………………………………………………（38）
　　练习题 1.5 …………………………………………………（46）

第二章　一元函数微分学 ……………………………………（49）

§1　导数和微分 …………………………………………………（49）
　　内容提要 ……………………………………………………（49）
　　典型例题分析 ………………………………………………（51）
　　练习题 2.1 …………………………………………………（58）

§2　微分中值定理 ………………………………………………（59）
　　内容提要 ……………………………………………………（59）
　　典型例题分析 ………………………………………………（60）
　　练习题 2.2 …………………………………………………（71）

§3 函数的升降、极值、最值问题 ………………………………… (72)
　　内容提要 ……………………………………………………… (72)
　　典型例题分析 ………………………………………………… (73)
　　练习题2.3 ……………………………………………………… (80)
§4 函数的凹凸性、拐点及函数作图 ……………………………… (82)
　　内容提要 ……………………………………………………… (82)
　　典型例题分析 ………………………………………………… (83)
　　练习题2.4 ……………………………………………………… (87)
§5 洛必达法则与泰勒公式 ………………………………………… (88)
　　内容提要 ……………………………………………………… (88)
　　典型例题分析 ………………………………………………… (89)
　　练习题2.5 ……………………………………………………… (94)
§6 一元函数微分学的综合应用 …………………………………… (95)
　　内容提要 ……………………………………………………… (95)
　　典型例题分析 ………………………………………………… (96)
　　练习题2.6 ……………………………………………………… (121)

第三章　一元函数积分学 ………………………………………… (123)
§1 不定积分和可积函数类 ………………………………………… (123)
　　内容提要 ……………………………………………………… (123)
　　典型例题分析 ………………………………………………… (125)
　　练习题3.1 ……………………………………………………… (140)
§2 定积分概念、可积条件与定积分性质 ………………………… (143)
　　内容提要 ……………………………………………………… (143)
　　典型例题分析 ………………………………………………… (144)
　　练习题3.2 ……………………………………………………… (149)
§3 变限定积分、微积分基本定理、定积分的换元法
　　与分部积分法 ………………………………………………… (150)
　　内容提要 ……………………………………………………… (150)
　　典型例题分析 ………………………………………………… (153)
　　练习题3.3 ……………………………………………………… (184)
§4 定积分的应用 …………………………………………………… (187)
　　内容提要 ……………………………………………………… (187)
　　典型例题分析 ………………………………………………… (188)
　　练习题3.4 ……………………………………………………… (200)
§5 广义积分 ………………………………………………………… (201)

　　　　内容提要 ·· (201)
　　　　典型例题分析 ·· (202)
　　　　练习题3.5 ·· (207)

第四章　级数 ·· (209)
　§1　级数敛散判别法与性质、上极限与下极限 ·························· (209)
　　　　内容提要 ·· (209)
　　　　典型例题分析 ·· (212)
　　　　练习题4.1 ·· (222)
　§2　函数级数 ·· (225)
　　　　内容提要 ·· (225)
　　　　典型例题分析 ·· (226)
　　　　练习题4.2 ·· (234)
　§3　幂级数 ·· (236)
　　　　内容提要 ·· (236)
　　　　典型例题分析 ·· (237)
　　　　练习题4.3 ·· (245)
　§4　傅氏级数的收敛性、平均收敛与一致收敛 ·························· (248)
　　　　内容提要 ·· (248)
　　　　典型例题分析 ·· (250)
　　　　练习题4.4 ·· (258)

第五章　多元函数微分学 ·· (261)
　§1　欧氏空间、多元函数的极限与连续 ·································· (261)
　　　　内容提要 ·· (261)
　　　　典型例题分析 ·· (263)
　　　　练习题5.1 ·· (268)
　§2　偏导数与微分 ·· (271)
　　　　内容提要 ·· (271)
　　　　典型例题分析 ·· (273)
　　　　练习题5.2 ·· (280)
　§3　反函数与隐函数 ·· (284)
　　　　内容提要 ·· (284)
　　　　典型例题分析 ·· (285)
　　　　练习题5.3 ·· (290)
　§4　切空间与极值 ·· (291)
　　　　内容提要 ·· (291)

    典型例题分析 …………………………………………………… (294)
    练习题 5.4 ……………………………………………………… (301)
  § 5 含参变量的定积分 …………………………………………… (303)
    内容提要 ………………………………………………………… (303)
    典型例题分析 …………………………………………………… (304)
    练习题 5.5 ……………………………………………………… (305)
  § 6 含参变量的广义积分 ………………………………………… (306)
    内容提要 ………………………………………………………… (306)
    典型例题分析 …………………………………………………… (309)
    练习题 5.6 ……………………………………………………… (313)

第六章 多元函数积分学 …………………………………………… (315)
  § 1 重积分的概念与性质、重积分化累次积分 ………………… (315)
    内容提要 ………………………………………………………… (315)
    典型例题分析 …………………………………………………… (317)
    练习题 6.1 ……………………………………………………… (325)
  § 2 重积分变换 …………………………………………………… (328)
    内容提要 ………………………………………………………… (328)
    典型例题分析 …………………………………………………… (330)
    练习题 6.2 ……………………………………………………… (335)
  § 3 曲线积分与格林公式 ………………………………………… (338)
    内容提要 ………………………………………………………… (338)
    典型例题分析 …………………………………………………… (340)
    练习题 6.3 ……………………………………………………… (346)
  § 4 曲面积分 ……………………………………………………… (349)
    内容提要 ………………………………………………………… (349)
    典型例题分析 …………………………………………………… (350)
    练习题 6.4 ……………………………………………………… (354)
  § 5 奥氏公式、斯托克斯公式、线积分与路径无关 …………… (356)
    内容提要 ………………………………………………………… (356)
    典型例题分析 …………………………………………………… (357)
    练习题 6.5 ……………………………………………………… (363)
  § 6 场论 …………………………………………………………… (365)
    内容提要 ………………………………………………………… (365)
    典型例题分析 …………………………………………………… (367)
    练习题 6.6 ……………………………………………………… (369)

第七章 典型综合题分析 ……………………………………………… (371)
    综合练习题 ……………………………………………………… (416)

练习题答案、提示与解答 ………………………………………………… (419)

第一章 分析基础

§1 实数公理、确界、不等式

内容提要

1. 实数公理

在集合 R 内定义了分别称为加法"$+$"和乘法"$\cdot$"的运算,并定义了元素间的顺序关系"$<$". 若 R 满足下面三条公理,则称 R 为**实数域**或**实数空间**.

1) 域的公理

(1) 交换律　$x+y=y+x$, $x \cdot y=y \cdot x$;

(2) 结合律　$(x+y)+z=x+(y+z)$, $(x \cdot y) \cdot z=x \cdot (y \cdot z)$;

(3) 存在元素 0 与 1,$0 \neq 1$,满足:$x+0=x$, $x \cdot 1=x$;

(4) 存在负元素,对非零元素存在反元素,满足:
$$x+(-x)=0, \quad x \cdot x^{-1}=1 (x \neq 0);$$

(5) 分配律　$x \cdot (y+z)=x \cdot y+x \cdot z$.

2) 全序公理

(1) $\forall x,y \in R$,以下三个关系 $x<y, x=y, y<x$ 有且仅有一个成立;

(2) 传递性　$x<y, y<z \Longrightarrow x<z$;

(3) $x<y, z \in R \Longrightarrow x+z<y+z$;

(4) $x<y, z>0 \Longrightarrow x \cdot z<y \cdot z$.

3) 连通公理

若集合 R 的子集 A,B 满足:

(1) $A \neq \varnothing, B \neq \varnothing$ (不空);

(2) $A \cup B=R$ (不漏);

(3) $\forall x \in A, \forall y \in B \Longrightarrow x<y$ (不乱),

则或集合 A 有最大元素而 B 无最小元素,或集合 B 有最小元素而 A 无最大元素.

2. 上确界定义

定义　设集合 $E \subset R$,若数 M 满足:

(1) $\forall x \in E \Longrightarrow x \leqslant M$(即 M 为 E 的一个上界);

(2) 若 $\widetilde{M}$ 是 E 的上界,则 $M \leqslant \widetilde{M}$(即 M 为 E 的上界中最小者),

则称 M 是集合 E 的**上确界**,记作 $M = \sup E$ 或 $M = \sup\limits_{x \in E}\{x\}$.

上确界定义的等价形式:

设集合 $E \subset \mathbf{R}$,若 $\exists M \in \mathbf{R}$ 满足:

(1) $\forall x \in E \Longrightarrow x \leqslant M$(即 M 为 E 的一个上界);

(2) $\forall \varepsilon > 0, \exists x_1 \in E$,使得 $x_1 > M - \varepsilon$(这表示 $M - \varepsilon$ 就不是上界了),

则称 M 是集合 E 的**上确界**,记作 $M = \sup E$ 或 $M = \sup\limits_{x \in E}\{x\}$.

定理 非空有上界的数集必有上确界.

3. 绝对值不等式

$$-r \leqslant x \leqslant r \Longleftrightarrow |x| \leqslant r, \quad |x \cdot y| = |x| \cdot |y|,$$
$$|x + y| \leqslant |x| + |y|.$$

典型例题分析

例 1 设 $a \leqslant c \leqslant b$,求证:$|c| \leqslant \max\{|a|, |b|\}$.

证法 1
$$\max\{|a|, |b|\} \geqslant |b| \geqslant b \geqslant c, \tag{1.1}$$
$$-\max\{|a|, |b|\} \leqslant -|a| \leqslant a \leqslant c. \tag{1.2}$$

联合(1.1)与(1.2)即得 $|c| \leqslant \max\{|a|, |b|\}$.

证法 2 分 $c \geqslant 0$ 和 $c < 0$ 两种情况考虑. 当 $c \geqslant 0$ 时,
$$c \leqslant b \Longrightarrow |c| \leqslant |b| \leqslant \max\{|a|, |b|\};$$

当 $c < 0$ 时, $0 \leqslant -c \leqslant -a \Longrightarrow |c| \leqslant |a| \leqslant \max\{|a|, |b|\}$.

例 2 设 $a, b > 0$,求证:

(1) 当 $p > 1$ 时, $a^p + b^p \leqslant (a+b)^p$;

(2) 当 $0 < p < 1$ 时, $a^p + b^p \geqslant (a+b)^p$.

证 (1) 当 p 是正整数时,利用二项式公式
$$(a+b)^p = a^p + C_p^1 a^{p-1}b + C_p^2 a^{p-2}b^2 + \cdots + b^p.$$

当 p 为一般实数时,不能用二项式公式,但借鉴 $p = 2$ 时的推导:
$$(a+b)^2 = (a+b)(a+b) = a(a+b) + b(a+b) \geqslant a^2 + b^2,$$

我们可以令 $p = 1 + h(h > 0)$,则有
$$(a+b)^p = (a+b)(a+b)^h = a(a+b)^h + b(a+b)^h$$

$$\geqslant a \cdot a^h + b \cdot b^h = a^p + b^p.$$

(2) 令 $p=1-h(0<h<1)$,则有
$$(a+b)^p = (a+b)(a+b)^{-h} = a(a+b)^{-h} + b(a+b)^{-h}$$
$$\leqslant a \cdot a^{-h} + b \cdot b^{-h} = a^p + b^p.$$

例3 设 $f(x),g(x)$ 在集合 X 上有界,求证:
$$\inf_{x \in X}\{f(x)+g(x)\} \leqslant \begin{cases} \inf\limits_{x \in X}\{f(x)\} + \sup\limits_{x \in X}\{g(x)\}, \\ \sup\limits_{x \in X}\{f(x)\} + \inf\limits_{x \in X}\{g(x)\}. \end{cases}$$

证 由下确界定义有
$$\inf_{x \in X}\{f(x)+g(x)\} \leqslant f(x)+g(x)$$
$$\leqslant f(x) + \sup_{x \in X} g(x) \quad (\forall\, x \in X).$$

移项即得
$$\inf_{x \in X}\{f(x)+g(x)\} - \sup_{x \in X} g(x) \leqslant f(x) \quad (\forall\, x \in X).$$

由下确界定义有
$$\inf_{x \in X}\{f(x)+g(x)\} - \sup_{x \in X}\{g(x)\} \leqslant \inf_{x \in X}\{f(x)\},$$

即得要证的第一式,又因为 $f(x)$ 与 $g(x)$ 所处的地位是对称的,故第二式也成立.

评注 解这类问题的一般方法是:先把三个集合
$$\{f(x)\},\ \{g(x)\},\ \{f(x)+g(x)\}$$
中的两个放大或缩小成上、下确界,即得第三个集合的下界或上界,从而得到上、下确界.

练 习 题 1.1

1.1.1 设 $\max\{|a+b|,|a-b|\} < \dfrac{1}{2}$,求证:$|a| < \dfrac{1}{2}, |b| < \dfrac{1}{2}$.

1.1.2 求证:对 $\forall\, a,b \in \mathbf{R}$,有 $\max\{|a+b|,|a-b|,|1-b|\} \geqslant \dfrac{1}{2}$.

1.1.3 求证:对 $\forall\, a,b \in \mathbf{R}$,有
$$\max\{a,b\} = \frac{a+b}{2} + \frac{|a-b|}{2}, \quad \min\{a,b\} = \frac{a+b}{2} - \frac{|a-b|}{2};$$
并解释其几何意义.

1.1.4 设 $f(x)$ 在集合 X 上有界,求证:

$$|f(x)-f(y)| \leqslant \sup_{x\in X} f(x) - \inf_{x\in X} f(x) \quad (\forall\, x, y \in X).$$

1.1.5 设 $f(x), g(x)$ 在集合 X 上有界,求证:
$$\inf_{x\in X}\{f(x)\} + \inf_{x\in X}\{g(x)\} \leqslant \inf_{x\in X}\{f(x)+g(x)\}$$
$$\leqslant \inf_{x\in X}\{f(x)\} + \sup_{x\in X}\{g(x)\};$$
$$\sup_{x\in X}\{f(x)\} + \inf_{x\in X}\{g(x)\} \leqslant \sup_{x\in X}\{f(x)+g(x)\}$$
$$\leqslant \sup_{x\in X}\{f(x)\} + \sup_{x\in X}\{g(x)\}.$$

§2 函 数

内 容 提 要

1. 函数概念

定义 给定数集合 X, Y,如果有某种对应法则 f,使得对于每一个元素 $x\in X$,都存在惟一的 $y\in Y$ 与之对应,则称 f 是从 X 到 Y 的**函数**或**映射**,记作 $f: X \to Y$. f 在点 x 处的值记作 $y = f(x)$.

X 称为 f 的**定义域**,Y 称为 f 的**取值域**,
$$f(X) \xlongequal{\text{定义}} \{f(x) \mid x \in X\}$$
称为 f 的**值域**. 当我们只给出对应法则与定义域时,约定取值域即为值域.

若 $x_1 \neq x_2 \Rightarrow f(x_1) \neq f(x_2)$ 或 $f(x_1) = f(x_2) \Rightarrow x_1 = x_2$,则称 f 为**单射**;

若 $f(X) = Y$,则称 f 为**满射**;

若 f 既是单射又是满射,则称 f 为**双射**或**一一对应**.

2. 反函数

定义 给定 $f: X \to Y$,若 $\forall\, y \in Y$,方程 $f(x) = y$ 在 X 上有且仅有一解,则由此定义一个从 Y 到 X 的函数,称为 f 的**反函数**,记作 $f^{-1}: Y \to X$.

$f: X \to Y$ 有反函数的充分必要条件是 f 是一一对应的. 若 $f(x)$ 在 X 上严格单调,则 f 的反函数存在.

$y = f(x)$ 与 $x = f^{-1}(y)$ 的图形相同,然而,$y = f(x)$ 与 $y = f^{-1}(x)$ 的图形不同,它们关于直线 $y = x$ 对称.

典型例题分析

例 1 设函数 $f(x), g(x)$ 在 (a, b) 上严格单调增加,求证:函数
$$\varphi(x) \xlongequal{\text{定义}} \max\{f(x), g(x)\}, \quad \psi(x) \xlongequal{\text{定义}} \min\{f(x), g(x)\}$$

也在(a,b)上严格单调增加.

证 $\forall x_1, x_2 \in (a,b)$且设$x_2 > x_1$,因为$f(x), g(x)$在$(a,b)$上严格单调增加,所以$f(x_2) > f(x_1), g(x_2) > g(x_1)$. 于是

$$\left.\begin{array}{l}\varphi(x_2) = \max\{f(x_2), g(x_2)\} \geqslant f(x_2) > f(x_1) \\ \varphi(x_2) = \max\{f(x_2), g(x_2)\} \geqslant g(x_2) > g(x_1)\end{array}\right\} \Rightarrow \varphi(x_2) > \varphi(x_1).$$

同理可证$\psi(x)$在(a,b)上严格单调增加.

例2 (1) 问$f(x) = x - [x]$是否是周期函数?并画出它的图形(其中$[x]$表示x的整数部分).

(2) 两个周期函数之和是否一定是周期函数?

解 (1) 因为$[x] \leqslant x < [x] + 1$,所以
$$[x] + 1 \leqslant x + 1 < [x] + 1 + 1.$$
按$[x]$的定义,即得$[x+1] = [x] + 1$. 从而
$$f(x+1) = x + 1 - [x+1] = x - [x] = f(x),$$
即$f(x)$是以1为周期的周期函数. 如图1.1所示.

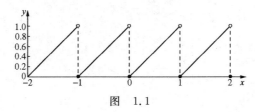

图 1.1

(2) 答案是:不一定. 例如,函数$x - [x] + \sin x$就不是周期函数.

例3 设$f(x) = \sqrt{x} \ (0 \leqslant x < 1)$.

(1) 将$f(x)$延拓到$(-1, 1)$,使其成为偶函数,即找一个偶函数
$$F(x) \quad (|x| < 1),$$
使得
$$F(x) = f(x) \quad (0 \leqslant x < 1).$$

(2) 将$f(x)$延拓到$(-\infty, +\infty)$,使其成为以1为周期的周期函数.

解 (1) $F(x) = \sqrt{|x|}$; (2) $F(x) = \sqrt{|x - [x]|}$.

例4 设$f(x)$既关于直线$x = a$对称,又关于直线$x = b$对称,已知$b > a$,求证:$f(x)$是周期函数并求其周期.

证 由已知

$$f(a-x) = f(a+x) \xRightarrow{t=a+x} f(2a-t) = f(t), \quad (2.1)$$

$$f(b-x) = f(b+x) \xRightarrow{t=b+x} f(2b-t) = f(t), \quad (2.2)$$

$$f(x) \xrightarrow[t=x]{(2.1)} f(2a-x)$$

$$\xrightarrow[t=2a-x]{(2.2)} f(2b-(2a-x)) = f(x+2(b-a)).$$

故 $f(x)$ 是周期函数,并且其周期是 $2(b-a)$.

评注 本例给出利用函数图像特性判定函数为周期函数,并同时求得周期的方法.

例 5 求函数 $y = 2x + |2-x|\ (-\infty < x < +\infty)$ 的反函数,并画出它的图形.

解 $\forall y$ 视 x 为未知数,解方程 $2x + |2-x| = y$. 为了去掉绝对值,将方程改写为

$$y = \begin{cases} x+2 & (x \leqslant 2), \\ 3x-2 & (x > 2) \end{cases} \Rightarrow x = \begin{cases} y-2 & (y \leqslant 4), \\ \dfrac{y+2}{3} & (y > 4) \end{cases}$$

$$\xRightarrow{x,y 互换} y = \begin{cases} x-2 & (x \leqslant 4), \\ \dfrac{x+2}{3} & (x > 4). \end{cases}$$

如图 1.2 所示.

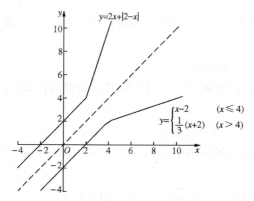

图 1.2

例 6 设 $f: X \to Y, g: Y \to X$. 求证:

(1) 若 $g[f(x)]=x(\forall x\in X)$，则 f 为单射，g 为满射；

(2) 若 $g[f(x)]=x(\forall x\in X)$，$f[g(y)]=y(\forall y\in Y)$，则 f 与 g 互为反函数。

证 (1) $\forall x_1\in X$，由条件得 $g[f(x_1)]=x_1$，即 $\exists y_1=f(x_1)$ 使得 $g(y_1)=x_1$，故 g 为满射。

若 $f(x_1)=f(x_2)$，则由条件推出 $x_1=g[f(x_1)]=g[f(x_2)]=x_2$，即 f 为单射。

评注 只假定 $g[f(x)]=x(\forall x\in X)$，一般推不出 f 为满射、g 为单射．例如

$$f:[0,1]\to[-1,1],\quad g:[-1,1]\to[0,1],$$
$$x\mapsto\sqrt{x},\qquad\qquad x\mapsto x^2.$$

虽然 $g[f(x)]=x(\forall x\in[0,1])$，但是

$$f[g(x)]=|x|\quad(\forall x\in[-1,1]).$$

由此可见，f 非满射，g 也非单射。

(2) 所给条件表明，f,g 为双射．因此 f 和 g 的反函数都存在．$f[g(y)]=y(\forall y\in Y)$ 意味着 $g(y)$ 是方程

$$f(x)=y \qquad (2.3)$$

的解．又因为 f 是单射，所以 $g(y)$ 是方程 (2.3) 的惟一解．按定义即有 $g=f^{-1}$．同理 $f=g^{-1}$。

练 习 题 1.2

1.2.1 设 $f(x)=|1+x|-|1-x|$．(1) 求证：$f(x)$ 是奇函数；(2) 求证：$|f(x)|\leqslant 2$；(3) 求 $(\underbrace{f\circ f\circ\cdots\circ f}_{n次})(x)$。

1.2.2 设 $f(x)$ 在 $(0,+\infty)$ 上定义，$a>0,b>0$．求证：

(1) 若 $\dfrac{f(x)}{x}$ 单调下降，则 $f(a+b)\leqslant f(a)+f(b)$；

(2) 若 $\dfrac{f(x)}{x}$ 单调上升，则 $f(a+b)\geqslant f(a)+f(b)$。

1.2.3 利用上题证明：当 $a>0,b>0$ 时，有

(1) 当 $p>1$ 时，$(a+b)^p\geqslant a^p+b^p$；

(2) 当 $0<p<1$ 时，$(a+b)^p\leqslant a^p+b^p$。

1.2.4 设 $f(x)$ 在 **R** 上定义，且 $f(f(x))\equiv x$．

(1) 问这种函数有几个？

(2) 若 $f(x)$ 为单调增加函数,问这种函数有几个？

1.2.5 求证：若 $y=f(x)(x\in(-\infty,+\infty))$ 是奇函数,并且它的图像关于直线 $x=b(b>0)$ 对称,则函数 $f(x)$ 是周期函数并求其周期.

1.2.6 设 $f:X\to Y$ 是满射,$g:Y\to Z$. 求证：$g\circ f:X\to Z$. 有反函数的充分必要条件为 f 和 g 都有反函数存在,且 $(g\circ f)^{-1}=f^{-1}\circ g^{-1}$.

§3 序 列 极 限

内 容 提 要

1. 序列极限的定义

$\forall \varepsilon>0,\exists N$,当 $n>N$ 时,有 $|x_n-a|<\varepsilon$,则称序列 $\{x_n\}$ 当 $n\to\infty$ 时**收敛**于 a,记作 $\lim\limits_{n\to\infty}x_n=a$.

2. 序列极限的性质与运算

设 $\lim\limits_{n\to\infty}x_n$ 和 $\lim\limits_{n\to\infty}y_n$ 存在.

(1) 若序列极限存在,则极限值惟一；

(2) 若序列极限存在,则序列是有界的；

(3) 四则运算公式：

$$\lim_{n\to\infty}(x_n\pm y_n)=\lim_{n\to\infty}x_n\pm\lim_{n\to\infty}y_n,$$

$$\lim_{n\to\infty}(x_n\cdot y_n)=\lim_{n\to\infty}x_n\cdot\lim_{n\to\infty}y_n,$$

$$\lim_{n\to\infty}\frac{x_n}{y_n}=\frac{\lim\limits_{n\to\infty}x_n}{\lim\limits_{n\to\infty}y_n}\quad(\lim_{n\to\infty}y_n\neq 0);$$

(4) 保序性：$x_n\leqslant y_n\Longrightarrow\lim\limits_{n\to\infty}x_n\leqslant\lim\limits_{n\to\infty}y_n$；

(5) 夹挤准则：若 $y_n\leqslant x_n\leqslant z_n$ 且 $\lim\limits_{n\to\infty}y_n=a=\lim\limits_{n\to\infty}z_n$,则 $\lim\limits_{n\to\infty}x_n=a$.

3. 单调序列极限存在的准则

若序列 $\{x_n\}$ 单调上升,有上界,则极限 $\lim\limits_{n\to\infty}x_n$ 存在,并且 $\lim\limits_{n\to\infty}x_n=\sup\limits_n x_n$.

若序列 $\{x_n\}$ 单调下降,有下界,则极限 $\lim\limits_{n\to\infty}x_n$ 存在,并且 $\lim\limits_{n\to\infty}x_n=\inf\limits_n x_n$.

4. 重要极限

$$\lim_{n\to\infty}\left(1+\frac{1}{n}\right)^n=e=2.718\ 281\ 828\cdots.$$

5. 有关序列极限存在的几个定理

柯西收敛原理 序列 $\{x_n\}$ 收敛的充分必要条件为

$$\forall \varepsilon>0, \exists N\in N, 当 n,m>N 时, 有 |x_n-x_m|<\varepsilon,$$

或

$$\forall \varepsilon>0, \exists N\in N, 当 n>N 时, 对 \forall p\in N, 有 |x_n-x_{n+p}|<\varepsilon.$$

区间套定理 设 $\{[a_n,b_n]\}$ 为一串闭区间序列,则有

$$[a_{n+1},b_{n+1}]\subset [a_n,b_n] \quad (n=1,2,\cdots);$$
$$\lim_{n\to\infty}(b_n-a_n)=0 \Longrightarrow \lim_{n\to\infty}a_n=c=\lim_{n\to\infty}b_n.$$

波尔察诺定理 有界数列必有收敛子列.

典型例题分析

一、适当放大法

例1 求证:$\lim_{n\to\infty}\sqrt[n]{n}=1.$

证 因为

$$1\leqslant \sqrt[n]{n}=(\sqrt{n}\cdot\sqrt{n}\cdot\overbrace{1\cdots 1}^{n-2})^{\frac{1}{n}}$$

$$\leqslant \frac{\sqrt{n}+\sqrt{n}+\overbrace{1+\cdots+1}^{n-2}}{n}$$

$$=\frac{2\sqrt{n}+n-2}{n}<1+\frac{2}{\sqrt{n}},$$

所以

$$|\sqrt[n]{n}-1|<\frac{2}{\sqrt{n}}.$$

于是,对任给定 $\varepsilon>0$,取 $N=\left[\dfrac{4}{\varepsilon^2}\right]+1$,当 $n>N$ 时便有

$$|\sqrt[n]{n}-1|<\frac{2}{\sqrt{n}}<\frac{2}{\sqrt{N}}<\varepsilon.$$

例2 求证:$\lim_{n\to\infty}\dfrac{1}{\sqrt[n]{n!}}=0.$

证 考虑二次函数 $f(x)=x(n+1-x)(1\leqslant x\leqslant n)$,如图 1.3 所示. 显然,当 $1\leqslant x\leqslant n$ 时,$x(n+1-x)\geqslant n$. 故有

$$(n!)^2=(1\cdot n)(2\cdot(n-1))(3\cdot(n-2))\cdots(n\cdot 1)$$
$$\geqslant \underbrace{n\cdot n\cdot n\cdots n}_{n\text{个}}=n^n$$

$$\Rightarrow \sqrt[n]{n!} \geqslant \sqrt{n} \Rightarrow \frac{1}{\sqrt[n]{n!}} \leqslant \frac{1}{\sqrt{n}}.$$

于是,对任给定 $\varepsilon > 0$,取 $N = \left[\frac{1}{\varepsilon^2}\right] + 1$,当 $n > N$ 时,便有

$$0 < \frac{1}{\sqrt[n]{n!}} < \frac{1}{\sqrt{n}} < \frac{1}{\sqrt{N}} < \varepsilon.$$

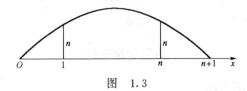

图 1.3

例 3 求证:

(1) $\dfrac{1}{2} \cdot \dfrac{3}{4} \cdot \cdots \cdot \dfrac{2n-1}{2n} < \dfrac{1}{\sqrt{2n+1}}$;

(2) $\lim\limits_{n \to \infty} \dfrac{1}{2} \cdot \dfrac{3}{4} \cdot \cdots \cdot \dfrac{2n-1}{2n} = 0$.

证 (1) 令 $x_n = \dfrac{1}{2} \cdot \dfrac{3}{4} \cdot \cdots \cdot \dfrac{2n-1}{2n}$. 注意到

$$0 < a < b \Rightarrow \frac{a}{b} < \frac{a+1}{b+1},$$

有 $x_n < \dfrac{2}{3} \cdot \dfrac{4}{5} \cdot \cdots \cdot \dfrac{2n}{2n+1} = \dfrac{1}{x_n} \cdot \dfrac{1}{2n+1}$

$$\Rightarrow x_n^2 < \frac{1}{2n+1} \Rightarrow x_n < \frac{1}{\sqrt{2n+1}}.$$

(2) 由第(1)小题, $0 < x_n < \dfrac{1}{\sqrt{2n+1}} < \dfrac{1}{\sqrt{n}}$. 于是,对任给定 $\varepsilon > 0$, 取 $N = \left[\dfrac{1}{\varepsilon^2}\right] + 1$,当 $n > N$ 时,便有 $0 < x_n < \dfrac{1}{\sqrt{N}} < \varepsilon$. 所以 $\lim\limits_{n \to \infty} x_n = 0$.

二、用夹挤准则

例 4 求证: $\lim\limits_{n \to \infty} \dfrac{a^n}{n!} = 0 \ (a > 0)$.

证 当 $[a] = 0$ 时,即 $0 < a < 1$ 时, $0 < \dfrac{a^n}{n!} < \dfrac{1}{n}$ 结论显然成立. 当 $[a] \neq 0$,即 $a \geqslant 1$ 时,设 $n > [a]$,则有

$$0 < \frac{a^n}{n!} = \frac{a}{1} \cdot \frac{a}{2} \cdot \frac{a}{3} \cdot \cdots \cdot \frac{a}{[a]} \cdot \frac{a}{[a]+1} \cdot \cdots \cdot \frac{a}{n}$$

$$< \frac{a^{[a]}}{[a]!} \cdot \frac{a}{n} = \frac{a^{[a]+1}}{[a]!} \cdot \frac{1}{n}. \qquad (3.1)$$

因为 $\frac{a^{[a]+1}}{[a]!}$ 是一个固定的数,所以 $\lim\limits_{n\to\infty}\frac{a^{[a]+1}}{[a]!} \cdot \frac{1}{n} = 0$,由夹挤准则及 (3.1)式推出 $\lim\limits_{n\to\infty}\frac{a^n}{n!} = 0$.

例 5 求 $\lim\limits_{n\to\infty}\sqrt[n]{1+\frac{1}{2}+\frac{1}{3}+\cdots+\frac{1}{n}}$.

解
$$1 \leqslant \sqrt[n]{1+\frac{1}{2}+\frac{1}{3}+\cdots+\frac{1}{n}} \leqslant \sqrt[n]{n}$$

$\xRightarrow{\lim\limits_{n\to\infty}\sqrt[n]{n}=1} \lim\limits_{n\to\infty}\sqrt[n]{1+\frac{1}{2}+\frac{1}{3}+\cdots+\frac{1}{n}} = 1.$

例 6 设 $\alpha<1$,求证:$\lim\limits_{n\to\infty}[(n+1)^\alpha-n^\alpha]=0$.

证 当 $\alpha\leqslant 0$ 时,结论显然成立.下设 $0<\alpha<1$.因为
$$0 < (n+1)^\alpha - n^\alpha = n^\alpha\left[\left(1+\frac{1}{n}\right)^\alpha - 1\right]$$
$$< n^\alpha\left[\left(1+\frac{1}{n}\right)^1 - 1\right] = \frac{1}{n^{1-\alpha}},$$

又 $\lim\limits_{n\to\infty}n^{1-\alpha}=0$,故有 $\lim\limits_{n\to\infty}[(n+1)^\alpha-n^\alpha]=0$.

例 7 求 $\lim\limits_{n\to\infty}\sqrt[n]{\frac{1\cdot 3\cdot 5\cdot\cdots\cdot(2n-1)}{2\cdot 4\cdot 6\cdot\cdots\cdot(2n)}}$.

解 因为
$$\frac{1}{2n} \leqslant \frac{3}{2}\cdot\frac{5}{4}\cdot\frac{7}{6}\cdot\cdots\cdot\frac{2n-1}{2n-2}\cdot\frac{1}{2n} = \frac{1\cdot 3\cdot 5\cdot\cdots\cdot(2n-1)}{2\cdot 4\cdot 6\cdot\cdots\cdot(2n)} \leqslant 1,$$
所以
$$\frac{1}{\sqrt[n]{2}\sqrt[n]{n}} \leqslant \sqrt[n]{\frac{1\cdot 3\cdot 5\cdot\cdots\cdot(2n-1)}{2\cdot 4\cdot 6\cdot\cdots\cdot(2n)}} \leqslant 1$$
$$\Rightarrow \lim\limits_{n\to\infty}\sqrt[n]{\frac{1\cdot 3\cdot 5\cdot\cdots\cdot(2n-1)}{2\cdot 4\cdot 6\cdot\cdots\cdot(2n)}} = 1.$$

例 8 设 $x_n = \frac{1!+2!+\cdots+n!}{n!}$,求 $\lim\limits_{n\to\infty}x_n$.

解 注意到分子当 $n>2$ 时,

$$n! < \underbrace{1! + 2! + 3! + \cdots + (n-2)!}_{n-2} + (n-1)! + n!$$

$$< (n-2)(n-2)! + (n-1)! + n! < 2(n-1)! + n!.$$

因此,当 $n>2$ 时, $1 < x_n < 1 + \dfrac{2}{n} \Rightarrow \lim_{n\to\infty} x_n = 1$.

例 9 设 $x_n \leqslant a \leqslant y_n (n=1,2,\cdots)$,且 $\lim_{n\to\infty}(x_n - y_n) = 0$. 求证:

$$\lim_{n\to\infty} x_n = \lim_{n\to\infty} y_n = a.$$

证 $x_n \leqslant a \leqslant y_n$ $\begin{array}{l} 0 \leqslant y_n - a \leqslant y_n - x_n \\ 0 \leqslant a - x_n \leqslant y_n - x_n \end{array}$ $\xRightarrow{\lim(y_n - x_n)=0}$ $\begin{array}{l}\lim_{n\to\infty} x_n = a, \\ \lim_{n\to\infty} y_n = a.\end{array}$

三、用单调有界定理

例 10 求 $\lim\limits_{n\to\infty} \dfrac{2^n n!}{n^n}$.

解 令 $x_n = \dfrac{2^n n!}{n^n}$,则有 $\dfrac{x_{n+1}}{x_n} = \dfrac{2}{\left(1+\dfrac{1}{n}\right)^n} \leqslant 1 \Rightarrow x_n \downarrow$. 又

$$x_n > 0 \Rightarrow \exists \lim_{n\to\infty} x_n.$$

设 $\lim\limits_{n\to\infty} x_n = a$,再注意到 $x_{n+1} = \dfrac{2x_n}{\left(1+\dfrac{1}{n}\right)^n}$,两端取极限得到

$$a = \dfrac{2}{\mathrm{e}} a \Rightarrow a = 0, \quad 即 \quad \lim_{n\to\infty} \dfrac{2^n n!}{n^n} = 0.$$

例 11 求极限 $\lim\limits_{n\to\infty} \sqrt[n]{n}$.

解 因为 $\sqrt[n+1]{n+1} \leqslant \sqrt[n]{n} \Leftrightarrow (n+1)^n \leqslant n^{n+1} \Leftrightarrow \left(1+\dfrac{1}{n}\right)^n \leqslant n$,而后者当 $n \geqslant 3$ 时成立,所以当 $n \geqslant 3$ 时,序列 $\{\sqrt[n]{n}\}$ 是单调下降的. 又 $\sqrt[n]{n} \geqslant 1$,即序列 $\{\sqrt[n]{n}\}$ 有下界,从而极限 $\lim\limits_{n\to\infty} \sqrt[n]{n} \geqslant 1$ 存在,记 $a = \lim\limits_{n\to\infty} \sqrt[n]{n}$,则

$$x_{2n} = \sqrt[2n]{2n} = \sqrt[n]{\sqrt{2}} \cdot \sqrt[n]{\sqrt{n}} = \sqrt[n]{\sqrt{2}} \cdot \sqrt{x_n}$$

$$\xRightarrow[\text{两边取极限}]{\text{令}n\to\infty} a = 1 \cdot \sqrt{a} \Rightarrow a = 0 \text{ 或 } 1.$$

但是 $a \geqslant 1 \Rightarrow a=1$，于是 $\lim\limits_{n\to\infty}\sqrt[n]{n}=1$.

例 12 设 $\{a_n\}$ 单调下降，且 $\lim\limits_{n\to\infty}a_n=0$，$b_n \xlongequal{\text{定义}} \dfrac{a_1+a_2+\cdots+a_n}{n}$. 求证：

(1) b_n 单调下降； (2) $b_{2n} \leqslant \dfrac{1}{2}(a_n+b_n)$； (3) $\lim\limits_{n\to\infty}b_n=0$.

证 (1) 由已知条件有

$$a_n\downarrow \Rightarrow b_n=\dfrac{a_1+a_2+\cdots+a_n}{n} \geqslant a_{n+1}$$

$$\Rightarrow b_{n+1}=\dfrac{a_1+a_2+\cdots+a_n+a_{n+1}}{n+1}$$

$$=\dfrac{nb_n+a_{n+1}}{n+1} \leqslant \dfrac{nb_n+b_n}{n+1}=b_n \Rightarrow b_n\downarrow.$$

(2) $b_{2n}=\dfrac{a_1+a_2+\cdots+a_n+a_{n+1}+\cdots+a_{2n}}{2n}=\dfrac{1}{2}b_n+\dfrac{a_{n+1}+\cdots+a_{2n}}{2n}$

$\xleqslant{a_n\downarrow} \dfrac{1}{2}b_n+\dfrac{na_n}{2n}=\dfrac{1}{2}(a_n+b_n).$

(3) 由第(1)小题及 $b_n\geqslant 0$，b_n 是单调下降有下界序列，因此极限 $\lim\limits_{n\to\infty}b_n=b$ 存在. 对第(2)小题的不等式两边取极限，得 $b\leqslant\dfrac{1}{2}b \Rightarrow b\leqslant 0$；又 $b\geqslant 0$，即得 $b=0$，即 $\lim\limits_{n\to\infty}b_n=0$.

引申

$$\dfrac{1}{\sqrt[n]{n!}}=\sqrt[n]{\dfrac{1}{n!}} \leqslant \dfrac{1+\dfrac{1}{2}+\cdots+\dfrac{1}{n}}{n} \xRightarrow[\lim\limits_{n\to\infty}\frac{1}{n}=0]{\frac{1}{n}\downarrow} \lim\limits_{n\to\infty}\dfrac{1}{\sqrt[n]{n!}}=0.$$

例 13 求证：

(1) $\dfrac{1}{n+1}<\ln\left(1+\dfrac{1}{n}\right)<\dfrac{1}{n}$；

(2) $\exists \lim\limits_{n\to\infty}\left[1+\dfrac{1}{2}+\dfrac{1}{3}+\cdots+\dfrac{1}{n}-\ln n\right].$

证 (1) 已知序列 $\left(1+\dfrac{1}{n}\right)^n$ 严格 $\uparrow$，且

$$\lim\limits_{n\to\infty}\left(1+\dfrac{1}{n}\right)^n=e \Rightarrow \left(1+\dfrac{1}{n}\right)^n<e. \qquad (3.2)$$

又设 $y_n \xlongequal{\text{定义}} \left(1+\dfrac{1}{n}\right)^{n+1}$，显然 $\lim\limits_{n\to\infty}y_n=e$. 再根据 $n+2$ 项的平均值不

等式,有

$$\frac{1}{y_n} = \left(\frac{n}{n+1}\right)^{n+1} \cdot 1 \leqslant \left[\frac{(n+1)\frac{n}{n+1}+1}{n+2}\right]^{n+2} = \frac{1}{y_{n+1}}$$

$$\Rightarrow y_n \text{ 严格 } \downarrow \Rightarrow y_n > \text{e}. \tag{3.3}$$

联合(3.2)与(3.3)式即得

$$\left(1+\frac{1}{n}\right)^n < \text{e} < \left(1+\frac{1}{n}\right)^{n+1}$$

$$\xRightarrow{\text{两边取对数}} \frac{1}{n+1} < \ln\left(1+\frac{1}{n}\right) < \frac{1}{n}.$$

(2) 记 $x_n = 1 + \frac{1}{2} + \frac{1}{3} + \cdots + \frac{1}{n} - \ln n$,由第(1)小题结论,有

$$x_{n+1} - x_n = \frac{1}{n+1} - \ln(n+1) + \ln n$$

$$= \frac{1}{n+1} - \ln\left(1+\frac{1}{n}\right) < 0 \Rightarrow x_n \text{ 严格 } \downarrow.$$

再由第(1)小题结论,有

$$x_n = 1 + \frac{1}{2} + \frac{1}{3} + \cdots + \frac{1}{n} - \ln n$$

$$> \ln\left(1+\frac{1}{1}\right) + \ln\left(1+\frac{1}{2}\right) + \cdots + \ln\left(1+\frac{1}{n}\right) - \ln n$$

$$= \ln(n+1) - \ln n > 0,$$

即 x_n 有下界. 从而极限 $\lim\limits_{n \to \infty} x_n$ 存在.

评注 (1) 极限值 $\lim\limits_{n \to \infty}\left[1 + \frac{1}{2} + \frac{1}{3} + \cdots + \frac{1}{n} - \ln n\right]$ 称为欧拉常数,它等于 0.577 216….

(2) 用第(1)小题的不等式推导第(2)小题结论也可以用下一个例题的结果.

例 14 设 a_n 单调增加,b_n 单调下降,且 $\lim\limits_{n \to \infty}(b_n - a_n) = 0$,求证:$\lim\limits_{n \to \infty} a_n$ 和 $\lim\limits_{n \to \infty} b_n$ 都存在,且 $\lim\limits_{n \to \infty} a_n = \lim\limits_{n \to \infty} b_n$.

证 用反证法. 假定极限 $\lim\limits_{n \to \infty} a_n$ 不存在. 因为 a_n 单调增加,所以 $\lim\limits_{n \to \infty} a_n = +\infty$,这时由条件 $\lim\limits_{n \to \infty}(b_n - a_n) = 0$ 推知 $\lim\limits_{n \to \infty} b_n = +\infty$,这与 b_n 单调下降矛盾,故极限 $\lim\limits_{n \to \infty} a_n$ 存在. 又

$$\lim_{n\to\infty} b_n = \lim_{n\to\infty}[(b_n - a_n) + a_n] = \lim_{n\to\infty} a_n.$$

引申 设

$$b_n = 1 + \frac{1}{2} + \frac{1}{3} + \cdots + \frac{1}{n} - \ln n,$$

$$a_n = 1 + \frac{1}{2} + \frac{1}{3} + \cdots + \frac{1}{n-1} - \ln n.$$

则 $\lim\limits_{n\to\infty}(b_n - a_n) = \lim\limits_{n\to\infty}\dfrac{1}{n} = 0$,根据例 13 第(1)小题的不等式,有

$$b_{n+1} - b_n = \frac{1}{n+1} - \ln\left(1 + \frac{1}{n}\right) < 0 \Longrightarrow b_n \downarrow,$$

$$a_{n+1} - a_n = \frac{1}{n} - \ln\left(1 + \frac{1}{n}\right) > 0 \Longrightarrow a_n \uparrow.$$

于是由本题结论推知极限 $\lim\limits_{n\to\infty} b_n$ 存在,即例 13 第(2)小题的结论成立.

四、迭代序列

例 15 设 $c > 0$,任取 $0 < x_0 < \dfrac{1}{c}$,作迭代序列

$$x_{n+1} = x_n(2 - cx_n) \quad (n = 0, 1, 2, \cdots).$$

求 $\lim\limits_{n\to\infty} x_n$.

解 首先,注意到 $cx_{n+1} = cx_n(2 - cx_n) = 1 - (1 - cx_n)^2$,由数学归纳法,我们有

$$0 < cx_0 < 1 \Longrightarrow 0 < cx_n < 1 \ (\forall n \in \mathbf{N})$$

$$\Longrightarrow \begin{cases} 0 < x_n < \dfrac{1}{c}, \\ \dfrac{x_{n+1}}{x_n} = 2 - cx_n > 1 \Longrightarrow x_{n+1} > x_n. \end{cases}$$

这说明序列 $\{x_n\}$ 单调上升、有上界,因此序列极限存在.记极限值为 a. 为了求出 a,我们对等式 $x_{n+1} = x_n(2 - cx_n)$ 取极限,得

$$a = a(2 - ca) \Longrightarrow a = \frac{1}{c},$$

即得 $\lim\limits_{n\to\infty} x_n = \dfrac{1}{c}$.

评注 本题只用"$+$,$\times$"运算,借助迭代法完成了求一个数的倒数的运算. 这就是计算机可以只用"$+$,$\times$"运算来实现除法运算的基本原理.

例 16 设数列 x_n 由如下递推公式定义：

$$x_0 = 1, \quad x_{n+1} = \frac{1}{1+x_n} \quad (n=0,1,2,\cdots).$$

求证：$\lim\limits_{n\to\infty} x_n = \dfrac{\sqrt{5}-1}{2}$.

证法 1 用数学归纳法容易证明 $\dfrac{1}{2} \leqslant x_n \leqslant 1 (n=0,1,2,\cdots)$. 记 $x = \dfrac{\sqrt{5}-1}{2}$. 显然有 $x = \dfrac{1}{1+x}, x > \dfrac{1}{2}$. 因此

$$|x_{n+1} - x| = \left|\frac{1}{1+x_n} - \frac{1}{1+x}\right| = \frac{|x_n - x|}{(1+x_n)(1+x)} \leqslant \frac{4}{9}|x_n - x|$$

$$\Longrightarrow 0 \leqslant |x_n - x| \leqslant \frac{4}{9}|x_{n-1} - x| \leqslant \cdots \leqslant \left(\frac{4}{9}\right)^n |x_0 - x|$$

$$\xRightarrow{\text{夹挤准则}} \lim_{n\to\infty} x_n = x = \frac{\sqrt{5}-1}{2}.$$

评注 值得注意的是，在本例中，数列 x_n 不是单调的. 请看如下的数值表：

x_0	x_1	x_2	x_3	x_4	x_5	x_6	x_7	x_8	x_9
1.0	0.5	0.66667	0.6	0.625	0.61538	0.61905	0.61765	0.61818	0.61798

证法 2 分别考虑 x_{2n} 和 x_{2n+1}. 记 $g(x) = \dfrac{1+x}{2+x}$，则有

$$x_{2n} = \frac{1}{1+x_{2n-1}} = \frac{1+x_{2n-2}}{2+x_{2n-2}} = g(x_{2n-2}) \quad (n=1,2,\cdots);$$

$$x_{2n+1} = \frac{1}{1+x_{2n}} = \frac{1+x_{2n-1}}{2+x_{2n-1}} = g(x_{2n-1}) \quad (n=1,2,\cdots).$$

因为 $\forall a,b \in \mathbf{R}, \dfrac{1+b}{2+b} - \dfrac{1+a}{2+a} = \dfrac{b-a}{(2+b)(2+a)}$，所以用数学归纳法容易证明：

$$0 < x_2 < x_0 \Longrightarrow x_{2n} \downarrow \quad \text{且} \quad x_{2n} > 0;$$

$$x_3 > x_1 > 0 \Longrightarrow x_{2n+1} \uparrow \quad \text{且} \quad x_{2n+1} < 1.$$

由此可见，极限 $\lim\limits_{n\to\infty} x_{2n}$ 和 $\lim\limits_{n\to\infty} x_{2n+1}$ 都存在，并且极限值都是方程 $x = g(x)$ 即 $x = \dfrac{1+x}{2+x}$ 的正根，也就是

$$x = \frac{\sqrt{5}-1}{2} \Longrightarrow \lim_{n\to\infty} x_n = \frac{\sqrt{5}-1}{2}.$$

评注 值得注意的是,虽然序列 x_n 没有单调性,但是 x_{2n} 和 x_{2n+1} 却都有单调性.

例 17 设 I 是某个区间,数列 x_n 由迭代公式 $x_{n+1}=f(x_n)(n\in N)$ 产生,如果对 $\forall n\in N$ 推出 $x_n\in I$.求证:

(1) 当 f 在区间 I 上严格单调增加时,$\{x_n\}$ 为严格单调数列;

(2) 当 f 在区间 I 上严格单调减少时,$\{x_n\}$ 的两个子列 $\{x_{2n}\}$ 和 $\{x_{2n+1}\}$ 都为严格单调数列,且具有相反的单调性.

证 (1) 以下分两种情况考虑:

① 如果 $x_2=f(x_1)>x_1$,那么用数学归纳法容易证明数列 x_n 必为严格单调增加数列;

② 如果 $x_2=f(x_1)<x_1$,那么用数学归纳法容易证明数列 x_n 必为严格单调下降数列.

(2) 注意到,当 f 在区间 I 上严格单调减少时,复合函数 $f(f(x))$ 恰好是严格单调增加的.应用第(1)小题的结论即得证明.

评注 (1) 本题如果将条件中的"严格"去掉,那么结论中的"严格"也应该相应去掉,这时数列 $\{x_n\}$ 可能从某一项起为常数列.

(2) 当 I 是一个有限区间时,条件"对 $\forall n\in N$ 推出 $x_n\in I$"意味着数列 $\{x_n\}$ 有界.由此,应用第(1)小题的结论,当 f 在区间 I 上严格单调增加时,极限 $\lim\limits_{n\to\infty}x_n$ 一定存在;应用第(2)小题的结论,当 f 在区间 I 上严格单调减少时,极限 $\lim\limits_{n\to\infty}x_{2n}$ 和 $\lim\limits_{n\to\infty}x_{2n+1}$ 都一定存在,只要这两个极限相等,就保证极限 $\lim\limits_{n\to\infty}x_n$ 存在.

(3) 由迭代公式 $x_{n+1}=f(x_n)(n\in N)$ 产生的数列 $\{x_n\}$,如果极限 $\lim\limits_{n\to\infty}x_n$ 存在已得到证明,可设 $\lim\limits_{n\to\infty}x_n=x$,通过对迭代公式
$$x_{n+1}=f(x_n)\quad(n\in N)$$
两边取极限常常可能求得极限值 x.

五、用序列的收敛原理

例 18 用收敛原理证明例 16.用数学归纳法容易证明
$$\frac{1}{2}\leqslant x_n\leqslant 1\quad(n=0,1,2,\cdots),$$
$$|x_{n+1}-x_n|=\left|\frac{1}{1+x_n}-\frac{1}{1+x_{n-1}}\right|=\frac{|x_n-x_{n-1}|}{(x_n+1)(x_{n-1}+1)}$$

$$\leqslant \frac{4}{9}|x_n - x_{n-1}| < \frac{1}{2}|x_n - x_{n-1}|$$
$$< \frac{1}{2^{n-1}}|x_1 - x_0| = \frac{1}{2^n},$$
$$|x_{n+p} - x_n| \leqslant \sum_{k=1}^{p}|x_{n+k} - x_{n+k-1}| < \sum_{k=1}^{p}\frac{1}{2^{n+k}} < \frac{1}{2^n} < \frac{1}{n}$$
$$(p = 1, 2, \cdots).$$

所以对任意给定的 $\varepsilon > 0$, 取 $N = \left[\dfrac{1}{\varepsilon}\right] + 1$, 当 $n > N$ 时, 就有
$$|x_{n+p} - x_n| < \varepsilon \quad (p = 1, 2, \cdots),$$
即 $\{x_n\}$ 收敛. 以下同例 16 的证法 1.

例 19 求证: 序列 $x_n = \dfrac{\cos 1}{1 \cdot 2} + \dfrac{\cos 2}{2 \cdot 3} + \cdots + \dfrac{\cos n}{n(n+1)}$ 收敛.

证 对 $\forall n, p \in \mathbf{N}$, 有
$$|x_{n+p} - x_n| < \frac{1}{(n+1)(n+2)} + \frac{1}{(n+2)(n+3)}$$
$$+ \cdots + \frac{1}{(n+p)(n+p+1)}$$
$$= \frac{1}{n+1} - \frac{1}{n+p+1} < \frac{1}{n+1} < \frac{1}{n}.$$

由此可见, 对 $\forall \varepsilon > 0, \exists N = \left[\dfrac{1}{\varepsilon}\right]$, 使得当 $n > N$ 时, 有 $|x_{n+p} - x_n| < \varepsilon (\forall p \in \mathbf{N})$. 由收敛原理知 $\{x_n\}$ 收敛.

评注 从本例可以看出收敛原理的优点之一: 它从序列本身的结构来判断收敛性, 因此不需要事先知道极限值.

例 20 求证: 序列 $x_n = 1 + \dfrac{1}{\sqrt{2}} + \dfrac{1}{\sqrt{3}} + \cdots + \dfrac{1}{\sqrt{n}}$ 发散.

证 对 $\varepsilon_0 = 1, \forall N \in \mathbf{N}$, 只要 $n > \max\{N, 2\}$ 及 $p = n$, 便有
$$|x_{n+p} - x_n| = |x_{2n} - x_n| = \frac{1}{\sqrt{n+1}} + \frac{1}{\sqrt{n+2}} + \cdots + \frac{1}{\sqrt{2n}}$$
$$\geqslant \frac{n}{\sqrt{2n}} = \sqrt{\frac{n}{2}} > 1 = \varepsilon_0.$$

提问 本题如下推导得出相反的结论, 试问错在什么地方?

$\forall \varepsilon > 0$, 因为 $\lim\limits_{n \to \infty} \dfrac{1}{\sqrt{n}} = 0$, 所以 $\exists N$, 当 $n > N$ 时, 有 $\dfrac{1}{\sqrt{n}} < \dfrac{\varepsilon}{p}$. 因此

$$\frac{1}{\sqrt{n+1}}+\frac{1}{\sqrt{n+2}}+\cdots+\frac{1}{\sqrt{n+p}}<\frac{\varepsilon}{p}+\frac{\varepsilon}{p}+\cdots+\frac{\varepsilon}{p}=\varepsilon.$$

由收敛原理知 $\{x_n\}$ 收敛.

解答 错误在于 N 依赖于 p.

评注 从本例可以看出收敛原理的又一个优点：收敛原理它不仅是收敛的充分条件，还是必要条件. 因此，在判断发散性时，常有特殊的效用.

六、关于子序列

例 21 设序列 x_n 无上界. 求证：存在子序列 $\{x_{n_k}\}$，使得
$$\lim_{k\to\infty} x_{n_k}=+\infty.$$

证 对于 $m_1=1$，$\exists\, n_1$，使得 $x_{n_1}>m_1$，

对于 $m_2=\max\{x_1,\cdots,x_{n_1},2\}$，$\exists\, n_2>n_1$，使得 $x_{n_2}>m_2$，

对于 $m_3=\max\{x_1,\cdots,x_{n_2},3\}$，$\exists\, n_3>n_2$，使得 $x_{n_3}>m_3$，

$\vdots$

对于 $m_k=\max\{x_1,\cdots,x_{n_k},k\}$，$\exists\, n_k>n_{k-1}$，使得 $x_{n_k}>m_k$，

$\vdots$

这样产生一子序列 $\{x_{n_k}\}$，因为 $x_{n_k}>m_k\geqslant k$，由广义极限不等式推出
$$\lim_{k\to\infty} x_{n_k}=+\infty.$$

例 22 求证：序列 $\{x_n\}$ 有界的充分且必要条件是：$\{x_n\}$ 的任意子序列 $\{x_{n_k}\}$ 都有收敛的子序列.

证 **必要性** 因为 x_n 有界，所以 $\{x_n\}$ 的任意子序列 x_{n_k} 也有界，由波尔察诺定理，它必有收敛的子序列.

充分性 用反证法. 假设 x_n 无界，那么它一定是无上界或无下界. 不妨设 $\{x_n\}$ 无上界（否则考虑 $\{-x_n\}$）. 由例 21 的结果，必存在 $\{x_{n_k}\}$ 使得 $\lim\limits_{k\to\infty} x_{n_k}=+\infty$. 对此子序列就没有收敛的子序列，这与条件矛盾. 故反证法假设不成立，即 $\{x_n\}$ 有界.

练 习 题 1.3

1.3.1 设 $x_n>0$，$\lim\limits_{n\to\infty} x_n=a$.

(1) 当 $a\neq 0$ 时，求证：$\lim\limits_{n\to\infty}\dfrac{x_{n+1}}{x_n}=1$；

(2) 举例说明当 $a=0$ 时,$\lim\limits_{n\to\infty}\dfrac{x_{n+1}}{x_n}\neq 1$ 可能成立;

(3) 举例说明当 $a=1$ 时,$\lim\limits_{n\to\infty}(x_n)^n\neq 1$ 可能成立.

1.3.2 设 $0<x_1<1, x_{n+1}=1-\sqrt{1-x_n}$,求 $\lim\limits_{n\to\infty}x_n$ 和 $\lim\limits_{n\to\infty}\dfrac{x_{n+1}}{x_n}$.

1.3.3 设 $c>1$,求序列 $\sqrt{c}, \sqrt{c\sqrt{c}}, \sqrt{c\sqrt{c\sqrt{c}}}, \cdots$ 的极限.

1.3.4 设 $A>0, x_1>0, x_{n+1}=\dfrac{1}{2}\left(x_n+\dfrac{A}{x_n}\right)$ $(n=1,2,\cdots)$.

(1) 求证:x_n 单调下降且有下界;

(2) 求 $\lim\limits_{n\to\infty}x_n$.

1.3.5 设 $F_0=F_1=1, F_{n+1}=F_n+F_{n-1}$,求证:$\lim\limits_{n\to\infty}\dfrac{F_{n-1}}{F_n}=\dfrac{\sqrt{5}-1}{2}$.

1.3.6 求证:

(1) $\dfrac{1}{2\sqrt{n+1}}<\sqrt{n+1}-\sqrt{n}<\dfrac{1}{2\sqrt{n}}$;

(2) 序列 $x_n=1+\dfrac{1}{\sqrt{2}}+\cdots+\dfrac{1}{\sqrt{n}}-2\sqrt{n}$ 的极限存在.

1.3.7 设 $0<a_1<b_1$,令
$$a_{n+1}=\sqrt{a_n \cdot b_n}, \quad b_{n+1}=\dfrac{a_n+b_n}{2} \quad (n=1,2,\cdots).$$
求证:序列 $\{a_n\},\{b_n\}$ 的极限存在.

1.3.8 求证:如下序列的极限存在:
$$\lim_{n\to\infty}\left(1+\dfrac{1}{2^2}\right)\left(1+\dfrac{1}{3^2}\right)\cdots\left(1+\dfrac{1}{n^2}\right).$$

1.3.9 求证:如下序列的极限存在:
$$\lim_{n\to\infty}\left[\dfrac{(2n)!!}{(2n-1)!!}\right]^2 \dfrac{1}{2n+1}.$$

1.3.10 设 $c>0$,求序列
$$\sqrt{c}, \sqrt{c+\sqrt{c}}, \sqrt{c+\sqrt{c+\sqrt{c}}}, \cdots$$
的极限.

1.3.11 设 $x_n=a_1+a_2+\cdots+a_n$,求证:若 $\tilde{x}_n=|a_1|+|a_2|+\cdots+|a_n|$ 极限存在,则 $\{x_n\}$ 极限存在.

1.3.12 设 $x_n=a_1+a_2+\cdots+a_n, y_n=b_1+b_2+\cdots+b_n, z_n=c_1+c_2+\cdots+c_n$,且 $c_n\leqslant a_n\leqslant b_n(n=1,2,\cdots)$;又设 $\{y_n\},\{z_n\}$ 极限存在.求证:$\{x_n\}$ 极限也存在.

1.3.13 设序列 $\{x_n\}$ 满足 $|x_{n+1}-x_n|\leqslant q|x_n-x_{n-1}|(n=1,2,\cdots)$,其中

$0<q<1$. 求证：序列$\{x_n\}$的极限存在.

1.3.14 设$f(x)$在$(-\infty,+\infty)$上满足条件：
$$|f(x)-f(y)|\leqslant q|x-y| \quad (\forall\, x,y\in(-\infty,+\infty)),$$
其中$0<q<1$. 对$\forall\, x_1\in(-\infty,+\infty)$，令$x_{n+1}=f(x_n)(n=1,2,\cdots)$. 求证：序列$\{x_n\}$的极限存在，且极限值是$f(x)$的不动点.

1.3.15 设$x_0=a, x_1=b(b>a)$，用如下公式定义序列的项：
$$x_{2n}=\frac{x_{2n-1}+2x_{2n-2}}{3},$$
$$x_{2n+1}=\frac{2x_{2n}+x_{2n-1}}{3}, \quad (n=1,2,\cdots).$$
求证：序列$\{x_n\}$极限存在.

§4 函数极限与连续概念

内 容 提 要

1. 自变量趋于有限数时函数极限的定义

$\lim\limits_{x\to x_0}f(x)=A$的定义：对任意给定的$\varepsilon>0$，存在$\delta>0$，当$0<|x-x_0|<\delta$时，有$|f(x)-A|<\varepsilon$.

极限值具有惟一性，有极限的函数具有局部有界性、极限的四则运算法则、极限不等式，以及重要极限$\lim\limits_{x\to 0}\frac{\sin x}{x}=1$.

函数单调有界时，其单侧极限的存在性.

2. 自变量趋于无限时函数极限的定义

$\lim\limits_{x\to\infty}f(x)=A$的定义：对任意给定的$\varepsilon>0$，存在$X>0$，当$|x|>X$时，有
$$|f(x)-A|<\varepsilon.$$

极限值具有惟一性，有极限的函数具有局部有界性、极限的四则运算法则、极限不等式，以及重要极限$\lim\limits_{x\to+\infty}\left(1+\frac{1}{x}\right)^x=\mathrm{e}$.

函数单调有界时，$x\to\pm\infty$时其极限的存在性.

3. 广义极限及其四则运算

$\lim\limits_{\substack{x\to x_0(\pm 0)\\x\to(\pm)\infty}}f(x)=+\infty$或$-\infty$的定义，如$\lim\limits_{x\to x_0}f(x)=+\infty$的定义为：对任意给定的$M>0$，存在$\delta>0$，当$0<|x-x_0|<\delta$时，有$f(x)>M$.

若函数极限为$+\infty,-\infty$或有限数时，称广义极限存在.

对广义极限$+\infty,-\infty$，可规定如下运算（设a为有限数）：

21

$(\pm\infty)\pm a=\pm\infty;$ $a-(\pm\infty)=\mp\infty;$
$(+\infty)+(+\infty)=+\infty;$ $(-\infty)+(-\infty)=-\infty;$
$(+\infty)-(-\infty)=+\infty;$ $(-\infty)-(+\infty)=-\infty;$
$a\cdot(\pm\infty)=\pm\infty\ (a>0);$ $a\cdot(\pm\infty)=\mp\infty\ (a<0);$
$(+\infty)\cdot(+\infty)=+\infty;$ $(+\infty)\cdot(-\infty)=-\infty;$
$(-\infty)\cdot(-\infty)=+\infty;$ $\dfrac{\pm\infty}{a}=\pm\infty\ (a>0);$
$\dfrac{\pm\infty}{a}=\mp\infty\ (a<0);$ $\dfrac{a}{\pm\infty}=0\ (a\neq 0).$

若广义极限值符合上面所列情形时,可作四则运算,并有极限不等式成立.

确界推广:若集合 E 无上界,记 $\sup E=+\infty$;若集合 E 无下界,记 $\inf E=-\infty$. 对于单调函数或数列广义极限总存在.

4. 极限过程、极限值及其数学刻画

极限表达式 $\lim\limits_{x\to\square}f(x)=\bigcirc$ 中,"$x\to\square$"指极限过程,有六种情况,如表 1.1 所示;"$\bigcirc$"指极限值,有四种情况如表 1.2 所示.

表 1.1 六种极限过程

	极限过程	极限目标	用 δ 或 X 刻画接近目标
双侧极限	$x\to x_0$	x_0	$0<|x-x_0|<\delta$
	$x\to\infty$	∞	$|x|>X$
单侧极限	$x\to x_0+0$	x_0	$0<x-x_0<\delta$
	$x\to x_0-0$	x_0	$0<x_0-x<\delta$
	$x\to+\infty$	∞	$x>X$
	$x\to-\infty$	∞	$x<-X$

表 1.2 四种极限值

极限值	用 ε 或 M 刻画
有限数 A	任给 $\varepsilon>0$,存在$\cdots$,$\cdots$有 $|f(x)-A|<\varepsilon$
∞	任给 $M>0$,存在$\cdots$,$\cdots$有 $|f(x)|>M$
$+\infty$	任给 $M>0$,存在$\cdots$,$\cdots$有 $f(x)>M$
$-\infty$	任给 $M>0$,存在$\cdots$,$\cdots$有 $f(x)<-M$

5. 极限式的变换

设 $f(t)$ 在空心邻域 $\mathring{U}(t_0)$ 上定义,变换 $t=g(x)$ 把空心邻域 $\mathring{U}(x_0)$ 一一地变到空心邻域 $\mathring{U}(t_0)$,且满足:

$$\lim_{x\to x_0}g(x)=t_0, \quad \lim_{t\to t_0}g^{-1}(t)=x_0,$$

则等式 $\lim_{t\to t_0}f(t)=\lim_{x\to x_0}f[g(x)]$ 中,若有一个广义极限存在,另一个广义极限也存在,并且这两个极限相等. 例如

(1) $\lim_{t\to 0}(1+t)^{\frac{1}{t}} \xrightarrow{t=\frac{1}{x}} \lim_{x\to\infty}\left(1+\frac{1}{x}\right)^x = e$;

(2) 设 $\lim_{x\to a}u(x)=A>0, \lim_{x\to a}v(x)=B$,则
$$\lim_{x\to a}u(x)^{v(x)}=\lim_{x\to a}e^{v(x)\ln u(x)}=e^{B\ln A}=A^B.$$

6. 否定命题的肯定叙述

表 1.3 否定命题的肯定叙述

否定命题	肯定叙述
$x_n \not\to a$	$\exists\ \varepsilon_0>0, \forall\ N\in\mathbf{N}, \exists\ n>N$,使得 $|x_n-a|\geqslant \varepsilon_0$
$x_n \not\to +\infty$	$\exists\ M>0, \forall\ N\in\mathbf{N}, \exists\ n>N$,使得 $x_n\leqslant M$
$\lim_{x\to x_0}f(x)\neq A$	$\exists\ \varepsilon_0>0, \forall\ \delta>0, \exists\ x_1: 0<|x_1-x_0|<\delta$,使得 $|f(x_1)-A|\geqslant \varepsilon_0$
$\lim_{x\to x_0}f(x)\neq +\infty$	$\exists\ M>0, \forall\ \delta>0, \exists\ x_1: 0<|x_1-x_0|<\delta$,使得 $f(x_1)\leqslant M$

7. 函数极限与序列极限的关系——归结原理

若 $f(x)$ 在空心邻域 $\mathring{U}(a)$ 上定义,则广义极限 $\lim_{x\to a}f(x)=A$ 成立的充分且必要条件为:对于 $\mathring{U}(a)$ 内的任一序列 $\{x_n\}$,都有 $\lim_{n\to\infty}x_n=a \Longrightarrow \lim_{n\to\infty}f(x_n)=A$.

若 $f(x)$ 在 $\mathring{U}(x_0)$ 上定义,则 $\lim_{x\to x_0}f(x)=A$ 的充分必要条件是:对于 $\mathring{U}(x_0)$ 内任一序列 $\{x_n\}$,都有 $\lim_{n\to\infty}x_n=x_0 \Longrightarrow \lim_{n\to\infty}f(x_n)=f(x_0)$.

8. 函数极限的收敛原理

(1) 极限 $\lim_{x\to a}f(x)$ 存在的充分且必要条件为:$\forall\ \varepsilon>0, \exists\ \delta>0$,当
$$0<|x_1-a|<\delta, \quad 0<|x_2-a|<\delta$$
时,有 $|f(x_1)-f(x_2)|<\varepsilon$.

(2) 极限 $\lim_{x\to +\infty}f(x)$ 存在的充分且必要条件为:$\forall\ \varepsilon>0, \exists\ X>0$,当 $x_1, x_2 > X$ 时,有 $|f(x_1)-f(x_2)|<\varepsilon$.

9. 无穷小与无穷大

1)无穷小量的定义

极限为零的变量称为**无穷小量**(有时简称**无穷小**).

两个无穷小量之和为无穷小量,无穷小量与有界变量之积为无穷小量;有

极限的变量等于常数加无穷小量.

2) 无穷大量的定义

极限为∞的变量称为**无穷大量**(有时简称**无穷大**).

例如 $\lim\limits_{n \to +\infty} x_n = \infty$ 是指：$\forall M > 0, \exists N \in \mathbf{N}$, 使得当 $n > N$ 时, 有 $|x_n| > M$.

当变量不为零时, 变量为无穷大量的充分必要条件是其倒数为无穷小量.

3) 无穷小的阶以及无穷大的阶的比较

设 $g(x)$ 在空心邻域 $\mathring{U}(x_0)$ 上不为零. 若 $\lim\limits_{x \to x_0} \dfrac{f(x)}{g(x)} = A \neq 0$, 记作

$$f(x) \sim Ag(x) \quad (x \to x_0),$$

则当 $f(x), g(x)$ 为无穷小(大)量时, 称为**同阶无穷小(大)**, 特别当 $A = 1$ 时, 称为**等价无穷小(大)**.

若 $\lim\limits_{x \to x_0} \dfrac{f(x)}{g(x)} = 0$, 记作 $f(x) = o(g(x))$, 则当 $f(x), g(x)$ 为无穷小(大)量时, 称 $f(x)$ 是 $g(x)$ 的**高(低)阶无穷小(大)**.

若在空心邻域 $\mathring{U}(x_0)$ 上, $|f(x)| \leqslant |g(x)|$, 记作 $f(x) = O(g(x))$.

4) 无穷小的运算法则

$$o(f(x)) + o(f(x)) = o(f(x)) \quad (x \to x_0);$$
$$o(f(x)) \cdot o(g(x)) = o(f(x)g(x)) \quad (x \to x_0);$$
$$o(o(f(x))) = o(f(x)) \quad (x \to x_0).$$

后面两个等式, 当左端有一个"o"换成"O"时, 等式仍成立.

10. 函数连续的概念

若 $\lim\limits_{x \to x_0} f(x) = f(x_0)$, 则称函数 $f(x)$ 在点 x_0 处**连续**；若 $f(x)$ 在 $[a,b]$ 上每点都连续, 则称函数 $f(x)$ 在 $[a,b]$ 上连续, 记作 $f(x) \in C[a,b]$.

$f(x)$ 在点 x_0 处连续, 意味着下面三个式子成立：

$$f(x_0 + 0) \xlongequal{\text{定义}} \lim\limits_{x \to x_0 + 0} f(x) \text{ 存在}, \quad f(x_0 - 0) \xlongequal{\text{定义}} \lim\limits_{x \to x_0 - 0} f(x) \text{ 存在}, \quad (4.1)$$

$$f(x_0 + 0) = f(x_0 - 0), \quad (4.2)$$

$$f(x_0 + 0) = f(x_0) = f(x_0 - 0). \quad (4.3)$$

若 (4.1), (4.2) 成立, (4.3) 不成立, 则称 x_0 为 f 的**可去间断点**；若 (4.1) 成立, (4.2) 不成立, 则称 x_0 为 f 的**第一类间断点**；若 (4.1) 不成立, 则称 x_0 为 f 的**第二类间断点**.

11. 反函数连续定理

定理 设 $f(x) \in C[a,b]$ 且严格单调. 令

$$c = f(a), \quad d = f(b),$$

则反函数 $x = f^{-1}(y)$ 在 $[c,d]$ 上存在、单调且连续.

12. 指数函数 $a^x(a>0$ 且 $a\neq 1)$ 的定义

$a^x \xrightarrow{\text{定义}} \sup\limits_{q\leqslant x} a^q$,其中 q 为有理数,$a>1$; $a^x \xrightarrow{\text{定义}} \left(\dfrac{1}{a}\right)^x, 0<a<1$.

定理 初等函数在其定义域内连续.

典型例题分析

一、用夹挤准则

例1 求下列极限:

(1) $\lim\limits_{x\to 0+0} x\left[\dfrac{1}{x}\right]$;   (2) $\lim\limits_{x\to 0-0} x\left[\dfrac{1}{x}\right]$.

解 (1) $\left[\dfrac{1}{x}\right] \leqslant \dfrac{1}{x} < \left[\dfrac{1}{x}\right]+1 \Rightarrow 1-x < x\left[\dfrac{1}{x}\right] \leqslant 1$ ($\forall\, x>0$)

$$\Rightarrow \lim_{x\to 0+0} x\left[\dfrac{1}{x}\right] = 1.$$

(2) $\left[\dfrac{1}{x}\right] \leqslant \dfrac{1}{x} < \left[\dfrac{1}{x}\right]+1 \Rightarrow 1 \leqslant x\left[\dfrac{1}{x}\right] < 1-x$ ($\forall\, x<0$)

$$\Rightarrow \lim_{x\to 0-0} x\left[\dfrac{1}{x}\right] = 1.$$

例2 设 $\lim\limits_{x\to +\infty} f(x) = A$,求证: $\lim\limits_{x\to +\infty} \dfrac{[xf(x)]}{x} = A$.

证 不妨设 $x>0$,注意到 $xf(x)-1 < [xf(x)] \leqslant xf(x)$,有

$$\dfrac{xf(x)-1}{x} = f(x) - \dfrac{1}{x} < \dfrac{[xf(x)]}{x} \leqslant f(x)$$

$$\xrightarrow[x\to +\infty]{\text{由夹挤准则}} \lim_{x\to +\infty} \dfrac{[xf(x)]}{x} = A.$$

例3 设 $a>1, k>0$,求证: $\lim\limits_{x\to +\infty} \dfrac{x^k}{a^x} = 0$.

证 不妨设 $x>1$,注意到 $\lim\limits_{n\to\infty} \dfrac{n^k}{a^n} = 0$,则有

$$0 \leqslant \dfrac{x^k}{a^x} \leqslant \dfrac{([x]+1)^k}{a^{[x]}} = a \cdot \dfrac{([x]+1)^k}{a^{[x]+1}} \Rightarrow \lim_{x\to +\infty} \dfrac{x^k}{a^x} = 0.$$

二、用变量代换

例4 求下列极限:

(1) $\lim\limits_{x\to +\infty} \dfrac{\ln x}{x^a}(a>0)$;   (2) $\lim\limits_{x\to +\infty} x^{\frac{1}{x}}$.

解 (1) 令 $x=e^t, b=e^a$,则有 $b>1$,且

$$\lim_{x\to+\infty}\frac{\ln x}{x^a}=\lim_{t\to+\infty}\frac{t}{e^{at}}=\lim_{t\to+\infty}\frac{t}{b^t}\xrightarrow{\text{用例3}}0.$$

(2) 用第(1)小题结果,当 $a=1$ 时,有

$$\lim_{x\to+\infty}\frac{\ln x}{x}=0\Longrightarrow\lim_{x\to+\infty}x^{\frac{1}{x}}=\lim_{x\to+\infty}e^{\frac{\ln x}{x}}=e^0=1.$$

例 5 设 $\lim_{n\to\infty}x_n=a$,求证: $\lim_{n\to\infty}\left(1+\frac{x_n}{n}\right)^n=e^a$.

证 令 $y_n\xrightarrow{\text{定义}}\frac{n}{x_n}$,显然有 $\lim_{n\to\infty}y_n=\infty$. 于是

$$\lim_{n\to\infty}\left(1+\frac{x_n}{n}\right)^n=\lim_{n\to\infty}\left[\left(1+\frac{1}{y_n}\right)^{y_n}\right]^{x_n}=e^a.$$

例 6 求证:

(1) $\lim_{x\to 0}\frac{a^x-1}{x}=\ln a\ (a>0)$;   (2) $\lim_{n\to\infty}n(\sqrt[n]{a}-1)=\ln a$.

证 (1) 令 $y=a^x-1$,则有 $x\to 0\Leftrightarrow y\to 0$,且

$$x=\frac{\ln(1+y)}{\ln a}\Longrightarrow\lim_{x\to 0}\frac{a^x-1}{x}=\lim_{y\to 0}\frac{y\ln a}{\ln(1+y)}=\ln a.$$

(2) $\lim_{n\to\infty}n(\sqrt[n]{a}-1)\xrightarrow{x=\frac{1}{n}}\lim_{x\to 0}\frac{a^x-1}{x}\xrightarrow{\text{由第(1)小题}}\ln a.$

例 7 设 $a>0,b>0$. 求 $\lim_{n\to\infty}\left(\frac{\sqrt[n]{a}+\sqrt[n]{b}}{2}\right)^n$.

思路 为了应用例 5 的结论,考虑引进一个变换 x_n,使得

$$1+\frac{x_n}{n}=\frac{\sqrt[n]{a}+\sqrt[n]{b}}{2}.$$

解 令 $x_n=n\left[\frac{\sqrt[n]{a}+\sqrt[n]{b}}{2}-1\right]$,则有

$$\lim_{n\to\infty}x_n=\lim_{n\to\infty}\frac{n}{2}\left[\sqrt[n]{a}-1+\sqrt[n]{b}-1\right]\xrightarrow{\text{用例6(2)}}\ln\sqrt{ab},$$

于是,应用例 5 的结论,有

$$\lim_{n\to\infty}\left(\frac{\sqrt[n]{a}+\sqrt[n]{b}}{2}\right)^n=\lim_{n\to\infty}\left(1+\frac{x_n}{n}\right)^n=e^{\ln\sqrt{ab}}=\sqrt{ab}.$$

三、用广义极限的四则运算法则与等价量代换

例 8 设 $0<x_n<+\infty$,且满足 $x_{n+1}+\frac{1}{x_n}<2$. 求证: $\{x_n\}$ 的极限存在,并求出极限值.

证 由 $x_n>0$，即 $\{x_n\}$ 有下界. 又由

$$2\sqrt{\frac{x_{n+1}}{x_n}} \leqslant x_{n+1}+\frac{1}{x_n}<2 \Longrightarrow \frac{x_{n+1}}{x_n}<1 \Longrightarrow \{x_n\}\downarrow,$$

故 $\lim\limits_{n\to\infty}x_n=a$ 存在. 若 $a=0$，则 $\lim\limits_{n\to\infty}\dfrac{1}{x_n}=+\infty$. 由广义极限的四则运算法则，有

$$x_{n+1}+\frac{1}{x_n}<2 \xRightarrow{n\to\infty} +\infty \leqslant 2(矛盾).$$

由此可见，$a>0$. 进一步由极限的四则运算法则，有

$$x_{n+1}+\frac{1}{x_n}<2 \xRightarrow{n\to\infty} a+\frac{1}{a}\leqslant 2 \Longrightarrow 2\sqrt{\frac{a}{a}}\leqslant a+\frac{1}{a}\leqslant 2$$

$$\Longrightarrow a+\frac{1}{a}=2,$$

即得 $a=1$，即 $\lim\limits_{n\to\infty}x_n=1$.

例 9 设当 $x\to a$ 时，$f_1(x), f_2(x)$ 为不为零的等价无穷小量. 若广义极限 $\lim\limits_{x\to a}\dfrac{g(x)}{f_1(x)}$ 存在，求证：$\lim\limits_{x\to a}\dfrac{g(x)}{f_2(x)}=\lim\limits_{x\to a}\dfrac{g(x)}{f_1(x)}$，并利用此结论求极限 $\lim\limits_{x\to 0}\dfrac{1-\cos x}{\sin^2 x}$.

解 由广义极限的四则运算法则，有

$$\lim_{x\to a}\frac{g(x)}{f_2(x)}=\lim_{x\to a}\frac{g(x)}{f_1(x)}\cdot\frac{f_1(x)}{f_2(x)}=\lim_{x\to a}\frac{g(x)}{f_1(x)}\cdot\lim_{x\to a}\frac{f_1(x)}{f_2(x)}$$

$$=\lim_{x\to a}\frac{g(x)}{f_1(x)}.$$

利用此结果，因为 $\sin^2 x \sim x^2 (x\to 0)$，立即推出

$$\lim_{x\to 0}\frac{1-\cos x}{\sin^2 x}=\lim_{x\to 0}\frac{1-\cos x}{x^2}=\frac{1}{2}.$$

提问 如下两式是否成立：

$$\frac{o(x^2)}{x}=o(x); \quad \frac{o(x^2)}{o(x)}=o(x).$$

四、否定命题的肯定叙述

例 10 设 $x_n=1+\dfrac{1}{2}+\dfrac{1}{3}+\cdots+\dfrac{1}{n}$，求证：$\lim\limits_{n\to\infty}x_n=+\infty$.

证 显然 x_n 是单调增加的,只要证明它不收敛即可. 对 $\varepsilon_0 = \dfrac{1}{2}$, 因为

$$x_{2n} - x_n = \frac{1}{n+1} + \frac{1}{n+2} + \cdots + \frac{1}{2n}$$

$$\geqslant \underbrace{\frac{1}{2n} + \frac{1}{2n} + \cdots + \frac{1}{2n}}_{n\text{项}} = \frac{1}{2} = \varepsilon_0,$$

由收敛原理知 $\{x_n\}$ 不收敛.

例 11 求证:广义极限 $\lim\limits_{n\to\infty}\tan n$ 不存在.

证 对 $\varepsilon_0 = \sin 1, \forall\, N$,当 $p = 1$ 时,有

$$|\tan(n+p) - \tan n| = |\tan(n+1) - \tan n|$$

$$= \left|\frac{\sin(n+1)\cos n - \cos(n+1)\sin n}{\cos(n+1)\cos n}\right|$$

$$= \left|\frac{\sin 1}{\cos(n+1)\cos n}\right| \geqslant \sin 1 = \varepsilon_0$$

$$(\forall\, n > N).$$

由收敛原理知 $\{\tan n\}$ 极限不存在.

同理可证序列 $\{\cot n\}$ 极限也不存在. 于是,$\{\tan n\}$ 不可能趋于 $+\infty$ 或 $-\infty$,否则有 $\lim\limits_{x\to\infty}\cot n = 0$ 产生矛盾. 因此,$\{\tan n\}$ 的广义极限也不存在.

例 12 设 $f(x)$ 在 (a,b) 内无上界. 求证:

$$\exists\, \{x_n\},\quad x_n \in (a,b)\quad (n = 1,2,\cdots),$$

使得

$$\lim_{n\to\infty} f(x_n) = +\infty.$$

证 由于 $f(x)$ 在 (a,b) 内无上界,

对 $1 > 0$,因为 1 不是上界,所以 $\exists\, x_1 \in (a,b)$,使得 $f(x_1) > 1$;

对 $2 > 0$,因为 2 不是上界,所以 $\exists\, x_1 \in (a,b)$,使得 $f(x_2) > 2$;

对 $3 > 0$,因为 3 不是上界,所以 $\exists\, x_1 \in (a,b)$,使得 $f(x_3) > 3$;

$\vdots$

对 $n > 0$,因为 n 不是上界,所以 $\exists\, x_n \in (a,b)$,使得 $f(x_n) > n$;

$\vdots$

依此下去,产生一序列 $\{x_n\}, x_n \in (a,b)$. 由 $f(x_n) > n$ 及广义极限不

等式知 $\lim\limits_{n\to\infty}f(x_n)=+\infty$.

五、序列极限与函数极限的关系

例 13 设 $f(x)$ 在 $(a,+\infty)$ 上单调上升,$\lim\limits_{n\to\infty}x_n=+\infty$. 又设
$$\lim_{n\to\infty}f(x_n)=A,$$
求证:$\lim\limits_{x\to+\infty}f(x)=A$.

证 因为 $f(x)$ 在 $(a,+\infty)$ 上单调上升,所以由广义极限存在性知,极限 $\lim\limits_{x\to+\infty}f(x)$ 存在.再由序列极限与函数极限的关系,知
$$\lim_{x\to+\infty}f(x)=\lim_{n\to\infty}f(x_n)\xRightarrow{\text{题设条件}}A.$$

例 14 设 $f(x),g(x)$ 在 $(a,+\infty)$ 上定义,且
$$\lim_{x\to+\infty}f(x)=+\infty,\quad \lim_{x\to+\infty}g(x)=+\infty,$$
求证:$\lim\limits_{x\to+\infty}g(f(x))=+\infty$.

证法 1 在 $(a,+\infty)$ 上任取一个序列 $\{x_n\}$,使得 $\lim\limits_{n\to\infty}x_n=+\infty$,由题设则有
$$\lim_{x\to+\infty}f(x)=+\infty\Longrightarrow\lim_{n\to\infty}f(x_n)=+\infty$$
$$\xRightarrow{\text{记}y_n=f(x_n)} y_n\to+\infty\quad(n\to+\infty).$$
于是由 $\lim\limits_{x\to+\infty}g(x)=+\infty\Longrightarrow\lim\limits_{n\to\infty}g(y_n)=+\infty$,即 $\lim\limits_{n\to\infty}g(f(x_n))=+\infty$. 再根据序列极限与函数极限关系定理得 $\lim\limits_{x\to+\infty}g(f(x))=+\infty$.

证法 2 对 $\forall M>0$,

由 $\lim\limits_{x\to+\infty}g(x)=+\infty\Longrightarrow\exists L>0$,使得当 $x>L$ 时,有 $g(x)>M$. 对此 $L>0$,

由 $\lim\limits_{x\to+\infty}f(x)=+\infty\Longrightarrow\exists X>0$,使得当 $x>X$ 时,有 $f(x)>L$. 于是,当 $x>X$ 时,有 $g(f(x))>M$,按定义即有
$$\lim_{x\to+\infty}g(f(x))=+\infty.$$

六、从一个极限性质导出另一个极限性质

例 15 设 $x_n>0$,求证:$\lim\limits_{n\to\infty}x_n=0\Longleftrightarrow\lim\limits_{n\to\infty}\dfrac{1}{x_n}=+\infty$.

证 "$\Longrightarrow$" $\forall M>0$,对 $\varepsilon=\dfrac{1}{M}>0$,因为 $\lim\limits_{n\to\infty}x_n=0$,所以 $\exists N$,

当 $n>N$ 时,有

$$0<x_n<\varepsilon \Longrightarrow \frac{1}{x_n}>\frac{1}{\varepsilon}=M, \quad 即 \quad \lim_{n\to\infty}\frac{1}{x_n}=+\infty.$$

"$\Longleftarrow$" $\forall\ \varepsilon>0$,对 $M=\frac{1}{\varepsilon}>0$,因为 $\lim\limits_{n\to\infty}\frac{1}{x_n}=+\infty$,所以 $\exists\ N$,当 $n>N$ 时,有

$$\frac{1}{x_n}>M \Longrightarrow x_n<\frac{1}{M}=\varepsilon, \quad 即 \quad \lim_{n\to\infty}x_n=0.$$

例 16 求证:

(1) 若 $\lim\limits_{n\to\infty}a_n=0$,则 $\lim\limits_{n\to\infty}\dfrac{a_1+a_2+\cdots+a_n}{n}=0$;

(2) 若 $\lim\limits_{n\to\infty}b_n=b$,则 $\lim\limits_{n\to\infty}\dfrac{b_1+b_2+\cdots+b_n}{n}=b.$

证 (1) 因为 $\lim\limits_{n\to\infty}a_n=0$,所以对任给定 $\varepsilon>0$,存在 m,当 $n>m$ 时,便有 $|a_n|<\dfrac{\varepsilon}{2}$. 于是,对 $\forall\ n>m$,有

$$\left|\frac{a_1+a_2+\cdots+a_n}{n}\right|=\frac{a_1+a_2+\cdots+a_m+a_{m+1}+\cdots+a_n}{n}$$

$$\leqslant \frac{|a_1+a_2+\cdots+a_m|}{n}+\frac{1}{n}(|a_{m+1}|+\cdots+|a_n|)$$

$$\leqslant \frac{|a_1+a_2+\cdots+a_m|}{n}+\frac{n-m}{n}\cdot\frac{\varepsilon}{2}$$

$$< \frac{|a_1+a_2+\cdots+a_m|}{n}+\frac{\varepsilon}{2}. \tag{4.4}$$

注意到,当 m 取定时,$|a_1+a_2+\cdots+a_m|$ 便是一个有限数,再取 $N>m$,使得当 $n>N$ 时,有

$$\left|\frac{a_1+a^2+\cdots+a_m}{n}\right|<\frac{\varepsilon}{2},$$

这样,当 $n>N$ 时,有 $\left|\dfrac{a_1+a_2+\cdots+a_n}{n}\right|<\dfrac{\varepsilon}{2}+\dfrac{\varepsilon}{2}=\varepsilon$. 从而 $\lim\limits_{n\to\infty}a_n=0$.

评注 本题从"ε"找"N"不是"一步到位",而是"两步成功": $\varepsilon\to m\to N$. 当找到 m 时,只是完成一个对极限式 $\left|\dfrac{a_1+a_2+\cdots+a_n}{n}\right|$ 的"适当放大",如(4.4)所示. 这个"适当放大"是在 $n>m$ 限制下成立的. 然后把这个 m 固定住,再找"$N>m$",使得当 $n>N$ 时,

$$\left|\frac{a_1+a_2+\cdots+a_n}{n}\right|<\varepsilon.$$

(2) 因为
$$b_n - b = \frac{(b_1 - b) + (b_2 - b) + \cdots + (b_n - b)}{n},$$
对 $a_n = b_n - b$ 应用第(1)小题结论,即得 $\lim\limits_{n\to\infty} b_n = b$.

例 17 求证:若 $\lim\limits_{n\to\infty} a_n = +\infty$,则有 $\lim\limits_{n\to\infty}\dfrac{a_1 + a_2 + \cdots + a_n}{n} = +\infty$.

证 因为 $\lim\limits_{n\to\infty} a_n = +\infty$,所以对 $\forall M > 0, \exists m$,当 $n > m$ 时,$a_n > 3M$. 令 $b_n = a_1 + a_2 + \cdots + a_n$,改写

$$\frac{b_n}{n} = \frac{b_m}{n} + \frac{b_n - b_m}{n} = \frac{b_m}{n} + \frac{b_n - b_m}{n - m}\left(1 - \frac{m}{n}\right)$$
$$> 3M\left(1 - \frac{m}{n}\right) - \left|\frac{b_m}{n}\right|. \tag{4.5}$$

又因为 $\lim\limits_{n\to\infty}\left(1 - \dfrac{m}{n}\right) = 1, \lim\limits_{n\to\infty}\dfrac{b_m}{n} = 0$,所以存在 $N > m$,使得当 $n > N$ 时,有

$$1 - \frac{m}{n} > \frac{1}{2}, \quad \left|\frac{b_m}{n}\right| < \frac{M}{2} \xRightarrow{\text{由}(4.5)} \frac{b_n}{n} > M,$$

即
$$\frac{a_1 + a_2 + \cdots + a_n}{n} > M \quad (n > N).$$

故有
$$\lim_{n\to\infty}\frac{a_1 + a_2 + \cdots + a_n}{n} = +\infty.$$

例 18 设 $a_n > 0$,且广义极限 $\lim\limits_{n\to\infty} a_n = a$ 存在. 求证:
$$\lim_{n\to\infty}\sqrt[n]{a_1 \cdot a_2 \cdot \cdots \cdot a_n} = a.$$

证 因为 $a_n > 0$,所以 $a \geqslant 0$.

当 $a > 0$ 时,$\lim\limits_{n\to\infty} \ln a_n = \ln a$. 应用例 16 结果可知

$$\lim_{n\to\infty}\frac{\ln a_1 + \ln a_2 + \cdots + \ln a_n}{n} = \ln a$$

$$\Longrightarrow \lim_{n\to\infty}\sqrt[n]{a_1 \cdot a_2 \cdot \cdots \cdot a_n} = e^{\frac{1}{n}(\ln a_1 + \ln a_2 + \cdots + \ln a_n)} = e^{\ln a} = a.$$

当 $a = 0$ 时,$\lim(-\ln a_n) = +\infty$,应用例 17 结果可知

$$\lim_{n\to\infty}\sqrt[n]{a_1 \cdot a_2 \cdot \cdots \cdot a_n} = e^{-\frac{1}{n}(-\ln a_1 - \ln a_2 - \cdots - \ln a_n)} = 0 = a.$$

例 19 设 $a_n > 0$，且 $\lim\limits_{n\to\infty}\dfrac{a_{n+1}}{a_n}=a$，求证：$\lim\limits_{n\to\infty}\sqrt[n]{a_n}=a$.

证 改写

$$\lim_{n\to\infty}\sqrt[n]{a_n}=\lim_{n\to\infty}\sqrt[n]{\dfrac{a_n}{a_{n-1}}\cdot\dfrac{a_{n-1}}{a_{n-2}}\cdot\cdots\cdot\dfrac{a_2}{a_1}\cdot a_1}$$

$$=\lim_{n\to\infty}\sqrt[n]{a_1}\cdot\sqrt[n]{\dfrac{a_n}{a_{n-1}}\cdot\dfrac{a_{n-1}}{a_{n-2}}\cdot\cdots\cdot\dfrac{a_2}{a_1}}$$

$$=\lim_{n\to\infty}\sqrt[n]{a_1}\cdot\left[\left(\dfrac{a_n}{a_{n-1}}\cdot\dfrac{a_{n-1}}{a_{n-2}}\cdot\cdots\cdot\dfrac{a_2}{a_1}\right)^{\frac{1}{n-1}}\right]^{\frac{n-1}{n}}$$

$$\underline{\underline{\text{用例 18 的结果}}}\; 1\cdot a=a.$$

例 20 设 $\lim\limits_{n\to\infty}(a_{n+1}-a_n)=a$，求证：$\lim\limits_{n\to\infty}\dfrac{a_n}{n}=a$.

证 注意到 $a_n=(a_n-a_{n-1})+(a_{n-1}-a_{n-2})+\cdots+(a_2-a_1)+a_1$，

$$\lim_{n\to\infty}\dfrac{a_n}{n}=\lim_{n\to\infty}\dfrac{(a_n-a_{n-1})+(a_{n-1}-a_{n-2})+\cdots+(a_2-a_1)}{n}+\lim_{n\to\infty}\dfrac{a_1}{n}$$

$$=\lim_{n\to\infty}\dfrac{(a_n-a_{n-1})+(a_{n-1}-a_{n-2})+\cdots+(a_2-a_1)}{n}$$

$$\underline{\underline{\text{用例 16 的结果}}}\; a.$$

例 21 (1) 设 $0<x_1<1$，$x_{n+1}=x_n(1-x_n)$，求证：$\lim\limits_{n\to\infty}nx_n=1$.

(2) 设 $0<q<1$，$0<x_1<\dfrac{1}{q}$，$x_{n+1}=x_n(1-qx_n)$，求证：$\lim\limits_{n\to\infty}nx_n=\dfrac{1}{q}$.

证 (1) 用数学归纳法容易证明

$$x_1\in(0,1)\Rightarrow x_n\in(0,1)\quad(n=1,2,\cdots).$$

从而 $\quad 0<\dfrac{x_{n+1}}{x_n}=1-x_n<1\quad(n=1,2,\cdots)$

$$\Rightarrow x_n\downarrow\Rightarrow\exists\lim_{n\to\infty}x_n=x.$$

$$x_{n+1}=x_n(1-x_n)\xRightarrow[\text{两边取极限}]{\text{令}n\to\infty} x(1-x)=x$$

$$\xRightarrow{x_n\downarrow\Rightarrow x_n<1} x=0.$$

令 $a_n\xlongequal{\text{定义}}\dfrac{1}{x_n}(n=1,2,\cdots)$，则当 $n\to\infty$ 时，

$$a_{n+1}-a_n=\dfrac{1}{x_{n+1}}-\dfrac{1}{x_n}=\dfrac{1}{x_n(1-x_n)}-\dfrac{1}{x_n}$$

$$= \frac{1}{1-x_n} \to 1 \xrightarrow{\text{由例20}} \lim_{n\to\infty} \frac{a_n}{n} = 1,$$

即 $\lim\limits_{n\to\infty} nx_n = 1$.

(2) 对 $y_n \xrightarrow{\text{定义}} qx_n$，用第(1)小题即得结论.

例22 设 $a_1 > 0, a_{n+1} = a_n + \dfrac{1}{a_n}$，求证：$\lim\limits_{n\to\infty} \dfrac{a_n}{\sqrt{2n}} = 1$.

证 首先可看出 $\{a_n\}$ 是严格单调增加的，又不可能有上界，否则存在有限数 a，使得 $\lim\limits_{n\to\infty} a_n = a$，因此

$$a_{n+1} = a_n + \frac{1}{a_n} \Longrightarrow a = a + \frac{1}{a} \Longrightarrow a = \infty.$$

这与 a 为有限数矛盾. 于是，从 $\{a_n\}$ 是严格单调增加的，又无上界，即知 $\lim\limits_{n\to\infty} a_n = +\infty$. 令 $b_n \xrightarrow{\text{定义}} a_n^2$，再注意到

$$b_{n+1} - b_n = a_{n+1}^2 - a_n^2 = (a_{n+1} - a_n)(a_{n+1} + a_n)$$
$$= \frac{1}{a_n}(a_{n+1} + a_n) = 2 + \frac{1}{a_n^2} \to 2 \quad (n \to \infty),$$

对序列 $\{b_n\}$ 用例20的结论，即得

$$\lim_{n\to\infty} \frac{b_n}{n} = 2 \Longrightarrow \lim_{n\to\infty} \frac{a_n^2}{n} = 2 \Longrightarrow \lim_{n\to\infty} \frac{a_n}{\sqrt{2n}} = 1.$$

例23 设 $f(x)$ 在 $(0,1)$ 内有定义，且

$$\lim_{x\to 0} f(x) = 0, \quad \lim_{x\to 0} \frac{f(x) - f\left(\dfrac{x}{2}\right)}{x} = 0.$$

求证：$\lim\limits_{x\to 0} \dfrac{f(x)}{x} = 0$.

证 因为 $\lim\limits_{x\to 0} \dfrac{f(x) - f\left(\dfrac{x}{2}\right)}{x} = 0$，所以对任意给定的 $\varepsilon > 0, \exists \delta > 0$，使得当 $x \in (0, \delta)$ 时，

$$\left| \frac{f(x) - f\left(\dfrac{x}{2}\right)}{x} \right| < \frac{\varepsilon}{2} \Longrightarrow \left| f(x) - f\left(\frac{x}{2}\right) \right| < \frac{\varepsilon}{2} x. \quad (4.6)$$

$\forall t \in (0, \delta)$，由(4.6)得

$$|f(t)| = \left|\left[f(t) - f\left(\frac{t}{2}\right)\right] + \left[f\left(\frac{t}{2}\right) - f\left(\frac{t}{2^2}\right)\right]\right.$$

$$+ \cdots + \left[f\left(\frac{t}{2^{n-1}}\right) - f\left(\frac{t}{2^n}\right)\right] + f\left(\frac{t}{2^n}\right)\bigg|$$

$$\leqslant \left|f(t) - f\left(\frac{t}{2}\right)\right| + \left|f\left(\frac{t}{2}\right) - f\left(\frac{t}{2^2}\right)\right|$$

$$+ \cdots + \left|f\left(\frac{t}{2^{n-1}}\right) - f\left(\frac{t}{2^n}\right)\right| + \left|f\left(\frac{t}{2^n}\right)\right|$$

$$< \varepsilon\left(\frac{t}{2} + \frac{t}{2^2} + \cdots + \frac{t}{2^n}\right) + \left|f\left(\frac{t}{2^n}\right)\right|. \tag{4.7}$$

因为 $\lim\limits_{x \to 0} f(x) = 0$，所以对(4.7)令 $n \to +\infty$ 取极限得到

$$|f(t)| \leqslant t\varepsilon \Longrightarrow \left|\frac{f(t)}{t}\right| < \varepsilon \quad (\forall\, t \in (0, \delta)).$$

从而 $\lim\limits_{x \to 0} \dfrac{f(x)}{x} = 0$.

七、连续概念及其应用

例 24 指出函数 $f(x) = \left[\dfrac{1}{x}\right] (x > 0)$ 的间断点，并说明属于哪一类间断点.

解 $\forall\, n \in N$，当 $\dfrac{1}{n} < x < \dfrac{1}{n-1}$ 时，有

$$n - 1 < \frac{1}{x} < n \Longrightarrow \left[\frac{1}{x}\right] = n - 1 \quad \left(\forall\, x \in \left(\frac{1}{n}, \frac{1}{n-1}\right)\right)$$

$$\Longrightarrow \lim_{x \to \frac{1}{n}+0} \left[\frac{1}{x}\right] = n - 1.$$

另一方面，当 $\dfrac{1}{n+1} < x < \dfrac{1}{n}$ 时，有

$$n < \frac{1}{x} < n + 1 \Longrightarrow \left[\frac{1}{x}\right] = n \quad \left(\forall\, x \in \left(\frac{1}{n+1}, \frac{1}{n}\right)\right)$$

$$\Longrightarrow \lim_{x \to \frac{1}{n}-0} \left[\frac{1}{x}\right] = n.$$

故 $x = \dfrac{1}{n}$ 为第一类间断点.

因为 $f(x) = \left[\dfrac{1}{x}\right] (x > 0)$ 为单调递减函数，所以广义极限

$\lim\limits_{x\to 0+0} f(x)$ 存在. 而 $\lim\limits_{n\to\infty} f\left(\dfrac{1}{n}\right) = \lim\limits_{n\to\infty} n = +\infty$,故有 $\lim\limits_{x\to 0+0} f(x) = +\infty$. 因此,$x=0$ 为第二类间断点(虽然 $x=0$ 不属于 $f(x)$ 的定义域,我们也可讨论它的间断性).

例 25 对任意的实数 x,定义
$$f(x) = \lim_{n\to\infty} \frac{x^{2n-1}-1}{x^{2n}+1}.$$
试问函数 $f(x)$ 有没有间断点,如果有,请指出在何处,什么类型?

解 如图 1.4 所示,
$$f(x) = \begin{cases} -1, & |x|<1, x=-1, \\ 0, & x=1, \\ \dfrac{1}{x}, & |x|>1, \end{cases}$$
$x=1$ 是第一类跳跃间断点.

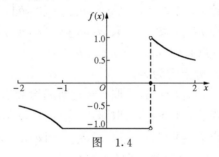

图 1.4

例 26 设 $f(x)$ 在点 $x=x_0$ 处连续,并且 $f(x_0)>0$. 求证:$\exists\, \delta>0$,当 $|x-x_0|<\delta$ 时,$f(x)>0$.

证 取 $\varepsilon=f(x_0)>0$,因为 $f(x)$ 在点 x_0 处连续,所以 $\exists\, \delta>0$,当 $|x-x_0|<\delta$ 时,有
$$|f(x)-f(x_0)|<f(x_0) \Rightarrow f(x)>f(x_0)-f(x_0)=0.$$

提问 下面证明是否正确:$\forall\, \varepsilon>0$,不妨设 $\varepsilon<f(x_0)$,因为 $f(x)$ 在点 x_0 处连续,所以 $\exists\, \delta>0$,当 $|x-x_0|<\delta$ 时,有
$$|f(x)-f(x_0)|<\varepsilon, \quad 即 \quad f(x)>f(x_0)-\varepsilon>0.$$

解答 这一证明中,$\forall\, \varepsilon>0$,表示 ε 是不确定的正数,从而 δ 也随之为不确定的正数,这与题目要求不符,一般证明极限存在性时,

要用 ∀ ε;而已知极限存在性,要证明极限的性质时要用取定的 ε.

例 27 设 $f(x)$ 在 $(0,+\infty)$ 上连续,且满足条件
$$f(x^2)=f(x) \quad (\forall\ x>0).$$
求证:$f(x)$ 为一常数.

证 由条件得
$$f(x)=f(x^{1/2})=f(x^{1/2^2})=\cdots=f(x^{1/2^n})=\cdots$$
$$\Rightarrow f(x)=\lim_{n\to\infty}f(x^{\frac{1}{2^n}})=f(\lim_{n\to\infty}x^{\frac{1}{2^n}})=f(1),$$
即
$$f(x)\equiv f(1).$$

例 28 设函数 $f(x)$ 在 $[a,b]$ 上单调上升,$f(a)>a$,$f(b)<b$. 求证:$\exists\ c\in[a,b]$,使得 $f(c)=c$.

证 将 $[a,b]$ 二等分,分点记为 c_0,
$$\begin{cases}\text{若}\ f(c_0)=c_0, & \text{取}\ c=c_0\ \text{即符合要求},\\ \text{若}\ f(c_0)>c_0, & \text{取}\ [a_1,b_1]=[c_0,b],\\ \text{若}\ f(c_0)<c_0, & \text{取}\ [a_1,b_1]=[a,c_0],\end{cases}$$
$$\Rightarrow f(a_1)>a_1,\ f(b_1)<b_1.$$
将 $[a_1,b_1]$ 二等分,分点记为 c_1,
$$\begin{cases}\text{若}\ f(c_1)=c_1, & \text{取}\ c=c_1\ \text{即符合要求},\\ \text{若}\ f(c_1)>c_1, & \text{取}\ [a_2,b_2]=[c_1,b_1],\\ \text{若}\ f(c_1)<c_1, & \text{取}\ [a_2,b_2]=[a_1,c_1],\end{cases}$$
$$\Rightarrow f(a_2)>a_2,\ f(b_2)<b_2.$$
如此继续下去,要么到某一步时,取到一个分点 c_n,使得 $f(c_n)=c_n \Rightarrow c=c_n$;要么这些步骤可无限进行下去,产生一串闭区间 $[a_n,b_n]$,并具有如下三条性质:
$$[a_{n+1},b_{n+1}]\subset[a_n,b_n]\quad(n=1,2,\cdots);$$
$$b_n-a_n=\frac{1}{2^n}(b-a)\to 0\quad(n\to\infty);$$
$$f(a_n)>a_n,\quad f(b_n)<b_n.$$
因此,根据区间套定理,$\exists\ c$ 使得 $\lim_{n\to\infty}a_n=c=\lim_{n\to\infty}b_n$. 并由 $f(x)$ 的单调性,有
$$f(c-0)=\lim_{n\to\infty}f(a_n)\geqslant\lim_{n\to\infty}a_n=c,$$

$$f(c+0) = \lim_{n\to\infty} f(b_n) \leqslant \lim_{n\to\infty} b_n = c.$$

由此,利用 $f(x)$ 的单调性,得到

$$c \leqslant f(c-0) \leqslant f(c) \leqslant f(c+0) \leqslant c$$
$$\Longrightarrow f(c) = c.$$

练习题 1.4

1.4.1 设在正实轴上,$h(x) \leqslant f(x) \leqslant g(x)$,且广义极限
$$\lim_{x\to\infty} h(x) = A = \lim_{x\to\infty} g(x)$$
存在. 求证:$\lim_{x\to\infty} f(x) = A$(分别讨论 $A = +\infty, -\infty$,有限数三种情形).

1.4.2 设 $\lim_{x\to a} f(x) = +\infty$,$\lim_{x\to a} f(x) = A(>0)$,求证:
$$\lim_{x\to a} f(x)g(x) = +\infty.$$

1.4.3 设 $0 < x_n < +\infty$,且满足 $x_n + \dfrac{4}{x_{n+1}^2} < 3$. 求证:极限 $\lim_{n\to\infty} x_n$ 存在,并求出此极限值.

1.4.4 设 $f(x)$ 是 $(-\infty, +\infty)$ 上的周期函数,又
$$\lim_{x\to+\infty} f(x) = 0,$$
求证:$f(x) \equiv 0$.

1.4.5 设 $f(x), g(x)$ 在 $(a, +\infty)$ 上定义,$g(x)$ 单调上升,且
$$\lim_{x\to+\infty} g(f(x)) = +\infty.$$
求证:$\lim_{x\to+\infty} f(x) = +\infty$,$\lim_{x\to+\infty} g(x) = +\infty$.

1.4.6 设 $x_n = \dfrac{1}{1 \cdot n} + \dfrac{1}{2 \cdot (n-1)} + \cdots + \dfrac{1}{(n-1) \cdot 2} + \dfrac{1}{n \cdot 1}$,求 $\lim_{n\to\infty} x_n$.

1.4.7 设 $\lim_{n\to\infty} \dfrac{a_1 + a_2 + \cdots + a_n}{n} = a$,求证:$\lim_{n\to\infty} \dfrac{a_n}{n} = 0$.

1.4.8 设 $\{x_n\}$ 满足 $\lim_{n\to\infty}(x_n - x_{n-2}) = 0$,求证:$\lim_{n\to\infty} \dfrac{x_n}{n} = 0$.

1.4.9 适当定义 $f(0)$,使函数 $f(x) = (1-2x)^{\frac{1}{x}}$ 在点 $x=0$ 处连续.

1.4.10 设 $f(x), g(x) \in C[a,b]$,求证:
(1) $|f(x)| \in C[a,b]$; (2) $\max\{f(x), g(x)\} \in C[a,b]$;
(3) $\min\{f(x), g(x)\} \in C[a,b]$.

1.4.11 设 $f(x) \in C[a,b]$ 单调上升,且 $a < f(x) < b (\forall\, x \in [a,b])$. 对 $\forall\, x_1 \in [a,b]$,由递推公式 $x_{n+1} = f(x_n)(n=1,2,\cdots)$ 产生序列 $\{x_n\}$. 求证:极限 $\lim_{n\to\infty} x_n$ 存在,且其极限值 c 满足 $c = f(c)$.

1.4.12 设序列$\{x_n\}$由如下迭代产生：
$$x_1 = \frac{1}{2}, \quad x_{n+1} = x_n^2 + x_n \quad (n=1,2,\cdots).$$
求证：$\lim\limits_{n\to\infty}\left(\dfrac{1}{1+x_1}+\dfrac{1}{1+x_2}+\cdots+\dfrac{1}{1+x_n}\right)=2.$

1.4.13 求出函数$f(x)=\dfrac{1}{1+\dfrac{1}{x}}$的间断点，并判定间断点的类型.

§5 闭区间上连续函数的性质

内 容 提 要

1. 一致连续与不一致连续的概念

一致连续的定义 设$f(x)$在集合I上定义，$\forall \varepsilon>0$，$\exists \delta>0$，当$x_1,x_2\in I$，$|x_1-x_2|<\delta$时，有$|f(x_1)-f(x_2)|<\varepsilon$，则称$f(x)$在$I$上**一致连续**.

不一致连续判别法 $f(x)$在集合I上不一致连续的充分必要条件为：存在I上的两个序列$\{x_n\},\{y_n\}$，满足$\lim\limits_{x\to+\infty}(x_n-y_n)=0$，而广义极限
$$\lim_{x\to+\infty}(f(x_n)-f(y_n))=A\neq 0.$$

2. 有关闭区间上连续函数的几个重要定理

介值定理 设$f(x)\in C[a,b]$，$\eta\in \mathbf{R}$介于$f(a)$与$f(b)$之间，则$\exists \xi\in [a,b]$，使得$f(\xi)=\eta$.

"介值定理"用的最多的是如下特别情形，也就是所谓的"**零值定理**"：设$f(x)$在闭区间$[a,b]$上连续，如果$f(a)\cdot f(b)<0$，即$f(a),f(b)$异号，那么$f(x)=0$在$[a,b]$内必存在根，即$\exists \xi\in(a,b)$，使得$f(\xi)=0$.

当$f(x)$从一个值变到另一个值时，必定取遍所有中间值，故介值定理又称为**中间值定理**. 从几何上理解就是说，连续函数的值域在数轴上表示的是一个区间.

最大(小)值定理 设$f(x)$在闭区间$[a,b]$上连续，则$\exists x_1\in[a,b]$，使得$f(x_1)=\max\limits_{x\in[a,b]}f(x)$，同样$\exists x_2\in[a,b]$，使得$f(x_2)=\min\limits_{x\in[a,b]}f(x)$.

最大值和最小值定理的一个直接推论：闭区间上的连续函数一定在该区间上有界.

康托定理 闭区间上的连续函数一定一致连续.

典型例题分析

例1 求证：方程$x^3+px+q=0(p>0)$有且仅有一个根.

证 考虑 $f(x)=x^3+px+q=0$. 因为 $\lim\limits_{x\to+\infty}f(x)=+\infty$, 所以 $\exists\, b>0$, 使得 $f(b)>0$. 又 $\lim\limits_{x\to-\infty}f(x)=-\infty$, 所以 $\exists\, a<0$, 使得 $f(a)<0$. 由介值定理, $\exists\, c\in(a,b)$, 使得 $f(c)=0$, 即 $c^3+pc+q=0$. 由 $p>0$, 对 $\forall\, x_2>x_1$, 有

$$f(x_2)-f(x_1)=x_2^3-x_1^3+p(x_2-x_1)$$
$$=(x_2-x_1)(x_2^2+x_1x_2+x_1^2)+p(x_2-x_1)$$
$$\left(\text{因为}\ x_1x_2\geqslant -\frac{x_1^2+x_2^2}{2}\right)$$
$$\geqslant (x_2-x_1)\left(\frac{x_1^2+x_2^2}{2}+p\right)>0,$$

即函数 $f(x)$ 是单调递增的, 因此只有一个根.

例 2 设 $f(x)\in C(a,b)$, $x_1,x_2,\cdots,x_n\in(a,b)$. 求证: $\exists\, \xi\in(a,b)$, 使得

$$f(\xi)=\frac{1}{n}\sum_{k=1}^{n}f(x_k). \tag{5.1}$$

证 设

$$f(x_{k_m})=\min\{f(x_1),f(x_2),\cdots,f(x_n)\},$$
$$f(x_{k_M})=\max\{f(x_1),f(x_2),\cdots,f(x_n)\}.$$

如果 $x_{k_m}=x_{k_M}$, 则有

$$f(x_{k_m})=f(x_{k_M})\Longrightarrow f(x_1)=f(x_2)=\cdots=f(x_n).$$

这时任取 $x_k(k=1,2,\cdots)$ 为 ξ, 都符合要求.

当 $x_{k_m}\neq x_{k_M}$ 时, 令

$$\alpha=\min\{x_{k_m},x_{k_M}\},\quad \beta=\max\{x_{k_m},x_{k_M}\},$$

则有

$$f(x_{k_m})\leqslant f(x_k)\leqslant f(x_{k_M})\quad(k=1,2,\cdots).$$

由此推出 $f(x_{k_m})\leqslant \dfrac{1}{n}\sum\limits_{k=1}^{n}f(x_k)\leqslant f(x_{k_M})$, 在区间 $[\alpha,\beta]$ 上应用介值定理, 则 $\exists\, \xi\in[\alpha,\beta]\subset(a,b)$, 使得 (5.1) 成立.

例 3 设 $f(x)$ 是 $[0,1]$ 上的非负连续函数, 且 $f(0)=f(1)=0$. 求证: 对任意的实数 $r(0<r<1)$, 必存在 $x_0\in[0,1]$, 使得 $x_0+r\in[0,1]$, 且

$$f(x_0) = f(x_0 + r). \tag{5.2}$$

分析 作辅助函数 $F(x)=f(x)-f(x+r)$. 要找满足(5.2)的 x_0,就是找函数 $F(x)$ 的零点.

证 由于
$$F(0) = -f(r), F(1-r) = f(1-r)$$
$$\Rightarrow F(0) \cdot F(1-r) = -f(r)f(1-r) \leqslant 0. \tag{5.3}$$

(1) 如果(5.3)式中的"="号成立,那么 $x_0=0$ 或 $x_0=1-r$ 满足(5.2).

(2) 如果(5.3)式中的"<"号成立,即 $F(0)$ 与 $F(1-r)$ 异号,又 $F(x)$ 在 $[0,1-r]$ 连续,从而根据连续函数的零值定理存在 $x_0 \in (0,1-r)$,使得 $F(x_0)=f(x_0)-f(x_0+r)=0$,即(5.2)成立.

例 4 若 $f(x)$ 在 $(-\infty,+\infty)$ 内连续,且 $\lim\limits_{x\to\infty}f(x)$ 存在. 求证:$f(x)$ 在 $(-\infty,+\infty)$ 内有界.

证 设 $\lim\limits_{x\to\infty}f(x)=A$,则对 $\varepsilon=1$,存在 $X>0$,使得当 $x>X$ 时,$|f(x)-A|<1$,即有 $A-1<f(x)<A+1(\forall x,只要 |x|>X)$. 又因为 $f(x)$ 在 $[-X,X]$ 上连续,所以存在 $M_1>0$,使得
$$|f(x)| \leqslant M_1 \quad (\forall x \in [-X,X]).$$
取 $M=\max\{|A-1|,|A+1|,M_1\}$,则有
$$|f(x)| \leqslant M, \quad \forall x \in (-\infty,+\infty),$$
即 $f(x)$ 在 $(-\infty,+\infty)$ 内有界.

例 5 设 $f(x) \in C(-\infty,+\infty)$,且 $\lim\limits_{x\to\pm\infty}f(x)=+\infty$. 求证:$f(x)$ 在 $(-\infty,+\infty)$ 内取到它的最小值.

思路 对任意的有限区间 $[A,B]$,$f(x)$ 在 $(-\infty,+\infty)$ 上的最小值一定是 $[A,B]$ 上的最小值,反过来显然是不一定对的. 但是能否适当选取 A,B,使得 $f(x)$ 在 $[A,B]$ 上的最小值也是在 $(-\infty,+\infty)$ 上的最小值呢?为此,只需在 $[A,B]$ 上含有这样一个点 x_0,使得
$$f(x) > f(x_0) \quad (\forall x \in (-\infty,+\infty) \setminus [A,B]).$$

证 因为 $\lim\limits_{x\to-\infty}f(x)=+\infty$,所以
$$\exists A<0,当 x<A 时,有 f(x)>f(0); \tag{5.4}$$
因为 $\lim\limits_{x\to+\infty}f(x)=+\infty$,所以

$$\exists\, B > 0, \text{当 } x > B \text{ 时,有 } f(x) > f(0). \tag{5.5}$$

显然,由(5.4),(5.5)式有

$$\min_{x \in [A,B]} f(x) \leqslant f(0) < f(x), \quad \forall\, x \in (-\infty, +\infty) \setminus [A, B]. \tag{5.6}$$

设 $x_m \in [A, B]$,使得 $f(x_m) = \min\limits_{x \in [A,B]} f(x)$,根据(5.6)式,则有

$$f(x_m) = \min_{x \in (-\infty, +\infty)} f(x).$$

例6 设 $f(x)$ 在 $[a,b]$ 上连续,对于区间 $[a,b]$ 中的每一个点 x,总存在 $y \in [a,b]$,使得 $|f(y)| \leqslant \dfrac{1}{2}|f(x)|$. 求证:至少存在一点 $\xi \in [a,b]$,使得 $f(\xi) = 0$.

证 用反证法. 如果函数 $f(x)$ 在 $[a,b]$ 上没有零点,那么函数 $|f(x)|$ 在 $[a,b]$ 上也没有零点. 因为 $|f(x)|$ 在 $[a,b]$ 上连续,所以 $|f(x)| > 0$. 根据闭区间连续函数的性质,必存在最小值,即存在点 $\xi \in [a,b]$,使得

$$|f(\xi)| = \min_{a \leqslant x \leqslant b}\{|f(x)|\} > 0.$$

由题设条件知,在 $[a,b]$ 内存在 $y \in [a,b]$,使得

$$|f(y)| \leqslant \frac{1}{2}|f(\xi)| < |f(\xi)|.$$

这与 $|f(\xi)|$ 是最小值相矛盾,所以函数 $f(x)$ 在 $[a,b]$ 上至少有一个零点.

例7 设 $f(x) \in C(-\infty, +\infty)$,且 $\lim\limits_{x \to \infty} f(f(x)) = \infty$. 求证:

$$\lim_{x \to \infty} f(x) = \infty.$$

证 用反证法. 假设结论不成立. 那么 $\exists\, A > 0$,对于 $\forall\, X, \exists\, x$,$|x| > X$,使得 $|f(x)| \leqslant A$. 取 $X = 1, 2, \cdots$,相应产生序列 $\{x_n\}$,满足

$$|x_n| > n, \quad |f(x_n)| \leqslant A \quad (n = 1, 2, \cdots).$$

又由于 $f(x) \in C[-A, A]$,推知 $\exists\, M > 0$,使得

$$|f(f(x))| \leqslant M, \quad \forall\, x \in [-A, A].$$

于是 $|f(f(x_n))| \leqslant M$. 但是由 $\lim\limits_{x \to \infty} f(f(x)) = \infty$ 推出 $\lim\limits_{n \to \infty} f(f(x_n)) = \infty$,即得矛盾. 故反证法假设不成立,即结论成立.

提问 如下证明,你认为对吗?也是用反证法. 假设结论不成立,

那么 $\lim\limits_{x\to\infty}f(x)\neq\infty$,从而
$$\lim_{x\to\infty}f(x)=A(\text{有限数})\Longrightarrow\lim_{x\to\infty}f(f(x))=f(A),$$
这与 $\lim\limits_{x\to\infty}f(f(x))=\infty$ 矛盾,结论得证.

解答 这个证明是错误的,因为它把结论的反面叙述搞错了. 事实上, $\lim\limits_{x\to\infty}f(x)=\infty$ 的反面有如下两种可能: ① 广义极限 $\lim\limits_{x\to\infty}f(x)$ 不存在;② 广义极限 $\lim\limits_{x\to\infty}f(x)$ 存在,但是极限值是有限数 A. 上述证明中,反面叙述的错误就在于遗漏了可能性①.

例8 证明下列函数在指定区间上不一致连续:

(1) $f(x)=\sin\dfrac{1}{x}$ $(x\in(0,1))$; (2) $f(x)=\ln x$ $(x>0)$.

证 (1) 取 $x_n=\dfrac{1}{2n\pi}, y_n=\dfrac{1}{2n\pi+\dfrac{\pi}{2}}$ $(n=1,2,\cdots)$,则有

$$\lim_{n\to\infty}(x_n-y_n)=0, \text{而} \lim_{n\to\infty}(f(x_n)-f(y_n))=\lim_{n\to\infty}1=1.$$

于是 $f(x)$ 在 $(0,1)$ 上不一致连续.

(2) 取 $x_n=\mathrm{e}^{-n}, y_n=\mathrm{e}^{-(n+1)}$ $(n=1,2,\cdots)$. 则有

$$\lim_{n\to\infty}(x_n-y_n)=0, \text{而} \lim_{n\to\infty}(f(x_n)-f(y_n))=\lim_{n\to\infty}1=1.$$

由此推出 $f(x)$ 在 $(0,+\infty)$ 上不一致连续.

例9 设 $f(x)$ 在 (a,b) 上一致连续. 求证:

(1) $\exists\,\delta>0$,使得对于 $\forall\,x_0$,当 $x\in(a,b)\cap(x_0-\delta,x_0+\delta)$ 时,有
$$|f(x)|\leqslant f(x_0)+1.$$

(2) $f(x)$ 在 (a,b) 上有界.

证 (1) 由 $f(x)$ 的一致连续性,对 $\varepsilon=1, \exists\,\delta>0$,当 $x\in(a,b)\cap(x_0-\delta,x_0+\delta)$ 时,有
$$|f(x)-f(x_0)|<1\Longrightarrow|f(x)|\leqslant|f(x_0)|+1.$$

(2) 利用第(1)小题中的 δ,把 (a,b) 分成 n 个小区间,设分点为 $a=x_0<x_1<\cdots<x_n=b$,使得 $\lim\limits_{1\leqslant k\leqslant n}(x_k-x_{k-1})<\delta$,令
$$M=\max_{1\leqslant k\leqslant n-1}\{|f(x_k)|+1\}.$$

对 $\forall\,x\in(a,b),\exists\,k\,(1\leqslant k\leqslant n)$,使得 $x\in[x_{k-1},x_k]$,于是利用第(1)小题,有

$$|f(x) - f(x_k)| < 1 \quad (1 \leqslant k \leqslant n-1),$$

或 $$|f(x) - f(x_{k-1})| < 1 \quad (2 \leqslant k \leqslant n),$$

并由此推出 $|f(x)| \leqslant M$.

例 10 设 $f(x) \in C(-\infty, +\infty)$，且
$$\lim_{x \to -\infty} f(x) = A, \quad \lim_{x \to +\infty} f(x) = B.$$
求证：$f(x)$ 在 $(-\infty, +\infty)$ 上一致连续.

证 $\forall \varepsilon > 0$，由 $\lim\limits_{x \to -\infty} f(x) = A$，推知 $\exists x_1 < 0$，使得当 $x \leqslant x_1$ 时，有

$$|f(x) - A| < \frac{\varepsilon}{2},$$
$$|f(\xi) - f(\eta)| \leqslant |f(\xi) - A| + |f(\eta) - A|$$
$$< \varepsilon \quad (\forall \, \xi, \eta \leqslant x_1). \tag{5.7}$$

又由 $\lim\limits_{x \to -\infty} f(x) = B$，推知 $\exists x_2 > 0$，使得当 $x \geqslant x_2$ 时，有

$$|f(x) - B| < \frac{\varepsilon}{2},$$
$$|f(\xi) - f(\eta)| \leqslant |f(\xi) - B| + |f(\eta) - B|$$
$$< \varepsilon \quad (\forall \, \xi, \eta \geqslant x_2). \tag{5.8}$$

另一方面，因为函数 $f(x) \in C[x_1 - 1, x_2 + 1]$，所以 $f(x)$ 在 $[x_1 - 1, x_2 + 1]$ 上一致连续. 于是 $\exists \delta \in (0, 1)$，使得

$$|f(\xi) - f(\eta)| < \varepsilon, \quad \forall \, \xi, \eta \in [x_1 - 1, x_2 + 1], |\xi - \eta| < \delta. \tag{5.9}$$

这样，当 $\xi, \eta \in (-\infty, +\infty)$，且 $|\xi - \eta| < \delta$ 时，

(1) 若 $\xi, \eta < x_1$，由 (5.7) 式，$|f(\xi) - f(\eta)| < \varepsilon$；

(2) 若 $\xi, \eta > x_2$，由 (5.8) 式，$|f(\xi) - f(\eta)| < \varepsilon$；

(3) 若 ξ 或 $\eta \in [x_1, x_2]$，则有 $\xi, \eta \in [x_1 - 1, x_2 + 1]$，由 (5.9) 式知
$$|f(\xi) - f(\eta)| < \varepsilon.$$

根据定义，即得 $f(x)$ 在 $(-\infty, +\infty)$ 上一致连续.

提问 本题如下证明是否正确？由 (5.7) 式知 $f(x)$ 在 $(-\infty, x_1]$ 上一致连续；由 (5.8) 式知 $f(x)$ 在 $[x_2, +\infty)$ 上一致连续；又 $f(x)$ 在 $[x_1, x_2]$ 上连续必一致连续. 因此，$f(x)$ 在 $(-\infty, +\infty)$ 上一致连续.

解答 这样证明是错误的.错误在于:当 ε 变动时, x_1, x_2 也在变动.谈 $f(x)$ 在 $(-\infty, x_1]$, $[x_2, +\infty)$ 上一致连续没有意义.如果 ε 不变,则没有对任给的 ε>0,去找 δ>0,因此得不出一致连续.

评注 本题证明的基本思想不是证在三个区间上一致连续,合起来得数轴上一致连续,而是对任给的 ε>0,通过分三个区间来找 δ. 因为对于 $\forall \xi, \eta \in (-\infty, +\infty)$,即使 $|\xi - \eta| < \delta$, ξ, η 也可以分别属于不同区间.之所以在(5.9)式中要用区间 $[x_1-1, x_2+1]$,是由于 ξ 与 η 之间有牵连关系 $|\xi - \eta| < \delta$,而 $0 < \delta < 1$.于是,当 ξ 或 η 之一进入区间 $[x_1, x_2]$ 时,另一个也被"牵连"到比区间 $[x_1, x_2]$"两端稍伸长"的区间 $[x_1-1, x_2+1]$ 里边去了.

例 11 设 $f(x) \in C(a,b)$,求证: $f(x)$ 在 (a,b) 上一致连续的充分必要条件为: 极限 $\lim\limits_{x \to a+0} f(x)$ 和 $\lim\limits_{x \to b-0} f(x)$ 都存在.

证 充分性 设 $\lim\limits_{x \to a+0} f(x) = A$, $\lim\limits_{x \to b-0} f(x) = B$. 定义函数

$$\tilde{f}(x) = \begin{cases} A, & x = a, \\ f(x), & a < x < b, \\ B, & x = b, \end{cases}$$

则函数 $\tilde{f}(x)$ 在 $[a,b]$ 上连续.从而 $\tilde{f}(x)$ 在 $[a,b]$ 上一致连续,特别有 $\tilde{f}(x)$ 在 (a,b) 上一致连续.

必要性 $\forall ε > 0$,因为 $f(x)$ 在 (a,b) 上一致连续,所以 $\exists \delta > 0$,使得对 $\forall x_1, x_2 \in (a,b)$,只要 $|x_1 - x_2| < \delta$,就有 $|f(x_1) - f(x_2)| < ε$.由此可见

$$\forall x_1, x_2 \in (a, a+\delta) \Longrightarrow |x_1 - x_2| < a + \delta - a = \delta$$
$$\Longrightarrow |f(x_1) - f(x_2)| < ε.$$

根据函数极限的收敛原理,即知极限 $\lim\limits_{x \to a+0} f(x)$ 存在.同理,

$$\forall x_1, x_2 \in (b-\delta, b) \Longrightarrow |x_1 - x_2| < b - (b-\delta) = \delta$$
$$\Longrightarrow |f(x_1) - f(x_2)| < ε.$$

从而,极限 $\lim\limits_{x \to b-0} f(x)$ 存在.

引申 有界开区间上的一致连续函数,一定是有界的,且端点处的极限存在.而在 $(-\infty, +\infty)$ 上的一致连续函数,不一定有界,且当 $x \to \pm \infty$ 时,函数极限也不一定存在.

例 12 设 $f(x)$ 在 $[0,+\infty)$ 上一致连续，且对 $\forall\ h>0$，序列 $\{f(nh)\}$ 极限存在. 求证：$\lim\limits_{x\to+\infty} f(x)$ 存在.

证 因为 $f(x)$ 在 $[0,+\infty)$ 上一致连续，所以对 $\forall\ \varepsilon>0$，$\exists\ \delta>0$，使得 $\forall\ \xi,\eta\geqslant 0$，$|\xi-\eta|<\delta$ 时，有

$$|f(\xi)-f(\eta)|<\frac{\varepsilon}{3}.$$

又对上述的 $\varepsilon>0$，$\delta>0$，因为 $\lim\limits_{n\to\infty} f(n\delta)$ 存在，所以 $\exists\ N\in\boldsymbol{N}$，使得对 $\forall\ m,n>N$，有

$$|f(n\delta)-f(m\delta)|<\frac{\varepsilon}{3}.$$

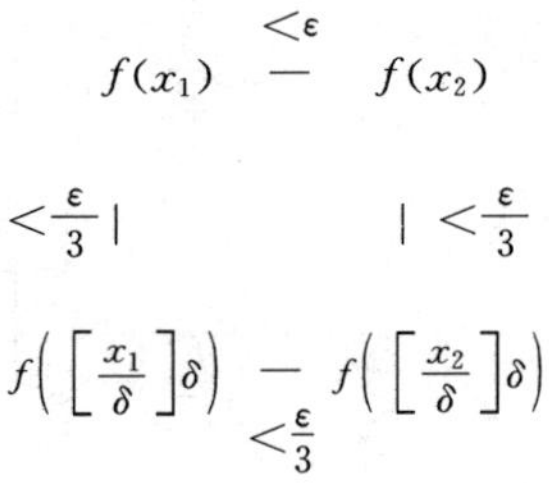

图 1.5

再对上述的 $\varepsilon>0$，$\delta>0$，取 $X=(N+1)\delta$，则对 $\forall\ x_1,x_2>X$，有

$$\frac{x_i}{\delta}>N+1\Longrightarrow\left[\frac{x_i}{\delta}\right]>N\quad(i=1,2)$$

及

$$\left|x_i-\left[\frac{x_i}{\delta}\right]\delta\right|=\delta\left|\frac{x_i}{\delta}-\left[\frac{x_i}{\delta}\right]\right|<\delta\quad(i=1,2).$$

故有(参见图 1.5).

$$\begin{aligned}|f(x_1)-f(x_2)|=&\left|f(x_1)-f\left(\left[\frac{x_1}{\delta}\right]\delta\right)\right|\\&+\left|f\left(\left[\frac{x_2}{\delta}\right]\delta\right)-f\left(\left[\frac{x_1}{\delta}\right]\delta\right)\right|\\&+\left|f\left(\left[\frac{x_2}{\delta}\right]\delta\right)-f(x_2)\right|\\&<\frac{\varepsilon}{3}+\frac{\varepsilon}{3}+\frac{\varepsilon}{3}=\varepsilon\quad(\forall\ x_1,x_2>X).\end{aligned}$$

评注 本题采用的证明方法称为"$\frac{\varepsilon}{3}$论证法".

例 13 设 $f(x)$ 是在 $[0,+\infty)$ 上的非负连续函数，且满足对 $\forall\ x_1,x_2\geqslant 0$ 有 $f(x_1+x_2)\leqslant f(x_1)+f(x_2)$. 求证：

$$\lim_{x\to+\infty}\frac{f(x)}{x}=\inf_{x>0}\frac{f(x)}{x}.$$

证 记 $m=\inf\limits_{x>0}\dfrac{f(x)}{x}$,则 $0\leqslant m<+\infty$. 根据下确界定义,对 $\forall\ \varepsilon>0$,存在 $x_0>0$,使得 $m\leqslant\dfrac{f(x_0)}{x_0}<m+\dfrac{\varepsilon}{2}$. 对 $\forall\ x>0$,将 $\dfrac{x}{x_0}$ 进行整数部分和小数部分的分解:

$$\dfrac{x}{x_0}=\left[\dfrac{x}{x_0}\right]+\left\{\dfrac{x}{x_0}\right\}\Longrightarrow x=\left[\dfrac{x}{x_0}\right]x_0+\left\{\dfrac{x}{x_0}\right\}x_0$$

$$\Longrightarrow f(x)\leqslant\left[\dfrac{x}{x_0}\right]f(x_0)+f\left(\left\{\dfrac{x}{x_0}\right\}x_0\right).$$

故有

$$\dfrac{f(x)}{x}\leqslant\dfrac{\left[\dfrac{x}{x_0}\right]}{\dfrac{x}{x_0}}\dfrac{f(x_0)}{x_0}+\dfrac{f\left(\left\{\dfrac{x}{x_0}\right\}x_0\right)}{x}$$

$$\leqslant\dfrac{f(x_0)}{x_0}+\dfrac{1}{x}\cdot f\left(\left\{\dfrac{x}{x_0}\right\}x_0\right), \qquad (5.10)$$

其中 $[*],\{*\}$ 分别表示 $*$ 的整数部分和分数部分,注意到 $0\leqslant\left\{\dfrac{x}{x_0}\right\}x_0\leqslant x_0$,便知 $f\left(\left\{\dfrac{x}{x_0}\right\}x_0\right)$ 有界,所以对上述的 $\varepsilon>0$,$\exists\ X>0$,使得对 $\forall\ x>X$,有

$$0\leqslant\dfrac{1}{x}\cdot f\left(\left\{\dfrac{x}{x_0}\right\}x_0\right)<\dfrac{\varepsilon}{2}.$$

于是由(5.10)式有

$$m\leqslant\dfrac{f(x)}{x}\leqslant m+\varepsilon,\quad \forall\ x>X.$$

练 习 题 1.5

1.5.1 设 $f(x)\in C[a,b]$,且 $|f(x)|$ 在 $[a,b]$ 上单调. 求证: $f(x)$ 在 $[a,b]$ 上不变号.

1.5.2 设 $f(x)\in C(-\infty,+\infty)$,且严格单调,又

$$\lim_{x\to-\infty}f(x)=0,\quad \lim_{x\to+\infty}f(x)=+\infty.$$

求证:方程 $f^3(x)-6f^2(x)+9f(x)-3$ 有且仅有三个根.

1.5.3 设 $f_n(x)=x^n+x$. 求证:

(1) 对任意自然数 $n>1$, 方程 $f_n(x)=1$ 在 $\left(\dfrac{1}{2}, 1\right)$ 内有且仅有一个根;

(2) 若 $c_n \in \left(\dfrac{1}{2}, 1\right)$ 是 $f_n(x)=1$ 的根, 则 $\lim\limits_{n\to\infty} c_n$ 存在, 并求此极限值.

1.5.4 设 $f(x)$ 在 $[a,b]$ 上无界. 求证: $\exists\, c \in [a,b]$, 使得对 $\forall\, \delta>0$, 函数 $f(x)$ 在 $[c-\delta, c+\delta] \cap [a,b]$ 上无界.

1.5.5 设 $\{x_n\}$ 为有界序列. 求证: $\{x_n\}$ 以 a 为极限的充分必要条件是: $\{x_n\}$ 的任一收敛子序列都有相同的极限值 a.

1.5.6 设 $f(x), g(x) \in C[a,b]$. 求证:
$$\max_{a \leqslant x \leqslant b} |f(x)+g(x)| \leqslant \max_{a \leqslant x \leqslant b} |f(x)| + \max_{a \leqslant x \leqslant b} |g(x)|.$$

1.5.7 设 $f(x) \in C[a,b]$, 且有惟一的取到 $f(x)$ 最大值的点 x^*, 又设
$$x_n \in [a,b] \quad (n=1,2,\cdots),$$
使得 $\lim\limits_{n\to\infty} f(x_n) = f(x^*)$. 求证: $\lim\limits_{n\to\infty} x_n = x^*$.

1.5.8 设 $f(x) \in C[0,+\infty)$, 又设对 $\forall\, l \in \mathbf{R}$, 方程 $f(x)=l$ 在 $[0,+\infty)$ 上只有有限个解或无解. 求证:

(1) 如果 $f(x)$ 在 $[0,+\infty)$ 上有界, 则极限 $\lim\limits_{x\to+\infty} f(x)$ 存在;

(2) 如果 $f(x)$ 在 $[0,+\infty)$ 上无上界, 则 $\lim\limits_{x\to+\infty} f(x) = +\infty$.

1.5.9 设 $f(x) \in C(-\infty, +\infty)$, 存在 $\lim\limits_{x\to\pm\infty} f(x) = +\infty$, 且 $f(x)$ 的最小值 $f(a) < a$. 求证: $f(f(x))$ 至少在两个点处取到它的最小值.

1.5.10 设 $f(x)$ 在 $[a,b]$ 上定义, $x_0 \in [a,b]$. 如果对 $\forall\, \varepsilon>0$, $\exists\, \delta>0$, 当 $|x-x_0|<\delta$ 时, 有 $f(x) < f(x_0)+\varepsilon$, 那么称 $f(x)$ 在点 x_0 处**上半连续**. 如果 $f(x)$ 在 $[a,b]$ 上的每一点都上半连续, 则称 $f(x)$ 为 $[a,b]$ 上的一个上半连续函数. 求证: $[a,b]$ 上的上半连续函数一定有上界.

1.5.11 证明下列函数在实轴上一致连续:

(1) $f(x) = \sqrt{1+x^2}$;   (2) $f(x) = \sin x$.

1.5.12 证明下列函数在实轴上不一致连续:

(1) $f(x) = x \sin x$;   (2) $f(x) = \sin x^2$.

1.5.13 设 $f(x)$ 在 $[0,+\infty)$ 上一致连续, 对 $\forall\, h \geqslant 0$, $\lim\limits_{n\to\infty} f(h+n) = A$(有限数). 求证: $\lim\limits_{x\to+\infty} f(x) = A$.

1.5.14 设存在常数 $L>0$, 使得 $f(x)$ 在 $[a,b]$ 上满足
$$|f(x) - f(y)| \leqslant L|x-y|, \quad \forall\, x,y \in [a,b].$$
求证: $f(x)$ 在 $[a,b]$ 上一致连续.

1.5.15 设函数 $f(x), g(x)$ 在 (a,b) 内一致连续. 求证: $f(x)+g(x)$ 与

$f(x) \cdot g(x)$ 都在 (a,b) 内一致连续.

1.5.16 设 $f(x)$ 在 (a,b) 内一致连续,值域含于区间 (c,d),又 $g(x)$ 在 (c,d) 内一致连续.求证: $g(f(x))$ 在 (a,b) 内一致连续.

1.5.17 设 $f(x) \in C(-\infty,+\infty)$,且是周期为 T 的周期函数.求证: $f(x)$ 在实轴上一致连续.

第二章 一元函数微分学

§1 导数和微分

内 容 提 要

1. 导数的定义

设 $f(x)$ 在 x_0 的某个邻域内有定义,若函数增量
$$\Delta y = f(x_0 + \Delta x) - f(x_0)$$
与自变量增量 $\Delta x = x - x_0$ 之比的极限存在,则称 $f(x)$ 在 x_0 处**可导**,此极限称为 $f(x)$ 在点 x_0 的**导数**. 记为
$$y'|_{x=x_0} = f'(x_0) = \lim_{\Delta x \to 0} \frac{f(x_0 + \Delta x) - f(x_0)}{\Delta x} = \lim_{\Delta x \to 0} \frac{\Delta y}{\Delta x}.$$

2. 导数的几何意义

导数 $f'(x_0)$ 在几何上是曲线 $y = f(x)$ 在点 $P = (x_0, f(x_0))$ 处切线的斜率. 故在点 $P = (x_0, f(x_0))$ 处的切线方程为
$$y - f(x_0) = f'(x_0)(x - x_0).$$
切线在 x 轴上的截距为 $x_0 - \dfrac{f(x_0)}{f'(x_0)}$;在 y 轴上的截距为 $f(x_0) - x_0 f'(x_0)$.

曲线在点 P 处有垂直于 x 轴的切线,等价于 $\lim\limits_{\Delta x \to 0} \dfrac{\Delta y}{\Delta x} = +\infty$ 或 $-\infty$.

3. 单侧导数

表达式
$$f'_-(x) = \lim_{\Delta x \to 0-0} \frac{f(x + \Delta x) - f(x)}{\Delta x},$$
$$f'_+(x) = \lim_{\Delta x \to 0+0} \frac{f(x + \Delta x) - f(x)}{\Delta x}$$
分别表示函数在点 x 处的左导数和右导数.

函数在点 x 处可导的充分且必要条件为 $f'_-(x) = f'_+(x)$.

4. 基本公式

$(x^a)' = ax^{a-1}$;

$(\sin x)' = \cos x$; $(\cos x)' = -\sin x$;

$(\tan x)' = \dfrac{1}{\cos^2 x};$ $\qquad$ $(\cot x)' = -\dfrac{1}{\sin^2 x};$

$(\arcsin x)' = \dfrac{1}{\sqrt{1-x^2}};$ $\qquad$ $(\arccos x)' = -\dfrac{1}{\sqrt{1-x^2}};$

$(\arctan x)' = \dfrac{1}{x^2+1};$ $\qquad$ $(\text{arccot}\, x)' = -\dfrac{1}{x^2+1};$

$(e^x)' = e^x;$ $\qquad$ $(a^x)' = a^x \ln a \quad (a>0);$

$(\ln|x|)' = \dfrac{1}{x};$ $\qquad$ $(\log_a x)' = \dfrac{1}{x\ln a} \quad (a>0).$

5. 求导的基本法则

(1) 四则运算求导：若 $u(x), v(x)$ 可导，则有

$(cu)' = cu';$ $\qquad$ $(u \pm v)' = u' \pm v';$

$(u \cdot v)' = u' \cdot v + v' \cdot u;$ $\qquad$ $\left(\dfrac{u}{v}\right)' = \dfrac{u'v - v'u}{v^2} \quad (v \neq 0).$

(2) 复合函数求导——锁链法则：

若 $y = f(u), u = u(x)$ 都可导，则 $y'_x = y'_u \cdot u'_x.$

(3) 反函数求导：设 $x = \varphi(y)$ 在 (c,d) 上连续，严格单调，值域为 (a,b)，且 $\varphi'(y_0) \neq 0$. 则反函数 $y = f(x)$ 在点 $x_0 = \varphi(y_0)$ 处可导，且

$$f'(x_0) = \dfrac{1}{\varphi'(y_0)} = \dfrac{1}{\varphi'(f(x_0))}.$$

(4) 参数方程所确定的函数求导：设 $x = \varphi(t), y = \psi(t)$ 在 (α, β) 上连续、可导，且 $\varphi'(t) \neq 0$（这时 $\varphi(t)$ 必严格单调）. 则参数式确定的函数 $y = \psi[\varphi^{-1}(x)]$ 可导，且 $y'_x = \dfrac{\psi'(t)}{\varphi'(t)}.$

(5) 隐函数求导：若函数 $f: X \to Y, x \mapsto f(x)$ 满足方程

$$F(x, f(x)) \equiv 0 \quad (\forall x \in X),$$

则称 $y = f(x)$ 是方程 $F(x, y) = 0$ 的隐函数. 求隐函数的导数时，只要对上面的恒等式求导即可.

6. 曲线 $r = r(\theta)$ 在切点处的向径与切线的夹角

设 $r = r(\theta)$ 为曲线的极坐标方程，则切点的向径与切线的夹角 β（从向径出发按逆时针方向转到切线所成的角）满足 $\tan\beta = \dfrac{r}{r'}.$

7. 高阶导数

(1) 高阶导数的定义：$f^{(n)}(x) = [f^{(n-1)}(x)]' \ (n = 1, 2, \cdots), f^{(0)}(x) = f(x).$

(2) 基本公式：

$(e^x)^{(n)} = e^x;$

$(\sin x)^{(n)} = \sin\left(x + \dfrac{n\pi}{2}\right);$ $\qquad$ $(\cos x)^{(n)} = \cos\left(x + \dfrac{n\pi}{2}\right);$

$[\ln(1+x)]^{(n)} = (-1)^{n-1} \dfrac{(n-1)!}{(1+x)^n};$

$[(1+x)^\alpha]^{(n)} = \alpha(\alpha-1)\cdots(\alpha-n+1)(1+x)^{\alpha-n}.$

(3) 莱布尼茨公式：

$$(u \cdot v)^{(n)} = \sum_{k=0}^{n} C_n^k u^{(k)} v^{(n-k)}, \quad 其中 \ C_n^k = \frac{n!}{k!(n-k)!}.$$

8. 微分定义

设 $y=f(x)$ 在点 x 处的某个邻域内有定义。在点 x 处，Δy 可表示成

$$\Delta y = A(x)\Delta x + o(\Delta x),$$

则称 $f(x)$ 在 x 点**可微**，且称线性主部 $A(x)\Delta x$ 为 $y=f(x)$ 在 x 点处的**微分**，记作 $dy=A(x)dx$（自变量 x 的微分定义为 $dx=\Delta x$）。

9. 函数可微的充分必要条件

函数在 x 点可微的充分必要条件为函数在 x 点可导，且

$$dy = f'(x)dx.$$

10. 一阶微分形式的不变性

若 $y=f(u), u=u(x)$ 皆可微，则复合函数可微，且 $dy=f'(u)du$，

$$d^1 y = dy, \quad d^n y = d(d^{n-1}y) \quad (n=2,3,\cdots).$$

当 x 为自变量时，$d^2 x = d^3 x = \cdots = 0$。于是 $d^n y = y^{(n)} dx^n \Longrightarrow y^{(n)} = \frac{d^n y}{dx^n}$。

当 x 为函数时，$d^2 y = d(y'dx) = y''dx^2 + y'd^2 x$。由此可见，二阶微分的形式没有不变性。

典型例题分析

例 1　求曲线 $y=x^2$ 和 $y=\frac{1}{x}(x<0)$ 的公切线方程。

解法 1　设公切线在 $y=x^2(x<0)$ 上的切点为 (x_1, x_1^2)，在 $y=\frac{1}{x}$ $(x<0)$ 上的切点为 $\left(x_2, \frac{1}{x_2}\right)$，则公切线作为曲线 $y=x^2$ 的切线，其方程是

$$y = x_1^2 + 2x_1(x-x_1), \tag{1.1}$$

公切线作为曲线 $y=\frac{1}{x}$ 的切线，其方程是

$$y = \frac{1}{x_2} - \frac{1}{x_2^2}(x-x_2). \tag{1.2}$$

比较 (1.1) 与 (1.2) 式右端 x 幂的系数，得到

$$\begin{cases} 2x_1 = -\dfrac{1}{x_2^2}, \\ \dfrac{1}{x_2} - x_1^2 = 2x_1(x_2 - x_1) \end{cases} \Longrightarrow \begin{cases} x_1 = -2, \\ x_2 = -\dfrac{1}{2}, \end{cases}$$

即得公切线方程为 $4x+y+4=0$.

解法 2 设公切线在 $y=x^2(x<0)$ 上的切点为 (x_1,x_1^2), 在 $y=\dfrac{1}{x}$ $(x<0)$ 上的切点为 $\left(x_2,\dfrac{1}{x_2}\right)$, 公切线在 x 轴和 y 轴上的截距分别为 u 和 v, 那么

$$x_1-\dfrac{x_1^2}{2x_1}=\dfrac{1}{2}x_1=u=x_2-\dfrac{\dfrac{1}{x_2}}{-\dfrac{1}{x_2^2}}=2x_2\Rightarrow x_2=\dfrac{1}{4}x_1,$$

$$x_1^2-x_1\cdot 2x_1=-x_1^2=v=\dfrac{1}{x_2}+x_2\cdot\dfrac{1}{x_2^2}=\dfrac{2}{x_2}\Rightarrow x_2=-\dfrac{2}{x_1^2}.$$

由此解出 $x_1=-2, u=-1, v=-4$. 即得公切线的截距式方程为

$$\dfrac{x}{-1}+\dfrac{y}{-4}=1.$$

解法 3 设公切线在 $y=\dfrac{1}{x}(x<0)$ 上的切点为 $\left(x_2,\dfrac{1}{x_2}\right)$, 则公切线作为曲线 $y=\dfrac{1}{x}$ 的切线, 其方程是

$$y=\dfrac{1}{x_2}-\dfrac{1}{x_2^2}(x-x_2), \tag{1.3}$$

因为公切线作为曲线 $y=x^2$ 的切线, 所以二次方程

$$x^2=\dfrac{1}{x_2}-\dfrac{1}{x_2^2}(x-x_2)$$

有等根, 从而它的判别式 $\Delta=1-8x_2^3=0\Rightarrow x_2=-\dfrac{1}{2}$, 代入 (1.3) 式即得公切线方程为 $4x+y+4=0$.

例 2 已知 $f(x)$ 是 $(-\infty,+\infty)$ 上的连续函数, 它在 $x=0$ 的某个邻域内满足关系式

$$f(1+\sin x)-3f(1-\sin x)=8x+o(x) \quad (x\to 0),$$

且 $f(x)$ 在点 $x=1$ 处可导, 求曲线 $y=f(x)$ 在点 $(1,f(1))$ 处的切线方程.

解 令 $\sin x=t$, 注意到当 $x\to 0$ 时, $t\to 0$, 且 $\sin x\sim x$, $\arcsin t\sim t$. 题设条件可改写为

$$f(1+t)-3f(1-t)=8t+o(t) \quad (t\to 0). \tag{1.4}$$

又因为 $f(x)$ 在点 $x=1$ 处可导,所以
$$f(1\pm t)=f(1)\pm f'(1)t+o(t) \quad (t\to 0). \tag{1.5}$$
将(1.5)式代入改写了的题设条件(1.4)式,得到
$$-2f(1)+4f'(1)t+o(t)=8t+o(t) \quad (t\to 0)$$
$$\Longrightarrow f(1)=0, f'(1)=2.$$
从而,所求切线方程为 $y=2(x-1)$.

例 3 设 $x(t),y(t)$ 可微,$r=\sqrt{x^2+y^2}$,$\theta=\arctan\dfrac{y}{x}$,求 $\mathrm{d}r,\mathrm{d}\theta$.

解 $\mathrm{d}r=\dfrac{x\mathrm{d}x+y\mathrm{d}y}{\sqrt{x^2+y^2}}$,$\mathrm{d}\theta=\dfrac{1}{1+\left(\dfrac{y}{x}\right)^2}\cdot\dfrac{x\mathrm{d}y-y\mathrm{d}x}{x^2}=\dfrac{x\mathrm{d}y-y\mathrm{d}x}{x^2+y^2}$.

例 4 设曲线既可用参数式 $x=x(t),y=y(t)$ 表示,又可用极坐标 $r=r(\theta)$ 表示. 求证:$(\mathrm{d}x)^2+(\mathrm{d}y)^2=(r\mathrm{d}\theta)^2+(\mathrm{d}r)^2$.

证法 1 由例 3 得
$$(r\mathrm{d}\theta)^2+(\mathrm{d}r)^2=\left(r\cdot\dfrac{x\mathrm{d}y-y\mathrm{d}x}{r^2}\right)^2+\left(\dfrac{x\mathrm{d}x+y\mathrm{d}y}{r}\right)^2$$
$$=\dfrac{1}{r^2}[(x\mathrm{d}y-y\mathrm{d}x)^2+(x\mathrm{d}x+y\mathrm{d}y)^2]$$
$$=(\mathrm{d}x)^2+(\mathrm{d}y)^2.$$

证法 2 由 $x=r(\theta)\cos\theta,y=r(\theta)\sin\theta$ $(\theta=\theta(t))$,从而
$$(\mathrm{d}x)^2+(\mathrm{d}y)^2=(\cos\theta\mathrm{d}r-r\sin\theta\mathrm{d}\theta)^2+(\sin\theta\mathrm{d}r+r\cos\theta\mathrm{d}\theta)^2$$
$$=(r\mathrm{d}\theta)^2+(\mathrm{d}r)^2.$$

例 5 设 $y=\dfrac{x-a}{1-ax}(|a|<1)$. 求证:当 $|x|<1$ 时,有
$$\dfrac{\mathrm{d}y}{1-y^2}=\dfrac{\mathrm{d}x}{1-x^2}.$$

证法 1 由已知条件得
$$\mathrm{d}y=\dfrac{1-a^2}{(ax-1)^2}\mathrm{d}x,$$
$$1-y^2=\dfrac{(1-a^2)(1-x^2)}{(ax-1)^2},$$
整理化简得
$$\dfrac{\mathrm{d}y}{1-y^2}=\dfrac{\dfrac{1-a^2}{(ax-1)^2}\mathrm{d}x}{\dfrac{(1-a^2)(1-x^2)}{(ax-1)^2}}=\dfrac{\mathrm{d}x}{1-x^2}.$$

证法 2 先由 y 的表达式,解出 $a=\dfrac{x-y}{1-xy}$.再两边取微分,得
$$0=\dfrac{(\mathrm{d}x-\mathrm{d}y)(1-xy)+(x-y)(y\mathrm{d}x+x\mathrm{d}y)}{(1-xy)^2}$$
$$\Longrightarrow (1-y^2)\mathrm{d}x-(1-x^2)\mathrm{d}y=0.$$

例 6 求证心脏线 $r=a(1-\cos\theta)(a>0)$ 的向径与切线间的夹角等于向径极角的一半.

证 设向径与切线间的夹角为 β,则
$$\tan\beta=\dfrac{r}{r'}=\dfrac{a(1-\cos\theta)}{a\sin\theta}=\tan\dfrac{\theta}{2}\Longrightarrow\beta=\dfrac{\theta}{2}.$$

例 7 设 $f(x)\in C[a,b]$,$f'(a)$ 存在,并设 η 满足
$$f'(a)>\eta>\dfrac{f(b)-f(a)}{b-a}.$$
求证:$\exists\,\xi\in(a,b)$,使得 $\dfrac{f(\xi)-f(a)}{\xi-a}=\eta$.

证 考虑函数 $g(x)=\begin{cases}\dfrac{f(x)-f(a)}{x-a},& a<x\leqslant b,\\ f'(a),& x=a.\end{cases}$

容易验证 $g(x)\in C[a,b]$,且 $g(a)>\eta>g(b)$.由连续函数的介值定理,$\exists\,\xi\in(a,b)$,使得 $g(\xi)=\eta$,即 $\dfrac{f(\xi)-f(a)}{\xi-a}=\eta$.

例 8 设 $f(x)$ 在 $\boldsymbol{R}$ 上可微,且 $f(x),f'(x)$ 没有公共零点.求证:集合 $\{x\in[0,1]\,|\,f(x)=0\}$ 是有穷集.

证 用反证法.假设 $\exists\,x_n\in[0,1]$,使得 $f(x_n)=0(n=1,2,\cdots)$.那么根据波尔察诺定理,$\exists\,\{x_{n_k}\}_{k=1}^{\infty}$ 和 $x_0\in[0,1]$,使得 $\lim\limits_{k\to\infty}x_{n_k}=x_0$.于是有
$$f(x_0)=\lim_{k\to\infty}f(x_{n_k})=\lim_{k\to\infty}0=0,$$
$$f'(x_0)=\lim_{k\to\infty}\dfrac{f(x_{n_k})-f(x_0)}{x_{n_k}-x_0}=0.$$

这意味着 x_0 是 $f(x),f'(x)$ 的公共零点.这与 $f(x),f'(x)$ 没有公共零点矛盾.这矛盾说明反证法假设不成立,故 $\{x\in[0,1]\,|\,f(x)=0\}$ 是有穷集.

例 9 设函数 $y=y(x)$ 由 $\dfrac{x^2}{a^2}+\dfrac{y^2}{b^2}=1$ 确定,求 y''.

解法 1 对隐函数方程两边求一次导,得
$$2\frac{x}{a^2} + \frac{2}{b^2}yy' = 0. \tag{1.6}$$
由此求出 $y' = -\frac{b^2 x}{a^2 y}$. 对方程(1.6)两边再求一次导,得
$$\frac{2}{a^2} + \frac{2}{b^2}yy'' + \frac{2}{b^2}(y')^2 = 0. \tag{1.7}$$
用 y' 代入(1.7)式,即可解出
$$y'' = \frac{1}{2}\frac{b^2}{y}\left(-\frac{2}{a^2} - \frac{2b^2 x^2}{a^4 y^2}\right) = -\frac{b^4}{a^2 y^3}\left(\frac{x^2}{a^2} + \frac{y^2}{b^2}\right) = -\frac{b^4}{a^2 y^3}.$$

解法 2 由椭圆的参数方程 $x=a\cos t, y=b\sin t$ 得
$$\frac{\mathrm{d}y}{\mathrm{d}x} = -\frac{b\cos t}{a\sin t},$$

$$\frac{\mathrm{d}^2 y}{\mathrm{d}x^2} = \frac{\mathrm{d}}{\mathrm{d}x}\left(\frac{\mathrm{d}y}{\mathrm{d}x}\right) = \frac{\mathrm{d}}{\mathrm{d}t}\left(\frac{\mathrm{d}y}{\mathrm{d}x}\right) \cdot \frac{\mathrm{d}t}{\mathrm{d}x} = \frac{\frac{\mathrm{d}}{\mathrm{d}t}\left(-\frac{b\cos t}{a\sin t}\right)}{\frac{\mathrm{d}x}{\mathrm{d}t}}$$

$$= -\frac{b}{a^2\sin^3 t} = -\frac{b^4}{a^2 y^3}.$$

例 10 求 $f(x) = \frac{1}{a^2 - b^2 x^2}(a \neq 0)$ 的 n 阶导数.

解 $f(x) = \frac{1}{a^2 - b^2 x^2} = \frac{1}{2a}\left(\frac{1}{a+bx} + \frac{1}{a-bx}\right),$

$f'(x) = \frac{b}{2a}\left(\frac{1}{(a-bx)^2} + \frac{-1}{(a+bx)^2}\right),$

$f''(x) = \frac{2!\, b^2}{2a}\left(\frac{1}{(a-bx)^3} + \frac{(-1)^2}{(a+bx)^3}\right),$

$\vdots$

$f^{(n)}(x) = \frac{n!\, b^n}{2a}\left(\frac{1}{(a-bx)^{n+1}} + \frac{(-1)^n}{(a+bx)^{n+1}}\right).$

例 11 求 $f(x) = e^x \sin x$ 的 n 阶导数 $f^{(n)}(x)$.

$f(x) = e^x \sin x,$

$$f'(x) = (\cos x)e^x + (\sin x)e^x = \sqrt{2}\, e^x \sin\left(x + \frac{\pi}{4}\right), \tag{1.8}$$

$$f''(x) = \sqrt{2}\, e^x \sin\left(x + \frac{\pi}{4}\right) + \sqrt{2}\, e^x \cos\left(x + \frac{\pi}{4}\right)$$

$$= (\sqrt{2})^2 e^x \sin\left(x + 2 \cdot \frac{\pi}{4}\right),$$

$$\vdots$$
$$f^{(n)}(x) = (\sqrt{2})^n e^x \sin\left(x + n \cdot \frac{\pi}{4}\right). \qquad (1.9)$$

下面用数学归纳法证明公式(1.9)成立. 等式(1.8)表明,当 $n=1$ 时,公式(1.9)成立. 今设当 $n=k$ 时,公式(1.9)成立,即

$$f^{(k)}(x) = (\sqrt{2})^k e^x \sin\left(x + k \cdot \frac{\pi}{4}\right),$$

则
$$\begin{aligned}f^{(k+1)}(x) &= (\sqrt{2})^k e^x \sin\left(x + k \cdot \frac{\pi}{4}\right) \\ &\quad + (\sqrt{2})^k e^x \cos\left(x + k \cdot \frac{\pi}{4}\right) \\ &= (\sqrt{2})^{k+1} e^x \sin\left(x + (k+1) \cdot \frac{\pi}{4}\right),\end{aligned}$$

即当 $n=k+1$ 时,公式(1.9)也成立. 由数学归纳法原理,对一切自然数 n 公式(1.9)都成立.

例 12 设 $y=(\arcsin x)^2$.

(1) 求证: $(1-x^2)y''-xy'=2$;   (2) 求 $y^{(n)}(0)$.

证 (1) $y' = 2\dfrac{\arcsin x}{\sqrt{1-x^2}} \Longrightarrow (1-x^2)(y')^2 = 4y$

$\xRightarrow{\text{对}x\text{求导}} 2y'y''(1-x^2) - 2x(y')^2 = 4y'$,

化简即得 $(1-x^2)y''-xy'=2$.

解 (2) 显然 $y(0)=0$,由第(1)小题知 $y'(0)=0$, $y''(0)=2$. 为了求 $y^{(n)}(0)$,我们对第(1)小题所证的方程,两边求 n 阶导数,得

$(1-x^2)y^{(n+2)} - 2nxy^{(n+1)} - n(n-1)y^{(n)} - xy^{(n+1)} - ny^{(n)} = 0$,

化简得

$(1-x^2)y^{(n+2)} - (2n+1)xy^{(n+1)} - n^2 y^{(n)} = 0 \quad (n \geqslant 1).$

由此,令 $x=0$,得 $y^{(n+2)}(0) = n^2 y^{(n)}(0)(n \geqslant 1)$. 这是 $y^{(n)}(0)$ 的递推公式,根据这个公式,有

$y'(0) = 0 \Longrightarrow y^{(2n+1)}(0) = 0 \quad (n=0,1,2,\cdots);$

$y''(0) = 2 \Longrightarrow y^{(2n)}(0) = 2[(2n-2)!!]^2 \quad (n=1,2,\cdots).$

例 13 设 $P_n(x) = \dfrac{1}{2^n n!} \dfrac{d^n}{dx^n}(x^2-1)^n$. 求证:

(1) $P_n(x)$的最高次项系数为$\dfrac{(2n)!}{2^n(n!)^2}$;

(2) $P_n(1)=1, P_n(-1)=(-1)^n$;

(3) $(x^2-1)P_n''(x)+2xP_n'(x)-n(n+1)P_n(x)=0$.

证 (1) 因为$(x^2-1)^n$的最高次项为$2n$次,所以$\dfrac{\mathrm{d}^n}{\mathrm{d}x^n}(x^2-1)^n$的最高次项系数为
$$2n(2n-1)\cdots(n+1)=\dfrac{(2n)!}{n!},$$
所以$P_n(x)$的最高次项系数为$\dfrac{(2n)!}{2^n(n!)^2}$.

(2) 按莱布尼茨公式:
$$P_n(x)=\dfrac{1}{2^n n!}[(x-1)^n(x+1)^n]^{(n)}$$
$$=\dfrac{1}{2^n n!}\{(x-1)^n[(x+1)^n]^{(n)}+C_n^1[(x-1)^n]'[(x+1)^n]^{(n-1)}$$
$$+\cdots+[(x-1)^n]^{(n)}(x+1)^n\}$$
$$=\dfrac{1}{2^n n!}\{n!\ (x-1)^n+\cdots+n!\ (x+1)^n\}.$$
括弧中除首末两项外其余项均含有$(x+1)(x-1)$,所以
$$P_n(1)=1,\quad P_n(-1)=(-1)^n.$$

(3) 令$y=(x^2-1)^n$,则有
$$y'=2nx(x^2-1)^{n-1}\Longrightarrow (x^2-1)y'=2nxy.$$
在上式两端对x求导$n+1$次,得
$$(x^2-1)y^{(n+2)}+2(n+1)xy^{(n+1)}+n(n+1)y^{(n)}$$
$$=2nxy^{(n+1)}+2n(n+1)y^{(n)},$$
即
$$(x^2-1)y^{(n+2)}+2xy^{(n+1)}-n(n+1)y^{(n)}=0.$$
注意到$y^{(n)}=2^n\cdot n!\ P_n(x)$,即得
$$(x^2-1)P_n''(x)+2xP_n'(x)-n(n+1)P_n(x)=0.$$

例 14 如图 2.1 所示的欧姆计电路,其中 G 表示电流计.当测量未知电阻 r 时,设观测刻度的误差不变.求证:当 $r=R$ 时,测量电阻的相对误差最小.

证 测量电阻 r 是通过显示在电流计 G 上的电流值来实现的.

图 2.1

设 G 的满度电流为 I_0，则 $I_0 = \dfrac{E}{R}$。接上电阻 r 后，流经 G 的电流为

$$I = \dfrac{E}{R+r} \Longrightarrow \dfrac{I}{I_0} = \dfrac{R}{R+r} = \dfrac{1}{1+\dfrac{r}{R}}.$$

若记 $x = \dfrac{r}{R}$，则 $f(x) \stackrel{\text{定义}}{=\!=\!=} \dfrac{I}{I_0} = \dfrac{1}{1+x}$ 是决定电阻表盘刻度的函数。由 $\mathrm{d}f(x) = -\dfrac{\mathrm{d}x}{(1+x)^2}$，可知测量 r 的相对误差为

$$\left|\dfrac{\mathrm{d}r}{r}\right| = \left|\dfrac{\mathrm{d}x}{x}\right| = \dfrac{(1+x)^2}{x}|\mathrm{d}f| = \left(\sqrt{x} + \dfrac{1}{\sqrt{x}}\right)^2 |\mathrm{d}f| \geqslant 4|\mathrm{d}f|.$$

此处等号成立，当且仅当 $x = 1$。由此可见，如果观测刻度的误差不变，即 $|\mathrm{d}f|$ 一定，则当 $x = 1$ 时，即当 $r = R$ 时，测量电阻的相对误差最小。

评注 本题说明，只有对 R 附近的 r 才能保证测量时的相对误差较小，这就是欧姆计要分档的道理.

练习题 2.1

2.1.1 用定义求 $f'(0)$，这里 $f(x) = \begin{cases} x^2 \sin \dfrac{1}{x}, & x \neq 0, \\ 0, & x = 0. \end{cases}$

2.2.2 设 $f'(x_0)$ 存在. 求证：对称导数也存在并等于 $f'(x_0)$，即

$$\lim_{h \to 0} \dfrac{f(x_0 + h) - f(x_0 - h)}{2h} = f'(x_0).$$

2.1.3 设 $f(x)$ 在点 x_0 处可导，α_n, β_n 为趋于零的正数序列，求证：

$$\lim_{n \to \infty} \dfrac{f(x_0 + \alpha_n) - f(x_0 - \beta_n)}{\alpha_n - \beta_n} = f'(x_0).$$

2.1.4 设 $P(x)$ 是最高次项系数为 1 的多项式，M 是它的最大实根. 求证：$P'(M) \geqslant 0$.

2.1.5 给定曲线 $y = x^2 + 5x + 4$.

(1) 求曲线在点 $(0, 4)$ 处的切线；

(2) 确定 b 使得直线 $y = 3x + b$ 为曲线的切线；

(3) 求过 $(0, 3)$ 点的曲线的切线.

2.1.6 确定常数 a,b 使得函数 $f(x)=\begin{cases} ax+b, & x>1, \\ x^2, & x\leqslant 1\end{cases}$ 有连续导数.

2.1.7 设曲线由隐式方程 $\sqrt[3]{x^2}+\sqrt[3]{y^2}=\sqrt[3]{a^2}$ ($a>0$) 给出.
(1) 求证：曲线的切线被坐标轴所截的长度为一常数；
(2) 写出曲线的参数式,利用参数式求导给出上一小题的另一证法.

2.1.8 已知曳物线的参数方程为
$$x=a\left[\ln\left(\tan\frac{t}{2}\right)+\cos t\right], \quad y=a\sin t \quad (a>0, 0<t<\pi).$$
求证：在曳物线的任一切线上,自切点至该切线与 x 轴交点之间的切线段为一定长.

2.1.9 试确定 λ,使得曲线 $\dfrac{x^2}{a^2}+\dfrac{y^2}{b^2}=1$ 与 $xy=\lambda$ 相切,并求出切线方程.

2.1.10 试确定 m,使直线 $y=mx$ 为曲线 $y=\ln x$ 的切线.

2.1.11 设 $y=\dfrac{\arcsin x}{\sqrt{1-x^2}}$.
(1) 求证：$(1-x^2)y'-xy=1$；ㅤㅤ(2) 求 $y^{(n)}(0)$.

2.1.12 求 $f(x)=\dfrac{x}{1-x^2}$ 的 n 阶导数.

2.1.13 设 $y=x^{n-1}\ln x$. 求证：$y^{(n)}=\dfrac{(n-1)!}{x}$.

2.1.14 求证：双纽线 $r^2=a^2\cos 2\theta$ 的向径与切线的夹角等于极角的两倍加 $\dfrac{\pi}{2}$.

2.1.15 设曲线既可用参数式 $x=x(t), y=y(t)$ 表示,又可用极坐标 $r=r(\theta)$ 表示. 求证：$\dfrac{1}{2}r^2\mathrm{d}\theta=\dfrac{1}{2}(x\mathrm{d}y-y\mathrm{d}x)$.

§2 微分中值定理

内 容 提 要

微分中值定理是沟通导数值与函数值之间的桥梁,它是一个非常有效的工具,运用这个工具,许许多多有关函数的问题都能迎刃而解.

费马定理 若函数 $f(x)$ 在 $x=x_0$ 的某邻域 $\mathring{U}(x_0)$ 上定义, $f(x_0)$ 为 $f(x)$ 在 $\mathring{U}(x_0)$ 上的最值(最大值或最小值),且 $f(x)$ 在 $x=x_0$ 可微,则 $f'(x_0)=0$.

罗尔定理 若函数 $f(x)$ 在 $[a,b]$ 上连续,在 (a,b) 内可微,且
$$f(a)=f(b),$$
则 $\exists \xi\in(a,b)$,使得 $f'(\xi)=0$.

拉格朗日中值定理 若函数 $f(x)$ 在 $[a,b]$ 上连续,在 (a,b) 内可微,则 $\exists\ \xi \in (a,b)$,使得

$$f'(\xi) = \frac{f(b)-f(a)}{b-a}.$$

柯西定理 若函数 $f(x), g(x)$ 在 $[a,b]$ 上连续,在 (a,b) 内可微,且

$$g'(x) \neq 0 \quad (\forall\ x \in (a,b)),$$

则存在 $\xi \in (a,b)$,使得 $\dfrac{f(b)-f(a)}{g(b)-g(a)} = \dfrac{f'(\xi)}{g'(\xi)}.$

达布定理 若 $f(x)$ 在 $[a,b]$ 上可导,则 $f'(x)$ 的值域为一个区间.

典型例题分析

一、直接应用微分中值定理

例 1 试问如下推证过程是否正确? 对函数

$$f(t) = \begin{cases} t^2 \sin\dfrac{1}{t}, & t \neq 0, \\ 0, & t = 0 \end{cases}$$

在 $[0, x]$ 上应用拉格朗日定理,得

$$x^2 \sin\frac{1}{x} = x\left(2\xi\sin\frac{1}{\xi} - \cos\frac{1}{\xi}\right) \quad (0 < \xi < x),$$

即

$$\cos\frac{1}{\xi} = 2\xi\sin\frac{1}{\xi} - x\sin\frac{1}{x} \quad (0 < \xi < x). \tag{2.1}$$

因为 $0 < \xi < x$,所以当 $x \to 0$ 时,有 $\xi \to 0$. 于是,由 (2.1) 式得

$$\lim_{x \to 0} \cos\frac{1}{\xi} = 0, \tag{2.2}$$

即

$$\lim_{\xi \to 0} \cos\frac{1}{\xi} = 0. \tag{2.3}$$

解答 已知 $\lim\limits_{\xi \to 0} \cos\dfrac{1}{\xi}$ 不存在,所以等式 (2.3) 显然是错误的. 错误在于从 (2.2) 式推不出 (2.3) 式.

原因在于 (2.2) 式中的 ξ 是依赖于 x 的,即 $\xi = \xi(x)$. 当 $x \to 0$ 时, $\xi(x)$ 不一定连续地趋于零,它可以跳跃地取某些值趋于零,而使得 $\lim\limits_{x \to 0} \cos\dfrac{1}{\xi(x)} = 0$ 成为可能,即 (2.2) 式成立. 然而 (2.3) 式中的 ξ

是要求连续地趋于零的,因此一般说来由(2.2)式是推不出(2.3)式的.

例 2 设 $f(x)$ 在 $[a,b]$ 上连续,在 (a,b) 内除仅有的一个点外都可导.求证:$\exists\, c \in (a,b)$,使得 $|f(b)-f(a)| \leqslant (b-a)|f'(c)|$.

证 设函数 $f(x)$ 在点 $d \in (a,b)$ 处不可导. 分别在 (a,d) 上和在 (d,b) 上对 $f(x)$ 用微分中值定理,我们得

$$f(d)-f(a)=(d-a)f'(c_1) \quad \text{和} \quad f(b)-f(d)=(b-d)f'(c_2),$$

其中 $c_1 \in (a,d)$ 和 $c_2 \in (d,b)$. 将以上两个等式相加,我们得

$$f(b) - f(a) = (d-a)f'(c_1) + (b-d)f'(c_2).$$

由此我们得到

$$\begin{aligned}|f(b) - f(a)| &\leqslant (d-a)|f'(c_1)| + (b-d)|f'(c_2)| \\ &\leqslant (d-a)|f'(c)| + (b-d)|f'(c)| \\ &= (b-a)|f'(c)|,\end{aligned}$$

其中 $|f'(c)|=\max\{|f'(c_1)|,|f'(c_2)|\}$;

$$c = \begin{cases} c_1, & \text{当 } |f'(c_1)| \geqslant |f'(c_2)|, \\ c_2, & \text{当 } |f'(c_1)| < |f'(c_2)|. \end{cases}$$

例 3 设 $f(x)$ 在 (a,b) 内可导,且 $|f'(x)|<1$,若 $f(x)=x$ 在 (a,b) 内有实根,而 $\alpha \in (a,b)$ 是根的一个近似值.求证:$\beta \xlongequal{\text{定义}} f(\alpha)$ 是比 α 更好的近似值.

证 设方程 $f(x)=x$ 的精确根为 x_0,则 $f(x_0)=x_0$,于是在 $[\alpha,x_0]$ 上或在 $[x_0,\alpha]$ 上用微分中值定理,有

$$\exists\, \xi \in (\min\{x_0,\alpha\},\max\{x_0,\alpha\}),$$

使得

$$|\beta - x_0| = |f(\alpha) - f(x_0)| = |f'(\xi)||\alpha - x_0| < |\alpha - x_0|.$$

例 4 设 $f'(x)$ 在点 $x=a$ 处的右极限存在且有限.求证:$f(x)$ 在点 $x=a$ 处的右极限也存在且有限.

证 因为 $\lim\limits_{x \to a+0} f'(x)$ 存在且有限,所以存在 $\delta>0$,使得 $f'(x)$ 在 $(a,a+\delta_1)$ 内有界. 设 $|f'(x)| \leqslant M$ ($\forall\, x \in (a,a+\delta_1)$). 则对任意给定的 $\varepsilon>0$,取 $\delta=\min\left\{\dfrac{\varepsilon}{M},\delta_1\right\}$,根据拉格朗日中值定理,对

$$\forall\, x_1,x_2 \in (a,a+\delta), \quad \exists\, \xi \in (\min\{x_1,x_2\},\max\{x_1,x_2\}),$$

使得

$$\left|\frac{f(x_2)-f(x_1)}{x_2-x_1}\right|=|f'(\xi)|\leqslant M$$
$$\Rightarrow |f(x_2)-f(x_1)|\leqslant M|x_2-x_1|\leqslant \varepsilon.$$

故由柯西收敛原理知 $\lim\limits_{x\to a+0}f(x)$ 存在且有限.

例 5 设 $f(x)$ 在 (a,b) 内可导,对 $\forall\, x_0\in(a,b)$,求证:
$$\exists\, x_n\in(a,b)\quad(n=1,2,\cdots),$$
使得 $\lim\limits_{n\to\infty}x_n=x_0$,且 $\lim\limits_{n\to\infty}f'(x_n)=f'(x_0)$.

证 取 $y>0$ 足够大,使得
$$y_n\xrightarrow{\text{定义}}x_0+\frac{1}{n+y}\in(a,b)\quad(n=1,2,\cdots).$$
则有
$$\lim_{n\to\infty}y_n=x_0\Rightarrow\lim_{n\to\infty}\frac{f(y_n)-f(x_0)}{y_n-x_0}=f'(x_0). \tag{2.4}$$

再由拉格朗日定理,对 $\forall\, n\in\mathbf{N}$,$\exists\, x_n\in(x_0,y_n)$,使得
$$\frac{f(y_n)-f(x_0)}{y_n-x_0}=f'(x_n)\quad(n=1,2,\cdots). \tag{2.5}$$

联合(2.4)与(2.5)式,即得 $\lim\limits_{n\to\infty}x_n\xrightarrow{\text{由夹挤准则}}x_0$,且
$$\lim_{n\to\infty}f'(x_n)=f'(x_0).$$

例 6 设 $f(x)$ 在 $[a,b]$ 上连续,在 (a,b) 内可导,其中 $a>0$. 求证:

(1) 存在 $\xi\in(a,b)$,使得 $f(b)-f(a)=\xi f'(\xi)\ln\dfrac{b}{a}$;

(2) $\lim\limits_{n\to\infty}n(\sqrt[n]{x}-1)=\ln x$.

证 (1) 由柯西中值定理,$\exists\, \xi\in(a,b)$,使得
$$\frac{f(b)-f(a)}{\ln b-\ln a}=\frac{f'(\xi)}{\dfrac{1}{\xi}}=\xi f'(\xi)$$
$$\Rightarrow f(b)-f(a)=\xi f'(\xi)\ln\frac{b}{a}.$$

(2) 对 $\forall\, x>0$,当 $x=1$ 时,结论显然成立. 当 $x\neq 1$ 时,令
$$a=\min\{1,x\},\quad b=\max\{1,x\},$$
在 $[a,b]$ 上对函数 $f(t)=t^{\frac{1}{n}}$ 利用第(1)小题结果,则有 $\exists\, \xi\in(a,b)$,

使得
$$b^{\frac{1}{n}} - a^{\frac{1}{n}} = \xi \frac{1}{n}\xi^{\frac{1}{n}-1}\ln\frac{b}{a}$$
$$\Rightarrow x^{\frac{1}{n}} - 1 = \frac{1}{n}\xi^{\frac{1}{n}}\ln x \Rightarrow n(x^{\frac{1}{n}} - 1) = \xi^{\frac{1}{n}}\ln x.$$

因此 $\lim\limits_{n\to\infty} n(\sqrt[n]{x}-1) = \lim\limits_{n\to\infty}\xi^{\frac{1}{n}}\ln x = \ln x.$

二、用辅助区间法

例7 设 $f(x)$ 在 $[0,1]$ 上连续，在 $(0,1)$ 上可导，
$$f(0) = f(1) = 0, \quad f\left(\frac{1}{2}\right) = 1.$$
求证：$\exists\, \xi \in (0,1)$，使得 $f'(\xi) = 1$.

分析 只要找到 $[0,1]$ 上的一个子区间，在这个区间上曲线 $y = f(x)$ 所对的弦的斜率为 1，然后在这个区间上用拉格朗日中值定理即可得证. 这个区间也就是我们所说的辅助区间. 注意到这样的弦应该在直线 $y = x$ 上，所以考虑直线 $y = x$ 与 $y = f(x)$ 是否有交点. 也就是说，辅助区间构造的成功与否归结为函数 $f(x) - x$ 的零点存在问题.

证 令 $F(x) = f(x) - x$，则
$$\left.\begin{array}{l} F\left(\dfrac{1}{2}\right) = f\left(\dfrac{1}{2}\right) - \dfrac{1}{2} = \dfrac{1}{2} > 0 \\ F(1) = f(1) - 1 = -1 < 0 \end{array}\right\}$$
$$\Rightarrow \exists\, \eta \in \left(\frac{1}{2}, 1\right), 使 F(\eta) = 0, 即 f(\eta) = \eta.$$

因为 $f(x)$ 在 $[0,\eta]$ 上连续，在 $(0,\eta)$ 内可导，所以在 $[0,\eta]$ 上用拉格朗日中值定理，则 $\exists\, \xi \in (0,\eta)$，使得
$$f'(\xi) = \frac{f(\eta) - f(0)}{\eta - 0} = \frac{\eta - 0}{\eta - 0} = 1.$$

例8 设 $f(x)$ 在 $[0,1]$ 上连续，在 $(0,1)$ 内可导，$f(0) = f(1) = 0$. 求证：对于 $\forall\, x_0 \in (0,1)$，$\exists\, \xi \in (0,1)$，使得 $f'(\xi) = f(x_0)$.

证 令 $F(x) = f(x) - xf(x_0)$，则 $F(0) = 0$，且
$$F(x_0) = f(x_0) - x_0 f(x_0) = (1 - x_0) f(x_0),$$
$$F(1) = f(1) - f(x_0) = -f(x_0),$$

由此推出 $F(x_0) \cdot F(1) = -(1-x_0)(f(x_0))^2$.

下面分两种情况讨论:

第一种情况, $f(x_0)=0$. 根据罗尔定理, 有
$$\exists\, \xi \in (0,x_0) \subset (0,1),$$
使得 $F'(\xi)=0$, 即得 $f'(\xi)=f(x_0)$, 从而本题得证.

第二种情况, $f(x_0) \neq 0$. 则 $F(x_0)$ 与 $F(1)$ 异号, 于是根据连续函数的中间值定理, $\exists\, \eta \in (x_0,1)$, 使得 $F(\eta)=0$. 现在对 $F(x)$ 在 $[0,\eta]$ 上用罗尔定理, 我们有
$$\exists\, \xi \in (0,\eta) \subset (0,1),$$
使得 $F'(\xi)=0$, 即得 $f'(\xi)=f(x_0)$, 从而本题也得证.

例 9 设函数 $f(x)$ 在闭区间 $[a,b]$ 上连续, 在开区间 (a,b) 内二阶可导, 并且曲线和连接点 $(a,f(a))$ 与 $(b,f(b))$ 的直线段在 (a,b) 内相交. 求证: $\exists\, \xi \in (a,b)$, 使得 $f''(\xi)=0$.

分析 所给命题的结论是二阶导函数的零点存在性问题, 显然不能直接由罗尔定理来推证. 但是 $f''(\xi)=0$ 可以理解为
$$(f'(x))'|_{x=\xi} = 0,$$
即可转化为导函数 $f'(x)$ 的导函数零点问题. 这启发我们能否将问题转化为 $f'(x)$ 在某一个辅助区间上满足罗尔定理条件. 于是问题归结为寻求两点 ξ_1,ξ_2, 使得 $f'(\xi_1)=f'(\xi_2)$. 只要作出问题的草图, 不难发现, 在 $[a,c]$ 上和在 $[c,b]$ 上分别应用拉格朗日中值定理即可得到这样的 ξ_1,ξ_2. 换句话说, 区间 $[\xi_1,\xi_2]$ 便是我们要构造的辅助区间.

证 设 $c \in (a,b)$ 是曲线与弦交点的横坐标. 根据拉格朗日中值定理, 我们有
$\exists\, \xi_1 \in (a,c)$, 使得
$$f'(\xi_1) = \frac{f(c)-f(a)}{c-a} = \frac{f(b)-f(a)}{b-a};$$
$\exists\, \xi_2 \in (c,b)$, 使得
$$f'(\xi_2) = \frac{f(b)-f(c)}{b-c} = \frac{f(b)-f(a)}{b-a}.$$
由此推出 $f'(\xi_1)=f'(\xi_2)$. 又因为 $f'(x)$ 在 $[\xi_1,\xi_2]$ 上连续, 在 (ξ_1,ξ_2)

上可导,所以对 $f'(x)$ 在 $[\xi_1,\xi_2]$ 上用罗尔定理,可知
$$\exists\, \xi \in (\xi_1,\xi_2) \subset (a,b),$$
使得 $f''(\xi)=0$.

例 10 设 $f(x)$ 在 $[0,1]$ 上连续,在 $(0,1)$ 内可导,且 $|f'(x)|<1$,又 $f(0)=f(1)$,求证:对 $\forall\, x_1,x_2 \in (0,1)$,有
$$|f(x_1)-f(x_2)| < \frac{1}{2}.$$

思路 不妨设 $0 \leqslant x_1 \leqslant x_2 \leqslant 1$,将区间 $[a,b]$ 自然分成三个部分区间(作为辅助区间)$[0,x_1], [x_1,x_2], [x_2,1]$. 当 x_1,x_2 相互离得"近" $\left(x_2-x_1 < \dfrac{1}{2}\right)$ 时,根据拉格朗日中值定理,结论显然成立. 而当 x_1, x_2 相互离得"远" $\left(x_2-x_1 \geqslant \dfrac{1}{2}\right)$ 时,注意到,x_1,x_2 分别离左右端点可就"近"了. 所以想到用端点进行插项.

证 分两种情况考虑:

① 如果 $x_2-x_1 < \dfrac{1}{2}$,那么根据拉格朗日中值定理,有
$$|f(x_1)-f(x_2)| = |f'(\xi)|(x_2-x_1) \leqslant x_2-x_1 < \frac{1}{2}.$$

② 如果 $x_2-x_1 \geqslant \dfrac{1}{2}$,那么 $0 \leqslant x_1+(1-x_2) \leqslant \dfrac{1}{2}$,又 $f(0)=f(1)$,所以根据拉格朗日中值定理
$$\begin{aligned}|f(x_1)-f(x_2)| &\leqslant |f(x_1)-f(0)| + |f(1)-f(x_2)| \\ &\leqslant |f'(\xi_1)|x_1 + |f'(\xi_2)|(1-x_2) \\ &< x_1+(1-x_2) \leqslant \frac{1}{2},\end{aligned}$$
其中 $\xi_1 \in (0,x_1), \xi_2 \in (x_2,1)$.

三、用辅助函数法

很大一类中值命题常常先通过构造适当的辅助函数,使得题目的结论可转化为该函数的导函数在某区间内存在零点的问题,并且题目的假设足以保证所构造的辅助函数在相应的区间上具备罗尔定理的条件,从而推出辅助函数导函数的零点存在性而使命题得到证明. 用框图示意如下:

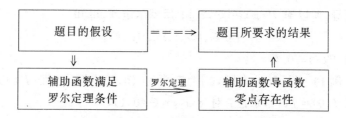

例 11 设 $f(x),g(x)$ 在 $[a,b]$ 上连续,在 (a,b) 内可导,且 $g(a)=0$, $f(b)=0$, $f(x),g(x)\neq 0$ ($\forall x\in(a,b)$). 求证:$\exists \xi\in(a,b)$,使得

$$\frac{f'(\xi)}{f(\xi)}=-\frac{g'(\xi)}{g(\xi)}. \qquad (2.6)$$

分析 注意到

(2.6)式成立 $\Leftrightarrow \exists \xi\in(a,b)$,使得 $f'(\xi)g(\xi)+g'(\xi)f(\xi)=0$
$\Leftrightarrow f'(x)g(x)+g'(x)f(x)$ 在 (a,b) 内有零点
$\Leftrightarrow \{f(x)\cdot g(x)\}'$ 在 (a,b) 内有零点.

可见应作辅助函数 $F(x)=f(x)g(x)$. 为了进一步说明上述框图的含意,我们将本题证明的主要步骤写在框图里以便对照.

```
┌─────────────────────────┐          ┌─────────────────────────┐
│ f(x),g(x)在[a,b]上连续,在(a,b) │ ═══⇒   │ ∃ ξ∈(a,b),使得            │
│ 内可导,g(a)=0,f(b)=0      │          │ f'(ξ)g(ξ)+g'(ξ)f(ξ)=0    │
└─────────────────────────┘          └─────────────────────────┘
            ⇓                  罗尔定理              ⇑
┌─────────────────────────┐          ┌─────────────────────────┐
│ F(x)在[a,b]上连续,在(a,b)内可  │ ═══⇒   │ ∃ ξ∈(a,b),使得            │
│ 导,且 F(a)=0,F(b)=0       │          │ F'(ξ)=0                  │
└─────────────────────────┘          └─────────────────────────┘
```

例 12 设函数 $f(x)$ 在 $[a,b]$ 上可导,且 $f'(a)=f'(b)=0$. 求证:$\exists c\in(a,b)$,使得 $f(c)-f(a)=(c-a)f'(c)$.

分析 将 $f(c)-f(a)=(c-a)f'(c)$ 改写成

$$f'(c)-\frac{f(c)-f(a)}{c-a}=0,$$

注意到

$\exists c\in(a,b)$,使得 $f'(c)-\dfrac{f(c)-f(a)}{c-a}=0$

$\Leftrightarrow [f(x)-f(a)]'-\dfrac{f(x)-f(a)}{x-a}$ 在 (a,b) 内有零点

$$\Leftrightarrow \frac{[f(x)-f(a)]'}{x-a} - \frac{f(x)-f(a)}{(x-a)^2} \text{在}(a,b)\text{内有零点}$$

$$\Leftrightarrow \frac{\mathrm{d}}{\mathrm{d}x}\left[\frac{f(x)-f(a)}{x-a}\right] \text{在}(a,b)\text{内有零点}.$$

到此我们找到了原函数 $\frac{f(x)-f(a)}{x-a}$，但是它在点 $x=a$ 处没有定义，因此考虑辅助函数

$$g(x) = \begin{cases} \dfrac{f(x)-f(a)}{x-a}, & \text{当 } x \in (a,b], \\ 0, & \text{当 } x = a. \end{cases}$$

显然 $g(x)$ 在 $[a,b]$ 上连续，在 (a,b) 内可导．进一步，对 $\forall x \in (a,b]$，我们有

$$g'(x) = -\frac{f(x)-f(a)}{(x-a)^2} + \frac{f'(x)}{x-a} = -\frac{g(x)}{x-a} + \frac{f'(x)}{x-a}. \tag{2.7}$$

由此可见，为了证明本题，只要证明 $\exists c \in (a,b)$，使得 $g'(c)=0$．但是，辅助函数虽然有 $g(a)=0$ 的性质，可是对于 $g(b)=\frac{f(b)-f(a)}{b-a}$ 不一定为零，因此不能直接应用罗尔定理，要分情况讨论．

证 分两种情况：

第一种情况，$f(b)=f(a) \Longrightarrow g(b)=0$．根据罗尔定理，$\exists c \in (a,b)$，使得 $g'(c)=0$，从而本题得证．

第二种情况，$f(b) \neq f(a)$，不妨设 $f(b) < f(a) \Longrightarrow g(b) < 0$．那么由 (2.7) 式，有

$$g'(b) = -\frac{g(b)}{b-a} > 0.$$

因为 $g(x)$ 连续且 $g'(b) > 0$，所以 $\exists x_1 \in (a,b)$，使得

$$g(x_1) < g(b) \Longrightarrow g(x_1) < g(b) < 0 = g(a).$$

于是根据连续函数的中间值定理，$\exists x_0 \in (a, x_1)$，使得 $g(x_0) = g(b)$．现在对 $g(x)$ 在 $[x_0, b]$ 上用罗尔定理，我们有 $\exists c \in (x_0, b)$，使得 $g'(c)=0$．本题得证．对于 $f(b) > f(a)$ 的情况，可类似证明．

本题的几何意义是：如果曲线 $y=f(x)$ 在点 $x=a$ 处和在点 $x=b$ 处的切线都平行于 x 轴，那么在 (a,b) 内至少存在一个中间点

c,使得在点 $x=c$ 处的切线通过点 $(a,f(a))$(如图 2.2 所示).

例 13 设 $f(x)$ 在 $[a,b]$ 上一阶可导,在 (a,b) 内二阶可导,且 $f(a)=f(b)=0$,$f'(a) \cdot f'(b) > 0$,试证:

(1) 存在 $\xi \in (a,b)$,使 $f(\xi)=0$;

(2) 存在 $\eta \in (a,b)$,使 $f''(\eta)=f(\eta)$.

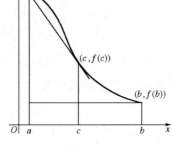

图 2.2

解 (1) 依题意,存在 x_1, x_2 满足 $a < x_1 < x_2 < b$,使得

$$\left.\begin{array}{l}\dfrac{f(x_1)}{x_1-a}f'(a)>0 \\ \dfrac{f(x_2)}{x_2-b}f'(b)>0\end{array}\right\} \Rightarrow \dfrac{f(x_1)f(x_2)}{(x_1-a)(x_2-b)}>0$$

$$\Rightarrow f(x_1)f(x_2)<0.$$

故存在 $\xi \in (x_1, x_2) \subset (a,b)$,使 $f(\xi)=0$.

(2) 令 $F(x) \xlongequal{\text{定义}} e^{-x}f(x)$,注意到 $F'(x) = e^x(f'(x)-f(x))$. 因为 $F(a)=F(\xi)=F(b)=0$,所以根据罗尔定理,存在 $\xi_1 \in (a,\xi)$,$\xi_2 \in (\xi,b)$,使得

$$F'(\xi_1)=F'(\xi_2)=0 \Rightarrow f'(\xi_1)=f(\xi_1),\ f'(\xi_2)=f(\xi_2).$$

再令 $G(x)=f'(x)-f(x)$,并改写 $f''(x)-f(x)=G'(x)+G(x)$,则因为

$$G(\xi_1)=G(\xi_2)=0 \xRightarrow{\text{罗尔定理}} \exists\, \eta \in (\xi_1,\xi_2),$$

使得 $[e^x G(x)]'|_{x=\eta}=0$. 即得 $f''(\eta)-f(\eta)=G'(\eta)+G(\eta)=0$.

四、用反证法

例 14 设 $f(x)$ 在 $[a,b]$ 上连续,在 (a,b) 内可导,$f(a)=f(b)$,且 $f(x)$ 不恒为常数. 求证:存在 $\xi \in (a,b)$,使得 $f'(\xi) > 0$.

证 用反证法. 若 $\forall\, x \in (a,b)$ 都有 $f'(x) \leqslant 0$,则 $f(x)$ 在 (a,b) 内单调下降. 因此

$$\forall\, x \in (a,b) \Rightarrow f(a) \geqslant f(x) \geqslant f(b)$$

$$\xRightarrow{\because f(a)=f(b)} f(x) = f(a),$$

即 $f(x) \equiv f(a)$，与 $f(x)$ 不恒为常数矛盾. 从而存在 $\xi \in (a,b)$，使得
$$f'(\xi) > 0.$$

例 15 设 $f(x)$ 在 $[0,1]$ 上连续，在 $(0,1)$ 内可导，$f(0)=0$. 求证：如果 $f(x)$ 在 $(0,1)$ 上不恒等于零，则存在 $\xi \in (0,1)$，使得
$$f(\xi) \cdot f'(\xi) > 0.$$

证 用反证法. 如果不存在 $\xi \in (0,1)$，使得 $f(\xi) \cdot f'(\xi) > 0$，即对 $\forall x \in (0,1)$，有
$$f(x)f'(x) \leqslant 0 \Longrightarrow [f^2(x)]' = 2f(x)f'(x) \leqslant 0 \ (\forall\, x \in (0,1))$$
$$\Longrightarrow f^2(x) 在 (0,1) 内单调下降.$$

又 $f(0)=0$，故有
$$0 \leqslant f^2(x) \leqslant f^2(0) = 0 \Longrightarrow f^2(x) = 0 \ (\forall\, x \in (0,1))$$
$$\Longrightarrow f(x) = 0 \ (\forall\, x \in (0,1)).$$

又 $f(x)$ 在 $[0,1]$ 上连续，进一步有
$$f(0) = \lim_{x \to 0+0} f(x) = 0, \quad f(1) = \lim_{x \to 1-0} f(x) = 0.$$

于是 $f(x) \equiv 0 (\forall\, x \in [0,1])$，与 $f(x)$ 在 $[0,1]$ 上不恒等于零矛盾.

例 16 设 a,b,c 为实数. 求证：方程 $e^x = ax^2 + bx + c$ 的根不超过三个.

证 用反证法. 假设方程有四个不同的根 $x_i(i=1,2,3,4)$，那么函数 $f(x) \xlongequal{\text{定义}} e^x - ax^2 - bx - c$ 有四个不同的零点 $x_i(i=1,2,3,4)$. 应用罗尔定理肯定：函数 $f'(x)$ 有三个不同的零点；函数 $f''(x)$ 有两个不同的零点；函数 $f'''(x) = e^x$ 有一个零点. 然而已知函数 e^x 无零点，这便产生矛盾. 这矛盾说明反证法假设不成立，即方程至多只有三个根.

例 17 设 $f(x)$ 在 $[-2,2]$ 上连续，在 $(-2,2)$ 上二阶可导，且
$$|f(x)| \leqslant 1, \quad f'(0) > 1.$$

求证：存在 $\xi \in (-2,2)$，使得 $f''(\xi) = 0$.

思路 要证存在 $\xi \in (-2,2)$，使得 $f''(\xi)=0$，根据达布定理，只要证 $f''(x)$ 在 $(-2,2)$ 上变号. 用反证法的思路就是假定 $f''(x)$ 在 $(-2,2)$ 上不变号，即 $f(x)$ 在 $(-2,2)$ 上是凹或凸的. 对 $\forall\, \alpha \in$

$(0,2)$,将区间$[-2,2]$分为三个部分区间：
$$[-2,-\alpha],\quad [-\alpha,\alpha],\quad [\alpha,2].$$
如果$f(x)$在$(-2,2)$上是凹的,那么$f(x)$这三个部分区间上弦的斜率单调递增;如果$f(x)$在$(-2,2)$上是凸的,那么$f(x)$这三个部分区间上弦的斜率单调递减.反证法要找的矛盾就是选择α,使得这三个部分区间上弦的斜率没有单调性.

证 令$\varepsilon=\frac{1}{2}(f'(0)-1)>0$,则$1+\varepsilon<f'(0)=1+2\varepsilon$.因为
$$\lim_{\alpha\to 0+0}\frac{f(\alpha)-f(-\alpha)}{2\alpha}=f'(0),$$
所以存在$\delta_1>0$,使得
$$\frac{f(\alpha)-f(-\alpha)}{2\alpha}>1+\varepsilon\quad (\forall\, 0<\alpha<\delta_1).$$
又因为$\lim\limits_{\alpha\to 0+0}\frac{2}{2-\alpha}=1$,所以存在$\delta_2>0$,使得
$$\frac{2}{2-\alpha}<1+\varepsilon\quad (\forall\, 0<\alpha<\delta_2).$$
因此,如果取定$0<\alpha<\min\{\delta_1,\delta_2\}$,则有
$$\frac{f(\alpha)-f(-\alpha)}{2\alpha}>1+\varepsilon>\frac{2}{2-\alpha}.$$
根据拉格朗日中值定理,存在$\xi_0\in(-\alpha,\alpha)$,使得
$$f'(\xi_0)=\frac{f(\alpha)-f(-\alpha)}{2\alpha}>1+\varepsilon. \tag{2.8}$$
又由$|f(x)|\leqslant 1$,再用拉格朗日中值定理,则存在$\xi_-\in(-2,-\alpha)$,使得
$$f'(\xi_-)=\frac{f(-\alpha)-f(-2)}{2-\alpha}\Rightarrow |f'(\xi_-)|\leqslant\frac{2}{2-\alpha}<1+\varepsilon;$$
$$\tag{2.9}$$
以及存在$\xi_+\in(\alpha,2)$,使得
$$f'(\xi_+)=\frac{f(2)-f(\alpha)}{2-\alpha}\Rightarrow |f'(\xi_+)|\leqslant\frac{2}{2-\alpha}<1+\varepsilon.$$
$$\tag{2.10}$$

现在我们用反证法证明本例结论.如果不存在$\xi\in(-2,2)$,使得$f''(\xi)=0$,则$f''(x)$在$(-2,2)$上不变号.

(1) 如果 $f''(x)>0(\forall x\in(-2,2))$,则 $f'(x)$ 在 $(-2,2)$ 严格单调增加,但是

由(2.8)和(2.10)式 $\Rightarrow f'(\xi_0)>f'(\xi_+)$ $(\xi_0<\xi_+)$,引出矛盾.

(2) 如果 $f''(x)<0(\forall x\in(-2,2))$,则 $f'(x)$ 在 $(-2,2)$ 严格单调下降,但是

由(2.8)和(2.9)式 $\Rightarrow f'(\xi_0)>f'(\xi_-)$ $(\xi_0>\xi_-)$,引出矛盾.

(1)与(2)两种情况的矛盾表明,$f''(x)$ 在 $(-2,2)$ 上必变号,因此根据达布定理,存在 $\xi\in(-2,2)$,使得 $f''(\xi)=0$.

练习题 2.2

2.2.1 设 $f(x)$ 在 $[a,b]$ 上连续,在 (a,b) 内除仅有的一个点外都可导. 求证:$\exists c_1,c_2\in(a,b)$ 及 $\theta\in(0,1)$,使得
$$f(b)-f(a)=(b-a)[\theta f'(c_1)+(1-\theta)f'(c_2)].$$

2.2.2 设函数 $f(x)$ 在 $[0,3]$ 上连续,且在 $(0,3)$ 内 $f(0)+f(1)+f(2)=3$, $f(3)=1$. 求证:$\exists \xi\in(0,3)$,使得 $f'(\xi)=0$.

2.2.3 设 $f(x)$ 在 $[a,b]$ 上连续,在 (a,b) 内可导,且
$$f(a)\cdot f(b)>0,\quad f(a)\cdot f\left(\frac{a+b}{2}\right)<0.$$
求证:对 $\forall k\in\mathbf{R},\exists \xi\in(a,b)$,使得 $f'(\xi)=kf(\xi)$.

2.2.4 设 $f(x)$ 在 $[a,b]$ 上连续,在 (a,b) 内可导,但非线性函数. 求证:$\exists \xi,\eta\in(a,b)$,使得
$$f'(\xi)<\frac{f(b)-f(a)}{b-a}<f'(\eta).$$

2.2.5 设 $f(x)$ 在 (a,b) 内二阶可导,且 $x_0\in(a,b)$,使得 $f''(x_0)\neq 0$. 求证:

(1) 如果 $f'(x_0)=0$,则存在 $x_1,x_2\in(a,b)$,使得 $f(x_1)-f(x_2)=0$;

(2) 如果 $f'(x_0)\neq 0$,则存在 $x_1,x_2\in(a,b)$,使得 $\dfrac{f(x_1)-f(x_2)}{x_1-x_2}=f'(x_0)$.

2.2.6 设 $f(x)$ 在 $[a,b]$ 上连续,在 (a,b) 内可导,且 $f(a)=f(b)=0$. 求证:存在 $\xi\in(a,b)$,使得 $f'(\xi)+f(\xi)=0$.

2.2.7 设 $f(x)$ 在 $[0,1]$ 上可导,$f(0)=0,f(x)\neq 0(\forall x\in(0,1))$. 求证:$\exists \xi\in(0,1)$,使得 $\dfrac{f'(1-\xi)}{f(1-\xi)}=2\dfrac{f'(\xi)}{f(\xi)}$.

2.2.8 设 $f(x)$ 在 $[0,1]$ 上连续,在 $(0,1)$ 内可导,$f(0)=0$. 求证:如果 $f(x)$ 在 $(0,1)$ 上不恒等于零,则存在 $\xi\in(0,1)$,使得 $f(\xi)\cdot f'(\xi)>0$.

2.2.9 设函数 $f(x)$ 在 $[a,b]$ 上可导,且 $f'(a)=f'(b)$. 求证:$\exists c\in(a,b)$,

使得 $f(c)-f(a)=(c-a)f'(c)$.

注 本题与本节例 12 比较,就是把条件 $f'(a)=f'(b)=0$ 中的"$=0$"去掉了.

2.2.10 设 $f(x)$ 在 $(0,1]$ 上可导,且存在有限极限 $\lim\limits_{x\to 0+0}\sqrt{x}f'(x)$. 求证: $f(x)$ 在 $(0,1]$ 上一致连续.

§3 函数的升降、极值、最值问题

内 容 提 要

1. 函数单调性判别法

设 $f(x)$ 在 (a,b) 内可微,则

(1) $f(x)$ 是 (a,b) 上的递增函数 $\Longleftrightarrow f'(x)\geqslant 0\ (\forall\ x\in(a,b))$;

(2) $f(x)$ 是 (a,b) 上的递减函数 $\Longleftrightarrow f'(x)\leqslant 0\ (\forall\ x\in(a,b))$.

如果对 $\forall\ x\in(a,b)$ 都有 $f'(x)>0(<0)$,则 $f(x)$ 是 (a,b) 上的严格递增(递减)函数.

2. 函数极值的定义

若存在空心邻域 $\mathring{U}(x_0;\delta)$,使得 $f(x_0)\leqslant f(x)(\forall\ x\in\mathring{U}(x_0;\delta))$,则称 $f(x_0)$ 为函数 $f(x)$ 的**极小值**. 若上式中严格不等号成立时,则称 $f(x_0)$ 为函数 $f(x)$ 的**严格极小值**. 类似有极大值和严格极大值的定义. 极小值和极大值统称**极值**.

3. 函数取极值的判别法 I

若 $f(x)$ 在 $U(x_0;\delta)$ 上连续,在 $\mathring{U}(x_0;\delta)$ 上可微,则

(1) $f'(x)(x-x_0)<0\Longrightarrow f(x_0)$ 为极大值;

(2) $f'(x)(x-x_0)>0\Longrightarrow f(x_0)$ 为极小值.

4. 函数取极值的判别法 II

若 $f(x)$ 在 $U(x_0;\delta)$ 上可微,且 $f'(x_0)=0$,$f''(x_0)\neq 0$,则

(1) 当 $f''(x_0)<0$ 时 $\Longrightarrow f(x_0)$ 为极大值;

(2) 当 $f''(x_0)>0$ 时 $\Longrightarrow f(x_0)$ 为极小值.

在以上两个极值的充分条件中,若把空心邻域 $\mathring{U}(x_0;\delta)$ 换成区间 $[a,b]$ $(a<x_0<b)$,当不等式小于零时,$f(x_0)$ 为最大值;当不等式大于零时,$f(x_0)$ 为最小值.

如果函数在 $[a,b]$ 内部有最大(小)值,且方程 $f'(x)=0$,在内部只有惟一一个根,则该根即为最大(小)值点.

典型例题分析

一、函数的升降

例1 求证:$f(x)=\left(\arctan\dfrac{x}{1-x}\right)^{-\frac{1}{2}}$ 在$(0,1)$内单调下降.

证 设 $\varphi(x)=\dfrac{x}{1-x}$,则
$$\varphi(x)>0 \quad (x\in(0,1)),$$
$$\varphi'(x)=\left\{\dfrac{1}{1-x}-1\right\}'=\dfrac{1}{(1-x)^2}>0 \quad (x\in(0,1)),$$

因此
$$[\arctan\varphi(x)]'=\dfrac{\varphi'(x)}{1+\varphi(x)^2}>0 \quad (x\in(0,1)). \quad (3.1)$$

又因为 $f(x)=[\arctan\varphi(x)]^{-\frac{1}{2}}$,所以
$$f'(x)=-\dfrac{1}{2}[\arctan\varphi(x)]^{-\frac{3}{2}}[\arctan\varphi(x)]'. \quad (3.2)$$

联合(3.1)与(3.2)式知 $f'(x)<0(x\in(0,1))$,从而 $f(x)$ 在$(0,1)$内单调下降.

评注 值得注意的是,在证题过程中引进中间函数 $\varphi(x)$,使表述显得简捷.

例2 设函数 $f(x),g(x)$ 在$[a,b]$上连续,在(a,b)内可导,且
$$g'(x)\neq 0 \quad (\forall\, x\in(a,b)).$$
求证:如果 $\dfrac{f'(x)}{g'(x)}$ 严格单调增加,则对 $\forall\, x\in(a,b)$,
$$\dfrac{f(x)-f(a)}{g(x)-g(a)} \quad \text{和} \quad \dfrac{f(x)-f(b)}{g(x)-g(b)}$$
都严格单调增加.

证 不妨设 $g'(x)>0$(否则用$-f(x),-g(x)$分别代替$f(x)$,$g(x)$),根据柯西中值定理,存在 $\xi\in(a,x)$,使得
$$\dfrac{f(x)-f(a)}{g(x)-g(a)}=\dfrac{f'(\xi)}{g'(\xi)}. \quad (3.3)$$

又因为 $\dfrac{f'(x)}{g'(x)}$ 严格单调增加,所以 $\dfrac{f'(\xi)}{g'(\xi)}<\dfrac{f'(x)}{g'(x)}(\xi\in(a,x))$. 从而

$$f'(x) > g'(x) \cdot \frac{f'(\xi)}{g'(\xi)} \underline{\because (3.3)\text{式}} g'(x) \frac{f(x)-f(a)}{g(x)-g(a)}$$

$$\Rightarrow \left[\frac{f(x)-f(a)}{g(x)-g(a)}\right]' = \frac{\begin{vmatrix} g(x)-g(a) & f(x)-f(a) \\ g'(x) & f'(x) \end{vmatrix}}{(g(x)-g(a))^2} > 0$$

$(\forall\, x \in (a,b))$.

从而 $\dfrac{f(x)-f(a)}{g(x)-g(a)}$ 严格单调增加. 同理可证 $\dfrac{f(x)-f(b)}{g(x)-g(b)}$ 单调增加.

例 3 设 $f(0)=0$, 且 $f'(x)$ 在 $[0,+\infty)$ 上严格单调增加. 求证:

(1) 在 $(0,+\infty)$ 上函数 $g(x) \xlongequal{\text{定义}} \dfrac{f(x)}{x}$ 严格单调增加;

(2) 对于任意正数 $a_1, a_2, \cdots, a_n\,(n>1)$, 有
$$f(a_1) + f(a_2) + \cdots + f(a_n) < f(a_1 + a_2 + \cdots + a_n).$$

证 (1) 对 $g(x) \xlongequal{\text{定义}} x$, 应用例 2 即得结论.

(2) 由于 $a_i > 0 \Rightarrow a_i < \sum\limits_{i=1}^{n} a_i\,(i=1,2,\cdots,n)$, 利用第(1)小题结果, 有

$$\frac{f(a_i)}{a_i} < \frac{f\left(\sum\limits_{i=1}^{n} a_i\right)}{\sum\limits_{i=1}^{n} a_i} \Rightarrow f(a_i) < \frac{a_i f\left(\sum\limits_{i=1}^{n} a_i\right)}{\sum\limits_{i=1}^{n} a_i} \quad (i=1,2,\cdots,n).$$

(3.4)

将 (3.4) 式两边从 $i=1$ 加到 $i=n$, 即得
$$f(a_1) + f(a_2) + \cdots + f(a_n) < f(a_1 + a_2 + \cdots + a_n).$$

例 4 求证:
$$\pi < \frac{\sin \pi t}{t(1-t)} \leqslant 4 \quad (\forall\, t \in (0,1)). \tag{3.5}$$

分析 作变量代换 $t = x + \dfrac{1}{2}\,\left(|x| < \dfrac{1}{2}\right)$, 则
$$\frac{\sin \pi t}{t(1-t)} = \frac{\cos \pi x}{\dfrac{1}{4} - x^2} \quad \left(|x| < \dfrac{1}{2}\right).$$

再注意到 $\dfrac{\cos \pi x}{\dfrac{1}{4} - x^2}\,\left(|x| < \dfrac{1}{2}\right)$ 是偶函数, 要证不等式 (3.5), 只要证

$$\pi < \frac{\cos\pi x}{\frac{1}{4} - x^2} \leqslant 4 \quad \left(\forall\, x \in \left(0, \frac{1}{2}\right)\right). \tag{3.6}$$

证 记 $f(x) = \cos\pi x$，$g(x) = \frac{1}{4} - x^2$，

$$h(x) = \begin{cases} \dfrac{f(x)}{g(x)}, & x \in \left[0, \dfrac{1}{2}\right), \\ \pi, & x = \dfrac{1}{2}. \end{cases}$$

因为

$$\left[\frac{f'(x)}{g'(x)}\right]' = \frac{\pi\cos\pi x}{2x^2}(\pi x - \tan\pi x) < 0 \quad \left(x \in \left(0, \frac{1}{2}\right)\right),$$

所以 $\dfrac{f'(x)}{g'(x)}$ 在 $\left(0, \dfrac{1}{2}\right)$ 上严格单调下降. 于是，根据例 2，我们有

$$h(x) = \frac{f(x)}{g(x)} = \frac{f(x) - f\left(\dfrac{1}{2}\right)}{g(x) - g\left(\dfrac{1}{2}\right)} \quad \left(x \in \left[0, \frac{1}{2}\right)\right)$$

严格单调下降. 由此可见

$$\pi = h\left(\frac{1}{2}\right) < h(x) < h(0) = 4 \quad \left(0 < x < \frac{1}{2}\right),$$

即(3.6)式成立.

二、函数的极值与最值

例 5 求下列函数在 $x > 0$ 上的最小值：

(1) $f(x) = \ln x + \dfrac{1}{x}$；　　(2) $g(x) = x\mathrm{e}^{\frac{1}{x}}$.

解 (1) 由 $f'(x) = \dfrac{1}{x} - \dfrac{1}{x^2} = \dfrac{x-1}{x^2} = 0$ 得驻点 $x = 1$. 因为

$$f'(x)(x-1) = \left(\frac{x-1}{x}\right)^2 > 0 \quad (x \neq 1),$$

所以 $x = 1$ 为函数 $f(x)$ 的最小点，最小值为 $f(1) = 1$. 或考查

$$f''(x) = -\frac{1}{x^2} + \frac{1}{x^3}, \quad f'(1) = 0, \quad f''(1) = 1 > 0,$$

故 $x = 1$ 为函数 $f(x)$ 的最小点.

(2) 注意到 $\ln g(x) = f(x)$ 及 $\ln g(x)$ 与 $g(x)$ 有相同的最小点. 利用第(1)小题知 $g(x)$ 的最小值为 $g(1) = \mathrm{e}$.

例6 设正值序列 $\{x_n\}$ 满足 $\ln x_n + \dfrac{1}{x_{n+1}} < 1$. 求证: $\lim\limits_{n\to\infty} x_n$ 存在.

证 注意到
$$\ln x_n + \frac{1}{x_{n+1}} < 1 \overset{\text{用例5}}{\leqslant} \ln x_n + \frac{1}{x_n} \Longrightarrow x_n < x_{n+1} \Longrightarrow x_n \uparrow.$$

从而广义极限 $\lim\limits_{n\to\infty} x_n = a$ 存在,且 $a > 0$. 假设 $a = +\infty$,
$$\ln x_n + \frac{1}{x_{n+1}} < 1 \overset{n\to\infty}{\Longrightarrow} +\infty \leqslant 1 \text{ 矛盾} \Longrightarrow a < +\infty.$$

又
$$\ln x_n + \frac{1}{x_{n+1}} < 1 \leqslant \ln x_n + \frac{1}{x_n} \overset{n\to\infty}{\Longrightarrow} \ln a + \frac{1}{a} = 1.$$

即 a 取到函数 $f(x) = \ln x + \dfrac{1}{x}$ 的最小值,由例5知 $\ln x + \dfrac{1}{x}$ 只有一个最小值点 $x = 1$,故 $a = 1$.

例7 设 $f(x)$ 是偶函数,且 $f'(0)$ 存在. 求证: $f'(0) = 0$.

证 令 $x = -t$,则当 $x \to 0$ 时,$t \to 0$,并由 $f(-t) = f(t)$,
$$f'(0) = \lim_{x\to 0} \frac{f(x) - f(0)}{x} = \lim_{t\to 0} \frac{f(-t) - f(0)}{-t}$$
$$= -\lim_{t\to 0} \frac{f(t) - f(0)}{t} = -f'(0),$$

即得 $f'(0) = 0$.

提问 本题如下证法对吗?因为 $f(x)$ 是偶函数,所以 $f(x)$ 在点 $x = 0$ 处有极值,根据费马定理知 $f'(0) = 0$.

解答 这证明是错误的. 因为只凭 $f(x)$ 是偶函数,一般推不出 $f(x)$ 在点 $x = 0$ 处有极值,例如函数 $f(x) = \begin{cases} x^3 \sin \dfrac{1}{x}, & x \neq 0 \\ 0, & x = 0 \end{cases}$ 是偶函数,但在点 $x = 0$ 处没有极值.

例8 求证:

(1) $e^x > 1 + x$ $(x \neq 0)$;

(2) 序列 $x_n = \left(1 + \dfrac{1}{2}\right)\left(1 + \dfrac{1}{2^2}\right) \cdots \left(1 + \dfrac{1}{2^n}\right)$ 的极限存在.

证 (1) 令 $f(x) = e^x - 1 - x$,则有 $f(0) = 0$,且
$$f'(x) = e^x - 1 \Longrightarrow xf'(x) = x(e^x - 1) > 0 \quad (\forall\, x \neq 0)$$
$$\Longrightarrow x = 0 \text{ 是最小值点} \Longrightarrow f(x) > f(0) = 0$$

$$\Rightarrow e^x > 1 + x \quad (\forall\, x \neq 0).$$

(2) 显然序列 $\{x_n\}$ 单调递增,为了证明极限 $\lim\limits_{n\to\infty} x_n$ 存在,只要肯定序列 $\{x_n\}$ 有上界即可. 为此利用第(1)小题,有

$$x_n < e^{\frac{1}{2}} \cdot e^{\frac{1}{2^2}} \cdot e^{\frac{1}{2^3}} \cdot \cdots \cdot e^{\frac{1}{2^n}} = e^{\frac{1}{2}+\frac{1}{2^2}+\frac{1}{2^3}+\cdots+\frac{1}{2^n}} < e^1 = e.$$

三、函数最值应用题

例 9 求椭圆 $\dfrac{x^2}{a^2} + \dfrac{y^2}{b^2} = 1$ 在第一象限中的切线,使它被坐标轴所截的线段最短.

解法 1 由隐函数求导得 $\dfrac{2x}{a^2} + \dfrac{2y}{b^2} y' = 0 \Rightarrow y' = -\dfrac{b^2 x}{a^2 y}$. 由求截距公式,得切线在 x 轴上的截距 $= x - \dfrac{y}{y'} = \dfrac{a^2}{x}$,切线在 y 轴上的截距 $= y - xy' = \dfrac{b^2}{y}$,被坐标轴所截的切线段长为

$$l(x) = \sqrt{\dfrac{a^4}{x^2} + \dfrac{b^4}{y^2}} \quad (0 \leqslant x \leqslant a).$$

问题即求 $l(x)\,(0 \leqslant x \leqslant a)$ 的最小值. 或等价于求 $f(x) = \dfrac{a^4}{x^2} + \dfrac{b^4}{y^2}$ 的最小值. 从

$$f'(x) = -\dfrac{2}{x^3} a^4 - 2\dfrac{b^4}{y^3} y' = -\dfrac{2}{x^3} a^4 - 2\dfrac{b^4}{y^3}\left(-\dfrac{b^2 x}{a^2 y}\right) = 0$$

$$\Rightarrow \dfrac{a^6}{x^4} = \dfrac{b^6}{y^4} \Rightarrow \dfrac{x^2}{a^3} = \dfrac{y^2}{b^3}.$$

联立此方程和椭圆方程:

$$\begin{cases} \dfrac{x^2}{a^2} + \dfrac{y^2}{b^2} = 1 \\ \dfrac{x^2}{a^3} = \dfrac{y^2}{b^3} \end{cases} \Rightarrow \dfrac{x^2}{a^2} + b\dfrac{x^2}{a^3} = 1 \Rightarrow x = \dfrac{a^{3/2}}{\sqrt{a+b}}$$

$$\Rightarrow y = \dfrac{b^{3/2}}{\sqrt{a+b}}.$$

于是切线在 x 轴上的截距 $= \dfrac{a^2}{\dfrac{a^{3/2}}{\sqrt{a+b}}} = \sqrt{a}\,\sqrt{a+b}$;切线在 y 轴上的截距 $= \dfrac{b^2}{\dfrac{b^{3/2}}{\sqrt{a+b}}} = \sqrt{b}\,\sqrt{a+b}$. 故所求切线的截距式方程为

$$\frac{x}{\sqrt{a}\sqrt{a+b}}+\frac{y}{\sqrt{b}\sqrt{a+b}}=1.$$

解法 2 椭圆的参数方程为

$$x=a\cos\theta,\quad y=b\sin\theta\quad\left(0\leqslant\theta\leqslant\frac{\pi}{2}\right),\quad y'=-\frac{b\cos\theta}{a\sin\theta}.$$

由此推出切线方程为

$$y-b\sin\theta=-\frac{b\cos\theta}{a\sin\theta}(x-a\cos\theta),$$

化简得 $\qquad xb\cos\theta+ya\sin\theta=ab.\qquad(3.7)$

由此求出切线在 x 轴上的截距 $=\dfrac{a}{\cos\theta}$,切线在 y 轴上的截距 $=\dfrac{b}{\sin\theta}$.
从而被坐标轴所截的切线段长为

$$l(\theta)=\sqrt{\frac{a^2}{\cos^2\theta}+\frac{b^2}{\sin^2\theta}}\quad(0\leqslant\theta\leqslant bp).$$

求 $l(\theta)$ 的最小值等价于求 $f(\theta)=\dfrac{a^2}{\cos^2\theta}+\dfrac{b^2}{\sin^2\theta}$ 的最小值. 从

$$f'(\theta)=\frac{2a^2}{\cos^3\theta}\sin\theta-\frac{2b^2}{\sin^3\theta}\cos\theta=0\Longrightarrow\tan^4\theta=\frac{b^2}{a^2}\Longrightarrow\tan\theta=\sqrt{\frac{b}{a}},$$

从而 $\cos\theta=\sqrt{\dfrac{b}{a+b}}$,$\sin\theta=\sqrt{\dfrac{b}{a+b}}$,将它们代入(3.7)式,得到使 $l(\theta)$ 达到最小值的切线方程为

$$a\sqrt{\frac{b}{a+b}}y+b\sqrt{\frac{a}{a+b}}x=ab,$$

化简得 $\qquad\dfrac{x}{\sqrt{a}\sqrt{a+b}}+\dfrac{y}{\sqrt{b}\sqrt{a+b}}=1.$

评注 如果由实际问题列出的函数 $f(x)$ 在闭区间 $[\alpha,\beta]$ 上连续,在开区间 (α,β) 内可导,又由实际情况判断函数 $f(x)$ 在区间内部某一点处必定取得最小值(或最大值),且 $f'(x)$ 在这个区间内部只有一个零点,则这个零点一定是所要求的最小值点(或最大值点),相应的函数值即为要求的最小值(或最大值). 例如本题解法 1 中的 $f(x)(0\leqslant x\leqslant a)$,解法 2 中的 $f(\theta)\left(0\leqslant\theta\leqslant\dfrac{\pi}{2}\right)$,都是这样的函数.

例 10 周长一定的等腰三角形中,腰与底成何比例时,它绕底

边旋转所得旋转体的体积最大?

解 设周长为 $2l$,腰长为 x,底长为 $2y$,则有 $2x+2y=2l$,即 $y=l-x$.等腰三角形绕底边旋转所得旋转体是由这样两个同样的圆锥组成的,其中每个圆锥高为 $y=l-x$,底面半径为 $\sqrt{x^2-(l-x)^2}$. 于是,旋转体体积为

$$V = \frac{2}{3}\pi[x^2-(l-x)^2](l-x)$$

$$\Rightarrow V' = \frac{2}{3}\pi(3l^2-4lx), 由 V'=0 \Rightarrow x=\frac{3}{4}l.$$

由此推出 $y=l-x=\frac{1}{4}l$,及 $\frac{x}{2y}=\frac{3}{2}$.即腰与底的比为 $\frac{3}{2}$ 时,旋转体的体积最大.

例 11 设 $h>0$,求点 $(0,h)$ 到曲线 $y=x^2$ 的最短距离.

解 设点 $(0,h)$ 到曲线上点 (x,x^2) 的距离为 d,则

$$d^2 = (x^2-h)^2+x^2,$$

$$(d^2)' = 2x-4hx+4x^3 \xrightarrow{\text{令}} 0.$$

当 $h \leqslant \frac{1}{2}$ 时,$x=0 \Rightarrow d=h$;

当 $h > \frac{1}{2}$ 时,$x=\pm\sqrt{h-\frac{1}{2}} \Rightarrow d=\sqrt{h-\frac{1}{4}}$.

故当 $h \leqslant \frac{1}{2}$ 时,点 $(0,h)$ 到曲线 $y=x^2$ 的最短距离 $d=h$;当 $h<\frac{1}{2}$ 时,点 $(0,h)$ 到曲线 $y=x^2$ 的最短距离 $d=\sqrt{h-\frac{1}{4}}$.

例 12 求椭圆 $\frac{x^2}{a^2}+\frac{y^2}{b^2}=1$ 的内接矩形中面积最大的矩形.

解 设内接矩形的第一象限内的顶点为 $\left(x,\frac{b}{a}\sqrt{a^2-x^2}\right)$,则矩形面积为

$$S(x) = 4x \frac{b}{a}\sqrt{a^2-x^2} \quad (0 \leqslant x \leqslant a).$$

求 $S(x)$ 的最大值点等价于求 $f(x)=x^2(a^2-x^2)$ 的最大值点.从

$$f'(x) = 2x(a^2-x^2)-2x^3=0 \Rightarrow x=\frac{a}{\sqrt{2}}.$$

又
$$f(x) = x^2(a^2 - x^2) \leqslant \left(\frac{x^2 + a^2 - x^2}{2}\right)^2 = \left(\frac{a^2}{2}\right)^2 = f\left(\frac{a}{\sqrt{2}}\right)$$
$$(0 \leqslant x \leqslant a).$$

即点 $x = \dfrac{a}{\sqrt{2}}$ 是函数 $f(x)$ 在 $[0, a]$ 内的最大值点,从而也是函数 $S(x)$ 在 $[0, a]$ 内的最大值点,故最大内接矩形的面积为

$$S\left(\frac{a}{\sqrt{2}}\right) = 2ab.$$

例 13 如图 2.3 所示,在东西走向的一段笔直的铁路上有 A, B 两城,相距 15 km,在 B 城正南面 8 km 的 C 处有一工厂,现要从 A 城把货物运往该厂,已知每吨货物的铁路运费为 3 元/km,公路运费为 5 元/km. 问在铁路线上的 D 应选在何处,从 D 开始修筑到工厂的公路,才能使 $A \xrightarrow{\text{铁路}} D \xrightarrow{\text{公路}} C$ 运费最省?

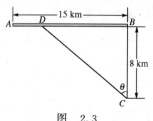

图 2.3

解 设 $\angle DCB = \theta$,则总运费
$$f(\theta) = 5 \times 8\sec\theta + 3 \times (15 - 8\tan\theta) = 40\sec\theta + 45 - 24\tan\theta,$$
$$f'(\theta) = \frac{40}{\cos^2\theta}\sin\theta - 24\tan^2\theta - 24 = \frac{40}{\cos^2\theta}\sin\theta - \frac{24}{\cos^2\theta}\sin^2\theta - 24$$
$$= \frac{1}{\cos^2\theta}(40\sin\theta - 24),$$

由 $f'(\theta) = 0$ 得 $\sin\theta = \dfrac{3}{5}$,由此得

$$\tan\theta = \frac{3}{4}, \quad BD = 8\tan\theta = 6 \text{(km)}.$$

练习题 2.3

2.3.1 求证:

(1) 当 $x \geqslant 0$ 时,$f(x) = \dfrac{x}{1+x}$ 单调增加;

(2) $\dfrac{|a+b|}{1+|a+b|} \leqslant \dfrac{|a|}{1+|a|} + \dfrac{|b|}{1+|b|}$.

2.3.2 设 $f(x)$ 在 $[0,a]$ 上二次可导,且 $f(0)=0, f''(x)<0$. 求证: $\dfrac{f(x)}{x}$ 在 $(0,a]$ 上单调下降.

2.3.3 求证:对任何 $n(>0)$ 次多项式 $P(x), \exists x_0 > 0$, 使得 $P(x)$ 在 $(-\infty, -x_0)$ 和在 $(x_0, +\infty)$ 上都是严格单调的.

2.3.4 设 $f(x)$ 在 $[a,b]$ 上连续,且在 (a,b) 内只有一个极大值点和一个极小值点. 求证:极大值必大于极小值.

2.3.5 设 $a, b > 0, k \in \mathbf{R}$. 求证:函数 $f(x) = a^2 e^{kx} + b^2 e^{-kx}$ 存在与 k 无关的极小值.

2.3.6 (1) 设 $f(x), g(x)$ 在 (a,b) 内可导,且 $f(x) \neq g(x), g(x) \neq 0$. 求证: $\dfrac{f(x)}{g(x)}$ 在 (a,b) 内无极值的充分必要条件是 $\dfrac{f(x)+g(x)}{f(x)-g(x)}$ 在 (a,b) 内无极值.

(2) 设 $b > a > 0$, 求证: $f(x) = \dfrac{(x-a)(x+b)}{(x-b)(x+a)}$ 无极值.

2.3.7 设函数 $f(x)$ 在 $(-\infty, +\infty)$ 内连续,其导函数的图形如图 2.4 所示,则 $f(x)$ 有( ).

(A) 一个极小值点和两个极大值点;
(B) 两个极小值点和一个极大值点;
(C) 两个极小值点和两个极大值点;
(D) 三个极小值点和一个极大值点.

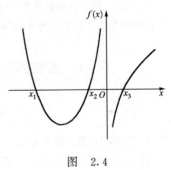

图 2.4

2.3.8 (1) 求证:序列 $\left\{\dfrac{\ln n}{n}\right\}_{n=3}^{\infty}$ 为一递减序列;

(2) 求序列 $\{\sqrt[n]{n}\}$ 的最大项.

2.3.9 假设 $f(x) = 1 + x + \dfrac{x^2}{2!} + \cdots + \dfrac{x^{2n}}{(2n)!}$. 求证: $f(x)$ 在实轴上有正的最小值.

2.3.10 设 $f(x) \in C[a,b]$, 在区间 $[a,b]$ 上只有一个极值点. 求证:如果该点是极大值点必为最大值点;如果该点是极小值点必为最小值点.

2.3.11 求出满足不等式 $\dfrac{B}{\sqrt{x}} \leqslant \ln x \leqslant A\sqrt{x}$ ($\forall x > 0$) 的最小正数 A 及最大负数 B.

2.3.12 给定曲线 $y = \dfrac{1}{\sqrt{x}}$ $(x > 0)$.

(1) 求过点 $\left(x_0, \dfrac{1}{\sqrt{x_0}}\right)$ 的切线；

(2) 在曲线上求一个点, 使曲线在该点处的切线在 x 轴与 y 轴上的截距之和最小.

2.3.13 设正数 x,y 之和为一常数 $2a(a>0)$, 且指数 x^y 当 $x=a$ 时, 达到最大值. 求证: $a=\mathrm{e}$.

2.3.14 给定曲线 $y=\dfrac{1}{x^2}$.

(1) 求曲线上横坐标为 x_0 的点处的切线方程；

(2) 在曲线上求一个点, 使曲线在该点处的切线被坐标轴所截的长度最短.

2.3.15 作一个无盖的圆柱形茶缸, 若体积 V 一定, 问底半径 R 与高 H 成何比例时, 使总面积最小(即用料最省)?

2.3.16 有一半径为 a 的半球面形的杯子, 杯内放一长度为 $l(l>2a)$ 的均匀细棒, 求棒的平衡位置(即求棒重心的最低位置).

2.3.17 把一圆形铁片剪下中心角为 α 的一块扇形部分, 并将其围成一圆锥. 已知圆形铁片的半径为 R, 问 α 多大时, 圆锥的容积最大?

§4 函数的凹凸性、拐点及函数作图

内 容 提 要

1. 曲线凹凸性的等价命题

若 $f(x)\in C^1[a,b]$, 在 (a,b) 内二次可微, 则下面关于凹函数的四个命题等价:

(1) $f[tx_1+(1-t)x_2]\leqslant tf(x_1)+(1-t)f(x_2)\,(0\leqslant t\leqslant 1, x_1,x_2\in[a,b])$, 其几何意义是"弦在曲线上方"；

(2) $f(x)\geqslant f(x_0)+f'(x_0)(x-x_0)\,(\forall\, x_0\in[a,b])$, 其几何意义是"切线在曲线下方"；

(3) $f'(x)$ 在 $[a,b]$ 上单调递增；

(4) $f''(x)\geqslant 0$.

2. 曲线拐点的判别法

(1) 若 $f(x)\in C^1(U(x_0;\delta))$, 在 $\mathring{U}(x_0;\delta)$ 内二次可微, 则 $f''(x)(x-x_0)$ 在 $\mathring{U}(x_0;\delta)$ 内同号时, x_0 为曲线的拐点.

(2) 若 $f(x) \in C^2(U(x_0;\delta))$，在点 x_0 处三次可微，且 $f''(x_0)=0, f'''(x_0) \neq 0$，则 x_0 为曲线的拐点.

3. 渐近线定义

对于连续曲线 $y=f(x)$，若 $\lim\limits_{\substack{x \to x_0+0 \\ (x \to x_0-0)}} f(x) = +\infty$ 或 $-\infty$，则称 $x=x_0$ 为垂直渐近线. 若 $\lim\limits_{\substack{x \to +\infty \\ (x \to -\infty)}} \dfrac{f(x)}{x} = k$，且 $\lim\limits_{\substack{x \to +\infty \\ (x \to -\infty)}} [f(x)-kx] = b$，则称 $y=kx+b$ 为斜渐近线.

4. 函数作图的步骤

（1）确定函数的定义域，并考查其奇偶性、周期性；

（2）求出函数的一阶导数 $f'(x)$，利用 $f'(x)$ 列表讨论函数的升降区间和极值；

（3）求出函数的二阶导数 $f''(x)$，利用 $f''(x)$ 列表讨论函数的凹、凸区间和拐点；

（4）求出 $f(x)$ 的渐近线；

（5）计算一些点的值，例如方程 $f'(x)=0$ 和 $f''(x)=0$ 的根，图形与坐标轴交点等，描草图.

典型例题分析

一、函数的凹凸、拐点

例 1 设 $f(x)$ 为凹函数，且二次可导. 求证：$F(x) = e^{f(x)}$ 也是凹函数.

证 因为 $f(x)$ 为凹函数，所以 $f''(x) \geqslant 0$. 又

$$F'(x) = f'(x)e^{f(x)}, \quad F''(x) = f''(x)e^{f(x)} + (f'(x))^2 e^{f(x)} \geqslant 0,$$

即得 $F(x)$ 为凹函数.

例 2 设 $f(x), g(x)$ 为 (a,b) 上的凹函数，求证：

$$h(x) \xlongequal{\text{定义}} \max(f(x), g(x))$$

也是 (a,b) 上的凹函数.

证 设 $t_1, t_2 > 0, t_1+t_2=1$，则对 $\forall x_1, x_2 \in (a,b)$，有

$$f(t_1 x_1 + t_2 x_2) \leqslant t_1 f(x_1) + t_2 f(x_2) \leqslant t_1 h(x_1) + t_2 h(x_2),$$

$$g(t_1 x_1 + t_2 x_2) \leqslant t_1 g(x_1) + t_2 g(x_2) \leqslant t_1 h(x_1) + t_2 h(x_2),$$

由此推出

$$h(t_1x_1 + t_2x_2) = \max(f(t_1x_1 + t_2x_2), g(t_1x_1 + t_2x_2))$$
$$\leqslant t_1h(x_1) + t_2h(x_2).$$

由凹函数定义,即知 $h(x)$ 是 (a,b) 上的凹函数.

二、函数作图

例3 作函数 $y = \dfrac{x^3}{2(x-1)^2}$ 的图形.

解 函数的定义域为 $(-\infty,1) \bigcup (1,+\infty)$. 由定义可求出 $y'(0)=0$;当 $x \neq 0$ 时,利用对数求导法,得

$$\frac{y'}{y} = \frac{3}{x} - \frac{2}{x-1} = \frac{x-3}{x(x-1)} \Longrightarrow y' = \frac{x^2(x-3)}{2(x-1)^3}.$$

由 $\lim\limits_{x \to 1} y = +\infty$,可知 $x=1$ 为垂直渐近线. 又因为

$$\lim_{x \to \pm\infty} \frac{y}{x} = \lim_{x \to \pm\infty} \frac{x^2}{2(x-1)^2} = \frac{1}{2},$$

$$\lim_{x \to \pm\infty} \left[y - \frac{x}{2}\right] = \lim_{x \to \pm\infty} \frac{2x^2 - x}{2(x-1)^2} = 1,$$

所以有斜渐近线 $y = \dfrac{x}{2} + 1$. 根据表 2.1 和渐近线,画出函数图形如图 2.5.

表 2.1

x	$(-\infty,0)$	0	(0,1)	1	(1,3)	3	$(3,+\infty)$
y'	+	0	+	无定义	−	0	+
y''	−	0	+	无定义	+	+	+
y	↗ 凸	(0,0) 拐点	↗ 凹	无定义	↘ 凹	$\dfrac{27}{8}$ 极小值	↗ 凹

评注 本题还可以这样来求渐近线:利用泰勒公式写出

$$x^3 = 1 + 3(x-1) + 3(x-1)^2 + (x-1)^3$$

$$\Longrightarrow y = \frac{x^3}{2(x-1)^2} = \frac{1}{2(x-1)^2} + \frac{3}{2(x-1)} + \frac{3}{2} + \frac{x-1}{2}$$

$$\Longrightarrow \lim_{x \to \pm\infty} \left[y - \frac{x}{2} - 1\right] = 0.$$

即知有斜渐近线 $y = \dfrac{x}{2} + 1$.

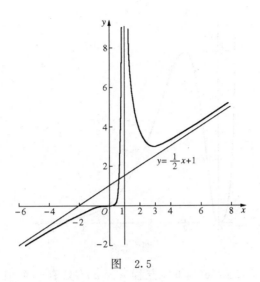

图 2.5

例 4 （1）作函数 $y=x^2\mathrm{e}^{-x}$ 的图形；

（2）试确定方程 $\mathrm{e}^x=ax^2(a>0)$ 的根的个数，并指出每一个根所在的范围.

解 令 $f(x)=x^2\mathrm{e}^{-x}$，则 $y=f(x)$ 的定义域为 $(-\infty,+\infty)$，且

$$f(0)=0,\quad \lim_{x\to+\infty}f(x)=0,\quad \lim_{x\to-\infty}f(x)=+\infty,$$

$$f'(x)=\frac{x(2-x)}{\mathrm{e}^x},\quad f'(x)=0\Rightarrow x=0, x=2,$$

$$f''(x)=\frac{x^2-4x+2}{\mathrm{e}^x},\quad f''(x)=0\Rightarrow x_{\pm}=2\pm\sqrt{2}.$$

总结上述结果列成表 2.2.

表 2.2

x	$(-\infty,0)$	0	$(0,x_-)$	x_-	$(x_-,2)$	2	$(2,x_+)$	x_+	$(x_+,+\infty)$
$f'(x)$	$-$	0	$+$	$+$	$+$	0	$-$	$-$	$-$
$f''(x)$	$+$	$+$	$+$	0	$-$	$-$	$-$	0	$+$
$f(x)$	↘ 凹	0 极小值	↗ 凹	$(x_-,f(x_-))$ 拐点	↗ 凸	$\frac{4}{\mathrm{e}^2}$ 极大值	↘ 凸	$(x_+,f(x_+))$ 拐点	↘ 凹

根据这个表容易作出函数 $y=f(x)$ 的图形(见图 2.6)，对不同的 a 值，考查平行于 x 轴的直线 $y=1/a$ 与曲线 $y=f(x)$ 的交点个数，可得到如下结论：

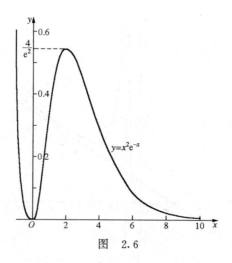

图 2.6

(1) 当 $0<a<e^2/4$ 时,方程 $e^x=ax^2$ 只有一个根,此根位于 $(-\infty,0)$ 内;

(2) 当 $a=e^2/4$ 时,方程 $e^x=ax^2$ 有两个根,其一位于 $(-\infty,0)$ 内,另一个是 $x=2$;

(3) 当 $a>e^2/4$ 时,方程 $e^x=ax^2$ 有三个根,其一位于 $(-\infty,0)$ 内,另外两个分别位于 $(0,2)$ 与 $(2,+\infty)$ 内.

例 5 解 $|3x-x^3|\leqslant 2$.

解 设 $f(x)=3x-x^3$.则
$$f(x)=x(\sqrt{3}-x)(\sqrt{3}+x)=0 \Rightarrow x=0, x=\pm\sqrt{3},$$
$$f'(x)=3(1-x)(1+x)=0 \Rightarrow x=\pm 1,$$
$$f''(x)=-6x=0 \Rightarrow x=0.$$

总结上述结果列成表 2.3.根据这个表容易作出函数 $y=f(x)$ 的图形(见图 2.7).

表 2.3

x	$(-\infty,-1)$	-1	$(-1,0)$	0	$(0,1)$	1	$(1,+\infty)$
$f'(x)$	$-$	0	$+$	$+$	$+$	0	$-$
$f''(x)$	$+$	$+$	$+$	0	$-$	$-$	$-$
$f(x)$	↘ 凹	-2 极小值	↗ 凹	$(0,0)$ 拐点	↗ 凸	2 极大值	↘ 凸

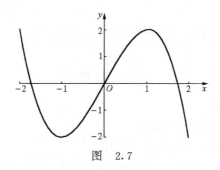

图 2.7

由图写出答案为$|x|\leqslant 2$.

评注 为了写出答案,需要解出$f(x)=\pm 2$的根.怎么办呢?一般用因式分解.例如要解$f(x)=2\Leftrightarrow -x^3+3x-2=0$,因为这个三次多项式的系数和为0,所以含有$(x-1)$因子,用此因子去除$-x^3+3x-2$即得二次多项式,再因式分解就容易了.

同样要解$f(x)=-2\Leftrightarrow -x^3+3x+2=0$,因为这个三次多项式的奇次项系数和与偶次项系数和相等,所以含有$(x+1)$因子,用此因子去除$-x^3+3x+2$即得二次多项式,再因式分解即可.

练习题 2.4

2.4.1 设$a>0,b>0$.求证:$f(x)=\sqrt{a+bx^2}$为凹函数.

2.4.2 求证:不存在三次或三次以上的奇次多项式为凹函数.

2.4.3 设$f(x)$在(a,b)上取正值,且为凸函数.求证:$\dfrac{1}{f(x)}$是在(a,b)上的凹函数.

2.4.4 设$f(x)$在$[a,+\infty)$上二次可微,$f''(x)\geqslant 0$,$\lim\limits_{x\to +\infty}f(x)=0$.求证:
$$\lim\limits_{x\to +\infty}f'(x)=0.$$

2.4.5 设$f(x)$在$[a,+\infty)$上二次可微,$f''(x)\geqslant 0$.求证:

(1) $\dfrac{f(x)-f(x-h)}{h}\leqslant f'(x)\leqslant \dfrac{f(x+h)-f(x)}{h}$ $(0<h<x)$;

(2) 若$\lim\limits_{x\to +\infty}\dfrac{f(x)}{x}=1$,则$\lim\limits_{x\to +\infty}f'(x)=1$.

2.4.6 作出下列函数的图形:

(1) $y=x^3-x^2-x+1$; (2) $y=x\cdot e^{-x^2}$;

(3) $y=x+1/x$; (4) $y=x\cdot \ln x$.

§5 洛必达法则与泰勒公式

内 容 提 要

1. 洛必达法则

定理1 设如下三个条件成立：

(1) $f(x), g(x)$ 在 $U(a, \delta)$ 上连续，且
$$\lim_{x \to a} f(x) = \lim_{x \to a} g(x) = 0;$$

(2) 在 $U(a, \delta)$ 上 $f'(x), g'(x)$ 存在，且 $g'(x) \neq 0$；

(3) 极限 $\lim_{x \to a} \dfrac{f'(x)}{g'(x)}$ 存在(可以无穷大)，

则有 $\lim_{x \to a} \dfrac{f(x)}{g(x)} = \lim_{x \to a} \dfrac{f'(x)}{g'(x)}$. 把 a 换成 $+\infty$ 或 $-\infty$ 时，命题仍成立.

定理2 设如下三个条件成立：

(1) $f(x), g(x)$ 在 $U(a, \delta)$ 上连续，且
$$\lim_{x \to a} g(x) = +\infty \text{ 或 } -\infty;$$

(2) 在 $U(a, \delta)$ 上 $f'(x), g'(x)$ 存在，且 $g'(x) \neq 0$；

(3) 极限 $\lim_{x \to a} \dfrac{f'(x)}{g'(x)}$ 存在(可以无穷大)，

则有 $\lim_{x \to a} \lim_{x \to a} \dfrac{f(x)}{g(x)} = \lim_{x \to a} \lim_{x \to a} \dfrac{f'(x)}{g'(x)}$. 把 a 换成 $+\infty$ 或 $-\infty$ 时，命题仍成立.

未定式 $0 \cdot \infty, \infty - \infty, 1^{\infty}, 0^0, \infty^0$ 型求极限可化为 $\dfrac{0}{0}$ 或 $\dfrac{\infty}{\infty}$ 型求极限.

2. 泰勒公式

定理3 设 $f(x)$ 在点 x_0 处的 n 阶导数存在，则
$$f(x) = \sum_{k=0}^{n} \frac{f^{(k)}(x_0)}{k!}(x-x_0)^k + o((x-x_0)^n).$$

定理4 设 $f(x) \in C^n(a,b), f^{(n+1)}(x)$ 存在，$x, x_0 \in (a,b)$，则
$$f(x) = \sum_{k=0}^{n} \frac{f^{(k)}(x_0)}{k!}(x-x_0)^k + \frac{f^{(n+1)}(\xi)}{(n+1)!}(x-x_0)^{n+1},$$

其中 ξ 介于 x_0 与 x 之间.

3. 基本公式(带有皮亚诺余项的泰勒公式)

(1) $e^x = \sum_{k=0}^{n} \dfrac{x^k}{k!} + o(x^n);$

(2) $\sin x = \sum_{k=0}^{n} (-1)^k \dfrac{x^{2k+1}}{(2k+1)!} + o(x^{2n+2});$

(3) $\cos x = \sum_{k=0}^{n}(-1)^k \dfrac{x^{2k}}{(2k)!} + o(x^{2n})$;

(4) $(1+x)^\alpha = 1 + \sum_{k=1}^{n} \begin{pmatrix}\alpha\\k\end{pmatrix} x^k + o(x^n)$,其中 $\begin{pmatrix}\alpha\\k\end{pmatrix} \xlongequal{\text{定义}} \dfrac{\alpha(\alpha-1)\cdots(\alpha-k+1)}{k!}$;

(5) $\ln(1+x) = \sum_{k=1}^{n}(-1)^{k-1}\dfrac{x^k}{k!} + o(x^n)$.

典型例题分析

例1 设 $f(x)$ 在 (a,b) 内可导,且 $f'(x)$ 单调. 求证: $f'(x)$ 在 (a,b) 内连续.

证 $\forall x_0 \in (a,b)$,由洛必达法则及 $f'(x)$ 的单调性,有
$$\lim_{x \to x_0+0} \frac{f(x)-f(x_0)}{x-x_0} = \lim_{x \to x_0+0} f'(x) = f'(x_0+0). \quad (5.1)$$
又由条件 $f'(x_0)$ 存在,故从(5.1)式得 $f'(x_0) = f'(x_0+0)$.

同理可推出 $f'(x_0) = f'(x_0-0)$. 于是 $f'(x)$ 在点 x_0 处连续. 由 x_0 的任意性,即得 $f'(x) \in C(a,b)$.

评注 根据达布定理,导函数不可能有可去间断点和第一类间断点. 由此可见,本题结论是由两方面结果合成的;其一是导函数不可能有可去间断点和第一类间断点;其二是 $f'(x)$ 单调的条件保证,若有间断点,只能是可去间断点和第一类间断点. 从而不会出现间断点,也就是 $f'(x)$ 连续.

例2 设 $f(x)$ 在 $[a,+\infty)$ 上有界,$f'(x)$ 存在,且 $\lim\limits_{x \to +\infty} f'(x) = b$. 求证: $b = 0$.

证 一方面,由洛必达法则,$\lim\limits_{x \to +\infty} \dfrac{f(x)}{x} = \lim\limits_{x \to +\infty} f'(x) = b$;另一方面,由 $f(x)$ 有界,知 $\lim\limits_{x \to +\infty} \dfrac{f(x)}{x} = 0$,从而 $b = 0$.

提问 已知函数 $y = f(x)$ 在 $[a,+\infty)$ 内有界且可导,并且
$$\lim_{x \to +\infty} f(x) = 0,$$
是否一定有 $\lim\limits_{x \to +\infty} f'(x) = 0$?

解答 不一定. 例如,函数 $f(x) = \dfrac{\sin(x^2)}{x}$ 在 $[1,+\infty)$ 内有界、可导,且 $\lim\limits_{x \to +\infty} f(x) = 0$,但

$$f'(x) = -\frac{1}{x^2}\sin(x^2) + 2\cos(x^2) \Longrightarrow \lim_{x\to+\infty} f'(x) \text{ 不存在}.$$

例3 设 $f(x) \in C(a,b)$，$f'(x)$ 在 (a,b) 内除点 x_0 外都存在，且 $\lim\limits_{x\to x_0+0} f'(x)$ 存在. 求证：$f'_+(x_0)$ 存在，且 $f'_+(x_0) = \lim\limits_{x\to x_0+0} f'(x)$.

证 因为 $f(x)$ 在点 x_0 处连续，所以 $\lim\limits_{x\to x_0+0}(f(x)-f(x_0))=0$. 又因为 $f(x)$ 在 (x_0,b) 内可导，则由洛必达法则，有

$$f'_+(x_0) \xlongequal{\text{右导数定义}} \lim_{x\to x_0+0} \frac{f(x)-f(x_0)}{x-x_0} \xlongequal{\frac{0}{0}\text{型}} \lim_{x\to x_0+0} f'(x).$$

提问 本题的逆命题是否正确？即已知函数在点 x_0 处的右导数 $f'_+(x_0)$ 存在，问导函数在点 x_0 处的右极限是否存在？

解答 结论不一定对. 例如

$$f(x) = \begin{cases} x^2\sin\dfrac{1}{x} & (x\neq 0) \\ 0 & (x=0) \end{cases} \Longrightarrow f'_+(0) = f'(0) = 0,$$

但是 $f'(x)$ 的右极限 $\lim\limits_{x\to 0+0} f'(x) = \lim\limits_{x\to 0+0}\left[2x\sin\dfrac{1}{x} - \cos\dfrac{1}{x}\right]$ 不存在. 对于导函数连续的函数，当然逆命题是正确的.

例4 求极限 $\lim\limits_{x\to+\infty}\left(1+\dfrac{1}{x}\right)^{x^2} e^{-x}$.

解法1 令 $f(x) = \left(1+\dfrac{1}{x}\right)^{x^2} e^{-x}$，则有

$$\ln f(x) = x^2 \ln\left(1+\frac{1}{x}\right) - x \xlongequal{t=\frac{1}{x}} \frac{\ln(1+t)-t}{t^2}.$$

注意到当 $x\to+\infty$ 时，$t\to 0+0$. 故有

$$\lim_{x\to+\infty}\ln f(x) = \lim_{t\to 0+0}\frac{\ln(1+t)-t}{t^2} \xlongequal{\text{洛必达法则}} \lim_{t\to 0+0}\frac{\frac{1}{1+t}-1}{2t} = -\frac{1}{2}.$$

因此 $\lim\limits_{x\to+\infty} f(x) = \lim\limits_{x\to+\infty} e^{\ln f(x)} = e^{-\frac{1}{2}}$.

解法2 注意到当 $x\to+\infty$ 时，$\dfrac{1}{x}$ 是无穷小量.

$$\ln f(x) = x^2\ln\left(1+\frac{1}{x}\right) - x \xrightarrow{\text{泰勒公式}} x^2\left[\frac{1}{x}-\frac{1}{2x^2}+o\left(\frac{1}{x^2}\right)\right]-x$$
$$=-\frac{1}{2}+o(1).$$

由此即得 $\lim\limits_{x\to+\infty}f(x)=\lim\limits_{x\to+\infty}e^{\ln f(x)}=e^{-\frac{1}{2}}$.

例5 设 $f(x)$ 一阶可导,且 $f''(x_0)$ 存在. 求证:
$$\lim_{h\to 0}\frac{f(x_0+2h)-2f(x_0+h)+f(x_0)}{h^2}=f''(x_0).$$

证法1 用洛必达法则及 $f''(x_0)$ 的定义,得

$$\lim_{h\to 0}\frac{f(x_0+2h)-2f(x_0+h)+f(x_0)}{h^2}$$
$$\xrightarrow{\text{洛必达法则}}\lim_{h\to 0}\frac{2f'(x_0+2h)-2f'(x_0+h)}{2h}$$
$$=\lim_{h\to 0}\frac{2[f'(x_0+2h)-f'(x_0)]-2[f'(x_0+h)-f'(x_0)]}{2h}$$
$$=2f''(x_0)-f''(x_0)=f''(x_0).$$

证法2 用带皮亚诺余项的泰勒公式,得
$$f(x_0+2h)-2f(x_0+h)+f(x_0)$$
$$=\left[f(x_0)+f'(x_0)\cdot 2h+\frac{f''(x_0)}{2!}(2h)^2+o(h^2)\right]$$
$$-2\left[f(x_0)+f'(x_0)\cdot h+\frac{f''(x_0)}{2!}h^2+o(h^2)\right]+f(x_0)$$
$$=f''(x_0)h^2+o(h^2).$$

由此得 $\lim\limits_{h\to 0}\dfrac{f(x_0+2h)-2f(x_0+h)+f(x_0)}{h^2}=f''(x_0).$

例6 求 $\lim\limits_{x\to+\infty}\left[\left(x^3-x^2+\dfrac{x}{2}\right)e^{\frac{1}{x}}-\sqrt{x^6+1}\right]$.

解 $e^{\frac{1}{x}}=1+\dfrac{1}{x}+\dfrac{1}{2x^2}+\dfrac{1}{6x^3}+o\left(\dfrac{1}{x^3}\right),$

$$\sqrt{x^6+1}=x^3\left(1+\frac{1}{x^6}\right)^{\frac{1}{2}}=x^3\left[1+\frac{1}{2x^6}+o\left(\frac{1}{x^6}\right)\right],$$

$$\left(x^3-x^2+\frac{x}{2}\right)e^{\frac{1}{x}}-\sqrt{x^6+1}=\frac{1}{12x}+\frac{1}{12x^2}-\frac{1}{2x^3}+\frac{1}{6}+o(1),$$

由此得
$$\lim_{x\to+\infty}\left[\left(x^3-x^2+\frac{x}{2}\right)\mathrm{e}^{\frac{1}{x}}-\sqrt{x^6+1}\right]=\frac{1}{6}.$$

评注 本题如果用洛必达法则计算,则比较繁.

例 7 求证:(1) $\forall n\in\mathbf{N},\exists\ \theta_n\in(0,1)$,使得
$$\mathrm{e}=1+1+\frac{1}{2!}+\cdots+\frac{1}{n!}+\frac{\mathrm{e}^{\theta_n}}{(n+1)!};\qquad(5.2)$$

(2) e 是无理数.

证 (1) 对函数 e^x 在点 $x=0$ 处展成带有拉格朗日余项的泰勒公式,得到
$$\mathrm{e}^x=\sum_{k=0}^{n}\frac{x^k}{k!}+\frac{\mathrm{e}^{\theta_n x}}{(n+1)!}x^{n+1},$$

其中 $\theta_n\in(0,1)$. 代入 $x=1$ 即得(5.2)式.

(2) 用反证法. 假设 e 为有理数,设 $\mathrm{e}=\dfrac{p}{q}(p,q\in\mathbf{N})$. 取 $n=\max\{q,2\}$,在等式(5.2)的两端同乘以 $n!$,并移项得到
$$\frac{p}{q}\cdot n!-\left(1+1+\frac{1}{2!}+\cdots+\frac{1}{n!}\right)\cdot n!=\frac{\mathrm{e}^{\theta_n}}{n+1}.\qquad(5.3)$$

注意到,等式(5.3)左端是正整数,从而右端也是正整数,这要求
$$n+1\leqslant\mathrm{e}^{\theta_n}<3\Rightarrow n=1,$$

这与 $n=\max\{q,2\}>1$ 矛盾. 这个矛盾说明假设 e 为有理数不成立,即证得 e 是无理数.

例 8 设 $f(x)$ 在 $[0,1]$ 上有二阶导数,$|f(x)|\leqslant a$,$|f''(x)|\leqslant b$,其中 a,b 是非负数. 求证:对一切 $c\in(0,1)$ 有 $|f'(c)|\leqslant 2a+\dfrac{b}{2}$.

思路 本题条件和本题结论之间的联系是要从函数和二阶导数的估计导出一阶导数的估计. 能将函数、一阶导数和二阶导数全部联系在一起的数学工具惟有泰勒公式. 故应从泰勒公式入手.

证 对任意给定的 $c\in(0,1)$,因为函数 $f(x)$ 在 $[0,1]$ 上有二阶导数,所以函数 $f(x)$ 在点 $x=c$ 处二阶泰勒公式成立,即
$$f(x)=f(c)+f'(c)(x-c)+\frac{f''(\xi)}{2}(x-c)^2\quad\forall\ x\in[0,1],$$
$$(5.4)$$

其中 ξ 在 c 与 x 之间. 特别地,当 $x=0$ 与 $x=1$ 时,(5.4)式给出

$$f(0) = f(c) + f'(c)(0-c) + \frac{f''(\xi_0)}{2}(0-c)^2 \quad (0 < \xi_0 < c);$$
(5.5)

$$f(1) = f(c) + f'(c)(1-c) + \frac{f''(\xi_1)}{2}(1-c)^2 \quad (c < \xi_1 < 1).$$
(5.6)

由(5.6)减去(5.5)式,得到

$$f(1) - f(0) = f'(c) + \frac{1}{2}[f''(\xi_1)(1-c)^2 + f''(\xi_0)c^2],$$

即

$$f'(c) = f(1) - f(0) - \frac{1}{2}[f''(\xi_1)(1-c)^2 + f''(\xi_0)c^2].$$

再由绝对值不等式,得

$$|f'(c)| \leqslant |f(1)| + |f(0)| + \frac{1}{2}[|f''(\xi_1)|(1-c)^2 + |f''(\xi_0)|c^2]$$

$$\leqslant 2a + \frac{b}{2}[(1-c)^2 + c^2] \leqslant 2a + \frac{b}{2}[(1-c) + c]$$

$$= 2a + \frac{1}{2}b.$$

例9 设 $f(x)$ 在 R 上二次可微,且 $\forall x \in R$,有

$$|f(x)| \leqslant M_0, \quad |f''(x)| \leqslant M_2.$$

(1) 写出 $f(x+h), f(x-h)$ 关于 h 的带拉格朗日余项的泰勒公式;

(2) 求证:对 $\forall h > 0$,有 $|f'(x)| \leqslant \frac{M_0}{h} + \frac{h}{2}M_2$;

(3) 求证:$|f'(x)| \leqslant \sqrt{2M_0 M_2}$.

解 (1)

$$f(x+h) = f(x) + f'(x)h + \frac{f''(x+\theta_1 h)}{2}h^2 \quad (0 < \theta_1 < 1);$$

$$f(x-h) = f(x) - f'(x)h + \frac{f''(x-\theta_2 h)}{2}h^2 \quad (0 < \theta_2 < 1).$$

(2) 将第(1)小题得到的两个泰勒公式相减,得

$$2f'(x)h = f(x+h) - f(x-h) + \frac{f''(x-\theta_2 h)}{2}h^2 - \frac{f''(x+\theta_1 h)}{2}h^2.$$

由此,利用条件 $|f(x)|\leqslant M_0$, $|f''(x)|\leqslant M_2$, 即得
$$|f'(x)|\leqslant \frac{M_0}{h}+\frac{h}{2}M_2. \tag{5.7}$$

(3) 设 $g(h)\xlongequal{\text{定义}}\frac{M_0}{h}+\frac{h}{2}M_2$, 则有
$$g(h)\geqslant 2\sqrt{\frac{M_0}{h}\cdot\frac{h}{2}M_2}=2\sqrt{2M_0M_2},$$

其中等号当 $\frac{M_0}{h}=\frac{h}{2}M_2$ 时,即当 $h=\sqrt{\frac{2M_0}{M_2}}$ 时成立. 将此 h 值代入 (5.7)式,即得
$$|f'(x)|\leqslant \sqrt{\frac{M_0M_2}{2}}+\sqrt{\frac{M_0M_2}{2}}=\sqrt{2M_0M_2}.$$

练习题 2.5

2.5.1 设 $f(x)$ 在 $(a,+\infty)$ 上可导,且 $\lim\limits_{x\to+\infty}[f(x)+xf'(x)]=l$. 求证:
$$\lim_{x\to+\infty}f(x)=l.$$

2.5.2 设函数 $f(x)$ 在闭区间 $[-1,1]$ 上具有三阶连续导数,且
$$f(-1)=0, \quad f(1)=1, \quad f'(0)=0.$$
求证:$\exists\,\xi\in(-1,1)$, 使得 $f'''(\xi)=3$.

2.5.3 设 $f(x)=\begin{cases}\dfrac{1-\mathrm{e}^x}{x} & x\neq 0,\\ 1, & x=0.\end{cases}$ 求证:

(1) $f(x)$ 在 $(-\infty,+\infty)$ 上二阶连续可微;
(2) $f(x)$ 在 $(-\infty,+\infty)$ 上严格单调下降;
(3) $f(x)$ 在 $(-\infty,+\infty)$ 上是凹函数.

2.5.4 (1) 求证:$\lim\limits_{x\to 0}\left[\dfrac{1}{\sin^2 x}-\dfrac{1}{x^2}\right]=\dfrac{1}{3}$;

(2) 设 $0<x_1<1$, $x_{n+1}=\sin x_n (n=1,2,\cdots)$, 求证:$\lim\limits_{n\to\infty}\sqrt{n}\,x_n=\sqrt{3}$.

2.5.5 设 $P(x)=a_nx^n+a_{n-1}x^{n-1}+\cdots+a_1x+a_0$. 求证:对 $\forall\,\lambda>0$,
$$\lim_{x\to+\infty}\frac{P(x)}{\mathrm{e}^{\lambda x}}=0.$$

2.5.6 将函数 $(1-x-x^2)^{-\frac{1}{2}}$ 在点 $x=0$ 处展成泰勒公式至 x^4 阶项.

2.5.7 由拉格朗日中值定理,对 $\forall\,|x|\leqslant 1$, $\exists\,\theta\in(0,1)$, 使得
$$\arcsin x=\arcsin x-0=x\cdot\frac{1}{\sqrt{1-\theta^2x^2}}.$$

求证:$\lim\limits_{x\to 0}\theta=\dfrac{1}{\sqrt{3}}$.

2.5.8 设 $f(x)$ 在 $(0,+\infty)$ 上二次可微,且
$$|f(x)|\leqslant M_0,\quad |f''(x)|\leqslant M_2\quad (\forall\ x>0).$$
求证:$|f'(x)|\leqslant 2\sqrt{M_0 M_2}\ (\forall\ x>0)$.

2.5.9 设 $P(x)=a_n x^n+a_{n-1}x^{n-1}+\cdots+a_1 x+a_0$. 求证: a 是 $P(x)=0$ 的 k 重根的充分必要条件为
$$P^{(i)}(a)=0\ (i=0,1,2,\cdots,k-1),\quad P^{(k)}(a)\neq 0.$$

2.5.10 若一实系数多项式 $P(x)$ 的根全是实根,求证:$P(x)$ 各阶导数产生的多项式的根也全是实根,且每一高阶导数的根均分布在低阶导数的根之间.

§6 一元函数微分学的综合应用

内 容 提 要

1. 不等式证明的常见类型和解题方法

(1) 用导数证明不等式 $f(x)\geqslant g(x)(a\leqslant x\leqslant b)$ 的一般步骤:

第一步,作辅助函数 $F(x)=f(x)-g(x)$. 原不等式归结为
$$F(x)\geqslant 0\quad (a\leqslant x\leqslant b).$$
这等价于证明 $F(x)$ 在 $[a,b]$ 上的最小值大于等于零.

第二步,对所作辅助函数 $F(x)$ 求导,确定 $F'(x)$ 在所考虑区间上的符号,从而确定 $F(x)$ 在所考虑区间上的增减性、极值或最值性质. 当 $F'(x)$ 符号直接确定不了时,就要计算 $F''(x)$,如果 $F''(x)$ 符号还是直接确定不了时,就要计算 $F'''(x)$,如此下去直到符号能完全确定为止.

值得注意的是:由于所作辅助函数 $F(x)$ 不同,确定 $F'(x)$ 符号的难易程度可能不同,所以作辅助函数可不拘一格作适当变更. 不同辅助函数的构造一般来源于对原不等式的不同的同解变形.

(2) 直接利用微分学中的中值定理证明不等式 $f(x)\leqslant c(a\leqslant x\leqslant b,c$ 是常数)的一般步骤(参见例 5、例 6):

第一步,利用拉格朗日中值定理、柯西中值定理或泰勒公式,改写
$$f(x)=g(\xi)\quad (a<\xi<\beta).$$

第二步,用"中值变易法",即将 ξ 换为 x 构造辅助函数 $g(x)$,并对 $g(x)$ 求极大值、最大值. 如果这个最大值 $\leqslant c$,证明就完成了.

(3) 利用函数的凹凸性证明不等式:
主要用曲线在切线或割线一侧的几何特性.

2. 函数零点讨论的常见类型和解题方法

设 k 是影响方程根个数的参数.

(1) $f(x)=k$ 型求函数零点方法:

如果能将要讨论根个数的方程同解变形为 $f(x)=k$ 的形式,那么首先作辅助函数 $y=f(x)$ 的简图.所谓简图是指不必考虑图形的凹凸性,只需反映出图形在指定区间上的升降、极值或最值以及变量趋向于区间两端时的极限.接着考查直线 $y=k$,当 k 变化时平行于 x 轴移动,在不同情况下,数一数它与 $y=f(x)$ 交点的个数就可以知道方程根的个数了.

(2) $f(x,k)=0$ 型求函数零点方法:

面对 $f(x,k)=0$ 的形式,一般先对固定的 k 求出函数 $f(x,k)$ 的最大值 $M(k)$ 或最小值 $m(k)$.然后考虑 k 变化时,$M(k)$ 或 $m(k)$ 在 x 轴的上方还是下方,进而判断曲线 $y=f(x,k)$ 与 x 轴的交点个数.

典型例题分析

一、不等式

例 1 求证:当 $x>0$ 时,不等式 $\ln(1+x)<\dfrac{x}{\sqrt{1+x}}$ 成立.

证法 1 作辅助函数 $f(x)=\ln(1+x)-\dfrac{x}{\sqrt{1+x}}$,则 $f(0)=0$,

$$f(x)=\ln(1+x)-\sqrt{1+x}+\dfrac{1}{\sqrt{1+x}},$$

$$f'(x)=\dfrac{1}{1+x}-\dfrac{1}{2\sqrt{x+1}}-\dfrac{1}{2\sqrt{x+1}(x+1)}$$

$$=\dfrac{2\sqrt{x+1}-x-2}{2\sqrt{x+1}(x+1)}=-\dfrac{x+1-2\sqrt{x+1}-1}{2\sqrt{x+1}(x+1)}$$

$$=-\dfrac{(\sqrt{x+1}-1)^2}{2\sqrt{x+1}(x+1)}<0 \quad (x>0), \tag{6.1}$$

从而 $f(x)\downarrow \Longrightarrow f(x)<f(0)=0$. 即证得不等式.

证法 2 作辅助函数 $f(x)=\sqrt{1+x}\ln(1+x)-x$,则 $f(0)=0$,

$$f'(x)=\dfrac{\ln(1+x)}{2\sqrt{x+1}}-\dfrac{\sqrt{x+1}}{x+1}=\dfrac{\ln(1+x)+2-2\sqrt{x+1}}{2\sqrt{x+1}}.$$

$$\tag{6.2}$$

$f'(x)$ 的表达式(6.2)的右端分母肯定是正的,可单独考虑分子.令 $g(x)=\ln(1+x)+2-2\sqrt{x+1}$,则

$$g'(x)=\frac{1}{1+x}-\frac{1}{\sqrt{1+x}}=\frac{\sqrt{x+1}-(x+1)}{(x+1)\sqrt{x+1}}<0 \quad (x>0).$$

由此可见,$g(x)\downarrow \Longrightarrow g(x)<g(0)=0$. 从而,由(6.2)式,有

$$f'(x)=\frac{g(x)}{2\sqrt{x+1}}\leqslant 0.$$

于是由 $f(x)\downarrow$ 推出 $f(x)\leqslant f(0)=0$. 即证得不等式.

证法 3 作变量代换 $t=\sqrt{1+x}$,则

$$\ln(1+x)\leqslant \frac{x}{\sqrt{1+x}} \; (x>0) \Longleftrightarrow 2\ln t\leqslant t-\frac{1}{t} \; (t>1).$$

令 $g(t)=t-\frac{1}{t}-2\ln t$,则

$$g'(t)=1+\frac{1}{t^2}-\frac{2}{t}=\frac{t^2-2t+1}{t^2}=\left[\frac{t-1}{t}\right]^2>0 \quad (t>1).$$

由此可见,当 $t>1$ 时 $g(t)$ 为严格单调增加函数,又 $g(1)=0$,故有 $g(t)>g(1)=0$. 即证得不等式.

证法 4 应用柯西中值定理. 对于 $\forall\, x>0$,存在 $\xi\in(0,x)$,使得

$$\frac{\ln(1+x)}{\frac{x}{\sqrt{1+x}}}=\frac{\frac{1}{1+\xi}}{\frac{\sqrt{1+\xi}-\frac{\xi}{2\sqrt{1+\xi}}}{1+\xi}}=\frac{\sqrt{1+\xi}}{1+\frac{\xi}{2}}$$

$$=\left[\frac{1+\xi}{\left(1+\frac{\xi}{2}\right)^2}\right]^{\frac{1}{2}}<1.$$

即证得不等式.

例 2 求证:(1) 当 $a\geqslant \frac{1}{2}$ 时,有

$$\ln\left(1+\frac{1}{x}\right)<\frac{x+a}{x^2+x} \quad (\forall\, x>0); \tag{6.3}$$

(2) 当 $a\geqslant \frac{1}{2}$ 时,函数 $f(x)=\left(1+\frac{1}{x}\right)^{x+a}$ 在 $(0,+\infty)$ 上严格单调递减;

(3) 若数集 $A \xlongequal{\text{定义}} \left\{\alpha \,\middle|\, \left(1+\dfrac{1}{x}\right)^{x+\alpha} > e(\forall\, x>0)\right\}$，则
$$A = \left[\dfrac{1}{2}, +\infty\right).$$

证 (1) 令 $g(x) \xlongequal{\text{定义}} \ln\left(1+\dfrac{1}{x}\right) - \dfrac{x+\alpha}{x^2+x}$. 为了证明(6.3)式，只需证明 $g(x) < 0$. 事实上，当 $\alpha \geq \dfrac{1}{2}$ 时，
$$g'(x) = \dfrac{\alpha + (2\alpha-1)x}{x^2(x+1)^2} > 0 \Rightarrow g(x) \uparrow,$$
又 $\lim\limits_{x\to+\infty} g(x) = 0$，故 $g(x) < 0$.

(2) 为证明 $f(x)$ 严格单调递减，只需证明 $f'(x) < 0$. 用对数求导法，有
$$\ln f(x) = (x+\alpha)\ln\left(1+\dfrac{1}{x}\right) \Rightarrow f'(x) = f(x) \cdot g(x)$$
$$\xRightarrow{\text{由第(1)小题}} f'(x) < 0.$$

(3) 一方面，因为 $\lim\limits_{x\to+\infty}\left(1+\dfrac{1}{x}\right)^{x+\alpha} = e$，又根据第(2)小题结论，当 $\alpha \geq \dfrac{1}{2}$ 时，$\left(1+\dfrac{1}{x}\right)^{x+\alpha}$ 严格单调递减，所以
$$\alpha \in \left[\dfrac{1}{2}, +\infty\right) \Rightarrow \left(1+\dfrac{1}{x}\right)^{x+\alpha} > e\ (\forall\, x>0) \Rightarrow \alpha \in A.$$

另一方面，对 $\forall\, \alpha \in A$，有
$$\left(1+\dfrac{1}{x}\right)^{x+\alpha} > e \quad (\forall\, x > 0)$$
$$\Rightarrow \ln^2\left(1+\dfrac{1}{x}\right) > \dfrac{1}{(x+\alpha)^2} \quad (\forall\, x > 0). \qquad (6.4)$$

再用例 1 的结果，对 $\forall\, x > 0$，有
$$\ln\left(1+\dfrac{1}{x}\right) < \dfrac{\dfrac{1}{x}}{\sqrt{1+\dfrac{1}{x}}} = \dfrac{1}{\sqrt{x(x+1)}}$$
$$\Rightarrow \ln^2\left(1+\dfrac{1}{x}\right) < \dfrac{1}{x(x+1)}. \qquad (6.5)$$

联合(6.4)与(6.5)式即得

$$(x+a)^2 > x(x+1) \Rightarrow (2a-1)x + a^2 > 0 \quad (\forall\, x>0)$$
$$\Rightarrow a \geq \frac{1}{2}.$$

即 $a \in A \Rightarrow a \in \left[\frac{1}{2}, +\infty\right)$.

例3 求证:

(1) $\ln \dfrac{b}{a} > \dfrac{2(b-a)}{b+a}$ $(b>a>0)$;

(2) $(x^2-1)\ln x \geq 2(x-1)^2$ $(\forall\, x>0)$.

思路 (1) 注意到原不等式中的两个参数具有齐次关系,若令 $x = \dfrac{b}{a}$,就把两个参数转化为一个参数作为变量. 那么本题就是要证明:

$$\ln x > \frac{2(x-1)}{x+1} \quad (\forall\, x>1). \tag{6.6}$$

(2) 考虑
$$(x^2-1)\ln x \geq 2(x-1)^2 \quad (\forall\, x>0)$$
$$\Leftrightarrow \begin{cases} (x+1)\ln x > 2(x-1), & \forall\, x>1, \\ (x+1)\ln x \leq 2(x-1), & \forall\, 0<x\leq 1. \end{cases} \tag{6.7}$$

证 (1) 作辅助函数 $f(x) = \ln x - \dfrac{2(x-1)}{x+1}$,则有

$$f'(x) = \frac{1}{x} - \frac{4}{(1+x)^2} = \frac{(1-x)^2}{x(1+x)^2} > 0 \quad (\forall\, x>1).$$

因此当 $x>1$ 时,$f(x)$ 严格单调增加,从而 $f(x) > f(1) = 0 (\forall\, x>1)$,即得 (6.6) 式.

(2) 注意到 (6.7) 式中的第一个不等式就是 (6.6) 式;而 (6.7) 式中的第二个不等式,当 $x=1$ 时,显然等号成立;当 $0<x<1$ 时,令 $t = \dfrac{1}{x}$,则 $t>1$. 对 t 用不等式 (6.6),则有

$$-\ln x = \ln t > \frac{2(t-1)}{t+1} = \frac{2\left(\dfrac{1}{x}-1\right)}{\dfrac{1}{x}+1} = \frac{2(1-x)}{x+1}$$

$$\Rightarrow (x+1)\ln x < 2(x-1) \quad (\forall\, 0<x<1).$$

即 (6.7) 式中的第二个不等式当 $0<x<1$ 时成立.

例 4 求证:当 $x>0$ 时 $\dfrac{1+x^2+x^4+\cdots+x^{2n}}{x+x^3+x^5+\cdots+x^{2n-1}} \geqslant \dfrac{n+1}{n}$,且等号当且仅当 $x=1$ 时成立.

证 设

$$f(x)=\frac{1+x^2+x^4+\cdots+x^{2n}}{x+x^3+x^5+\cdots+x^{2n-1}}-\frac{n+1}{n}$$

$$=\frac{1-x^{2n+2}}{x(1-x^{2n})}-\frac{n+1}{n}$$

$$=\frac{n(1-x^{2n+2})-(n+1)(x-x^{2n+1})}{nx(1-x^{2n})}.$$

令其分子为 $g(x)=n(1-x^{2n+2})-(n+1)(x-x^{2n+1})$,则

$$g'(x)=-(n+1)[2nx^{2n}(x-1)-x^{2n}+1],$$

$$g''(x)=-(n+1)x^{2n-1}(2n+4n^2)(x-1)\begin{cases}>0 & (0<x<1),\\ =0 & (x=1),\\ <0 & (x>1).\end{cases}$$

点 $x=1$ 是函数 $g'(x)$ 在 $(0,+\infty)$ 内的惟一极值点,并且是极大值点,从而在点 $x=1$ 处达到函数 $g'(x)$ 在 $(0,+\infty)$ 内的最大值.故有

$$g'(x)<0 \ (x\neq 1), \ g'(1)=0 \Longrightarrow g(x)\begin{cases}>0 & (0<x<1),\\ =0 & (x=1),\\ <0 & (x>1).\end{cases}$$

由此推出 $f(x)=\dfrac{g(x)}{nx(1-x^{2n})}>0 (x\neq 1)$. 即当 $x\neq 1$ 时,要证的不等式成立.而当 $x=1$ 时,不等式左边显然等于右边.故等号当且仅当 $x=1$ 时成立.

例 5 设 $1<a<b, f(x)=\dfrac{1}{x}+\ln x$,求证:

$$0<f(b)-f(a)\leqslant \frac{1}{4}(b-a).$$

证 根据微分中值定理,$\exists \xi \in (a,b)$,使得

$$f(b)-f(a)=f'(\xi)(b-a)=\frac{\xi-1}{\xi^2}(b-a) \quad (\xi>a>1).$$

(6.8)

因为(6.8)式的右端 >0,所以 $f(b)-f(a)>0$.作辅助函数

$$g(x) = \frac{x-1}{x^2} \quad (x > 1).$$

因为
$$g'(x) = \frac{x(2-x)}{x^2} \begin{cases} > 0 & (1 < x < 2), \\ = 0 & (x = 2), \\ < 0 & (x > 2), \end{cases}$$

由此可见 $x=2$ 是函数 $g(x)$ 在 $(0,+\infty)$ 内的惟一极值点，并且是极大值点．从而 $x=2$ 是函数 $g(x)$ 的最大值点．于是 $g(x) \leqslant g(2) = 1/4$．于是本题结论成立．

评注 本题所构造的辅助函数，是将(6.8)式右端中的 ξ 换为 x 改造来的，辅助函数的定义域就是 ξ 的取值范围．(6.8)式右端每取一个 ξ 值，都给出(6.8)式左端 $f(b)-f(a)$ 的一个估计，对所构造的辅助函数求极值、最值，目的就是在 ξ 的一切取值范围内找出(6.8)式左端 $f(b)-f(a)$ 的最好估计．

例6 求证：$2\arctan x < 3\ln(1+x)$ ($\forall\, x > 0$)．

分析 只要证明 $\dfrac{\arctan x}{\ln(1+x)} < \dfrac{3}{2}$ ($\forall\, x > 0$)．

证 对任意给定的 $x > 0$，由柯西中值定理，$\exists\, \xi \in (0, x)$，使得

$$\frac{\arctan x}{\ln(1+x)} = \frac{\arctan x - \arctan 0}{\ln(1+x) - \ln(1+0)} = \frac{\dfrac{1}{1+\xi^2}}{\dfrac{1}{1+\xi}} = \frac{1+\xi}{1+\xi^2},$$

$$\xi \in (0, x).$$

只需再证明

$$\frac{1+\xi}{1+\xi^2} < \frac{3}{2} \quad (\xi > 0). \tag{6.9}$$

将(6.9)式左端中的 ξ 变易为 x 作辅助函数 $f(x) = \dfrac{1+x}{1+x^2}$ ($x > 0$)．

$$f'(x) = \frac{-x^2 - 2x + 1}{(1+x^2)^2} \begin{cases} > 0, & 0 < x < \sqrt{2} - 1, \\ = 0, & x = \sqrt{2} - 1, \\ < 0, & x > \sqrt{2} - 1. \end{cases}$$

由此可见 $x = \sqrt{2} - 1$ 是函数 $f(x)$ 在 $(0, +\infty)$ 内的惟一极值点，并且是极大值点．从而 $x = \sqrt{2} - 1$ 是函数 $f(x)$ 的最大值点．于是

$$f(x) = \frac{1+x}{1+x^2} \leqslant f(\sqrt{2}-1) = \frac{\sqrt{2}+1}{2} < \frac{3}{2} \quad (x>0).$$
(6.10)

显然由(6.10)式推出(6.9)式,所以本题结论成立.

例7 设 $0<x<1$,求证: $xe^{-x} > \frac{1}{x}e^{-\frac{1}{x}}$.

证 先证原不等式两边取对数得到的不等式,即证
$$\ln x - x > -\ln x - \frac{1}{x} \quad (0<x<1)$$

或
$$2\ln x - x + \frac{1}{x} > 0 \quad (0<x<1). \tag{6.11}$$

为此令 $f(x) = 2\ln x - x + \frac{1}{x}$,则有 $f(1)=0$,且
$$f'(x) = \frac{2}{x} - 1 - \frac{1}{x^2} = -\frac{(x-1)^2}{x^2} < 0 \; (0<x<1) \Rightarrow f(x) \downarrow$$
$$\Rightarrow f(x) > f(1) = 0 \; (0<x<1) \Rightarrow (6.11)\text{式}.$$

再利用函数 e^t 的严格递增性,由不等式(6.11)推出
$$x^2 e^{-x} \cdot e^{\frac{1}{x}} > 1, \quad 即 \quad xe^{-x} > \frac{1}{x}e^{-\frac{1}{x}} \quad (0<x<1).$$

例8 设 $0<x<\frac{\pi}{2}$,求证: $\frac{x}{\sin x} < \frac{\tan x}{x}$.

证 先证原不等式两边取对数得到的不等式,即证
$$\ln x - \ln\sin x < \ln\tan x - \ln x$$

或
$$\ln\sin x + \ln\tan x - 2\ln x > 0 \quad (0<x<\pi/2). \tag{6.12}$$

为此令 $f(x) = \ln\sin x + \ln\tan x - 2\ln x$,则有
$$f'(x) = 2\cot x + \tan x - \frac{2}{x} = \frac{x\cos^2 x - 2\sin x\cos x + x}{x\sin x\cos x}.$$
(6.13)

注意到在 $f'(x)$ 中,分母符号可确定是正的,只要考虑分子的符号.
令
$$g(x) = x\cos^2 x - 2\sin x\cos x + x,$$
则有
$$g'(x) = 3\sin^2 x - 2x\sin x\cos x$$

$$= \sin x \cos x (3\tan x - 2x) > 0$$
$$\Rightarrow g(x) > g(0) = 0.$$

再由(6.13)式,即得
$$f'(x) > 0 \Rightarrow f(x) \uparrow \Rightarrow f(x) > 0.$$

事实上,$\forall\, x > 0$,取 $0 < \varepsilon < x$,有
$$f(x) > f(\varepsilon) > f\left(\frac{\varepsilon}{n}\right) \xrightarrow{n \to \infty} f(x) > f(\varepsilon) \geqslant f(0+0) = 0.$$

再利用函数 e^t 的严格递增性,由不等式(6.12)推出
$$\frac{x}{\sin x} < \frac{\tan x}{x} \quad \left(0 < x < \frac{\pi}{2}\right).$$

例 9 设 $p, q > 0$,且 $\dfrac{1}{p} + \dfrac{1}{q} = 1$,又设 $a > 0, b > 0$,求证:
$$ab \leqslant \frac{1}{p} a^p + \frac{1}{q} b^q.$$

思路 只要证原不等式两边取对数得到的不等式,即
$$\ln(ab) \leqslant \ln\left(\frac{1}{p} a^p + \frac{1}{q} b^q\right). \tag{6.14}$$

证 考虑函数 $f(x) = \ln x$,因为 $f''(x) = -\dfrac{1}{x^2}(\forall\, x > 0)$,所以 $f(x)$ 在 $(0, +\infty)$ 上是凸函数,由凸函数定义,
$$f\left(\frac{1}{p} a^p + \frac{1}{q} b^q\right) \geqslant \frac{1}{p} f(a^p) + \frac{1}{q} f(b^q)$$
$$= \frac{1}{p} \ln a^p + \frac{1}{q} \ln b^q = \ln(ab). \tag{6.15}$$

因为 $f(x) = \ln x$,所以(6.15)式就是要证的(6.14)式.

例 10 求证:$e^x > 1 + x + \dfrac{x^2}{2}\ (x > 0)$;$e^x < 1 + x + \dfrac{x^2}{2}\ (x < 0)$.

证 令 $f(x) = e^x - \dfrac{1}{2} x^2$,则 $f(0) = 1, f'(x) = e^x - x, f'(0) = 1$. 因此,函数 $f(x)$ 在点 $x = 0$ 处的切线方程是 $y = 1 + x$. 又
$$f''(x) = e^x - 1 \begin{cases} < 0 & (x < 0) \Rightarrow f(x) \text{ 在 } (-\infty, 0) \text{ 上是凸函数}; \\ = 0 & (x = 0) \Rightarrow (0, 1) \text{ 是函数 } f(x) \text{ 的拐点}; \\ > 0 & (x > 0) \Rightarrow f(x) \text{ 在 } (0, +\infty) \text{ 上是凹函数}. \end{cases}$$

因为 $f(x)$ 在 $(-\infty, 0)$ 上是凸函数,所以曲线 $y = f(x)$ 在点 $x = 0$ 处

的切线下方,即 $e^x < 1 + x + \dfrac{x^2}{2}(x<0)$;又因为 $f(x)$ 在 $(0,+\infty)$ 上是凹函数,所以曲线 $y=f(x)$ 在点 $x=0$ 处的切线上方,即

$$e^x > 1 + x + \frac{x^2}{2} \quad (x>0).$$

例 11 (1) 设 $f(x)$ 是在 $\boldsymbol{R}$ 上的凹函数,求证:对 $\forall x_1, x_2, \cdots, x_n \in \boldsymbol{R}$,有

$$\frac{f(x_1)+f(x_2)+\cdots+f(x_n)}{n} \geqslant f\left(\frac{x_1+x_2+\cdots+x_n}{n}\right),$$

(6.16)

等号当且仅当 $x_1 = x_2 = \cdots = x_n$ 时成立.

(2) 求证:当 $x_k > 0 (k=1,2,\cdots)$ 时,有

$$\frac{x_1+x_2+\cdots+x_n}{n} \geqslant \sqrt[n]{x_1 x_2 \cdots x_n}.$$

证 (1) 记 $x_0 = \dfrac{x_1+x_2+\cdots+x_n}{n}$. 因为 $f(x)$ 是凹函数,所以

$$f(x_i) \geqslant f(x_0) + f'(x_0)(x_i - x_0) \quad (i=1,2,\cdots,n),$$

此处"="当且仅当 $x_i = x_0$ 时成立. 对上面 n 个等式求和,即得

$$\sum_{i=1}^{n} f(x_i) \geqslant n f(x_0) + f'(x_0)\left(\sum_{i=1}^{n} x_i - n x_0\right) = n f(x_0),$$

即 (6.16) 式得证.

(2) 对 $f(x) = -\ln x$ 利用第(1)小题结果即得结论.

例 12 求证:

(1) 当 $0 < x < \dfrac{\pi}{2}$ 时,有 $\sin x > \dfrac{2x}{\pi}$;

(2) 如果 $\triangle ABC$ 是锐角三角形,那么 $\sin A + \sin B + \sin C > 2$.

分析 曲线 $y = \sin x$ 在 $\left[0, \dfrac{\pi}{2}\right]$ 上连续,且 $y'' = -\sin x < 0$ 在 $\left(0, \dfrac{\pi}{2}\right)$ 内成立,从而曲线 $\sin x$ 是 $\left(0, \dfrac{\pi}{2}\right)$ 上的严格凸函数,在 $\left(0, \dfrac{\pi}{2}\right)$ 内它必在其端点 $(0,0)$ 与 $\left(\dfrac{\pi}{2}, 1\right)$ 的连线 $y = \dfrac{2x}{\pi}$ 的上方. 这正是要证不等式的几何意义.

证 (1) 设 $f(x) = \sin x$,则有

$$f(x) = f\left[\frac{2x}{\pi} \cdot \frac{\pi}{2} + \left(1 - \frac{2x}{\pi}\right) \cdot 0\right]$$
$$\geq \frac{2x}{\pi} f\left(\frac{\pi}{2}\right) + \left(1 - \frac{2x}{\pi}\right) \cdot f(0) = \frac{2x}{\pi}.$$

(2) 利用第(1)小题,有
$$\sin A > \frac{2}{\pi} A, \quad \sin B > \frac{2}{\pi} B, \quad \sin C > \frac{2}{\pi} C,$$

由此得 $\sin A + \sin B + \sin C > \dfrac{2A + 2B + 2C}{\pi} = 2.$

例 13 对任意的自然数 n,求证:对 $\forall\ 0 \leq t \leq n$,
$$0 \leq e^{-t} - \left(1 - \frac{t}{n}\right)^n \leq \frac{t^2}{n} e^{-t}.$$

证 因为 e^x 在 $(-\infty, +\infty)$ 上是凹函数,所以曲线 $y = e^x$ 在点 $x = 0$ 处的切线上方,而点 $x = 0$ 处的切线方程是 $y = 1 + x$,从而
$$e^x \geq 1 + x \Longrightarrow e^{-\frac{t}{n}} \geq 1 - \frac{t}{n} \geq 0 \quad (0 \leq t \leq n).$$

两边 n 次方,即得
$$\left(1 - \frac{t}{n}\right)^n \leq e^{-t} (0 \leq t \leq n) \Longrightarrow 0 \leq e^{-t} - \left(1 - \frac{t}{n}\right)^n.$$

另一方面,
$$e^{-t} - \left(1 - \frac{t}{n}\right)^n = e^{-t}\left\{1 - e^t\left(1 - \frac{t}{n}\right)^n\right\}, \quad (6.17)$$

$$e^x \geq 1 + x \Longrightarrow e^{\frac{t}{n}} \geq 1 + \frac{t}{n} \Longrightarrow e^t \geq \left(1 + \frac{t}{n}\right)^n$$
$$\Longrightarrow e^t \left(1 - \frac{t}{n}\right)^n \geq \left(1 + \frac{t}{n}\right)^n \left(1 - \frac{t}{n}\right)^n$$
$$= \left(1 - \frac{t^2}{n^2}\right)^n. \quad (6.18)$$

又设 $f(x) = (1+x)^n$,则
$$f'(x) = n(1+x)^{n-1},$$
$$f''(x) = n(n-1)(1+x)^{n-2} \geq 0 \quad (x \geq -1).$$

因此, $f(x)$ 在 $[-1, +\infty)$ 上是凹函数,从而曲线 $y = f(x)$ 在点 $x = 0$ 处的切线上方,而点 $x = 0$ 处的切线方程正是 $y = 1 + nx$,因此

$$(1+x)^n \geqslant 1+nx \quad (x \geqslant -1),$$

从而

$$\left(1-\frac{t^2}{n^2}\right)^n \geqslant 1-n\cdot\frac{t^2}{n^2}=1-\frac{t^2}{n} \quad (0\leqslant t\leqslant n). \quad (6.19)$$

联合(6.17),(6.18)和(6.19)式我们有

$$e^{-t}-\left(1-\frac{t}{n}\right)^n \leqslant \frac{t^2}{n}e^{-t} \quad (0\leqslant t\leqslant n).$$

二、讨论函数零点

例 14 求证:方程 $x^2 = x\sin x + \cos x$ 恰好只有两个不同的实数根.

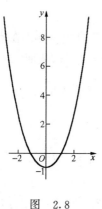

图 2.8

解 令 $f(x) = x^2 - x\sin x - \cos x$,注意到 $f(x)$ 是偶函数,只需证在 $(0,+\infty)$ 上恰有一个根.事实上,因为

$$f(0) = -1,$$

$$\lim_{x\to+\infty} f(x) = \lim_{x\to+\infty} x^2\left(1-\frac{\sin x}{x}-\frac{\cos x}{x^2}\right)=+\infty,$$

所以 $f(x)=0$ 在 $(0,+\infty)$ 上有一个根.又

$$f'(x) = x(2-\cos x) > 0 \quad (\forall\, x > 0),$$

即函数 $f(x)$ 在 $(0,+\infty)$ 上严格单调增加,故 $f(x)=0$ 在 $(0,+\infty)$ 上有且只有一个根.如图 2.8 所示.

例 15 设 $f(x)$ 是非负函数,在 $[a,b]$ 上二阶可导,且 $f''(x)\neq 0$,求证:方程 $f(x)=0$ 在 (a,b) 内如果有根,就只能有一个根.

证 设 $x_0 \in (a,b)$,使得 $f(x_0)=0$.首先,我们有 $f'(x_0)=0$.事实上,由假设 $f(x)\geqslant 0$,

$$\left. \begin{array}{l} f'(x_0) = f'_-(x_0) = \displaystyle\lim_{x\to x_0^-}\dfrac{f(x)-f(x_0)}{x-x_0} \leqslant 0 \\[2mm] f'(x_0) = f'_+(x_0) = \displaystyle\lim_{x\to x_0^+}\dfrac{f(x)-f(x_0)}{x-x_0} \geqslant 0 \end{array} \right\} \Rightarrow f'(x_0) = 0.$$

其次,我们假定存在 $x_1, x_2 \in (a,b)$,$x_1 \neq x_2$(不妨设 $x_1 < x_2$),使得 $f(x_1) = f(x_2) = 0$.那么根据上述证明,我们有 $f'(x_1) = f'(x_2) = 0$.再在 $[x_1, x_2]$ 上对 $f'(x)$ 用罗尔中值定理,则存在 $\xi \in (x_1, x_2)$,使得

$f''(\xi)=0$. 这与 $f''(x)\neq 0$ 的假定矛盾.

例 16 设有 n 次多项式方程
$$1-x+\frac{x^2}{2}-\frac{x^3}{3}+\cdots+(-1)^n\frac{x^n}{n}=0.$$
试证：当 n 为奇数时方程恰有一实根；当 n 为偶数时方程无实根.

证 令 $f(x)=1-x+\frac{x^2}{2}-\frac{x^3}{3}+\cdots+(-1)^n\frac{x^n}{n}$，则当 n 为奇数时，因为 $\lim\limits_{x\to\pm\infty}f(x)=\mp\infty$，所以当 $x>0$ 充分大时 $f(x)\cdot f(-x)<0$，此时在 $(-x,x)$ 内必有 $f(x)=0$ 的实根. 又对 $\forall x\in(-\infty,+\infty)$，有
$$f'(x)=-1+x-x^2+x^3+\cdots+(-1)^n x^{n-1}$$
$$=\begin{cases}-\dfrac{1+x^n}{1+x}, & x\neq -1,\\ -n, & x=-1\end{cases}$$
$$<0.$$

由此可见，$f(x)$ 严格单调下降，从而当 n 为奇数时，$f(x)=0$ 恰有一实根.

当 n 为偶数时，
$$f'(x)=-1+x-x^2+x^3+\cdots+(-1)^n x^{n-1}$$
$$=(-1+x)+(-x^2+x^3)+\cdots+(-x^{n-2}+x^{n-1})$$
$$=(x-1)+x^2(x-1)+\cdots+x^{n-2}(x-1)$$
$$=(x-1)(1+x^2+\cdots+x^{n-2})$$
$$=(x-1)\frac{1-x^n}{1-x^2}\begin{cases}<0, & x<1,\\ =0, & x=1,\\ >0, & x>1.\end{cases}$$

由此可见点 $x=1$ 是函数 $f(x)$ 在 $(-\infty,+\infty)$ 内的惟一极值点，并且是极小值点，从而在点 $x=1$ 处达到函数 $f(x)$ 在 $(-\infty,+\infty)$ 内的最小值. 又
$$f(1)=(1-1)+\left(\frac{1}{2}-\frac{1}{3}\right)+\left(\frac{1}{4}-\frac{1}{5}\right)+\cdots$$
$$+\left(\frac{1}{n-2}-\frac{1}{n-1}\right)+\frac{1}{n}>0$$

$$\Rightarrow f(x) \geqslant f(1) > 0,$$

于是,当 n 为偶数时方程无实根.

例 17 设 $x>0$ 时,方程

$$kx + \frac{1}{x^2} = 1 \tag{6.20}$$

只有一个解,求 k 的取值范围.

解法 1 显然,方程(6.20)与如下方程是同解的:

$$\frac{1}{x} - \frac{1}{x^3} = k \quad (x>0). \tag{6.21}$$

求方程(6.21)的解就是求直线 $y=k$ 与曲线 $y=\frac{1}{x}-\frac{1}{x^3}$ 的交点,当 k 变化时,直线 $y=k$ 形成一族平行于 x 轴的直线. 作辅助函数 $f(x)=\frac{1}{x}-\frac{1}{x^3}=\frac{(x-1)(x+1)}{x^3}$,则

$$\lim_{x \to +\infty} f(x) = 0, \quad \lim_{x \to 0^+} f(x) = -\infty,$$

$$f'(x) = \frac{(\sqrt{3}-x)(\sqrt{3}+x)}{x^4} \begin{cases} >0 & (0<x<\sqrt{3}), \\ =0 & (x=\sqrt{3}), \\ <0 & (x>\sqrt{3}). \end{cases}$$

由此可见,$\max_{x>0} f(x) = f(\sqrt{3}) = \frac{2\sqrt{3}}{9}$. 从 $y=f(x)$ 的图形(见图 2.9)可知,当 $k=\frac{2\sqrt{3}}{9}$ 或 $k \leqslant 0$ 时,方程(6.21)只有一个解;当 $k>\frac{2\sqrt{3}}{9}$ 时,直线 $y=k$ 与曲线 $y=f(x)$ 无交点;当 $0<k<\frac{2\sqrt{3}}{9}$ 时,直线 $y=k$ 与曲线 $y=f(x)$ 有两个交点. 于是当 $k=\frac{2\sqrt{3}}{9}$ 或 $k \leqslant 0$ 时,

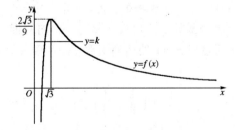

图 2.9

方程(6.20)只有一个解;而当 $0<k<\dfrac{2\sqrt{3}}{9}$ 或 $k>\dfrac{2\sqrt{3}}{9}$ 时,方程(6.20)有两个解或无解.

解法 2 作辅助函数 $g(x)=kx+\dfrac{1}{x^2}-1(x>0)$,则

$$g'(x)=k-\dfrac{2}{x^3}, \quad g''(x)=\dfrac{6}{x^4}>0 \quad (x>0).$$

(1) 当 $k\leqslant 0$ 时,$g'(x)$ 为严格单调递减函数,并且有

$$\lim_{x\to 0^+}g(x)=+\infty, \quad \lim_{x\to +\infty}g(x)=\begin{cases}-\infty & (k<0),\\ -1 & (k=0).\end{cases}$$

这时方程(6.20)只有一个解.

(2) 当 $k>0$ 时,由 $g'(x)=0$ 知 $x=\sqrt[3]{\dfrac{2}{k}}$,这是惟一极值点,由于 $g''(x)>0$,$g\left(\sqrt[3]{\dfrac{2}{k}}\right)$ 是最小值.

$$g\left(\sqrt[3]{\dfrac{2}{k}}\right)=0 \Rightarrow k=\dfrac{2\sqrt{3}}{9}.$$

这时 $y=g(x)$ 的图形(见图 2.10)与 x 轴相切,这时方程(6.20)只有

图 2.10

一个解,而当 $0<k<\dfrac{2\sqrt{3}}{9}$ 或 $k>\dfrac{2\sqrt{3}}{9}$ 时,$y=g(x)$ 的图形与 x 轴有两个交点或无交点. 由此可见,当 $k=\dfrac{2\sqrt{3}}{9}$ 或 $k\leqslant 0$ 时,方程(6.20)只有一个解.

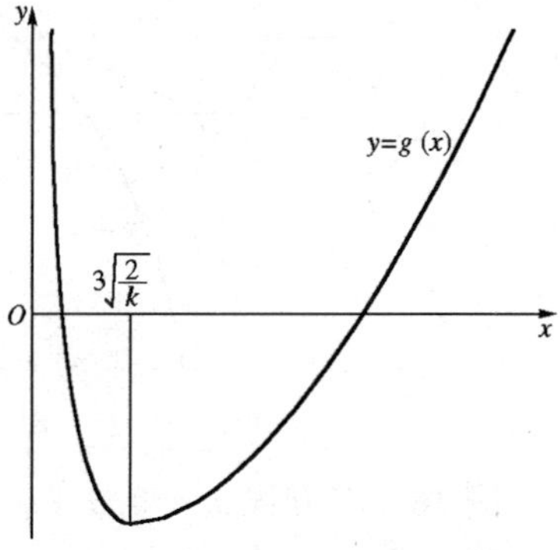

解法 3 求方程(6.20)的解就是求直线 $y=kx$ 与曲线

$$y=1-\dfrac{1}{x^2} \quad (x>0)$$

的交点,当 k 变化时,直线 $y=kx$ 形成一族过原点的直线. 作辅助函数 $h(x)=1-\dfrac{1}{x^2}$,则有

$$h'(x)=\dfrac{2}{x^3}, \quad h''(x)=-\dfrac{6}{x^4}<0 \quad (x>0),$$

从而函数 $y=h(x)$ 是在 $(0,+\infty)$ 上的上凸函数. 曲线 $y=h(x)$ 上的

任一点(x_0, y_0)处的切线方程为

$$y = 1 - \frac{1}{x_0^2} + \frac{2}{x_0^3}(x - x_0) = \frac{2}{x_0^3}x + 1 - \frac{3}{x_0^2}.$$

由此可见,当$x_0 = \sqrt{3}$时,切线通过原点,这时切线的斜率为$\frac{2\sqrt{3}}{9}$.

于是从图形(见图 2.11)可知,当$k = \frac{2\sqrt{3}}{9}$或$k \leqslant 0$时,方程(6.20)只有一个解.

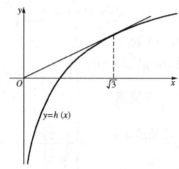

图 2.11

例 18 求方程$x^3 = 3px + q (p > 0)$恰有三个实根的条件.

解 令$f(x) = x^3 - 3px$,如图 2.12 所示.

$$f'(x) = 3x^2 - 3p \xrightarrow{\text{令}} 0 \Rightarrow x = \pm\sqrt{p},$$
$$f''(x) = 6x,$$
$$f(\sqrt{p}) = -2p^{\frac{3}{2}}, \quad f(-\sqrt{p}) = 2p^{\frac{3}{2}}.$$

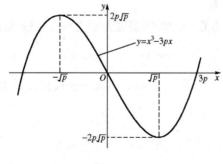

图 2.12

由图可见,当 $|q|<2p\sqrt{p}$ 时,方程 $x^3=3px+q$ 恰有三个实根.

例 19 已知三次方程 $x^3-3a^2x-6a^2+3a=0$ 只有一个实根而且是正的,求 a 的取值范围.

解 若 $a=0$,原方程为 $x^3=0$,它仅有一个根 $x=0$.

若 $a\neq 0$,将原方程改写为 $f(x)=b$ 的形式,其中
$$f(x)=x^3-3a^2x, \quad b=6a^2-3a.$$

则有
$$f'(x)=3x^2-3a^2=3(x-|a|)(x+|a|), \quad \lim_{x\to\pm\infty}f(x)=\pm\infty.$$

由此不难得出 $f(x)$ 的升降情况如表 2.4.

表 2.4

x	$(-\infty,-|a|)$	$-|a|$	$(-|a|,|a|)$	$|a|$	$(|a|,+\infty)$
$f'(x)$	+	0	−	0	+
$f(x)$	$-\infty\nearrow$	极大值 $2|a|^3$	$\searrow$	极小值 $-2|a|^3$	$\nearrow +\infty$

由此可见,$f(x)=b$ 有一个正的实根 $\Leftrightarrow b>f(-|a|)$,即
$$6a^3-3a>2|a|^3.$$

如图 2.13 所示.

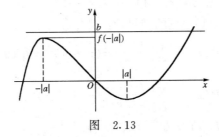

图 2.13

分 $a>0$ 和 $a<0$ 两种情况解不等式 $6a^3-3a>2|a|^3$,得到
$$\frac{1}{2}(3-\sqrt{3})<a<\frac{1}{2}(3+\sqrt{3})$$

或
$$-\frac{1}{2}(3+\sqrt{15})<a<0.$$

综合以上结果,当 $\frac{1}{2}(3-\sqrt{3})<a<\frac{1}{2}(3+\sqrt{3})$ 或
$$-\frac{1}{2}(3+\sqrt{15})<a<0$$

时,所给方程只有一个实根而且是正的.

例 20 设 $P(x)=x^6-2x^2-x+3$.

(1) 分别把 $P(x)$ 表示成 $(x-1)$ 幂与 $(x+1)$ 幂的多项式;

(2) 求证: $P(x)=0$ 在 $|x|\geqslant 1$ 上无实根;

(3) 求证: $P(x)=0$ 无实根.

解 (1) 对 $P(x)$ 求各阶导数得

$$P'(x)=6x^5-4x-1, \qquad P''(x)=30x^4-4,$$
$$P'''(x)=120x^3, \qquad P^{(4)}(x)=360x^2,$$
$$P^{(5)}(x)=720x, \qquad P^{(6)}(x)=720.$$

由此推出

$$P(x)=\sum_{k=0}^{6}\frac{P^{(k)}(1)}{k!}(x-1)^k$$
$$=1+(x-1)+13(x-1)^2+20(x-1)^3$$
$$+15(x-1)^4+6(x-1)^5+(x-1)^6; \quad (6.22)$$

$$P(x)=\sum_{k=0}^{6}\frac{P^{(k)}(-1)}{k!}(x+1)^k$$
$$=3-3(x+1)+13(x+1)^2-20(x+1)^3$$
$$+15(x+1)^4-6(x+1)^5+(x+1)^6. \quad (6.23)$$

(2) 利用第(1)小题的结果,有

$$\left.\begin{array}{l}(6.22)\text{式}\Rightarrow P(x)=\sum_{k=0}^{6}\dfrac{P^{(k)}(1)}{k!}(x-1)^k>0\ (\forall\,x\geqslant 1)\\[2mm](6.23)\text{式}\Rightarrow P(x)=\sum_{k=0}^{6}\dfrac{P^{(k)}(-1)}{k!}(x+1)^k>0\ (\forall\,x\leqslant -1)\end{array}\right\}$$

$$\Rightarrow P(x)>0\quad (|x|\geqslant 1),$$

所以在 $|x|\geqslant 1$ 上 $P(x)=0$ 无实根.

(3) 利用第(2)小题结果,只需再证 $P(x)$ 在 $(-1,1)$ 上无实根.

将 $P(x)=0$ 改写成

$$x^6=2x^2+x-3. \quad (6.24)$$

而 $2x^2+x-3=(x-1)(2x+3)$,其图形如图 2.14 所示. 在 $(-1,1)$ 上,(6.24)式左边 $\geqslant 0$,右边 <0,所以方程(6.24)在 $(-1,1)$ 上无实根,即 $P(x)=0$ 在 $(-1,1)$ 上无实根.

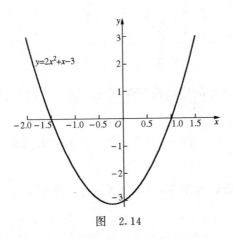

图 2.14

例 21 已知 $P(x)$ 是 $n \geqslant 1$ 次函数:
$$P(x) = a_n x^n + a_{n-1} x^{n-1} + \cdots + a_1 x + a_0,$$
且 $P(a) \geqslant 0, P'(a) \geqslant 0, \cdots, P^{(n)}(a) \geqslant 0$. 求证: $P(x)$ 没有大于 a 的根.

证 因为当 $m > n$ 时, $P^m(x) \equiv 0$, 所以根据泰勒公式, 有
$$P(x) = P(a) + P'(a)(x-a) + \cdots + \frac{P^{(n)}(a)}{n!}(x-a)^n.$$

又因为 $n \geqslant 1$, 所以 $P(x)$ 不是恒等于零的函数. 因此 $P(a), P'(a), \cdots, P^{(n)}(a)$ 不全为零. 于是至少存在某一 k, $1 \leqslant k \leqslant n$, 使得 $P^{(k)}(a) > 0$. 此时, 只要 $x > a$, 便有 $P(x) \geqslant \frac{P^{(k)}(a)}{k!}(x-a)^k > 0$. 这意味着 $P(x)$ 不存在大于 a 的根.

三、零点或中值极限问题

例 22 设 $f_n(x) = x^n + x^{n-1} + \cdots + x^2 + x$. 求证:

(1) 对任意自然数 $n > 1$, 方程 $f_n(x) = 1$ 在 $\left(\frac{1}{2}, 1\right)$ 内只有一个根;

(2) 设 $x_n \in \left(\frac{1}{2}, 1\right)$ 是 $f_n(x) = 1$ 的根, 则 $\lim\limits_{n \to \infty} x_n = \frac{1}{2}$.

证 (1) 因为 $f_n(1) - 1 = n - 1 > 0$, 以及
$$f_n\left(\frac{1}{2}\right) - 1 = \frac{1}{2} + \left(\frac{1}{2}\right)^2 + \cdots + \left(\frac{1}{2}\right)^n - 1$$

$$= \frac{\frac{1}{2} - \left(\frac{1}{2}\right)^{n+1}}{1 - \frac{1}{2}} - 1 = -\left(\frac{1}{2}\right)^n < 0, \qquad (6.25)$$

所以根据连续函数的中间值定理,存在 $x_n \in \left(\frac{1}{2}, 1\right)$,使得 $f_n(x_n) - 1 = 0$. 又因为

$$f_n'(x) = 1 + 2x + \cdots + nx^{n-1} \geqslant 1 > 0 \quad (\forall\, x \geqslant 0),$$
$$(6.26)$$

所以 $f_n(x)$ 严格单调增加,从而 $f_n(x) = 1$ 的根 $x_n \in \left(\frac{1}{2}, 1\right)$ 是惟一的.

(2) **证法 1** 根据微分中值定理,$\exists\, \xi \in \left(\frac{1}{2}, x_n\right)$,使得

$$f_n(x_n) - f_n\left(\frac{1}{2}\right) = f_n'(\xi)\left(x_n - \frac{1}{2}\right),$$

联合(6.26)及(6.25)式,我们有

$$0 \leqslant \left|x_n - \frac{1}{2}\right| \leqslant \left|f_n(x_n) - f_n\left(\frac{1}{2}\right)\right| = \left|1 - \left[1 - \left(\frac{1}{2}\right)^n\right]\right| = \frac{1}{2^n}.$$

于是根据极限的两边夹挤准则,即得 $\lim\limits_{n\to\infty} x_n = \frac{1}{2}$.

证法 2 从考虑 x_n 的单调性入手. 因为对 $\forall\, x > 0$,有 $f_n(x) < f_{n+1}(x)$,所以

$$f_{n+1}(x_{n+1}) = 1 = f_n(x_n) < f_{n+1}(x_n). \qquad (6.27)$$

又 $f_{n+1}(x)$ 是严格单调增加的,从而由(6.27)式知 $x_{n+1} < x_n$,也就是序列 x_n 是单调下降的. 又 $x_n > \frac{1}{2}$,也就是序列 x_n 是有下界的. 于是极限 $\lim\limits_{n\to\infty} x_n$ 是存在的,可设 $\lim\limits_{n\to\infty} x_n = a$. 注意到

$$x_n \leqslant x_2 < 1 \ (\forall\, n > 1) \Longrightarrow \lim_{n\to\infty} x_n^{n+1} = 0,$$

对等式

$$1 = f_n(x_n) = x_n^n + x_n^{n-1} + \cdots + x_n^2 + x_n = \frac{x_n - x_n^{n+1}}{1 - x_n},$$

两端令 $n \to \infty$ 取极限,得 $1 = \frac{a}{1-a}$,即得 $a = \frac{1}{2}$.

证法 3 注意到

$$1 = f_n(x_n) = x_n^n + x_n^{n-1} + \cdots + x_n^2 + x_n$$
$$= \frac{x_n - x_n^{n+1}}{1 - x_n} \Longrightarrow x_n = \frac{1}{2} + \frac{x_n^{n+1}}{2}, \qquad (6.28)$$

以及 $f_n(x)$ 的严格单调增加性,

$$\left.\begin{aligned} f_n\left(\frac{2}{3}\right) &= \frac{2}{3} + \left(\frac{2}{3}\right)^2 + \cdots + \left(\frac{2}{3}\right)^n \\ &= \frac{\frac{2}{3} - \left(\frac{2}{3}\right)^{n+1}}{1 - \frac{2}{3}} = 2 - \left(\frac{2}{3}\right)^n > 1 \\ f_n(x_n) &= 1 \end{aligned}\right\} \Longrightarrow x_n < \frac{2}{3}.$$

(6.29)

联立(6.28)与(6.29)式,解得

$$\frac{1}{2} < x_n < \frac{1}{2} + \left[\frac{2}{3}\right]^{n+1} \xrightarrow{\text{由夹挤准则}} \lim_{n\to\infty} x_n = \frac{1}{2}.$$

例 23 由拉格朗日中值定理,对 $\forall\, x > -1, \exists\, \theta \in (0,1)$,使得

$$\ln(1+x) = \ln(1+x) - \ln(1+0) = \frac{x}{1+\theta x}.$$

求证: $\lim_{x\to 0}\theta = \frac{1}{2}$.

证法 1 用带皮亚诺余项的泰勒公式,得

$$\ln(1+x) = x - \frac{x^2}{2} + o(x^2), \quad \frac{1}{1+\theta x} = 1 - \theta x + o(x).$$

于是

$$\ln(1+x) = \frac{x}{1+\theta x}$$
$$\Longrightarrow x - \frac{x^2}{2} + o(x^2) = x - \theta x^2 + o(x^2) \quad (x \to 0)$$
$$\Longrightarrow \theta x^2 = \frac{x^2}{2} + o(x^2) \quad (x \to 0),$$

即

$$\theta = \frac{1}{2} + o(1) \quad (x \to 0),$$

即得 $\lim_{x\to 0}\theta = \frac{1}{2}$.

证法 2 由 $\ln(1+x) = \dfrac{x}{1+\theta x}$ 解出 $\theta = \dfrac{x-\ln(1+x)}{x\ln(1+x)}$. 由洛必达法则及 $\ln(1+x) \sim x (x \to 0)$,得

$$\lim_{x \to 0}\theta = \lim_{x \to 0}\frac{x - \ln(1+x)}{x\ln(1+x)} = \lim_{x \to 0}\frac{x - \ln(1+x)}{x^2}$$

$$\underline{\underline{\text{洛必达法则}}} \frac{1-(1+x)^{-1}}{2x} = \frac{1}{2}.$$

例 24 设 $y = f(x)$ 在 $(-1, 1)$ 内具有二阶连续导数,且 $f''(x) \neq 0$. 试证:

(1) 对于 $\forall x \in (-1, 1), x \neq 0$,存在惟一的 $\theta(x) \in (0, 1)$,使 $f(x) = f(0) + xf'(\theta(x)x)$ 成立;

(2) $\lim\limits_{x \to 0} \theta(x) = \dfrac{1}{2}$.

证 (1) $\forall x \in (-1, 1), x \neq 0$,由拉格朗日中值定理,$\exists \theta(x) \in (0, 1)$,使得

$$f(x) = f(0) + xf'(\theta(x)x). \tag{6.30}$$

又因为 $f''(x)$ 连续,且在 $(-1, 1)$ 内 $f''(x) \neq 0$,所以 $f''(x)$ 在 $(-1, 1)$ 内不变号,从而 $f'(x)$ 在 $(-1, 1)$ 内严格单调增加或严格单调下降,故 $\theta(x)$ 惟一.

(2) **证法 1** 为了使方程(6.30)中的 $\theta(x)$ 从 $f'(\theta(x)x)$ 的括号内"解放"出来,对 $\forall x \neq 0$,我们首先将(6.30)式改写为

$$\frac{f(x) - f(0)}{x} - f'(0) = f'(\theta(x)x) - f'(0). \tag{6.31}$$

接着在(6.31)式的右端对 $f'(x)$ 用拉格朗日中值定理,存在 η 于 $\theta(x)x$ 与 0 之间,使得

$$f'(\theta(x)x) - f'(0) = f''(\eta)x\theta(x). \tag{6.32}$$

注意到 $f''(\eta) \neq 0$,联立(6.31)和(6.32)式我们得到 $\theta(x)$ 的表达式:

$$\theta(x) = \frac{\dfrac{f(x) - f(0)}{x} - f'(0)}{xf''(\eta)}. \tag{6.33}$$

到此,为了证明结论只需证明(6.33)式的右端当 $x \to 0$ 时极限是 $\dfrac{1}{2}$ 即可. 因为 η 在 $\theta(x)x$ 与 0 之间,所以

$$\lim_{x \to 0}\eta = 0 \Longrightarrow \lim_{x \to 0}f''(\eta) = \lim_{\eta \to 0}f''(\eta) = f''(0) \neq 0. \tag{6.34}$$

又用洛必达法则及导数定义，我们有

$$\lim_{x \to 0} \frac{\frac{f(x)-f(0)}{x} - f'(0)}{x} = \lim_{x \to 0} \frac{f(x)-f(0)-xf'(0)}{x^2}$$

$$= \lim_{x \to 0} \frac{f'(x)-f'(0)}{2x} = \frac{1}{2} \lim_{x \to 0} \frac{f'(x)-f'(0)}{x-0}$$

$$= \frac{1}{2} f''(0), \qquad (6.35)$$

联立(6.33),(6.34)和(6.35)式，即得 $\lim\limits_{x \to 0} \theta(x) = \frac{1}{2}$.

证法 2 为了从方程(6.30)中分离出 $\left(\theta(x) - \frac{1}{2}\right)$ 的因子，对 $\forall\, x \neq 0$，我们首先将(6.30)式改写为

$$\frac{f(x)-f(0)}{x} - f'\left(\frac{1}{2}x\right) = f'(\theta(x)x) - f'\left(\frac{1}{2}x\right). \quad (6.36)$$

接着在(6.36)式的右端对 $f'(x)$ 用拉格朗日中值定理，存在 η 于 $\theta(x)x$ 与 $\frac{1}{2}x$ 之间，使得

$$f'(\theta(x)x) - f'\left(\frac{1}{2}x\right) = f''(\eta)x\left(\theta(x) - \frac{1}{2}\right). \quad (6.37)$$

注意到 $f''(\eta) \neq 0$，联立(6.36)和(6.37)式，我们得到 $\theta(x) - \frac{1}{2}$ 的表达式：

$$\theta(x) - \frac{1}{2} = \frac{\frac{f(x)-f(0)}{x} - f'\left(\frac{1}{2}x\right)}{xf''(\eta)}. \quad (6.38)$$

到此，为了证明结论只需证明(6.38)式的右端当 $x \to 0$ 时极限是零即可. 因为 η 在 $\theta(x)x$ 与 $\frac{1}{2}x$ 之间，所以

$$\lim_{x \to 0} \eta = 0 \Longrightarrow \lim_{x \to 0} f''(\eta) = \lim_{\eta \to 0} f''(\eta) = f''(0) \neq 0. \quad (6.39)$$

又用洛必达法则两次，我们有

$$\lim_{x \to 0} \frac{\frac{f(x)-f(0)}{x} - f'\left(\frac{1}{2}x\right)}{x} = \lim_{x \to 0} \frac{f(x)-f(0)-xf'\left(\frac{1}{2}x\right)}{x^2}$$

$$= \lim_{x \to 0} \frac{f'(x) - f'\left(\frac{1}{2}x\right) - \frac{x}{2}f''\left(\frac{1}{2}x\right)}{2x}$$

$$= \frac{1}{2}\lim_{x\to 0}\frac{f'(x)-f'\left(\frac{x}{2}\right)}{x}-\frac{1}{4}\lim_{x\to 0}f''\left(\frac{x}{2}\right)$$

$$= \frac{1}{2}f''(0)-\frac{1}{4}f''(0)-\frac{1}{4}f''(0)=0, \qquad (6.40)$$

联立(6.38),(6.39)和(6.40)式,即得 $\lim_{x\to 0}\left(\theta(x)-\frac{1}{2}\right)=0$.

证法 3 为了从(6.30)式获取 $\theta(x)$ 的信息,需要从(6.30)式右端着手. 将(6.30)式看做 $f(x)$ 在点 $x=0$ 处展开的零阶泰勒公式,其中 $xf'(\theta(x)x)$ 表示的是用 $f(0)$ 去近似 $f(x)$ 的误差,而关于这个误差的更多信息蕴藏在更高一阶的泰勒公式中. 这启发我们用泰勒公式,则对 $\forall x\neq 0$,存在 ξ 于 0 与 x 之间,使得

$$f(x)=f(0)+f'(0)x+\frac{1}{2}f''(\xi)x^2 \quad (0<|\xi|<|x|).$$
$$(6.41)$$

联立(6.30)和(6.41)式,得到

$$xf'(\theta(x)x)=f'(0)x+\frac{1}{2}f''(\xi)x^2$$

$$\xrightarrow[\text{等式两边消去}x]{\because x\neq 0} f'(\theta(x)x)=f'(0)+\frac{1}{2}f''(\xi)x.$$

为了在上面最后一个方程中,使 $\theta(x)$ 从 $f'(\theta(x)x)$ 的括号内"解放"出来,令 $t=x\theta(x)$,我们得到 $\theta(x)$ 的表达式,再用导数定义即得结论. 即

$$\theta(x)=\frac{1}{2}\frac{f''(\xi)}{\frac{f'(t)-f'(0)}{t}}\Longrightarrow \lim_{x\to 0}\theta(x)$$

$$=\frac{1}{2}\frac{\lim_{x\to 0}f''(\xi)}{\lim_{x\to 0}\frac{f'(t)-f'(0)}{t}}=\frac{1}{2}\frac{f''(0)}{f''(0)}=\frac{1}{2}.$$

例 25 设 $f(x)$ 在 $[0,1]$ 上连续,在 $(0,1)$ 内二阶可导,且
$$f(0)=f(1)=0, \quad f''(x)<0 \quad (\forall x\in(0,1)).$$
若 $f(x)$ 在 $[0,1]$ 上的最大值为 $M>0$,求证:对任意的自然数 n,

(1) 存在惟一的 $x_n\in(0,1)$,使得 $f'(x_n)=\dfrac{M}{n}$;

(2) 极限 $\lim\limits_{n\to\infty} x_n$ 存在,并且 $f(\lim\limits_{n\to\infty} x_n) = M$.

证 (1) 首先证明 x_n 的存在性:

思路 1 只要找到 $[0,1]$ 上的一个子区间,在这个区间上曲线 $y=f(x)$ 所对的弦的斜率为 $\dfrac{M}{n}$,然后在这个区间上用拉格朗日中值定理即可得证. 这个区间也就是我们所说的辅助区间. 注意到这样的弦应该在直线 $y=\dfrac{M}{n}x$ 上,所以考虑直线 $y=\dfrac{M}{n}x$ 与 $y=f(x)$ 是否有交点. 也就是说,辅助区间构造的成功与否归结为函数 $f(x) - \dfrac{M}{n}x$ 的零点存在问题.

证法 1 令 $F(x) = f(x) - \dfrac{M}{n}x$,依题意,函数 $f(x)$ 的值域是 $[0, M]$. 又 $f(0) = f(1) = 0$,所以 $\exists x_M \in (0,1)$,使得 $f(x_M) = M$.

$$F(x_M) = f(x_M) - \dfrac{M}{n}x_M = M\left(1 - \dfrac{1}{n}x_M\right) > 0$$
$$F(1) = f(1) - \dfrac{M}{n} = -\dfrac{M}{n} < 0$$
$$\Rightarrow \exists \eta \in (x_M, 1),$$

使得 $F(\eta) = 0$,即 $f(\eta) = \dfrac{M}{n}\eta$. 现在,因为 $f(x)$ 在 $[0, \eta]$ 上连续,在 $(0, \eta)$ 内可导,所以在 $[0, \eta]$ 上用拉格朗日中值定理,则 $\exists x_n \in (0, \eta) \subset (0, 1)$,使得

$$f'(x_n) = \dfrac{f(\eta) - f(0)}{\eta - 0} = \dfrac{\dfrac{M}{n}\eta}{\eta} = \dfrac{M}{n}.$$

思路 2 将 $f'(x_n) = \dfrac{M}{n}$ 改写成 $f'(x_n) - \dfrac{M}{n} = 0$,注意到
$$\exists x_n \in (0, 1),$$
使得
$$f'(x_n) - \dfrac{M}{n} = 0 \Leftrightarrow f'(x) - \dfrac{M}{n} \text{ 在 } (0,1) \text{ 内有零点}$$
$$\Leftrightarrow \dfrac{\mathrm{d}}{\mathrm{d}x}\left[f(x) - \dfrac{M}{n}x\right] \text{ 在 } (0,1) \text{ 内有零点}.$$

证法 2 作辅助函数 $F(x) = f(x) - \dfrac{M}{n}x$,要证的是 $F'(x)$ 在 $(0,1)$ 内有零点.

首先
$$F(0) = 0, \quad F(1) = f(1) - \frac{M}{n} = -\frac{M}{n} < 0. \quad (6.42)$$
其次,依题意,函数 $f(x)$ 的值域是 $[0,M]$,又 $f(0)=f(1)=0$,所以 $\exists\, x_M \in (0,1)$,使得 $f(x_M)=M$.
$$F(x_M) = f(x_M) - \frac{M}{n}x_M = M\left(1 - \frac{1}{n}x_M\right) > 0. \quad (6.43)$$
联立(6.42)和(6.43)式,由连续函数的零值定理,$\exists\, \eta \in (x_M, 1)$,使得 $F(\eta)=0$.再在 $[0,\eta]$ 上用罗尔定理,有
$$\exists\, x_n \in (0,\eta) \subset (0,1),$$
使得 $F'(x_n)=0$.从而本题得证.

证法 3 首先,如证法 2,作辅助函数 $F(x)=f(x)-\dfrac{M}{n}x$,并存在 $x_M \in (0,1)$,使得 $F(x_M)>0$.接着分别在 $[0,x_M]$ 上和在 $[x_M,1]$ 上用拉格朗日中值定理,则有

存在 $a \in (0, x_M)$,使得 $F'(a) = \dfrac{F(x_M) - F(0)}{x_M - 0} > 0$;

存在 $b \in (x_M, 1)$,使得 $F'(b) = \dfrac{F(1) - F(x_M)}{1 - x_M} < 0.$

(6.44)

注意到 $F(x)$ 在 $[a,b]$ 上连续,在 (a,b) 内可导,并由于(6.44)式,$F(x)$ 的最大值不可能在点 $x=a$ 处和在点 $x=b$ 处达到.从而
$$\exists\, x_n \in (a,b) \subset (0,1),$$
使得 $\quad F(x_n) = \max\limits_{x \in [a,b]} F(x) \Longrightarrow F'(x_n) = 0.$

证法 4 对任意的自然数 n,因为 $0 < \dfrac{M}{n} \leqslant M$,先由连续函数的中间值定理,存在 $c_n \in (0,1)$,使得 $f(c_n) = \dfrac{M}{n}$,根据证法 1,$\exists\, x_n \in (0,1)$,使得 $f'(x_n) = \dfrac{M}{n}$.

其次证明 x_n 的惟一性 用反证法.假定还有 $y_n \in (0,1)$,使得 $f'(y_n) = \dfrac{M}{n}$,则有
$$f'(x_n) = f'(y_n),$$

由罗尔定理,存在 ξ 于 x_n 与 y_n 之间,使得 $f''(\xi)=0$,这与 $f''(x)<0$ 矛盾.

(2) 因为 $f''(x)<0 \Rightarrow f'(x)$ 单调下降,所以
$$f'(x_n) = \frac{M}{n} > \frac{M}{n+1} = f'(x_{n+1}) > 0$$
$$\Rightarrow x_n < x_{n+1} < 1.$$

这意味着 x_n 是单调增加的有界数列,从而 $\exists \lim_{n\to\infty} x_n$. 设 $\lim_{n\to\infty} x_n = a$,则由 $f'(x)$ 的连续性,我们有
$$f'(a) = f'(\lim_{n\to\infty} x_n) = \lim_{n\to\infty} f'(x_n) = \lim_{n\to\infty} \frac{M}{n} = 0.$$

又由连续函数的最大值定理,$\exists x_0 \in [0,1]$,使得 $f(x_0)=M$,但
$$f(0)=f(1)=0,$$
故有 $x_0 \in (0,1)$,从而 x_0 是极值点,于是 $f'(x_0)=0$.

再由 $f''(x)<0$ 的假定,于是
$$\left. \begin{array}{l} f'(a)=0 \\ f'(x_0)=0 \end{array} \right\} \Rightarrow a=x_0 \Rightarrow f(\lim_{n\to\infty} x_n) = f(a) = f(x_0) = M.$$

练习题 2.6

2.6.1 求证不等式:$1+x^2 \leq 2^x$ $(0 \leq x \leq 1)$.

2.6.2 求证:

(1) 当 $0<\alpha<1$ 时,$(1+x)^\alpha \leq 1+\alpha x (x>-1)$,且等号仅当 $x=0$ 时成立;

(2) 当 $\alpha<0$ 或 $\alpha>1$ 时,$(1+x)^\alpha \geq 1+\alpha x (x>-1)$,且等号仅当 $x=0$ 时成立.

2.6.3 设 $a>0, b>0$. 求证:

(1) $a^p + b^p \geq 2^{1-p}(a+b)^p$ $(p>1)$;

(2) $a^p + b^p \leq 2^{1-p}(a+b)^p$ $(0<p<1)$.

2.6.4 设 $b \geq a$,求证:$2\arctan\frac{b-a}{2} \geq \arctan b - \arctan a$.

2.6.5 (1) 设 $n \in \mathbf{N}$,求证:
$$\left(1+\frac{1}{2n+1}\right)\left(1+\frac{1}{n}\right)^n < e < \left(1+\frac{1}{2n}\right)\left(1+\frac{1}{n}\right)^n;$$

(2) 求证:$\lim_{n\to\infty} n\left[e - \left(1+\frac{1}{n}\right)^n\right] = \frac{e}{2}$.

2.6.6 设 $a_0 x^n + a_1 x^{n-1} + \cdots + a_{n-1} x = 0$ 有正根 x_0,则方程

$$na_0x^{n-1} + (n-1)a_1x^{n-1} + \cdots + a_{n-1} = 0$$

必存在小于 x_0 的正根.

2.6.7 试确定方程 $e^x = ax^2 (a>0)$ 的根的个数,并指出每一个根所在的范围.

2.6.8 设函数 $f(x), g(x)$ 在 $\boldsymbol{R}$ 上连续可微,且 $\begin{vmatrix} f(x) & g(x) \\ f'(x) & g'(x) \end{vmatrix} > 0$,试证 $f(x)=0$ 的任何两个相邻实根之间必有 $g(x)=0$ 的根.

2.6.9 (1) 求 $f(x) = \dfrac{1}{x^2} + px + q$ $(p>0)$ 的极值点与极值;

(2) 求方程 $\dfrac{1}{x^2} + px + q = 0$ $(p>0)$ 有三个实根的条件.

2.6.10 讨论曲线 $y = 4\ln x + k$ 与 $y = 4x + \ln^4 x$ 的交点个数.

2.6.11 对 $\forall n \in \boldsymbol{N}$,求证:$x^{n+2} - 2x^n - 1$ 只有惟一正根.

2.6.12 设 $k>0$,求证:方程 $1 + x + \dfrac{x^2}{2} = ke^x$ 只有惟一实根.

2.6.13 设 n 次多项式 $P(x) = \sum\limits_{k=0}^{n} a_k x^k$ 满足下列条件:

(1) $\Big(\sum\limits_{k=0}^{n} a_k\Big) \cdot \Big(\sum\limits_{k=0}^{n} (-1)^k a_k\Big) < 0$;

(2) $P'(x)$ 在 $[-1,1]$ 上处处不为零.

求证 $P(x)$ 在 $[-1,1]$ 上有且仅有一个实根.

2.6.14 设 $|f''(x)| \leqslant |f'(x)| + |f(x)|$ $(\forall x \in (a,b))$,并存在 $x_0 \in (a,b)$,使得 $f(x_0) = f'(x_0) = 0$. 求证:$f(x) \equiv 0$ $(\forall x \in (a,b))$.

第三章 一元函数积分学

§1 不定积分和可积函数类

内 容 提 要

1. 不定积分的概念

若 $f(x)$ 为连续函数,$F'(x)=f(x)$,则
$$\int f(x)\mathrm{d}x = F(x)+C \quad (C \text{ 为任意常数}).$$

2. 不定积分的基本性质

$$\int kf(x)\mathrm{d}x = k\int f(x)\mathrm{d}x \quad (k \text{ 是非零常数}),$$

$$\int [f(x)\pm g(x)]\mathrm{d}x = \int f(x)\mathrm{d}x \pm \int g(x)\mathrm{d}x.$$

3. 基本积分表

$$\int x^{\mu}\mathrm{d}x = \frac{x^{\mu+1}}{\mu+1}+C \ (\mu\neq -1); \quad \int \frac{1}{x}\mathrm{d}x = \ln|x|+C;$$

$$\int a^x \mathrm{d}x = \frac{a^x}{\ln a}+C; \quad \int e^x \mathrm{d}x = e^x + C;$$

$$\int \cos x\,\mathrm{d}x = \sin x + C; \quad \int \sin x\,\mathrm{d}x = -\cos x + C;$$

$$\int \tan x\,\mathrm{d}x = -\ln|\cos x|+C; \quad \int \cot x\,\mathrm{d}x = \ln|\sin x|+C;$$

$$\int \sec x\tan x\,\mathrm{d}x = \sec x + C; \quad \int \csc x\cot x\,\mathrm{d}x = -\csc x + C;$$

$$\int \frac{\mathrm{d}x}{a^2+x^2} = \frac{1}{a}\arctan\frac{x}{a}+C; \quad \int \frac{\mathrm{d}x}{\sqrt{a^2-x^2}} = \arcsin\frac{x}{a}+C;$$

$$\int \frac{\mathrm{d}x}{a^2-x^2} = \frac{1}{2a}\ln\left|\frac{a+x}{a-x}\right|+C;$$

$$\int \frac{\mathrm{d}x}{\sqrt{x^2\pm a^2}} = \ln|x+\sqrt{x^2\pm a^2}|+C;$$

$$\int \frac{\mathrm{d}x}{\cos^2 x} = \int \sec^2 x\,\mathrm{d}x = \tan x + C;$$

$$\int \frac{\mathrm{d}x}{\sin^2 x} = \int \csc^2 x\,\mathrm{d}x = -\cot x + C;$$

$$\int \frac{1}{\cos x}dx = \int \sec x\,dx = \ln|\sec x + \tan x| + C;$$

$$\int \frac{1}{\sin x}dx = \int \csc x\,dx = \ln|\csc x - \cot x| + C.$$

4. 积分法

(1) **第一换元法**（凑微分法） 若 $\int f(x)dx = F(x) + C$，则

$$\int f(u(x))du(x) = F(u(x)) + C.$$

(2) **第二换元法**（变量代换法） 设 $x = x(t)$ 在某区间上导数连续且不为零. 又设 $t(x)$ 为 $x = x(t)$ 的反函数，且

$$\int f(x(t))x'(t)dt = G(t) + C,$$

则 $\int f(x)dx = G(t(x)) + C.$

(3) **分部积分法** 若 u, v 为 x 的可微函数，则

$$\int u\,dv = uv - \int v\,du.$$

5. 可积函数类

(1) 有理函数可分解成多项式和若干项最简真分式之和. 因此有理函数一定可积.

(2) 三角函数有理式的积分. $\int R(\sin x, \cos x)dx$ 总可用变量代换 $t = \tan\frac{x}{2}$ 将其化为有理函数积分. 若等式

$$\int R(-\sin x, \cos x)dx \equiv -\int R(\sin x, \cos x)dx$$

或

$$\int R(\sin x, -\cos x)dx \equiv -\int R(\sin x, \cos x)dx$$

成立，则可利用变量代换 $t = \cos x$ 或 $t = \sin x$ 将它们化为有理函数积分.

又若 $R(-\sin x, -\cos x) \equiv R(\sin x, \cos x)$，则可利用变量代换 $t = \tan x$ 将积分 $\int R(-\sin x, -\cos x)dx$ 化为有理函数积分.

(3) 设 $R(u, v)$ 为 u, v 的有理函数，则积分

$$\int R\left[x, \sqrt[m]{\frac{ax+b}{cx+d}}\right]dx \quad (ad - bc \neq 0, m \text{ 为正整数})$$

通过变量代换 $\frac{ax+b}{cx+d} = t^m$ 可化为有理函数积分.

(4) 积分 $\int x^m(a+bx^n)^p dx$ 只有当 $p, \frac{m+1}{n}, \frac{m+1}{n} + p$ 三个中有一个为整数时才可积，否则不可积.

(5) 求积分 $\int R(x, \sqrt{ax^2 + bx + c})dx$ 时，可作下列变量代换：

当 $a>0$ 时,令 $\sqrt{ax^2+bx+c}=\pm x+t$;

当 $c>0$ 时,令 $\sqrt{ax^2+bx+c}=xt\pm\sqrt{c}$;

当 $b^2-4ac>0$ 时,$ax^2+bx+c=0$ 有不同实根 α,β,这时令

$$\sqrt{ax^2+bx+c}=t(x-\alpha),$$

或

$$\sqrt{ax^2+bx+c}=t(\beta-x).$$

典型例题分析

一、分项积分法

例1 求下列不定积分:

(1) $\int \dfrac{(x-1)^2}{\sqrt{x}}dx$; (2) $\int (e^x+e^{-x})^2 dx$.

解 (1) 原式 $=\int (x^{\frac{3}{2}}-2x^{\frac{1}{2}}+x^{-\frac{1}{2}})dx$

$$=2\sqrt{x}-\dfrac{4}{3}x^{\frac{3}{2}}+\dfrac{2}{5}x^{\frac{5}{2}}+C.$$

(2) 原式 $=\int (e^{2x}+2+e^{-2x})dx$

$$=\dfrac{1}{2}e^{-2x}(e^{4x}+4xe^{2x}-1)+C.$$

例2 求下列不定积分:

(1) $\int \dfrac{1}{x^4(1+x^2)}dx$; (2) $\int \dfrac{1}{1-x^4}dx$.

解 (1) 原式 $=\int \dfrac{1-x^4+x^4}{x^4(1+x^2)}dx = \int \dfrac{1-x^2}{x^4}dx + \int \dfrac{1}{1+x^2}dx$

$$=\arctan x+\dfrac{1}{3x^3}(3x^2-1)+C.$$

或 原式 $=\int \dfrac{1+x^2-x^2}{x^4(1+x^2)}dx = \int \dfrac{dx}{x^4} - \int \dfrac{dx}{x^2(1+x^2)}$

$$=-\dfrac{1}{3x^3}-\int \dfrac{1+x^2-x^2}{x^2(1+x^2)}dx$$

$$=-\dfrac{1}{3x^3}+\dfrac{1}{x}+\arctan x+C.$$

(2) 原式 $=\dfrac{1}{2}\int \left[\dfrac{1}{1-x^2}+\dfrac{1}{1+x^2}\right]dx$

$$=\dfrac{1}{4}\ln\left|\dfrac{1+x}{1-x}\right|+\dfrac{1}{2}\arctan x+C.$$

例3 求下列不定积分：

(1) $\int \dfrac{dx}{\tan^2 x}$； (2) $\int \dfrac{\cos 2x}{\sin^2 2x} dx$； (3) $\int \dfrac{x dx}{\sqrt{1+x}}$.

解 (1) 原式 $= \int \dfrac{\cos^2 x}{\sin^2 x} dx = \int \dfrac{dx}{\sin^2 x} - \int dx = -\cot x - x + C$.

(2) 原式 $= \int \dfrac{\cos^2 x - \sin^2 x}{4\sin^2 x \cos^2 x} dx = \dfrac{1}{4}\left[\int \dfrac{dx}{\sin^2 x} - \int \dfrac{dx}{\cos^2 x}\right]$

$= -\dfrac{1}{4}[\cot x + \tan x] + C$,

或 原式 $= \dfrac{1}{2}\int \dfrac{d\sin 2x}{\sin^2 2x} = -\dfrac{1}{2\sin 2x} + C$.

(3) 原式 $= \int \dfrac{x+1-1}{\sqrt{1+x}} dx = \int \sqrt{1+x}\, dx - \int \dfrac{1}{\sqrt{1+x}} dx$

$= \dfrac{2}{3} x\sqrt{x+1} - \dfrac{4}{3}\sqrt{x+1} + C$.

二、换元法

例4 求不定积分 $\int \dfrac{dx}{1+\sin x}$.

解法1 原式 $= \int \dfrac{dx}{1+\cos\left(\dfrac{\pi}{2}-x\right)} = -\int \dfrac{d\left(\dfrac{\pi}{4}-\dfrac{x}{2}\right)}{\cos^2\left(\dfrac{\pi}{4}-\dfrac{x}{2}\right)}$

$= -\tan\left(\dfrac{\pi}{4}-\dfrac{x}{2}\right) + C$.

解法2 原式 $= \int \dfrac{1-\sin x}{\cos^2 x} dx = \tan x - \dfrac{1}{\cos x} + C$.

解法3 原式 $= \int \dfrac{dx}{\left(\cos\dfrac{x}{2}+\sin\dfrac{x}{2}\right)^2} = 2\int \dfrac{d\tan\dfrac{x}{2}}{\left(1+\tan\dfrac{x}{2}\right)^2}$

$= -\dfrac{2}{1+\tan\dfrac{x}{2}} + C$.

例5 求不定积分 $\int \dfrac{dx}{2+\tan^2 x}$.

解法1

原式 $= \int \dfrac{\cos^2 x}{1+\cos^2 x} dx = \int \dfrac{\cos^2 x + 1 - 1}{1+\cos^2 x} dx$

$$= x - \int \frac{1}{1+\cos^2 x} dx = x - \int \frac{\sec^2 x}{2+\tan^2 x} dx$$

$$= x - \int \frac{d\tan x}{2+\tan^2 x} = x - \frac{1}{\sqrt{2}} \arctan \frac{\tan x}{\sqrt{2}} + C.$$

解法 2

$$原式 = \int \frac{\sec^2 x}{(2+\tan^2 x)(1+\tan^2 x)} dx$$

$$\xrightarrow{u=\tan x} \int \frac{1}{(u^2+1)(u^2+2)} du$$

$$= \int \left(\frac{1}{u^2+1} - \frac{1}{u^2+2} \right) du$$

$$= \arctan u - \frac{1}{2}\sqrt{2} \arctan \frac{1}{2} u\sqrt{2} + C$$

$$= x - \frac{1}{\sqrt{2}} \arctan \frac{\tan x}{\sqrt{2}} + C.$$

例 6 求不定积分 $\int \frac{dx}{1+a\cos x}$ $(a>0)$.

解 当 $a=1$ 时,

$$原式 = \int \frac{d\left(\frac{x}{2}\right)}{\cos^2 \frac{x}{2}} = \tan \frac{x}{2} + C.$$

当 $a \neq 1$ 时,

$$原式 = \int \frac{dx}{1+a\left(\cos^2 \frac{x}{2} - \sin^2 \frac{x}{2}\right)}$$

$$= \int \frac{d\left(\tan \frac{x}{2}\right)}{(1+a)+(1-a)\tan^2 \frac{x}{2}}$$

$$= \begin{cases} \dfrac{2}{\sqrt{1-a^2}} \arctan \sqrt{\dfrac{1-a}{1+a}} \tan \dfrac{x}{2} + C, & 0<a<1, \\[2ex] \dfrac{2}{\sqrt{a^2-1}} \ln \left| \dfrac{\sqrt{a+1}+\sqrt{a-1}\tan \dfrac{x}{2}}{\sqrt{a+1}-\sqrt{a-1}\tan \dfrac{x}{2}} \right| + C, & a>1. \end{cases}$$

例7 求不定积分 $\int \dfrac{\mathrm{d}x}{x\sqrt{x^2-1}}$.

解法1 因为被积函数的定义域为 $|x|>1$,所以

$$\text{原式} \xrightarrow{x=\frac{1}{t}} \mp \int \frac{\mathrm{d}t}{\sqrt{1-t^2}} = \mp \arcsin t + C$$

$$= \begin{cases} -\arcsin \dfrac{1}{x} + C, & x>1, \\ \arcsin \dfrac{1}{x} + C, & x<-1. \end{cases}$$

解法2

$$\text{原式} = \int \frac{x\mathrm{d}x}{x^2\sqrt{x^2-1}} = \frac{1}{2}\int \frac{\mathrm{d}(x^2-1)}{x^2\sqrt{x^2-1}}$$

$$= \int \frac{\mathrm{d}\sqrt{x^2-1}}{x^2-1+1} = \arctan\sqrt{x^2-1} + C.$$

解法3

$$\text{原式} \xrightarrow{x=\sec t} \int \frac{\sec t \cdot \tan t}{\sec t \cdot |\tan t|}\mathrm{d}t = \pm \int \mathrm{d}t$$

$$= |t| + C = \left|\arccos \frac{1}{x}\right| + C.$$

评注 本题三种解法给出了三种不同形式的答案,这并没有矛盾.事实上,一个函数若有原函数,则它必然有无穷多个原函数,但是它们任意两个之差是一个常数.

例8 设 $a<b$,求 $\int \sqrt{(x-a)(b-x)}\mathrm{d}x$.

解法1 由配方得到

$$(x-a)(b-x) = R^2 - \left(x - \frac{a+b}{2}\right)^2,$$

其中 $R \xrightarrow{\text{定义}} \dfrac{b-a}{2}$. 作变量代换 $x=u+\dfrac{a+b}{2}$,则有

$$\text{原式} = \int \sqrt{R^2-u^2} \xrightarrow{u=R\sin t} R^2\int \cos^2 t\, \mathrm{d}t$$

$$= R^2\int \frac{1+\cos 2t}{2}\mathrm{d}t = R^2\left(\frac{t}{2} + \frac{1}{4}\sin 2t\right) + C$$

$$= \frac{R^2}{2}t + \frac{R^2}{2}\sin t\cos t + C$$

$$= \frac{R^2}{2}\arcsin\frac{u}{R} + \frac{u}{2}\sqrt{R^2-u^2} + C$$

$$= \frac{1}{4}(b-a)^2\arcsin\frac{2x-(a+b)}{b-a}$$

$$+ \frac{2x-(a+b)}{4}\sqrt{(x-a)(b-x)} + C.$$

解法 2 因为被积函数的定义域为 (a,b),所以可设 $x-a = (b-a)\sin^2 t \left(0 < t < \frac{\pi}{2}\right)$. 从而

$$\sqrt{(x-a)(b-x)} = (b-a)\sin t\cos t,$$
$$\mathrm{d}x = 2(b-a)\sin t\cos t\,\mathrm{d}t,$$
$$\int\sqrt{(x-a)(b-x)}\,\mathrm{d}x = 2(b-a)^2\int\sin^2 t\cos^2 t\,\mathrm{d}t$$
$$= \frac{1}{2}(b-a)^2\int\sin^2 2t\,\mathrm{d}t = \frac{1}{4}(b-a)^2\int(1-\cos 4t)\,\mathrm{d}t$$
$$= \frac{1}{4}(b-a)^2(t-\sin 4t) + C. \qquad (1.1)$$

又注意到

$$\sin 4t = 4\sin t\cos t(1-2\sin^2 t)$$
$$= 4\sqrt{\frac{x-a}{b-a}}\cdot\sqrt{1-\frac{x-a}{b-a}}\left(1-2\cdot\frac{x-a}{b-a}\right)$$
$$= -4\frac{2x-(a+b)}{(b-a)^2}\sqrt{(x-a)(b-x)},$$

故有

$$\int\sqrt{(x-a)(b-x)}\,\mathrm{d}x = \frac{1}{4}(b-a)^2\arcsin\sqrt{\frac{x-a}{b-a}}$$
$$+ \frac{2x-(a+b)}{4}\sqrt{(x-a)(b-x)} + C.$$

三、联合求解法

例 9 求不定积分 $I = \int\frac{\mathrm{d}x}{1+x^2+x^4}, J = \int\frac{x^2}{1+x^2+x^4}\mathrm{d}x$.

解 $I + J = \int\frac{1+x^2}{1+x^2+x^4}\mathrm{d}x = \int\frac{1+\frac{1}{x^2}}{x^2+\frac{1}{x^2}+1}\mathrm{d}x$

$$= \int \frac{\mathrm{d}\left(x - \frac{1}{x}\right)}{\left(x - \frac{1}{x}\right)^2 + 3} = \frac{1}{\sqrt{3}} \arctan \frac{x^2 - 1}{\sqrt{3}\, x} + C.$$

(1.2)

$$-I + J = \int \frac{x^2 - 1}{1 + x^2 + x^4} \mathrm{d}x = \int \frac{1 - \frac{1}{x^2}}{x^2 + \frac{1}{x^2} + 1} \mathrm{d}x$$

$$= \int \frac{\mathrm{d}\left(x + \frac{1}{x}\right)}{\left(x + \frac{1}{x}\right)^2 - 1} = \frac{1}{2} \ln \left| \frac{x + \frac{1}{x} - 1}{x + \frac{1}{x} + 1} \right| + C$$

$$= \frac{1}{2} \ln \left| \frac{x^2 - x + 1}{x^2 + x + 1} \right| + C. \quad (1.3)$$

联立(1.2)与(1.3)式解得

$$I = \frac{1}{2\sqrt{3}} \arctan \frac{x^2 - 1}{\sqrt{3}\, x} - \frac{1}{4} \ln \left| \frac{x^2 - x + 1}{x^2 + x + 1} \right| + C,$$

$$J = \frac{1}{2\sqrt{3}} \arctan \frac{x^2 - 1}{\sqrt{3}\, x} + \frac{1}{4} \ln \left| \frac{x^2 - x + 1}{x^2 + x + 1} \right| + C.$$

例 10 求不定积分 $I = \int \frac{\cos^3 x}{\cos x + \sin x} \mathrm{d}x$, $J = \int \frac{\sin^3 x}{\cos x + \sin x} \mathrm{d}x$.

解 $I + J = \int \left(1 - \frac{1}{2} \sin 2x\right) \mathrm{d}x = x + \frac{1}{4} \cos 2x + C,$

$$I - J = \int \frac{\cos^3 x - \sin^3 x}{\cos x + \sin x} \mathrm{d}x$$

$$= \int \frac{(\cos x - \sin x)\left(1 + \frac{1}{2} \sin 2x\right)}{\cos x + \sin x} \mathrm{d}x$$

$$= \int \frac{(\cos^2 x - \sin^2 x)\left(1 + \frac{1}{2} \sin 2x\right)}{(\cos x + \sin x)^2} \mathrm{d}x$$

$$= \int \frac{\left(1 + \frac{1}{2} \sin 2x\right) \cos 2x}{1 + \sin 2x} \mathrm{d}x$$

$$= \frac{1}{4}\sin 2x + \frac{1}{4}\ln(\sin 2x + 1) + C,$$

由此求得

$$I = \frac{1}{2}x + \frac{1}{8}\cos 2x + \frac{1}{8}\sin 2x + \frac{1}{8}\ln(2\sin 2x + 2) + C,$$

$$J = \frac{1}{2}x + \frac{1}{8}\cos 2x - \frac{1}{8}\sin 2x - \frac{1}{8}\ln(2\sin 2x + 2) + C.$$

评注 例 9、例 10 两题都是将两个积分联立计算,相辅相成,要比单独计算各个积分简单得多.

例 11 求不定积分 $\int \frac{1}{1+x^3}\mathrm{d}x$.

解 注意到

$$\int \frac{1}{1+x^3}\mathrm{d}x = \int \frac{1+x-x}{1+x^3}\mathrm{d}x$$
$$= \int \frac{1}{1-x+x^2}\mathrm{d}x - \int \frac{x}{1+x^3}\mathrm{d}x. \quad (1.4)$$

设 $I = \int \frac{1}{1+x^3}\mathrm{d}x, J = \int \frac{x}{1+x^3}\mathrm{d}x$,由 (1.4) 式,则有

$$I + J = \int \frac{1}{1-x+x^2}\mathrm{d}x$$
$$= \frac{2}{3}\sqrt{3}\arctan \frac{2}{3}\sqrt{3}\left(x - \frac{1}{2}\right) + C,$$
$$I - J = \int \frac{1-x}{1+x^3}\mathrm{d}x = \int \frac{1-x+x^2-x^2}{1+x^3}\mathrm{d}x$$
$$= \int \frac{1}{1+x}\mathrm{d}x - \int \frac{x^2}{1+x^3}\mathrm{d}x$$
$$= \ln(x+1) - \frac{1}{3}\ln(x^3+1) + C,$$

由此解得

$$\int \frac{1}{1+x^3}\mathrm{d}x = I = \frac{1}{3}\ln(x+1) - \frac{1}{6}\ln\left(\left(x - \frac{1}{2}\right)^2 + \frac{3}{4}\right)$$
$$+ \frac{1}{3}\sqrt{3}\arctan \frac{2}{3}\sqrt{3}\left(x - \frac{1}{2}\right) + C.$$

评注 本题虽然只要求计算单个积分 I,但是在计算过程中又"冒出"一个新积分 J,将 I,J 联立计算,要比单独计算 I 简单得多.

四、分部积分法

例 12 求不定积分 $\int \ln(x+\sqrt{1+x^2})\mathrm{d}x$.

解 用分部积分法.

$$原式 = x\ln(x+\sqrt{1+x^2}) - \int \frac{x}{\sqrt{1+x^2}}\mathrm{d}x$$
$$= x\ln(x+\sqrt{1+x^2}) - \sqrt{1+x^2} + C.$$

例 13 求不定积分 $\int \arcsin\frac{2\sqrt{x}}{1+x}\mathrm{d}x$.

解法 1

$$原式 = \int \arcsin\frac{2\sqrt{x}}{1+x}\mathrm{d}(x+1)$$
$$\xrightarrow{\text{分部积分}} (x+1)\arcsin\frac{2\sqrt{x}}{1+x} + \int \frac{1}{\sqrt{x}}\mathrm{d}x$$
$$= (1+x)\arcsin\frac{2\sqrt{x}}{1+x} + 2\sqrt{x} + C.$$

评注 本解法中,注意到被积函数 $\arcsin\frac{2\sqrt{x}}{1+x}$ 的分母含有 $x+1$,故将 $\mathrm{d}x \xrightarrow{\text{写成}} \mathrm{d}(x+1)$,这样分部积分后容易化简.

解法 2

$$原式 \xrightarrow{u=\sqrt{x}} 2\int u\arcsin\frac{2u}{1+u^2}\mathrm{d}u$$
$$\xrightarrow{\text{分部积分}} u^2\arcsin2\frac{u}{1+u^2} + \int \frac{2u^2}{1+u^2}\mathrm{d}u$$
$$= u^2\arcsin2\frac{u}{1+u^2} + 2u - 2\arctan u + C$$
$$= x\arcsin\frac{2\sqrt{x}}{1+x} + 2\sqrt{x} - 2\arctan\sqrt{x} + C.$$

例 14 求不定积分 $\int \frac{x\mathrm{e}^{\arctan x}}{(1+x^2)^{\frac{3}{2}}}\mathrm{d}x$.

解法 1

$$\int \frac{x\mathrm{e}^{\arctan x}}{(1+x^2)^{\frac{3}{2}}}\mathrm{d}x \xrightarrow{x=\tan t} \int \frac{\mathrm{e}^t\tan t}{(\tan^2 t+1)^{\frac{3}{2}}}\sec^2 t\mathrm{d}t = \int \mathrm{e}^t\sin t\mathrm{d}t,$$

$$I \xlongequal{\text{定义}} \int e^t \sin t\, dt = e^t \sin t - \int e^t \cos t\, dt$$
$$= e^t \sin t - J \Longrightarrow I + J = e^t \sin t,$$
$$J \xlongequal{\text{定义}} \int e^t \cos t\, dt = e^t \cos t + \int e^t \sin t\, dt$$
$$= e^t \cos t + I \Longrightarrow I - J = -e^t \cos t.$$

因此 $I = \dfrac{1}{2} e^t (\sin t - \cos t) + C$,

$$\int \frac{x e^{\arctan x}}{(1+x^2)^{\frac{3}{2}}} dx = I = \frac{1}{2} e^{\arctan x} \left(\frac{x}{\sqrt{1+x^2}} - \frac{1}{\sqrt{1+x^2}} \right) + C$$
$$= \frac{(x-1) e^{\arctan x}}{2\sqrt{1+x^2}} + C.$$

解法 2

$$I = \int \frac{x e^{\arctan x}}{(1+x^2)^{\frac{3}{2}}} dx = \int \frac{x}{\sqrt{1+x^2}} d e^{\arctan x}$$
$$\xlongequal{\text{分部积分}} \frac{x e^{\arctan x}}{\sqrt{1+x^2}} - \int \frac{e^{\arctan x}}{(1+x^2)^{\frac{3}{2}}} dx$$
$$= \frac{x e^{\arctan x}}{\sqrt{1+x^2}} - \int \frac{1}{\sqrt{1+x^2}} d e^{\arctan x}$$
$$= \frac{x e^{\arctan x}}{\sqrt{1+x^2}} - \frac{e^{\arctan x}}{\sqrt{1+x^2}} - I.$$

由此推出 $I = \dfrac{(x-1) e^{\arctan x}}{2\sqrt{1+x^2}} + C.$

例 15 求不定积分 $\int \sqrt{1+x^2}\, dx$.

解法 1 令 $x = \tan t, y = \sin t$,则

$$\text{原式} = \int \sec t \cdot \frac{dt}{\cos^2 t} = \int \frac{dt}{\cos^3 t} \xlongequal{y=\sin t} \int \frac{dy}{(1-y^2)^2}. \tag{1.5}$$

下面求真分式 $\dfrac{1}{(1-y^2)^2}$ 的部分分式. 设

$$\frac{1}{(1-y)^2 (1+y)^2} = \frac{A}{1-y} + \frac{B}{y+1} + \frac{C}{(y-1)^2} + \frac{D}{(y+1)^2}, \tag{1.6}$$

(1.6)式的两边同乘以 $(1-y)^2$,并令 $y \to 1$,得 $C = \dfrac{1}{4}$;

(1.6)式的两边同乘以$(1+y)^2$,并令$y \to -1$,得$D = \dfrac{1}{4}$;

(1.6)式的两边同乘以y,并令$y \to +\infty$,得
$$0 = -A + B. \tag{1.7}$$

用$y=0$代入(1.6)式,得
$$A + B = \dfrac{1}{2}. \tag{1.8}$$

联立(1.7)与(1.8)式,$A = \dfrac{1}{4}, B = \dfrac{1}{4}$,即得
$$\dfrac{1}{(1-y)^2(1+y)^2} = \dfrac{1}{4(y+1)} - \dfrac{1}{4(y-1)}$$
$$+ \dfrac{1}{4(y-1)^2} + \dfrac{1}{4(y+1)^2}.$$

将此代入(1.5)式,得
$$\text{原式} = \dfrac{1}{4}\left[\int \dfrac{\mathrm{d}y}{y+1} - \int \dfrac{\mathrm{d}y}{y-1} + \int \dfrac{\mathrm{d}y}{(y-1)^2} + \int \dfrac{\mathrm{d}y}{(y+1)^2}\right]$$
$$= \dfrac{1}{4}\left[\ln\left|\dfrac{1+y}{1-y}\right| + \dfrac{1}{1-y} - \dfrac{1}{1+y}\right] + C$$
$$= \dfrac{1}{4}\left[2\ln|\sec t + \tan t| + 2\tan t \cdot \sec t\right] + C$$
$$= \dfrac{1}{2}\left[\ln|x + \sqrt{1+x^2}| + x\sqrt{1+x^2}\right] + C.$$

解法 2 因为
$$\text{原式} \xlongequal{\text{分部积分}} x\sqrt{1+x^2} - \int \dfrac{x^2}{\sqrt{1+x^2}} \mathrm{d}x$$
$$= x\sqrt{1+x^2} - \int \dfrac{x^2 - 1 + 1}{\sqrt{1+x^2}} \mathrm{d}x$$
$$= x\sqrt{1+x^2} - \int \sqrt{1+x^2} \mathrm{d}x + \int \dfrac{1}{\sqrt{1+x^2}} \mathrm{d}x$$
$$= x\sqrt{1+x^2} - \text{原式} + \ln|x + \sqrt{1+x^2}| + C,$$
所以
$$\text{原式} = \dfrac{1}{2}x\sqrt{1+x^2} + \dfrac{1}{2}\ln|x + \sqrt{1+x^2}| + C.$$

评注 本题解法2先通过分部积分产生一个所要求积分的循环公式,再通过解代数方程得到要求积分的答案.这是使用分部积分法

的一种常用技巧,例如可用来推导本题的引申题:

$$\int \sqrt{x^2 \pm a^2}\,dx = \frac{1}{2}x\sqrt{x^2 \pm a^2} \pm \frac{a^2}{2}\ln|x+\sqrt{x^2 \pm a^2}| + C.$$

例 16 求不定积分 $\int x^2\sqrt{x^2+1}\,dx$.

解法 1

$$\begin{aligned}
\text{原式} &= \frac{1}{2}\int \sqrt{x^4+x^2}\,dx^2 \\
&= \frac{1}{2}\int \sqrt{\left(x^2+\frac{1}{2}\right)^2 - \left(\frac{1}{2}\right)^2}\,d\left(x^2+\frac{1}{2}\right) \\
&\xlongequal{u=x^2+\frac{1}{2}} \frac{1}{2}\int \sqrt{u^2-\left(\frac{1}{2}\right)^2}\,du \\
&\xlongequal{\text{分部积分}} \frac{1}{4}u\sqrt{u^2-\frac{1}{4}} - \frac{1}{16}\ln\left(u+\sqrt{u^2-\frac{1}{4}}\right) + C \\
&= \frac{1}{8}x(2x^2+1)\sqrt{x^2+1} - \frac{1}{8}\ln|x+\sqrt{x^2+1}| + C.
\end{aligned}$$

解法 2 因为

$$\begin{aligned}
(x^3\sqrt{x^2+1})' &= 3x^2\sqrt{x^2+1} + \frac{x^4}{\sqrt{x^2+1}} \\
&= 3x^2\sqrt{x^2+1} + \frac{x^4-1+1}{\sqrt{x^2+1}} \\
&= 4x^2\sqrt{x^2+1} - \sqrt{x^2+1} + \frac{1}{\sqrt{x^2+1}},
\end{aligned}$$

所以

$$x^2\sqrt{x^2+1} = \frac{1}{4}\left[(x^3\sqrt{x^2+1})' + \sqrt{x^2+1} - \frac{1}{\sqrt{x^2+1}}\right],$$

因此

$$\begin{aligned}
\int x^2\sqrt{x^2+1}\,dx &= \frac{1}{4}\Big[x^3\sqrt{x^2+1} + \frac{1}{2}\sqrt{x^2+1} \\
&\quad - \frac{1}{2}\ln|x+\sqrt{x^2+1}|\Big] + C.
\end{aligned}$$

解法 3 因为

$$\int x\sqrt{x^2+1}\,\mathrm{d}x = \frac{1}{2}\int \sqrt{x^2+1}\,\mathrm{d}(x^2+1)$$
$$= \frac{1}{3}(x^2+1)^{\frac{3}{2}} + C_1,$$

所以
$$\int x^2\sqrt{x^2+1}\,\mathrm{d}x = \frac{1}{3}\int x\,\mathrm{d}(x^2+1)^{\frac{3}{2}}$$
$$= \frac{1}{3}x(x^2+1)^{\frac{3}{2}} - \frac{1}{3}\int (x^2+1)^{\frac{3}{2}}\,\mathrm{d}x, \quad (1.10)$$

又
$$x^2\sqrt{x^2+1} = (x^2+1)\sqrt{x^2+1} - \sqrt{x^2+1}$$
$$= (x^2+1)^{\frac{3}{2}} - \sqrt{x^2+1}. \quad (1.11)$$

若设 $I=\int x^2\sqrt{x^2+1}\,\mathrm{d}x$，$J=\frac{1}{3}\int (x^2+1)^{\frac{3}{2}}\,\mathrm{d}x$，则由(1.10)和(1.11)式，有

$$\begin{cases} I+J = \frac{1}{3}x(x^2+1)^{\frac{3}{2}}, \\ I-3J = -\int \sqrt{x^2+1}\,\mathrm{d}x \\ \qquad\quad = -\frac{1}{2}x\sqrt{x^2+1} - \frac{1}{2}\ln(x+\sqrt{x^2+1}) + C_2. \end{cases}$$

由此解得
$$I = \frac{1}{4}x(x^2+1)^{\frac{3}{2}} - \frac{1}{8}x\sqrt{x^2+1}$$
$$- \frac{1}{8}\ln(x+\sqrt{x^2+1}) + C.$$

例 17 求 $\int e^{2x}(\tan x + 1)^2\,\mathrm{d}x$.

解
$$\int e^{2x}(\tan x+1)^2\,\mathrm{d}x = \int e^{2x}(\sec^2 x + 2\tan x)\,\mathrm{d}x$$
$$= \int e^{2x}\sec^2 x\,\mathrm{d}x + 2\int e^{2x}\tan x\,\mathrm{d}x,$$

对第一项进行分部积分，我们有
$$\int e^{2x}\sec^2 x\,\mathrm{d}x = \int e^{2x}\,\mathrm{d}\tan x = e^{2x}\tan x - 2\int e^{2x}\tan x\,\mathrm{d}x.$$

$$原式 = e^{2x}\tan x - 2\int e^{2x}\tan x\,dx + 2\int e^{2x}\tan x\,dx$$
$$= e^{2x}\tan x + C. \qquad (1.12)$$

评注 (1.12)式右端有两项不定积分完全一样,只是符号相反. 值得注意的是,它们相抵消的结果应是一个任意的常数,而不是零. 事实上,因为

$$\left\{\int f(x)dx - \int f(x)dx\right\}' = f(x) - f(x) = 0,$$

所以
$$\int f(x)dx - \int f(x)dx = C.$$

五、综合应用

例 18 试利用公式

$$\int (f(x) + f'(x))e^x dx = \int (e^x f(x))' dx = e^x f(x) + C$$

求下列不定积分:

(1) $\int \dfrac{xe^x}{(1+x)^2}dx$; (2) $\int \dfrac{1+\sin x}{1+\cos x}e^x dx.$

解 (1) 原式 $= \int \dfrac{x+1-1}{(1+x)^2}e^x dx = \int \left[\dfrac{1}{1+x} + \left(\dfrac{1}{1+x}\right)'\right]e^x dx$

$$= \dfrac{e^x}{1+x} + C.$$

(2) 原式 $= \int \dfrac{2\sin\dfrac{x}{2}\cos\dfrac{x}{2} + 1}{2\cos^2\dfrac{x}{2}}e^x dx = \int \left[\tan\dfrac{x}{2} + \left(\tan\dfrac{x}{2}\right)'\right]e^x dx$

$$= e^x \tan\dfrac{x}{2} + C.$$

例 19 求不定积分 $\int \dfrac{e^x dx}{e^x + e^{-x}}$.

解法 1 原式 $= \int \dfrac{e^{2x}}{1+e^{2x}}dx = \dfrac{1}{2}\int \dfrac{d(e^{2x}+1)}{1+e^{2x}} = \dfrac{1}{2}\ln(1+e^{2x}) + C.$

解法 2 令 $I = \int \dfrac{e^x dx}{e^x + e^{-x}}$, $J = \int \dfrac{e^{-x}dx}{e^x + e^{-x}}$,则有

$$I + J = \int \dfrac{(e^x + e^{-x})dx}{e^x + e^{-x}} = x + C,$$

$$I - J = \int \frac{(e^x - e^{-x})dx}{e^x + e^{-x}} = \ln(e^x + e^{-x}) + C.$$

由此解出

$$原式 = \frac{x}{2} + \frac{1}{2}\ln(e^x + e^{-x}) + C.$$

例 20 设 $I_n = \int \frac{\sin nx}{\sin x}dx$,求证递推公式:

$$I_n = \frac{2}{n-1}\sin(n-1)x + I_{n-2} \quad (n > 2).$$

证 因为

$$I_n - I_{n-2} = \int \frac{\sin nx - \sin(n-2)x}{\sin x}dx$$
$$= 2\int \frac{\cos(n-1)x \sin x}{\sin x}dx,$$

所以

$$I_n = \frac{2}{n-1}\sin(n-1)x + I_{n-2} \quad (n > 2).$$

评注 建立积分递推公式,主要是用分部积分法,但并非只有分部积分法可用,本题用分部积分法就很难奏效.

例 21 求不定积分 $I = \int \frac{dx}{\sqrt[3]{(x+1)^2(x-1)^4}}$.

解法 1 记 $h(x) \xrightarrow{\text{定义}} \sqrt[3]{(x+1)^2(x-1)^4} = (x^2-1)\sqrt[3]{\frac{x-1}{x+1}}$,并令 $t = \sqrt[3]{\frac{x-1}{x+1}}$,利用对数微分法,则有

$$\frac{dt}{t} = \frac{dx}{3(x-1)} - \frac{dx}{3(x+1)} \Rightarrow \frac{dx}{x^2-1} = \frac{3dt}{2t},$$

$$I = \int \frac{dx}{h(x)} = \int \frac{3dt}{2t^2} = -\frac{3}{2t} + C = -\frac{3}{2}\sqrt[3]{\frac{x+1}{x-1}} + C.$$

解法 2 记 $h(x) = \sqrt[3]{(x+1)^2(x-1)^4} = (x-1)^2 \cdot \sqrt[3]{\left(\frac{x+1}{x-1}\right)^2}$,

并令 $t = \sqrt[3]{\frac{x+1}{x-1}}$,则有

$$t^3 = 1 + \frac{2}{x-1} \Rightarrow 3t^2 dt = -\frac{2dx}{(x-1)^2},$$

从而

$$I = \int \frac{dx}{h(x)} = \int -\frac{3t^2 dt}{2t^2} = -\frac{3}{2}t + C = -\frac{3}{2}\sqrt[3]{\frac{x+1}{x-1}} + C.$$

解法 3 $h(x) = \sqrt[3]{(x+1)^2(x-1)^4} = (x-1)^2 \cdot \sqrt[3]{\left(1+\frac{2}{x-1}\right)^2}$,

并令 $t = 1 + \frac{2}{x-1}$,则有

$$dt = -\frac{2dx}{(x-1)^2},$$

$$I = \int \frac{dx}{h(x)} = -\frac{1}{2}\int t^{-\frac{2}{3}} dt = -\frac{3}{2}\sqrt[3]{t} + C,$$

即得 $I = -\frac{3}{2}\left(\frac{x+1}{x-1}\right)^{\frac{1}{3}} + C.$

例 22 问下列积分是否可积(即原函数是初等函数):

(1) $\int \sqrt{1+\frac{1}{x}} dx$; (2) $\int \frac{dx}{\sqrt{1+\sin^2 x}}.$

解 (1) 原式 $= \int x^{-\frac{1}{2}}(1+x^2)^{\frac{1}{2}} dx$,由此可见,

$$p = \frac{1}{2}, m = -\frac{1}{2}, n = 2 \Longrightarrow \frac{m+1}{n} = \frac{1}{4}, p + \frac{m+1}{n} = \frac{3}{4}.$$

由于 $p, \frac{m+1}{n}, p+\frac{m+1}{n}$ 三个量都非整数,从而原式不可积.

(2) 原式 $= \int \frac{\cos x}{\sqrt{1-\sin^4 x}} = \int \frac{d\sin x}{\sqrt{1-\sin^4 x}}$

$$\xrightarrow{t=\sin x} \int (1-t^4)^{-\frac{1}{2}} dx,$$

由此可见

$$p = -\frac{1}{2}, m = 0, n = 4 \Longrightarrow \frac{m+1}{n} = \frac{1}{4}, p + \frac{m+1}{n} = -\frac{1}{4}.$$

由于 $p, \frac{m+1}{n}, p+\frac{m+1}{n}$ 三个量都非整数,从而原式不可积.

例 23 求不定积分 $I = \int \frac{dx}{x+\sqrt{x^2+x+1}}.$

解 令 $\sqrt{x^2+x+1} = -x+t$,则有 $x^2+x+1 = x^2 - 2xt + t^2$,于是

$$x = \frac{t^2-1}{1+2t}, \quad dx = 2\frac{t^2+t+1}{(1+2t)^2}dt,$$

从而

$$I = 2\int\frac{t^2+t+1}{t(1+2t)^2}dt$$
$$= 2\int\left[\frac{1}{t} - \frac{3}{2(2t+1)} - \frac{3}{2(2t+1)^2}\right]dt$$
$$= 2\ln|t| + \frac{3}{2(2t+1)} - \frac{3}{2}\ln|2t+1| + C$$
$$= 2\ln|x+\sqrt{x^2+x+1}|$$
$$\quad - \frac{3}{2}\ln|2x+1+2\sqrt{x^2+x+1}|$$
$$\quad + \frac{3}{2(2\sqrt{x^2+x+1}+2x+1)} + C.$$

练 习 题 3.1

3.1.1 求下列不定积分：

(1) $\int\frac{e^{3x}+1}{e^x+1}dx$； (2) $\int\frac{dx}{x^2(1+x^2)}$；

(3) $\int\sqrt{x\sqrt{x}}\,dx$； (4) $\int\left[\sqrt{\frac{1+x}{1-x}}+\sqrt{\frac{1-x}{1+x}}\right]dx$；

(5) $\int\tan^2 x\,dx$； (6) $\int\frac{1+\sin^2 x}{\cos^2 x}dx$；

(7) $\int\frac{dx}{\cos^2 x\sin^2 x}$； (8) $\int\frac{\cos 2x}{\cos^2 x\sin^2 x}dx$；

(9) $\int\frac{dx}{2+3x^2}$； (10) $\int\frac{dx}{2-3x^2}$；

(11) $\int\sqrt[3]{1-3x}\,dx$； (12) $\int x\cdot\sqrt[3]{1-3x}\,dx$.

3.1.2 求不定积分 $I = \int\frac{1}{1+x^4}dx, \ J = \int\frac{x^2}{1+x^4}dx$.

3.1.3 求下列不定积分：

(1) $\int\frac{dx}{\sqrt{3x^2-2}}$； (2) $\int\frac{dx}{x\sqrt{x^2+1}}$；

(3) $\int\sqrt{\frac{a+x}{a-x}}dx\ (a>0)$； (4) $\int\sqrt{\frac{x-a}{x+a}}dx\ (a\geqslant 0)$；

(5) $\int \dfrac{\mathrm{d}x}{\sqrt{1+x+x^2}}$;

(6) $\int \dfrac{x+3}{\sqrt{4x^2+4x+3}}\mathrm{d}x$;

(7) $\int \dfrac{\mathrm{d}x}{\sqrt{(x+a)(x+b)}}\mathrm{d}x \ (a<b)$;

(8) $\int \sqrt{\dfrac{x}{1-x}\sqrt{x}}\mathrm{d}x$.

3.1.4 求下列不定积分：

(1) $\int \dfrac{\mathrm{d}x}{x^2\sqrt{x^2+1}}$;

(2) $\int \dfrac{\mathrm{d}x}{\sqrt{(a^2+x^2)^3}}$;

(3) $\int \dfrac{\sqrt{a^2-x^2}}{x}\mathrm{d}x$;

(4) $\int \dfrac{\sqrt{x^2-a^2}}{x}\mathrm{d}x$;

(5) $\int x^2\sqrt{4-x^2}\mathrm{d}x$;

(6) $\int \dfrac{x}{1+\sqrt{x}}\mathrm{d}x$.

3.1.5 求下列不定积分：

(1) $\int \ln(1+x^2)\mathrm{d}x$;

(2) $\int x^a \ln x \mathrm{d}x$;

(3) $\int \sqrt{x}\ln^2 x \mathrm{d}x$;

(4) $\int x^2 \mathrm{e}^{-2x}\mathrm{d}x$;

(5) $\int x\cos\beta x \mathrm{d}x$;

(6) $\int x^2 \sin 2x \mathrm{d}x$;

(7) $\int x\arctan x \mathrm{d}x$;

(8) $\int \dfrac{\arcsin x}{x^2}\mathrm{d}x$;

(9) $\int \dfrac{x}{\cos^2 x}\mathrm{d}x$;

(10) $\int \dfrac{x^2 \mathrm{e}^x}{(x+2)^2}\mathrm{d}x$.

3.1.6 求下列不定积分：

(1) $\int \dfrac{1+x+x^2}{\sqrt{1+x^2}}\mathrm{e}^x\mathrm{d}x$;

(2) $\int \dfrac{1+\tan x}{\cos x}\mathrm{e}^x \mathrm{d}x$;

(3) $\int (\cos x-\sin x)\mathrm{e}^{-x}\mathrm{d}x$;

(4) $\int x(2-x)\mathrm{e}^{-x}\mathrm{d}x$.

3.1.7 求下列不定积分：

(1) $\int \sqrt{a^2-x^2}\mathrm{d}x$;

(2) $\int \sqrt{x^2-a^2}\mathrm{d}x$;

(3) $\int \arcsin\sqrt{\dfrac{x}{1+x}}\mathrm{d}x$;

(4) $\int \dfrac{\mathrm{e}^{\arctan x}}{(1+x^2)^{\frac{3}{2}}}\mathrm{d}x$;

(5) $\int x\arctan x\ln(1+x^2)\mathrm{d}x$;

(6) $\int \dfrac{x^3 \arccos x}{\sqrt{1-x^2}}\mathrm{d}x$.

3.1.8 求下列不定积分：

(1) $\int \sin(\ln x)\mathrm{d}x$;

(2) $\int \cos(\ln x)\mathrm{d}x$;

(3) $\int x\mathrm{e}^x \cos x \mathrm{d}x$;

(4) $\int x\mathrm{e}^x \sin x \mathrm{d}x$.

3.1.9 求下列不定积分的递推公式：

(1) $\int x^n e^x dx$;

(2) $\int x^n (\ln x)^m dx$;

(3) $\int \sin^n x dx$;

(4) $\int \dfrac{dx}{\sin^n x}$ ($n \geq 2$).

3.1.10 求下列不定积分：

(1) $\int \dfrac{2x+3}{(x-2)(x+5)} dx$;

(2) $\int \dfrac{dx}{8-2x-x^2}$;

(3) $\int \dfrac{dx}{(x+1)^2 (x-1)}$;

(4) $\int \dfrac{2x-3}{x^2+2x+1} dx$;

(5) $\int \dfrac{dx}{(x+1)(x^2+1)}$;

(6) $\int \dfrac{x^4}{x^4+5x^2+4} dx$.

3.1.11 求下列不定积分：

(1) $\int \cos x \sin^2 x \, dx$;

(2) $\int \dfrac{\cos x}{1+\sin x} dx$;

(3) $\int \tan x \sin^2 x \, dx$;

(4) $\int \tan^3 x \, dx$;

(5) $\int \cos^4 x \sin^3 x \, dx$;

(6) $\int \dfrac{\sin^3 x}{1+\cos^2 x} dx$;

(7) $\int \dfrac{dx}{\sin^2 x \cos x}$;

(8) $\int \dfrac{\sin 2x}{2+\tan^2 x} dx$.

3.1.12 求下列不定积分：

(1) $\int \sec^3 x \, dx$;

(2) $\int \dfrac{\sin^2 x}{1+\cos^2 x} dx$;

(3) $\int \dfrac{\sin 2x}{\cos^4 x + \sin^4 x} dx$;

(4) $\int \dfrac{dx}{2\cos^2 x + \sin x \cos x + \sin^2 x}$.

3.1.13 求下列不定积分：

(1) $\int \dfrac{dx}{(1+\cos x)^2}$;

(2) $\int \dfrac{d\theta}{1+r^2-2r\cos\theta}$ ($0<r<1$);

(3) $\int \dfrac{\sqrt{x}}{1+\sqrt[4]{x^3}} dx$;

(4) $\int \dfrac{dx}{1+\sqrt{x}+\sqrt{x+1}}$;

(5) $\int \dfrac{x}{x+\sqrt{x^2-1}} dx$;

(6) $\int \dfrac{dx}{1+\sqrt{1-2x-x^2}}$.

3.1.14 求下列不定积分：

(1) $\int \dfrac{1}{x} \sqrt{\dfrac{x+1}{x-1}} dx$;

(2) $\int \dfrac{dx}{\sqrt{x+1} + \sqrt[3]{x+1}}$;

(3) $\int \sqrt{x^2 + \dfrac{1}{x^2}} dx$;

(4) $\int \dfrac{dx}{x+\sqrt{x^2-x+1}}$.

3.1.15 问下列积分是否可积(即原函数是否为初等函数)：

(1) $\int \dfrac{x dx}{\sqrt{1+\sqrt[3]{x^2}}}$;

(2) $\int \sqrt{\cos x} \, dx$.

§2 定积分概念、可积条件与定积分性质

内 容 提 要

1. 定积分的定义

设函数 $f(x)$ 在 $[a,b]$ 上定义,对在 $[a,b]$ 上的任意分划 Δ:

$$a = x_0 < x_1 < x_2 < \cdots < x_n = b,$$

及 $\forall \xi_k \in [x_k, x_{k+1}]$ $(k=0,1,2,\cdots,n-1)$,令 $\Delta x_k \xlongequal{\text{定义}} x_{k+1} - x_k$,及 $\lambda \xlongequal{\text{定义}} \max\limits_{0 \leqslant k \leqslant n-1} \Delta x_k$. 作黎曼和 $\sum\limits_{k=0}^{n-1} f(\xi_k) \Delta x_k$. 当 $\lambda \to 0$ 时,如果极限

$$\lim_{\lambda \to 0} \sum_{k=0}^{n-1} f(\xi_k) \Delta x_k$$

存在,并且这个极限值与 $[a,b]$ 的分法及 ξ_k 的取法无关,那么称这个极限值为函数 $f(x)$ 在 $[a,b]$ 上的**定积分**,记作 $\int_a^b f(x) \mathrm{d}x$,即

$$\int_a^b f(x) \mathrm{d}x = \lim_{\lambda \to 0} \sum_{k=0}^{n-1} f(\xi_k) \Delta x_k.$$

在这种情况下,我们称函数 $f(x)$ 在 $[a,b]$ 上**可积**,或称函数 $f(x)$ 是 $[a,b]$ 上的**可积函数**,记作 $f(x) \in R[a,b]$.

当 $b < a$ 时,$\int_a^b f(x) \mathrm{d}x \xlongequal{\text{定义}} -\int_b^a f(x) \mathrm{d}x$;当 $b = a$ 时,$\int_a^a f(x) \mathrm{d}x = 0$.

2. 函数可积的充要条件

设 $f(x)$ 在 $[a,b]$ 上定义,对应分法 Δ: $a = x_0 < x_1 < x_2 < \cdots < x_n = b$,定义

$$S(\Delta) = \sum_{k=0}^{n-1} M_k \Delta x_k, \quad s(\Delta) = \sum_{k=0}^{n-1} m_k \Delta x_k$$

分别称为**大和**、**小和**,其中 $\Delta x_k = x_{k+1} - x_k (k=0,1,2,\cdots,n-1)$,

$$M_k \xlongequal{\text{定义}} \sup_{x_k \leqslant x \leqslant x_{k+1}} f(x), \quad m_k \xlongequal{\text{定义}} \inf_{x_k \leqslant x \leqslant x_{k+1}} f(x) \quad (k=0,1,2,\cdots,n-1).$$

若 $f(x)$ 在 $[a,b]$ 上有界,则下面四个命题等价:

(1) $f(x) \in R[a,b]$;

(2) $\lim\limits_{\lambda \to 0} \sum\limits_{k=0}^{n-1} \omega_k \Delta x_k = 0$,其中

$$\omega_k \xlongequal{\text{定义}} M_k - m_k \quad (k=0,1,\cdots,n-1), \quad \lambda = \max_{0 \leqslant k \leqslant n-1} \Delta x_k;$$

(3) 对 $\forall \varepsilon > 0$,存在分法 Δ,使得 $S(\Delta) - s(\Delta) < \varepsilon$;

(4) $I^* = I_*$,其中 $I^* \xlongequal{\text{定义}} \inf\limits_{\{\Delta\}} S(\Delta)$, $I_* \xlongequal{\text{定义}} \sup\limits_{\{\Delta\}} s(\Delta)$.

3. 微积分基本定理(牛顿-莱布尼茨公式)

定理 若 $f(x), F(x)$ 在 $[a,b]$ 上连续,在 (a,b) 内可导,且 $F'(x) = f(x)$ ($\forall x \in (a,b)$),则 $f(x) \in R[a,b]$,且

$$\int_a^b f(x) \mathrm{d}x = F(b) - F(a) = F(x)\Big|_a^b.$$

4. 定积分性质

定理 1(线性性质) 若 $f(x), g(x) \in R[a,b]$,则有

(1) $\int_a^b kf(x) \mathrm{d}x = k\int_a^b f(x) \mathrm{d}x$ (k 为常数);

(2) $\int_a^b (f(x) \pm g(x)) \mathrm{d}x = \int_a^b f(x) \mathrm{d}x \pm \int_a^b g(x) \mathrm{d}x.$

定理 2(保序性) 若 $f(x), g(x) \in R[a,b]$,则有

$$f(x) \leqslant g(x) \Longrightarrow \int_a^b f(x) \mathrm{d}x \leqslant \int_a^b g(x) \mathrm{d}x.$$

定理 3(绝对可积性) 若 $f(x) \in R[a,b]$,则有 $|f(x)| \in R[a,b]$,且

$$\left|\int_a^b f(x) \mathrm{d}x\right| \leqslant \int_a^b |f(x)| \mathrm{d}x.$$

定理 4(子区间可积性) 设 $a < c < b$,则 $f(x) \in R[a,b]$ 的充分必要条件是

$$f(x) \in R[a,c], \text{且} f(x) \in R[c,b].$$

定理 5(对区间的可加性) 若 $f(x)$ 在含有 a,b,c 的区间上可积,则

$$\int_a^b f(x) \mathrm{d}x = \int_a^c f(x) \mathrm{d}x + \int_c^b f(x) \mathrm{d}x.$$

定理 6(乘积可积性) 若 $f(x), g(x) \in R[a,b]$,则有

$$f(x) \cdot g(x) \in R[a,b].$$

定理 7(积分第一中值定理) 若 $f(x) \in C[a,b], g(x) \in R[a,b]$,且 $g(x)$ 在 $[a,b]$ 上不变号,则 $\exists \xi \in [a,b]$,使得

$$\int_a^b f(x) g(x) \mathrm{d}x = f(\xi) \int_a^b g(x) \mathrm{d}x.$$

典型例题分析

例 1 求极限 $\lim\limits_{n \to \infty} \dfrac{1}{n} \sum\limits_{k=1}^n \sin \dfrac{k\pi}{n}$.

思路 把上面极限看成函数 $f(x) = \sin \pi x$ 在 $[0,1]$ 上的黎曼和.

解 $\lim\limits_{n \to \infty} \dfrac{1}{n} \sum\limits_{k=1}^n \sin \dfrac{k\pi}{n} = \int_0^1 \sin \pi x \mathrm{d}x = \dfrac{2}{\pi}.$

例2 (1) 假设定积分定义中采用等分的方法,并且 ξ_k 取中点,试写出 $f(x)$ 的黎曼和.

(2) 又设 $f(x)$ 为凹函数,求证: $\int_a^b f(x)\mathrm{d}x \geqslant (b-a)f\left(\dfrac{a+b}{2}\right)$.

解 (1) 将 $[a,b]$ n 等分,每一个小区间的长度为 $\dfrac{b-a}{n}$,第 k 个小区间的中点坐标为 $a+\dfrac{(2k-1)(b-a)}{2n}$ $(k=1,2,\cdots,n)$. 故

$$\int_a^b f(x)\mathrm{d}x = \lim_{n\to\infty} \frac{b-a}{n}\sum_{k=1}^n f\left(a+\frac{(2k-1)(b-a)}{2n}\right). \quad (2.1)$$

(2) 因为 $f(x)$ 为凹函数,所以

$$f\left[\frac{1}{n}\sum_{k=1}^n\left(a+\frac{(2k-1)(b-a)}{2n}\right)\right]$$
$$\leqslant \frac{1}{n}\sum_{k=1}^n f\left(a+\frac{(2k-1)(b-a)}{2n}\right).$$

于是根据极限不等式,由(2.1)式推出

$$\int_a^b f(x)\mathrm{d}x \geqslant \lim_{n\to\infty}(b-a)f\left[\frac{1}{n}\sum_{k=1}^n\left(a+\frac{(2k-1)(b-a)}{2n}\right)\right]$$
$$= (b-a)f\left(a+\frac{b-a}{2}\right) = (b-a)f\left(\frac{a+b}{2}\right).$$

例3 求积分 $\int_{-1}^{1}\dfrac{\mathrm{d}x}{1+x^2}$.

解 原式 $=\arctan x\Big|_{-1}^{1} = \dfrac{\pi}{4}-\left(-\dfrac{\pi}{4}\right) = \dfrac{\pi}{2}$.

提问 本题如下计算是否正确?

$$\text{原式} = -\int_{-1}^{1}\frac{\mathrm{d}\left(\dfrac{1}{x}\right)}{1+\left(\dfrac{1}{x}\right)^2} = -\arctan\frac{1}{x}\Big|_{-1}^{1} = -\frac{\pi}{2}.$$

解答 由定积分的几何意义,原式积分所表示的曲边梯形面积应为正的,因此积分值为负数肯定有错误. 错误的原因在于函数 $F(x)=-\arctan\dfrac{1}{x}$ 在点 $x=0$ 处不连续.

例4 计算定积分 $\int_{-2}^{-\sqrt{2}}\dfrac{\mathrm{d}x}{x\sqrt{x^2-1}}$.

解 因为积分区间在 $[-2,-\sqrt{2}]$ 上,所以 $|x|=-x$,故有

$$原式 = -\int_{-2}^{-\sqrt{2}} \frac{\mathrm{d}x}{x^2\sqrt{1-\frac{1}{x^2}}} = \int_{-2}^{-\sqrt{2}} \frac{\mathrm{d}\left(\frac{1}{x}\right)}{\sqrt{1-\left(\frac{1}{x}\right)^2}}$$

$$= \arcsin\frac{1}{x}\Big|_{-2}^{-\sqrt{2}} = -\arcsin\frac{1}{\sqrt{2}} + \arcsin\frac{1}{2}$$

$$= -\frac{\pi}{12}.$$

例 5 设 $f(x)=\begin{cases}1+x^2, & x<0,\\ \mathrm{e}^{-x}, & x\geqslant 0,\end{cases}$ 求 $\int_1^3 f(x-2)\mathrm{d}x$.

解法 1 作变量代换 $t=x-2$,则

$$\int_1^3 f(x-2)\mathrm{d}x = \int_{-1}^1 f(t)\mathrm{d}t = \int_{-1}^0 f(t)\mathrm{d}t + \int_0^1 f(t)\mathrm{d}t$$

$$= \int_{-1}^0 [1+t^2]\mathrm{d}t + \int_0^1 \mathrm{e}^{-t}\mathrm{d}t = 1 + \frac{1}{3} - \mathrm{e}^{-t}\Big|_0^1$$

$$= 1 + \frac{1}{3} - \frac{1}{\mathrm{e}} + 1 = \frac{7}{3} - \frac{1}{\mathrm{e}}.$$

解法 2 因为

$$f(x) = \begin{cases} 1+x^2, & x<0 \\ \mathrm{e}^{-x}, & x\geqslant 0 \end{cases}$$

$$\Rightarrow f(x-2) = \begin{cases} 1+(x-2)^2, & x<2, \\ \mathrm{e}^{2-x}, & x\geqslant 2, \end{cases}$$

所以

$$\int_1^3 f(x-2)\mathrm{d}x = \int_1^2 [1+(x-2)^2]\mathrm{d}x + \int_2^3 \mathrm{e}^{2-x}\mathrm{d}x$$

$$= 1 - \frac{1}{3}(x-2)^3\Big|_1^2 - \mathrm{e}^{2-x}\Big|_2^3$$

$$= 1 + \frac{1}{3} - \frac{1}{\mathrm{e}} + 1 = \frac{7}{3} - \frac{1}{\mathrm{e}}.$$

评注 以上两种解法,解法 1 容易操作些,先通过变量代换分别将被积函数的积分变量和积分上、下限进行替换和变限,再将积分区间按分段函数的方式分段,并将积分写成分段相加,最后代入各段相应的表达式,就便于积分了.

例 6 计算定积分 $I = \int_0^{\frac{\pi}{2}} \frac{\cos x \mathrm{d}x}{a^2\sin^2 x + b^2\cos^2 x}$ $(a,b>0)$.

解 当 $a=b$ 时,$I=\dfrac{1}{a^2}\displaystyle\int_0^{\frac{\pi}{2}}\cos x\mathrm{d}x=\dfrac{1}{a^2}$;

当 $a>b$ 时,
$$I=\int_0^{\frac{\pi}{2}}\frac{d\sin x}{a^2\sin^2 x+b^2(1-\sin^2 x)}$$
$$=\frac{1}{\sqrt{a^2-b^2}}\int_0^{\frac{\pi}{2}}\frac{d\sqrt{a^2-b^2}\sin x}{b^2+(a^2-b^2)\sin^2 x}$$
$$=\frac{1}{\sqrt{a^2-b^2}}\cdot\frac{1}{b}\arctan\frac{\sqrt{a^2-b^2}\sin x}{b}\Big|_0^{\frac{\pi}{2}}$$
$$=\frac{1}{b\sqrt{a^2-b^2}}\arctan\frac{\sqrt{a^2-b^2}}{b};$$

当 $a<b$ 时,
$$I=\frac{1}{\sqrt{b^2-a^2}}\int_0^{\frac{\pi}{2}}\frac{d\sqrt{b^2-a^2}\sin x}{b^2-(b^2-a^2)\sin^2 x}$$
$$=\frac{1}{2b\sqrt{b^2-a^2}}\ln\frac{b+\sqrt{b^2-a^2}\sin x}{b-\sqrt{b^2-a^2}\sin x}\Big|_0^{\frac{\pi}{2}}$$
$$=\frac{1}{b\sqrt{b^2-a^2}}\ln\frac{b+\sqrt{b^2-a^2}}{a}.$$

例 7 设 $f(x)\in R[a,b]$,求证:$\mathrm{e}^{f(x)}\in R[a,b]$.

证 作分划 Δ:$a=x_0<x_1<x_2<\cdots<x_n=b$. 设 $x',x''\in[x_k,x_{k+1}]$,则根据微分中值定理,$\exists\,\xi$,使得
$$|\mathrm{e}^{f(x')}-\mathrm{e}^{f(x'')}|=\mathrm{e}^{\xi}|f(x')-f(x'')|,\qquad(2.2)$$
其中 ξ 介于 $f(x')$ 与 $f(x'')$ 之间. 因为可积函数一定有界,所以可设 $|f(x)|\leqslant M$. 于是由 (2.2) 式得
$$|\mathrm{e}^{f(x')}-\mathrm{e}^{f(x'')}|=\mathrm{e}^M|f(x')-f(x'')|.\qquad(2.3)$$
设 ω_k 与 $\widetilde{\omega}_k$ 分别表示 $f(x)$ 与 $\mathrm{e}^{f(x)}$ 在 $[x_k,x_{k+1}]$ 上的振幅,在公式 (2.3) 中,让 x',x'' 在 $[x_k,x_{k+1}]$ 上变化,两边取上确界得到
$$\widetilde{\omega}_k\leqslant\mathrm{e}^M\omega_k\quad(k=0,1,\cdots,n-1),$$
由此推出
$$\sum_{k=0}^{n-1}\widetilde{\omega}_k\Delta x_k\leqslant\mathrm{e}^M\sum_{k=0}^{n-1}\omega_k\Delta x_k.\qquad(2.4)$$

令 $\lambda = \max\limits_{0 \leqslant k \leqslant n-1} \Delta x_k$,因为 $f(x) \in R[a,b]$,所以 $\lim\limits_{\lambda \to 0} \sum\limits_{k=0}^{n-1} \omega_k \Delta x_k = 0$. 由此,令 $\lambda \to 0$,对 (2.4) 式取极限得

$$0 \leqslant \lim_{\lambda \to 0} \sum_{k=0}^{n-1} \widetilde{\omega}_k \Delta x_k \leqslant e^M \lim_{\lambda \to 0} \sum_{k=0}^{n-1} \omega_k \Delta x_k = 0 \Longrightarrow \lim_{\lambda \to 0} \sum_{k=0}^{n-1} \widetilde{\omega}_k \Delta x_k = 0.$$

因此 $e^{f(x)} \in R[a,b]$.

例 8 设 $f(x) \in R[a,b]$,$g(x)$ 与 $f(x)$ 只有有限个点上取值不等. 求证:

$$g(x) \in R[a,b], \quad 且 \quad \int_a^b f(x) dx = \int_a^b g(x) dx.$$

证 令 $h(x) \xlongequal{\text{定义}} g(x) - f(x)$,则 $h(x)$ 只在有限个点上取非零值,所以

$$h(x) \in R[a,b], \quad 且 \quad \int_a^b h(x) dx = 0.$$

又 $g(x) = f(x) + h(x)$,故有 $g(x) \in R[a,b]$,且

$$\int_a^b g(x) dx = \int_a^b f(x) dx + \int_a^b h(x) dx = \int_a^b f(x) dx.$$

例 9 求证:(1) 极限 $\lim\limits_{b \to 1} \int_0^b \dfrac{\cos x}{\sqrt{1-x^2}} dx$ $(0 < b < 1)$ 存在;

(2) $\lim\limits_{b \to 1} \int_0^b \dfrac{\cos x}{\sqrt{1-x^2}} dx > 1$.

证 (1) 考虑函数 $f(b) \xlongequal{\text{定义}} \int_0^b \dfrac{\cos x}{\sqrt{1-x^2}} dx$ $(0 < b < 1)$. 当 $0 < b_1 < b_2 < 1$ 时,

$$f(b_2) = \int_0^{b_2} \frac{\cos x}{\sqrt{1-x^2}} dx = \int_0^{b_1} \frac{\cos x}{\sqrt{1-x^2}} dx + \int_{b_1}^{b_2} \frac{\cos x}{\sqrt{1-x^2}} dx$$

$$\geqslant \int_0^{b_1} \frac{\cos x}{\sqrt{1-x^2}} dx = f(b_1),$$

即 $f(b)$ 在 $(0,1)$ 上单调递增. 又

$$f(b) \leqslant \int_0^b \frac{1}{\sqrt{1-x^2}} dx = \arcsin b \leqslant \frac{\pi}{2} \quad (0 < b < 1),$$

即 $f(b)$ 在 $(0,1)$ 上有上界. 因此 $\lim\limits_{b \to 1-0} f(b)$ 存在.

(2) **证法 1** 因为 $\cos x = 1 - 2\sin^2 \dfrac{x}{2} \geqslant 1 - \dfrac{x^2}{2} \geqslant \sqrt{1-x^2}$ ($0 \leqslant x \leqslant b < 1$),所以

$$\int_0^b \dfrac{\cos x}{\sqrt{1-x^2}} \mathrm{d}x \geqslant \int_0^b \mathrm{d}x = b \ (0 < b < 1)$$

$$\Rightarrow \lim_{b \to 1} \int_0^b \dfrac{\cos x}{\sqrt{1-x^2}} \mathrm{d}x \geqslant \lim_{b \to 1} b = 1.$$

证法 2 因为 $\cos x \geqslant 1 - \dfrac{x^2}{2} = \dfrac{1-x^2}{2} + \dfrac{1}{2}$ ($0 \leqslant x \leqslant b < 1$),所以

$$\int_0^b \dfrac{\cos x}{\sqrt{1-x^2}} \mathrm{d}x \geqslant \dfrac{1}{2} \int_0^b \sqrt{1-x^2} \mathrm{d}x + \dfrac{1}{2} \int_0^b \dfrac{1}{\sqrt{1-x^2}} \mathrm{d}x$$

$$= \dfrac{1}{4} b \sqrt{1-b^2} + \dfrac{3}{4} \arcsin b.$$

因此

$$\lim_{b \to 1} \int_0^b \dfrac{\cos x}{\sqrt{1-x^2}} \mathrm{d}x \geqslant \dfrac{3}{4} \arcsin 1 = \dfrac{3\pi}{8} > 1.$$

例 10 设 $f(x), g(x) \in R[a,b]$,求证:

$$\left| \int_a^b f(x) g(x) \mathrm{d}x \right| \leqslant \sqrt{\int_a^b f^2(x) \mathrm{d}x} \cdot \sqrt{\int_a^b g^2(x) \mathrm{d}x}.$$

证 对 $\forall t \in \mathbf{R}$,积分

$$\int_a^b [tf(x) + g(x)]^2 \mathrm{d}x = t^2 \int_a^b f^2(x) \mathrm{d}x + 2t \int_a^b f(x) \mathrm{d}x \int_a^b g(x) \mathrm{d}x$$

$$+ \int_a^b g^2(x) \mathrm{d}x \geqslant 0.$$

根据二次三项式的恒正条件是判别式 $b^2 - ac \leqslant 0$,故有

$$\left(\int_a^b f(x) \mathrm{d}x \int_a^b g(x) \mathrm{d}x \right)^2 \leqslant \int_a^b f^2(x) \mathrm{d}x \cdot \int_a^b g^2(x) \mathrm{d}x,$$

即得

$$\left| \int_a^b f(x) g(x) \mathrm{d}x \right| \leqslant \sqrt{\int_a^b f^2(x) \mathrm{d}x} \cdot \sqrt{\int_a^b g^2(x) \mathrm{d}x}.$$

练 习 题 3.2

3.2.1 设 $f(x) \in R[a,b]$,且 $f(x) \geqslant a > 0$. 求证:

(1) $\dfrac{1}{f(x)} \in R[a,b]$;   (2) $\ln f(x) \in R[a,b]$.

3.2.2 求证：$\lim\limits_{n\to\infty}\int_0^1 \dfrac{x^n}{\sqrt{1+x^4}}\mathrm{d}x = 0$.

3.2.3 设 $f(x)\in R[0,1]$，且 $f(x)\geqslant a>0$. 求证：$\int_0^1 \dfrac{1}{f(x)}\mathrm{d}x \geqslant \dfrac{1}{\int_0^1 f(x)\mathrm{d}x}$.

3.2.4 求证：$\lim\limits_{n\to\infty}\int_0^1 (1-x^2)^n \mathrm{d}x = 0$.

3.2.5 设 $a,b>0, f(x)\geqslant 0$，且 $f(x)\in R[a,b]$，又 $\int_{-a}^b xf(x)\mathrm{d}x = 0$. 求证：
$$\int_{-a}^b x^2 f(x)\mathrm{d}x \leqslant ab\int_{-a}^b f(x)\mathrm{d}x.$$

3.2.6 设 $f(x)\geqslant 0, f''(x)\leqslant 0$ ($\forall\, x\in[a,b]$). 求证：
$$\max_{a\leqslant x\leqslant b} f(x) \leqslant \dfrac{2}{b-a}\int_a^b f(x)\mathrm{d}x.$$

3.2.7 设 $f(x)$ 在 $[a,b]$ 上可导，且 $f'(x)\in R[a,b]$. 求证：
$$\max_{a\leqslant x\leqslant b}|f(x)| \leqslant \left|\dfrac{1}{b-a}\int_a^b f(x)\mathrm{d}x\right| + \int_a^b |f'(x)|\mathrm{d}x.$$

3.2.8 设 $f(x)\in R[0,1]$，且 $a\leqslant f(x)\leqslant b$，又 $\varphi(x)$ 是 $[a,b]$ 上的凹函数. 求证：

(1) $\varphi(f(x)) \geqslant \varphi(t) + \varphi'(t)(f(x)-t)$ ($\forall\, t\in(a,b)$)；

(2) $\int_0^1 \varphi(f(x))\mathrm{d}x \geqslant \varphi\left(\int_0^1 f(x)\mathrm{d}x\right)$；

(3) $\int_0^1 \mathrm{e}^{f(x)}\mathrm{d}x \geqslant \mathrm{e}^{\int_0^1 f(x)\mathrm{d}x}$.

3.2.9 求证：极限 $\lim\limits_{b\to 1}\int_0^b \dfrac{\sin x}{\sqrt{1-x^2}}\mathrm{d}x$ ($0<b<1$) 存在，并且其极限值不超过 1.

3.2.10 求证：$\int_0^{\frac{\pi}{2}} \sin(\sin x)\mathrm{d}x \leqslant \int_0^{\frac{\pi}{2}} \cos(\cos x)\mathrm{d}x$.

§3 变限定积分、微积分基本定理、定积分的换元法与分部积分法

内 容 提 要

1. 变限定积分

设 $f(x)\in R[a,b]$，则函数

$$\Phi(x) = \int_a^x f(t)dt \in C[a,b];$$

若 $f(x)$ 在点 x_0 处连续, 则 $\Phi'(x_0) = f(x_0)$.

定理 若 $f(x) \in C[a,b]$, 则 $\left(\int_a^x f(t)dt\right)' = f(x)$.

这说明连续函数一定可积, 积分后一定可微, 且两次运算后又回到原来函数.

2. 微积分基本定理(牛顿-莱布尼茨公式)的另一种表述

若 $f(x) \in R[a,b]$, $F(x) \in C[a,b]$, 且除有限个点外, $F'(x) = f(x)$, 则

$$\int_a^b f(x)dx = F(x)\Big|_a^b = F(b) - F(a),$$

或

$$\int_a^x f(t)dt = F(x) - F(a).$$

这说明如果函数可微, 且微分后函数可积, 则两次运算后又回到原来的函数(可以差一个常数).

3. 定积分的积分法

分部积分法 设 $u'(x), v'(x) \in R[a,b]$, 则

$$\int u(x)dv(x) = u(x) \cdot v(x)\Big|_a^b - \int_a^b v(x)du(x).$$

换元积分法 设 $f(x) \in R[a,b]$, $x = \varphi(t)$ ——地把 $[\alpha,\beta] \to [a,b]$, 且 $\alpha = \varphi^{-1}(a)$, $\beta = \varphi^{-1}(b)$, $\varphi'(t) \in C[\alpha,\beta]$, 则

$$\int_a^b f(x)dx = \int_{\varphi^{-1}(a)}^{\varphi^{-1}(b)} f[\varphi(t)]\varphi'(t)dt.$$

4. 变限定积分的求导法则

如果 $f(x)$ 在 $[a,b]$ 上连续, $f(x)$ 在 $u(t), v(t)$ 的值域上连续, $u(t), v(t)$ 在 $[a,b]$ 上可导, 那么

$$\frac{d}{dt}\int_{u(t)}^{v(t)} f(x)dx = f(v(t))\frac{dv}{dt} - f(u(t))\frac{du}{dt}.$$

一个几何解释 一张宽度按 $f(x)$ 变化的地毯(如图 3.1 所示), 在左边一头被卷起的同时右边另一头被展开. 在时刻 t, 地板从 $u(t)$ 到 $v(t)$ 被盖住. 一头地毯被卷起的速率 $\frac{du}{dt}$ 与另一头被放下的速率 $\frac{dv}{dt}$ 未必是一样的. 在任一给定时刻 t, 被地毯覆盖的地面面积是

$$A(t) = \int_{u(t)}^{v(t)} f(x)dx.$$

被地毯覆盖的地面面积的变化率是多少呢? 在时刻 t, $A(t)$ 增加的变化率是

地毯被展开的宽度乘以地毯被展开的速率 $\dfrac{dv}{dt}$. 也就是说, $A(t)$ 增加的变化率是
$$f(v(t))\dfrac{dv}{dt}.$$
与此同时, $A(t)$ 减少的变化率是
$$f(u(t))\dfrac{du}{dt},$$
即地毯被卷起的宽度乘以地毯被卷起的速率 $\dfrac{du}{dt}$. 于是, 被地毯覆盖的地面面积净余的变化率是
$$\dfrac{dA}{dt} = f(v(t))\dfrac{dv}{dt} - f(u(t))\dfrac{du}{dt}.$$
这正好是变限定积分的求导法则.

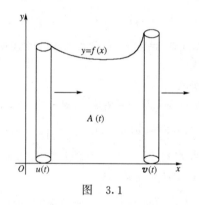

图 3.1

5. 重要公式

$$\int_0^{\frac{\pi}{2}} \sin^n x \, dx = \int_0^{\frac{\pi}{2}} \cos^n x \, dx = \dfrac{(n-1)!!}{n!!} \cdot \begin{cases} \dfrac{\pi}{2}, & n \text{ 为偶数}, \\ 1, & n \text{ 为奇数}. \end{cases}$$

6. 带积分余项的泰勒公式

设 $f(x) \in C^n[a,b]$, $f^{(n+1)}(x) \in R[a,b]$, 那么对 $\forall x, x_0 \in [a,b]$, 有
$$f(x) = \sum_{k=0}^{n} \dfrac{f^{(k)}(x_0)}{k!}(x-x_0)^k + \dfrac{1}{n!}\int_{x_0}^{x} f^{(n+1)}(t)(x-t)^n dt.$$
特别有
$$f(x) = \sum_{k=0}^{n} \dfrac{f^{(k)}(0)}{k!}x^k + \dfrac{x^{n+1}}{n!}\int_0^1 f^{(n+1)}(xt)(1-t)^n dt \quad (|x| < 1).$$

7. 积分第二中值定理

定理 设 $f(x) \in R[a,b]$, $g(x)$ 在 $[a,b]$ 上单调, 则

$$\int_a^b f(x)g(x)\mathrm{d}x = g(a)\int_a^\xi f(x)\mathrm{d}x + g(b)\int_\xi^b f(x)\mathrm{d}x \quad (a \leqslant \xi \leqslant b).$$

典型例题分析

一、定积分计算

例 1 求积分 $\int_0^a \arctan\sqrt{\dfrac{a-x}{a+x}}\mathrm{d}x\ (a>0)$.

解法 1 用分部积分法. 记 $w(t)=\sqrt{\dfrac{a-x}{a+x}}$，则有 $w(a)=0$，

$$\text{原式} = x\arctan w(x)\Big|_0^a - \int_0^a x\cdot\frac{1}{1+w^2}\cdot\frac{1}{2w}\cdot\frac{-2a}{(a+x)^2}\mathrm{d}x$$

$$= \int_0^a \frac{x}{2\sqrt{a^2-x^2}}\mathrm{d}x = -\frac{1}{4}\int_0^a \frac{\mathrm{d}(a^2-x^2)}{\sqrt{a^2-x^2}}$$

$$= -\frac{1}{2}\sqrt{a^2-x^2}\Big|_0^a = \frac{a}{2}.$$

解法 2 令 $x=a\cos t\ \left(0\leqslant t\leqslant\dfrac{\pi}{2}\right)$，则

$$\text{原式} = a\int_{\frac{\pi}{2}}^0 \frac{t}{2}\mathrm{d}\cos t = a\cdot\frac{t}{2}\cos t\Big|_{\frac{\pi}{2}}^0 - \int_{\frac{\pi}{2}}^0 \frac{a}{2}\cos t\mathrm{d}t$$

$$= -\frac{a}{2}\sin t\Big|_{\frac{\pi}{2}}^0 = \frac{a}{2}.$$

解法 3 令 $t=\arctan\sqrt{\dfrac{a-x}{a+x}}$，则

$$\cos 2t = \frac{1-\tan^2 t}{1+\tan^2 t} = \frac{1-\dfrac{a-x}{a+x}}{1+\dfrac{a-x}{a+x}} = \frac{x}{a},$$

$$\text{原式} = \int_{\frac{\pi}{2}}^0 t\mathrm{d}(a\cos 2t) = at\cos 2t\Big|_{\frac{\pi}{2}}^0 + a\int_0^{\frac{\pi}{4}}\cos 2t\mathrm{d}t$$

$$= \frac{a}{2}\sin 2t\Big|_0^{\frac{\pi}{4}} = \frac{a}{2}.$$

例 2 (1) 设 $f(x)$ 为 $[-1,1]$ 上的三次多项式，求证：

$$\int_{-1}^1 f(x)\mathrm{d}x = \frac{1}{3}\{f(-1)+4f(0)+f(1)\}. \tag{3.1}$$

(2) 设 $f(x)$ 为 $[a,b]$ 上的三次多项式,求证:
$$\int_a^b f(x)\mathrm{d}x = \frac{b-a}{6}\left\{f(a) + 4f\left(\frac{a+b}{2}\right) + f(b)\right\}. \quad (3.2)$$

证 (1) 设 $f(x) = \alpha x^3 + \beta x^2 + \gamma x + \delta$,则
$$\int_{-1}^1 f(x)\mathrm{d}x = \int_{-1}^1 (\beta x^2 + \delta)\mathrm{d}x = 2\int_0^1 (\beta x^2 + \delta)\mathrm{d}x$$
$$= \frac{2\beta}{3} + 2\delta = \frac{1}{3}\{f(-1) + 4f(0) + f(1)\}.$$

(2) 令 $x = \frac{a+b}{2} + \frac{b-a}{2}t$,则
$$\int_a^b f(x)\mathrm{d}x = \int_{-1}^1 f\left(\frac{a+b}{2} + \frac{b-a}{2}t\right)\frac{b-a}{2}\mathrm{d}t$$
$$\underline{\underline{\text{由第(1)小题}}} \frac{b-a}{6}\left\{f(a) + 4f\left(\frac{a+b}{2}\right) + f(b)\right\}.$$

二、含定积分的等式证明

例 3 设 $f(x)$ 是可积的且以 T 为周期的周期函数. 求证:
$$\int_0^T f(x)\mathrm{d}x = \int_a^{a+T} f(x)\mathrm{d}x \quad (\forall\, a \in \mathbf{R}).$$

证 由题设条件得
$$\int_a^{a+T} f(x)\mathrm{d}x = \int_a^0 f(x)\mathrm{d}x + \int_0^T f(x)\mathrm{d}x + \int_T^{a+T} f(x)\mathrm{d}x$$
$$= -\int_0^a f(x)\mathrm{d}x + \int_0^T f(x)\mathrm{d}x + \int_0^a f(x+T)\mathrm{d}x$$
$$= \int_0^a (f(x+T) - f(x))\mathrm{d}x + \int_0^T f(x)\mathrm{d}x$$
$$= \int_0^T f(x)\mathrm{d}x.$$

提问 本题如下证法对吗?
$$F(a) \xlongequal{\text{定义}} \int_a^{a+T} f(x)\mathrm{d}x, 则$$
$$F'(a) = \left\{\int_0^{a+T} f(x)\mathrm{d}x - \int_0^a f(x)\mathrm{d}x\right\}'$$
$$= f(a+T) - f(a) \equiv 0,$$

因此 $F(a) \equiv C$(常数). 又 $F(0) = \int_0^T f(x)\mathrm{d}x$,所以

$$\int_a^{a+T} f(x)\mathrm{d}x = F(a) \equiv C = \int_0^T f(x)\mathrm{d}x.$$

解答 这证明是错误的.错误的原因在于:本题条件只假定函数 $f(x)$ 是可积的,这未必能保证变上限积分 $\int_0^a f(x)\mathrm{d}x$ 对 a 可导.

例 4 若 $f(x)$ 是连续的且以 T 为周期的周期函数,求证:$f(x)$ 的任一原函数是以 T 为周期的周期函数与线性函数之和.

思路 只要证明 $\int_0^x f(t)\mathrm{d}t = \varphi(x) + kx$,其中 $\varphi(x)$ 是以 T 为周期的周期函数,k 是待定常数. 由 $\varphi(T) = \varphi(0) = 0$,容易确定

$$k = \frac{1}{T}\int_0^T f(t)\mathrm{d}t.$$

证 作辅助函数 $\varphi(x) = \int_0^x f(t)\mathrm{d}t - \frac{x}{T}\int_0^T f(t)\mathrm{d}t$,则有

$$\varphi(x+T) - \varphi(x) = \int_x^{x+T} f(t)\mathrm{d}t - \int_0^T f(t)\mathrm{d}t.$$

再由例 3 可知 $\varphi(x+T) - \varphi(x) \equiv 0$. 从而 $\varphi(x)$ 是以 T 为周期的周期函数,并且

$$\int_0^x f(t)\mathrm{d}t = \varphi(x) + \frac{x}{T}\int_0^T f(t)\mathrm{d}t.$$

由此可见,若 $F(x)$ 是 $f(x)$ 的任一原函数,则根据微积分基本定理,

$$F(x) = \int_0^x f(t)\mathrm{d}t + C = \varphi(x) + \frac{x}{T}\int_0^T f(t)\mathrm{d}t + C,$$

即 $F(x)$ 是周期函数与线性函数之和.

例 5 (1) 设 $f(x), g(x)$ 在 $[a,b]$ 上连续,并满足

$$\begin{aligned} f\left(\frac{a+b}{2} + x\right) &= f\left(\frac{a+b}{2} - x\right)\mathrm{d}x, \\ g\left(\frac{a+b}{2} + x\right) &= -g\left(\frac{a+b}{2} - x\right) \\ &\left(\forall\, x \in \left[0, \frac{b-a}{2}\right]\right). \end{aligned} \quad (3.3)$$

求证:$\int_a^b f(x)\mathrm{d}x = 2\int_0^{\frac{b-a}{2}} f\left(\frac{a+b}{2} + x\right)\mathrm{d}x,\quad \int_a^b g(x)\mathrm{d}x = 0.$

(2) 求 $\int_0^\pi \frac{x}{1+\cos^2 x}\mathrm{d}x$.

解 (1) 由题设条件,有

$$\int_a^b f(x)\mathrm{d}x \xlongequal{x=\frac{a+b}{2}+u} \int_{-\frac{b-a}{2}}^{\frac{b-a}{2}} f\left(\frac{a+b}{2}+u\right)\mathrm{d}u$$

$$= \int_{-\frac{b-a}{2}}^{0} f\left(\frac{a+b}{2}+u\right)\mathrm{d}u + \int_0^{\frac{b-a}{2}} f\left(\frac{a+b}{2}+u\right)\mathrm{d}u$$

$$= \int_0^{\frac{b-a}{2}} f\left(\frac{a+b}{2}-u\right)\mathrm{d}u + \int_0^{\frac{b-a}{2}} f\left(\frac{a+b}{2}+u\right)\mathrm{d}u$$

$$\xlongequal{(3.3)\text{式}} 2\int_0^{\frac{b-a}{2}} f\left(\frac{a+b}{2}+u\right)\mathrm{d}u,$$

$$\int_a^b g(x)\mathrm{d}x \xlongequal{x=\frac{a+b}{2}+u} \int_{-\frac{b-a}{2}}^{\frac{b-a}{2}} g\left(\frac{a+b}{2}+u\right)\mathrm{d}u$$

$$= \int_{-\frac{b-a}{2}}^{0} g\left(\frac{a+b}{2}+u\right)\mathrm{d}u + \int_0^{\frac{b-a}{2}} g\left(\frac{a+b}{2}+u\right)\mathrm{d}u$$

$$= \int_0^{\frac{b-a}{2}} g\left(\frac{a+b}{2}-u\right)\mathrm{d}u + \int_0^{\frac{b-a}{2}} g\left(\frac{a+b}{2}+u\right)\mathrm{d}u$$

$$= \int_0^{\frac{b-a}{2}} \left\{g\left(\frac{a+b}{2}-u\right) + g\left(\frac{a+b}{2}+u\right)\right\}\mathrm{d}u$$

$$\xlongequal{(3.3)} 0.$$

(2) $\int_0^\pi \frac{x}{1+\cos^2 x}\mathrm{d}x = \int_0^\pi \frac{x-\frac{\pi}{2}}{1+\cos^2 x}\mathrm{d}x + \frac{\pi}{2}\int_0^\pi \frac{1}{1+\cos^2 x}\mathrm{d}x$

$$\xlongequal{\text{由}(1)} \pi\int_0^{\frac{\pi}{2}} \frac{1}{1+\cos^2 x}\mathrm{d}x$$

$$= \pi\int_0^{\frac{\pi}{2}} \frac{1}{\cos^2 x(1+\sec^2 x)}\mathrm{d}x$$

$$\xlongequal{u=\tan x} \pi\int_0^\infty \frac{1}{2+u^2}\mathrm{d}u = \frac{\pi^2}{2\sqrt{2}}.$$

例 6 (1) 设 $f(x),g(x)$ 在 $[0,a]$ 上连续,并满足

$$f(x) = f(a-x),$$
$$g(x) + g(a-x) = k \quad (\forall\, x \in [0,a]). \tag{3.4}$$

求证：$\int_0^a f(x)g(x)\mathrm{d}x = \frac{1}{2}k\int_0^a f(x)\mathrm{d}x.$

(2) 求 $\int_0^\pi \dfrac{x\sin x}{1+\cos^2 x}\mathrm{d}x.$

解 (1) 因为
$$I = \int_0^a f(x)g(x)\mathrm{d}x \xrightarrow{u=a-x} \int_0^a f(a-u)g(a-u)\mathrm{d}u$$
$$\xrightarrow{(3.4)} k\int_0^a f(u)\mathrm{d}u - I,$$

所以
$$I = \frac{1}{2}k\int_0^a f(x)\mathrm{d}x.$$

(2) 令 $f(x) = \dfrac{\sin x}{1+\cos^2 x}, g(x) = x$，显然，$f(x), g(x)$ 满足(3.4)式,所以
$$\int_0^\pi \frac{x\sin x}{1+\cos^2 x}\mathrm{d}x = \frac{\pi}{2}\int_0^\pi \frac{\sin x}{1+\cos^2 x}\mathrm{d}x$$
$$\xrightarrow{u=-\cos x} \frac{\pi}{2}\int_{-1}^1 \frac{1}{1+u^2}\mathrm{d}u = \frac{\pi^2}{4}.$$

例7 设 $f(x)$ 在 $[a,b]$ 上连续，求证：
$$\int_a^b f(x)\mathrm{d}x = \int_a^b f(a+b-x)\mathrm{d}x,$$

并由此计算
$$\int_{\frac{\pi}{6}}^{\frac{\pi}{3}} \frac{\cos^2 x}{x(\pi-2x)}\mathrm{d}x.$$

解 令 $t = a+b-x$，则
$$\int_a^b f(x)\mathrm{d}x = \int_a^b f(a+b-t)\mathrm{d}t = \int_a^b f(a+b-x)\mathrm{d}x.$$

对 $a = \dfrac{\pi}{6}, b = \dfrac{\pi}{3}$ 用前一部分结果，有

$$\text{原式} = \int_{\frac{\pi}{6}}^{\frac{\pi}{3}} \frac{\sin^2 x}{x(\pi-2x)}\mathrm{d}x = \frac{1}{2}\int_{\frac{\pi}{6}}^{\frac{\pi}{3}} \frac{1}{x(\pi-2x)}\mathrm{d}x$$
$$= \frac{1}{2\pi}\int_{\frac{\pi}{6}}^{\frac{\pi}{3}}\left[\frac{1}{x} + \frac{2}{\pi-2x}\right]\mathrm{d}x = \frac{1}{2\pi}\ln\frac{x}{\pi-2x}\bigg|_{\frac{\pi}{6}}^{\frac{\pi}{3}} = \frac{1}{\pi}\ln 2.$$

例8 设 $f(x)$ 在 $[a,b]$ 上二阶连续可微，且 $f''(x) > 0$，求证

$$\int_a^b f(x)\mathrm{d}x - \frac{1}{2}(b-a)(f(a)+f(b))\mathrm{d}x$$
$$= \frac{1}{2}\int_a^b f''(x)(x-a)(x-b)\mathrm{d}x. \quad (3.5)$$

证 由分部积分公式,我们有

$$\int_a^b f(x)\mathrm{d}x = \int_a^b f(x)\mathrm{d}(x-a)$$
$$= f(x)(x-a)\Big|_a^b - \int_a^b (x-a)f'(x)\mathrm{d}x, \quad (3.6)$$

$$\int_a^b f(x)\mathrm{d}x = \int_a^b f(x)\mathrm{d}(x-b)$$
$$= f(x)(x-b)\Big|_a^b - \int_a^b (x-b)f'(x)\mathrm{d}x, \quad (3.7)$$

(3.6)与(3.7)式相加除以 2,得

$$\int_a^b f(x)\mathrm{d}x = \frac{1}{2}(b-a)(f(a)+f(b))$$
$$-\frac{1}{2}\int_a^b (x-a+x-b)f'(x)\mathrm{d}x$$
$$= \frac{1}{2}(b-a)(f(a)+f(b))$$
$$-\frac{1}{2}\int_a^b f'(x)\mathrm{d}(x-a)(x-b)$$
$$= \frac{1}{2}(b-a)(f(a)+f(b))$$
$$+\frac{1}{2}\int_a^b f''(x)(x-a)(x-b)\mathrm{d}x. \quad (3.8)$$

评注 (3.5)式给出梯形公式误差的积分表示,也就是

$$\int_a^b f(x)\mathrm{d}x \approx \frac{1}{2}(b-a)(f(a)+f(b))$$

的误差. 注意到 $(x-a)(x-b)<0(x\in(a,b))$,如果 $f''(x)>0$,即 $f(x)$ 是凹函数,那么(3.8)式给出

$$\int_a^b f(x)\mathrm{d}x < \frac{1}{2}(b-a)(f(a)+f(b)).$$

从几何意义上看,这正表明凹弧下的曲边梯形面积,小于它所对的弦

下的梯形面积.

三、含定积分的不等式证明

例 9 设 $f''(x) > 0$ ($\forall x \in [0,1]$),求证 $\int_0^1 f(x^\lambda)\mathrm{d}x \geqslant f\left(\dfrac{1}{\lambda+1}\right)$,其中 λ 为任意正实数.

证法 1 由题设条件,$f(u)$ 在 $[0,1]$ 上是凹函数,从而曲线 $y = f(u)$ 在 $u = \dfrac{1}{\lambda+1}$ 处的切线上方,即有

$$f(u) \geqslant f\left(\dfrac{1}{\lambda+1}\right) + f'\left(\dfrac{1}{\lambda+1}\right)\left(u - \dfrac{1}{\lambda+1}\right) \quad (\forall u \in (0,1)).$$

(3.9)

注意到 $x \in [0,1] \Rightarrow x^\lambda \in [0,1]$,令 $u = x^\lambda$ 并代入 (3.9) 式,我们有

$$f(x^\lambda) \geqslant f\left(\dfrac{1}{\lambda+1}\right) + f'\left(\dfrac{1}{\lambda+1}\right)\left(x^\lambda - \dfrac{1}{\lambda+1}\right) \quad (\forall x \in [0,1]),$$

从而

$$\int_0^1 f(x^\lambda)\mathrm{d}x \geqslant f\left(\dfrac{1}{\lambda+1}\right) + f'\left(\dfrac{1}{\lambda+1}\right)\int_0^1 \left(x^\lambda - \dfrac{1}{\lambda+1}\right)\mathrm{d}x$$

$$= f\left(\dfrac{1}{\lambda+1}\right).$$

证法 2 $f(u)$ 在 $u = \dfrac{1}{\lambda+1}$ 处的二阶泰勒展开式为

$$f(u) = f\left(\dfrac{1}{\lambda+1}\right) + f'\left(\dfrac{1}{\lambda+1}\right)\left(u - \dfrac{1}{\lambda+1}\right)$$

$$+ \dfrac{f''(\xi)}{2!}\left(u - \dfrac{1}{\lambda+1}\right)^2,$$

(3.10)

其中 ξ 在 u 与 $\dfrac{1}{\lambda+1}$ 之间. 注意到 $x \in [0,1] \Rightarrow x^\lambda \in [0,1]$,令 $u = x^\lambda$ 并代入 (3.10) 式,我们有

$$f(x^\lambda) = f\left(\dfrac{1}{\lambda+1}\right) + f'\left(\dfrac{1}{\lambda+1}\right)\left(x^\lambda - \dfrac{1}{\lambda+1}\right)$$

$$+ \dfrac{f''(\xi)}{2!}\left(x^\lambda - \dfrac{1}{\lambda+1}\right)^2,$$

从而

$$\int_0^1 f(x^\lambda)\mathrm{d}x = f\left(\dfrac{1}{\lambda+1}\right) + f'\left(\dfrac{1}{\lambda+1}\right)\int_0^1\left(x^\lambda - \dfrac{1}{\lambda+1}\right)\mathrm{d}x$$

$$+ \int_0^1 \frac{f''(\xi)}{2!}\left(x^\lambda - \frac{1}{\lambda+1}\right)^2 \mathrm{d}x$$

$$\geq f\left(\frac{1}{\lambda+1}\right) + f'\left(\frac{1}{\lambda+1}\right)\int_0^1\left(x^\lambda - \frac{1}{\lambda+1}\right)\mathrm{d}x$$

$$= f\left(\frac{1}{\lambda+1}\right).$$

例 10 设 $f(x)$ 在 $[a,b]$ 上连续且单调增加,求证:

$$\int_a^b xf(x)\mathrm{d}x \geq \frac{a+b}{2}\int_a^b f(x)\mathrm{d}x.$$

证法 1 因为 $f(x)$ 单调增加,所以

$$\left(x - \frac{a+b}{2}\right)\left(f(x) - f\left(\frac{a+b}{2}\right)\right) \geq 0,$$

$$\int_a^b\left(x - \frac{a+b}{2}\right)\left(f(x) - f\left(\frac{a+b}{2}\right)\right)\mathrm{d}x \geq 0. \quad (3.11)$$

又

$$\int_a^b\left(x - \frac{a+b}{2}\right)f\left(\frac{a+b}{2}\right)\mathrm{d}x$$

$$\xrightarrow{t=\frac{a+b}{2}-x} f\left(\frac{a+b}{2}\right)\int_{\frac{b-a}{2}}^{-\frac{b-a}{2}} t\mathrm{d}t = 0. \quad (3.12)$$

联立 (3.11) 与 (3.12) 式, 解得 $\int_a^b\left(x-\frac{a+b}{2}\right)f(x)\mathrm{d}x \geq 0$, 即本题得证.

证法 2 用积分第一中值定理.

$$\int_a^b\left(x - \frac{a+b}{2}\right)f(x)\mathrm{d}x$$

$$= \int_0^{\frac{a+b}{2}}\left(x - \frac{a+b}{2}\right)f(x)\mathrm{d}x + \int_{\frac{a+b}{2}}^b\left(x - \frac{a+b}{2}\right)f(x)\mathrm{d}x$$

$$= f(\xi_1)\int_a^{\frac{a+b}{2}}\left(x - \frac{a+b}{2}\right)\mathrm{d}x + f(\xi_2)\int_{\frac{a+b}{2}}^b\left(x - \frac{a+b}{2}\right)\mathrm{d}x$$

$$\left(a \leq \xi_1 \leq \frac{a+b}{2} \leq \xi_2 \leq b\right)$$

$$= -f(\xi_1)\frac{(b-a)^2}{2} + f(\xi_2)\frac{(b-a)^2}{2}$$

$$= \frac{(b-a)^2}{2}(f(\xi_2) - f(\xi_1)) \geqslant 0 \quad (因为 f(x)\uparrow).$$

评注 积分第一中值定理的条件要求被积函数中至少有一个因子在积分区间上是不变号的,本证法中,对只有一个变号点的因子 $x - \frac{a+b}{2}$,通过分段使得在每一段区间中都是不变号的,以便应用积分第一中值定理.这种"分段"处理问题的技巧是常用的.

证法3 用积分第二中值定理.因为 $f(x)$ 单调增加,所以 $\exists \xi \in [a,b]$,使得

$$\int_a^b \left(x - \frac{a+b}{2}\right) f(x) \mathrm{d}x$$

$$= f(a) \int_a^\xi \left(x - \frac{a+b}{2}\right) \mathrm{d}x + f(b) \int_\xi^b \left(x - \frac{a+b}{2}\right) \mathrm{d}x$$

$$= f(a) \int_a^b \left(x - \frac{a+b}{2}\right) \mathrm{d}x + (f(b) - f(a)) \int_\xi^b \left(x - \frac{a+b}{2}\right) \mathrm{d}x$$

$$= 0 + (f(b) - f(a)) \left[\frac{b^2 - \xi^2}{2} - \frac{a+b}{2}(b - \xi)\right]$$

$$= (f(b) - f(a)) \frac{b - \xi}{2}(\xi - a) \geqslant 0.$$

证法4 用变上限定积分.令

$$F(x) \xrightarrow{定义} \int_a^x t f(t) \mathrm{d}t - \frac{a+x}{2} \int_a^x f(t) \mathrm{d}t.$$

则 $F(a) = 0$,且对 $\forall x \in (a,b]$,有

$$F'(x) = x f(x) - \frac{1}{2} \int_a^x f(t) \mathrm{d}t - \frac{a+x}{2} f(x)$$

$$= \frac{x-a}{2} f(x) - \frac{1}{2} \int_a^x f(t) \mathrm{d}t$$

$$= \frac{1}{2} \int_a^x [f(x) - f(t)] \mathrm{d}t \stackrel{因为f(x)\uparrow}{\geqslant} 0.$$

由此可见 $F(x)$ 单调递增,从而 $F(b) \geqslant F(a) = 0$,即得

$$\int_a^b x f(x) \mathrm{d}x - \frac{a+b}{2} \int_a^b f(x) \mathrm{d}x = F(b) \geqslant 0.$$

证法5 因为 $f(x)$ 单调增加,所以对 $\forall t, x \in [a,b]$,有

$$(t-x)(f(t)-f(x)) \geqslant 0. \qquad (3.13)$$

在(3.13)式中固定住 x,对 t 从 a 到 b 积分,得

$$\int_a^b tf(t)\mathrm{d}t - x\int_a^b f(t)\mathrm{d}t + xf(x)(b-a) - f(x) \cdot \frac{b^2-a^2}{2} \geqslant 0.$$

再对 x 从 a 到 b 积分,得

$$(b-a)\int_a^b tf(t)\mathrm{d}t - \frac{b^2-a^2}{2}\int_a^b f(t)\mathrm{d}t + (b-a)\int_a^b xf(x)\mathrm{d}x$$
$$- \frac{b^2-a^2}{2}\int_a^b f(t)\mathrm{d}t \geqslant 0.$$

改写积分变量 t 为 x,化简即得 $\int_a^b xf(x)\mathrm{d}x \geqslant \frac{a+b}{2}\int_a^b f(x)\mathrm{d}x$.

评注 本题的物理意义是:如果曲线 $y=f(x)$ 单调增加,那么密度均匀的曲边梯形

$$\{(x,y) | a \leqslant x \leqslant b; 0 \leqslant y \leqslant f(x)\}$$

的重心不可能落在直线 $x=\frac{a+b}{2}$ 的左边.

例 11 设 $f(x)$ 在 $[0,1]$ 上连续可导,且 $f(0)=0, f(1)=1$,求证:

$$\int_0^1 |f(x) - f'(x)| \geqslant \mathrm{e}^{-1}. \qquad (3.14)$$

证 设 $v(x)$ 满足

$$v'(x) = -v(x), \quad v(x) > 0 \quad (x \in (0,1)). \qquad (3.15)$$

显然 $v(x) \xlongequal{\text{定义}} \mathrm{e}^{-x}$ 满足(3.15)式. 于是

$$|f(x) - f'(x)| = \frac{|v(x)f(x) - v(x)f'(x)|}{v(x)}$$
$$= \frac{|(v(x)f(x))'|}{v(x)} = \mathrm{e}^x |(\mathrm{e}^{-x}f(x))'|$$
$$\geqslant |(\mathrm{e}^{-x}f(x))'| \geqslant (\mathrm{e}^{-x}f(x))'$$
$$(\forall x \in (0,1)).$$

所以

$$\int_0^1 |f(x) - f'(x)|\mathrm{d}x \geqslant \int_0^1 (\mathrm{e}^{-x}f(x))'\mathrm{d}x = \mathrm{e}^{-x}f(x)\Big|_0^1 = \mathrm{e}^{-1}.$$

例 12 设函数 $f(x)$ 二阶可微,求证:存在 $\xi \in (a,b)$,使得

$$\left|\int_a^b f(x)\mathrm{d}x - (b-a)f\left(\frac{a+b}{2}\right)\right| \leqslant \frac{M_2}{24}(b-a)^3, \qquad (3.16)$$

其中 $M_2 = \max\limits_{x \in [a,b]} |f''(x)|$.

证 记 $c = \dfrac{a+b}{2}$,将 $f(x)$ 在 $x=c$ 处按泰勒公式展开,

$$f(x) = f(c) + f'(c)(x-c) + f''(\eta)\dfrac{(x-c)^2}{2}, \quad (3.17)$$

其中 η 在 c 与 x 之间. 在(3.17)式两边对 x 在 $[a,b]$ 上积分,注意到(3.17)式右边第二项的积分为零,我们有

$$\left|\int_a^b f(x)\mathrm{d}x - (b-a)f\left(\dfrac{a+b}{2}\right)\right| = \left|\int_a^b f''(\eta)\dfrac{(x-c)^2}{2}\mathrm{d}x\right|$$

$$\leqslant M_2 \int_a^b \dfrac{(x-c)^2}{2}\mathrm{d}x = \dfrac{M_2}{24}(b-a)^3,$$

即(3.16)式成立.

例 13 设 $f(x)$ 在 $[0,1]$ 上有连续的一阶导数,且 $f(x) \geqslant 0$,$f'(x) \leqslant 0$. 若 $F(x) \xlongequal{\text{定义}} \int_0^x f(t)\mathrm{d}t$,求证:对任意的 $x \in (0,1)$,都有

$$xF(1) \leqslant F(x) \leqslant 2\int_0^1 F(t)\mathrm{d}t.$$

第一个不等式的证明

证法 1 注意到 $F''(x) = f'(x) \leqslant 0$,可知 $F(x)$ 是单调增加的凸函数. 根据凸函数曲线在所对弦的上方(参考图 3.2),对任意的 $x \in (0,1)$,因为弦上的高度 $AB \leqslant$ 曲线上的高度 AC,又

$$AC = F(x), \quad \dfrac{AB}{F(1)} = \dfrac{x}{1} \Rightarrow AB = xF(1),$$

所以 $xF(1) \leqslant F(x)$.

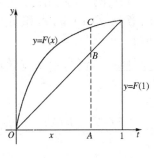

图 3.2

证法2 令 $g(x)=F(x)-xF(1)$，则 $g(0)=g(1)=0$. 由积分中值定理，$\exists\,\xi\in(0,1)$，使得 $g'(x)=f(x)-F(1)=f(x)-f(\xi)$，于是

$$g'(x)=f(x)-f(\xi)\begin{cases}\geqslant 0(0<x\leqslant\xi)\Rightarrow g(x)\uparrow(0<x\leqslant\xi)\\ \qquad\qquad\qquad\quad\Rightarrow g(x)\geqslant g(0)=0,\\ \leqslant 0(\xi\leqslant x<1)\Rightarrow g(x)\downarrow(\xi\leqslant x<1)\\ \qquad\qquad\qquad\quad\Rightarrow g(x)\geqslant g(1)=0,\end{cases}$$

从而 $xF(1)\leqslant F(x)$.

证法3 用积分中值定理. 对 $\forall\,x\in(0,1)$，

$$\begin{aligned}F(x)-xF(1)&=F(x)-x\int_0^x f(t)\mathrm{d}t-x\int_x^1 f(t)\mathrm{d}t\\ &=(1-x)\int_0^x f(t)\mathrm{d}t-x\int_x^1 f(t)\mathrm{d}t\\ &\quad(\exists\,\xi_1\in(0,x),\exists\,\xi_2\in(x,1))\\ &=x(1-x)(f(\xi_1)-f(\xi_2))\geqslant 0\\ &\quad(\text{因为}\,f'(x)\leqslant 0\Rightarrow f(x)\downarrow),\end{aligned}$$

即得 $F(x)\geqslant xF(1)$.

证法4 作辅助函数 $G(x)=\int_0^x f(t)\mathrm{d}t-x\int_0^1 f(t)\mathrm{d}t$，则 $G(0)=G(1)=0$. 又 $G''(x)=f'(x)\leqslant 0$. 这意味着，$G(x)$ 是凸函数. 根据凸函数曲线在所对弦的上方，现在曲线 $G(x)$ 所对的弦就是 x 轴上的线段 $[0,1]$，即得 $G(x)\geqslant 0\,(\forall\,x\in[0,1])$.

证法5 令 $G(x)=\begin{cases}\dfrac{F(x)}{x}&(x>0),\\ f'(0)&(x=0),\end{cases}$ 则 $G(x)$ 在 $[0,1]$ 上连续，在 $(0,1)$ 内可导. 且注意到 $f(x)\downarrow$，由积分中值定理，对 $\forall\,x\in(0,1)$，$\exists\,\xi\in(0,x)$，使得

$$G'(x)=\frac{xf(x)-xf(\xi)}{x^2}=\frac{x(f(x)-f(\xi))}{x^2}\leqslant 0\Rightarrow G(x)\downarrow,$$

即得

$$G(1)\leqslant G(x)\Rightarrow\frac{F(1)}{1}\leqslant\frac{F(x)}{x}\Rightarrow xF(1)\leqslant F(x).$$

证法6 作变量替换 $u=\dfrac{t}{x}$，则 $F(x)=x\int_0^1 f(ux)\mathrm{d}u$. 因此，只要

证

$$x\int_0^1 f(ux)\mathrm{d}u \geqslant x\int_0^1 f(u)\mathrm{d}u \quad (\forall\ x\in(0,1)).$$

事实上,因为
$$f'(x)\leqslant 0 \Longrightarrow f(x)\downarrow \Longrightarrow f(ux)\geqslant f(u) \quad (\forall\ x\in(0,1)),$$
所以
$$x\int_0^1 f(ux)\mathrm{d}u - x\int_0^1 f(u)\mathrm{d}u = x\int_0^1 [f(ux)-f(u)]\geqslant 0.$$
即得结论.

第二个不等式的证明

证法 1 曲边梯形面积 $\int_0^1 F(t)\mathrm{d}t \geqslant$ 弦下方的梯形面积,即
$$\int_0^1 F(t)\mathrm{d}t \geqslant \frac{1}{2}(F(0)+F(1)) \xrightarrow{\text{因为 } F(0)=0} \frac{1}{2}F(1)\geqslant \frac{1}{2}F(x).$$

证法 2 利用第一个不等式,两边从 0 到 1 积分,得
$$2\int_0^1 F(x)\mathrm{d}x \geqslant 2F(1)\int_0^1 x\mathrm{d}x = 2F(1)\left(\frac{1}{2}x^2\bigg|_0^1\right) = F(1).$$
又
$$F'(x)=f(x)>0 \Longrightarrow F(x)\uparrow \Longrightarrow F(x)\leqslant F(1)\leqslant 2\int_0^1 F(t)\mathrm{d}t.$$

证法 3 用分部积分法.
$$\int_0^1 F(t)\mathrm{d}t = tF(t)\bigg|_0^1 - \int_0^1 tf(t)\mathrm{d}t = F(1) - \int_0^1 tf(t)\mathrm{d}t,$$
$$\int_0^1 F(t)\mathrm{d}t = \int_0^1 F(t)\mathrm{d}(t-1)$$
$$= (t-1)F(t)\bigg|_0^1 - \int_0^1 (t-1)f(t)\mathrm{d}t$$
$$= -\int_0^1 (t-1)f(t)\mathrm{d}t.$$

将以上两式相加,得到
$$2\int_0^1 F(t)\mathrm{d}t = F(1) - \int_0^1 (2t-1)f(t)\mathrm{d}t$$
$$= F(1) - \int_0^1 f(t)\mathrm{d}[t(t-1)]$$

$$= F(1) - \int_0^1 t(t-1)f'(t)\mathrm{d}t$$

$$= F(1) + \int_0^1 t(1-t)f'(t)\mathrm{d}t$$

$$\geqslant F(1) \geqslant F(x) \ (因为 F(x)\uparrow).$$

证法 4 将第二个不等式改写为 $F(x) - \int_0^1 F(t)\mathrm{d}t \leqslant \int_0^1 F(t)\mathrm{d}t$. 用分部积分法.

$$\text{不等式左端} = F(x) - \int_0^1 F(t)\mathrm{d}t$$

$$= F(x) - tF(t)\Big|_0^1 + \int_0^1 tf(t)\mathrm{d}t$$

$$= F(x) - F(1) + \int_0^1 tf(t)\mathrm{d}t$$

$$\leqslant \int_0^1 tf(t)\mathrm{d}t$$

(因为 $F'(x) = f(x) \geqslant 0 \Rightarrow F(x)\uparrow \Rightarrow F(x) \leqslant F(1)$).
现在为了证明不等式左端 $\leqslant$ 右端,只要证明 $tf(t) \leqslant F(t)$. 事实上,令 $g(t) = tf(t) - F(t)$,则

$$g'(t) = f(t) + tf'(t) - f(t) = tf'(t) \leqslant 0 \Rightarrow g(t)\downarrow,$$

从而 $g(t) \leqslant g(0) = 0 \Rightarrow tf(t) \leqslant F(t)$,即得结论.

例 14 设 $f'(x)$ 在 $[0,1]$ 上连续,求证:

$$\int_0^1 |f(x)|\mathrm{d}x \leqslant \max\left\{\int_0^1 |f'(x)|\mathrm{d}x, \left|\int_0^1 f(x)\mathrm{d}x\right|\right\}.$$

证 分两种情况讨论. (1) 如果 $f(x)$ 在 $[0,1]$ 上不变号,则

$$\int_0^1 |f(x)|\mathrm{d}x = \left|\int_0^1 f(x)\mathrm{d}x\right|$$

$$\leqslant \max\left\{\int_0^1 |f'(x)|\mathrm{d}x, \left|\int_0^1 f(x)\mathrm{d}x\right|\right\},$$

即要证的不等式成立.

(2) 如果 $f(x)$ 在 $[0,1]$ 上变号,则存在 $x_0 \in (0,1)$,使得

$$f(x_0) = 0.$$

又因为 $f(x)$ 在 $[0,1]$ 上连续,存在 $x_M \in (0,1)$,使得

$$f(x_M) = \max_{x \in (0,1)} |f(x)| > 0,$$

故有

$$\int_0^1 |f(x)| dx \leqslant \max_{x \in (0,1)} |f(x)| = |f(x_M) - f(x_0)|$$

（用微积分基本定理）

$$= \left| \int_{x_0}^{x_M} f'(x) dx \right| \leqslant \int_0^1 |f'(x)| dx$$

$$\leqslant \max \left\{ \int_0^1 |f'(x)| dx, \left| \int_0^1 f(x) dx \right| \right\},$$

即要证的不等式成立.

例 15 设 $f(x)$ 在 $[0,1]$ 上二阶连续可导，$f(0)=f(1)=0$，并且 $f(x) \neq 0$ ($\forall\, x \in (0,1)$). 求证：

$$\int_0^1 \left| \frac{f''(x)}{f(x)} \right| dx > 4. \tag{3.18}$$

证法 1 因为 $f(x) \neq 0$ ($\forall \in (0,1)$)，所以 $f(x)$ 在 $(0,1)$ 内同号，不妨设 $f(x) > 0$. 又 $f(x)$ 在 $[0,1]$ 上连续，故存在 $x_0 \in (0,1)$，使得 $f(x_0) = \max_{x \in [0,1]} f(x) > 0$，从而

$$\int_0^1 \left| \frac{f''(x)}{f(x)} \right| dx > \frac{1}{f(x_0)} \int_0^1 |f''(x)| dx. \tag{3.19}$$

又由微分中值定理，分别存在 $\alpha \in (0, x_0)$，$\beta \in (x_0, 1)$，使得

$$f'(\alpha) = \frac{f(x_0)}{x_0}, \quad f'(\beta) = -\frac{f(x_0)}{1 - x_0}. \tag{3.20}$$

因此，根据微积分基本定理，有

$$\int_0^1 |f''(x)| dx \leqslant \int_\alpha^\beta |f''(x)| dx \geqslant \left| \int_\alpha^\beta f''(x) dx \right|$$

$$= |f'(\beta) - f'(\alpha)| = \frac{f(x_0)}{x_0 (1 - x_0)}$$

$$\geqslant 4 f(x_0), \tag{3.21}$$

其中最后一个不等式是由于

$$\sqrt{x_0 (1 - x_0)} \leqslant \frac{x_0 + (1 - x_0)}{2} = \frac{1}{2} \Rightarrow x_0 (1 - x_0) \leqslant \frac{1}{4}.$$

联合 (3.20)，(3.21) 与 (3.18) 式，即得结论.

证法 2 证法 1 中的 x_0 是 $f(x)$ 的极大值点,故有 $f'(x_0)=0$. 根据牛顿-莱布尼茨公式与积分中值定理,对 $\forall\, x\in(0,x_0]$,有

$$|f(x)|=|f(x)-f(0)|\xrightarrow{\text{由牛-莱公式}}\left|\int_0^x f'(t)\mathrm{d}t\right|$$

$$\leqslant \int_0^x |f'(t)|\mathrm{d}t \leqslant \int_0^{x_0}|f'(t)|\mathrm{d}t$$

$$\xrightarrow{\text{由积分中值定理}} x_0|f'(\xi)| \quad (\xi\in[0,x_0]) \tag{3.22}$$

及

$$|f'(\xi)|=|f'(\xi)-f'(x_0)|$$

$$\xrightarrow{\text{由牛-莱公式}}\left|\int_\xi^{x_0} f''(t)\mathrm{d}t\right|$$

$$\leqslant \int_0^{x_0}|f''(t)|\mathrm{d}t. \tag{3.23}$$

联合(3.22)与(3.23)式,特别当 $x=x_0$ 时,有

$$|f(x_0)|\leqslant x_0\int_0^{x_0}|f''(x)|\mathrm{d}x. \tag{3.24}$$

同理,对 $\forall\, x\in[x_0,1]$,有

$$|f(x)|\leqslant \int_x^1 |f'(t)|\mathrm{d}t \leqslant \int_{x_0}^1 |f'(t)|\mathrm{d}t$$

$$=(1-x_0)|f'(\eta)| \quad (\eta\in(x_0,1)),$$

$$|f'(\eta)|=|f'(\eta)-f'(x_0)|\leqslant \int_{x_0}^{\eta} f''(t)\mathrm{d}t \leqslant \int_{x_0}^1 |f''(t)|\mathrm{d}t.$$

联合上面两式,特别当 $x=x_0$ 时,有

$$|f(x_0)|\leqslant (1-x_0)\int_{x_0}^1 |f''(x)|\mathrm{d}x. \tag{3.25}$$

联合(3.19),(3.24),(3.25)式,有

$$\int_0^1\left|\frac{f''(x)}{f(x)}\right|\mathrm{d}x > \frac{1}{|f(x_0)|}\int_0^1 |f''(x)|\mathrm{d}x$$

$$=\frac{1}{|f(x_0)|}\left\{\int_0^{x_0}|f''(x)|\mathrm{d}x+\int_{x_0}^1 |f''(x)|\mathrm{d}x\right\}$$

$$=\frac{1}{|f(x_0)|}\left\{\frac{|f(x_0)|}{x_0}+\frac{|f(x_0)|}{1-x_0}\right\}=\frac{1}{x_0}+\frac{1}{1-x_0}$$

$$= \frac{1}{x_0(1-x_0)} \geqslant 4.$$

例 16 设 $f(x) \geqslant 0$ 在 $[0,1]$ 上连续,且单调下降,$0 < \alpha < \beta < 1$. 求证:

$$\int_0^\alpha f(x)\mathrm{d}x \geqslant \frac{\alpha}{\beta}\int_\alpha^\beta f(x)\mathrm{d}x. \tag{3.26}$$

解 由积分中值定理,存在 $\xi \in [0,\alpha]$,使得

$$\frac{1}{\alpha}\int_0^\alpha f(x)\mathrm{d}x = f(\xi),$$

存在 $\eta \in [\alpha,\beta]$,使得

$$\frac{1}{\beta-\alpha}\int_\alpha^\beta f(x)\mathrm{d}x = f(\eta).$$

注意到 $f(x)$ 单调下降,因此 $\xi \leqslant \eta \Longrightarrow f(\xi) \geqslant f(\eta)$,即

$$\frac{1}{\alpha}\int_0^\alpha f(x)\mathrm{d}x \geqslant \frac{1}{\beta-\alpha}\int_\alpha^\beta f(x)\mathrm{d}x.$$

又因为 $\alpha > 0$,所以

$$\int_0^\alpha f(x)\mathrm{d}x \geqslant \frac{\alpha}{\beta-\alpha}\int_\alpha^\beta f(x)\mathrm{d}x \geqslant \frac{\alpha}{\beta}\int_\alpha^\beta f(x)\mathrm{d}x.$$

例 17 设 $a > 0$,$f'(x)$ 在 $[0,a]$ 上连续,求证:

$$|f(0)| \leqslant \frac{1}{a}\int_0^a |f(x)|\mathrm{d}x + \int_0^a |f'(x)|\mathrm{d}x.$$

证 根据积分中值定理,存在 $\xi \in [0,a]$,使得

$$|f(\xi)| = \frac{1}{a}\int_0^a |f(x)|\mathrm{d}x. \tag{3.27}$$

又由牛顿-莱布尼茨公式,有

$$f(\xi) - f(0) = \int_0^\xi f'(x)\mathrm{d}x$$

$$\Longrightarrow |f(0)| \leqslant |f(\xi)| + \left|\int_0^\xi f'(x)\mathrm{d}x\right|. \tag{3.28}$$

联立(3.27)与(3.28)式,解得

$$|f(0)| \leqslant |f(\xi)| + \left|\int_0^\xi f'(x)\mathrm{d}x\right|$$

$$\leqslant \frac{1}{a}\int_0^a |f(x)|\mathrm{d}x + \int_0^a |f'(x)|\mathrm{d}x.$$

例 18 设 $f(x)$ 是在 $(-\infty,+\infty)$ 上的周期函数,周期为 T,并满足:

(1) $|f(x)-f(y)|\leqslant L|x-y|$ ($\forall\ x,y\in(-\infty,+\infty)$),其中 L 为常数;

(2) $\int_0^T f(x)\mathrm{d}x=0.$

求证:$\max\limits_{x\in[0,T]}|f(x)|\leqslant\dfrac{1}{2}LT.$

证 由条件(1)成立推出 $f(x)$ 连续,进而知存在 $x_M\in[0,T]$,使得
$$f(x_M)=\max_{x\in[0,T]}|f(x)|;$$
又由条件(2)及积分中值定理可知,存在 $x_0\in(0,T)$,使得
$$f(x_0)=\frac{1}{T}\int_0^T f(x)\mathrm{d}x\xrightarrow{\text{条件}(2)}0.$$

以下分三种情况讨论:

(1) 当 $x_M=x_0$ 时,
$$f(x_M)=f(x_0)=0\Longrightarrow\max_{x\in[0,T]}|f(x)|=0,$$
显然要证的不等式成立.

(2) 当 $x_M>x_0$ 时,这时由 $f(x)$ 的周期性,有
$$\begin{aligned}2|f(x_0)-f(x_M)|&=|f(x_0)-f(x_M)|\\&\quad+|f(x_0+T)-f(x_M)|\\&\leqslant L(x_M-x_0)+L(x_0+T-x_M)\\&=LT,\end{aligned}$$
即要证的不等式成立.

(3) 当 $x_M<x_0$ 时,这时还由 $f(x)$ 的周期性,有
$$\begin{aligned}2|f(x_0)-f(x_M)|&=|f(x_M)-f(x_0)|\\&\quad+|f(x_M+T)-f(x_0)|\\&\leqslant L(x_0-x_M)+L(x_M+T-x_0)\\&=LT,\end{aligned}$$

即要证的不等式也成立.

例 19 设 $f(x)$ 在 $[0,1]$ 上可微,且 $0<f'(x)<1$ ($\forall\ x\in$

$(0,1))$, $f(0)=0$. 求证:
$$\left(\int_0^1 f(x)\mathrm{d}x\right)^2 > \int_0^1 f^3(x)\mathrm{d}x. \tag{3.29}$$

证法 1 问题就是要证明
$$\frac{\left(\int_0^1 f(x)\mathrm{d}x\right)^2}{\int_0^1 f^3(x)\mathrm{d}x} > 1. \tag{3.30}$$

作辅助函数
$$F(x) = \left(\int_0^x f(t)\mathrm{d}t\right)^2, \quad G(x) = \int_0^x f^3(t)\mathrm{d}t,$$

则根据柯西中值定理可知(3.30)式左端

$$\frac{\left(\int_0^1 f(x)\mathrm{d}x\right)^2}{\int_0^1 f^3(x)\mathrm{d}x} = \frac{F(1)-F(0)}{G(1)-G(0)} = \frac{F'(\xi)}{G'(\xi)}$$

$$= \frac{2f(\xi)\int_0^\xi f(t)\mathrm{d}t}{f^3(\xi)} = \frac{2\int_0^\xi f(t)\mathrm{d}t}{f^2(\xi)} \ (0<\xi<1)$$

$$= \frac{2\int_0^\xi f(t)\mathrm{d}t - 2\int_0^0 f(t)\mathrm{d}t}{f^2(\xi)-f^2(0)} = \frac{2f(\eta)}{2f(\eta)f'(\eta)}$$

$$= \frac{1}{f'(\eta)} > 1 \ (0<\eta<\xi<1).$$

证法 2 问题就是要证明
$$\left(\int_0^1 f(x)\mathrm{d}x\right)^2 - \int_0^1 f^3(x)\mathrm{d}x > 0. \tag{3.31}$$

作辅助函数
$$F(x) = \left(\int_0^x f(t)\mathrm{d}t\right)^2 - \int_0^x f^3(t)\mathrm{d}t,$$

因为 $F(0)=0$，所以只要证明 $F'(x)>0$ ($\forall\ x\in(0,1)$). 事实上,
$$F'(x) = 2f(x)\int_0^x f(t)\mathrm{d}t - f^3(x)$$
$$= f(x)\left[2\int_0^x f(t)\mathrm{d}t - f^2(x)\right]. \tag{3.32}$$

因为 $f(0)=0, 0<f'(x)<1\ (\forall\ x\in(0,1))$，所以 $f(x)>0\ (\forall\ x\in(0,1))$.

由此可见，只要再证明(3.32)式中方括弧内的函数大于零，即有 $F'(x)>0$. 事实上，记

$$g(x)=2\int_0^x f(t)\mathrm{d}t-f^2(x),$$

因为 $g(0)=0$，所以

$$g'(x)=2f(x)-2f(x)\cdot f'(x)=2f(x)[1-f'(x)]>0$$
$$(\forall\ x\in(0,1)),$$

即得 $g(x)>0$，也就是(3.32)式中方括弧内的函数大于零.

四、含定积分的中值命题

例 20 设 $f(x)\geqslant 0$ 在 $[0,1]$ 上连续，$f(1)=0$. 求证：存在 $\xi\in(0,1)$，使得

$$f(\xi)=\int_0^\xi f(x)\mathrm{d}x. \tag{3.33}$$

证 (1) 如果 $f(x)\equiv 0$，则(3.33)式显然成立.

(2) 如果 $f(x)\not\equiv 0$，则

$$M=\max_{x\in[0,1]}f(x)>0，\quad 且\quad \int_0^1 f(x)\mathrm{d}x>0.$$

令 $F(x)=f(x)-\int_0^x f(t)\mathrm{d}t$，则

$$F(1)=f(1)-\int_0^1 f(t)\mathrm{d}t<0. \tag{3.34}$$

设 $x_M\in[0,1)$，使得 $f(x_M)=M$，则

$$F(x_M)=M-\int_0^{x_M}f(t)\mathrm{d}t\begin{cases}=M>0, & x_M=0,\\ \geqslant(1-x_M)M>0, & x_M>0.\end{cases}$$
$$\tag{3.35}$$

联合(3.34)与(3.35)式，根据连续函数的中间值定理可知存在 $\xi\in(x_M,1)$，使得 $F'(\xi)=0$，即(3.33)式成立.

例 21 设 $f(x)$ 在 $[a,b]$ 上连续、不恒等于常数，且

$$f(a)=\min_{a\leqslant t\leqslant b}f(t)=f(b).$$

求证：$\exists\ \xi\in(a,b)$，使得

$$\int_a^\xi f(x)\mathrm{d}x = (\xi - a)f(\xi).$$

证 对 $\forall\, t \in (a,b)$,令
$$F(t) = (t - a)f(t) - \int_a^t f(x)\mathrm{d}x.$$
为了证明本题,只要证明 $\exists\, \xi \in (a,b)$,使得 $F(\xi) = 0$. 因为 $f(x)$ 在 $[a,b]$ 上连续、不恒等于常数,且 $f(a) = \min\limits_{a \leqslant t \leqslant b} f(t) = f(b)$,所以 $\exists\, t_0 \in (a,b)$,使得
$$f(t_0) = \max\limits_{a \leqslant t \leqslant b} f(t).$$
于是,我们有
$$F(t_0) = (t_0 - a)f(t_0) - \int_a^{t_0} f(x)\mathrm{d}x$$
$$> (t_0 - a)f(t_0) - \int_a^{t_0} f(t_0)\mathrm{d}x = 0;$$
$$F(b) = (b - a)f(b) - \int_a^b f(x)\mathrm{d}x$$
$$< (b - a)f(b) - \int_a^b f(b)\mathrm{d}x = 0,$$
从而 $F(b) < 0 < F(t_0)$. 根据连续函数的中间值定理,有
$$\exists\, \xi \in (t_0, b) \subset (a,b) \quad 使得 \quad F(\xi) = 0,$$
即得 $\int_a^\xi f(x)\mathrm{d}x = (\xi - a)f(\xi)$.

例 22 设函数 $f(x)$ 在 $[0,\pi]$ 上连续,且
$$\int_0^\pi f(x)\mathrm{d}x = 0, \quad \int_0^\pi f(x)\cos x\mathrm{d}x = 0.$$
求证:在 $(0,\pi)$ 内至少存在两个不同的点 ξ_1, ξ_2,使
$$f(\xi_1) = f(\xi_2) = 0.$$

证 令 $F(x) = \int_0^x f(t)\mathrm{d}t\ (x \in [0,\pi])$,则有 $F(0) = F(\pi) = 0$. 又因为
$$0 = \int_0^\pi f(x)\cos x\mathrm{d}x = \int_0^\pi \cos x\mathrm{d}F(x)$$
$$= F(x)\cos x\Big|_0^\pi + \int_0^\pi F(x)\sin x\mathrm{d}x$$

$$= \int_0^\pi F(x)\sin x dx,$$

所以存在 $\xi \in (0,\pi)$,使得 $F(\xi)\sin\xi = 0$.因若不然,则在 $(0,\pi)$ 内或 $F(x)\sin x$ 恒为正,或 $F(x)\sin x$ 恒为负,都与 $\int_0^\pi F(x)\sin x dx = 0$ 矛盾.又当 $\xi \in (0,\pi)$ 时,$\sin\xi \neq 0$,故 $F(\xi) = 0$.于是 $F(x)$ 在 $[0,\pi]$ 上有三个不同零点,$0 < \xi < \pi$.再用罗尔定理,则存在 $\xi_1 \in (0,\xi), \xi_2 \in (\xi,\pi)$,使得 $F'(\xi_1) = 0, F'(\xi_2) = 0$,即 $f(\xi_1) = 0, f(\xi_2) = 0$.

例 23 设 $f(x)$ 在 $[0,1]$ 上连续,$f(x) > 0$.求证:

(1) 存在惟一的 $a \in (0,1)$,使得 $\int_0^a f(t)dt = \int_a^1 \frac{1}{f(t)}dt$.

(2) 对任意的自然数 n,存在惟一的 $x_n \in (0,1)$,使得

$$\int_{\frac{1}{n}}^{x_n} f(t)dt = \int_{x_n}^1 \frac{1}{f(t)}dt \quad 且 \quad \lim_{n\to\infty} x_n = a.$$

解 (1) 令 $F(x) = \int_0^x f(t)dt - \int_x^1 \frac{1}{f(t)}dt$,则

$$F(0) = -\int_0^1 \frac{1}{f(t)}dt < 0, \quad F(1) = \int_0^1 f(t)dt > 0.$$

根据连续函数中间值定理,存在 $a \in (0,1)$,使得 $F(a) = 0$.又 $F'(x) = f(x) + \frac{1}{f(x)} > 0 \Rightarrow$ 函数 $F(x)$ 在 $[0,1]$ 上严格 ↑ $\Rightarrow$ 上述的 a 惟一.

(2) 令 $F_n(x) = \int_{\frac{1}{n}}^x f(t)dt - \int_x^1 \frac{1}{f(t)}dt$.则

$$F_n\left(\frac{1}{n}\right) = -\int_{\frac{1}{n}}^1 \frac{1}{f(t)}dt < 0, \quad F_n(1) = \int_{\frac{1}{n}}^1 f(t)dt > 0.$$

根据连续函数中间值定理,存在 $x_n \in \left(\frac{1}{n}, 1\right)$,使得 $F_n(x_n) = 0$.又对任意的自然数 n,$F_n'(x) = f(x) + \frac{1}{f(x)} > 0 \Rightarrow$ 函数 $F_n(x)$ 在 $[0,1]$ 上严格 ↑ $\Rightarrow$ 上述的 x_n 惟一.

注意到对任意的自然数 n,

$$F_{n+1}(x) - F_n(x) = \int_{\frac{1}{n+1}}^{\frac{1}{n}} f(t)dt > 0 \ (\forall \ x \in (0,1))$$

$$\Rightarrow F_n(x) \text{ 对 } n \text{ 单调增加}.$$

于是再由 $F_n(x)$ 在 $[0,1]$ 上严格单调增加,有
$$F_n(x_n) = 0 = F_{n+1}(x_{n+1}) > F_n(x_{n+1}) \Longrightarrow x_n > x_{n+1}.$$
即 x_n 是单调下降的有界序列,从而可设 $\lim\limits_{n\to\infty} x_n = b$. 最后因为定积分是其上下限变量的连续函数,令 $n\to\infty$,则有
$$\int_{\frac{1}{n}}^{x_n} f(t)\mathrm{d}t = \int_{x_n}^1 \frac{1}{f(t)}\mathrm{d}t$$
$$\Longrightarrow \int_0^b f(t)\mathrm{d}t = \int_b^1 \frac{1}{f(t)}\mathrm{d}t \xrightarrow{a \text{的惟一性}} b = a.$$

例 24 设 $f(x)$ 在 $[0,1]$ 上连续,在 $(0,1)$ 内有二阶导数,且
$$f(0) \cdot f(1) > 0, \quad f''(x) > 0 \ (\forall\, x \in (0,1)),$$
$$\int_0^1 f(x)\mathrm{d}x = 0.$$

求证:

(1) 函数 $f(x)$ 在 $(0,1)$ 内恰有两个零点;

(2) 至少存在一点 $\xi \in (0,1)$,使得 $f'(\xi) = \int_0^\xi f(t)\mathrm{d}t$.

证 (1) 函数 $f(x)$ 在 $[0,1]$ 上有惟一的最小值点 $x_m \in (0,1)$ (见图 3.3),显然 $f(x_m) < 0$,否则 $f(x) \gneqq 0$,这与 $\int_0^1 f(x)\mathrm{d}x = 0$ 矛盾. 又因为
$$f(0) \cdot f(1) > 0,\ f''(x) > 0 \Longrightarrow f(0) > 0,\ f(1) > 0.$$

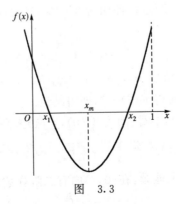

图 3.3

否则由凹函数的最大值在端点达到,导致 $f(x) < 0 \ (\forall\, x \in (0,1))$,

这又与 $\int_0^1 f(x)\mathrm{d}x=0$ 矛盾. 于是有 $f(0)\cdot f(x_m)<0, f(x_m)\cdot f(1)<0$. 又因为 $f(x)$ 在 $[0,1]$ 上连续, 所以 $\exists\, x_1\in(0,x_m)$, 使得 $f(x_1)=0$; $\exists\, x_2\in(x_m,1)$, 使得 $f(x_2)=0$.

如果 $f(x)$ 在 $(0,1)$ 内有三个零点, 由罗尔定理, 函数 $f'(x)$ 在 $(0,1)$ 内有两个零点, 导致 $f''(x)$ 有一个零点, 这与 $f''(x)>0$ 矛盾.

(2) 令 $F(x)=f'(x)-\int_0^x f(t)\mathrm{d}t$, 注意到由 $f'(x_m)=0, f'(x)\uparrow$ 推出 $f'(x_1)<0, f'(x_2)>0$.

又根据第(1)小题, $f(x)>0\ (\forall\, x\in(0,x_1)\cup(x_2,1))$, 所以
$$\int_0^{x_1} f(x)\mathrm{d}x>0,\quad \int_{x_2}^1 f(x)\mathrm{d}x>0,$$
于是
$$\int_0^{x_2} f(x)\mathrm{d}x=\int_0^1 f(x)\mathrm{d}x-\int_{x_2}^1 f(x)\mathrm{d}x$$
$$=0-\int_{x_2}^1 f(x)\mathrm{d}x<0.$$

故有 $f'(x_1)-\int_0^{x_1}f(t)\mathrm{d}t<0,\quad f'(x_2)-\int_0^{x_2}f(t)\mathrm{d}t>0,$
即 $F(x_1)<0, F(x_2)>0$. 再由 $F(x)$ 的连续性, 存在 $\xi\in(0,1)$, 使得 $F(\xi)=0$, 即 $f'(\xi)=\int_0^\xi f(t)\mathrm{d}t$.

提问 第(2)小题这样证明对吗? 令 $F(x)=f'(x)-\int_0^x f(t)\mathrm{d}t$. 因为
$$f'(x_m)=0,\ f'(x)\uparrow\Rightarrow f'(0)<0,$$
$$f'(1)>0\Rightarrow F(0)<0,\ F(1)>0,$$
所以 $\exists\,\xi\in(0,1)$, 使得 $F(\xi)=0$, 即得结论.

解答 这样证明不对. 因为 $f'(0),f'(1)$ 未必存在. 例如, 设
$$f(x)\xlongequal{\text{定义}}\frac{4}{3}-\sqrt{x}-\sqrt{1-x}.$$
显然 $f(x)$ 在 $[0,1]$ 上连续, 在 $(0,1)$ 内有二阶导数,
$$f(0)\cdot f(1)>0,\quad \int_0^1 f(x)\mathrm{d}x=0,$$

$$f''(x) > 0 \quad (\forall\ x \in (0,1)).$$
但这个函数在点 $x=0, x=1$ 处的导数不存在(见图 3.4).

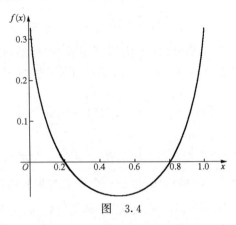

图 3.4

五、从定积分的信息提取被积函数的信息

例 25 设函数 $f(x) \in C[a,b], f(x) \geqslant 0$,且 $\int_a^b f(x)\mathrm{d}x = 0$. 求证: 在 $[a,b]$ 上,$f(x) \equiv 0$.

证法 1 因为对于区间 (a,b) 中的每一个点 x,
$$0 \leqslant \int_a^x f(t)\mathrm{d}t \leqslant \int_a^b f(t)\mathrm{d}t = 0 \Longrightarrow \int_a^x f(t)\mathrm{d}t \equiv 0,$$
所以 $f(x) = \left(\int_a^x f(t)\mathrm{d}t\right)' \equiv 0 \Longrightarrow f(x) \equiv 0\ (\forall\ x \in (a,b))$. 又函数 $f(x)$ 在 $[a,b]$ 上连续,故有 $f(x) \equiv 0\ (\forall\ x \in [a,b])$.

证法 2 首先证明 $f(x) \equiv 0\ (\forall\ x \in (a,b))$. 用反证法.

假设 $f(x) \not\equiv 0\ (\forall\ x \in (a,b))$,则存在 $x_0 \in (a,b)$,使得 $f(x_0) \neq 0$,不妨设 $f(x_0) > 0$. 取 $\varepsilon = \dfrac{f(x_0)}{2} > 0$,由 $\lim_{x \to x_0} f(x) = f(x_0)$,存在 $\delta > 0$ $(a < x_0 - \delta, x_0 + \delta < b)$,使得对 $\forall\ x(|x - x_0| < \delta)$,有
$$|f(x) - f(x_0)| < \varepsilon,$$
由此得
$$f(x) > f(x_0) - |f(x) - f(x_0)| > f(x_0) - \varepsilon > 0.$$
这样有

$$0 = \int_a^b f(x)\mathrm{d}x = \int_a^{x_0-\delta} f(x)\mathrm{d}x + \int_{x_0-\delta}^{x_0+\delta} f(x)\mathrm{d}x + \int_{x_0+\delta}^b f(x)\mathrm{d}x$$

$$\geqslant 0 + \frac{f(x_0)}{2} \cdot 2\delta + 0 = \delta f(x_0) > 0.$$

于是产生 $0>0$ 的矛盾. 故反证法假设不成立, 即结论成立, 这表明 $f(x)\equiv 0$, 所以 $f(x)\equiv 0$ ($\forall\, x\in(a,b)$). 再因为 $f(x)$ 在 $[a,b]$ 上连续, 所以

$$f(a) = \lim_{x\to a+0} f(x) = 0, \quad f(b) = \lim_{x\to b-0} f(x) = 0,$$

即得在 $[a,b]$ 上, $f(x)\equiv 0$.

引申 本例的逆否命题: 如果在 $[a,b]$ 上, 函数 $f(x)\in C[a,b]$, 且 $f(x)\gneqq 0$, 则 $\int_a^b f(x)\mathrm{d}x>0$. 这是一个非常有用的结果.

例 26 设 $f(x)\in C[a,b]$, 且存在非负整数 m, 使得

$$\int_a^b x^n f(x)\mathrm{d}x = 0 \quad (n=0,1,\cdots,m). \tag{3.36}$$

求证: $f(x)$ 在 (a,b) 上至少有 $m+1$ 个零点.

证 用反证法. 假设 $f(x)$ 在 (a,b) 上的零点个数至多是 m, 设

$$a < x_1 < x_2 < \cdots < x_q < b$$

是具有在该零点的左、右邻域内 $f(x)$ 符号相反性质的零点 (显然 $q\leqslant m$). 如果 $q=0$, 意味着 $f(x)$ 在 (a,b) 上不变号, 那么由(3.36)式有

$$\int_a^b f(x)\mathrm{d}x = 0 \Longrightarrow f(x)\equiv 0.$$

这便与 $f(x)$ 在 (a,b) 上的零点个数至多是 m 的假设矛盾. 下面假设 $q\neq 0$, 且不妨设 $f(x)>0$ ($\forall\, x\in(a,x_1)$). 令 $p(x)\xlongequal{\text{定义}}(x_1-x)(x_2-x)\cdots(x_q-x)$, 则有

$$f(x)p(x) \gneqq 0 \quad (\forall\, x\in(a,b));$$

又

$$\int_a^b f(x)p(x)\mathrm{d}x \xlongequal{\text{因为(3.36)}} 0,$$

故有 $f(x)p(x)\equiv 0 \xRightarrow{p(x)\not\equiv 0} f(x)\equiv 0$. 这与 $f(x)$ 在 (a,b) 上的零点个数至多是 m 的假设矛盾.

例 27 设 $f(x)$ 在 $[0,+\infty)$ 上连续, $\int_0^{+\infty}|f(x)|\mathrm{d}x$ 收敛, 并且

$$|f(x)| \leqslant \int_0^x |f(t)|\,dt \quad (x \geqslant 0), \tag{3.37}$$

求证 $f(x) \equiv 0$.

分析 注意到(3.37)式右端的导数恰是(3.37)式的左端,因此想到用(3.37)式右端去除(3.37)式的两端,使得左端凑成对数导数,但是又遇到(3.37)式右端可能等于零而不能做除数的麻烦.于是想到用添加 ε 的技巧.

证 对 $\forall \varepsilon > 0$,

$$|f(x)| \leqslant \int_0^x |f(t)|\,dt \Rightarrow |f(x)| < \varepsilon + \int_0^x |f(t)|\,dt \quad (x \geqslant 0)$$

$$\Rightarrow \frac{|f(x)|}{\varepsilon + \int_0^x |f(t)|\,dt} < 1 \quad (x \geqslant 0)$$

$$\Rightarrow \frac{d}{dx} \ln\left\{\varepsilon + \int_0^x |f(t)|\,dt\right\} < 1 \quad (x \geqslant 0).$$

再对上式两边从 0 到 x 积分,得

$$\ln\left\{\varepsilon + \int_0^x |f(t)|\,dt\right\}\Big|_0^x \leqslant x \Rightarrow \frac{\varepsilon + \int_0^x |f(t)|\,dt}{\varepsilon} \leqslant e^x$$

$$\Rightarrow \varepsilon + \int_0^x |f(t)|\,dt \leqslant \varepsilon e^x.$$

令 $\varepsilon \to 0$,即得

$$0 \leqslant \int_0^x |f(t)|\,dt \leqslant 0 \Rightarrow \int_0^x |f(t)|\,dt \equiv 0 \ (\forall\ x \geqslant 0)$$

$$\Rightarrow f(x) \equiv 0 \ (\forall\ x \geqslant 0).$$

六、定积分的极限

例 28 求证:$\lim\limits_{n \to \infty} \int_0^{\frac{\pi}{2}} \sin^n x\,dx = 0$.

证 对 $\forall \varepsilon > 0$,不妨设 $\varepsilon < \pi$,则对 $\forall n \in N$,有

$$0 \leqslant \int_0^{\frac{\pi}{2}} \sin^n x\,dx = \int_0^{\frac{\pi-\varepsilon}{2}} \sin^n x\,dx + \int_{\frac{\pi-\varepsilon}{2}}^{\frac{\pi}{2}} \sin^n x\,dx$$

$$\leqslant \frac{\pi}{2} \sin^n \frac{\pi - \varepsilon}{2} + \frac{\varepsilon}{2}. \tag{3.38}$$

又因为 $0 < \sin\frac{\pi-\varepsilon}{2} < 1$,推知 $\lim\limits_{n\to\infty}\sin^n\frac{\pi-\varepsilon}{2} = 0$. 从而对上述的 ε,$\exists N$,使得当 $n > N$ 时,

$$\frac{\pi}{2}\sin^n\frac{\pi-\varepsilon}{2} < \frac{\varepsilon}{2}. \tag{3.39}$$

联合(3.38)与(3.39)式,即得 $0 \leq \int_0^{\frac{\pi}{2}}\sin^n x\,dx < \varepsilon\ (n > N)$,故

$$\lim\limits_{n\to\infty}\int_0^{\frac{\pi}{2}}\sin^n x\,dx = 0.$$

提问 本题如下证法是否正确?由积分中值定理得

$$\lim\limits_{n\to\infty}\int_0^{\frac{\pi}{2}}\sin^n x\,dx = \sin^n\xi\int_0^{\frac{\pi}{2}}dx = \frac{\pi}{2}\sin^n\xi.$$

又 $0 < \sin\xi < 1$,故有

$$\lim\limits_{n\to\infty}\int_0^{\frac{\pi}{2}}\sin^n x\,dx = \lim\limits_{n\to\infty}\frac{\pi}{2}\sin^n\xi = 0.$$

解答 这个证明是错误的.错误在于 ξ 不是常数,而是随着 n 变化而变化的,应记作 ξ_n,当 $\xi_n \to \frac{\pi}{2}$ 时,$\sin^n\xi_n$ 为 1^∞ 未定型. 一般说来,从序列 $\{x_n\}$ 满足 $0 < x_n < 1$,不能推出 $\lim x_n^n = 0$. 例如 $x_n = \frac{n}{n+1}$,虽然满足 $0 < x_n < 1$,但是

$$\lim\limits_{n\to\infty}x_n^n = \lim\limits_{n\to\infty}\left(\frac{n}{n+1}\right)^n = \lim\limits_{n\to\infty}\frac{1}{\left(1+\frac{1}{n}\right)^n} = \frac{1}{e} \neq 0.$$

因此,本题不能根据 $0 < \sin\xi_n < 1$,推出 $\lim\limits_{n\to\infty}\frac{\pi}{2}\sin^n\xi_n = 0$.

例29 已知 $f(x)$ 在 $[0, +\infty)$ 上有二阶连续导数,$f(0) = f'(0) = 0$,且 $f''(x) > 0$. 若对任意的 $x > 0$,函数 $u(x)$ 表示曲线 $y = f(x)$ 在切点 $(x, f(x))$ 处的切线在 x 轴上的截距(如图 3.5 所示).

(1) 写出 $u(x)$ 的表达式,并求 $\lim\limits_{x\to 0^+}u(x)$ 及 $\lim\limits_{x\to 0^+}u'(x)$;

(2) 求 $\lim\limits_{x\to 0^+}\dfrac{\int_0^{u(x)}f(t)dt}{\int_0^x f(t)dt}$.

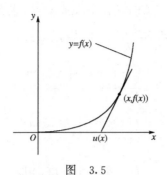

图 3.5

解 (1) $u(x) = x - \dfrac{f(x)}{f'(x)}$,

$$\lim_{x \to 0^+} u(x) = -\lim_{x \to 0^+} \frac{f(x)}{f'(x)} = \lim_{x \to 0^+} \frac{f'(x)}{f''(x)} = 0;$$

$$u'(x) = 1 - \frac{f'(x)^2 - f''(x)f(x)}{f'(x)^2} = \frac{f''(x)f(x)}{f'(x)^2},$$

$$\lim_{x \to 0^+} u'(x) = f''(0) \lim_{x \to 0^+} \frac{f'(x)}{2f'(x)f''(x)} = \frac{1}{2}.$$

(2) $\displaystyle\lim_{x \to 0^+} \frac{\int_0^{u(x)} f(t)dt}{\int_0^x f(t)dt} = \lim_{x \to 0^+} \frac{f(u(x))u'(x)}{f(x)} = \frac{1}{2}\lim_{x \to 0^+} \frac{f(u(x))}{f(x)}$

$$= \frac{1}{2}\lim_{x \to 0^+} \frac{f'(u(x))u'(x)}{f'(x)}$$

$$= \frac{1}{4}\lim_{x \to 0^+} \frac{f''(u(x))u'(x)}{f''(x)} = \frac{1}{8}.$$

例 30 若 $f(x)$ 是连续的以 T 为周期的周期函数,求证:

$$\lim_{x \to \infty} \frac{1}{x}\int_0^x f(t)dt = \frac{1}{T}\int_0^T f(t)dt.$$

证 令 $\varphi(x) = \int_0^x f(t)dt - \dfrac{x}{T}\int_0^T f(t)dt$,只要证明 $\lim\limits_{x \to \infty} \dfrac{\varphi(x)}{x} = 0$. 由例 4 的证明可知 $\varphi(x)$ 是以 T 为周期的周期函数. 又由 $\varphi(x)$ 的连续性, $\varphi(x)$ 在 $[0,T]$ 上有界,从而在 $(-\infty, +\infty)$ 上有界,于是

$$\lim_{x \to \infty}\left[\frac{1}{x}\int_0^x f(t)dt - \frac{1}{T}\int_0^T f(t)dt\right] = \lim_{x \to \infty} \frac{\varphi(x)}{x} = 0.$$

故原题得证.

例 31 设 $f(x) \in C[a,b], A<a<b<B$. 求证：
$$\lim_{h\to 0}\int_a^b \frac{f(x+h)-f(x)}{h}\mathrm{d}x = f(b)-f(a).$$

证 原式 $=\lim\limits_{h\to 0}\dfrac{\int_a^b f(x+h)\mathrm{d}x - \int_a^b f(x)\mathrm{d}x}{h}$

$=\lim\limits_{h\to 0}\dfrac{\int_{a+h}^{b+h} f(x)\mathrm{d}x - \int_a^b f(x)\mathrm{d}x}{h}$

$=\lim\limits_{h\to 0}\dfrac{\int_b^{b+h} f(x)\mathrm{d}x - \int_a^{a+h} f(x)\mathrm{d}x}{h}$

$=\lim\limits_{h\to 0}\dfrac{\int_b^{b+h} f(x)\mathrm{d}x}{h} - \lim\limits_{h\to 0}\dfrac{\int_a^{a+h} f(x)\mathrm{d}x}{h}$

$\xlongequal[\eta\in(a,a+h)]{\xi\in(b,b+h)}\lim\limits_{\xi\to b}f(\xi)-\lim\limits_{\eta\to a}f(\eta)=f(b)-f(a).$

例 32 设 $f'(x)\in C[0,1]$，求证：
$$\int_0^1 x^n f(x)\mathrm{d}x = \frac{f(1)}{n} + o\left(\frac{1}{n}\right) \quad (n\to\infty).$$

证 用分部积分法．

$\int_0^1 x^n f(x)\mathrm{d}x = \dfrac{1}{n+1}\int_0^1 f(x)\mathrm{d}(x^{n+1})$

$= \dfrac{f(1)}{n+1} - \dfrac{1}{n+1}\int_0^1 x^{n+1} f'(x)\mathrm{d}x$

$= \dfrac{f(1)}{n} + \dfrac{f(1)}{n+1} - \dfrac{f(1)}{n} - \dfrac{1}{n+1}\int_0^1 x^{n+1} f'(x)\mathrm{d}x.$

又

$\dfrac{f(1)}{n+1} - \dfrac{f(1)}{n} = -\dfrac{f(1)}{n(n+1)} = o\left(\dfrac{1}{n}\right)$

及 $f'(x)\in C[0,1]$，推知存在 $M_1>0$，使得 $|f'(x)|\leqslant M_1(\forall\, x\in [0,1])$，故有

$\left|\dfrac{1}{n+1}\int_0^1 x^{n+1} f'(x)\mathrm{d}x\right| \leqslant \dfrac{M_1}{(n+1)(n+2)}$

$\Rightarrow \dfrac{1}{n+1}\int_0^1 x^{n+1} f'(x)\mathrm{d}x = o\left(\dfrac{1}{n}\right).$

因此
$$\int_0^1 x^n f(x) \mathrm{d}x = \frac{f(1)}{n} + o\left(\frac{1}{n}\right) \quad (n \to \infty).$$

例 33 设 $f(x)$ 在 $[0, 2\pi]$ 上单调. 求证:
$$\lim_{\lambda \to \infty} \int_0^{2\pi} f(x) \sin\lambda x \mathrm{d}x = 0.$$

证 由 $f(x)$ 在 $[0, 2\pi]$ 上单调,应用积分第二中值定理,有
$$\int_0^{2\pi} f(x) \sin\lambda x \mathrm{d}x = f(0) \int_0^{\xi} \sin\lambda x \mathrm{d}x + f(2\pi) \int_{\xi}^{2\pi} \sin\lambda x \mathrm{d}x$$
$$= f(0) \frac{1 - \cos\lambda\xi}{\lambda} - f(2\pi) \frac{1 - \cos\lambda\xi}{\lambda},$$

因此
$$\left| \int_0^{2\pi} f(x) \sin\lambda x \mathrm{d}x \right| \leqslant \max\{|f(0)|, |f(2\pi)|\} \frac{2}{\lambda}$$
$$\Longrightarrow \lim_{\lambda \to \infty} \int_0^{2\pi} f(x) \sin\lambda x \mathrm{d}x = 0.$$

例 34 求证:π 是无理数.

证 用反证法. 假设 π 是有理数,那么可设 $\pi = \frac{a}{b}$,其中 a, b 都是正整数. 令
$$f(x) \xrightarrow{\text{定义}} \frac{x^n (a - bx)^n}{n!}.$$

显然 $f(x)$ 是 $2n$ 次多项式,它的马克劳林展开式为
$$f(x) = a^n \sum_{k=0}^{n} (-1)^k \frac{1}{k!(n-k)!} \left(\frac{b}{a}\right)^k x^{k+n},$$

由此推出
$$f^{(k)}(0) = \begin{cases} 0, & 0 \leqslant k \leqslant n-1, \\ (-1)^k a^{n-k} b^k, & n \leqslant k \leqslant 2n, \end{cases}$$

从此可见,$f^{(k)}(0)$ 都是整数.

再注意到
$$f\left(\frac{a}{b} - x\right) = \left(\frac{a}{b} - x\right)^n \frac{\left(a - b\left(\frac{a}{b} - x\right)\right)^n}{n!}$$

$$= \frac{x^n}{n!}(a-xb)^n = f(x),$$

因此，$f^{(k)}(\pi) = f^{(k)}\left(\dfrac{a}{b}\right) = (-1)^k f^{(k)}(0)$，故有 $f^{(k)}(\pi)$ 都是整数. 令

$$G(x) \xlongequal{\text{定义}} \sum_{k=0}^{n}(-1)^k f^{(2k)}(x)$$

$$\xrightarrow{\text{因为}f^{(k)}(x)\equiv 0(k>2n)} G''(x) = \sum_{k=1}^{n}(-1)^{k-1} f^{(2k)}(x).$$

从而 $G''(x) + G(x) = f(x)$，并且 $G(\pi), G(0)$ 都是整数.

现在，一方面从

$$\int_0^\pi f(x)\sin x \mathrm{d}x = \int_0^\pi (G(x) + G''(x))\sin x \mathrm{d}x$$

$$= \int_0^\pi \sin x \mathrm{d}G'(x) + \int_0^\pi G(x)\sin x \mathrm{d}x$$

$$\xrightarrow{\text{分部积分}} G'(x)\sin x \Big|_0^\pi - \int_0^\pi G'(x)\cos x \mathrm{d}x + \int_0^\pi G(x)\sin x \mathrm{d}x$$

$$\xrightarrow{\text{分部积分}} -G(x)\cos x \Big|_0^\pi - \int_0^\pi G(x)\sin x \mathrm{d}x + \int_0^\pi G(x)\sin x \mathrm{d}x$$

$$= G(\pi) + G(0)$$

可以看出 $\int_0^\pi f(x)\sin x \mathrm{d}x$ 是整数. 而另一方面，由

$$\int_0^\pi f(x)\sin x \mathrm{d}x < \int_0^{\frac{a}{b}} \frac{x^n(a-bx)^n}{n!}\mathrm{d}x$$

$$\xrightarrow{u=1-\frac{a}{b}x} \frac{a^{2n+1}}{n!b^{n+1}}\int_0^1 u^n(1-u)^n \mathrm{d}u < \frac{a^{2n+1}}{n!b^{n+1}}, \quad (3.40)$$

因为 $\lim\limits_{n\to\infty}\dfrac{a^{2n+1}}{n!\ b^{n+1}} = 0$，所以对充分大的 n，不等式(3.40)的右端是小数，而(3.40)的左端是整数. 这是一个矛盾，这矛盾说明反证法假设不成立，即结论成立，也就是 π 是无理数.

练 习 题 3.3

3.3.1 设 $f(x) = 2x\sin\dfrac{1}{x} - \cos\dfrac{1}{x}$ $(x\neq 0)$；$f(0) = 0$.

(1) 问 $f(x)$ 是否在 $[-1,1]$ 上可积？

(2) 问变上限积分 $\int_{-1}^{x} f(t)dt$ 在点 $x=0$ 处是否可导？

3.3.2 求下列定积分：

(1) $\int_0^1 \dfrac{x}{(1+x)^a} dx$;

(2) $\int_0^1 \ln(1+\sqrt{x}) dx$;

(3) $\int_0^{\frac{a}{\sqrt{2}}} \dfrac{dx}{(a^2-x^2)^{3/2}}$;

(4) $\int_1^{\sqrt{3}} \dfrac{\sqrt{1+x^2}}{x} dx$;

(5) $\int_0^4 \dfrac{\sqrt{x}}{1+x} dx$;

(6) $\int_0^1 \arcsin\sqrt{\dfrac{x}{1+x}} dx$.

3.3.3 求下列定积分：

(1) $\int_{\frac{1}{2}}^1 e^{\sqrt{2x-1}} dx$;

(2) $\int_0^{\ln 2} \sqrt{1-e^{-2x}} dx$;

(3) $I = \int_0^{\frac{\pi}{4}} \dfrac{x}{1+\cos 2x} dx$;

(4) $I = \int_0^1 \dfrac{\ln(1+x)}{(2-x)^2} dx$;

(5) $\int_0^1 \dfrac{x}{e^x + e^{1-x}} dx$;

(6) $\int_0^\pi \dfrac{dx}{2\cos^2 x + \sin^2 x}$.

3.3.4 (1) 设 $x \geqslant -1$，求 $\int_{-1}^x (1-|t|) dt$;

(2) 求 $\int_{\frac{1}{2}}^{\frac{3}{2}} \dfrac{1}{\sqrt{|x-x^2|}} dx$.

3.3.5 设 $f(2) = \dfrac{1}{2}, f'(2) = 0, \int_0^2 f(x)dx = 1$，求 $\int_0^1 x^2 f''(2x) dx$.

3.3.6 设 $f(x) = f(x-\pi) + \sin x$，且当 $x \in [0,\pi]$ 时，$f(x) = x$，求
$$\int_\pi^{3\pi} f(x) dx.$$

3.3.7 对任意自然数 n，求证：
$$\int_0^n \dfrac{1-\left(1-\dfrac{t}{n}\right)^n}{t} dt = 1 + \dfrac{1}{2} + \cdots + \dfrac{1}{n}.$$

3.3.8 设 $f(x)$ 在 $[a,b]$ 上二阶连续可微，求证：
$$f(x) - f(a) - f'(a)(x-a) = \int_a^x f''(t)(x-t) dt \quad (\forall\, x \in [a,b]).$$

3.3.9 设 $0 < a < b, f(x)$ 在 $[a,b]$ 上连续，并满足
$$f\left(\dfrac{ab}{x}\right) = f(x) \quad (\forall\, x \in [a,b]).$$

求证：
$$\int_a^b f(x) \dfrac{\ln x}{x} dx = \dfrac{\ln(ab)}{2} \int_a^b \dfrac{f(x)}{x} dx.$$

3.3.10 设 $a > 0, f(x)$ 在 $(0, +\infty)$ 上连续，并满足

$$f\left(\frac{a^2}{x}\right) = f(x) \quad (\forall\ x > 0).$$

求证：

(1) $\int_a^{a^2} \frac{f(x)}{x} dx = \int_1^a \frac{f(x)}{x} dx$；

(2) $\int_1^a \frac{f(x^2)}{x} dx = \int_1^a \frac{f(x)}{x} dx$；

(3) 如果 $g(x)$ 在 $(0, +\infty)$ 上连续，则 $\int_1^a g\left(x^2 + \frac{a^2}{x^2}\right) \frac{dx}{x} = \int_1^a g\left(x + \frac{a^2}{x}\right) \frac{dx}{x}$.

3.3.11 (1) 设 $f(x)$ 是奇函数，求证：$f(x)$ 的任一原函数是偶函数；

(2) 设 $f(x)$ 是偶函数，求证：$f(x)$ 的任一原函数是奇函数与常数之和.

3.3.12 求证：$\int_0^{\frac{\pi}{2}} \frac{\sin x}{1+x^2} dx \leqslant \int_0^{\frac{\pi}{2}} \frac{\cos x}{1+x^2} dx$.

3.3.13 设函数 $f(x)$ 二阶可微，求证：存在 $\xi \in (a,b)$，使得

$$\left|\int_a^b f(x) dx - (b-a) f\left(\frac{a+b}{2}\right)\right| \leqslant \frac{M_2}{24}(b-a)^3,$$

其中 $M_2 = \max\limits_{x \in [a,b]} |f''(x)|$.

3.3.14 设 $f(x) \in C[a,b]$，且 $\exists\ m \in \mathbf{N}$，使得

$$\int_a^b x^n f(x) dx = 0 \quad (n = 0, 1, \cdots, m).$$

求证：$f(x)$ 在 (a,b) 内至少有 $m+1$ 个零点.

3.3.15 设 $S(x) = \int_0^x |\cos t| dt$.

(1) 当 n 为正整数，且 $n\pi \leqslant x < (n+1)\pi$ 时，证明 $2n \leqslant S(x) < 2(n+1)$；

(2) 求 $\lim\limits_{x \to +\infty} \frac{S(x)}{x}$.

3.3.16 设 $f(x)$ 在 $(-\infty, +\infty)$ 上有连续导数，求

$$\lim_{a \to 0} \frac{1}{4a^2} \int_{-a}^{a} [f(t+a) - f(t-a)] dt.$$

3.3.17 (1) 设 $f(x)$ 在任一有限区间上可积，且 $\lim\limits_{x \to +\infty} f(x) = l$. 求证：

$$\lim_{x \to +\infty} \frac{1}{x} \int_0^x f(t) dt = l.$$

(2) 第(1)小题的逆命题是否成立？如果加上一个条件："$f(x)$ 在 $[0, +\infty)$ 上单调上升"，第(1)小题的逆命题是否成立？

3.3.18 设 $f(x) \in C[0, +\infty)$，且 $\lim\limits_{x \to +\infty} f(x) = A$. 求证：

$$\lim_{n \to \infty} \int_0^1 f(nx) dx = A.$$

3.3.19 设 $f(x) \in C[a,b]$，且 $f(x) \geqslant 0\ (\forall\ x \in [a,b])$. 求证：

$$\lim_{n\to\infty}\left\{\int_a^b [f(x)]^n dx\right\}^{\frac{1}{n}} = \max_{x\in[a,b]} f(x).$$

3.3.20 设 $f(x)$ 在 $[0,+\infty)$ 上单调上升,函数

$$F(x) \xlongequal{\text{定义}} \begin{cases} \dfrac{1}{x}\displaystyle\int_0^x f(t)dt, & x>0, \\ f(0+0), & x=0. \end{cases}$$

求证：在 $[0,+\infty)$ 上, $F(x)$ 单调上升且右连续.

§4 定积分的应用

内 容 提 要

1. 几何应用

在直角坐标系中,

(1) 如果曲线方程为 $y=f(x)$,那么

面积微元： $dA=f(x)dx$;

弧长微元： $ds=\sqrt{1+(f'(x))^2}$;

旋转体体积微元：
$$dV=\pi f^2(x)dx \text{ 或 } dV=A(x)dx \text{ (横截面积为 } A(x));$$

旋转体侧面积微元： $dP=2\pi f(x)\sqrt{1+(f'(x))^2}$.

(2) 如果曲线由参数方程 $x=x(t), y=y(t)$ 给出,那么

面积微元： $dA=\dfrac{1}{2}(xdy-ydx)$;

弧长微元： $ds=\sqrt{x'^2+y'^2}dt$.

(3) 如果曲线由极坐标 $r=r(\theta)$ 给出,那么

面积微元： $dA=\dfrac{1}{2}r^2 d\theta$;

弧长微元： $ds=\sqrt{r^2+r'^2}d\theta$.

2. 重心公式

(1) 给定平面曲线 $y=f(x)$ ($a\leqslant x\leqslant b$),则它的重心为 $(\bar{x},\bar{y})$,其中

$$\bar{x}=\frac{\int_a^b x\sqrt{1+y'^2}dx}{\int_a^b \sqrt{1+y'^2}dx}, \quad \bar{y}=\frac{\int_a^b y\sqrt{1+y'^2}dx}{\int_a^b \sqrt{1+y'^2}dx}.$$

古鲁金第一定理 平面曲线绕某一条与其自身不相交的轴旋转所得的曲面面积,等于该曲线的弧长与曲线的重心随着曲线旋转描出的圆周长的乘积.

(2) 设平面区域 D 由曲线 $f(x), g(x)$ ($f(x)>g(x)$), $x=a, x=b$ 所围成,

则 D 的重心为 $(\bar{x}, \bar{y})$，其中

$$\bar{x} = \frac{\int_a^b x[f(x) - g(x)]\mathrm{d}x}{\int_a^b [f(x) - g(x)]\mathrm{d}x}, \quad \bar{y} = \frac{\frac{1}{2}\int_a^b [f^2(x) - g^2(x)]\mathrm{d}x}{\int_a^b [f(x) - g(x)]\mathrm{d}x}.$$

古鲁金第二定理 一块平面图形绕某一条不穿过这图形的轴(可以是它的边界)旋转所得的立体体积，等于该图形的面积与平面图形的重心随着旋转描出的圆周长的乘积．

3. 光滑曲线的弧长

给定约当曲线 $r = r(t) = (x(t), y(t), z(t)), t \in [\alpha, \beta]$．对 $[\alpha, \beta]$ 的任一分划 $\Delta: \alpha = t_0 < t_1 < \cdots < t_n = \beta$，定义弧长为

$$s = \sup_{\{\Delta\}} \sum_{k=0}^{n-1} |r(t_{k+1}) - r(t_k)|.$$

若 $r = r(t)$ 为平面光滑曲线，则 $\dfrac{\mathrm{d}s}{\mathrm{d}t} = \sqrt{x'^2 + y'^2}$，从而

$$s = \int_\alpha^\beta \sqrt{x'^2(t) + y'^2(t)}\,\mathrm{d}t.$$

4. 曲率公式

光滑曲线在点 M 处的曲率为 $\kappa = \left|\lim\limits_{\Delta s \to 0} \dfrac{\Delta \alpha}{\Delta s}\right|$，其中 $\Delta s = s(M') - s(M)$，$\Delta \alpha = \alpha(M') - \alpha(M)$，这里 $\alpha(M)$ 表示在点 M 处曲线切线的倾角．当函数二阶可微时，有

若曲线由 $y = f(x)$ 给出，则 $\kappa = \dfrac{|f''(x)|}{(1 + f'^2(x))^{\frac{3}{2}}}$；

若曲线由 $x = x(t), y = y(t)$ 给出，则

$$\kappa = \frac{|x'(t)y''(t) - y'(t)x''(t)|}{(x'^2(t) + y'^2(t))^{\frac{3}{2}}}.$$

5. 辛卜森公式

$$\int_a^b f(x)\mathrm{d}x \approx \frac{b-a}{6}\{y_0 + y_n + 4(y_{\frac{1}{2}} + y_{\frac{3}{2}} + \cdots + y_{n-\frac{1}{2}}) + 2(y_1 + y_2 + \cdots + y_{n-1})\},$$

其中

$$y_k = f\left(a + \frac{k(b-a)}{n}\right) \quad (k = 0, 1, \cdots, n),$$

$$y_{k-\frac{1}{2}} = f\left(a + \frac{(2n-1)(b-a)}{2n}\right) \quad (k = 1, 2, \cdots, n).$$

典型例题分析

例 1 过点 $(4, 0)$ 作曲线 $y = \sqrt{(x-1)(3-x)}$ 的切线．

(1) 求切线的方程;

(2) 求由这条切线与该曲线及 x 轴所围成的平面图形(如图 3.6 所示)绕 x 轴旋转一周所得的旋转体的体积.

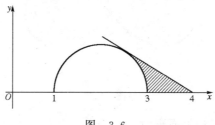

图 3.6

解 (1) 令 $f(x)=\sqrt{(x-1)(3-x)}$,则
$$f'(x)=\frac{2-x}{\sqrt{(x-1)(3-x)}}.$$
过点$(4,0)$作曲线 $y=\sqrt{(x-1)(3-x)}$ 的切线,切线与 x 轴交点的横坐标是
$$x-\frac{y}{y'}=\frac{2x-3}{-2+x}=4\Rightarrow x=\frac{5}{2},$$
即切点的横坐标是 $x=\frac{5}{2}$. 于是切线斜率为 $f'\left(\frac{5}{2}\right)=-\frac{1}{\sqrt{3}}$,切线方程是
$$y=-\frac{1}{\sqrt{3}}(x-4).$$

(2) 所求的旋转体的体积为
$$\pi\int_{\frac{5}{2}}^{4}\left(-\frac{1}{\sqrt{3}}(x-4)\right)^2\mathrm{d}x-\pi\int_{\frac{5}{2}}^{3}(\sqrt{(x-1)(3-x)})^2\mathrm{d}x=\frac{\pi}{6}.$$

例 2 求双纽线 $r^2=a^2\cos2\theta$ $(a>0)$ 所围的面积与绕极轴旋转的侧面积.

解 双纽线的图形如图 3.7 所示,由图形的对称性得图形的面积为
$$A=4\cdot\frac{1}{2}\int_0^{\frac{\pi}{4}}a^2\cos2\theta\mathrm{d}\theta=a^2.$$

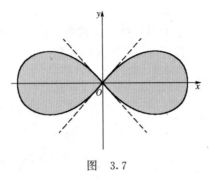

图 3.7

图形绕极轴旋转的侧面积为

$$P = 2 \cdot 2\pi \int_0^{\frac{\pi}{4}} r(\theta)\sin\theta \sqrt{r^2(\theta) + r'^2(\theta)} d\theta$$

$$= 2 \cdot 2\pi \int_0^{\frac{\pi}{4}} a\sqrt{\cos 2\theta} \cdot \sin\theta \sqrt{a^2\cos 2\theta + \frac{a^2\sin^2 2\theta}{\cos 2\theta}} d\theta$$

$$= 4\pi a^2 \int_0^{\frac{\pi}{4}} \sin\theta d\theta = 2\pi a^2 (2 - \sqrt{2}).$$

例 3 求圆的渐伸线

$$x = a(\cos t + t\sin t), \quad y = a(\sin t - t\cos t) \quad (0 \leqslant t \leqslant 2\pi)$$

和连接两个端点:起点 $A(a,0)$ 与终点 $B(a,-2\pi a)$ 的直线段 AB 所围成图形的面积,并求渐伸线的弧长 $\overset{\frown}{AB}$.

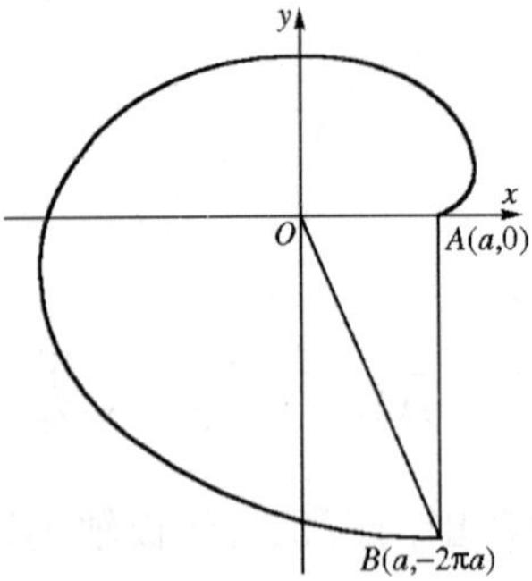

解法 1 如图 3.8 所示. 所围图形面积为

$$S = -\int_0^{2\pi} y(t)x'(t)dt = \frac{4}{3}\pi^3 a^2 + \pi a^2.$$

解法 2 $S = \frac{1}{2}\int_0^{2\pi} xdy - ydx + \triangle OAB$ 的面积,

图 3.8

$\triangle OAB$ 的面积 $= \frac{1}{2} \cdot a \cdot 2\pi a = \pi a^2$,

$$\frac{1}{2}\int_0^{2\pi} xdy - ydx = \frac{1}{2}\int_0^{2\pi} a^2[(\cos t + t\sin t)t\sin t$$

$$- (\sin t - t\cos t)t\cos t]\mathrm{d}t$$
$$= \frac{1}{2}\int_0^{2\pi} a^2 t^2 \mathrm{d}t = \frac{4}{3}\pi^3 a^2,$$

即得 $S = \frac{4}{3}\pi^3 a^2 + \pi a^2$.

解法 3 用极坐标. $S = \frac{1}{2}\int_0^{\theta_0} r^2(\theta)\mathrm{d}\theta + \triangle OAB$ 的面积,其中 $r = r(\theta)$ 为曲线的极坐标方程,θ_0 为向径 OB 的极角 $(0 < \theta_0 < 2\pi)$. 当 $0 \leqslant \theta \leqslant \theta_0$ 时,$0 \leqslant t \leqslant 2\pi$,

$$r^2 = x^2 + y^2 = a^2(\cos t + t\sin t)^2 + a^2(\sin t - t\cos t)^2$$
$$= a^2(1 + t^2).$$

又

$$\tan\theta = \frac{y}{x} = \frac{\sin t - t\cos t}{\cos t + t\sin t} \Longrightarrow \mathrm{d}\theta = \frac{t^2 \mathrm{d}t}{1 + t^2},$$

于是

$$S = \frac{1}{2}\int_0^{2\pi} a^2(1 + t^2) \cdot \frac{t^2}{1 + t^2}\mathrm{d}t + \pi a^2$$
$$= \frac{4}{3}\pi^3 a^2 + \pi a^2.$$

求曲线的弧长. 因为 $x'(t) = at\cos t, y'(t) = bt\sin t$,所以弧长为

$$s = \int_0^{2\pi}\sqrt{x'^2(t) + y'^2(t)}\mathrm{d}t = \int_0^{2\pi} at\mathrm{d}t = 2\pi^2 a.$$

例 4 设 $a < c < d < b$,求 $\int_c^d \frac{\mathrm{d}x}{\sqrt{(x-a)(b-x)}}$.

解 先计算不定积分.

$$\int\frac{\mathrm{d}x}{\sqrt{(x-a)(b-x)}} = \int\frac{2\mathrm{d}\sqrt{x-a}}{\sqrt{b-x}}$$
$$= 2\int\frac{\mathrm{d}\sqrt{x-a}}{\sqrt{(\sqrt{b-a})^2 - (\sqrt{x-a})^2}}$$
$$\xrightarrow[c = \sqrt{b-a}]{u = \sqrt{x-a}} 2\int\frac{\mathrm{d}u}{\sqrt{c^2 - u^2}} = 2\arcsin\frac{u}{c} + C$$
$$= 2\arcsin\sqrt{\frac{x-a}{b-a}} + C.$$

再应用微积分基本公式,得

$$\int_c^d \frac{dx}{\sqrt{(x-a)(b-x)}} = 2\arcsin\sqrt{\frac{x-a}{b-a}}\Big|_c^d$$

$$= 2\arcsin\sqrt{\frac{d-a}{b-a}} - 2\arcsin\sqrt{\frac{c-a}{b-a}}.$$

评注 为了说明本例定积分的几何意义,让我们来求由 $x=c$ 至 $x=d$ 曲线 $y=\sqrt{(x-a)(b-x)}$ 这一段弧长. 设

$$f(x) = \sqrt{(x-a)(b-x)},$$

及

$$A=(a,0),\quad C=(c,0),\quad D=(d,0),\quad B=(b,0),$$
$$P=(c,f(c)),\quad Q=(d,f(d)),$$

那么以线段 AB 为直径的上半圆正是曲线 $y=\sqrt{(x-a)(b-x)}$,其半径 $R=\dfrac{b-a}{2}$(见图 3.9). 因为

$$y^2 = (x-a)(b-x),$$

所以

$$(yy')^2 = \left(\frac{a+b}{2}-x\right)^2 = R^2 - y^2,$$

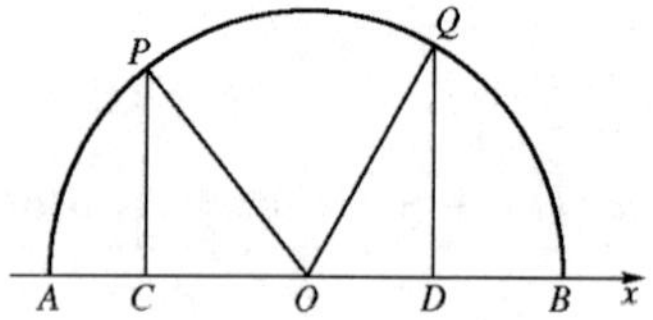

图 3.9

即得 $1+y'^2 = \dfrac{R^2}{y^2}$. 因此,由 $x=c$ 至 $x=d$ 曲线 $y=\sqrt{(x-a)(b-x)}$ 这一段弧 $\overset{\frown}{PQ}$ 的长度为

$$\int_c^d \sqrt{1+y'^2}\, dx = \int_c^d \frac{R}{y}\, dx = \int_c^d \frac{R}{\sqrt{(x-a)(b-x)}}\, dx.$$

于是

$$\int_c^d \frac{1}{\sqrt{(x-a)(b-x)}}\, dx = \frac{1}{R}\int_c^d \sqrt{1+y'^2}\, dx = \frac{\text{弧长}}{\text{半径}}.$$

由此可见本例定积分 $\int_c^d \dfrac{1}{\sqrt{(x-a)(b-x)}}\, dx$ 的几何意义正是弧 $\overset{\frown}{PQ}$

所对的圆心角 $\angle POQ$ 的弧度数. 注意到

$$\angle POQ = \begin{cases} \pi - (\angle POC + \angle QOD) & \left(c < \dfrac{a+b}{2} < d\right); \\ \angle POC - \angle QOD & \left(\dfrac{a+b}{2} < c < d\right); \\ \angle QOD - \angle POC & \left(c < d < \dfrac{a+b}{2}\right). \end{cases}$$

(4.1)

因为(4.1)式右端容易计算,所以用(4.1)式右端计算 $\angle POQ$,有时甚至可以直接写出答案. 请看下面一道填空题:

$$\int_{\frac{1}{4}}^{\frac{3}{4}} \frac{\mathrm{d}x}{\sqrt{x(1-x)}} \mathrm{d}x = \underline{\qquad}.$$

此题答案应填 $\dfrac{\pi}{3}$. 因为这时 $c = \dfrac{1}{4} < \dfrac{1}{2} < \dfrac{3}{4} = d$,并且 $\angle POC = \angle QOD = \dfrac{\pi}{3}$,所以

$$\angle POQ = \pi - \left(\dfrac{\pi}{3} + \dfrac{\pi}{3}\right) = \dfrac{\pi}{3}.$$

例 5 求曲线 $\left(\dfrac{x}{a}\right)^{\frac{2}{3}} + \left(\dfrac{y}{b}\right)^{\frac{2}{3}} = 1$ $(a>0, b>0)$ 的全长.

解 将曲线改写成参数方程,并计算微弧:

$$x = a\cos^3 t, \quad y = b\sin^3 t,$$

$$\dfrac{\mathrm{d}x}{\mathrm{d}t} = -3a\cos^2 t \sin t, \quad \dfrac{\mathrm{d}y}{\mathrm{d}t} = 3b\sin^2 t \cos t,$$

$$\mathrm{d}s = \sqrt{\left(\dfrac{\mathrm{d}x}{\mathrm{d}t}\right)^2 + \left(\dfrac{\mathrm{d}y}{\mathrm{d}t}\right)^2} = 3\cos t \sin t \sqrt{a^2\cos^2 t + b^2\sin^2 t}.$$

因此

$$s = 4\int_0^{\frac{\pi}{2}} \sqrt{\left(\dfrac{\mathrm{d}x}{\mathrm{d}t}\right)^2 + \left(\dfrac{\mathrm{d}y}{\mathrm{d}t}\right)^2} \mathrm{d}t$$

$$= 12\int_0^{\frac{\pi}{2}} \cos t \sin t \sqrt{a^2\cos^2 t + b^2\sin^2 t}\, \mathrm{d}t$$

$$\xrightarrow{u=\sin t} 12\int_0^1 u\sqrt{a^2(1-u^2) + b^2 u^2}\, \mathrm{d}u$$

$$\xrightarrow{v=u^2} 6\int_0^1 \sqrt{a^2(1-v) + b^2 v}\, \mathrm{d}v$$

$$\xrightarrow{c=b^2-a^2} 6\int_0^1 \sqrt{a^2+cv}\,dv = \frac{12}{c}\int_a^b z^2\,dz$$
$$= \frac{12}{c}\left(\frac{1}{3}b^3 - \frac{1}{3}a^3\right) = \frac{4(b^3-a^3)}{b^2-a^2} = 4\,\frac{ab+a^2+b^2}{a+b}.$$

例 6 （1）求由曲线 $y=\cos x\left(-\dfrac{\pi}{2}\leqslant x\leqslant \dfrac{\pi}{2}\right)$ 与直线 $y=0$ 围成的图形绕 x 轴旋转一周所得旋转体的侧面积.

（2）设上题中的侧面积为 S，求证：$4\pi < S < \dfrac{14\pi}{3}$.

解 （1）由题设条件：
$$S_{\text{侧面积}} = 2\pi\int_0^\pi \sin x\,\sqrt{1+\cos^2 x}\,dx$$
$$\xrightarrow{u=\cos x} 4\pi\int_0^1 \sqrt{1+u^2}\,du \tag{4.2}$$
$$= 4\pi\left[\frac{1}{2}u\sqrt{u^2+1} + \frac{1}{2}\ln(u+\sqrt{u^2+1})\right]_{u=0}^{u=1}$$
$$= 4\pi\left[\frac{1}{2}\sqrt{2} + \frac{1}{2}\ln(\sqrt{2}+1)\right]$$
$$= 2\pi[\sqrt{2} + \ln(\sqrt{2}+1)].$$

（2）首先证明不等式
$$1 < \sqrt{1+t^2} < 1 + \frac{1}{2}t^2 \quad (\forall\, t\in(0,1]). \tag{4.3}$$

证法 1
$$0 < \sqrt{1+t^2} - 1 = \frac{t^2}{\sqrt{1+t^2}+1} < \frac{t^2}{2}$$
$$\Rightarrow 1 < \sqrt{1+t^2} < 1 + \frac{1}{2}t^2 \quad (\forall\, t\in(0,1]).$$

证法 2
$$1 < \sqrt{1+t^2} < \sqrt{1+t^2+\frac{t^4}{4}} = \sqrt{(1+t^2)^2} = 1 + \frac{1}{2}t^2$$
$$(\forall\, t\in(0,1]).$$

再将所证的不等式(4.3)，用来对 $S_{\text{侧面积}}$ 的表达式(4.2)进行估计，即得结论.

评注 值得注意的是，本题第(2)小题，如果不是从表达式(4.3)

出发,而是从第(1)小题的计算结果出发就很难奏效.

例 7 (1) 求证:球带的面积等于球的最大圆周长与球带高的乘积;

(2) 求半球面 $z=\sqrt{R^2-x^2-y^2}$ 的重心.

证 (1) 设球的半径为 R,球带的高为 h ($h<2R$),则球带面积可以看成曲线
$$y=\sqrt{R^2-x^2} \quad (a \leqslant x \leqslant a+h)$$
绕 x 轴旋转所得的侧面积(球带中的截面如图 3.10 所示),故球带的面积为
$$P=\int_a^{a+h} 2\pi y \cdot \sqrt{1+y'^2}\mathrm{d}x = 2\pi Rh.$$

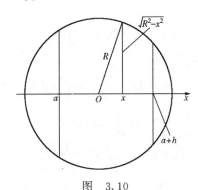

图 3.10

解 (2) 由对称性可知半球面的重心坐标为 $(0,0,\bar{z})$,把半球面看成一片一片高度为 $\mathrm{d}z$ 的球带拼合成的. 设半球面的密度为 ρ,则由第(1)小题的结果得
$$\bar{z}=\frac{\int_0^R z \cdot \rho \cdot 2\pi R \mathrm{d}z}{\int_0^R \rho \cdot 2\pi R \mathrm{d}z} = \frac{R}{2}.$$

例 8 已知抛物叶形线 $y^2=\dfrac{x}{9}(3-x)^2$,如图 3.11 所示,其中当 $0 \leqslant x \leqslant 3$ 时的叶形部分记作 M. 求

(1) M 的面积;

(2) M 的周长;

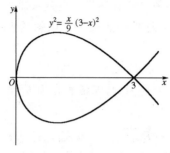

图 3.11

(3) M 绕 x 轴旋转所得旋转体的体积 V_x;

(4) M 绕 x 轴旋转所得旋转体的侧面积 P_x;

(5) M 的重心.

解 (1) 由对称性,只要求出 $y=\dfrac{1}{3}\sqrt{x}(3-x)$ 与 x 轴所围成的面积,两倍即得结果,即

$$A=\frac{2}{3}\int_0^3(3-x)\sqrt{x}\,\mathrm{d}x=\frac{2}{3}\int_0^3 3\sqrt{x}\,\mathrm{d}x-\frac{2}{3}\int_0^3 x\sqrt{x}\,\mathrm{d}x$$

$$=4\sqrt{3}-\frac{12}{5}\sqrt{3}=\frac{8}{5}\sqrt{3}.$$

(2) $y'=\dfrac{1}{6\sqrt{x}}(3-x)-\dfrac{1}{3}\sqrt{x}=\dfrac{1-x}{2\sqrt{x}}$

$$\Rightarrow 1+\left(\frac{1-x}{2\sqrt{x}}\right)^2=\frac{1}{4x}(1-x)^2+1=\frac{(x+1)^2}{4x},$$

由此即得

$$s=2\int_0^3\sqrt{1+y'^2}\,\mathrm{d}x=\int_0^3\frac{x+1}{\sqrt{x}}\,\mathrm{d}x=4\sqrt{3}.$$

(3) $V_x=\pi\displaystyle\int_0^3\dfrac{x}{9}(3-x)^2\,\mathrm{d}x=\dfrac{3}{4}\pi.$

(4) $P_x=2\pi\displaystyle\int_0^3\dfrac{\sqrt{x}}{3}(3-x)\sqrt{1+\left(\dfrac{1-x}{2\sqrt{x}}\right)^2}\,\mathrm{d}x=3\pi.$

(5) 由对称性,$\bar{y}=0$,

$$\bar{x}=\frac{2\int_0^3 xy\,\mathrm{d}x}{A}=\frac{\dfrac{2}{3}\int_0^3 x(3-x)\sqrt{x}\,\mathrm{d}x}{\dfrac{8}{5}\sqrt{3}}=\frac{9}{7}.$$

例9 设 $f(x) \in C^1[a,b]$,且 $f(x) \geqslant 0$ $(a \leqslant x \leqslant b)$,$a > 0$.

(1) 求由曲线 $y = f(x)$ $(a \leqslant x \leqslant b)$ 绕 y 轴旋转所成曲面的侧面积;

(2) 求由平面图形 $\{(x,y) | a \leqslant x \leqslant b, 0 \leqslant y \leqslant f(x)\}$ 绕 y 轴旋转所得旋转体的体积.

解法 1 (1) 取自变量微元 $[x, x+dx]$,相应的弧长微元 $ds = \sqrt{1+f'^2(x)}dx$,从而侧面积微元 $dP_y = 2\pi x \sqrt{1+f'^2(x)}dx$,由此即得曲线绕 y 轴旋转所成曲面的侧面积为

$$P_y = \int_a^b 2\pi x \sqrt{1+f'^2(x)}dx.$$

(2) 取自变量微元 $[x, x+dx]$,相应的体积微元为 $dV_y = 2\pi x \cdot f(x)dx$,从而

$$V_y = \int_a^b 2\pi x \cdot f(x)dx.$$

解法 2 (1) 用古鲁金第一定理. 若曲线 $y = f(x)$ $(a \leqslant x \leqslant b)$ 的重心横坐标为 $\bar{x}$,则

$$P_y = 2\pi \bar{x} \cdot \int_a^b \sqrt{1+f'^2}dx = 2\pi \int_a^b x \sqrt{1+f'^2}dx.$$

(2) 用古鲁金第二定理. 若所给平面图形的重心横坐标为 $\bar{x}$,则

$$V_y = 2\pi \bar{x} \cdot \int_a^b f(x)dx = 2\pi \int_a^b x f(x)dx.$$

例10 设 $0 < \alpha < \beta \leqslant \pi$,$r(\theta) \in C[\alpha, \beta]$,且 $r(\theta) \geqslant 0$ $(\alpha \leqslant \theta \leqslant \beta)$. 求证:由极坐标表示的平面图形

$$\{(\theta, r) | \alpha \leqslant \theta \leqslant \beta, 0 \leqslant r \leqslant r(\theta)\}$$

绕极轴旋转所得的立体体积为

$$V = \frac{2\pi}{3} \int_\alpha^\beta r^3(\theta) \sin\theta d\theta.$$

证 取自变量微元 $[\theta, \theta+d\theta]$,相应的面积微元 OAB 如图 3.12 所示.

微元 OAB 的面积 $dA = \frac{1}{2} r^2(\theta)d\theta$,微元 OAB 的重心(即 $\triangle OAB$ 的重心)到极轴的距离为 $\frac{2}{3} r(\theta) \sin\theta$.

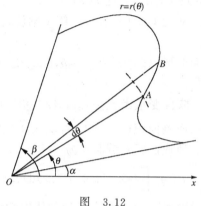

图 3.12

用古鲁金第二定理,微元 OAB 绕极轴旋转所得旋转体的体积

$$dV = 2\pi \cdot \frac{2}{3}r(\theta)\sin\theta \cdot \frac{1}{2}r^2(\theta)d\theta$$
$$= \frac{2\pi}{3}\int_\alpha^\beta r^3(\theta)\sin\theta d\theta,$$

故
$$V = \frac{2\pi}{3}\int_\alpha^\beta r^3(\theta)\sin\theta d\theta.$$

例 11 求抛物体 $x^2+y^2 \leqslant z \leqslant h$ 的重心和绕 z 轴的转动惯量(已知抛物体的密度为 1).

解 取自变量微元 $[z, z+dz]$,把相应的体积微元的质量:$\pi(\sqrt{z})^2 dz = \pi z dz$ 看成求质量不均匀棒的重心.所以

$$\bar{z} = \frac{\int_0^h z \cdot \pi z dz}{\int_0^h \pi z dz} = \frac{\frac{1}{3}}{\frac{1}{2}h^2} = \frac{2}{3}h.$$

求转动惯量时,把抛物体看成由曲线

$$z = x^2 \quad (0 \leqslant x \leqslant \sqrt{h})$$

绕 z 轴旋转而得,如图 3.13 所示.

取自变量微元 $[x, x+dx]$,则相应的面积微元为 $(h-x^2)dx$,它是如图 3.13 中的区域 A,把区域 A 绕 z 轴旋转而得的体积微元的质量为 $2\pi x \cdot (h-x^2)dx$. 从而转动惯量微元为

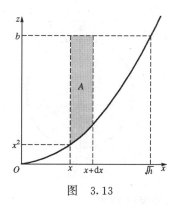

图 3.13

$$dI_z = x^2 \cdot 2\pi x \cdot (h - x^2) dx,$$

于是

$$I_z = \int_0^{\sqrt{h}} 2\pi x^3 \cdot (h - x^2) dx = 2\pi \left[h \frac{x^4}{4} - \frac{x^6}{6} \right]_0^{\sqrt{h}} = \frac{\pi}{6} h^3.$$

评注 本题在求重心和转动惯量时,采用不同的微元,使得求解过程直观简捷.一般解实际问题时需要灵活选取微元,还要掌握体、线、面之间的转化.

例 12 设半径为 1 的球正好有一半沉入水中,球的密度为 1.现将球从水中取出,问要做多少功?

思路 把球的质量 $\frac{4\pi}{3}$ 集中到球心,球从水中取出作功的问题可以看成求质量为 $\frac{4\pi}{3}$ 的质点向上移动距离为 1 时所做的功.因此,问题归结为如何求出变力,即求球在提起过程中受到的重力与浮力的合力.因为球和水的密度都是 1,所以

球受的重力 $= g \times$ 球的体积,

球受的浮力 $= g \times$ 浸在水中部分球的体积,

其中 $g = 9.8 \text{ m/s}^2$.因此,球在提起过程中受到的重力与浮力的合力等于球露出水面部分的体积(如图 3.14 所示).

解 当球心向上移动距离 h 时,球露出水面部分的体积为

$$\frac{2\pi}{3} + \int_0^h \pi(\sqrt{1-(h-z)^2})^2 dz = \frac{2\pi}{3} + \pi\left(h - \frac{h^3}{3}\right).$$

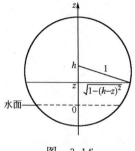

图 3.14

因而将球从水中取出所做的功为

$$W = g \times \int_0^1 \left[\frac{2\pi}{3} + \pi\left(h - \frac{h^3}{3}\right)\right] dh = g \times \left[\frac{2\pi}{3} + \pi\left(\frac{1}{2} - \frac{1}{12}\right)\right]$$

$$= \frac{13}{12}\pi g = \frac{13\pi}{12} \times 9.8 \text{ (J)}.$$

练 习 题 3.4

3.4.1 求 (1) 椭圆面 $\frac{x^2}{a^2} + \frac{y^2}{b^2} = 1$ 的面积;

(2) 椭球 $\frac{x^2}{a^2} + \frac{y^2}{b^2} + \frac{z^2}{c^2} \leqslant 1$ 的体积.

3.4.2 求圆柱面 $x^2 + y^2 = a^2$ 与两平面 $z = 0, z = 2(x+a)$ 所围立体的体积和侧面积.

3.4.3 设心脏线为 $r = a(1+\cos\theta)$ $(a>0)$. 求

(1) 它所围图形的面积;

(2) 它的长度;

(3) 它绕极轴旋转一周所产生立体的体积;

(4) 它绕极轴旋转一周所产生立体的侧面积.

3.4.4 (1) 求半圆 $0 \leqslant y \leqslant \sqrt{R^2 - x^2}$ 的重心;

(2) 求半圆周 $y = \sqrt{R^2 - x^2}$ ($|x| \leqslant R$)的重心.

3.4.5 求半球 $0 \leqslant z \leqslant \sqrt{R^2 - x^2 - y^2}$ 的重心.

3.4.6 求锥体 $\sqrt{x^2 + y^2} \leqslant z \leqslant h$ 的重心和绕 z 轴的转动惯量(设锥体的密度为1).

3.4.7 有一半径 $R = 3$ m 的圆形溢水洞,水半满,求水作用在闸门上的压力.

3.4.8 已知抛物线 $y=-ax^2+b$ $(a>0,b>0)$. 求 a 和 b 的值, 使满足下面两个条件:

(1) 抛物线与 x 轴围成的曲边梯形包含正方形
$$\{(x,y)\mid -1\leqslant x\leqslant 1, 0\leqslant y\leqslant 2\};$$

(2) 抛物线与 x 轴围成的曲边梯形面积最小.

3.4.9 已知抛物线 $x^2=(p-4)y+a^2(p\neq 4, a>0)$. 求 p 和 a 的值, 使满足下面两个条件:

(1) 抛物线与 $y=x+1$ 相切;

(2) 抛物线与 x 轴围成的图形绕 x 轴旋转有最大的体积.

3.4.10 某建筑工程打地基时, 需要汽锤将桩打进土层, 汽锤每次击打, 都将克服土层对桩的阻力而作功. 设土层对桩的阻力的大小与桩被打进地下的深度成正比(比例系数为 k $(k>0)$), 汽锤第一次击打将桩打进地下 a m. 根据设计方案, 要求汽锤每次击打桩时所作的功与前一次击打时所作的功之比为常数 r $(0<r<1)$. 问

(1) 汽锤击打桩 3 次后, 可将桩打进地下多深?

(2) 若击打次数不限, 汽锤至多能将桩打进地下多深?

§5 广 义 积 分

内 容 提 要

本节函数都假设是内闭黎曼可积的, 即在任何有限闭区间或在去掉瑕点后的有限闭区间内函数 $f(x)$ 黎曼可积.

1. 广义积分收敛与发散的概念

(1) 广义积分收敛的定义:
$$\int_0^{+\infty} f(x)\mathrm{d}x \xrightarrow{\text{定义}} \lim_{A\to+\infty}\int_a^A f(x)\mathrm{d}x,$$
$$\int_a^b f(x)\mathrm{d}x \xrightarrow{\text{定义}} \lim_{\delta\to 0}\int_a^{b-\delta} f(x)\mathrm{d}x.$$

若上面极限存在, 则称广义积分**收敛**; 否则称广义积分**发散**.

(2) 绝对收敛与条件收敛:

若 $\int_a^{+\infty}|f(x)|\mathrm{d}x$ 收敛, 称广义积分 $\int_a^{+\infty}f(x)\mathrm{d}x$ **绝对收敛**;

若 $\int_a^{+\infty}f(x)\mathrm{d}x$ 收敛, $\int_a^{+\infty}|f(x)|\mathrm{d}x$ 发散, 称广义积分**条件收敛**.

2. 正值函数的比较原理

设正值函数满足 $f(x)\leqslant\varphi(x)$ $(x\geqslant a)$, 则有

$\int_a^{+\infty}\varphi(x)$ 收敛 $\Rightarrow \int_a^{+\infty}f(x)$ 收敛；$\int_a^{+\infty}f(x)$ 发散 $\Rightarrow \int_a^{+\infty}\varphi(x)$ 发散.

3. 广义积分收敛判别法

若 $f(x)=O\left(\dfrac{1}{x^p}\right)$ $(p>1)$ $(x\to+\infty)$，则 $\int_a^{+\infty}f(x)\mathrm{d}x$ 绝对收敛.

若 $f(x)\sim\dfrac{c}{x^p}(x\to+\infty)$ $(c\neq 0)$，则 $\begin{cases}当\ p>1\ 时，\int_a^{+\infty}f(x)\mathrm{d}x\ 收敛;\\ 当\ p\leqslant 1\ 时，\int_a^{+\infty}f(x)\mathrm{d}x\ 发散.\end{cases}$

若 $f(x)=O\left(\dfrac{1}{(b-x)^p}\right)$ $(p<1)$ $(x\to b-0)$，则瑕积分 $\int_a^b f(x)\mathrm{d}x$ 绝对收敛.

若 $f(x)\sim\dfrac{c}{(b-x)^p}(x\to b-0)$ $(c\neq 0)$，则 $\begin{cases}当\ p<1\ 时，\int_a^b f(x)\mathrm{d}x\ 收敛;\\ 当\ p\geqslant 1\ 时，\int_a^b f(x)\mathrm{d}x\ 发散.\end{cases}$

定理1(狄利克雷判别法) 若 $f(x)$ 满足 $\left|\int_a^A f(x)\mathrm{d}x\right|\leqslant M$ $(\forall\ A>0)$，$g(x)$ 单调且 $\lim\limits_{x\to+\infty}g(x)=0$，则 $\int_a^{+\infty}f(x)g(x)\mathrm{d}x$ 收敛.

定理2(阿贝尔判别法) 若 $\int_a^{+\infty}f(x)\mathrm{d}x$ 收敛，$g(x)$ 单调有界，则 $\int_a^{+\infty}f(x)g(x)\mathrm{d}x$ 收敛.

定理3 设 $x=\varphi(t)$ 把 (α,β) 一一对应地映射成 (a,b)，且
$$\lim_{t\to\alpha}\varphi(t)=a,\quad \lim_{t\to\beta}\varphi(t)=b,$$
其中 α,β,a,b 皆可为有限或无限. 又 $\varphi'(t)$ 在 (α,β) 上连续且不为零，则
$$\int_a^b f(x)\mathrm{d}x=\int_\alpha^\beta f(\varphi(t))\varphi'(t)\mathrm{d}t,$$
式中有一广义积分收敛，另一个广义积分也收敛并且等式成立.

典型例题分析

例1 判别下列广义积分的收敛性：

(1) $\int_0^{+\infty}\dfrac{\mathrm{d}x}{\sqrt{x}(1+x^2)}$； (2) $\int_0^\pi\dfrac{\mathrm{d}x}{\sqrt{\sin x}}$.

解 (1) 积分有瑕点 $x=0$ 与 $x=+\infty$.

当 $x\to+\infty$ 时，$\dfrac{1}{\sqrt{x}(1+x^2)}\sim\dfrac{1}{x^{\frac{5}{2}}}$，因为 $p=\dfrac{5}{2}>1$，所以 $\int_1^{+\infty}\dfrac{\mathrm{d}x}{\sqrt{x}(1+x^2)}$ 收敛；

当 $x \to 0+0$ 时,$\dfrac{1}{\sqrt{x}(1+x^2)} \sim \dfrac{1}{\sqrt{x}}$,因为 $p=\dfrac{1}{2}<1$,所以 $\displaystyle\int_0^1 \dfrac{\mathrm{d}x}{\sqrt{x}(1+x^2)}$ 收敛.

以上两方面结合起来,则原广义积分收敛.

(2) 积分有瑕点 $x=0$ 与 $x=\pi$.

当 $x \to 0+0$ 时,$\dfrac{1}{\sqrt{\sin x}} \sim \dfrac{1}{\sqrt{x}}$,因为 $p=\dfrac{1}{2}<1$,所以 $\displaystyle\int_0^\pi \dfrac{\mathrm{d}x}{\sqrt{\sin x}}$ 收敛;

当 $x \to \pi-0$ 时,$\dfrac{1}{\sqrt{\sin x}} = \dfrac{1}{\sqrt{\sin(\pi-x)}} \sim \dfrac{1}{\sqrt{(\pi-x)}}$,因为 $p=\dfrac{1}{2}<1$,所以 $\displaystyle\int_1^\pi \dfrac{\mathrm{d}x}{\sqrt{\sin x}}$ 收敛.

以上两方面结合起来,则原广义积分收敛.

例 2 判别下列广义积分的收敛性:

(1) $\displaystyle\int_1^{+\infty} \mathrm{e}^{-x^2}\mathrm{d}x$;　　(2) $\displaystyle\int_0^{+\infty} \mathrm{e}^{-x^2}\cos bx\,\mathrm{d}x$.

解 (1) 因为对 $\forall N \in \mathbf{N}$,有 $\mathrm{e}^{-x} = O\left(\dfrac{1}{x^N}\right)$ $(x \to +\infty)$,即 $\mathrm{e}^{-x^2} = O\left(\dfrac{1}{x^{2N}}\right)$,所以对 $N=1$,便知积分 $\displaystyle\int_1^{+\infty} \mathrm{e}^{-x^2}\mathrm{d}x$ 收敛.

又解 当 $x \geqslant 1$ 时,$\mathrm{e}^{-x^2} \leqslant x\mathrm{e}^{-x^2}$,而
$$\lim_{A \to +\infty} \int_1^A x\mathrm{e}^{-x^2}\mathrm{d}x = \lim_{A \to +\infty} \dfrac{1}{2}(1-\mathrm{e}^{-A^2}) = \dfrac{1}{2},$$
即广义积分 $\displaystyle\int_1^{+\infty} x\mathrm{e}^{-x^2}\mathrm{d}x$ 收敛,从而 $\displaystyle\int_1^{+\infty} \mathrm{e}^{-x^2}\mathrm{d}x$ 收敛,即得 $\displaystyle\int_1^{+\infty} \mathrm{e}^{-x^2}\mathrm{d}x$ 收敛.

(2) 因为 $|\mathrm{e}^{-x^2}\cos bx| \leqslant \mathrm{e}^{-x^2}$,所以由第(1)小题知广义积分 $\displaystyle\int_0^{+\infty} \mathrm{e}^{-x^2}\cos bx\,\mathrm{d}x$ 收敛.

例 3 判别下列广义积分的收敛性:

(1) $\displaystyle\int_0^{+\infty} \dfrac{\ln(1+x)}{x^p}\mathrm{d}x$;　　(2) $\displaystyle\int_0^{\frac{1}{2}} \dfrac{\ln x}{\sqrt{x}(1-x)^2}\mathrm{d}x$.

解 (1) 此广义积分有瑕点 $x=0$ 与 $x=+\infty$.

当 $x\to+\infty$ 时,因为对 $\forall\,\varepsilon>0$,有 $\ln(1+x)=O(x^\varepsilon)$,所以当 $p>1$ 时,取 $0<\varepsilon<p-1$ (p 是固定的),则有
$$\frac{\ln(1+x)}{x^p}=O\left(\frac{1}{x^{p-\varepsilon}}\right)\quad(x\to+\infty),$$
由于此处 $p-\varepsilon>1$,故 $\int_1^{+\infty}\frac{\ln(1+x)}{x^p}\mathrm{d}x$ 收敛.

当 $x\to0+0$ 时,因为 $\frac{\ln(1+x)}{x^p}\sim\frac{1}{x^{p-1}}$,所以当 $p-1<1$ 时,即当 $p<2$ 时,$\int_0^1\frac{\ln(1+x)}{x^p}\mathrm{d}x$ 收敛.

以上两方面结合起来,当 $1<p<2$ 时,则原广义积分收敛.

(2) 此广义积分有瑕点 $x=0$ 与 $x=1$.

当 $x\to0+0$ 时,因为对 $\forall\,\varepsilon>0$,有 $\ln x=O\left(\frac{1}{x^\varepsilon}\right)$,所以只要取 $0<\varepsilon<\frac{1}{2}$,则有
$$\frac{\ln x}{\sqrt{x}\,(1-x)^2}=O\left(\frac{1}{x^{\frac{1}{2}+\varepsilon}}\right)\quad(x\to0+0),$$
由于此处 $0<\frac{1}{2}+\varepsilon<1$,故 $\int_0^{\frac{1}{2}}\frac{\ln x}{\sqrt{x}\,(1-x)^2}\mathrm{d}x$ 收敛.

当 $x\to1-0$ 时,因为 $\frac{\ln x}{\sqrt{x}\,(1-x)^2}\sim\frac{1-x}{(1-x)^2}=-\frac{1}{1-x}$,所以 $\int_{\frac{1}{2}}^1\frac{\ln x}{\sqrt{x}\,(1-x)^2}\mathrm{d}x$ 发散.

以上两方面结合起来,则原广义积分发散.

例 4 讨论如下广义积分的收敛性:
$$\int_0^{+\infty}\left[\ln\left(1+\frac{1}{x}\right)-\frac{1}{1+x}\right]\mathrm{d}x.$$

解法 1 此广义积分有瑕点 $x=0$ 与 $x=+\infty$. 当 $x\to+\infty$ 时,因为
$$0\leqslant\ln\left(1+\frac{1}{x}\right)-\frac{1}{1+x}$$
$$\leqslant\frac{1}{x}-\frac{1}{1+x}=\frac{1}{x(1+x)}\quad(\forall\,x>0),$$

所以由 $\int_1^{+\infty} \dfrac{1}{x(1+x)} \mathrm{d}x$ 的收敛性推出 $\int_1^{+\infty} \left[\ln\left(1+\dfrac{1}{x}\right) - \dfrac{1}{1+x}\right]\mathrm{d}x$ 收敛.

解法 2 用泰勒展开式. 因为当 $x \to +\infty$ 时, $\dfrac{1}{x} \to 0$, 所以

$$\ln\left(1+\dfrac{1}{x}\right) = \dfrac{1}{x} - \dfrac{1}{2x^2} + o\left(\dfrac{1}{x^2}\right) \quad (x \to +\infty),$$

$$\dfrac{1}{1+x} = \dfrac{1}{x} \cdot \dfrac{1}{1+\dfrac{1}{x}} = \dfrac{1}{x}\left[1 - \dfrac{1}{x} + o\left(\dfrac{1}{x}\right)\right] \quad (x \to \infty).$$

以上两式相减得

$$\ln\left(1+\dfrac{1}{x}\right) - \dfrac{1}{1+x} = \dfrac{1}{2x^2} + o\left(\dfrac{1}{x^2}\right) \sim \dfrac{1}{2x^2} \quad (x \to +\infty).$$

从而 $\int_1^{+\infty}\left[\ln\left(1+\dfrac{1}{x}\right) - \dfrac{1}{1+x}\right]\mathrm{d}x$ 收敛.

当 $x \to 0$ 时, 令 $x = \dfrac{1}{t}$, 有

$$\int_0^1 \ln\left(1+\dfrac{1}{x}\right)\mathrm{d}x \xrightarrow{x=\frac{1}{t}} \int_1^{+\infty} \dfrac{\ln(1+t)}{t^2}\mathrm{d}t.$$

由例 3 的第(1)小题可知广义积分 $\int_1^{+\infty} \dfrac{\ln(1+t)}{t^2}\mathrm{d}t$ 收敛, 所以广义积分 $\int_0^1 \ln\left(1+\dfrac{1}{x}\right)\mathrm{d}x$ 收敛. 而 $\int_0^1 \dfrac{\mathrm{d}x}{1+x}$ 为通常积分, 故广义积分

$$\int_0^1 \left[\ln\left(1+\dfrac{1}{x}\right) - \dfrac{1}{1+x}\right]\mathrm{d}x$$

收敛. 以上两方面结合起来, 则原广义积分收敛.

例 5 讨论广义积分 $\int_0^{+\infty} \dfrac{\sin x^2}{x^p}\mathrm{d}x$ 的收敛性与绝对收敛性.

解 改写

$$\int_0^{+\infty} \dfrac{\sin x^2}{x^p}\mathrm{d}x \xrightarrow{x=\sqrt{t}} \int_0^{+\infty} \dfrac{\sin t}{2t^{\frac{p+1}{2}}}\mathrm{d}t. \tag{5.1}$$

当 $t \to 0+0$ 时, 因为 $\dfrac{\sin t}{t^{\frac{p+1}{2}}} = \dfrac{\sin t}{t} \cdot \dfrac{1}{t^{\frac{p-1}{2}}} \sim \dfrac{1}{t^{\frac{p-1}{2}}} \quad (t \to 0+0)$, 所以当 $\dfrac{p-1}{2} < 1$ 时, 即当 $p < 3$ 时, 积分 $\int_0^1 \dfrac{\sin t}{2t^{\frac{p+1}{2}}}\mathrm{d}t$ 收敛, 由于被积函数是正

值,此收敛也是绝对收敛.

当 $t \to +\infty$ 时,因为 $\left|\int_1^A \sin t \, dt\right| \leqslant 2$,又当 $\frac{p+1}{2} < 0$ 时,即当 $p > -1$ 时,$\frac{1}{t^{\frac{p+1}{2}}} \searrow 0$,所以由狄利克雷判别法知积分 $\int_1^{+\infty} \frac{\sin t}{2t^{\frac{p+1}{2}}} dt$ 收敛. 当 $\frac{p+1}{2} > 1$ 时,即当 $p > 1$ 时,积分 $\int_1^{+\infty} \frac{\sin t}{2t^{\frac{p+1}{2}}} dt$ 绝对收敛;当 $0 < \frac{p+1}{2} \leqslant 1$ 时,即当 $-1 < p \leqslant 1$ 时,$\int_1^{+\infty} \frac{\sin t}{2t^{\frac{p+1}{2}}} dt$ 条件收敛.

综合以上结果,并由(5.1)式得

$$\begin{cases} \text{当} -1 < p \leqslant 1 \text{ 时,} & \int_0^{+\infty} \frac{\sin x^2}{x^p} dx \text{ 条件收敛;} \\ \text{当} 1 < p < 3 \text{ 时,} & \int_0^{+\infty} \frac{\sin x^2}{x^p} dx \text{ 绝对收敛.} \end{cases}$$

例 6 求 $I = \int_0^{\frac{\pi}{2}} (\sqrt{\tan x} + \sqrt{\cot x}) dx$.

解法 1 用三角函数的恒等变换.

$$I = \sqrt{2} \int_0^{\frac{\pi}{2}} \frac{\sin x + \cos x}{\sqrt{2\sin x \cos x}} dx = 2 \int_0^{\frac{\pi}{2}} \frac{\cos\left(x - \frac{\pi}{4}\right)}{\sqrt{\cos 2\left(x - \frac{\pi}{4}\right)}} dx$$

$$\xrightarrow{t = x - \pi/4} 2\int_{-\frac{\pi}{4}}^{\frac{\pi}{4}} \frac{\cos t}{\sqrt{1 - 2\sin^2 t}} dt = 4\int_0^{\frac{\pi}{4}} \frac{\cos t}{\sqrt{1 - 2\sin^2 t}} dt$$

$$\xrightarrow{v = \sqrt{2}\sin t} 2\sqrt{2} \int_0^1 \frac{1}{\sqrt{1 - v^2}} dv = 2\sqrt{2} \arcsin v \Big|_0^1$$

$$= \sqrt{2}\pi.$$

解法 2 令 $u = \sqrt{\tan x}$,则 $du = \frac{\sec^2 x \, dx}{2\sqrt{\tan x}} = \frac{1 + u^4}{2u} dx$,因此

$$I = \int_0^{\frac{\pi}{2}} \frac{1 + \tan x}{\sqrt{\tan x}} dx = \int_0^{+\infty} \frac{1 + u^2}{u} \cdot \frac{2u}{1 + u^4} du$$

$$= 2\int_0^{+\infty} \frac{1 + \frac{1}{u^2}}{u^2 + \frac{1}{u^2}} du = 2\int_0^{+\infty} \frac{d\left(u - \frac{1}{u}\right)}{\left(u - \frac{1}{u}\right)^2 + 2}$$

$$= \sqrt{2} \arctan \frac{u - \frac{1}{u}}{\sqrt{2}} \Big|_0^{+\infty} = \sqrt{2}\pi.$$

解法 3 注意到
$$x = \frac{\pi}{2} - u \Longrightarrow \int_0^{\frac{\pi}{2}} \sqrt{\cot x}\,dx = \int_0^{\frac{\pi}{2}} \sqrt{\tan u}\,du = \int_0^{\frac{\pi}{2}} \sqrt{\tan x}\,dx.$$

令 $t = \tan x$,则有
$$I = 2\int_0^{+\infty} \frac{\sqrt{t}}{1+t^2}dt \xrightarrow{t=v^2} \int_0^{+\infty} \frac{4v^2}{1+v^4}dv$$
$$= 2\int_0^{+\infty} \left\{\frac{1+v^2}{1+v^4} - \frac{1-v^2}{1+v^4}\right\}dv$$
$$= 2\int_0^{+\infty} \frac{d\left(v - \frac{1}{v}\right)}{\left(v - \frac{1}{v}\right)^2 + 2} - 2\int_0^{+\infty} \frac{1}{1+v^4}dv$$
$$+ 2\int_0^{+\infty} \frac{v^2}{1+v^4}dv. \tag{5.2}$$

又
$$\int_0^{+\infty} \frac{v^2}{1+v^4}dv \xrightarrow{t=1/v} \int_0^{+\infty} \frac{1}{1+t^4}dt = \int_0^{+\infty} \frac{1}{1+v^4}dv,$$
$$\int_0^{+\infty} \frac{d\left(v-\frac{1}{v}\right)}{\left(v-\frac{1}{v}\right)^2 + 2} \xrightarrow{t=v-1/v} \int_{-\infty}^{+\infty} \frac{1}{t^2+2}dt = \frac{\pi}{\sqrt{2}}. \tag{5.3}$$

联合(5.2)与(5.3)式,即得 $I = 2\int_{-\infty}^{+\infty} \frac{du}{u^2+2} = \sqrt{2}\pi.$

练 习 题 3.5

3.5.1 判别下列广义积分的收敛性:

(1) $\int_0^{+\infty} \frac{x^2}{x^4-x^2+1}dx$;

(2) $\int_0^{+\infty} \frac{dx}{\sqrt[3]{x^2(x^2-1)}}$;

(3) $\int_a^b \frac{dx}{\sqrt{(x-a)(b-x)}}$;

(4) $\int_0^{+\infty} \frac{\arctan x}{x^p}dx$;

(5) $\int_0^{+\infty} \frac{dx}{x^p+x^q}$ $(p>q)$;

(6) $\int_0^{\frac{\pi}{2}} \frac{dx}{\sin^p x \cos^q x}$.

3.5.2 判别下列广义积分的收敛性：

(1) $\int_0^1 \ln x \, dx$;

(2) $\int_0^1 \ln\sin x \, dx$;

(3) $\int_0^1 \dfrac{\ln x \ln(1-x)}{x(1-x)} dx$;

(4) $\int_0^1 \dfrac{\ln x \ln(1+x)}{x(1+x)} dx$.

3.5.3 判别广义积分 $\int_0^{+\infty} \dfrac{\arctan bx - \arctan ax}{x} dx$ $(b>a>0)$ 的收敛性.

3.5.4 判别下列广义积分的收敛性与绝对收敛性：

(1) $\int_0^{+\infty} (-1)^{[x^2]} dx$;

(2) $\int_0^{+\infty} \cos x^2 \, dx$;

(3) $\int_0^{+\infty} \dfrac{\ln x}{x} \sin x \, dx$;

(4) $\int_0^{+\infty} \dfrac{\sin x}{x} e^{-x} dx$.

3.5.5 判别下列广义积分的收敛性：

(1) $\int_0^{+\infty} \dfrac{\sin x \cos \dfrac{1}{x}}{x} dx$;

(2) $\int_0^{+\infty} \dfrac{\cos x \sin \dfrac{1}{x}}{x} dx$;

(3) $\int_0^{+\infty} \dfrac{1}{x} \sin\left(x + \dfrac{1}{x}\right) dx$.

3.5.6 设 $f(x) \leqslant h(x) \leqslant g(x)$，且 $\int_a^{+\infty} f(x) dx$ 与 $\int_a^{+\infty} g(x) dx$ 收敛. 求证：$\int_a^{+\infty} h(x) dx$ 收敛.

3.5.7 设 $f(x)$ 在 $[a, +\infty)$ 上单调下降，且 $\int_a^{+\infty} f(x) dx$ 收敛. 求证：
$$\lim_{x \to +\infty} x f(x) = 0.$$

第四章 级 数

§1 级数敛散判别法与性质、上极限与下极限

内 容 提 要

1. 级数收敛的概念

给定级数 $\sum\limits_{n=1}^{\infty} a_n$，若

$$\lim_{n\to\infty} S_n = \lim_{n\to\infty} \sum_{k=1}^{n} a_k = S$$

存在，称级数**收敛**，和为 S；若级数极限不存在，称级数**发散**。

又 $\sum\limits_{n=1}^{\infty}|a_n|$ 收敛，称 $\sum\limits_{n=1}^{\infty} a_n$ **绝对收敛**；若 $\sum\limits_{n=1}^{\infty}|a_n|$ 发散，$\sum\limits_{n=1}^{\infty} a_n$ 收敛，称级数**条件收敛**。

2. 柯西收敛准则

级数 $\sum\limits_{n=1}^{\infty} a_n$ 收敛的充要条件为：$\forall\, \varepsilon>0$，$\exists\, N$，当 $n>N$ 时，对 $\forall$ 正整数 p，有

$$|S_{n+p} - S_n| = \Big|\sum_{k=n+1}^{n+p} a_k\Big| < \varepsilon,$$

特别地，取 $p=1$，得收敛级数一般项趋于零，即 $\lim\limits_{n\to\infty} a_n = 0$。

3. 正项级数敛散判别法

定理 1 若 $a_n \leqslant b_n (n \geqslant n_0)$，则由 $\sum\limits_{n=1}^{\infty} b_n$ 收敛 $\Longrightarrow \sum\limits_{n=1}^{\infty} a_n$ 收敛；反之，由 $\sum\limits_{n=1}^{\infty} a_n$ 发散 $\Longrightarrow \sum\limits_{n=1}^{\infty} b_n$ 发散。

定理 2 若 $\lim\limits_{n\to\infty} \dfrac{a_n}{b_n} = l$，当 $l < +\infty$ 时，则由 $\sum\limits_{n=1}^{\infty} b_n$ 收敛 $\Longrightarrow \sum\limits_{n=1}^{\infty} a_n$ 收敛；当 $l>0$ 时，由 $\sum\limits_{n=1}^{\infty} a_n$ 发散 $\Longrightarrow \sum\limits_{n=1}^{\infty} b_n$ 发散。

定理 3（柯西判别法） 若 $\lim\limits_{n\to\infty} \sqrt[n]{a_n} = r$，则当 $r<1$ 时，$\sum\limits_{n=1}^{\infty} a_n$ 收敛；当 $r>1$

时，$\sum_{n=1}^{\infty} a_n$ 发散.

定理 4（达朗贝尔判别法） 若 $\lim \dfrac{a_{n+1}}{a_n} = r$，则当 $r<1$ 时，$\sum_{n=1}^{\infty} a_n$ 收敛；当 $r>1$ 时，$\sum_{n=1}^{\infty} a_n$ 发散.

定理 5 若 $a_n = f(n)$, $f(x)$ 在 $x \geqslant 1$ 上单调递减，则级数 $\sum_{n=1}^{\infty} a_n$ 与广义积分 $\int_1^{+\infty} f(x) \mathrm{d}x$ 同时收敛或同时发散.

定理 6 若 $a_n = O\left(\dfrac{1}{n^p}\right)$（$a_n$ 同号），$p>1$，则级数 $\sum_{n=1}^{\infty} a_n$ 收敛；

若 $a_n \sim \dfrac{c}{n^p}$, $c \neq 0$，则由 $p>1 \Longrightarrow \sum_{n=1}^{\infty} a_n$ 收敛，由 $p \leqslant 1 \Longrightarrow \sum_{n=1}^{\infty} a_n$ 发散.

4. 一般项级数敛散判别法

定理 7（柯西（达朗贝尔）判别法） 若 $\lim\limits_{n \to \infty} \sqrt[n]{|a_n|} = r$ $\left(\lim\limits_{n \to \infty} \left|\dfrac{a_{n+1}}{a_n}\right| = r\right)$，则当 $r<1$ 时，$\sum_{n=1}^{\infty} a_n$ 绝对收敛；当 $r>1$ 时，$\sum_{n=1}^{\infty} a_n$ 发散.

定理 8（莱布尼茨判别法） 若 $\sum_{n=1}^{\infty} (-1)^{n-1} a_n$ 满足：a_n 单调下降且趋于 0，则级数收敛.

定理 9（狄利克雷判别法） 若 $\sum_{n=1}^{\infty} a_n \cdot b_n$ 满足 $\left|\sum_{k=1}^{\infty} b_k\right| \leqslant M$, a_n 单调下降且趋于 0，则级数收敛.

定理 10（阿贝尔判别法） 若 $\sum_{n=1}^{\infty} a_n \cdot b_n$ 满足 $\sum_{n=1}^{\infty} b_n$ 收敛，a_n 单调有界，则级数收敛.

5. 收敛级数的性质

收敛级数在不变更项的次序情况下任意组合后的级数仍收敛.

绝对收敛的级数任意交换项的位置后所得的级数仍绝对收敛且其和不变.

两个绝对收敛级数乘积的级数仍绝对收敛且其和为两个级数的和相乘. 特别地，对柯西乘积，有

$$\left(\sum_{n=1}^{\infty} a_n\right) \cdot \left(\sum_{n=1}^{\infty} b_n\right) = \sum_{n=1}^{\infty} (a_1 b_n + a_2 b_{n-1} + \cdots + a_{n-1} b_2 + a_n b_1).$$

6. 上、下极限定义

$$\varlimsup_{n \to \infty} x_n \xlongequal{\text{定义}} \lim_{n \to \infty} \sup_{k \geqslant n} x_k = \inf_{n \geqslant 1} \sup_{k \geqslant n} x_k,$$

$$\varliminf_{n\to\infty} x_n \xlongequal{\text{定义}} \liminf_{n\to\infty}{}_{k\geqslant n} x_k = \sup_{n\geqslant 1} \inf_{k\geqslant n} x_k.$$

7. 上、下极限性质

性质 1 $\varliminf\limits_{n\to\infty} x_n \leqslant \varlimsup\limits_{n\to\infty} x_n.$

性质 2 若 $x_n \leqslant y_n\ (n \geqslant n_0)$, 则

$$\varliminf_{n\to\infty} x_n \leqslant \varliminf_{n\to\infty} y_n, \quad \varlimsup_{n\to\infty} x_n \leqslant \varlimsup_{n\to\infty} y_n.$$

性质 3 广义极限 $\lim\limits_{n\to\infty} x_n$ 存在 $\iff \varliminf\limits_{n\to\infty} x_n = \varlimsup\limits_{n\to\infty} x_n.$

性质 4 给定数列 $\{x_n\}, \{y_n\}$, 则

$$\varliminf_{n\to\infty} x_n + \varliminf_{n\to\infty} y_n \leqslant \varliminf_{n\to\infty}(x_n + y_n) \leqslant \begin{cases} \varlimsup\limits_{n\to\infty} x_n + \varliminf\limits_{n\to\infty} y_n \\ \varliminf\limits_{n\to\infty} x_n + \varlimsup\limits_{n\to\infty} y_n \end{cases}$$

$$\leqslant \varlimsup_{n\to\infty}(x_n + y_n) \leqslant \varlimsup_{n\to\infty} x_n + \varlimsup_{n\to\infty} y_n.$$

(要求出现的广义数运算有意义). 由此推出下面两条性质:

$$\varliminf_{n\to\infty}(-x_n) = -\varlimsup_{n\to\infty} x_n, \quad \varlimsup_{n\to\infty}(-x_n) = -\varliminf_{n\to\infty} x_n.$$

性质 5 给定数列 $\{x_n\}, \{y_n\}$. 若 $\lim\limits_{n\to\infty} x_n$ 存在, 则

$$\varliminf_{n\to\infty}(x_n + y_n) = \lim_{n\to\infty} x_n + \varliminf_{n\to\infty} y_n,$$
$$\varlimsup_{n\to\infty}(x_n + y_n) = \lim_{n\to\infty} x_n + \varlimsup_{n\to\infty} y_n;$$

当 $x_n > 0, y_n > 0$ 时 (要求下面出现的广义数运算有意义),

$$\varliminf_{n\to\infty} x_n \cdot \varliminf_{n\to\infty} y_n \leqslant \varliminf_{n\to\infty} x_n \cdot y_n \leqslant \begin{cases} \varliminf\limits_{n\to\infty} x_n \cdot \varlimsup\limits_{n\to\infty} y_n \\ \varlimsup\limits_{n\to\infty} x_n \cdot \varliminf\limits_{n\to\infty} y_n \end{cases}$$

$$\leqslant \varlimsup_{n\to\infty} x_n \cdot y_n \leqslant \varlimsup_{n\to\infty} x_n \cdot \varlimsup_{n\to\infty} y_n.$$

同样可推出下面两条性质:

$$\varliminf_{n\to\infty} \frac{1}{x_n} = \frac{1}{\varlimsup\limits_{n\to\infty} x_n}, \quad \varlimsup_{n\to\infty} \frac{1}{x_n} = \frac{1}{\varliminf\limits_{n\to\infty} x_n}.$$

若 $\lim\limits_{n\to\infty} x_n$ 存在, 则

$$\varliminf_{n\to\infty} x_n \cdot y_n = \lim_{n\to\infty} x_n \cdot \varliminf_{n\to\infty} y_n, \quad \varlimsup_{n\to\infty} x_n \cdot y_n = \lim_{n\to\infty} x_n \cdot \varlimsup_{n\to\infty} y_n.$$

8. 上极限存在的充分必要条件

$\varlimsup\limits_{n\to\infty} x_n = a$ 充分必要条件为:

当 $a = +\infty$ 时, $\forall M > 0, \forall N, \exists n > N$, 使得 $x_n > M$;

当 $-\infty < a < +\infty$ 时, $\forall \varepsilon > 0$,

$$\begin{cases} \exists\, N, \text{当 } n>N \text{ 时}, x_n<a+\varepsilon (\text{大于 } a+\varepsilon \text{ 只有有限项}), \\ \forall\, N, \exists\, n>N, \text{使 } x_n>a-\varepsilon (\text{大于 } a-\varepsilon \text{ 有无穷多项}). \end{cases}$$

典型例题分析

例1 求级数 $\sum\limits_{n=1}^{\infty} \dfrac{1}{4n^2-1}$ 的和.

解 因为
$$S_n = \sum_{k=1}^{n} \frac{1}{(2k-1)(2k+1)}$$
$$= \frac{1}{2} \sum_{k=1}^{n} \left[\frac{1}{2k-1} - \frac{1}{2k+1} \right]$$
$$= \frac{1}{2} \left(1 - \frac{1}{2n+1} \right),$$

故 $\lim\limits_{n\to\infty} S_n = 1/2$. 所以级数收敛,其和为 $1/2$.

例2 判别下列级数的收敛性:

(1) $\sum\limits_{n=1}^{\infty} \dfrac{1}{2^{n-(-1)^n}}$; (2) $\sum\limits_{n=1}^{\infty} \dfrac{a^n}{1+a^{2n}} \ (a>0)$.

解 (1) $\lim\limits_{n\to\infty} \sqrt[n]{\dfrac{1}{2^{n-(-1)^n}}} = \lim\limits_{n\to\infty} \dfrac{1}{2^{1-(-1)^n/n}} = \dfrac{1}{2} < 1$,由柯西判别法知此级数收敛. 本题不能应用达朗贝尔判别法,因为

$$\lim_{n\to\infty} \frac{a_{2n+1}}{a_{2n}} = \lim_{n\to\infty} \frac{2^{2n-1}}{2^{2n+2}} = \frac{1}{8} < 1,$$

$$\lim_{n\to\infty} \frac{a_{2n}}{a_{2n-1}} = \lim_{n\to\infty} \frac{2^{2n}}{2^{2n-1}} = 2 > 1,$$

所以 $\lim\limits_{n\to\infty} \dfrac{a_{n+1}}{a_n}$ 不存在.

(2) 当 $a=1$ 时,级数 $\sum\limits_{n=1}^{\infty} \dfrac{1}{2}$ 显然发散.

当 $0<a<1$ 时,由

$$\frac{a^n}{2} < \frac{a^n}{1+a^{2n}} < a^n \Longrightarrow \lim_{n\to\infty} \sqrt[n]{\frac{a^n}{1+a^{2n}}} = a < 1 \Longrightarrow \text{级数收敛}.$$

当 $a>1$ 时,因为

$$\lim_{n\to\infty}\sqrt[n]{\frac{a^n}{1+a^{2n}}}=\lim_{n\to\infty}\sqrt[n]{\frac{(1/a)^n}{1+(1/a)^{2n}}}=\frac{1}{a}<1,$$

所以根据柯西判别法知级数收敛.

例3 判别下列级数的收敛性：

(1) $\sum_{n=1}^{\infty}\frac{1}{3^{\ln n}}$；　　　　(2) $\sum_{n=1}^{\infty}\frac{1}{3^{\sqrt{n}}}$.

解 (1) 改写 $3^{\ln n}=e^{\ln n\cdot\ln 3}=n^{\ln 3}$，并记 $p=\ln 3$，则原级数 $=\sum_{n=1}^{\infty}\frac{1}{n^p}(p>1)$，从而原级数收敛.

(2) 因为 $\lim_{n\to\infty}\ln n/\sqrt{n}=0$，所以 $\exists\, n_0$，当 $n\geqslant n_0$ 时，$\ln n<\sqrt{n}$，从而

$$\frac{1}{3^{\sqrt{n}}}<\frac{1}{3^{\ln n}}\quad(n\geqslant n_0).$$

由比较判别法(利用(1)的结果)，知原级数收敛.

又解 用比较判别法的极限形式. 设 $a_n=1/3^{\sqrt{n}}$，$b_n=1/n^2$. 已知级数 $\sum_{n=1}^{\infty}b_n$ 收敛，又由洛必达法则，

$$\lim_{n\to\infty}\frac{a_n}{b_n}=\lim_{n\to\infty}\frac{n^2}{3^{\sqrt{n}}}=\lim_{x\to+\infty}\frac{x^2}{3^{\sqrt{x}}}\xrightarrow{\text{令}x=t^2}\lim_{t\to+\infty}\frac{t^4}{3^t}$$

$$=\lim_{t\to+\infty}\frac{4t^3}{3^t\cdot\ln 3}=\cdots=\lim_{t\to+\infty}\frac{4!}{3^t(\ln 3)^4}=0<+\infty,$$

从而原级数收敛.

例4 判别下列级数的收敛性：

(1) $\sum_{n=1}^{\infty}\frac{1}{\ln(n+1)}\sin\frac{1}{n}$；

(2) $\sum_{n=1}^{\infty}\left(\sqrt[n]{a}-\sqrt{1+\frac{1}{n}}\right)\ (a>0).$

解 (1) $\frac{1}{\ln(n+1)}\sin\frac{1}{n}\sim\frac{1}{n\ln(n+1)}\sim\frac{1}{n\ln n}\ (n\to\infty)$，因此，由定理5便知 $\sum_{n=2}^{\infty}\frac{1}{n\ln n}$ 发散 $\Rightarrow\sum_{n=1}^{\infty}\frac{1}{\ln(n+1)}\sin\frac{1}{n}$ 发散.

(2) $\sqrt[n]{a}-\sqrt{1+\frac{1}{n}}=e^{\frac{1}{n}\ln a}-\left(1+\frac{1}{n}\right)^{\frac{1}{2}}$

$$= 1 + \frac{1}{n}\ln a + \frac{(\ln a)^2}{2n^2} + o\left(\frac{1}{n^2}\right) - \left[1 + \frac{1}{2n} - \frac{1}{8n^2} + o\left(\frac{1}{n^2}\right)\right]$$

$$= \left(\ln a - \frac{1}{2}\right)\frac{1}{n} + \left[\frac{(\ln a)^2}{2} + \frac{1}{8}\right] \cdot \frac{1}{n^2} + o\left(\frac{1}{n^2}\right).$$

当 $a \neq e^{\frac{1}{2}}$ 时, $\sqrt[n]{a} - \sqrt{1 + \frac{1}{n}} \sim \left(\ln a - \frac{1}{2}\right)\frac{1}{n} \Rightarrow$ 级数发散;

当 $a = e^{\frac{1}{2}}$ 时, $\sqrt[n]{a} - \sqrt{1 + \frac{1}{n}} \sim \frac{1}{4n^2} \Rightarrow$ 级数收敛.

例 5 设正项级数 $\sum_{n=1}^{\infty} a_n$ 收敛,和为 S. 令 $r_n = \sum_{k=n}^{\infty} a_k$,求证:当 $0 < p < 1$ 时,

$$\sum_{n=1}^{\infty} \frac{a_n}{r_n^p} \leqslant \int_0^S \frac{\mathrm{d}x}{x^p} = \frac{S^{1-p}}{1-p}.$$

证 把区间 $[0, S]$ 用分点 $\cdots, r_{k+1}, r_k, \cdots, r_2, r_1 = S$ 分成无限个小区间. 在 $[r_{k+1}, r_k]$ 上,因 $r_k - r_{k+1} = a_k$ 及函数 $1/x^p$ 的单调递减性,有

$$\frac{a_k}{r_k^p} \leqslant -\int_{r_k}^{r_{k+1}} \frac{\mathrm{d}x}{x^p} \Rightarrow \sum_{k=1}^{n} \frac{a_k}{r_k^p} \leqslant -\sum_{k=1}^{n} \int_{r_k}^{r_{k+1}} \frac{\mathrm{d}x}{x^p} = \int_{r_{n+1}}^{S} \frac{\mathrm{d}x}{x^p} \leqslant \int_0^S \frac{\mathrm{d}x}{x^p}.$$

这意味着级数 $\sum_{k=1}^{\infty} \frac{a_k}{r_k^p}$ 的部分和有界,从而此级数收敛,且

$$\sum_{k=1}^{\infty} \frac{a_k}{r_k^p} \leqslant \int_0^S \frac{\mathrm{d}x}{x^p} = \frac{S^{1-p}}{1-p}.$$

评注 如果我们用级数一般项趋于零的快慢(无穷小阶的大小)来评价一个收敛级数的收敛快慢,那么由

$$\frac{a_n}{a_n/r_n^p} = r_n^p \to 0 \quad (n \to \infty).$$

可见,a_n/r_n^p 是 a_n 的低阶无穷小,从而 $\sum_{n=1}^{\infty} a_n/r_n^p$ 比 $\sum_{n=1}^{\infty} a_n$ 收敛得慢. 这个事实说明,每一个收敛的正项级数,总存在一个比它收敛得更慢的正项级数.

例 6 讨论下列级数的收敛性:

(1) $\sum_{n=1}^{\infty} (-1)^{n-1} \frac{\ln n}{\sqrt{n}}$;   (2) $\sum_{n=1}^{\infty} (-1)^{n-1} \frac{(2n-1)!!}{(2n)!!}$.

解 (1) 设 $f(x) \stackrel{\text{记为}}{=\!=\!=} \ln x / \sqrt{x}$,则

$$f'(x) = \frac{2-\ln x}{2x\sqrt{x}} < 0 \quad (x > e^2).$$

因此当 $x>9$ 时,$f(x)$ 单调递减,即得序列 $\{\ln n/\sqrt{n}\}$ 单调递减. 又由洛必达法则,有

$$\lim_{n\to\infty}\frac{\ln n}{\sqrt{n}} = \lim_{x\to+\infty}\frac{\ln x}{\sqrt{x}} = \lim_{x\to+\infty}\frac{1/x}{1/2\sqrt{x}} = 0.$$

由莱布尼茨判别法知原级数收敛.

(2) 为证明此级数收敛,根据莱布尼茨判别法,只要证序列

$$a_n \xrightarrow{\text{记为}} \frac{(2n-1)!!}{(2n)!!} \quad (n=1,2,3,\cdots)$$

单调下降并且趋于零. 由

$$a_{n+1} = \frac{(2n+1)!!}{(2n+2)!!} = \frac{(2n+1)(2n-1)!!}{(2n+2)(2n)!!}$$

$$< \frac{(2n-1)!!}{(2n)!!} = a_n,$$

即可看出 a_n 单调下降. 为了证明 $a_n \to 0$ $(n\to\infty)$,有下面几种证法.

证法 1 根据基本不等式

$$\frac{a}{b} < \frac{a+1}{b+1} \quad (b>a>0),$$

显然

$$a_n = \frac{1}{2}\cdot\frac{3}{4}\cdot\frac{5}{6}\cdot\cdots\cdot\frac{2n-1}{2n}$$

$$\leq \frac{2}{3}\cdot\frac{4}{5}\cdot\frac{6}{7}\cdot\cdots\cdot\frac{2n}{2n+1} = \frac{1}{a_n(2n+1)}.$$

由此 $0<a_n\leq 1/\sqrt{2n+1}$,即得 $\lim_{n\to\infty}a_n=0$.

证法 2 $a_n = \left(1-\frac{1}{2}\right)\left(1-\frac{1}{4}\right)\cdots\left(1-\frac{1}{2n}\right) = e^{\sum_{k=1}^{n}\ln\left(1-\frac{1}{2k}\right)}$. 又

$$\ln\left(1-\frac{1}{2k}\right) \sim -\frac{1}{2k} \quad (k\to+\infty),$$

而级数 $-\sum_{k=1}^{\infty}\frac{1}{2k}$ 发散,故

$$\lim_{n\to\infty}\sum_{k=1}^{n}\ln\left(1-\frac{1}{2k}\right) = -\infty,$$

从而
$$\lim_{n\to\infty}a_n = \lim_{n\to\infty}e^{\sum_{k=1}^{\infty}\ln\left(1-\frac{1}{2k}\right)} = 0.$$

证法3 由瓦里斯公式：
$$\lim_{n\to\infty}\left[\frac{(2n)!!}{(2n-1)!!}\right]^2 \frac{1}{2n+1} = \frac{\pi}{2},$$

可知 $a_n \sim \sqrt{\frac{2}{\pi}} \cdot \frac{1}{\sqrt{2n+1}}$ $(n\to\infty)$，即得 $a_n\to 0$ $(n\to\infty)$.

例7 讨论下列级数的收敛性：

(1) $\sum_{n=1}^{\infty}\frac{(-1)^{n-1}}{n^{1+\frac{1}{n}}}$； (2) $\sum_{n=1}^{\infty}(-1)^n\frac{\sin n}{n}$.

解 (1) $\sum_{n=1}^{\infty}\frac{(-1)^{n-1}}{n} \cdot \frac{1}{\sqrt[n]{n}}$ 中，因 $\sum_{n=1}^{\infty}\frac{(-1)^{n-1}}{n}$ 收敛，$\sqrt[n]{n} = e^{\frac{\ln n}{n}}$ 当 n 充分大时单调递减，故 $\frac{1}{\sqrt[n]{n}}$ 单调递增且有界，所以由定理10知级数收敛.

(2) $\sum_{n=1}^{\infty}(-1)^n\frac{\sin n}{n} = \sum_{n=1}^{\infty}\frac{\cos(n\pi)\sin n}{n}$
$$= \sum_{n=1}^{\infty}\frac{\sin n(1+\pi) - \sin n(\pi-1)}{2n}.$$

因级数 $\sum_{n=1}^{\infty}\frac{\sin n(1+\pi)}{2n}$ 与 $\sum_{n=1}^{\infty}\frac{\sin n(\pi-1)}{2n}$ 收敛，所以级数收敛.

又解 由 $\sum_{n=1}^{\infty}\frac{\sin nx}{n}$ 收敛，令 $x=2$，知 $\sum_{n=1}^{\infty}\frac{\sin 2n}{n}$，即 $\sum_{n=1}^{\infty}\frac{\sin 2n}{2n}$ 收敛，再令 $x=1$，知 $\sum_{n=1}^{\infty}\frac{\sin n}{n}$ 收敛，由可组合性得

$$\sum_{n=1}^{\infty}\left[\frac{\sin(2n-1)}{2n-1} + \frac{\sin 2n}{2n}\right] 收敛 \Rightarrow \sum_{n=1}^{\infty}\frac{\sin(2n-1)}{2n-1} 收敛$$

$$\Rightarrow \sum_{n=1}^{\infty}\left[\frac{\sin 2n}{2n} - \frac{\sin(2n-1)}{2n-1}\right] 收敛$$

$$\Rightarrow \sum_{n=1}^{\infty}(-1)^n\frac{\sin n}{n} 收敛.$$

例8 设正项级数 $\sum_{n=1}^{\infty}a_n$ 发散，$|a_n|\leqslant M$，令 $S_n = \sum_{k=1}^{n}a_k$，求证：

(1) $\sum_{n=1}^{\infty} \frac{a_{n+1}}{S_n} = \int_{a_1}^{\infty} \frac{dx}{x} = +\infty$；

(2) $\sum_{n=1}^{\infty} \frac{a_n}{S_n}$ 发散.

证 (1) 把 $[a_1, +\infty]$ 用分点 $a_1 = S_1 < S_2 < \cdots < S_k < S_{k+1} < \cdots$ 分成无限个小区间，在 $[S_k, S_{k+1}]$ 上，因 $S_{k+1} - S_k = a_{k+1}$ 及 $1/x$ 单调性，我们有

$$\frac{a_{k+1}}{S_k} \geq \int_{S_k}^{S_{k+1}} \frac{dx}{x} \quad (k = 1, 2, \cdots),$$

从而

$$\sum_{k=1}^{n} \frac{a_{k+1}}{S_k} \geq \int_{a_1}^{S_n} \frac{dx}{x} \quad (\forall n \in N).$$

当 $n \to \infty$ 时，$+\infty \geq \sum_{n=1}^{\infty} \frac{a_{n+1}}{S_n} \geq \int_{a_1}^{\infty} \frac{dx}{x} = +\infty$，即得结论.

(2) 我们考虑级数 $\sum_{n=1}^{\infty} \frac{a_n - a_{n+1}}{S_n}$，因 $\frac{1}{S_n}$ 单调下降且趋于 0，及 $\left| \sum_{k=1}^{\infty} (a_k - a_{k+1}) \right| \leq 2M$，故级数 $\sum_{n=1}^{\infty} \frac{a_n - a_{n+1}}{S_n}$ 收敛，于是由第(1)小题推出级数 $\sum_{n=1}^{\infty} a_n / S_n$ 发散.

又证 因对任意固定的 n，$\lim_{p \to +\infty} S_n / S_{n+p} = 0$，所以 $\exists p > 0$，使 $S_n / S_{n+p} < 1/2$. 于是对 $\varepsilon_0 = 1/2 > 0$，$\forall N \in N$，$\exists n = N+1 > N$，有

$$\frac{a_{n+1}}{S_{n+1}} + \frac{a_{n+2}}{S_{n+2}} + \cdots + \frac{a_{n+p}}{S_{n+p}} > \frac{S_{n+p} - S_n}{S_{n+p}} = 1 - \frac{S_n}{S_{n+p}} > \frac{1}{2}.$$

故由收敛原理知 $\sum_{n=1}^{\infty} a_n / S_n$ 发散.

例 9 讨论级数 $\sum_{n=1}^{\infty} \ln\left(1 + \frac{(-1)^{n-1}}{n^p}\right)$ 的收敛性与绝对收敛性 ($p > 0$).

解 记 $a_n = (-1)^n / n^p$，$b_n = \ln(1 + a_n)$，$c_n = a_n - b_n$，则有

$$b_n = \ln\left(1 + \frac{(-1)^n}{n^p}\right) = \frac{(-1)^n}{n^p} - \frac{1}{2n^{2p}} + o\left(\frac{1}{2n^{2p}}\right),$$

$$c_n = \frac{1}{2n^{2p}} + o\left(\frac{1}{n^{2p}}\right) \sim \frac{1}{2n^{2p}}.$$

当 $0<p\leqslant\frac{1}{2}$ 时,级数 $\sum_{n=1}^{\infty}a_n$ 条件收敛,$\sum_{n=1}^{\infty}c_n$ 发散 $\Rightarrow \sum_{n=1}^{\infty}b_n$ 发散.

当 $\frac{1}{2}<p\leqslant 1$ 时,级数 $\sum_{n=1}^{\infty}a_n$ 条件收敛,级数 $\sum_{n=1}^{\infty}c_n$ 绝对收敛 $\Rightarrow$ $\sum_{n=1}^{\infty}b_n$ 条件收敛,要不然,$\sum_{n=1}^{\infty}c_n$ 绝对收敛,由

$$a_n=c_n+b_n\Rightarrow |a_n|\leqslant |b_n|+|c_n|\Rightarrow \sum_{n=1}^{\infty}|a_n| \text{ 收敛}.$$

矛盾!

当 $p>1$ 时,级数 $\sum_{n=1}^{\infty}a_n$,$\sum_{n=1}^{\infty}c_n$ 皆绝对收敛 $\Rightarrow \sum_{n=1}^{\infty}b_n$ 绝对收敛.

评注 级数 $\sum_{n=1}^{\infty}\ln\left(1+\frac{(-1)^n}{n^p}\right)$ 为交错级数,当 $0<p\leqslant\frac{1}{2}$ 时,由于一般项 $|b_n|$ 不单调,级数可以发散;还说明对于非正项级数,由

$$\ln\left(1+\frac{(-1)^n}{n^p}\right)\sim \frac{(-1)^n}{n^p}$$

及 $\sum_{n=1}^{\infty}\frac{(-1)^n}{n^p}$ 收敛,得不出 $\sum_{n=1}^{\infty}\ln\left(1+\frac{(-1)^n}{n^p}\right)$ 收敛.

例 10 求证:将级数 $\sum_{n=1}^{\infty}\frac{(-1)^{n-1}}{\sqrt{n}}$ 重排后的级数

$$1+\frac{1}{\sqrt{3}}-\frac{1}{\sqrt{2}}+\cdots+\frac{1}{\sqrt{4k-3}}+\frac{1}{\sqrt{4k-1}}-\frac{1}{\sqrt{2k}}+\cdots$$

发散.

证 先考虑级数 $\sum_{k=1}^{\infty}\left(\frac{1}{\sqrt{4k-3}}+\frac{1}{\sqrt{4k-1}}-\frac{1}{\sqrt{2k}}\right)$,因

$$\frac{1}{\sqrt{4k-3}}+\frac{1}{\sqrt{4k-1}}-\frac{1}{\sqrt{2k}}\geqslant \frac{1}{\sqrt{4k}}+\frac{1}{\sqrt{4k}}-\frac{1}{\sqrt{2k}}$$

$$=\left|1-\frac{1}{\sqrt{2}}\right|\frac{1}{\sqrt{k}},$$

及 $\sum_{k=1}^{\infty}\frac{1}{\sqrt{k}}$ 发散,故 $\sum_{k=1}^{\infty}\left(\frac{1}{\sqrt{4k-3}}+\frac{1}{\sqrt{4k-1}}-\frac{1}{\sqrt{2k}}\right)$ 发散 $\Rightarrow$ 重排后级数发散.

例 11 利用级数收敛性,证明序列

$$x_n = 1 + \frac{1}{2} + \cdots + \frac{1}{n} - \ln n$$

当 $n \to \infty$ 时极限存在.

证 令 $a_1 = x_1, a_n = x_n - x_{n-1}$ $(n = 2, 3, \cdots)$,则级数 $\sum\limits_{n=1}^{\infty} a_n$ 的部分和为 x_n,所以证 $\lim\limits_{n \to \infty} x_n$ 存在归结为证级数收敛. 因

$$a_n = \frac{1}{n} + \ln\left(1 - \frac{1}{n}\right) = \frac{1}{n} + \left[-\frac{1}{n} - \frac{1}{2n^2} + o\left(\frac{1}{n^2}\right)\right]$$

$$= -\frac{1}{2n^2} + o\left(\frac{1}{n^2}\right),$$

由于 $a_n \sim -\dfrac{1}{2n^2}$,推出级数 $\sum\limits_{n=1}^{\infty} a_n$ 收敛,也就是 $\lim\limits_{n \to \infty} x_n = c$ 存在,c 称为欧拉常数,$c = 0.577216\cdots$. 若记 $x_n - c = r_n$,则

$$1 + \frac{1}{2} + \frac{1}{3} + \cdots + \frac{1}{n} = c + \ln n + r_n, \quad \lim_{n \to \infty} r_n = 0.$$

例 12 求证:将级数 $\sum\limits_{n=1}^{\infty} \dfrac{(-1)^{n-1}}{n} = \ln 2$ 重排后的级数

$$1 + \frac{1}{3} - \frac{1}{2} + \cdots + \frac{1}{4k-3} + \frac{1}{4k-1} - \frac{1}{2k} + \cdots$$

的和为 $\dfrac{3}{2} \ln 2$.

证 记级数 $\sum\limits_{n=1}^{\infty} \dfrac{(-1)^{n-1}}{n}$ 的部分和为 σ_n,重排后级数的部分和为 S_n,则

$$S_{3n} = \sum_{k=1}^{n} \left(\frac{1}{4k-3} + \frac{1}{4k-1} - \frac{1}{2k}\right)$$

$$= \sigma_{4n} + \frac{1}{2n+2} + \frac{1}{2n+4} + \cdots + \frac{1}{4n}$$

$$= \sigma_{4n} + \frac{1}{2}\left(\frac{1}{n+1} + \frac{1}{n+2} + \cdots + \frac{1}{2n}\right)$$

$$= \sigma_{4n} + \frac{1}{2}[c + \ln 2n + r_{2n} - c - \ln n - r_n]$$

$$= \sigma_{4n} + \frac{1}{2}(\ln 2 + r_{2n} - r_n) \to \ln 2 + \frac{1}{2} \ln 2 = \frac{3}{2} \ln 2,$$

$$\lim_{n \to \infty} S_{3n+1} = \lim_{n \to \infty} S_{3n} + \lim_{n \to \infty} \frac{1}{4n+1} = \frac{3}{2} \ln 2,$$

$$\lim_{n\to\infty}S_{3n+2}=\lim_{n\to\infty}S_{3n+1}+\lim_{n\to\infty}\frac{1}{4n+3}=\frac{3}{2}\ln 2$$
$$\Rightarrow \lim_{n\to\infty}S_n=\frac{3}{2}\ln 2,$$

即重排后级数和为 $\frac{3}{2}\ln 2$.

例 13 设曲线 $y=\frac{1}{x^3}$ 与直线 $y=\frac{x}{n^4}, y=\frac{x}{(n+1)^4}$ 在第一象限围成的面积为 $I(n)$,其中 n 为自然数.

(1) 求证: $I(n)=\frac{2n+1}{n^2(n+1)^2}$;

(2) 求级数 $\sum_{n=1}^{\infty}I(n)$ 的和.

解 (1) $I(n)=\frac{1}{2n^2}+\int_n^{n+1}\frac{1}{x^3}\mathrm{d}x-\frac{1}{2(n+1)^2}$
$$=\frac{1}{2n^2}+\frac{2n+1}{2(n+1)^2n^2}-\frac{1}{2(n+1)^2}=\frac{2n+1}{(n+1)^2n^2}.$$

(2) 由(1)知
$$I(n)=\frac{(n+1)^2-n^2}{(n+1)^2n^2}=\frac{1}{n^2}-\frac{1}{(n+1)^2},$$

故有 $\sum_{n=1}^{\infty}I(n)=\lim_{n\to\infty}\sum_{k=1}^{n}I(k)=\lim_{n\to\infty}\left(1-\frac{1}{(n+1)^2}\right)=1.$

例 14 证明级数 $\sum_{n=1}^{\infty}\left[\frac{1}{\sqrt{n}}-\sqrt{\ln\frac{n+1}{n}}\right]$ 收敛,并且其和小于 1.

证 由微分中值定理,有
$$\ln\frac{n+1}{n}=\ln(n+1)-\ln n=\frac{1}{\xi}\quad (\xi\in(n,n+1))$$
$$\Rightarrow \frac{1}{n+1}<\ln\frac{n+1}{n}<\frac{1}{n},$$

从而 $\quad 0<\frac{1}{\sqrt{n}}-\sqrt{\ln\frac{n+1}{n}}<\frac{1}{\sqrt{n}}-\frac{1}{\sqrt{n+1}}.$

又 $\sum_{n=1}^{\infty}\left[\frac{1}{\sqrt{n}}-\frac{1}{\sqrt{n+1}}\right]=\lim_{n\to\infty}\sum_{k=1}^{n}\left[\frac{1}{\sqrt{k}}-\frac{1}{\sqrt{k+1}}\right]$
$$=\lim_{n\to\infty}\left(1-\frac{1}{\sqrt{k+1}}\right)=1,$$

所以级数 $\sum_{n=1}^{\infty}\left[\dfrac{1}{\sqrt{n}}-\sqrt{\ln\dfrac{n+1}{n}}\right]$ 收敛,并且其和小于 1.

例 15 若 $q>0$,证明:
$$\varlimsup_{n\to\infty}qx_n = q\varlimsup_{n\to\infty}x_n, \quad \varliminf_{n\to\infty}qx_n = q\varliminf_{n\to\infty}x_n.$$

证 当 $k\geqslant n$ 时,由
$$x_k \leqslant \sup_{k\geqslant n}x_k \Longrightarrow qx_k \leqslant q\sup_{k\geqslant n}x_k \Longrightarrow \sup_{k\geqslant n}qx_k \leqslant q\sup_{k\geqslant n}x_k;$$

又当 $k\geqslant n$ 时,由
$$qx_k \leqslant \sup_{k\geqslant n}qx_k \Longrightarrow x_k \leqslant \dfrac{1}{q}\sup_{k\geqslant n}qx_k$$
$$\Longrightarrow \sup_{k\geqslant n}x_k \leqslant \dfrac{1}{q}\sup_{k\geqslant n}qx_k$$
$$\Longrightarrow q\sup_{k\geqslant n}x_k \leqslant \sup_{k\geqslant n}qx_k.$$

合起来即得出
$$q\sup_{k\geqslant n}x_k = \sup_{k\geqslant n}qx_k.$$

令 $n\to\infty$,即得
$$\varlimsup_{n\to\infty}qx_n = q\varlimsup_{n\to\infty}x_n,$$
$$\varliminf_{n\to\infty}qx_n = -\left[\varlimsup_{n\to\infty}(-qx_n)\right] = -\left[q\varlimsup_{n\to\infty}(-x_n)\right]$$
$$= -\left[-q\varliminf_{n\to\infty}x_n\right] = q\varliminf_{n\to\infty}x_n.$$

例 16 设两序列 $\{a_n\},\{b_n\}$ 满足关系式
$$a_{n+1} = b_n + qa_n \quad (0<q<1),$$
且 $\lim\limits_{n\to\infty}b_n=b$ 存在.证明:

(1) $\{a_n\}$ 有界;   (2) $\lim\limits_{n\to\infty}a_n$ 存在.

证 (1) 因 $\lim\limits_{n\to\infty}b_n=b$,$\exists\ M$,使 $|b_n|\leqslant M\ (n=1,2,\cdots)$.由关系式得
$$|a_2| \leqslant M + q|a_1|,$$
$$|a_3| \leqslant M + q|a_2| \leqslant M + qM + q^2|a_1|,$$
$$\vdots$$
$$|a_n| \leqslant M(1+q+q^2+\cdots+q^{n-2}) + q^{n-1}|a_1|$$
$$\leqslant \dfrac{M}{1-q} + |a_1|,$$

由数学归纳法即可看出式子成立.

(2) $\varlimsup\limits_{n\to\infty} a_{n+1} = \lim\limits_{n\to\infty} b_n + q\varlimsup\limits_{n\to\infty} a_n \Rightarrow \varlimsup\limits_{n\to\infty} a_n = \dfrac{b}{1-q}$, 同理

$$\varliminf\limits_{n\to\infty} a_n = \dfrac{b}{1-q} \Rightarrow \lim\limits_{n\to\infty} a_n \text{ 存在}.$$

练习题 4.1

4.1.1 求下列级数的和:

(1) $\sum\limits_{n=1}^{\infty} \dfrac{1}{(3n-2)(3n+1)}$;

(2) $\sum\limits_{n=1}^{\infty} \dfrac{(-1)^{n-1}}{n(n+2)}$.

4.1.2 判断下列级数的收敛性:

(1) $\sum\limits_{n=1}^{\infty} \dfrac{n^2}{\left(1+\dfrac{1}{n}\right)^{n^2}}$;

(2) $\sum\limits_{n=1}^{\infty} \dfrac{\ln n}{2^n}$;

(3) $\sum\limits_{n=1}^{\infty} \dfrac{n^{n-1}}{(2n^2+1)^{n/2}}$;

(4) $\sum\limits_{n=1}^{\infty} \dfrac{a^n}{n!}$;

(5) $\sum\limits_{n=1}^{\infty} \dfrac{\sqrt{n!}}{n^{n/2}}$;

(6) $\sum\limits_{n=1}^{\infty} \dfrac{\sqrt{n!} \cdot 2^n}{n^{n/2}}$;

(7) $\dfrac{3}{1} + \dfrac{3 \cdot 5}{1 \cdot 4} + \dfrac{3 \cdot 5 \cdot 7}{1 \cdot 4 \cdot 7} + \dfrac{3 \cdot 5 \cdot 7 \cdot 9}{1 \cdot 4 \cdot 7 \cdot 10} + \cdots$.

4.1.3 判断下列级数的收敛性:

(1) $\sum\limits_{n=1}^{\infty} \dfrac{1}{2^{\ln n}}$;

(2) $\sum\limits_{n=1}^{\infty} \dfrac{1}{n^{\ln n}}$;

(3) $\sum\limits_{n=1}^{\infty} \dfrac{n}{3^{\sqrt{n}}}$;

(4) $\sum\limits_{n=2}^{\infty} \dfrac{\ln n}{n^p}$ $(p>1)$.

4.1.4 判断下列级数的收敛性:

(1) $\sum\limits_{n=1}^{\infty} 2^n \sin \dfrac{\pi}{3^n}$;

(2) $\sum\limits_{n=1}^{\infty} \dfrac{1}{\sqrt{n^3+n+1}}$;

(3) $\sum\limits_{n=1}^{\infty} \left[\left(n+\dfrac{1}{2}\right)\ln\left(1+\dfrac{1}{n}\right) - 1\right]$;

(4) $\sum\limits_{n=2}^{\infty} \ln \sqrt[n]{\dfrac{n+1}{n-1}}$;

(5) $\sum\limits_{n=1}^{\infty} (\sqrt{n+a} - \sqrt[4]{n^2+n})$ $(a>0)$;

(6) $\sum\limits_{n=1}^{\infty} (\sqrt[n]{n} - 1)^p$ $(p>0)$.

4.1.5 若级数 $\sum\limits_{n=1}^{\infty} a_n$ (A) 及 $\sum\limits_{n=1}^{\infty} b_n$ (B) 皆收敛,且 $a_n \leqslant c_n \leqslant b_n$ $(n=1,2,3,$

…).试证级数 $\sum_{n=1}^{\infty} c_n$ (C)收敛;若级数(A),(B)皆发散,问级数(C)的收敛性如何?

4.1.6 若正项级数 $\sum_{n=1}^{\infty} a_n$ 收敛,$\{a_n\}$ 单调递减.求证:

(1) $\lim_{n\to\infty} \sum_{k=[\frac{n}{2}]+1}^{n} a_k = 0$; (2) $\lim_{n\to\infty} na_n = 0$.

4.1.7 若正项级数 $\sum_{n=1}^{\infty} a_n$ 的项 a_n 单调递减,且 $\sum_{n=1}^{\infty} a_{2n}$ 收敛,求证: $\sum_{n=1}^{\infty} a_n$ 收敛.

4.1.8 设 $0 < p_1 < p_2 < \cdots < p_n < \cdots$. 求证:级数 $\sum_{n=1}^{\infty} \frac{1}{p_n}$ 收敛的充分必要条件为下面的级数收敛:

$$\sum_{n=1}^{\infty} \frac{n}{p_1 + p_2 + \cdots + p_n}.$$

4.1.9 判断下列级数的收敛性:

(1) $\sum_{n=1}^{\infty} (-1)^{n-1} \frac{\ln^2 n}{n}$; (2) $\sum_{n=1}^{\infty} (-1)^{n-1} \frac{\sqrt{n}}{n+100}$;

(3) $\sum_{n=1}^{\infty} (-1)^{n-1} \frac{1 + \frac{1}{2} + \cdots + \frac{1}{n}}{n}$;

(4) $\sum_{n=1}^{\infty} \sin(\pi\sqrt{n^2+1})$.

4.1.10 判断下列级数的收敛性:

(1) $\sum_{n=1}^{\infty} (-1)^n \frac{\sin^2 n}{n}$; (2) $\sum_{n=1}^{\infty} \frac{(-1)^{n-1}}{n} \cdot \frac{a^n}{1+a^n}$ $(a>0)$;

(3) $\sum_{n=1}^{\infty} \frac{\sin n \cdot \sin n^2}{n}$; (4) $\sum_{n=1}^{\infty} \frac{\sin\left(n+\frac{1}{n}\right)}{n}$.

4.1.11 讨论下列级数的收敛性:

(1) $\sum_{n=1}^{\infty} \frac{x^n}{1+x^{2n}}$; (2) $\sum_{n=1}^{\infty} \frac{(-1)^{n-1}}{n^2} \cdot e^{-nx}$.

4.1.12 讨论下列级数的收敛性与绝对收敛性 $(p>0)$:

(1) $\sum_{n=1}^{\infty} \frac{(-1)^{n-1}}{n^p + (-1)^{n-1}}$; (2) $\sum_{n=1}^{\infty} \frac{(-1)^{n-1}}{(n+(-1)^{n-1})^p}$.

4.1.13 求证:若级数 $\sum_{n=1}^{\infty} a_n^2$ 及 $\sum_{n=1}^{\infty} b_n^2$ 收敛,则下面级数:

$$\sum_{n=1}^{\infty} a_n \cdot b_n, \quad \sum_{n=1}^{\infty} (a_n + b_n)^2, \quad \sum_{n=1}^{\infty} \frac{a_n}{n}$$

皆收敛.

4.1.14 设 $\sum_{n=1}^{\infty} a_n$ 收敛,且 $\lim_{n\to\infty} na_n = 0$. 求证：$\sum_{n=1}^{\infty} n(a_n - a_{n+1})$ 收敛,并且
$$\sum_{n=1}^{\infty} n(a_n - a_{n+1}) = \sum_{n=1}^{\infty} a_n.$$

4.1.15 (1) 设正项数列 $\{x_n\}$ 单调上升. 求证：当 $\{x_n\}$ 有界时,级数
$$\sum_{n=1}^{\infty} \left(1 - \frac{x_n}{x_{n+1}}\right)$$
收敛,当 $\{x_n\}$ 无界时,该级数发散.

(2) 设 $\alpha \geqslant 1, a_1 = 1, a_{n+1} = \frac{n}{n+\alpha} a_n \ (n=1,2,3,\cdots)$. 求证：$\{n^\alpha a_n\}$ 是收敛数列.

4.1.16 求证：级数 $\sum_{n=1}^{\infty} \frac{(-1)^{n-1}}{\sqrt{n}}$ 的平方(指柯西乘积)是发散的.

4.1.17 求证：级数 $\sum_{n=1}^{\infty} \frac{(-1)^{n-1}}{n}$ 的平方(指柯西乘积)是收敛的.

4.1.18 用级数方法证序列 $x_n = 1 + \frac{1}{\sqrt{2}} + \cdots + \frac{1}{\sqrt{n}} - 2\sqrt{n}$ 的极限存在 $(n \to +\infty)$.

4.1.19 设 $p_n > 0 \ (n=1,2,\cdots)$,若级数 $\sum_{n=1}^{\infty} \frac{1}{p_n}$ 收敛,求证级数
$$\sum_{n=1}^{\infty} \frac{n}{p_1 + p_2 + \cdots + p_n} \text{ 收敛}.$$

4.1.20 设 $\{a_n\}, \{b_n\}$ 满足关系式 $a_{n+1} = b_n - qa_n \ (0 < q < 1)$,且 $\lim_{n\to\infty} b_n = b$ 存在,证明 $\lim_{n\to\infty} a_n$ 存在.

4.1.21 设 $x_1 > 0, x_{n+1} = 1 + \frac{1}{x_n} \ (n=1,2,\cdots)$. 求证：

(1) $1 \leqslant \varliminf_{n\to\infty} x_n \leqslant \varlimsup_{n\to\infty} x_n \leqslant 2$;

(2) $\lim_{n\to\infty} x_n$ 存在,并求其极限值.

4.1.22 设序列 $\{a_n\}$ 有界,并满足 $\lim_{n\to\infty}(a_{2n} + 2a_n) = 0$,求证：$\lim_{n\to\infty} a_n = 0$.

4.1.23 求证 $\varlimsup_{n\to\infty} \sqrt[n]{S_n} \leqslant 1 \ (S_n \geqslant 0)$ 的充要条件为：对任一大于 1 的数 l,有 $\lim_{n\to\infty} \frac{S_n}{l^n} = 0$.

4.1.24 设 $0 \leqslant x_{n+m} \leqslant x_n \cdot x_m \ (x,m \in \mathbf{N})$. 求证：序列 $\{\sqrt[n]{x_n}\}$ 极限存在.

4.1.25 (1) 设 $0 < q < 1$,求证：$\exists r \in (q,1)$,使 n 充分大时,有
$$1 + \frac{q}{n} < \left(1 + \frac{1}{n}\right)^r \quad (n > N);$$

(2) 设 $a_n>0$,求证:$\varlimsup\limits_{n\to\infty}n\left(\dfrac{1+a_{n+1}}{a_n}-1\right)\geqslant 1.$

§2 函 数 级 数

内 容 提 要

1. 函数级数一致收敛的概念

若函数序列 $\{f_n(x)\}_1^\infty$ 满足 $\lim\limits_{n\to\infty}f_n(x)=f(x)$ $(x\in X)$,$\forall\ \varepsilon>0$,$\exists\ N$,当 $n>N$ 时,有
$$|f_n(x)-f(x)|<\varepsilon\quad(\forall\ x\in X),$$
则称函数序列在 X 上**一致收敛**于 $f(x)$,记作 $f_n(x)\xrightarrow[\text{一致}]{X}f(x)$.

若级数 $\sum\limits_{n=1}^\infty u_n(x)$ 的部分和序列 $\{S_n(x)\}$ 在 X 上一致收敛,则称**级数在 X 上一致收敛**.

2. 柯西一致收敛原理

$\sum\limits_{n=1}^\infty u_n(x)$ 在 X 上一致收敛的充要条件为:$\forall\ \varepsilon>0$,$\exists\ N$,当 $n>N$ 时,对 $\forall\ p\in N$ 及 $x\in X$,有
$$\left|\sum_{k=n+1}^{n+p}u_k(x)\right|<\varepsilon.$$

3. 函数级数一致收敛判别法

魏尔斯特拉斯判别法(M 判别法) 若 $|u_n(x)|\leqslant M_n$ $(\forall\ x\in X)$,且有 $\sum\limits_{n=1}^\infty M_n<+\infty$,则 $\sum\limits_{n=1}^\infty u_n(x)$ 在 X 上一致收敛.

狄利克雷判别法 若
$$\left|\sum_{k=1}^n b_k(x)\right|\leqslant M\quad(\forall\ x\in X),$$
又 $\forall\ x\in X$,序列 $\{a_n(x)\}$ 单调,且 $a_n(x)\xrightarrow[\text{一致}]{X}0$,则 $\sum\limits_{n=1}^\infty a_n(x)b_n(x)$ 在 X 上一致收敛.

阿贝尔判别法 若 $\sum\limits_{n=1}^\infty b_n(x)$ 在 X 上一致收敛,又 $\forall\ x\in X$,序列 $\{a_n(x)\}$ 单调,且 $|a_n(x)|\leqslant M$,$\forall\ x\in X$,则 $\sum\limits_{n=1}^\infty a_n(x)b_n(x)$ 在 X 上一致收敛.

4. 一致收敛函数级数性质

若 $u_n(x) \in C[a,b]$ $(n=1,2,\cdots)$，$\sum_{n=1}^{\infty} u_n(x)$ 在 $[a,b]$ 上一致收敛，则有

(1) $S(x) = \sum_{n=1}^{\infty} u_n(x) \in C[a,b]$（$[a,b]$ 换 (a,b) 也对）；（**和函数连续定理**）

(2) $\int_a^b S(x) dx = \sum_{n=1}^{\infty} \int_a^b u_n(x) dx$. （**逐项积分定理**）

逐项微分定理 若 $u_n'(x) \in C[a,b]$，$\sum_{n=1}^{\infty} u_n(x)$ 在 $[a,b]$ 上收敛，$\sum_{n=1}^{\infty} u_n'(x)$ 在 $[a,b]$ 上一致收敛，则

$$\left(\sum_{n=1}^{\infty} u_n(x)\right)' = \sum_{n=1}^{\infty} u_n'(x) \quad (x \in [a,b])$$

（$[a,b]$ 换成 (a,b) 时也对）.

典型例题分析

例 1 设 $f_n(x)$ 在 $[a,b]$ 上一致收敛于 $f(x)$，求证：$|f_n(x)|$ 也在 $[a,b]$ 上一致收敛.

证 $\forall \varepsilon > 0$，由 $f_n(x) \xrightarrow[一致]{[a,b]} f(x)$，$\exists N(\varepsilon)$，当 $n > N$，$\forall x \in [a,b]$，有

$$|f_n(x) - f(x)| < \varepsilon \Rightarrow ||f_n(x)| - |f(x)|| < \varepsilon,$$

即 $|f_n(x)|$ 在 $[a,b]$ 上一致收敛于 $|f(x)|$.

例 2 讨论下列序列在 $(0,1)$ 区间上的一致收敛性：

(1) $f_n(x) = \dfrac{n+x^2}{nx}$；　　(2) $f_n(x) = \dfrac{1}{1+nx}$.

解 (1) 因为 $\lim\limits_{n\to\infty} \dfrac{n+x^2}{nx} = \lim\limits_{n\to\infty} \dfrac{1+\dfrac{x^2}{n}}{x} = \dfrac{1}{x}$ $(0 < x < 1)$，所以

$$E_n = \sup_{0<x<1} \left|\dfrac{n+x^2}{nx} - \dfrac{1}{x}\right| = \sup_{0<x<1} \left|\dfrac{x}{n}\right| \leqslant \dfrac{1}{n}$$

$$\Rightarrow \lim_{n\to\infty} E_n = 0.$$

由 M 判别法知 $f_n(x) = \dfrac{n+x^2}{nx}$ 在 $(0,1)$ 上一致收敛于无界函数 $\dfrac{1}{x}$.

(2) 因为 $\lim\limits_{n\to\infty} \dfrac{1}{1+nx} = 0$，所以

$$E_n = \sup_{0<x<1}\left|\frac{1}{1+nx}\right| \geqslant \frac{1}{1+n\cdot\frac{1}{n}} = \frac{1}{2} \Rightarrow \lim_{n\to\infty}E_n \neq 0,$$

由此知 $f_n(x) = \frac{1}{1+nx}$ 在 $(0,1)$ 上不一致收敛.

例3 求证：$\sum_{n=1}^{\infty}\frac{nx}{1+n^5x^2}$ 在 $|x|<+\infty$ 上一致收敛.

证法1 由 $a^2+b^2\geqslant 2ab$，可得

$$\left|\frac{nx}{1+n^5x^2}\right| = \left|\frac{1}{2n^{3/2}}\cdot\frac{2n^{5/2}x}{1+n^5x^2}\right| \leqslant \frac{1}{2n^{3/2}} \quad (|x|<+\infty).$$

又 $\sum_{n=1}^{\infty}\frac{1}{2n^{3/2}}$ 收敛，由 M 判别法即得原级数在 $|x|<+\infty$ 上一致收敛.

证法2 记 $u_n(x) = \frac{nx}{1+n^5x^2}$，先求函数 $u_n(x)$ 的最大值，由于 $u_n(x)$ 为奇函数，只需讨论 $x\geqslant 0$ 的情形.

$$u_n'(x) = u_n(x)\left[\frac{1}{x}-\frac{2n^5x}{1+n^5x^2}\right] = \frac{n(1-n^5x^2)}{(1+n^5x^2)^2},$$

$$u_n'(x) \xlongequal{\diamondsuit} 0 \Rightarrow x = n^{-5/2}.$$

又 $(x-n^{-5/2})u_n'(x)<0$ $(x>0, x\neq n^{-5/2})$，故 $x=n^{-5/2}$ 是函数 $u_n(x)$ 的最大值点. 因此

$$\left|\frac{nx}{1+n^5x^2}\right| \leqslant \frac{n\cdot n^{-5/2}}{1+n^5(n^{-5/2})^2} = \frac{1}{2n^{3/2}} \quad (|x|<+\infty).$$

下同证法1.

例4 求证：

(1) $\sum_{n=0}^{\infty}(-1)^n(1-x)x^n$ 在 $[0,1]$ 上一致收敛；

(2) $\sum_{n=0}^{\infty}(1-x)x^n$ 在 $[0,1]$ 上收敛但不一致收敛.

证 (1) 固定 $x\in[0,1]$，序列 $(1-x)x^n$ 单调下降且趋于零，由交错级数的余项估计式得

$$|S(x)-S_n(x)| = |r_n(x)| = \left|\sum_{k=n}^{\infty}(-1)^k(1-x)x^k\right|$$

$$\leqslant (1-x)x^n.$$

再求函数 $u_n(x)=(1-x)x^n$ 的最大值.
$$u_n'(x) = (n+1)x^{n-1}\left(\frac{n}{n+1} - x\right),$$
$$u_n'(x) \xrightarrow{\text{令}} 0 \Longrightarrow x = \frac{n}{n+1}.$$
又
$$\left(x - \frac{n}{n+1}\right)u_n'(x) < 0 \quad \left(x \neq \frac{n}{n+1}\right),$$
所以 $\quad |S(x) - S_n(x)| \leqslant \dfrac{1}{n+1} \cdot \left(\dfrac{n}{n+1}\right)^n \leqslant \dfrac{1}{n+1},$
故 $\quad \sup\limits_{0\leqslant x\leqslant 1} |S(x) - S_n(x)| \to 0 \quad (n \to \infty),$
即原级数在 $[0,1]$ 上一致收敛.

或由狄利克雷判别法：$a_n(x) \xrightarrow{\text{定义}} (1-x)x^n \xrightarrow{[0,1]} 0$，固定 x，$a_n(x)$ 单调，$b_n(x) \xrightarrow{\text{定义}} (-1)^n$，$\left|\sum\limits_{k=0}^{n} b_n(x)\right| \leqslant 1$，故原级数在 $[0,1]$ 上一致收敛.

(2) 当 $n \to \infty$ 时,
$$S_n(x) = \sum_{k=0}^{n-1}(1-x)x^k \to S(x) = \begin{cases} 1, & 0 \leqslant x < 1, \\ 0, & x = 1, \end{cases}$$
这说明级数收敛. 由和函数不连续，说明级数在 $[0,1]$ 上不一致收敛. 或因为
$$\sup_{0\leqslant x\leqslant 1} |S(x) - S_n(x)| = \sup_{0\leqslant x\leqslant 1} x^n = 1 \nrightarrow 0 \quad (n \to \infty),$$
所以级数在 $[0,1]$ 上不一致收敛.

例 5 求证：级数 $\sum\limits_{n=1}^{\infty} \dfrac{(-1)^{n-1}}{n+x}$ 在 $x \geqslant 0$ 上一致收敛.

证 因为
$$|S(x) - S_n(x)| = |r_n(x)| \leqslant \frac{1}{n+1+x} \leqslant \frac{1}{n+1},$$
所以 $\quad \sup\limits_{x \geqslant 0} |S(x) - S_n(x)| \to 0 \quad (n \to \infty),$
从而原级数在 $x \geqslant 0$ 上一致收敛.

评注 以上三个例题说明了 $\sum\limits_{n=1}^{\infty} u_n(x)$ 在 X 上一致收敛的条件

下,关于 $\sum_{n=1}^{\infty}|u_n(x)|$ 可能发生如下三种情况:

(1) $\sum_{n=1}^{\infty}|u_n(x)|$ 在 X 上一致收敛;

(2) $\sum_{n=1}^{\infty}|u_n(x)|$ 在 X 上收敛但不一致收敛;

(3) $\sum_{n=1}^{\infty}|u_n(x)|$ 在 X 上发散.

例 6 (1) 设级数 $\sum_{n=1}^{\infty}u_n(x)$ 在 X 上一致收敛,求证:级数的一般项 $u_n(x)$ 在 X 上一致趋于零;

(2) 讨论级数 $\sum_{n=1}^{\infty}2^n\sin\dfrac{1}{3^n x}$ 在 $x>0$ 上的一致收敛性.

证 (1) 由一致收敛原理,对 $\forall \varepsilon>0, \exists N\in \mathbf{N}$,使得对 $\forall n>N, p=1$,有
$$|u_{n+1}(x)|<\varepsilon \quad (\forall x\in X),$$
即得 $u_n(x)$ 在 X 上一致趋于零.

(2) 固定 $x>0$,由
$$2^n\sin\frac{1}{3^n x}\sim\frac{2^n}{3^n x}=\frac{1}{x}\left(\frac{2}{3}\right)^n \quad (n\to\infty),$$
可知 $\sum_{n=1}^{\infty}2^n\sin\dfrac{1}{3^n x}$ 对任意固定的 x 收敛. 但
$$\sup_{x>0}\left|2^n\sin\frac{1}{3^n x}\right|\geqslant 2^n\sin\frac{1}{3^n\cdot\frac{1}{3^n}}=2^n\sin 1 \not\to 0 \quad (n\to\infty),$$
因此,根据(1),原级数在 $x>0$ 上不一致收敛.

例 7 设 $u_n(x)\in C[a,b]$ $(n=1,2,\cdots)$,级数 $\sum_{n=1}^{\infty}u_n(x)$ 在 (a,b) 上一致收敛. 求证:

(1) $\sum_{n=1}^{\infty}u_n(a), \sum_{n=1}^{\infty}u_n(b)$ 收敛;

(2) $\sum_{n=1}^{\infty}u_n(x)$ 在 $[a,b]$ 上一致收敛.

证 (1) $\forall \varepsilon>0$,由条件 $\exists N\in\mathbf{N}$,当 $n>N$,对 $\forall p\in\mathbf{N}$,

$$|u_{n+1}(x) + u_{n+2}(x) + \cdots + u_{n+p}(x)| < \varepsilon \quad (\forall\ x \in (a,b)),$$

令 $x \to a+0$,得

$$|u_{n+1}(a) + u_{n+2}(a) + \cdots + u_{n+p}(a)| \leqslant \varepsilon.$$

由数值级数收敛原理知 $\sum_{n=1}^{\infty} u_n(a)$ 收敛.同理可证 $\sum_{n=1}^{\infty} u_n(b)$ 收敛.

(2) 由(1)的证明过程可知,对 $\forall\ \varepsilon > 0, \exists\ N \in \mathbf{N}$,当 $n > N$ 时,对 $\forall\ p \in \mathbf{N}$,有

$$|u_{n+1}(x) + u_{n+2}(x) + \cdots + u_{n+p}(x)| \leqslant \varepsilon \quad (\forall\ x \in [a,b]).$$

由此可见,$\sum_{n=1}^{\infty} u_n(x)$ 在 $[a,b]$ 上一致收敛.

例 8 求证:级数 $\sum_{n=1}^{\infty} \dfrac{1}{n^x}$ 在 $x > 1$ 上不一致收敛.

证 用反证法.假设级数在 $x > 1$ 上一致收敛,那么由例 7 的结果便可推出 $\sum_{n=1}^{\infty} \dfrac{1}{n}$ 收敛,这就产生了矛盾.这个矛盾说明反证法的假设不成立,即级数在 $x > 1$ 上不一致收敛.

例 9 求证:黎曼 ζ 函数 $\zeta(x) = \sum_{n=1}^{\infty} \dfrac{1}{n^x}$ 具有如下性质:

(1) 在 $x > 1$ 上连续;　　(2) 在 $x > 1$ 上连续可微.

证 (1) 对 $\forall\ x_0 > 1, \exists\ p \in (1, x_0)$,使得

$$0 < \frac{1}{n^x} = \frac{1}{n^{x-p}} \cdot \frac{1}{n^p} \leqslant \frac{1}{n^p} \quad (\forall\ x \geqslant p),$$

又 $\sum_{n=1}^{\infty} \dfrac{1}{n^p} < +\infty$,从而 $\sum_{n=1}^{\infty} \dfrac{1}{n^x}$ 在 $x \geqslant p$ 上一致收敛.进一步由连续性定理,可知函数 $\zeta(x)$ 在 $x \geqslant p$ 上连续,特别在 x_0 点连续.由于 x_0 的任意性,即可肯定 $\zeta(x)$ 在 $x > 1$ 上连续.

(2) 由(1)可知 $\left(\dfrac{1}{n^x}\right)' = -\dfrac{\ln n}{n^x} \in C(1, +\infty)$.

对 $\forall\ x_0 > 1, \exists\ p \in (1, x_0)$,使得

$$0 \leqslant \frac{\ln n}{n^x} \leqslant \frac{\ln n}{n^p} \quad (\forall\ x \geqslant p).$$

又 $\sum_{n=1}^{\infty} \dfrac{\ln n}{n^p}$ 收敛,从而 $-\sum_{n=1}^{\infty} \dfrac{\ln n}{n^x}$ 在 $x \geqslant p$ 上一致收敛.进一步由逐项求导与连续性定理知

$$\zeta'(x) = \sum_{n=1}^{\infty}\left(\frac{1}{n^x}\right)' = -\sum_{n=1}^{\infty}\frac{\ln n}{n^x} \quad (\forall\ x \geqslant p),$$

且 $\zeta'(x)$ 在 $x \geqslant p$ 上连续,特别 $\zeta(x)$ 在 x_0 点可导且 $\zeta'(x)$ 在 x_0 连续. 由 x_0 的任意性,即可肯定 $\zeta(x)$ 在 $x > 1$ 上连续可微.

评注 若能在开区间上直接应用连续定理和逐项可微定理当然更好,否则先在缩小的区间上应用连续性定理或逐项微商定理,然后利用在任意点成立,把结论推广到开区间.

例 10 求证:

(1) $\sum_{n=0}^{\infty}\int_{0}^{x}t^n\sin\pi t\,dt = \int_{0}^{x}\frac{\sin\pi t}{1-t}dt\ (0 \leqslant x < 1)$;

(2) 级数 $\sum_{n=0}^{\infty}\int_{0}^{x}t^n\sin\pi t\,dt$ 在 $x \in [0,1]$ 上一致收敛;

(3) $\sum_{n=0}^{\infty}\int_{0}^{1}t^n\sin\pi t\,dt = \int_{0}^{1}\frac{\sin\pi t}{t}dt.$

证 (1) 固定 $x < 1$ 时,因 $|t^n\sin\pi t| \leqslant x^n\ (0 \leqslant t \leqslant x)$,所以级数 $\sum_{n=0}^{\infty}t^n\sin\pi t$ 在 $[0,x]$ 上一致收敛. 由逐项积分定理得

$$\sum_{n=0}^{\infty}\int_{0}^{x}t^n\sin\pi t\,dt = \int_{0}^{x}\frac{\sin\pi t}{1-t}dt.$$

(2) 当 $0 \leqslant x \leqslant 1$ 时,

$$\left|\int_{0}^{x}t^n\sin\pi t\,dt\right| \leqslant \left|\int_{0}^{1}t^n\sin\pi t\,dt\right| = \left|\int_{0}^{1}\sin\pi t\,d\frac{t^{n+1}}{n+1}\right|$$

$$= \left|\frac{t^{n+1}}{n+1}\sin\pi t\bigg|_{0}^{1} - \frac{\pi}{n+1}\int_{0}^{1}t^{n+1}\cos\pi t\cdot dt\right|$$

$$\leqslant \frac{\pi}{n+1}\int_{0}^{1}|t^{n+1}\cos\pi t|\,dt \leqslant \frac{\pi}{n+1}\int_{0}^{1}t^n\,dt = \frac{\pi}{(n+1)^2}.$$

由 $\sum_{n=0}^{\infty}\frac{\pi}{(n+1)^2} < +\infty$ 知级数 $\sum_{n=0}^{\infty}\int_{0}^{x}t^n\sin\pi t\,dt$ 在 $[0,1]$ 上一致收敛.

(3) 由连续性定理知级数和 $\sum_{n=0}^{\infty}\int_{0}^{x}t^n\sin\pi t\,dt = S(x)$ 在 $[0,1]$ 上连续,又由(1)知在 $[0,1)$ 上 $S(x) = \int_{0}^{x}\frac{\sin\pi t}{1-t}dt$. 令 $x \to 1$,故上式在 $x = 1$ 时也成立,即

$$\sum_{n=0}^{\infty}\int_0^1 t^n \sin\pi t \, dt = S(1) = \int_0^1 \frac{\sin\pi t}{1-t} \xlongequal{\diamondsuit x=1-t} \int_0^1 \frac{\sin\pi x}{x} dx,$$

所以 $$\sum_{n=0}^{\infty}\int_0^1 x^n \sin\pi x \, dx = \int_0^1 \frac{\sin\pi x}{x} dx.$$

评注 若能在闭区间上直接应用逐项积分定理当然更好,否则先在缩小的区间上应用逐项积分定理,然后通过连续性定理把结论推广到整个区间.

例 11 设
$$g(x) = \begin{cases} x^2 \sin\dfrac{1}{x}, & x \neq 0, \\ 0, & x = 0, \end{cases}$$

令 $f(x) = \sum_{n=1}^{\infty} \dfrac{1}{2^n} g\left(x - \dfrac{1}{n}\right)$. 求证:

(1) $f(x)$ 在 $\left(\dfrac{1}{k+1}, \dfrac{1}{k-1}\right)$ $(k=2,3,\cdots)$ 上可导,且导数只在 $1/k$ 处不连续;

(2) $f(x)$ 在 $(0,1)$ 上可导,且导数只在 $x=1/k$ $(k=2,3,\cdots)$ 处不连续.

证 (1) 因为 $g(x-1/n) \in C(0,1)$,且 $\left|\dfrac{g(x-1/n)}{2^n}\right| \leqslant \dfrac{1}{2^n}$,所以由连续性定理知 $f(x) \in C(0,1)$. 又当 $n \neq k$ 时,

$$g'\left(x - \frac{1}{n}\right) = \begin{cases} 2\left(x - \dfrac{1}{n}\right)\sin\dfrac{1}{x-\dfrac{1}{n}} - \cos\dfrac{1}{x-\dfrac{1}{n}}, & x \neq \dfrac{1}{n}, \\ 0, & x = \dfrac{1}{n}, \end{cases}$$

因此 $g'\left(x - \dfrac{1}{n}\right)$ 在 $\left(\dfrac{1}{k+1}, \dfrac{1}{k-1}\right)$ 上连续,且 $\left|g'\left(x - \dfrac{1}{n}\right)\right| \leqslant 3$,从而

$$\sum_{\substack{n=1 \\ n \neq k}}^{M} \frac{1}{2^n} g'\left(x - \frac{1}{n}\right)$$

在 $\left(\dfrac{1}{k+1}, \dfrac{1}{k-1}\right)$ 上一致收敛. 于是函数 $f_k(x) = \sum_{\substack{n=1 \\ n \neq k}}^{\infty} \dfrac{1}{2^n} g\left(x - \dfrac{1}{n}\right)$ 在 $\left(\dfrac{1}{k+1}, \dfrac{1}{k-1}\right)$ 上可导,且

$$f'_k(x) = \sum_{\substack{n=1 \\ n \neq k}}^{\infty} \frac{1}{2^n} g'\left(x - \frac{1}{n}\right) \in C\left(\frac{1}{k+1}, \frac{1}{k-1}\right).$$

又因为 $g\left(x-\frac{1}{k}\right)$ 在 $\left(\frac{1}{k+1}, \frac{1}{k-1}\right)$ 上可导,导数在点 $x_k = \frac{1}{k}$ 处不连续,所以

$$f(x) = \frac{1}{2^k} g\left(x - \frac{1}{k}\right) + f_k(x) = \frac{1}{2^k} g\left(x - \frac{1}{k}\right) + \sum_{\substack{n=1 \\ n \neq k}}^{M} \frac{1}{2^n} g\left(x - \frac{1}{n}\right)$$

在 $\left(\frac{1}{k+1}, \frac{1}{k-1}\right)$ 上可导,且导数只在点 $x_k = \frac{1}{k}$ 处不连续.

(2) 由 $(0,1) = \bigcup_{k=2}^{\infty} \left[\frac{1}{k+1}, \frac{1}{k-1}\right)$,故由 (1) 知 $f(x)$ 在 $(0,1)$ 上可导,且导数只在点 $x_k = \frac{1}{k}$ $(k=2,3,\cdots)$ 处不连续.

例 12 设对每一个自然数 n,函数序列 $\{f_n(x)\}_1^{\infty}$ 在 $[a,b]$ 上连续,又对 $[a,b]$ 中的每一个 x,序列 $\{f_n(x)\}_1^{\infty}$ 有界.求证:存在 $[a,b]$ 中的一个小区间,使得 $\{f_n(x)\}_1^{\infty}$ 在此小区间上一致有界.

证 要证的是,存在区间 $[\alpha, \beta] \subset [a,b]$ 及 $M > 0$ 使得对 $\forall x \in [\alpha, \beta]$ 恒有 $|f_n(x)| \leqslant M$.用反证法.假定命题不对,即 $\{f_n(x)\}$ 在 $[a,b]$ 的任一子区间上非一致有界.

今记 $[a,b] = [a_0, b_0]$,对 $M = 1$ 存在 n_1 及 $x_1 \in [a_0, b_0]$ 使得 $|f_{n_1}(x_1)| > 1$.因为 $f_{n_1}(x)$ 在 $[a_0, b_0]$ 上连续,必存在 x_1 的位于 $[a_0, b_0]$ 中的某个邻域,不妨记作 $[a_1, b_1]$ 使得在 $[a_1, b_1] \subset [a_0, b_0]$ 中的一切 x 满足

$$|f_{n_1}(x)| \geqslant 1.$$

又 $\{f_n(x)\}$ 在 $[a_1, b_1]$ 上非一致有界,并且每个 $f_n(x)$ 在 $[a_1, b_1]$ 上连续,所以对 $M = 2$ 必存在 $n_2 > n_1$ 及 $x_2 \in [a_1, b_1]$,使得 $|f_{n_2}(x_2)| > 2$.因为 $f_{n_2}(x)$ 在 $[a_1, b_1]$ 上连续,必存在 x_2 的位于 $[a_1, b_1]$ 中的某个邻域,不妨记作 $[a_2, b_2]$ 使得在 $[a_2, b_2] \subset [a_1, b_1]$ 中的一切 x 满足

$$|f_{n_2}(x)| \geqslant 2.$$

继续施行上述手续可得区间序列 $\{[a_k, b_k]\}$ 及函数子列 $\{f_{n_k}(x)\}$.它们具有性质:

(1) $[a_k, b_k] \subset [a_{k-1}, b_{k-1}]$, $k=1,2,\cdots$;

(2) $x \in [a_k, b_k]$, $|f_{n_k}(x)| \geqslant k$, $k=1,2,\cdots$.

由此两个性质及区间套定理，$\exists\ x_0 \in \bigcup\limits_{k=1}^{\infty}[a_k,b_k]$，且$|f_{n_k}(x_0)| \geqslant k$ ($k=1,2,\cdots$). 这说明$\{f_n(x)\}$在点x_0处无界. 又$x_0 \in [a,b]$，即得矛盾.

练习题 4.2

4.2.1 讨论下列函数序列在指定区间上的一致收敛性：

(1) $f_n(x) = \dfrac{x^n}{1+x^n}$, i) $0 \leqslant x \leqslant b < 1$; ii) $0 \leqslant x \leqslant 1$; iii) $1 < a \leqslant x < +\infty$.

(2) $f_n(x) = \dfrac{1}{n}\ln(1+e^{-nx})$, i) $x \geqslant 0$; ii) $x < 0$.

4.2.2 设$f(x)$在(A,B)内有连续导数$f'(x)$，且
$$f_n(x) \xlongequal{\text{记为}} n\left[f\left(x+\dfrac{1}{n}\right) - f(x)\right].$$
求证：当$n \to \infty$时，$f_n(x)$在闭区间$[a,b] \subset (A,B)$上一致收敛于$f'(x)$.

4.2.3 求证下列级数在所示区间上一致收敛：

(1) $\sum\limits_{n=1}^{\infty} \dfrac{\sin nx}{x+2^n}$ ($x > -2$); (2) $\sum\limits_{n=1}^{\infty} x^2 e^{-nx}$ ($x \geqslant 0$);

(3) $\sum\limits_{n=1}^{\infty} \dfrac{n^2}{\sqrt{n!}}(x^n + x^{-n})$ $\left(\dfrac{1}{2} \leqslant |x| \leqslant 2\right)$; (4) $\sum\limits_{n=1}^{\infty} x^n \ln^n x$ ($0 \leqslant x \leqslant 1$).

4.2.4 讨论下列级数在所示区间上的一致收敛性：

(1) $\sum\limits_{n=2}^{\infty} \dfrac{(-1)^n}{n + \sin x}$ ($|x| < +\infty$);

(2) $\sum\limits_{n=1}^{\infty} (-1)^n \dfrac{\sin nx}{n}$ ($-\pi + \delta \leqslant x \leqslant \pi - \delta$, $\delta > 0$);

(3) $\sum\limits_{n=0}^{\infty} \dfrac{(-1)^n}{a+n} x^{n+a}$ ($0 < a < 1$, $0 \leqslant x \leqslant 1$);

(4) $\sum\limits_{n=1}^{\infty} \dfrac{(-1)^{\frac{n(n-1)}{2}}}{\sqrt{x^2+n^2}}$ ($|x| < +\infty$).

4.2.5 设$u_n(x)$在$[a,b]$上连续而且非负，$\sum\limits_{n=1}^{\infty} u(x)$收敛，且和函数$S(x) = \sum\limits_{n=1}^{\infty} u_n(x)$在$[a,b]$上连续，求证：$\sum\limits_{n=1}^{\infty} u_n(x)$在$[a,b]$上一致收敛.

4.2.6 求证：级数$\sum\limits_{n=0}^{\infty} x^n \sin^2 \pi x$ 在$[0,1]$上一致收敛.

4.2.7 给定序列 $f_n(x)=nx\mathrm{e}^{-nx^2}$ $(n=1,2,\cdots)$. 求证：

(1) $\int_0^1 [\lim_{n\to\infty} f_n(x)]\mathrm{d}x \neq \lim_{n\to\infty}\int_0^1 f_n(x)\mathrm{d}x$；

(2) 序列 $f_n(x)$ 在 $[0,1]$ 上不一致收敛.

4.2.8 求证下列级数在 $[0,1]$ 上不一致收敛：

(1) $\sum_{n=0}^{\infty} x^n \ln x$； (2) $\sum_{n=1}^{\infty} \dfrac{x^2}{(1+x^2)^n}$.

4.2.9 求证：级数 $\sum_{n=1}^{\infty} \dfrac{\cos nx}{n}$ 在 $(0,2\pi)$ 上不一致收敛.

4.2.10 设 $f_n(x)$ $(n=1,2,\cdots)$ 在 $(-\infty,+\infty)$ 上一致连续，且

$$f_n(x) \xrightarrow[\text{一致}]{\boldsymbol{R}} f(x) \quad (n\to\infty),$$

求证：$f(x)$ 在 $(-\infty,+\infty)$ 上一致连续.

4.2.11 设 $f_n(x)$ $(n=1,2,\cdots)$ 在 $[a,b]$ 上连续，且 $n\to\infty$ 时，

$$f_n(x) \xrightarrow[\text{一致}]{[a,b]} f(x).$$

又设 $f(x)$ 在 $[a,b]$ 上无零点，求证：

(1) 当 n 充分大时，$f_n(x)$ 在 $[a,b]$ 上也无零点；

(2) $\dfrac{1}{f_n(x)} \xrightarrow[\text{一致}]{[a,b]} \dfrac{1}{f(x)}$ $(n\to+\infty)$.

4.2.12 设 $f_n(x)\in C[a,b]$ $(n=1,2,\cdots)$，$f_n(x) \xrightarrow[\text{一致}]{[a,b]} f(x)$. 求证：

(1) $\exists M$，使 $|f_n(x)|\leqslant M$，$|f(x)|\leqslant M$ $(a\leqslant x\leqslant b, n=1,2,\cdots)$；

(2) 若 $g(x)$ 在 $(-\infty,+\infty)$ 上连续，则 $g(f_n(x)) \xrightarrow[\text{一致}]{[a,b]} g(f(x))$.

4.2.13 设 $f(x)=\sum_{n=1}^{\infty} \dfrac{(-1)^{n-1}}{n}\mathrm{e}^{-nx}$，求证：

(1) $f(x)$ 在 $x\geqslant 0$ 上连续； (2) $f(x)$ 在 $x>0$ 上连续可微.

4.2.14 求证：

(1) $\sum_{n=0}^{\infty} x^n \ln^2 x$ 在 $[0,1]$ 上一致收敛； (2) $\int_0^1 \dfrac{\ln^2 x}{1-x}\mathrm{d}x = \sum_{n=1}^{\infty}\dfrac{2}{n^3}$.

4.2.15 求证：

(1) $\sum_{n=0}^{\infty}\int_0^x t^n\ln t\,\mathrm{d}t$ 在 $[0,1]$ 上一致收敛； (2) $\int_0^1 \dfrac{\ln x}{1-x}\mathrm{d}x = -\sum_{n=1}^{\infty}\dfrac{1}{n^2}$.

4.2.16 设函数 $f(x)$ 在 $(-a,a)$ 上无穷多次可微，且序列 $f^{(n)}(x)$ 在 $(-a,a)$ 上一致收敛到函数 $\varphi(x)$，求证：$\varphi(x)=C\mathrm{e}^x$ $(C$ 为常数$)$.

4.2.17 求证：函数

$$f(x) = \sum_{n=1}^{\infty} \frac{\left| x - \dfrac{1}{n} \right|}{2^n}$$

在 $(0,1)$ 上连续, 除点 $x_k = \dfrac{1}{k}$ $(k=2,3,\cdots)$ 处不可微外皆可微.

4.2.18 设 x_n 是 $(0,1)$ 内一个序列, 即 $0 < x_n < 1$ 且 $x_i \neq x_j$ $(i \neq j)$. 求证: 函数 $f(x) = \sum_{n=1}^{\infty} \dfrac{\mathrm{sgn}(x-x_n)}{2^n}$ 在 $(0,1)$ 中除点 $x_n (n=1,2,\cdots)$ 处不连续外皆连续.

§3 幂 级 数

内 容 提 要

1. 幂级数收敛半径的定义

给定幂级数 $\sum_{n=0}^{\infty} a_n x^n$, 我们称 $R = \dfrac{1}{\varlimsup\limits_{n \to \infty} \sqrt[n]{|a_n|}}$ 为幂级数的**收敛半径**, 称 $(-R, R)$ 为幂级数的**收敛区间**.

若 $\lim\limits_{n \to \infty} \dfrac{a_{n+1}}{a_n} = r$ 或 $\lim\limits_{n \to \infty} \sqrt[n]{a_n} = r$, 则 $R = \dfrac{1}{r}$.

对 $\forall r < R$, 幂级数在 $[-r, r]$ 上一致收敛, 则简称幂级数在 $[-R, R]$ 上**内闭一致收敛**.

2. 幂级数在收敛区间的性质

定理 1 设幂级数 $\sum_{n=0}^{\infty} a_n x^n$ 的收敛半径 $R > 0$, 则

$$S(x) = \sum_{n=0}^{\infty} a_n x^n \in C(-R, R),$$

$$S^{(k)}(x) = \sum_{n=k}^{\infty} n((n-1)\cdots(n-k+1)) a_n x^{n-k} \quad (\forall\, x \in (-R, R)).$$

定理 2 (阿贝尔引理) 设幂级数 $\sum_{n=0}^{\infty} a_n x^n$ 的收敛半径为 R, $0 < R < +\infty$. 若 $\sum_{n=0}^{\infty} a_n R^n$ 收敛, 则 $\lim\limits_{x \to R-0} \sum_{n=1}^{\infty} a_n x^n = \sum_{n=1}^{\infty} a_n R^n$.

3. 幂级数的逐项积分

定理 3 若 $\sum_{n=0}^{\infty} a_n R^n$ 收敛, 则 $\sum_{n=0}^{\infty} a_n x^n$ 在 $[0, R]$ 上一致收敛, 且 $S(x) \in C[0, R]$, 还可以逐项积分, 即

$$\int_0^R S(x) \mathrm{d}x = \sum_{n=0}^{\infty} \dfrac{a_n}{n+1} R^{n+1};$$

若 $a_n \geq 0$，和函数 $S(x) = \sum_{n=1}^{\infty} a_n x^n$ 在 $[0,R)$ 上有界，则 $\sum_{n=1}^{\infty} a_n R^n$ 收敛①.

4. 函数的幂级数展开式——泰勒级数

若 $f(x)$ 在 $(-R,R)$ 内无穷次可微，且当 $n \to \infty$ 时，

$$R_n(x) = \frac{x^{n+1}}{n!} \int_0^1 (1-t)^n f^{(n+1)}(xt) dt \to 0 \quad (\forall x \in (-R,R)),$$

则
$$f(x) = \sum_{n=0}^{\infty} \frac{f^{(n)}(0)}{n!} x^n \quad (\forall x \in (-R,R)).$$

5. 基本公式

(1) $e^x = \sum_{k=0}^{\infty} \frac{x^k}{k!} \quad (-\infty < x < +\infty)$；

(2) $\sin x = \sum_{k=0}^{\infty} (-1)^k \frac{x^{2k+1}}{(2k+1)!} \quad (-\infty < x < +\infty)$；

(3) $\cos x = \sum_{k=0}^{\infty} (-1)^k \frac{x^{2k}}{(2k)!} \quad (-\infty < x < +\infty)$；

(4) $\ln(1+x) = \sum_{k=1}^{\infty} (-1)^{k-1} \frac{x^k}{k} \quad (-1 < x \leq 1)$；

(5) $(1+x)^\alpha = \sum_{n=1}^{\infty} \frac{\alpha(\alpha-1)\cdots(\alpha-n+1)}{n!} x^n \quad (-1 < x < 1)$.

6. 重要公式和重要定理

斯脱林公式 $n! = n^n e^{-n} \sqrt{2\pi n} e^{\frac{\theta_n}{12n}} \quad (0 < \theta_n < 1)$.

连续函数逼近定理 设 $f(x) \in C[a,b]$，则 $\forall \varepsilon > 0$，存在多项式 $P(x)$，使得
$|f(x) - P(x)| < \varepsilon \quad (a \leq x \leq b)$.

典型例题分析

例1 求下列幂级数的收敛半径，并讨论区间端点的收敛性：

---

① 本结论的证明如下：因为 $S(x) = \sum_{n=1}^{\infty} a_n x^n$ 在 $[0,R)$ 上单调上升且有界，故 $\exists M > 0$，使 $S(x) \leq M, \forall x \in [0,R)$.

考虑 $S_N(x) = \sum_{l=1}^{N} a_l x^l$，由于 $\forall x \in [0,R)$，有
$$S_N(x) \leq S(x) \leq M,$$
由此得
$$\lim_{x \to R-0} S_N(x) = \lim_{x \to R-0} \sum_{l=1}^{N} a_l x^l = \sum_{l=1}^{N} a_l R^l \leq M.$$

这说明 $S_N(R)$ 对 N 单调上升且有上界，推出 $\lim_{N \to \infty} S_N(R)$ 存在，即 $\sum_{n=1}^{\infty} a_n R^n$ 收敛.

(1) $\sum_{n=0}^{\infty} \dfrac{x^n}{3^{\sqrt{n}}}$;   (2) $\sum_{n=1}^{\infty} \left(1+\dfrac{1}{n}\right)^{-n^2} x^n$.

解 (1) 由 $\lim\limits_{n\to\infty}\sqrt[n]{\dfrac{1}{3^{\sqrt{n}}}}=\lim\limits_{n\to\infty}\left(\dfrac{1}{3}\right)^{\sqrt{n}\cdot\frac{1}{n}}=1$ ，推出 $R=1$ ，或由

$$\lim_{n\to\infty}\dfrac{3^{\sqrt{n}}}{3^{\sqrt{n+1}}}=\lim_{n\to\infty}3^{\sqrt{n}-\sqrt{n+1}}=\lim_{n\to\infty}3^{-\frac{1}{\sqrt{n+1}+\sqrt{n}}}=1$$

$\Rightarrow R=1$.

在端点 $x=1$ 处，级数为 $\sum\limits_{n=0}^{\infty}\dfrac{1}{3^{\sqrt{n}}}$. 因为 $\exists\, n_0$ ，使得

$$\dfrac{1}{3^{\sqrt{n}}}\leqslant \dfrac{1}{3^{\ln n}}=\dfrac{1}{n^{\ln 3}} \quad (\forall\, n\geqslant n_0).$$

又 $\ln 3>1$ ，所以在端点 $x=1$ 处原级数收敛.

在端点 $x=-1$ 处，级数为 $\sum\limits_{n=0}^{\infty}\dfrac{(-1)^n}{3^{\sqrt{n}}}$. 因为

$$\left|\dfrac{(-1)^n}{3^{\sqrt{n}}}\right|\leqslant \dfrac{1}{3^{\sqrt{n}}},$$

所以在端点 $x=-1$ 处原级数绝对收敛.

(2) $\lim\limits_{n\to\infty}\sqrt[n]{\left(1+\dfrac{1}{n}\right)^{-n^2}}=\lim\limits_{n\to\infty}\left(1+\dfrac{1}{n}\right)^{-n}=\dfrac{1}{e}\Rightarrow R=e$. 在端点 $x=e$ 处，级数为 $\sum\limits_{n=1}^{\infty}\left[e\left(1+\dfrac{1}{n}\right)^{-n}\right]^n$. 因为

$$e\left(1+\dfrac{1}{n}\right)^{-n}>1 \quad (n=1,2,\cdots),$$

所以级数的一般项不趋于零，从而在端点 $x=e$ 处原级数发散. 同理在端点 $x=-e$ 处，原级数发散.

例 2 求级数 $\sum\limits_{n=1}^{\infty}\dfrac{(-1)^n}{n\cdot\sqrt[n]{n}}\left(\dfrac{x}{2x+1}\right)^n$ 的收敛域.

解 令 $t=\dfrac{x}{2x+1}$ ，考虑辅助幂级数 $\sum\limits_{n=1}^{\infty}\dfrac{(-1)^n}{n\cdot\sqrt[n]{n}}t^n$. 因为

$$\lim_{n\to\infty}\sqrt[n]{\dfrac{1}{n\cdot\sqrt[n]{n}}}=\lim_{n\to\infty}e^{-\left(\frac{1}{n}+\frac{1}{n^2}\right)\ln n}=1,$$

所以辅助幂级数的收敛半径 $R=1$.

当 $t=1$ 时,辅助幂级数为 $\sum_{n=1}^{\infty}\dfrac{(-1)^n}{n\cdot\sqrt[n]{n}}$. 因为 $\sum_{n=1}^{\infty}\dfrac{(-1)^n}{n}$ 收敛,并且 $1/\sqrt[n]{n}$ 单调有界,所以这时辅助幂级数收敛.

当 $t=-1$ 时,辅助幂级数为 $\sum_{n=1}^{\infty}\dfrac{1}{n\cdot\sqrt[n]{n}}$. 这是正项级数,因为 $\dfrac{1}{n\cdot\sqrt[n]{n}}\sim\dfrac{1}{n}\ (n\to\infty)$,所以这时辅助幂级数发散.

综上所述,辅助幂级数的收敛域为 $-1<t\leqslant 1$,因此原级数的收敛域为
$$-1<\frac{x}{2x+1}\leqslant 1.$$
解此不等式得 $x>-1/3$ 或 $x\leqslant -1$,即原级数的收敛域为
$$\{x\mid x>-1/3\ \text{或}\ x\leqslant -1\}.$$

例3 设 $f(x)=\sum_{n=1}^{\infty}\dfrac{x^n}{n^2\ln(1+n)}$. 求证:

(1) $f(x)\in C[-1,1]$;　　(2) $f(x)$ 在 $x=-1$ 可导;

(3) $\lim\limits_{x\to 1-0}f'(x)=+\infty$;　　(4) $f(x)$ 在 $x=1$ 不可导.

证 (1) 因为当 $|x|\leqslant 1$ 时,有
$$\left|\frac{x^n}{n^2\ln(1+n)}\right|\leqslant\frac{1}{n^2\ln(1+n)}\leqslant\frac{1}{n^2\ln 2},$$
所以表示 $f(x)$ 的幂级数在 $|x|\leqslant 1$ 上一致收敛. 由连续性定理即知 $f(x)\in C[-1,1]$.

(2) 由逐项微分定理得
$$f'(x)=\sum_{n=1}^{\infty}\frac{x^{n-1}}{n\ln(1+n)}\quad(-1<x<1).$$

当 $x=-1$ 时,交错级数 $\sum_{n=1}^{\infty}\dfrac{(-1)^{n-1}}{n\ln(1+n)}$ 收敛. 因此,根据定理 3,幂级数 $\sum_{n=1}^{\infty}\dfrac{x^{n-1}}{n\ln(1+n)}$ 在 $[-1,0]$ 上一致收敛. 再由逐项微分定理知
$$f'(x)=\sum_{n=1}^{\infty}\frac{x^{n-1}}{n\ln(1+n)}\quad(-1\leqslant x\leqslant 0),$$
即 $f(x)$ 在 $x=-1$ 可导.

(3) 当 $x>0$ 时, 由 $f'(x) = \sum_{n=1}^{\infty} \frac{x^{n-1}}{n\ln(1+n)}$ 看出 $f'(x)$ 为正的递增函数, 因此, 广义极限

$$\lim_{x \to 1-0} f'(x) = A$$

存在. 如果此 $A < +\infty$, 那么 $f'(x)$ 在 $[0,1)$ 上有界. 又

$$\frac{1}{n\ln(1+n)} > 0 \quad (n=1,2,\cdots),$$

根据定理 3, 故有 $\sum_{n=1}^{\infty} \frac{1}{n\ln(1+n)}$ 收敛. 但是由柯西积分判别法知 $\sum_{n=1}^{\infty} \frac{1}{n\ln n}$ 发散, 因为

$$\frac{1}{n\ln(1+n)} \sim \frac{1}{n\ln n} \quad (n \to \infty),$$

所以 $\sum_{n=1}^{\infty} \frac{1}{n\ln(1+n)}$ 发散, 这就产生矛盾. 因此 $A = +\infty$, 即

$$\lim_{x \to 1-0} f'(x) = +\infty.$$

(4) 由洛必达法则及(3)的结果, 有

$$\lim_{x \to 1-0} \frac{f(x) - f(1)}{x-1} = \lim_{x \to 1-0} f'(x) = +\infty,$$

因此 $f'(1)$ 不存在.

例 4 求级数 $\sum_{n=1}^{\infty} \frac{(-1)^{n-1}}{(2n-1)(2n+1)}$ 的和.

解法 1 令 $f(x) = \sum_{n=1}^{\infty} \frac{(-1)^{n-1}}{(2n-1)(2n+1)} x^{2n+1}$, 容易求出此幂级数的收敛半径 $R=1$, 且 $f(0) = 0$. 由逐项积分定理得

$$f'(x) = \sum_{n=1}^{\infty} \frac{(-1)^{n-1}}{2n-1} x^{2n} \quad (|x|<1). \tag{3.1}$$

令 $g(x) \xlongequal{\text{定义}} f'(x)/x \ (x \neq 0), g(0) = 0$, 则由 (3.1) 式得

$$g'(x) = \left(\frac{f'(x)}{x}\right)' = \sum_{n=1}^{\infty} (-1)^{n-1} x^{2n-2}$$

$$= \frac{1}{1+x^2} \quad (|x|<1),$$

从而 $g(x) = \int_0^x g'(t) dt = \int_0^x \frac{dt}{1+t^2} = \arctan x \quad (|x|<1),$

即得 $f'(x)=x\arctan x$, 于是
$$f(x)=\int_0^x f'(t)\mathrm{d}t=\int_0^x t\cdot\tan^{-1}t\mathrm{d}t$$
$$=\frac{x^2}{2}\arctan x-\frac{x}{2}+\frac{1}{2}\arctan x \quad (|x|<1).$$

容易证明 $\sum_{n=1}^{\infty}\frac{(-1)^{n-1}}{(2n-1)(2n+1)}x^n$ 在 $x=1$ 收敛, 再根据阿贝尔引理得

$$\sum_{n=1}^{\infty}\frac{(-1)^{n-1}}{4n^2-1}=\lim_{x\to 1}f(x)=\frac{1}{2}\arctan 1-\frac{1}{2}+\frac{1}{2}\arctan 1=\frac{\pi-2}{4}.$$

解法 2 先对原级数进行如下分解:
$$\sum_{n=1}^{\infty}\frac{(-1)^{n-1}}{4n^2-1}=\frac{1}{2}\sum_{n=1}^{\infty}(-1)^{n-1}\left[\frac{1}{2n-1}-\frac{1}{2n+1}\right]$$
$$=\frac{1}{2}\sum_{n=1}^{\infty}\frac{(-1)^{n-1}}{2n-1}-\frac{1}{2}\sum_{n=1}^{\infty}\frac{(-1)^{n-1}}{2n+1}$$
$$=\frac{1}{2}\sum_{n=1}^{\infty}\frac{(-1)^{n-1}}{2n-1}+\frac{1}{2}\sum_{k=2}^{\infty}\frac{(-1)^{k-1}}{2k-1}. \quad (3.2)$$

又由逐项积分定理, 对 $\forall x\in(-1,1)$, 有
$$\arctan x=\int_0^x\frac{\mathrm{d}t}{1+t^2}=\int_0^x\sum_{k=1}^{\infty}(-1)^{k-1}t^{2k-2}\mathrm{d}t$$
$$=\sum_{k=1}^{\infty}(-1)^{k-1}\frac{x^{2k-1}}{2k-1}.$$

再由阿贝尔引理得
$$\sum_{k=1}^{\infty}\frac{(-1)^{k-1}}{2k-1}=\lim_{x\to 1}\arctan x=\frac{\pi}{4}. \quad (3.3)$$

联合 (3.2), (3.3) 式得
$$\sum_{n=1}^{\infty}\frac{(-1)^{n-1}}{4n^2-1}=\frac{1}{2}\cdot\frac{\pi}{4}+\frac{1}{2}\left[\frac{\pi}{4}-1\right]=\frac{\pi-2}{4}.$$

例 5 将函数 $f(x)=\arctan\frac{2x}{1-x^2}$ 在 $x=0$ 点展开为幂级数.

解法 1 $f'(x)=\frac{2}{1+x^2}=2\sum_{n=0}^{\infty}(-1)^n x^{2n}(|x|<1), f(0)=0$, 因此

$$f(x) = \int_0^x f'(t)dt = 2\sum_{n=0}^{\infty}(-1)^n \int_0^x t^{2n}dt$$
$$= 2\sum_{n=0}^{\infty}\frac{(-1)^n}{2n+1}x^{2n+1} \quad (|x|<1).$$

解法 2　令 $t=\arctan x$，则当 $|x|<1$ 时，$|t|<\pi/4$，于是
$$f(x) = \arctan\frac{2\tan t}{1-\tan^2 t} = \arctan(\tan 2t)$$
$$= 2t = 2\arctan x \quad (|x|<1).$$

利用 $\arctan x$ 在 $x=0$ 点展开的幂级数，即得
$$f(x) = 2\sum_{n=0}^{\infty}\frac{(-1)^n}{2n+1}x^{2n+1} \quad (|x|<1).$$

例 6　将函数 $f(x)=\arcsin x$ 在 $x=0$ 点展开为幂级数，并证明此幂级数在 $[0,1]$ 上一致收敛.

解　由
$$(1-x^2)^{-1/2} = 1 + \sum_{n=1}^{\infty}\frac{(2n-1)!!}{(2n)!!}x^{2n} \quad (|x|<1),$$
逐项积分上式，得
$$\arcsin x = x + \sum_{n=1}^{\infty}\frac{(2n-1)!!}{(2n)!!}\cdot\frac{x^{2n+1}}{2n+1} \quad (|x|<1).$$
因为
$$a_{2n+1} = \frac{(2n-1)!!}{(2n+1)(2n)!!} > 0, \quad a_{2n} = 0 \quad (n=1,2,\cdots)$$
及 $\arcsin x$ 在 $[0,1]$ 上连续，所以根据定理 3 级数
$$1 + \sum_{n=1}^{\infty}\frac{(2n-1)!!}{(2n+1)(2n)!!}$$
收敛. 再根据定理 3 知幂级数在 $[0,1]$ 上一致收敛.

例 7　(1) 求证如下级数在 $[0,\pi/2]$ 上一致收敛：
$$x = \sin x + \sum_{n=1}^{\infty}\frac{(2n-1)!!}{(2n)!!}\cdot\frac{\sin^{2n+1}x}{2n+1};$$

(2) 求级数 $\sum_{n=1}^{\infty}\frac{1}{(2n-1)^2}$ 的和；

(3) 求级数 $\sum_{n=1}^{\infty}\frac{1}{n^2}$ 与 $\sum_{n=1}^{\infty}\frac{(-1)^{n-1}}{n^2}$ 的和.

解 (1) 由例 6 知 $\arcsin t$ 的幂级数

$$\arcsin t = t + \sum_{n=1}^{\infty} \frac{(2n-1)!!}{(2n)!!} \cdot \frac{t^{2n+1}}{2n+1}$$

在 $[0,1]$ 上一致收敛，令 $t=\sin x$，则当 $x\in[0,\pi/2]$ 时，$t\in[0,1]$，从而

$$x = \sin x + \sum_{n=1}^{\infty} \frac{(2n-1)!!}{(2n)!!} \cdot \frac{\sin^{2n+1} x}{2n+1}$$

在 $[0,\pi/2]$ 上一致收敛.

(2) 用逐项积分定理，对第(1)小题结果逐项积分，得

$$\int_0^{\pi/2} x \mathrm{d}x = \int_0^{\pi/2} \sin x \mathrm{d}x + \sum_{n=1}^{\infty} \frac{(2n-1)!!}{(2n)!!} \cdot \frac{1}{2n+1} \int_0^{\pi/2} \sin^{2n+1} x \mathrm{d}x,$$

即得

$$\frac{\pi^2}{8} = 1 + \sum_{n=1}^{\infty} \frac{(2n-1)!!}{(2n)!!} \cdot \frac{1}{2n+1} \cdot \frac{(2n)!!}{(2n+1)!!}$$

$$= \sum_{n=0}^{\infty} \frac{1}{(2n+1)^2},$$

即

$$\sum_{n=1}^{\infty} \frac{1}{(2n-1)^2} = \frac{\pi^2}{8}.$$

(3) 令收敛级数 $\sum_{n=1}^{\infty} 1/n^2$ 的和数为 S，则由第(2)小题，

$$S = \sum_{n=1}^{\infty} \frac{1}{n^2} = \sum_{n=1}^{\infty} \frac{1}{(2n-1)^2} + \sum_{n=1}^{\infty} \frac{1}{(2n)^2} = \frac{\pi^2}{8} + \frac{S}{4},$$

由此解得 $S=\pi^2/6$，即 $\sum_{n=1}^{\infty} 1/n^2 = \pi^2/6$. 又

$$\sum_{n=1}^{\infty} \frac{(-1)^{n-1}}{n^2} = \sum_{n=1}^{\infty} \frac{1}{(2n-1)^2} - \sum_{n=1}^{\infty} \frac{1}{(2n)^2}$$

$$= \frac{\pi^2}{8} - \frac{1}{4} \cdot \frac{\pi^2}{6} = \frac{\pi^2}{12}.$$

例 8 (1) 求 $\ln^2(1+x)$ 在 $x=0$ 点的幂级数展开式；

(2) 求 $\sum_{n=1}^{\infty} \frac{(-1)^{n-1}}{n+1} \left\{ 1 + \frac{1}{2} + \cdots + \frac{1}{n} \right\}$ 的和；

(3) 求 $\sum_{n=1}^{\infty} \frac{(-1)^{n-1}}{n} \left\{ 1 + \frac{1}{2} + \cdots + \frac{1}{n} \right\}$ 的和.

解 (1) $\ln(1+x) = \sum_{n=0}^{\infty} (-1)^n \frac{x^{n+1}}{n+1}$ ($|x|<1$) 是一绝对收敛的级数. 由于绝对收敛级数可以任意相乘, 记

$$a_n = \frac{(-1)^n}{n+1},$$

则有
$$\ln^2(1+x) = x^2 \Big(\sum_{n=0}^{\infty} a_n x^n\Big)^2 = x^2 \sum_{n=0}^{\infty} c_n x^n,$$

其中
$$c_n = \sum_{k=0}^{n} a_k a_{n-k} = (-1)^n \sum_{k=0}^{n} \frac{1}{(k+1)(n-k+1)}$$
$$= \frac{(-1)^n}{n+2} \sum_{k=0}^{n} \frac{(k+1)+(n-k+1)}{(k+1)(n-k+1)}$$
$$= \frac{(-1)^n}{n+2} \sum_{k=0}^{n} \left\{ \frac{1}{k+1} + \frac{1}{n-k+1} \right\}$$
$$= \frac{2(-1)^n}{n+2} \sum_{k=0}^{n} \frac{1}{k+1},$$

即得
$$\ln^2(1+x) = x^2 \sum_{n=0}^{\infty} \left\{ \frac{2(-1)^n}{n+2} \sum_{k=0}^{n} \frac{1}{k+1} \right\} x^n$$
$$= 2\sum_{n=1}^{\infty} \frac{(-1)^{n-1}}{n+1} \left\{ 1 + \frac{1}{2} + \frac{1}{3} + \cdots + \frac{1}{n} \right\} x^{n-1}$$
$$(|x|<1).$$

(2) 对 $\ln^2(1+x)$ 展开的幂级数, 用阿贝尔引理得

$$\sum_{n=1}^{\infty} \frac{(-1)^{n-1}}{n+1} \left\{ 1 + \frac{1}{2} + \frac{1}{3} + \cdots + \frac{1}{n} \right\} = \frac{\ln^2 2}{2}.$$

(3) $\sum_{n=1}^{\infty} \frac{(-1)^{n-1}}{n} \left\{ 1 + \frac{1}{2} + \cdots + \frac{1}{n} \right\}$
$$= 1 + \sum_{n=2}^{\infty} \frac{(-1)^{n-1}}{n} \left\{ 1 + \frac{1}{2} + \cdots + \frac{1}{n-1} \right\}$$
$$+ \sum_{n=2}^{\infty} \frac{(-1)^{n-1}}{n^2}$$
$$= -\sum_{k=1}^{\infty} \frac{(-1)^{k-1}}{k+1} \left\{ 1 + \frac{1}{2} + \cdots + \frac{1}{k} \right\} + \sum_{n=1}^{\infty} \frac{(-1)^{n-1}}{n^2}$$

$$= \frac{\pi^2}{12} - \frac{1}{2}\ln^2 2.$$

例 9 设曲线 $x^{\frac{1}{n}} + y^{\frac{1}{n}} = 1$ $(n>1)$ 在第一象限与坐标轴围成的面积为 $I(n)$. 证明：

(1) $I(n) = 2n\int_0^1 (1-t^2)^n t^{2n-1} dt$；

(2) $\sum_{n=1}^{+\infty} I(n) < 4$.

解 (1) $I(n) = \int_0^1 (1-x^{\frac{1}{n}})^n dx$，作变量替换 $x = t^{2n}$，即得

$$I(n) = 2n\int_0^1 (1-t^2)^n t^{2n-1} dt.$$

(2) 因为

$$0 \leqslant I(n) = 2n\int_0^1 (1-t^2)^n t^{2n-1} dt$$

$$= 2n\int_0^1 (1-t^2)(1-t^2)^{n-1} t^{2n-2} t dt$$

$$\leqslant 2n\int_0^1 (1-t^2)^{n-1} t^{2n-2} dt$$

$$= 2n\int_0^1 [(1-t^2)t^2]^{n-1} dt$$

$$\leqslant 2n\int_0^1 \left(\frac{1}{4}\right)^{n-1} dt = \frac{2n}{4^{n-1}},$$

注意到 $\sum_{n=1}^{+\infty} x^n = \frac{x}{1-x}$ $(|x|<1)$，逐项求导，得

$$\sum_{n=1}^{+\infty} n x^{n-1} = \frac{1}{(1-x)^2} \quad (|x|<1).$$

当 $x = \frac{1}{4}$ 时，上式给出：

$$\sum_{n=1}^{+\infty} I(n) \leqslant \sum_{n=1}^{+\infty} \frac{2n}{4^{n-1}} = \frac{32}{9} < 4.$$

练习题 4.3

4.3.1 求下列幂级数的收敛半径，并讨论收敛区间端点的收敛性：

(1) $\sum_{n=1}^{\infty} \frac{1+\frac{1}{2}+\cdots+\frac{1}{n}}{n} x^n$;   (2) $\sum_{n=1}^{\infty} \frac{(2n)!!}{(2n+1)!!} x^n$;

(3) $\sum_{n=1}^{\infty} \left(1+\frac{1}{n}\right)^{n^2} x^{2n}$;   (4) $\sum_{n=1}^{\infty} \frac{2^n+3^n}{n} x^n$;

(5) $\sum_{n=0}^{\infty} \left(1+2\cos\frac{n\pi}{4}\right)^n x^n$.

4.3.2 求下列级数的收敛域：

(1) $\sum_{n=1}^{\infty} \frac{(-1)^{n-1}}{2n-1}\left(\frac{1-x}{1+x}\right)^n$;   (2) $\sum_{n=0}^{\infty} [x(1+x)]^{3n}$.

4.3.3 给定零阶贝塞尔函数：

$$y = J_0(x) = 1 + \sum_{n=1}^{\infty} (-1)^n \frac{x^{2n}}{(n!)^2 2^{2n}}.$$

求证：它在实轴上满足方程：

$$xy'' + y' + xy = 0.$$

4.3.4 求下列级数的和：

(1) $\sum_{n=1}^{\infty} \frac{n+1}{n!} \cdot \frac{x^n}{2^n}$;   (2) $\sum_{n=0}^{\infty} \frac{x^{4n+1}}{4n+1}$;

(3) $\sum_{n=1}^{\infty} n^2 x^{n-1}$.

4.3.5 求下列级数的和：

(1) $\sum_{n=1}^{\infty} \frac{2n-1}{2^n}$;   (2) $\sum_{n=1}^{\infty} \frac{1}{n(2n+1)}$;

(3) $\sum_{n=1}^{\infty} \frac{(-1)^{n-1}}{n(2n+1)}$.

4.3.6 设 $0 < a < 1$，求证：

(1) $\int_0^b \frac{x^{a-1}}{1+x} dx = \sum_{n=0}^{\infty} \frac{(-1)^n}{n+a} b^{n+a}$ $(0 \leqslant b < 1)$;

(2) 级数 $\sum_{n=0}^{\infty} \frac{(-1)^n}{n+a} b^{n+a}$ 对 b 在 $[0,1]$ 上一致收敛；

(3) $\int_0^1 \frac{x^{a-1}}{1+x} dx = \sum_{n=0}^{\infty} \frac{(-1)^n}{n+a}$.

4.3.7 已知零阶贝塞尔函数

$$J_0(x) \xlongequal{\text{定义}} \frac{2}{\pi} \int_0^{\pi/2} \cos(x\sin\theta) d\theta,$$

求证：$J_0(x) = \sum_{n=0}^{\infty} (-1)^n \frac{x^{2n}}{(n!)^2 2^{2n}}$.

4.3.8 设对 $\forall k \in \mathbf{N}, |f^{(k)}(x)| \leqslant M^k$ $(|x| < a)$，其中 M 为与 k 和 x 都无

关的常数. 求证：

(1) $f(x)$ 可以在 $(-a, a)$ 上展开成幂级数；

(2) $f(x)$ 可以开拓到 $(-\infty, \infty)$，且在 $(-\infty, \infty)$ 上无穷多次可微.

4.3.9 把下列函数在 $x=0$ 点展开为幂级数：

(1) $\dfrac{x}{(1-x)(1-x^2)}$；

(2) $\dfrac{x}{\sqrt{1-x}}$；

(3) $\cos^2 x$；

(4) $\ln(1+x+x^2)$；

(5) $\ln(1+x+x^2+x^3)$；

(6) $\ln\dfrac{1+x}{1-x}$.

4.3.10 求证下列展开式成立：

(1) $\ln(x+\sqrt{1+x^2}) = x + \sum\limits_{n=1}^{\infty} (-1)^n \dfrac{(2n-1)!!}{(2n)!!} \cdot \dfrac{x^{2n+1}}{2n+1}$ $(|x| \leqslant 1)$；

(2) $\arctan\dfrac{2x}{2-x^2} = \sum\limits_{n=0}^{\infty} (-1)^{\left[\frac{n}{2}\right]} \dfrac{x^{2n+1}}{2^n(2n+1)}$ $(|x| \leqslant \sqrt{2})$.

4.3.11 (1) 将 $(\arctan x)^2$ 在 $x=0$ 点展开为幂级数；

(2) 求级数 $\sum\limits_{n=0}^{\infty} \dfrac{(-1)^n}{n+1}\left(1 + \dfrac{1}{3} + \cdots + \dfrac{1}{2n+1}\right)$ 的和.

4.3.12 求下列幂级数的收敛半径，并讨论收敛区间端点的收敛性：

(1) $\sum\limits_{n=1}^{\infty} \dfrac{x^n}{\sqrt[n]{n!}}$；

(2) $\sum\limits_{n=1}^{\infty} \dfrac{n^n x^n}{n!}$.

4.3.13 (1) 求证：函数 $y = \arcsin x / \sqrt{1-x^2}$ 满足方程
$$(1-x^2)y' - xy = 1,$$
并由此求出 $y^{(n)}(0)/n!$；

(2) 求证：$\dfrac{\sin^{-1} x}{\sqrt{1-x^2}} = \sum\limits_{n=0}^{\infty} \dfrac{(2n)!!}{(2n+1)!!} x^{2n+1}$ $(|x|<1)$；

(3) 求证：$(\arcsin x)^2 = \sum\limits_{n=0}^{\infty} \dfrac{(2n)!!}{(2n+1)!!} \cdot \dfrac{x^{2n+2}}{n+1}$ $(|x| \leqslant 1)$.

4.3.14 设 $0 < \theta < 2\pi$，利用幂级数的乘法求证：

(1) $\dfrac{\cos\theta - x}{1 - 2x\cos\theta + x^2} = \sum\limits_{n=1}^{\infty} \cos n\theta \, x^{n-1}$ $(|x|<1)$；

(2) $\dfrac{\sin\theta}{1 - 2x\cos\theta + x^2} = \sum\limits_{n=1}^{\infty} \sin n\theta \, x^{n-1}$ $(|x|<1)$.

4.3.15 求下列函数的幂级数展开式：

(1) $\arctan\dfrac{x\sin\theta}{1 - x\cos\theta}$；

(2) $-\dfrac{1}{2}\ln(1 - 2x\cos\theta + x^2)$.

4.3.16 设 $0 < \theta < 2\pi$，求证：

(1) $\sum\limits_{n=1}^{\infty} \dfrac{\sin n\theta}{n} = \dfrac{\pi - \theta}{2}$；

(2) $\sum\limits_{n=1}^{\infty} \dfrac{\cos n\theta}{n} = -\ln 2\sin\dfrac{\theta}{2}$；

(3) 级数 $\sum_{n=1}^{\infty} \frac{\sin n\theta}{n}$ 在 $(0, 2\pi)$ 上不一致收敛.

4.3.17 设 $f(x) = \sum_{n=0}^{\infty} a_n x^n$ 的收敛半径为 1,求
$$F(x) \xrightarrow{\text{定义}} \frac{f(x)}{1-x}$$
的幂级数展开式,并求出它的收敛半径.

4.3.18 设 $A = \sum_{n=0}^{\infty} a_n$, $B = \sum_{n=0}^{\infty} b_n$,又已知这两个级数的柯西乘积产生的级数
$$\sum_{n=0}^{\infty} (a_0 b_n + a_1 b_{n-1} + \cdots + a_n b_0)$$
收敛.求证:乘积级数的积等于 $A \cdot B$.

§4 傅氏级数的收敛性、平均收敛与一致收敛

内 容 提 要

1. 绝对可积和平方可积

设周期为 2π 的周期函数 $f(x)$ 在 $[-\pi, \pi]$ 上只有有限个瑕点. 若 $\int_{-\pi}^{\pi} |f(x)| dx$ 收敛,则称 $f(x)$ **绝对可积**,记作
$$f(x) \in LR \quad [-\pi, \pi].$$
若 $\int_{-\pi}^{\pi} |f(x)|^2 dx$ 收敛,则称 $f(x)$ **平方可积**,记作 $f(x) \in LR^2[-\pi, \pi]$.

2. 逐段连续和逐段单调

设存在 $[-\pi, \pi]$ 的分点 $\{x_1, x_2, \cdots, x_m\}$:
$$-\pi = x_1 < x_2 < \cdots < x_m = \pi,$$
如果对 $\forall k \ (1 \leqslant k \leqslant m-1), f(x)$ 在 $[x_k, x_{k+1}]$ 上连续,且 $f(x_k+0), f(x_{k+1}-0)$ 存在,则称 $f(x)$ **逐段连续**;如果对 $\forall k \ (1 \leqslant k \leqslant m-1), f(x)$ 在 (x_k, x_{k+1}) 上单调,且 $f(x_k+0), f(x_k-0)$ 存在,则称 $f(x)$ **逐段单调**.

3. 广义左、右导数

极限 $\lim\limits_{x \to x_0+} \frac{f(x)-f(x_0+0)}{x-x_0}$ 与 $\lim\limits_{x \to x_0-} \frac{f(x)-f(x_0-0)}{x-x_0}$ 分别称为函数 $f(x)$ 在 x_0 点的**广义右导数**和**广义左导数**.

4. 傅氏级数的收敛性

若 $f(x)$ 在 $[-\pi, \pi]$ 上逐段连续,且每一点的广义左、右导数存在,或 $f(x)$ 在

$[-\pi,\pi]$ 上逐段单调,则对 $\forall\ |x|\leqslant\pi$,有

$$\frac{a_0}{2} + \sum_{n=1}^{\infty}(a_n\cos nx + b_n\sin nx)$$
$$= \frac{1}{2}(f(x+0) + f(x-0)),$$

其中
$$a_n = \frac{1}{\pi}\int_{-\pi}^{\pi}f(x)\cos nx\,\mathrm{d}x \quad (n\geqslant 0),$$
$$b_n = \frac{1}{\pi}\int_{-\pi}^{\pi}f(x)\sin nx\,\mathrm{d}x \quad (n\geqslant 1).$$

若 $f(x)=f(-x)$,即 $f(x)$ 为偶函数,则

$$\frac{a_0}{2} + \sum_{n=1}^{\infty}a_n\cos nx = \frac{1}{2}(f(x+0) + f(x-0)).$$

若 $f(-x)=-f(x)$,即 $f(x)$ 为奇函数,则

$$\sum_{n=1}^{\infty}b_n\sin nx = \frac{1}{2}(f(x+0) + f(x-0)).$$

5. 傅氏级数的部分和 $S_n(x)$ 的性质

性质 1 设 $f(x)\in LR^2[-\pi,\pi]$,对 $\forall\ n\in N$,

$$S_n(x) = \frac{a_0}{2} + \sum_{k=1}^{n}(a_k\cos kx + b_k\sin kx)$$

为 $f(x)$ 的傅氏级数的部分和. 若 $T_n(x)$ 为任一个 n 阶三角多项式,则有

(1) $\int_{-\pi}^{\pi}[f(x)-S_n(x)]^2\mathrm{d}x \leqslant \int_{-\pi}^{\pi}[f(x)-T_n(x)]^2\mathrm{d}x$;

(2) $\frac{1}{\pi}\int_{-\pi}^{\pi}[f(x)-S_n(x)]^2\mathrm{d}x = \frac{1}{\pi}\int_{-\pi}^{\pi}f^2(x)\mathrm{d}x - \left[\frac{a_0^2}{2} + \sum_{k=1}^{n}(a_k^2+b_k^2)\right]$;

(3) $\frac{a_0^2}{2} + \sum_{n=1}^{\infty}(a_n^2+b_n^2) \leqslant \frac{1}{\pi}\int_{-\pi}^{\pi}f^2(x)\mathrm{d}x$.

性质 2 设 $f(x)\in LR^2[-\pi,\pi]$,则有

(1) $\lim_{n\to\infty}\int_{-\pi}^{\pi}[f(x)-S_n(x)]^2\mathrm{d}x = 0$;

(2) $\frac{1}{\pi}\int_{-\pi}^{\pi}f^2(x)\mathrm{d}x = \frac{a_0^2}{2} + \sum_{n=1}^{\infty}(a_n^2+b_n^2)$ (**封闭性公式**).

6. 傅氏级数的一致收敛与逐项积分

定理 1 设 $f(x)\in C[-\pi,\pi]$,$f(-\pi)=f(\pi)$.除有限个点外 $f'(x)$ 存在,且 $f'(x)\in LR^2[-\pi,\pi]$.则 $f(x)$ 的傅氏级数一致收敛于 $f(x)$.

定理 2 假设 $f(x)$ 在 $[-\pi,\pi]$ 上逐段连续,则可逐项积分,也就是对 $\forall\ x\in[-\pi,\pi]$,

$$\int_0^x f(t)\mathrm{d}t = \int_0^x \frac{a_0}{2}\mathrm{d}t + \sum_{n=1}^{\infty}\left(a_n\int_0^x\cos nt\,\mathrm{d}t + b_n\int_0^x\sin nt\,\mathrm{d}t\right).$$

7. 函数 $f(x)$ 在一般区间上的傅氏级数展开

若 $f(x) \in LR[-l, l]$(或 $LR[0, 2l]$),则 $f(x)$ 的傅氏级数为
$$f(x) \sim \frac{a_0}{2} + \sum_{n=1}^{\infty}\left(a_n\cos\frac{n\pi x}{l} + b_n\sin\frac{n\pi x}{l}\right),$$

其中
$$a_n = \frac{1}{l}\int_{-l}^{l}f(x)\cos\frac{n\pi x}{l}\mathrm{d}x \quad (n \geq 0),$$
$$b_n = \frac{1}{l}\int_{-l}^{l}f(x)\sin\frac{n\pi x}{l}\mathrm{d}x \quad (n \geq 1).$$

典型例题分析

例 1 将函数 $f(x) = x$ ($-\pi \leq x \leq \pi$) 展开为傅氏级数.

解 因为 $f(x)$ 是奇函数,所以 $a_n = 0$ ($n \geq 0$),
$$b_n = \frac{2}{\pi}\int_0^{\pi}x\sin nx\,\mathrm{d}x = -\frac{2}{n\pi}[x\cos nx]_0^{\pi} + \frac{2}{nx}\int_0^{\pi}\cos nx\,\mathrm{d}x$$
$$= (-1)^{n-1}\frac{2}{n}.$$

因为 $f(x)$ 逐段单调,所以
$$\sum_{n=1}^{\infty}(-1)^{n-1}\frac{2}{n}\sin nx = \begin{cases} x, & -\pi < x < \pi, \\ 0, & x = -\pi, \pi. \end{cases}$$

例 2 将 $f(x) = x$ ($0 \leq x \leq 2\pi$) 展开为傅氏级数.

解 $a_0 = \frac{1}{\pi}\int_0^{2\pi}x\,\mathrm{d}x = 2\pi,$
$$a_n = \frac{1}{\pi}\int_0^{2\pi}x\cos nx\,\mathrm{d}x = \frac{1}{n\pi}x\sin nx\Big|_0^{2\pi} - \frac{1}{n\pi}\int_0^{2\pi}\sin nx\,\mathrm{d}x$$
$$= \frac{1}{n^2\pi}\cos nx\Big|_0^{2\pi} = 0,$$
$$b_n = \frac{1}{\pi}\int_0^{2\pi}x\sin nx\,\mathrm{d}x = -\frac{1}{n\pi}x\cos nx\Big|_0^{2\pi} + \frac{1}{n\pi}\int_0^{2\pi}\cos nx\,\mathrm{d}x$$
$$= -\frac{2}{n} + \frac{1}{n^2\pi}\sin nx\Big|_0^{2\pi} = -\frac{2}{n}.$$

因为 $f(x)$ 满足逐段单调条件,所以
$$\pi - \sum_{n=1}^{\infty}\frac{2}{n}\sin nx = \begin{cases} x, & 0 < x < 2\pi, \\ \pi, & x = 0, 2\pi. \end{cases}$$

引申 由本题结果顺便可得到如下等式:

$$\sum_{n=1}^{\infty} \frac{\sin nx}{n} = \frac{\pi - x}{2} \quad (0 < x < 2\pi).$$

评注 前面两例中虽然函数表达式中都有 x,由于基本区间不同,实际上是两个不同的周期函数.

例3 将函数 $f(x)=x^2$ $(0<x<\pi)$,按如下要求展开为傅氏级数:

(1) 按余弦展开; (2) 按正弦展开.

解 (1) 将 $f(x)=x^2$ $(0<x<\pi)$ 进行偶开拓,也就是考虑 $f(x)=x^2$ $(-\pi<x<\pi)$ 的傅氏展开. 这时 $b_n=0$ $(n=1,2,\cdots)$,且

$$a_0 = \frac{2}{\pi}\int_0^\pi x^2 \mathrm{d}x = \frac{2}{3}\pi^2,$$

$$a_n = \frac{2}{\pi}\int_0^\pi x^2\cos nx \mathrm{d}x = \frac{2}{n\pi}x^2\sin nx\bigg|_0^\pi - \frac{2}{n\pi}\int_0^\pi 2x\cdot\sin nx \mathrm{d}x$$

$$= \frac{4}{n^2\pi}\left[x\cos nx\bigg|_0^\pi - \int_0^\pi \cos nx \mathrm{d}x\right] = (-1)^n\frac{4}{n^2},$$

即得

$$\frac{\pi^2}{3} + 4\sum_{n=1}^{\infty}\frac{(-1)^n}{n^2}\cos nx = x^2 \quad (0\leqslant x\leqslant \pi).$$

(2) 将 $f(x)=x^2$ $(0<x<\pi)$ 进行奇开拓,也就是考虑 $f(x)=x|x|$ $(-\pi<x<\pi)$ 的傅氏展开. 这时 $a_n=0$ $(n=0,1,2,\cdots)$,且

$$b_n = \frac{2}{\pi}\int_0^\pi x^2\sin nx \mathrm{d}x$$

$$= -\frac{2}{n\pi}x^2\cos nx\bigg|_0^\pi + \frac{4}{n\pi}\int_0^\pi x\cos nx \mathrm{d}x$$

$$= (-1)^{n-1}\frac{2\pi}{n} + \frac{4}{n^2\pi}\left[x\sin nx\bigg|_0^\pi - \int_0^\pi \sin nx \mathrm{d}x\right]$$

$$= (-1)^{n-1}\frac{2\pi}{n} + \frac{4}{n^3\pi}[(-1)^n - 1],$$

即得

$$2\pi\sum_{n=1}^{\infty}\frac{(-1)^{n-1}}{n}\sin nx - \frac{8}{\pi}\sum_{n=1}^{\infty}\frac{\sin(2n-1)x}{(2n-1)^3}$$

$$= \begin{cases} x^2, & 0\leqslant x<\pi, \\ 0, & x=\pi. \end{cases}$$

说明 利用函数的傅氏展开式,对于$(0,\pi)$上的同一函数,我们可以用不同的三角级数来表示. 事实上,在$(-\pi,0)$上的任意开拓 $f(x)$,只要保证逐段单调,所得到的傅氏级数展式同样在$(0,\pi)$上收敛到$f(x)$.

例 4 设 $0<a<1$, 将函数 $f(x)=\cos ax$ ($|x|<\pi$)展开为傅氏级数.

解 因为$f(x)$是偶函数,所以$b_n=0$,且

$$a_0 = \frac{2}{\pi}\int_0^\pi \cos(ax)dx = \frac{2}{\pi a}\sin(a\pi),$$

$$a_n = \frac{2}{\pi}\int_0^\pi \cos(ax)\cos(nx)dx$$

$$= \frac{1}{\pi}\int_0^\pi [\cos(a-n)x + \cos(a+n)x]dx$$

$$= \frac{1}{\pi}\left[\frac{\sin(a-n)x}{a-n} + \frac{\sin(a+n)x}{a+n}\right]_0^\pi$$

$$= (-1)^n \frac{2a\sin(a\pi)}{\pi(a^2-n^2)},$$

即得

$$\frac{\sin a\pi}{\pi}\left[\frac{1}{a} + \sum_{n=1}^\infty (-1)^n \frac{2a}{a^2-n^2}\cos nx\right] = \cos ax \quad (|x|\leqslant\pi).$$

例 5 设 $0<a<1$,求证:

(1) $\dfrac{\pi}{\sin a\pi} = \dfrac{1}{a} + \sum\limits_{n=1}^\infty (-1)^n \dfrac{2a}{a^2-n^2}$;

(2) $\dfrac{1}{\sin x} = \dfrac{1}{x} + \sum\limits_{n=1}^\infty (-1)^n \dfrac{2x}{x^2-n^2\pi^2}$ $(0<x<\pi)$;

(3) $\pi = \int_0^\pi \dfrac{\sin x}{x}dx + \sum\limits_{n=1}^\infty (-1)^n \int_0^\pi \dfrac{2x\sin x}{x^2-n^2\pi^2}dx$;

(4) $\int_{-\infty}^{+\infty} \dfrac{\sin x}{x}dx = \pi$.

证 (1) 在例 4 给出的结果中,令$x=0$,即得

$$\frac{\pi}{\sin a\pi} = \frac{1}{a} + \sum_{n=1}^\infty (-1)^n \frac{2a}{a^2-n^2}.$$

(2) 对 $\forall x\in(0,\pi)$,令$a=x/\pi$,则有$0<a<1$. 将此a代入第

(1)小题给出的公式中,化简即得
$$\frac{1}{\sin x} = \frac{1}{x} + \sum_{n=1}^{\infty} (-1)^n \frac{2x}{x^2 - n^2\pi^2}.$$

(3) 将第(2)小题的结果改写为
$$1 = \frac{\sin x}{x} + \sum_{n=1}^{\infty} (-1)^n \frac{2x\sin x}{x^2 - n^2\pi^2} \quad (0 < x < \pi). \quad (4.1)$$

定义
$$u_0(x) = \begin{cases} \sin x/x, & 0 < x \leq \pi, \\ 1, & x = 0, \end{cases}$$
$$u_1(x) = \begin{cases} -2x\sin x/(x^2 - \pi^2), & 0 \leq x < \pi, \\ 1, & x = \pi, \end{cases}$$
$$u_n(x) = (-1)^n \frac{2x\sin x}{x^2 - n^2\pi^2} \quad (n \geq 2, 0 \leq x \leq \pi).$$

显然对 $\forall n \geq 0, u_n(x)$ 在 $[0,\pi]$ 上连续,且由(4.1)式,有
$$1 = \sum_{n=0}^{\infty} u_x(x) \quad (0 \leq x \leq \pi). \quad (4.2)$$

下面证明级数 $\sum_{n=0}^{\infty} u_x(x)$ 在 $[0,\pi]$ 上一致收敛.因为当 $n \geq 2$ 时,对 $\forall x \in [0,\pi]$,有
$$|u_n(x)| \leq \frac{2\pi}{n^2\pi^2 - \pi^2} = \frac{2}{\pi} \cdot \frac{1}{n^2 - 1}.$$

又 $\sum_{n=2}^{\infty} \frac{1}{n^2-1} \leq \sum_{n=2}^{\infty} \frac{2}{n^2} < +\infty$,所以 $\sum_{n=0}^{\infty} u_n(x)$ 在 $[0,\pi]$ 上一致收敛.从而对(4.2)式进行逐项积分得
$$\pi = \sum_{n=0}^{\infty} \int_0^{\pi} u_n(x)\mathrm{d}x$$
$$= \int_0^{\pi} \frac{\sin x}{x}\mathrm{d}x + \sum_{n=1}^{\infty} (-1)^n \int_0^{\pi} \frac{2x\sin x}{x^2 - n^2\pi^2}\mathrm{d}x.$$

(4) 将无穷区间上的积分化成有限区间上积分的级数,即得
$$\int_{-\infty}^{+\infty} \frac{\sin x}{x}\mathrm{d}x = \int_0^{+\infty} \frac{\sin x}{x}\mathrm{d}x + \int_{-\infty}^{0} \frac{\sin x}{x}\mathrm{d}x$$
$$= \int_0^{\pi} \frac{\sin x}{x}\mathrm{d}x + \sum_{n=1}^{\infty} \int_{n\pi}^{(n+1)\pi} \frac{\sin x}{x}\mathrm{d}x$$

$$+ \sum_{n=1}^{\infty} \int_{-n\pi}^{-(n-1)\pi} \frac{\sin x}{x} dx$$

$$= \int_0^{\pi} \frac{\sin x}{x} dx + \sum_{n=1}^{\infty} \int_0^{\pi} \frac{\sin(t+n\pi)}{t+n\pi} dt$$

$$+ \sum_{n=1}^{\infty} \int_0^{\pi} \frac{\sin(t-n\pi)}{t-n\pi} dt$$

$$= \int_0^{\pi} \frac{\sin x}{x} dx + \sum_{n=1}^{\infty} (-1)^n \int_0^{\pi} \left[\frac{\sin t}{t+n\pi} + \frac{\sin t}{t-n\pi} \right] dt$$

$$= \int_0^{\pi} \frac{\sin x}{x} dx + \sum_{n=1}^{\infty} (-1)^n \int_0^{\pi} \frac{2t\sin t}{t^2 - n^2\pi^2} = \pi,$$

其中最后一个等号用的是第(3)小题的结果.

例 6 将函数 $f(x) = x^2 (-\pi \leqslant x \leqslant \pi)$ 展开为傅氏级数,并求级数 $\sum_{n=1}^{\infty} \frac{1}{n^4}$ 的和.

解 因为 $f(x)$ 是偶函数,所以 $b_n = 0$,且

$$a_0 = \frac{2}{\pi} \int_0^{\pi} x^2 dx = \frac{2}{3}\pi^2,$$

$$a_n = \frac{2}{\pi} \int_0^{\pi} x^2 \cos nx \, dx = (-1)^n \frac{4}{n^2},$$

即得

$$\frac{\pi^2}{3} + 4 \sum_{n=1}^{\infty} \frac{(-1)^n}{n^2} \cos nx = x^2 \quad (-\pi \leqslant x \leqslant \pi).$$

由封闭性公式,有

$$\frac{1}{\pi} \int_{-\pi}^{\pi} x^4 dx = \frac{1}{2} \left(\frac{2\pi^2}{3} \right)^2 + \sum_{n=1}^{\infty} \frac{16}{n^4},$$

由此解得

$$\sum_{n=1}^{\infty} \frac{1}{n^4} = \frac{\pi^4}{90}.$$

例 7 利用逐项积分将 $f(x) = x^3 (-\pi \leqslant x \leqslant \pi)$ 展开为傅氏级数,并求级数 $\sum_{n=1}^{\infty} \frac{(-1)^{n-1}}{(2n-1)^3}$ 与 $\sum_{n=1}^{\infty} \frac{1}{n^6}$ 的和.

解 对例 6 已求出的展开式

$$t^2 = \frac{\pi^2}{3} + 4 \sum_{n=1}^{\infty} \frac{(-1)^n}{n^2} \cos nt \quad (|t| \leqslant \pi)$$

进行逐项积分,得

$$\int_0^x t^2 dt = \int_0^x \frac{\pi^2}{3} dt + 4\sum_{n=1}^{\infty} \int_0^x \frac{(-1)^n}{n} \cos nt \, dt \quad (|x| \leqslant \pi),$$

即 $$x^3 = \pi^2 x + 12 \sum_{n=1}^{\infty} (-1)^n \frac{\sin nx}{n^3} \quad (|x| \leqslant \pi). \quad (4.3)$$

又由例 1 知

$$x = \sum_{n=1}^{\infty} (-1)^{n-1} \frac{2}{n} \sin nx \quad (|x| < \pi). \quad (4.4)$$

将(4.4)代入(4.3)式右端的第一项,于是对 $\forall |x| < \pi$,有

$$x^3 = 2\pi^2 \sum_{n=1}^{\infty} (-1)^{n-1} \frac{\sin nx}{n} + 12 \sum_{n=1}^{\infty} (-1)^n \frac{\sin nx}{n^3}. \quad (4.5)$$

令 $x = \pi/2$ 并代入(4.5)式,得

$$\frac{\pi^3}{8} = 2\pi^2 \sum_{n=1}^{\infty} \frac{\sin(2n-1)\pi/2}{2n-1} - 12 \sum_{n=1}^{\infty} \frac{\sin(2n-1)\pi/2}{(2n-1)^3}.$$

又 $$\sin(2n-1)\pi/2 = -\cos n\pi = (-1)^{n-1},$$

即得 $$\frac{\pi^3}{8} = 2\pi^2 \sum_{n=1}^{\infty} \frac{(-1)^{n-1}}{2n-1} - 12 \sum_{n=1}^{\infty} \frac{(-1)^{n-1}}{(2n-1)^3}. \quad (4.6)$$

再由例 2 的引申,知

$$\sum_{n=1}^{\infty} \frac{\sin nx}{n} = \frac{\pi - x}{2} \quad (0 < x < 2\pi). \quad (4.7)$$

令 $x = \pi/2$ 并代入(4.7)式,得

$$\sum_{n=1}^{\infty} \frac{(-1)^{n-1}}{2n-1} = \frac{\pi}{4}. \quad (4.8)$$

将(4.8)式代入(4.6)式即得

$$\sum_{n=1}^{\infty} \frac{(-1)^{n-1}}{(2n-1)^3} = \frac{\pi^3}{32}.$$

再对 $f(x) = x^3$ 的傅氏展开式(4.3)应用封闭性公式:

$$\frac{2}{\pi} \int_0^{\pi} x^6 dx = \sum_{n=1}^{\infty} \left[(-1)^{n-1} \frac{2\pi^2}{n} + (-1)^n \frac{12}{n^3} \right]^2,$$

即得 $$\frac{2}{7} \pi^6 = \sum_{n=1}^{\infty} \left(\frac{4\pi^4}{n^2} - \frac{48\pi^2}{n^4} + \frac{144}{n^6} \right).$$

由此,利用例 6 的结果及 $\sum_{n=1}^{\infty} \frac{1}{n^2} = \frac{\pi^2}{6}$,解得

$$\sum_{n=1}^{\infty}\frac{1}{n^6}=\frac{\pi^6}{945}.$$

例 8 将函数 $f(x)=x\cos x\left(-\frac{\pi}{2}\leqslant x\leqslant\frac{\pi}{2}\right)$ 展开为傅氏级数.

解 记 $l=\pi/2$,因为 $f(x)$ 是奇函数,所以 $a_n=0$ $(n\geqslant 0)$,且

$$b_n=\frac{2}{l}\int_0^l x\cdot\cos x\cdot\sin(2nx)\mathrm{d}x$$

$$=\frac{1}{l}\int_0^l x[\sin(2n-1)x+\sin(2n+1)x]\mathrm{d}x$$

$$=\frac{1}{l}\Big[-\frac{1}{(2n-1)}x\cos(2n-1)x\Big|_0^l$$

$$\quad+\frac{1}{2n-1}\int_0^l\cos(2n-1)x\mathrm{d}x\Big]$$

$$\quad+\frac{1}{l}\Big[-\frac{1}{(2n+1)}\times x\cos(2n+1)x\Big|_0^l$$

$$\quad+\frac{1}{2n+1}\int_0^l\cos(2n+1)x\mathrm{d}x\Big]$$

$$=\frac{1}{l}\Big[\frac{1}{(2n-1)^2}\sin(2n-1)l+\frac{1}{(2n+1)^2}\sin(2n+1)l\Big]$$

$$=\frac{(-1)^{n-1}}{l}\Big[\frac{1}{(2n-1)^2}-\frac{1}{2(n+1)^2}\Big]$$

$$=\frac{(-1)^{n-1}}{\pi}\cdot\frac{16n}{(4n^2-1)^2},$$

即得

$$\sum_{n=1}^{\infty}\frac{(-1)^{n-1}}{\pi}\cdot\frac{16n}{(4n^2-1)^2}\sin 2nx=x\cos x\quad\left(|x|\leqslant\frac{\pi}{2}\right).$$

例 9 设 $f(x)$ 是周期为 2π 的连续周期函数. 求证:

(1) $F(x)\xlongequal{\text{定义}}\frac{1}{2h}\int_{x-h}^{x+h}f(t)\mathrm{d}t$ $(h>0)$ 也是周期为 2π 的连续周期函数;

(2) 对 $\forall\varepsilon>0,\exists h>0$,使得
$$|f(x)-F(x)|<\varepsilon\quad(-\pi\leqslant x\leqslant\pi);$$

(3) 对 $\forall\varepsilon>0,\exists\widetilde{S}_n(x)$ (n 阶三角多项式),使得
$$|f(x)-\widetilde{S}_n(x)|<2\varepsilon\quad(-\pi\leqslant x\leqslant\pi).$$

证 (1) 对 $F(x)$ 的表达式作变换 $t=x+y$,得
$$F(x)=\frac{1}{2h}\int_{x-h}^{x+h}f(t)\mathrm{d}t=\frac{1}{2h}\int_{-h}^{h}f(x+y)\mathrm{d}y.$$
又 $f(x)$ 是周期为 2π 的周期函数,故有
$$F(x+2\pi)=\frac{1}{2h}\int_{-h}^{h}f(x+2\pi+y)\mathrm{d}y$$
$$=\frac{1}{2h}\int_{-h}^{h}f(x+y)\mathrm{d}y=F(x),$$
即 $F(x)$ 也是以 2π 为周期的周期函数. 由 $f(x)$ 连续,及
$$F(x)=\frac{1}{2h}\left\{\int_{0}^{x+h}f(t)\mathrm{d}t-\int_{0}^{x-h}f(t)\mathrm{d}t\right\},$$
根据变上限积分的性质,显然 $F(x)$ 连续可微.

(2) $F(x)$ 的意义是 $f(x)$ 在 $[x-h,x+h]$ 上的平均值,为了便于将 $F(x)$ 与 $f(x)$ 进行比较,我们应用积分中值定理,对 $\forall x\in[-\pi,\pi]$ 及 $\forall h>0, \exists \xi_x\in[x-h,x+h]$,使得
$$F(x)=\frac{1}{2h}\int_{x-h}^{x+h}f(t)\mathrm{d}t=f(\xi_x).$$
这样 $F(x)$ 与 $f(x)$ 之间的比较就转化为 $f(\xi_x)$ 与 $f(x)$ 之间的比较. 再由 $f(x)$ 在实轴上的一致连续性,对 $\forall \varepsilon>0, \exists \delta>0$,使得
$$|f(x_1)-f(x_2)|<\varepsilon \quad (\forall x_1,x_2\in \mathbf{R}, |x_1-x_2|<\delta).$$
取 $h\in(0,\delta)$,由 $|\xi_x-x|\leqslant h<\delta$,便有
$$|F(x)-f(x)|=|f(\xi_x)-f(x)|<\varepsilon \quad (|x|\leqslant\pi). \tag{4.9}$$

(3) 因为 $F(x)$ 连续可微,
$$F'(x)=\frac{f(x+h)-f(x-h)}{2h} \quad (|x|\leqslant\pi),$$
所以 $$F'(x)\in LR^2[-\pi,\pi],$$
从而 $F(x)$ 的傅氏级数一致收敛到 $F(x)$. 记 $F(x)$ 的傅氏级数部分和为 $\widetilde{S}_k(x)$,则当 $k\to\infty$ 时,
$$\widetilde{S}_k(x)\to F(x) \quad (\forall x\in[-\pi,\pi]).$$
于是对 $\forall \varepsilon>0, \exists n$,使得
$$|F(x)-\widetilde{S}_n(x)|<\varepsilon \quad (|x|\leqslant\pi). \tag{4.10}$$
这样,对 $\forall \varepsilon>0$,先取定 h 保证 (4.9) 式成立,再取定 $\widetilde{S}_n(x)$ 保证

(4.10)式成立.联立(4.9)与(4.10)式,即得
$$|f(x) - \widetilde{S}_n(x)| \leqslant |f(x) - F(x)| + |F(x) - \widetilde{S}_n(x)| < 2\varepsilon$$
$$(|x| \leqslant \pi).$$

评注 连续周期函数的傅氏级数可以在一些点上发散,更谈不上一致收敛.但本题结果表明连续的周期函数总可以用三角多项式一致逼近.

练习题 4.4

4.4.1 求证:

(1) $\{\cos nx\}_{n=0}^{\infty}$ 是 $[0,\pi]$ 上的正交系;

(2) $\{\sin nx\}_{n=1}^{\infty}$ 是 $[0,\pi]$ 上的正交系;

(3) $1, \cos\dfrac{\pi x}{l}, \sin\dfrac{\pi x}{l}, \cdots, \cos\dfrac{n\pi x}{l}, \sin\dfrac{n\pi x}{l}, \cdots$ 是 $[-l,l]$ 上的正交系.

4.4.2 将下列函数展开成傅氏级数:

(1) $f(x) = \sin^4 x \quad (-\pi \leqslant x \leqslant \pi)$;

(2) $f(x) = \sec x \quad (-\pi \leqslant x \leqslant \pi)$;

(3) $f(x) = \sin\dfrac{x}{2} \quad (-\pi \leqslant x \leqslant \pi)$;

(4) $f(x) = |\sin x| \quad (-\pi \leqslant x \leqslant \pi)$.

4.4.3 将 $f(x) = |x|$ $(-\pi \leqslant x \leqslant \pi)$ 展开成傅氏级数,并求下列级数的和:

(1) $\sum\limits_{n=1}^{\infty} \dfrac{1}{(2n-1)^2}$; (2) $\sum\limits_{n=1}^{\infty} \dfrac{1}{n^2}$; (3) $\sum\limits_{n=1}^{\infty} \dfrac{(-1)^{n-1}}{n^2}$.

4.4.4 将 $f(x) = e^x$ $(-\pi \leqslant x \leqslant \pi)$ 展开成傅氏级数,并求级数 $\sum\limits_{n=1}^{\infty} \dfrac{1}{1+n^2}$ 的和.

4.4.5 将 $f(x) = \begin{cases} 1, & 0 < x < h, \\ 0, & h \leqslant x \leqslant \pi \end{cases}$

(1) 按余弦展开; (2) 按正弦展开.

4.4.6 求证:

(1) $\dfrac{\pi}{\tan a\pi} = \dfrac{1}{a} + \sum\limits_{n=1}^{\infty} \dfrac{2a}{a^2 - n^2} \quad (0 < a < 1)$;

(2) $\dfrac{1}{\tan x} = \dfrac{1}{x} + \sum\limits_{n=1}^{\infty} \dfrac{2x}{x^2 - n^2\pi^2} \quad (0 < x < \pi)$;

(3) $\dfrac{1}{\sin^2 x} = \dfrac{1}{x^2} + \sum\limits_{n=1}^{\infty} \left[\dfrac{1}{(x-n\pi)^2} + \dfrac{1}{(x+n\pi)^2} \right] \quad (0 < x < \pi)$.

4.4.7 求证:

(1) $\int_{-\pi}^{\pi} |\cos nx| dx = 4$ $(n \in N)$；

(2) 若 $\forall n \in N$，设 $T_n(x)$ 是任意的 n 阶三角多项式，其中 $\cos nx$ 的系数为 1，则
$$\max_{|x| \leq \pi} |T_n(x)| \geq \frac{\pi}{4}.$$

4.4.8 求证：

(1) $\lim\limits_{n \to \infty} \int_0^\pi \left(\frac{1}{2\sin x/2} - \frac{1}{x} \right) \sin\left(n + \frac{1}{2} \right) x dx = 0$；

(2) $\int_0^\infty \frac{\sin x}{x} dx = \frac{\pi}{2}$.

4.4.9 设 $f(x) \in C[0,T]$，$g(x)$ 是周期为 T 的连续周期函数，求证：
$$\lim_{n \to \infty} \int_0^T f(x) g(nx) dx = \frac{1}{T} \int_0^T f(x) dx \cdot \int_0^T g(x) dx.$$

4.4.10 设 $0 < a < 1$，求证：

(1) $\lim\limits_{b \to 1} \int_0^b \frac{x^{a-1}}{1+x} dx = \sum\limits_{n=0}^\infty \frac{(-1)^n}{a+n}$；   (2) $\lim\limits_{b \to 1} \int_0^b \frac{x^{-a}}{1+x} dx = \sum\limits_{n=1}^\infty \frac{(-1)^n}{a-n}$；

(3) $\int_0^1 \frac{x^{a-1} + x^{-a}}{1+x} dx = \frac{\pi}{\sin a\pi}$；   (4) $\int_0^\infty \frac{x^{a-1}}{1+x} dx = \frac{\pi}{\sin a\pi}$.

4.4.11 设 $f(x), g(x) \in LR^2[-\pi, \pi]$，求证：
$$\int_{-\pi}^\pi [f(x) + g(x)]^2 dx + \int_{-\pi}^\pi [f(x) - g(x)]^2 dx$$
$$= 2 \left[\int_{-\pi}^\pi f^2(x) dx + \int_{-\pi}^\pi g^2(x) dx \right].$$

4.4.12 设 $f(x), g(x) \in LR^2[-\pi, \pi]$，它们的傅氏系数分别记为 a_n, b_n；α_n, β_n. 求证：
$$\frac{1}{\pi} \int_{-\pi}^\pi f(x) g(x) dx = \frac{a_0 \alpha_0}{2} + \sum_{n=1}^\infty (a_n \alpha_n + b_n \beta_n).$$

4.4.13 利用上题结果，求证：如果 $f(x) \in LR^2[-\pi, \pi]$，那么 $f(x)$ 的傅氏级数可逐项积分，即
$$\int_0^x f(t) dt = \int_0^x \frac{a_0}{2} dt + \sum_{n=1}^\infty \int_0^x (a_n \cos nt + b_n \sin nt) dt.$$

4.4.14 利用逐项积分定理，将 $f(x) = x^4$ $(-\pi \leq x \leq \pi)$ 展开为傅氏级数，并求下列级数的和：

(1) $\sum\limits_{n=1}^\infty \frac{(-1)^{n-1}}{n^4}$；   (2) $\sum\limits_{n=1}^\infty \frac{1}{n^8}$.

4.4.15 将如下定义的函数 $f(x)$ 展开为傅氏级数：
$$f(x) = \begin{cases} 1 - |x|/2h, & 2 \leq |x| < 2h, \\ 0, & 2h \leq |x| \leq \pi. \end{cases}$$

并求下列级数的和：

(1) $\sum_{n=1}^{\infty} \frac{\sin^2 nh}{n^2}$；　　(2) $\sum_{n=1}^{\infty} \frac{\cos^2 nh}{n^2}$；　　(3) $\sum_{n=1}^{\infty} \frac{\sin^4 nh}{n^4}$.

4.4.16　求证：收敛级数
$$\sum_{n=1}^{\infty} \frac{\sin nx}{\sqrt{n}} \quad (0 < x < 2\pi)$$
不可能是某个黎曼可积函数的傅氏级数.

4.4.17　将函数 $f(x) = x\ (0 \leqslant x \leqslant 1)$ 展开为傅氏级数.

4.4.18　将如下定义的函数 $f(x)$ 展开为傅氏级数：
$$f(x) = \begin{cases} A, & 0 < x < l, \\ 0, & l \leqslant x \leqslant 2l. \end{cases}$$

4.4.19　设 $f(x) \in C[-\pi, \pi], f(-\pi) = f(\pi)$，且 $f(x)$ 是奇函数，它的傅氏级数为
$$f(x) \sim \sum_{n=1}^{\infty} b_n \sin nx.$$
求证：对 $\forall h > 0$，函数
$$F(x) \xlongequal{\text{定义}} \frac{1}{2h} \int_{x-h}^{x+h} f(t) \mathrm{d}t \quad (|x| \leqslant \pi)$$
也是奇函数，并求它的傅氏级数.

第五章 多元函数微分学

§1 欧氏空间、多元函数的极限与连续

内 容 提 要

1. m 维欧氏空间

1）内积与长度

给定 $\boldsymbol{R}^m$ 空间的向量 $\boldsymbol{x} = \sum_{i=1}^{m} x_i \boldsymbol{e}_i$，$\boldsymbol{y} = \sum_{i=1}^{m} y_i \boldsymbol{e}_i$. 两向量的**内积**定义为

$$\boldsymbol{x} \cdot \boldsymbol{y} = \sum_{i=1}^{m} x_i y_i.$$

向量 $\boldsymbol{x}$ 的**长度**定义为 $|\boldsymbol{x}| = \sqrt{\boldsymbol{x} \cdot \boldsymbol{x}}$. 两点 $\boldsymbol{x}, \boldsymbol{y}$ 的**距离**定义为

$$\rho(\boldsymbol{x}, \boldsymbol{y}) = |\boldsymbol{x} - \boldsymbol{y}|,$$

并有下列不等式：

$$|\boldsymbol{x} \cdot \boldsymbol{y}| \leqslant |\boldsymbol{x}| \cdot |\boldsymbol{y}|, \quad |\boldsymbol{x} \pm \boldsymbol{y}| \leqslant |\boldsymbol{x}| + |\boldsymbol{y}|,$$

$$\rho(\boldsymbol{x}, \boldsymbol{y}) \leqslant \rho(\boldsymbol{x}, \boldsymbol{z}) + \rho(\boldsymbol{z}, \boldsymbol{y}).$$

2）欧氏空间中的点集

（1）开集与闭集. 设集合 $E \subset \boldsymbol{R}^m$，对 $\boldsymbol{x}_0$，若存在邻域 $U(\boldsymbol{x}_0; \delta) \subset E$，则称 $\boldsymbol{x}_0$ 为集合 E 的**内点**. E 的全部内点组成的集合记作 E°. 若 $E = E^\circ$，则称 E 为**开集**. 任意多个开集的和集为开集，有限个开集的交集为开集.

对于 $\boldsymbol{x}_0$，任给空心邻域 $U_0(\boldsymbol{x}_0; \delta)$，总能找到 $\boldsymbol{x} \in E$，使得 $\boldsymbol{x} \in U_0(\boldsymbol{x}_0; \delta)$，则称 $\boldsymbol{x}_0$ 为集合 E 的**聚点**. $\boldsymbol{x}_0$ 为 E 的聚点的充要条件是：存在互异点列 $\boldsymbol{x}_n \in E (\boldsymbol{x}_n \neq \boldsymbol{x}_0, n = 1, 2, \cdots)$，使得 $\lim_{n \to \infty} \boldsymbol{x}_n = \boldsymbol{x}_0$. 集合 E 连同它的全部聚点组成的集合称为 E 的**闭包**，记作 $\bar{E}$. 若 $E = \bar{E}$，则称 E 是**闭集**. E 是闭集的充要条件是：E 的余集 E^c 为开集. 有限个闭集的和集为闭集，任意多个闭集的交集为闭集. 空间 $\boldsymbol{R}^m$ 和空集 $\varnothing$ 既是开集又是闭集.

集合 E 的**边界**记作 ∂E，$\partial E = \bar{E} \setminus E^\circ$.

（2）开区域与闭区域. 任给两点 $\boldsymbol{x}_1, \boldsymbol{x}_2 \in E$，若存在 E 内一条道路，即存在取值在 E 的连续函数 $\boldsymbol{x} = \boldsymbol{x}(t), t \in [\alpha, \beta]$，其中 $\boldsymbol{x}(\alpha) = \boldsymbol{x}_1, \boldsymbol{x}(\beta) = \boldsymbol{x}_2$，则称 E 为**道路连通集**. 若集合 Ω 既是开集，又是道路连通集，则称 Ω 为**闭区域**，简称区域.

区域 Ω 的闭包称为闭区域,记作 $\overline{\Omega}=\Omega+\partial\Omega$.

若任给 $x_1, x_2 \in E$,有 $x=tx_1+(1-t)x_2 \in E$ ($0 \leqslant t \leqslant 1$),则称 E 为**凸集**.

3) 有关 m 维欧氏空间的重要定理

完备性定理 $\lim\limits_{n\to\infty}x_n = a \in \boldsymbol{R}^m$ 的充要条件是:$\forall\,\varepsilon>0$,$\exists\,N$,当 $n>N$,对任意自然数 p,有 $|x_{n+p}-x_n|<\varepsilon$.

设 $\{Q_n\}$ 为 $\boldsymbol{R}^m$ 中一长方体列,满足 $Q_n \supset Q_{n+1}$ ($n=1,2,\cdots$),直径 $d(Q_n)\to 0$ ($n\to\infty$),则存在惟一的一点 $x_0 \in \bigcap\limits_{n=1}^{\infty} Q_n$.

紧性定理 假设 $\{x_n\}$ 为 $\boldsymbol{R}^m$ 中有界点列,那么 $\{x_n\}$ 必有收敛子列 $\{x_{n_k}\}$.

有限覆盖定理 设 $E \subset \boldsymbol{R}^m$ 为有界闭集,$A = \{A_\alpha\}$ 是它的一个开覆盖,则存在有限子覆盖 $\{A_{\alpha_1}, \cdots, A_{\alpha_r}\}$,使 $E \subset \bigcup\limits_{k=1}^{r} A_{\alpha_k}$.

2. 多元函数的极限与连续

1) 多元函数的概念及其极限

(1) 多元函数的概念. 设 $X \subset \boldsymbol{R}^m, Y \subset \boldsymbol{R}^l$. 若存在某种对应规则 f,使对于 X 中每一个元素 x,都有 Y 中惟一元素 y 与之对应,则称 f 为 X 到 Y 的一个**映射**或**多元函数**,记作

$$f: X \to Y, \quad x \to y.$$

若 $m>l$,$\forall\,y \in Y$,称集合 $f^{-1}(y)=\{x \mid f(x)=y, x \in X\}$ 为函数 f 的**等位面**(可以是空集),一般来说 $f^{-1}(y)$ 是 $m-l$ 维曲面.

(2) 全面极限与累次极限. 假设 Ω 为 $\boldsymbol{R}^m \times \boldsymbol{R}^n$ 中的集合,点 $(a,b) \in \boldsymbol{R}^m \times \boldsymbol{R}^n$. 在 (a,b) 的邻域内,点 (a,y) 与 (x,b) 是集合 Ω 的聚点. $f(x,y) \in \boldsymbol{R}^l$ 在 Ω 上定义,若

$$\lim_{(x,y)\to(a,b)} f(x,y) = A \in \boldsymbol{R}^l$$

存在,又 $\lim\limits_{x \to a} f(x,y) = \varphi(y)$ 存在,则

$$\lim_{y\to b}\lim_{x\to a} f(x,y) = \lim_{y\to b}\varphi(y) = A.$$

2) 多元函数连续的概念及其性质

(1) 连续概念. 设 $f: \Omega \subset \boldsymbol{R}^m \to \boldsymbol{R}^l, x_0 \in \Omega$. 若

$$\lim_{x\to x_0} f(x) = f(x_0)$$

(Ω 的孤立点除外),则称 f 在 x_0 点**连续**. 若函数在 Ω 上每点连续,则称 f 在 Ω **上连续**,记作 $f \in C(\Omega, \boldsymbol{R}^l)$.

若 $\Omega \subset \boldsymbol{R}^m, \tilde{\Omega} \subset \boldsymbol{R}^n, f \in C(\Omega, \tilde{\Omega}), g \in C(\tilde{\Omega}, \boldsymbol{R}^l)$,则复合函数

$$g \circ f \in C(\Omega, \boldsymbol{R}^l).$$

(2) 连续函数性质. 设 $\Omega \subset \boldsymbol{R}^m$ 是道路连通集,$f(x) \in C(\Omega, \boldsymbol{R}^l)$,则 $f(\Omega)$ 也

是道路连通集.

设 $\Omega \subset R^m$ 是有界闭集，$f(x) \in C(\Omega, R^l)$，则 $f(\Omega)$ 也是 R^l 中的有界闭集,且存在 $x_1, x_2 \in \Omega$，使
$$\sup_{x, x' \in \Omega} |f(x) - f(x')| = |f(x_1) - f(x_2)|.$$

设 $\Omega \subset R^m$ 是有界闭集，$f(x) \in C(\Omega, R^l)$，则 $f(x)$ 在 Ω 上一致连续，即 $\forall \varepsilon > 0, \exists \delta > 0$，只要 $x_1, x_2 \in \Omega$，且 $|x_1 - x_2| < \delta$ 时，就有
$$|f(x_1) - f(x_2)| < \varepsilon.$$

(3) **压缩映像原理** 设 $\Omega \subset R^m$ 是有界闭集. $f: \Omega \to R^m$，满足：

① $f(\Omega) \subset \Omega$；

② $\forall x_1, x_2 \in \Omega$，有
$$|f(x_1) - f(x_2)| \leq q |x_1 - x_2| \quad (0 < q < 1),$$
则在 Ω 中存在 f 的惟一不动点 x^*，即 $f(x^*) = x^*$.

典型例题分析

例 1 设 $x_n, y_n \in R^m$ $(n = 1, 2, \cdots)$，$\lim\limits_{n \to \infty} x_n = a, \lim\limits_{n \to \infty} y_n = b$，证明：
$$\lim_{n \to \infty} (x_n \cdot y_n) = a \cdot b.$$

证法 1 $\forall \varepsilon > 0$，因有极限点列必为有界点列，故存在 $M_1 > 0$，使 $|y_n| \leq M_1$. 令 $M = \max(M_1, |a|)$. 由 $\lim\limits_{n \to \infty} x_n = a, \lim\limits_{n \to \infty} y_n = b$，$\exists N$，当 $n > N$ 时，有
$$|x_n - a| < \varepsilon / 2M, \quad |y_n - b| < \varepsilon / 2M.$$

于是当 $n > N$ 时，有
$$\begin{aligned}
|x_n \cdot y_n - a \cdot b| &= |x_n \cdot y_n - a \cdot y_n + a \cdot y_n - a \cdot b| \\
&= |(x_n - a) \cdot y_n + a \cdot (y_n - b)| \\
&\leq |(x_n - a) \cdot y_n| + |a \cdot (y_n - b)| \\
&\leq |x_n - a| \cdot |y_n| + |a| \cdot |y_n - b| \\
&\leq M(|x_n - a| + |y_n - b|) < \varepsilon,
\end{aligned}$$
即
$$\lim_{n \to \infty} (x_n \cdot y_n) = a \cdot b.$$

证法 2 设
$$x_n = (x_n^1, \cdots, x_n^m), \quad y_n = (y_n^1, \cdots, y_n^m) \quad (n = 1, 2, \cdots),$$
$$a = (a^1, \cdots, a^m), \quad b = (b^1, \cdots, b^m).$$

由 $\lim\limits_{n \to \infty} x_n = a, \lim\limits_{n \to \infty} y_n = b$，可得

$$\lim_{n\to\infty} x_n^i = a^i, \quad \lim_{n\to\infty} y_n^i = b^i \quad (i=1,\cdots,m),$$

所以 $\displaystyle\lim_{n\to\infty}(\boldsymbol{x}_n \cdot \boldsymbol{y}_n) = \lim_{n\to\infty}\sum_{i=1}^{m}(x_n^i \cdot y_n^i) = \sum_{i=1}^{m} a^i \cdot b^i = \boldsymbol{a} \cdot \boldsymbol{b}.$

评注 证法 2 用到空间是有限维这一性质，而证法 1 没有用到空间是有限维这一性质，所以它对任一具有内积的线性空间都适用.

例 2 设 $A \subset \boldsymbol{R}^m, B \subset \boldsymbol{R}^m$，证明：

(1) $(A \cap B)° = A° \cap B°$；   (2) $\overline{A \cup B} = \overline{A} \cup \overline{B}$.

证明 (1) **证法 1** $\forall \boldsymbol{x} \in (A \cap B)°$，由内点定义，$\exists$ 邻域 $U(\boldsymbol{x}; \delta) \subset A \cap B$，因而 $U(\boldsymbol{x};\delta) \subset A, U(\boldsymbol{x};\delta) \subset B$，故 $\boldsymbol{x} \in A°, \boldsymbol{x} \in B°$，所以 $\boldsymbol{x} \in A° \cap B°$，即得

$$(A \cap B)° \subset A° \cap B°. \tag{1.1}$$

$\forall \boldsymbol{x} \in A° \cap B°$，这等价于 $\boldsymbol{x} \in A°, \boldsymbol{x} \in B°$，由内点定义，$\exists U(\boldsymbol{x};\delta_1) \subset A, U(\boldsymbol{x};\delta_2) \subset B$，取 $=\min(\delta_1,\delta_2)>0$，有 $U(\boldsymbol{x};\delta) \subset A \cap B$，所以 $\boldsymbol{x} \in (A \cap B)°$，即得

$$A° \cap B° \subset (A \cap B)°. \tag{1.2}$$

由 (1.1) 与 (1.2) 式便得 $(A \cap B)° = A° \cap B°$.

证法 2 因 $A° \subset A, B° \subset B$，所以 $A° \cap B° \subset A \cap B$，由于 $A° \cap B°$ 为开集，推出 $A° \cap B° = (A° \cap B°)° \subset (A \cap B)°$. 反之，由 $A \cap B \subset A, A \cap B \subset B$，可得 $(A \cap B)° \subset A°, (A \cap B)° \subset B°$，从而推出 $(A \cap B)° \subset A° \cap B°$. 最后即得 $(A \cap B)° = A° \cap B°$.

(2) 类似于上面用聚点定义和闭包性质两种证法外，还可用开闭集的关系来证.

因为 $\overline{E} = ((E^c)°)^c$，所以

$$\overline{A} \cup \overline{B} = ((A^c)°)^c \cup ((B^c)°)^c = ((A^c)° \cap (B^c)°)^c$$
$$= ((A^c \cap B^c)°)^c = (((A \cup B)^c)°)^c = \overline{A \cup B}.$$

例 3 设 $E \subset \boldsymbol{R}^m$ 是闭集，$\boldsymbol{x} \in \boldsymbol{R}^m$，求证：

(1) $\exists \boldsymbol{y} \in E$，使得 $\rho(\boldsymbol{x},E) = \rho(\boldsymbol{x},\boldsymbol{y})$；

(2) 若 $\boldsymbol{x} \overline{\in} E$，则 $\rho(\boldsymbol{x},E) > 0$.

证 (1) 由距离定义，$\exists \boldsymbol{y}_n \in E \ (n=1,2,\cdots)$，使得

$$\lim_{n\to\infty} \rho(\boldsymbol{x},\boldsymbol{y}_n) = \rho(\boldsymbol{x},E). \tag{1.3}$$

又 $\quad |y_n| \leqslant |y_n - x| + |x| = \rho(x, y_n) + |x|$,

由(1.3)式知数列 $\rho(x, y_n)$ 有界,再由上式可得 $|y_n|$ 有界.根据紧性定理,存在子列 $\{y_{n_k}\}$,使得 $\lim\limits_{k\to\infty} y_{n_k} = y$.因集合 E 是闭的,所以 $y \in E$.注意到 $\lim\limits_{k\to\infty}\rho(y, y_{n_k}) = 0$ 及 $|\rho(x, y_{n_k}) - \rho(x, y)| \leqslant \rho(y, y_{n_k})$,可得

$$\lim_{k\to\infty}\rho(x, y_{n_k}) = \rho(x, y). \tag{1.4}$$

根据(1.3)与(1.4)式,即得 $\rho(x, y) = \rho(x, E)$.

(2) 因 $x \neq y$,由(1)即得 $\rho(x, E) = \rho(x, y) > 0$.

例 4 设 Ω 是有界开区域,G 是闭区域,且 $G \subset \Omega$.求证:$\exists$ 闭区域 V,使得 $G \subset V \subset \overline{V} \subset \Omega$.

证 对于 $\forall x \in G$,由例 3 的结论知 $\rho_x = \rho(x, \partial\Omega) > 0$,显然有邻域 $U(x; \rho_x/2) \subset \Omega$.考虑 G 的一个开覆盖 $\{U(x; \rho_x/2) | x \in G\}$,由有限覆盖定理,存在有限个邻域 $U(x_i; \rho_{x_i}/2)$ $(i = 1, 2, \cdots, N)$,使

$$V \xlongequal{\text{定义}} \bigcup_{i=1}^{N} U(x_i; \rho_{x_i}/2) \supset G.$$

再由例 2 得

$$\overline{V} = \bigcup_{i=1}^{N} \overline{U}(x_i; \rho_{x_i}/2) \subset \bigcup_{i=1}^{N} U(x_i; \rho_{x_i}) \subset \Omega.$$

再证 V 为区域.$\forall x, y \in V$,则 x, y 必属于其中两个邻域,比如设 $x \in U(x_i; \rho_{x_i}/2)$,$y \in U(x_j; \rho_{x_j}/2)$ $(1 \leqslant i, j \leqslant N)$.因 $x_i, x_j \in G \subset V$,故可用属于 V 的连续曲线连接 x_i, x_j.又可用 V 中直线段连接 x, x_i 与 y, x_j.所以可用属于 V 的连续曲线连接 x, y,即知 V 为区域.

例 5 画出集合 $\Omega = \{(x, y) | 0 < x < y < 1\}$ 的图形.

解 由题意,Ω 是三个开半平面:$x > 0, x < y, y < 1$ 的交集.这三个开半平面的边界为直线 $x = 0, x = y, y = 1$,所以集合 Ω 为图 5.1 所示的区域.

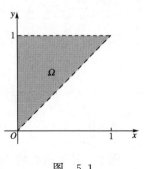

图 5.1

例 6 确定并画出下列函数的定义域,指出等位面是什么样的曲面(或曲线):

(1) $u=\ln(y-x^2)$； (2) $u=\arccos(x^2+y^2-z^2)$.

解 (1) 定义域为 $y-x^2>0$，或 $\{(x,y)|y>x^2\}$（见图 5.2）. 令 c 为实数，等位线为抛物线 $y=x^2+\mathrm{e}^c$.

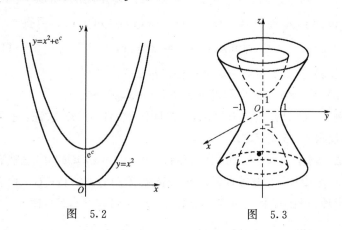

图 5.2 图 5.3

(2) 定义域为 $-1\leqslant x^2+y^2-z^2\leqslant 1$，即为单叶双曲面 $x^2+y^2-z^2=1$ 与双叶双曲面 $x^2+y^2-z^2=-1$ 之间的闭区域（见图 5.3）. 当 $c=\pi/2$ 时，等位面为锥面 $x^2+y^2=z^2$；当 $0\leqslant c<\pi/2$ 时，等位面为单叶双曲面 $x^2+y^2-z^2=\cos c$；当 $\pi/2<c\leqslant\pi$ 时，等位面为双叶双曲面 $x^2+y^2-z^2=\cos c$.

例7 求下列极限：

(1) $\lim\limits_{\substack{x\to+\infty\\y\to+\infty}}\left(\dfrac{xy}{x^2+y^2}\right)^x$； (2) $\lim\limits_{\substack{x\to\infty\\y\to a}}\left(1+\dfrac{1}{x}\right)^{\frac{x^2}{x+y}}$.

解 (1) 因 $0\leqslant\left(\dfrac{xy}{x^2+y^2}\right)^x\leqslant\left(\dfrac{1}{2}\right)^x$ $(x>0,y>0)$，所以
$$\lim_{\substack{x\to+\infty\\y\to+\infty}}\left(\dfrac{xy}{x^2+y^2}\right)^x=0.$$

(2) $\lim\limits_{\substack{x\to\infty\\y\to a}}\left(1+\dfrac{1}{x}\right)^{\frac{x^2}{x+y}}=\lim\limits_{\substack{x\to\infty\\y\to a}}\left[\left(1+\dfrac{1}{x}\right)^x\right]^{\frac{x}{x+y}}=\mathrm{e}^1=\mathrm{e}$.

例8 对下列函数 $f(x,y)$，求证：$\lim\limits_{(x,y)\to(0,0)}f(x,y)$ 不存在.

(1) $f(x,y)=x^y$ $(x>0,y>0)$；

(2) $f(x,y)=\dfrac{x^3+y^3}{x^2+y}$ $(x^2+y\neq 0)$.

证 (1) 由 $\lim\limits_{x\to 0}x^y=0$,得 $\lim\limits_{y\to 0}\lim\limits_{x\to 0}x^y=0$. 又由 $\lim\limits_{y\to 0}x^y=1$,得 $\lim\limits_{x\to 0}\lim\limits_{y\to 0}x^y=1$. 因两个累次极限不相等,所以全面极限 $\lim\limits_{(x,y)\to(0,0)}x^y$ 不存在.

(2) 令 $y=x$,则
$$\lim_{(x,y)\to(0,0)}\frac{x^3+y^3}{x^2+y}=\lim_{x\to 0}\frac{2x^3}{x^2+x}=0.$$
再令 $y=-x^2+x^3$,则
$$\lim_{(x,y)\to(0,0)}\frac{x^3+y^3}{x^2+y}=\lim_{x\to 0}\frac{x^3+(-x^2+x^3)^3}{x^3}=1.$$
由于沿两条路径函数的极限值不同,所以全面极限不存在.

例 9 设 $f(x,y)$ 在开半平面 $x>0$ 上二元连续,固定 y,极限 $\lim\limits_{x\to 0^+}f(x,y)=\varphi(y)$ 存在,在 y 轴上函数补充定义 $f(0,y)=\varphi(y)$ 后,问函数 $f(x,y)$ 是否在 $x\geqslant 0$ 上二元连续. 考虑例子:
$$f(x,y)=\frac{x^2y}{x^4+y^2}\quad (x>0).$$

解 不一定. 如函数 $f(x,y)$ 恒为常数,显然结论是对的. 但对所给的函数,补充定义后的函数为
$$f(x,y)=\begin{cases}\dfrac{x^2y}{x^4+y^2}, & x>0,\\ 0, & x=0.\end{cases}$$
令 $y=x^2$,则
$$\lim_{(x,y)\to(0,0)}\frac{x^2y}{x^4+y^2}=\lim_{x\to 0}\frac{x^4}{2x^4}=\frac{1}{2}\neq 0=f(0,0),$$
所以 $f(x,y)$ 在 $x\geqslant 0$ 上不是二元连续函数.

说明 上述所给函数 $f(x,y)$,固定 $x\geqslant 0$,作为 y 的函数在 $(-\infty,+\infty)$ 是连续的. 同样固定 y,作为 x 的函数在 $[0,+\infty)$ 上是连续的. 但它在 $x\geqslant 0$ 上不是二元连续的. 又固定 $\alpha\in[-\pi/2,\pi/2]$,考虑过原点的射线 $x=t\cos\alpha,y=t\sin\alpha$ $(t\geqslant 0)$,函数限制在射线上是一元连续的. 尽管如此函数可以非二元连续.

例 10 设 $f(x,y)$ 定义在开集 Ω 内,若 $f(x,y)$ 对 x 连续,对 y

满足李普希兹条件,即 $\forall (x,y'),(x,y'')\in \Omega$,有
$$|f(x,y') - f(x,y'')| \leqslant L|y' - y''| \quad (L \text{ 为常数}).$$
求证:$f(x,y)$ 在 Ω 上连续.

证 $\forall (x_0,y_0)\in \Omega$,由于 $f(x,y_0)$ 在 x_0 点连续,所以 $\forall \varepsilon>0$,$\exists \delta_1(x_0,y_0)>0$,当 $|x-x_0|<\delta_1$ 时,有
$$|f(x,y_0) - f(x_0,y_0)| < \varepsilon/2. \tag{1.5}$$
取 $\delta_2 = \varepsilon/(2L)>0$,当 $|y-y_0|<\delta_2$ 时,由条件可得
$$|f(x,y) - f(x,y_0)| \leqslant L|y-y_0| < L\cdot \varepsilon/(2L) = \varepsilon/2. \tag{1.6}$$
只要取 $\delta = \min(\delta_1,\delta_2)>0$,当 $|x-x_0|<\delta$,$|y-y_0|<\delta$,且邻域 $U((x_0,y_0);\delta)\subset \Omega$,则有
$$|f(x,y) - f(x_0,y_0)|$$
$$\leqslant |f(x,y) - f(x,y_0)| + |f(x,y_0) - f(x_0,y_0)|$$
$$\leqslant \varepsilon/2 + \varepsilon/2 = \varepsilon \quad (\text{由式子}(1.5)\text{与}(1.6)),$$
即 $f(x,y)$ 在 (x_0,y_0) 点连续. 由 (x_0,y_0) 的任意性,知 $f(x,y)\in C\Omega$.

例 11 设 $f(\boldsymbol{x})$ 在 $\boldsymbol{R}^m$ 上连续,满足:

(1) $\boldsymbol{x}\neq 0$ 时,$f(\boldsymbol{x})>0$;

(2) 对任意 $\boldsymbol{x}$ 和正常数 c,$f(c\boldsymbol{x})=cf(\boldsymbol{x})$.

求证:存在 $a>0, b>0$,使得 $a|\boldsymbol{x}|\leqslant f(\boldsymbol{x})\leqslant b|\boldsymbol{x}|$.

思路 根据 f 的性质,要证的结论可改写成
$$a \leqslant f(\boldsymbol{x}/|\boldsymbol{x}|) \leqslant b \quad (\forall \boldsymbol{x}\in \boldsymbol{R}^m\setminus\{0\}).$$

证 考虑有界闭集 $S=\{\boldsymbol{x}\mid |\boldsymbol{x}|=1\}$. 由于 $f(\boldsymbol{x})$ 在 S 上连续,根据连续函数的性质,$f(\boldsymbol{x})$ 必在 S 上的 $\boldsymbol{x}_1$ 和 $\boldsymbol{x}_2$ 点分别取到它在 S 上的最大值 $f(\boldsymbol{x}_1)$ 和最小值 $f(\boldsymbol{x}_2)$. 若记 $b=f(\boldsymbol{x}_1)>0$,$a=f(\boldsymbol{x}_2)>0$,那么 $\forall \boldsymbol{x}\in \boldsymbol{R}^m\setminus\{0\}$,$\boldsymbol{x}/|\boldsymbol{x}|\in S$,所以
$$a \leqslant f(\boldsymbol{x}/|\boldsymbol{x}|) \leqslant b \quad \text{或} \quad a|\boldsymbol{x}|\leqslant f(\boldsymbol{x})\leqslant b|\boldsymbol{x}|.$$

练 习 题 5.1

5.1.1 $\forall \boldsymbol{x},\boldsymbol{y}\in \boldsymbol{R}^m$. 证明:$|\boldsymbol{x}+\boldsymbol{y}|^2+|\boldsymbol{x}-\boldsymbol{y}|^2=2(|\boldsymbol{x}|^2+|\boldsymbol{y}|^2)$,并说明等式的几何意义.

5.1.2 证明下列三个命题等价:

(1) $x \cdot y = 0$;　　　　　　　　(2) $|x-y|^2 = |x|^2 + |y|^2$;

(3) $|x-y| = |x+y|$.

5.1.3　设 $z \in R^m$ 为常向量，c 为常数，证明：

(1) $H = \{x | x \in R^m, x \cdot z < c\}$ 是开集；

(2) $\{x | x \in R^m, x \cdot z \geqslant c\}$ 是闭集.

5.1.4　试画出下列集合 Ω 的图形：

(1) $\{(x,y) | y > 0, x > y, x < 1\}$;

(2) $\{(x,y) | 0 \leqslant y \leqslant 2, 2y \leqslant x \leqslant 2y+2\}$;

(3) $\{(x,y) | 1 \leqslant xy \leqslant 2, 1/2 \leqslant y/x \leqslant 1\}$;

(4) $\{(x,y,z) | 0 < x < y < z < 1\}$.

5.1.5　证明：

(1) $(A \cup B)^\circ \supset A^\circ \cup B^\circ$;　　　　(2) $\overline{A \cap B} \subset \overline{A} \cup \overline{B}$.

5.1.6　设 A, B 为 R^m 中的有界集. 证明：

(1) $\partial(A \cup B) \subset \partial A \cup \partial B$;　　　　(2) $\partial(A \cap B) \subset \partial A \cup \partial B$.

5.1.7　设 A, B 是 R^m 中不相交的闭集，求证：存在开集 W 和 V，满足 $A \subset W, B \subset V$，而 $W \cap V = \varnothing$.

5.1.8　设 $E \subset R^m$，证明：$\overline{E} = \{x | \rho(x, E) = 0\}$.

5.1.9　设 $F_1, F_2, \cdots, F_n, \cdots$ 是 R^m 中的有界闭集列，满足 $F_n \supset F_{n+1}$ ($n = 1, 2, \cdots$)，又 F_n 的直径 $d_n = d(F_n) \to 0$ ($n \to \infty$). 求证：存在惟一的一点 $x_0 \in R^m$，使得 $x_0 \in \bigcap_{n=1}^{\infty} F_n$.

5.1.10　设 E, F 为 R^m 中的闭集，E, F 中至少有一为有界集，求证：$\exists x \in E, y \in F$，使得 $\rho(x, y) = \rho(E, F)$.

5.1.11　设 D 为 R^m 中的凸集，证明 $\overline{D}$ 也是凸集.

5.1.12　证明：

(1) $\left| x - 2(x \cdot a) \dfrac{a}{|a|^2} \right| = |x|$ ($a \neq 0$);

(2) $\left| \dfrac{x}{|x|^2} - \dfrac{y}{|y|^2} \right| = \dfrac{|x-y|}{|x||y|}$;

(3) $|x| |y - x/|x|^2| = |y| |x - y/|y|^2|$.

5.1.13　确定并画出下列函数的定义域，指出后两题的等位面是什么曲面（或曲线）：

(1) $u = \sqrt{1-x^2} + \sqrt{1-y^2}$;　　　　(2) $u = \sqrt{\dfrac{2x-x^2-y^2}{x^2+y^2-x}}$;

(3) $u = \arcsin \dfrac{y}{x}$;　　　　(4) $u = \ln(-1-x^2-y^2+z^2)$.

5.1.14 求下列函数的极限:

(1) $\lim\limits_{(x,y)\to(0,0)} \dfrac{e^x+e^y}{\cos x+\sin y}$;

(2) $\lim\limits_{(x,y)\to(0,0)} \dfrac{x^2 y^{3/2}}{x^4+y^2}$;

(3) $\lim\limits_{\substack{x\to+\infty \\ y\to+\infty}} (x^2+y^2)e^{-(x+y)}$;

(4) $\lim\limits_{(x,y)\to(0,0)} \dfrac{\sin(x^3+y^3)}{x^2+y^2}$.

5.1.15 对下列函数 $f(x,y)$,证明 $\lim\limits_{(x,y)\to(0,0)} f(x,y)$ 不存在:

(1) $f(x,y) = \dfrac{x^2}{x^2+y^2}$;

(2) $f(x,y) = \dfrac{x^2 y^2}{x^3+y^3}$.

5.1.16 问下列函数是否在全平面连续,为什么?

(1) $f(x,y) = \begin{cases} \dfrac{x^2-y^2}{x^2+y^2}, & x^2+y^2 \neq 0, \\ 0, & x^2+y^2 = 0; \end{cases}$

(2) $f(x,y) = \begin{cases} \dfrac{\sin(xy)}{x}, & x \neq 0, \\ y, & x = 0; \end{cases}$

(3) $f(x,y) = \begin{cases} \dfrac{x^2}{y^2} e^{-\frac{x^4}{y^2}}, & y \neq 0, \\ 0, & y = 0; \end{cases}$

(4) $f(x,y) = \begin{cases} y^2 \ln(x^2+y^2), & x^2+y^2 \neq 0, \\ 0, & x^2+y^2 = 0. \end{cases}$

5.1.17 设函数 $f(x,y)$ 在开半平面 $x>0$ 上连续,且对 $\forall y_0$,极限
$$\lim\limits_{\substack{x\to 0^+ \\ y\to y_0}} f(x,y) = \varphi(y_0)$$
存在.当函数 f 在 y 轴上补充定义 $\varphi(y)$ 后,证明:函数 $f(x,y)$ 在闭半平面 $x\geq 0$ 上连续.

5.1.18 设函数 $f(x,y)$ 在开半平面 $x>0$ 上一致连续.证明:

(1) $\forall y_0$,极限 $\lim\limits_{\substack{x\to 0^+ \\ y\to y_0}} f(x,y) = \varphi(y_0)$ 存在;

(2) 函数在 y 轴上补充定义 $\varphi(y)$ 后,所得函数 $f(x,y)$ 在 $x\geq 0$ 上一致连续.

5.1.19 设 $u=f(\boldsymbol{x})$ 在 $\boldsymbol{x}_0 \in \boldsymbol{R}^m$ 点连续,且 $f(\boldsymbol{x}_0)>0$. 证明:存在 $\boldsymbol{x}_0$ 的一个邻域 $U(\boldsymbol{x}_0;\delta)$,使得 $f(\boldsymbol{x})$ 在 $U(\boldsymbol{x}_0;\delta)$ 上取正值.

5.1.20 设 E 是 $\boldsymbol{R}^m$ 中任意点集,求证:$\rho(\boldsymbol{x},E)$ 在 $\boldsymbol{R}^m$ 上一致连续.

5.1.21 设 $f(\boldsymbol{x}) \in C(\boldsymbol{R}^m, \boldsymbol{R})$,对任意实数 α,作集合
$$G = \{\boldsymbol{x} | f(\boldsymbol{x}) > \alpha\}, \quad F = \{\boldsymbol{x} | f(\boldsymbol{x}) \geq \alpha\}.$$
求证:G 是 $\boldsymbol{R}^m$ 中的开集,F 是 $\boldsymbol{R}^m$ 中的闭集.

5.1.22 设 $\boldsymbol{x} \in \boldsymbol{R}^m$,$\boldsymbol{x} = (x_1, x_2, \cdots, x_m)$. 求证:

(1) $\exists\, a>0, b>0$,使得 $a|x| \leqslant \sum_{i=1}^{m}|x_i| \leqslant b|x|$;

(2) $\exists\, a>0, b>0$,使得 $a|x| \leqslant \max_{1\leqslant i \leqslant m}|x_i| \leqslant b|x|$.

5.1.23 设 A 是 $m \times m$ 矩阵,$\det A \neq 0$,求证: $\exists\, a > 0$,使得
$$|Ax| \geqslant a|x| \quad (\forall\, x \in \mathbf{R}^m).$$

5.1.24 设 $\overline{\Omega} \subset \mathbf{R}^m$ 是有界闭区域,$f(x) \in C(\overline{\Omega}, \mathbf{R}^m)$,且是单叶的.求证:$f^{-1}(x)$ 在 $f(\overline{\Omega})$ 上连续.

5.1.25 设 $f(x,y)$ 除直线 $x=a$ 与 $y=b$ 外有定义,且满足:

(1) $\lim_{y \to b} f(x,y) = \varphi(x)$ 存在;

(2) $\lim_{x \to a} f(x,y) = \psi(y)$ 一致存在(即 $\forall\, \varepsilon > 0, \exists\, \delta(\varepsilon) > 0$,当 $0 < |x-a| < \delta$ 时,$\forall\, y \neq b$,有 $|f(x,y) - \psi(y)| < \varepsilon$).

证明:

(1) 累次极限 $\lim_{x \to a}\lim_{y \to b} f(x,y) = \lim_{x \to a} \varphi(x) = c$ 存在;

(2) 累次极限 $\lim_{y \to b}\lim_{x \to a} f(x,y) = \lim_{y \to b} \psi(y) = c$;

(3) 全面极限 $\lim_{(x,y) \to (a,b)} f(x,y) = c$.

§2 偏导数与微分

内 容 提 要

1. 多元函数偏导数的定义

(1) 设函数 $f: \Omega \subset \mathbf{R}^m \to \mathbf{R}$,$\Omega$ 为开集,$a = (a_1, a_2, \cdots, a_m) \in \Omega$,称一元函数 $f(a_1, \cdots, a_{i-1}, x_i, a_{i+1}, \cdots, a_m)$ 在 a_i 点的导数为函数 $f(x)$ 在 a 点关于 x_i 的(一阶)偏导数,记作

$$\frac{\partial f(a)}{\partial x_i} \quad \text{或} \quad \left.\frac{\partial f}{\partial x_i}\right|_{x=a} \quad \text{或} \quad f'_{x_i}(a).$$

设 $\Omega \subset \mathbf{R}^m$ 为开集,$f: \Omega \to \mathbf{R}^n$,$f(x) = (f_1(x), f_2(x), \cdots, f_n(x))$.若 $\frac{\partial f_j(x)}{\partial x_i}$ ($j=1,\cdots,n; i=1,2,\cdots,m$) 在 Ω 上连续,记 $f \in C^1(\Omega, \mathbf{R}^n)$.

(2) 设 $A: \mathbf{R}^m \to \mathbf{R}^n$ 为线性变换,线性变换的矩阵 A 的秩为 k,则变换 $y = Ax$ 把 $\mathbf{R}^m$ 中以原点为中心的单位球变为 $\mathbf{R}^n$ 中以原点为中心的 k 维椭球,该椭球的长半轴称为矩阵 A 的范数,记作 $\|A\|$.

2. 多元函数可微的定义及其性质

(1) 设 $\Omega \subset \mathbf{R}^m$ 为开集,$f: \Omega \to \mathbf{R}^n$.如果存在 $n \times m$ 矩阵 A,满足

$$\lim_{|h|\to 0}\frac{|f(x+h)-f(x)-Ah|}{|h|}=0,$$

或
$$f(x+h)=f(x)+Ah+o(|h|),$$

则称 f 在 x 点**可微**，A 称为 f 在 x 点的**微分**或**导数**，记作 $Df(x)=A$.

当 $n=m$ 时，称 $Df(x)$ 为 f 在 x 点的**雅可比矩阵**，行列式

$$\det Df(x)=\frac{\partial(f_1,\cdots,f_n)}{\partial(x_1,\cdots,x_n)}$$

称为 f 在 x 点的**雅可比行列式**.

(2) 设 $f: \Omega \subset R^m \to R$, $Df(x)$ 也可记作 $df(x)$. 对特殊函数 $f(x)=x_i$ ($i=1,\cdots,m$)，$df(x)$ 简记为 dx_i，称为**基线性函数**. 于是对任意函数 $f: \Omega \subset R^m \to R$，它的微分可表示成基线性函数的线性组合：

$$df(x)=\sum_{i=1}^m \frac{\partial f(x)}{\partial x_i} dx_i.$$

(3) 设 $f: \Omega \subset R^m \to R^n$, $f(x)=(f_1(x),\cdots,f_n(x))$，则 f 在 x 点可微的充要条件是：$f_j(x)$ ($j=1,\cdots,n$) 在 x 点可微，且 $Df_j(x)$ 为矩阵 $Df(x)$ 第 j 行元素组成的行矩阵.

如果 f 在 x 点可微，则所有偏导数 $\frac{\partial f_j(x)}{\partial x_i}$ ($j=1,\cdots,n; i=1,\cdots,m$) 在 x 点存在，且

$$Df(x)=\begin{bmatrix}\frac{\partial f_1(x)}{\partial x_1}&\cdots&\frac{\partial f_1(x)}{\partial x_m}\\ \vdots&&\vdots\\ \frac{\partial f_n(x)}{\partial x_1}&\cdots&\frac{\partial f_n(x)}{\partial x_m}\end{bmatrix}.$$

反之，如果 $\frac{\partial f_j}{\partial x_i}$ ($j=1,\cdots,n; i=1,\cdots,m$) 在 x 点连续，则 f 在 x 点可微.

3. 方向导数

设 $f: \Omega \subset R^m \to R^n$, $l=(\cos\theta_1,\cdots,\cos\theta_m)$ 是 R^m 中的一个单位向量，称 $\lim_{t\to 0}\frac{f(x+tl)-f(x)}{t}\in R^n$（假设极限存在）为 f 在 x 点沿方向 l 的**方向导数**，记作 $\frac{\partial f(x)}{\partial l}$.

若 f 在 x 点可微，则

$$\frac{\partial f(x)}{\partial l}=Df(x)l=\sum_{n=1}^m \frac{\partial f(x)}{\partial x_i}\cos\theta_i,$$

且
$$\|Df(x)\|=\max_{|l|=1}\left|\frac{\partial f(x)}{\partial l}\right|.$$

4. 复合函数求偏导数

设 $g: \Omega \subset R^m \to \tilde{\Omega} \subset R^n$, $x=g(t)$, $f: \tilde{\Omega} \to R^p$, $y=f(x)$，且 g,f 分别在开集 Ω,

Ω 上可微. 则复合函数 $f \circ g: \Omega \to \boldsymbol{R}^p$ 在 Ω 上可微，且
$$D(f \circ g)(t) = Df[g(t)]Dg(t).$$

若 $f: \Omega \to \boldsymbol{R}$，则有偏导数公式：
$$\frac{\partial f}{\partial t_i} = \sum_{j=1}^n \frac{\partial f}{\partial x_j} \cdot \frac{\partial x_j}{\partial t_i} \quad (i=1,\cdots,m);$$

一阶微分形式的不变性：
$$df(\boldsymbol{x}) = \sum_{j=1}^n \frac{\partial f}{\partial x_j} dx_j \quad (x_j = g_j(t_1,\cdots,t_m)).$$

5. 求二阶偏导数值与求偏导次序无关定理

设 $f: \Omega \subset \boldsymbol{R}^m \to \boldsymbol{R}$，若 $\frac{\partial^2 f}{\partial x_i \partial x_j}$ 与 $\frac{\partial^2 f}{\partial x_j \partial x_i}$ 在 x 点连续，则 $\frac{\partial^2 f(\boldsymbol{x})}{\partial x_i \partial x_j} = \frac{\partial^2 f(\boldsymbol{x})}{\partial x_j \partial x_i}$. 若 f 的所有 n 阶偏导数皆在 Ω 上连续，则 n 阶偏导数的值与求偏导的次序无关. 这时记 $f \in C^n(\Omega, \boldsymbol{R})$.

6. 多元函数的泰勒公式

设 $\Omega \subset \boldsymbol{R}^m$ 为凸区域，$f \in C^n(\Omega, \boldsymbol{R})$，则 $\forall \ \boldsymbol{x}_0, \boldsymbol{x} \in \Omega$，有
$$f(\boldsymbol{x}) = f(\boldsymbol{x}_0) + \sum_{k=1}^{n-1} \frac{1}{k!}((\boldsymbol{x}-\boldsymbol{x}_0) \cdot \nabla)^k f(\boldsymbol{x}_0)$$
$$+ \frac{1}{n!}((\boldsymbol{x}-\boldsymbol{x}_0) \cdot \nabla)^n \cdot f(\boldsymbol{x}_0 + \theta(\boldsymbol{x}-\boldsymbol{x}_0)) \quad (0 < \theta < 1),$$

其中 $\nabla = \left(\frac{\partial}{\partial x_1}, \cdots, \frac{\partial}{\partial x_m}\right)$，或
$$f(\boldsymbol{x}) = f(\boldsymbol{x}_0) + \sum_{k=1}^n \frac{1}{k!}((\boldsymbol{x}-\boldsymbol{x}_0) \cdot \nabla)^k f(\boldsymbol{x}_0) + o(|\boldsymbol{x}-\boldsymbol{x}_0|^n).$$

称矩阵
$$H_f(\boldsymbol{x}) = \begin{bmatrix} \frac{\partial^2 f(\boldsymbol{x})}{\partial x_1 \partial x_1} & \cdots & \frac{\partial^2 f(\boldsymbol{x})}{\partial x_1 \partial x_m} \\ \vdots & & \vdots \\ \frac{\partial^2 f(\boldsymbol{x})}{\partial x_m \partial x_1} & \cdots & \frac{\partial^2 f(\boldsymbol{x})}{\partial x_m \partial x_m} \end{bmatrix}$$

为 f 在 $\boldsymbol{x}$ 点的海色矩阵. $n=2$ 时的泰勒公式可写成
$$f(\boldsymbol{x}) = f(\boldsymbol{x}_0) + Df(\boldsymbol{x}_0)(\boldsymbol{x}-\boldsymbol{x}_0)$$
$$+ \frac{1}{2}(\boldsymbol{x}-\boldsymbol{x}_0)^T H_f(\boldsymbol{x}_0)(\boldsymbol{x}-\boldsymbol{x}_0) + o(|\boldsymbol{x}-\boldsymbol{x}_0|^2).$$

典型例题分析

例 1 设 $f(x,y) = x^2 e^y + (x-1)\arctan\frac{y}{x}$，求它在 $(1,0)$ 点的偏

导数.

解法 1 因 $f(x,0)=x^2$,所以 $f'_x(1,0)=2$.同样因 $f(1,y)=e^y$,所以 $f'_y(1,0)=1$.

解法 2 因 $f'_x(x,y) = 2xe^y + \arctan\dfrac{y}{x} + \dfrac{y(1-x)}{x^2+y^2}$,所以 $f'_x(1,0)=2$.同样因 $f'_y(x,y)=x^2 e^y+\dfrac{x(x-1)}{x^2+y^2}$,得 $f'_y(1,0)=1$.

可见求具体点的偏导数值时,第一种解法较好.

例 2 设 $\Omega \subset \mathbf{R}^2$ 为区域.在 Ω 内 $f'_x(x,y)\equiv 0, f'_y(x,y)\equiv 0$.求证:$f(x,y)$ 在 Ω 内为常数.

证 设 U 是属于 Ω 且以 (a,b) 为心的圆.对 U 内任意一点 (x,y),由一元函数的微分中值定理得

$$\begin{aligned}f(x,y) - f(a,b) &= f(x,y) - f(a,y) + f(a,y) - f(a,b)\\&= f'_x[a+\theta_1(x-a),y](x-a)\\&\quad + f'_y[a,b+\theta_2(y-b)](y-b)\\&= 0 \quad (0<\theta_1,\theta_2<1),\end{aligned}$$

即
$$\forall (x,y) \in U, \quad f(x,y) \equiv f(a,b).$$

上面只证明了在属于 Ω 的每一圆上函数为常数.为了证在 Ω 上函数是常数,我们任取一点 $(x',y')\in\Omega$,由于 Ω 为区域,总存在属于 Ω 的连续曲线 Γ,连接点 (a,b) 与 (x',y').对 Γ 上每一点 $M(x,y)$,$\rho(M,\partial\Omega)=\rho_M>0$,以 M 为心,以 ρ_M 为半径作圆 $U(M;\rho_M)$.则集合 $\{U(M;\rho_M)|M\in\Gamma\}$ 为 Γ 的一个开覆盖.根据有限覆盖定理,存在有限个圆 $U(M_i;\rho_{M_i})$ $(i=1,\cdots,N)$ 将 Γ 盖住,无妨设

$$U(M_i;\rho_{M_i}) \cap U(M_{i+1};\rho_{M_{i+1}}) \neq \varnothing \quad (i=1,\cdots,N-1).$$

既然在每个圆上函数为常数,且在两圆相交部分函数值应相等,故在 Γ 上函数为常数,特别有 $f(x',y')=f(a,b)$.由 (x',y') 的任意性,所以函数在 Ω 上为常数.

评注 证明中通过"加一项,减一项"的方法,把多元函数化为一元函数,这是处理多元函数一种常用的方法.利用覆盖定理,把命题在局部成立推广到整体成立,这也是一种常用的手法.

例 3 设

$$f(x,y) = \begin{cases} xy\sin\dfrac{1}{\sqrt{x^2+y^2}}, & x^2+y^2 \neq 0, \\ 0, & x^2+y^2 = 0. \end{cases}$$

求证：

(1) $f'_x(0,0), f'_y(0,0)$ 存在；

(2) $f'_x(x,y)$ 与 $f'_y(x,y)$ 在 $(0,0)$ 点不连续；

(3) $f(x,y)$ 在 $(0,0)$ 点可微.

证 (1) 因 $f(x,0) \equiv 0$，所以 $f'_x(0,0) = 0$；同样因 $f(0,y) \equiv 0$，得 $f'_y(0,0) = 0$.

(2) 容易求出

$$f'_x(x,y) = \begin{cases} y\sin\dfrac{1}{\sqrt{x^2+y^2}} - \dfrac{yx^2}{(x^2+y^2)^{3/2}} \times \cos\dfrac{1}{\sqrt{x^2+y^2}}, & x^2+y^2 \neq 0, \\ 0, & x^2+y^2 = 0. \end{cases}$$

令 $y = x$，

$$f'_x(x,x) = x\sin\dfrac{1}{\sqrt{2}\,x} - \dfrac{1}{2\sqrt{2}}\cos\dfrac{1}{\sqrt{2}\,x} \not\to 0 \quad (x \to 0),$$

故 $f'_x(x,y)$ 在 $(0,0)$ 点不连续. 同理可知

$$f'_y(x,y) = \begin{cases} x\sin\dfrac{1}{\sqrt{x^2+y^2}} - \dfrac{xy^2}{(x^2+y^2)^{3/2}} \times \cos\dfrac{1}{\sqrt{x^2+y^2}}, & x^2+y^2 \neq 0, \\ 0, & x^2+y^2 = 0 \end{cases}$$

在 $(0,0)$ 点不连续.

(3) 由于 $\dfrac{y}{\sqrt{x^2+y^2}}\sin\dfrac{1}{\sqrt{x^2+y^2}}$ ($x^2+y^2 \to 0$) 是有界变量，当 $x^2+y^2 \to 0$ 时，x 是无穷小量，所以

$$f(x,y) - f(0,0) = 0 \cdot x + 0 \cdot y + o(\sqrt{x^2+y^2}),$$

按微分定义，函数 f 在 $(0,0)$ 点可微，且 $\mathrm{d}f(0,0) = (0,0)$ 或 $\mathrm{d}f(0,0) = 0 \cdot \mathrm{d}x + 0 \cdot \mathrm{d}y$. 可见偏导数连续是可微的充分条件，不是必要条件.

例4 设 $u = f\left(x, \dfrac{x}{y}\right)$，求 $\dfrac{\partial u}{\partial x}, \dfrac{\partial u}{\partial y}$.

解 我们不引入中间变量 $s = x$ 和 $t = x/y$，用 f'_i 表示对函数 f 第 i 个中间变量求偏导数，这样我们有

$$\frac{\partial u}{\partial x} = f'_1 \cdot 1 + f'_2 \cdot \frac{1}{y} = f'_1 + \frac{1}{y}f'_2,$$

$$\frac{\partial u}{\partial y} = f'_1 \cdot 0 + f'_2 \cdot \left(-\frac{x}{y^2}\right) = -\frac{x}{y^2}f'_2.$$

例 5 设 $u=u(x,y)$ 在 $x^2+y^2>0$ 上可微,令 $x=r\cos\theta, y=r\sin\theta$. 在 (x,y) 点作单位向量 e_r, e_θ. 向量 e_r 表示 θ 固定沿 r 增加的方向,e_θ 表示 r 固定沿 θ 增加的方向. 证明:

$$\frac{\partial u}{\partial e_r} = \frac{\partial u}{\partial r}, \quad \frac{\partial u}{\partial e_\theta} = \frac{1}{r}\frac{\partial u}{\partial \theta}.$$

证 因

$$e_r = (\cos\theta, \sin\theta),$$
$$e_\theta = (\cos(\theta+\pi/2), \sin(\theta+\pi/2)) = (-\sin\theta, \cos\theta),$$

所以

$$\frac{\partial u}{\partial e_r} = \frac{\partial u}{\partial x}\cos\theta + \frac{\partial u}{\partial y}\sin\theta, \quad \frac{\partial u}{\partial e_\theta} = \frac{\partial u}{\partial x}(-\sin\theta) + \frac{\partial u}{\partial y}\cos\theta.$$

而由复合函数求偏导数得

$$\frac{\partial u}{\partial r} = \frac{\partial u}{\partial x}\cos\theta + \frac{\partial u}{\partial y}\sin\theta, \quad \frac{\partial u}{\partial \theta} = \frac{\partial u}{\partial x}(-r\sin\theta) + \frac{\partial u}{\partial y}r\cos\theta,$$

故

$$\frac{\partial u}{\partial e_r} = \frac{\partial u}{\partial r}, \quad \frac{\partial u}{\partial e_\theta} = \frac{1}{r}\frac{\partial u}{\partial \theta}.$$

例 6 设 n 为整数,若 $\forall\, t>0, f(tx,ty)=t^n f(x,y)$,则称 f 是 n 次**齐次函数**. 证明:$f(x,y)$ 是零次齐次函数的充要条件是

$$x\frac{\partial f}{\partial x} + y\frac{\partial f}{\partial y} = 0.$$

证法 1 必要性 由条件得

$$f(tx,ty) = f(x,y) \quad (\forall\, t>0),$$

上述恒等式对 t 求导,得

$$xf'_x(tx,ty) + yf'_y(tx,ty) = 0.$$

令 $t=1$,即得

$$xf'_x(x,y) + yf'_y(x,y) = 0.$$

(记号 $f'_x(tx,ty)$ 理解成函数 $f(x,y)$ 对 x 求偏导数,然后变量用 tx,ty 代入.)

充分性 令 $x=r\cos\theta, y=r\sin\theta$. 由例 5 知
$$\frac{\partial f}{\partial r} = \frac{\partial f}{\partial x}\cdot\cos\theta + \frac{\partial f}{\partial y}\sin\theta = \frac{1}{r}\left(x\frac{\partial f}{\partial x} + y\frac{\partial f}{\partial y}\right) = 0.$$

上式说明 f 在极坐标系里只是 $\theta=\arctan(y/x)$ 的函数,这等价于 f 只是 y/x 的函数,不妨记 $f(x,y)=\varphi(y/x)$. 显然 φ 是零次齐次函数.

证法 2 令 $\xi=x, \eta=y/x$. 变换把 $f(x,y)$ 变为 $F(\xi,\eta)$,即 $f(\xi,\xi\eta)=F(\xi,\eta)$. 由复合函数求偏导数得
$$f'_x = F'_\xi\cdot 1 + F'_\eta\cdot(-y/x^2), \quad f'_y = F'_\xi\cdot 0 + F'_\eta\cdot\frac{1}{x}.$$

再由条件
$$xf'_x + yf'_y = \xi F'_\xi - \eta F'_\eta + \eta F'_\eta = \xi F'_\xi = 0,$$

得出 $F'_\xi=0$,这意味着 F 只是 η 的函数,即
$$f(\xi,\xi\eta) = F(\eta) \quad \text{或} \quad f(x,y) = F(y/x).$$

证法 3 上面复合函数求偏导数时,是把 x,y 作为自变量,也可以把 ξ,η 作为自变量. 因 $x=\xi, y=\xi\eta$,所以
$$F'_\xi = f'_x\cdot 1 + f'_y\cdot\eta = \frac{1}{x}(xf'_x + yf'_y) = 0.$$

同样得到 F 只是 η 的函数.

例 7 求函数 $u=f\left(xy, \dfrac{y}{x}\right)$ 的二阶偏导数.

解 先求一阶偏导数:
$$u'_x = yf'_1 - \frac{y}{x^2}f'_2, \quad u'_y = xf'_1 + \frac{1}{x}f'_2.$$

再求二阶偏导数:
$$u''_{xx} = y^2 f''_{11} - 2\frac{y^2}{x^2}f''_{12} + \frac{y^2}{x^4}f''_{22} + \frac{2y}{x^3}f'_2,$$

$$u''_{xy} = xy f''_{11} - \frac{y}{x^3}f''_{22} + f'_1 - \frac{1}{x^2}f'_2,$$

$$u''_{yy} = x^2 f''_{11} + 2f''_{12} + \frac{1}{x^2}f''_{22}.$$

评注 对一阶偏导数再求一次偏导数时,必须注意每项都要微到,每项中每个因子都要微到,每个因子中每个变量都要微到. 如求 u''_{xx} 时丢了 $\dfrac{2y}{x^3}f'_2$ 这一项,说明对因子 $\dfrac{y}{x^2}$ 没有微到. 如丢了 f''_{12} 项,说明

f_1' 中对第二个变量没有微到.

例8 设 $u=f(r), r=\sqrt{x^2+y^2+z^2}$,若 u 满足调和方程

$$\nabla^2 u = \frac{\partial^2 u}{\partial x^2} + \frac{\partial^2 u}{\partial y^2} + \frac{\partial^2 u}{\partial z^2} = 0,$$

试求出函数 u.

解 因

$$\frac{\partial u}{\partial x} = f'(r)\frac{x}{r}, \quad \frac{\partial u}{\partial y} = f'(r)\frac{y}{r}, \quad \frac{\partial u}{\partial z} = f'(r)\frac{z}{r},$$

所以

$$\frac{\partial^2 u}{\partial x^2} = f''(r)\frac{x^2}{r^2} + f'(r)\frac{r-x^2/r}{r^2}$$

$$= f''(r)\frac{x^2}{r^2} + f'(r)\frac{y^2+z^2}{r^3}.$$

同理可得

$$\frac{\partial^2 u}{\partial y^2} = f''(r)\frac{y^2}{r^2} + f'(r)\frac{z^2+x^2}{r^3},$$

$$\frac{\partial^2 u}{\partial z^2} = f''(r)\frac{z^2}{r^2} + f'(r)\frac{x^2+y^2}{r^3}.$$

由条件得

$$\frac{\partial^2 u}{\partial x^2} + \frac{\partial^2 u}{\partial y^2} + \frac{\partial^2 u}{\partial z^2} = f''(r) + \frac{2}{r}f'(r) = 0,$$

或

$$r^2 f''(r) + 2r f'(r) = 0,$$

于是有 $[r^2 f'(r)]'=0$,推得 $f'(r)=\dfrac{C}{r^2}$,解出 $f(r)=-\dfrac{C}{r}+C_1$,其中 C, C_1 为任意常数.

例9 求出函数 $f(x,y)=\dfrac{x}{y}$ 在 $(1,1)$ 点邻域带皮亚诺余项的泰勒公式.

解 利用一元函数的泰勒公式,我们有

$$f(x,y) = \frac{x}{y} = \frac{1+(x-1)}{1+(y-1)}$$

$$= [1+(x-1)]\Big[\sum_{k=0}^{n}(-1)^n(y-1)^n + o((y-1)^n)\Big]$$

$$= 1 + (x-1) - (y-1) - (x-1)(y-1)$$

$$+ (y-1)^2 + \cdots + (-1)^{n-1}(x-1)(y-1)^{n-1}$$
$$+ (-1)^n(y-1)^n + o(\rho^n),$$

其中 $\rho = \sqrt{(x-1)^2 + (y-1)^2}$.

评注 求具体函数的泰勒公式时,多数可化为一元函数泰勒公式来处理.

例10 设 $f, g: \mathbf{R}^m \to \mathbf{R}^n$ 是可微函数. 试用复合函数求导法则来证明向量内积的求导公式:
$$D(f(x) \cdot g(x)) = f^T(x) Dg(x) + g^T(x) Df(x).$$

证 令 $F: \mathbf{R}^{2n} \to \mathbf{R}$,
$$F(u) = F(u_1, \cdots, u_n, u_{n+1}, \cdots, u_{2n}) = \sum_{i=1}^n u_i \cdot u_{n+i}.$$

令 $G: \mathbf{R}^m \to \mathbf{R}^{2n}$,
$$u = G(x) = (f_1(x), \cdots, f_n(x), g_1(x), \cdots, g_n(x)),$$

则 $(F \circ G)(x) = f(x) \cdot g(x)$.

因 F 的 $2n$ 个偏导数连续,所以 F 可微. 又因 G 的每个分量可微,所以 G 也可微. 这样由复合函数求导法则,得
$$D(f(x) \cdot g(x)) = D(F \circ G)(x) = DF(u) DG(x)$$
$$= (u_{n+1}, \cdots, u_{2n}, u_1, \cdots, u_n) \begin{pmatrix} Df(x) \\ Dg(x) \end{pmatrix}.$$

利用矩阵分块相乘得
$$D(f(x) \cdot g(x)) = (u_{n+1}, \cdots, u_{2n}) Df(x) + (u_1, \cdots, u_n) Dg(x)$$
$$= g^T(x) Df(x) + f^T(x) Dg(x).$$

评注 对多元函数来说,求导法则只需复合函数求导一条法则,其余求导法则皆可由它推出.

例11 设 $\Omega \subset \mathbf{R}^m$ 是凸域,$f(x) \in C^2(\Omega, \mathbf{R})$,且满足
$$f(x) \geqslant f(x_0) + Df(x_0)(x - x_0) \quad (\forall\, x, x_0 \in \Omega),$$
证明:$f(x)$ 的海色矩阵 $H_f(x)$ 是半正定的.

证 $\forall\, x_0 \in \Omega, x \in \mathbf{R}^m$ 为任一向量,当 t 充分小时,点 $x_0 + t(x - x_0) \in \Omega$. 由泰勒公式得:
$$f[x_0 + t(x - x_0)] = f(x_0) + Df(x_0) t(x - x_0)$$

$$+ \frac{t^2}{2}(x-x_0)^T H_f(x_0)(x-x_0) + o(t^2|x-x_0|^2).$$

根据条件
$$f[x_0 + t(x-x_0)] \geqslant f(x_0) + Df(x_0)t(x-x_0),$$

故有 $\frac{t^2}{2}(x-x_0)^T H_f(x_0)(x-x_0) + o(t^2|x-x_0|^2) \geqslant 0.$

上式消去 t^2，并令 $t \to 0$，即得
$$(x-x_0)^T H_f(x_0)(x-x_0) \geqslant 0.$$

这表明矩阵 $H_f(x_0)$ 是半正定的. 由于 x_0 任意性, 所以海色矩阵在 Ω 上是半正定的.

评注 由本题, 通过循环证明可以看出下列三个命题是等价的: 函数在凸域上为凹函数; 函数表示的曲面位于切平面之上; 函数的海色矩阵是半正定的.

练 习 题 5.2

5.2.1 求下列函数的偏导数:

(1) $u = \frac{x}{\sqrt{x^2+y^2}}$;   (2) $u = \tan \frac{x^2}{y}$;

(3) $u = \sin(x\cos y)$;   (4) $u = e^{x/y}$;

(5) $u = \ln \sqrt{x^2+y^2}$;   (6) $u = \arctan \frac{x+y}{1-xy}$;

(7) $u = \left(\frac{x}{y}\right)^z$;   (8) $u = \arccos \frac{z}{\sqrt{x^2+y^2}}$.

5.2.2 设 $f(x,y)$ 在圆 Ω 上的偏导数 f'_x, f'_y 存在且有界. 证明: $f(x,y)$ 在 Ω 上一致连续. 若 Ω 是任意区域, 问结论是否成立. 考查例子
$$f(x,y) = \arctan(y/x),$$
Ω 用极坐标表示为 $1 < r < 2, 0 < \theta < 2\pi$.

5.2.3 设
$$f(x,y) = \begin{cases} \frac{x^2 y}{x^2+y^2}, & x^2+y^2 \neq 0, \\ 0, & x^2+y^2 = 0. \end{cases}$$

证明:

(1) $f(x,y)$ 在 $(0,0)$ 点连续;

(2) $f'_x(0,0), f'_y(0,0)$ 存在;

(3) $f'_x(x,y), f'_y(x,y)$ 在 $(0,0)$ 点不连续；

(4) $f(x,y)$ 在 $(0,0)$ 点不可微.

5.2.4 设
$$f(x,y) = \begin{cases} \dfrac{\sin(xy)}{x}, & x \neq 0, \\ y, & x = 0, \end{cases}$$

证明：$f(x,y)$ 在平面上可微.

5.2.5 求下列复合函数的偏导数：

(1) $u = f\left(\dfrac{xz}{y}\right)$； (2) $u = f(x+y, z)$；

(3) $u = f(x, xy, xyz)$； (4) $u = f(x+y+z, x^2+y^2+z^2)$；

(5) $u = f\left(\dfrac{x}{y}, \dfrac{y}{z}\right)$； (6) $u = f(x^2+y^2, x^2-y^2, 2xy)$.

5.2.6 设 $u = x^n f\left(\dfrac{y}{x}, \dfrac{z}{x}\right)$，其中 f 可微. 证明 u 满足方程：
$$x\dfrac{\partial u}{\partial x} + y\dfrac{\partial u}{\partial y} + z\dfrac{\partial u}{\partial z} = n \cdot u.$$

5.2.7 证明：$f(x,y,z)$ 为 n 次齐次函数的充要条件是
$$x\dfrac{\partial f}{\partial x} + y\dfrac{\partial f}{\partial y} + z\dfrac{\partial f}{\partial z} = nf(x,y,z).$$

5.2.8 作自变量变换：$x = \sqrt{vw}, y = \sqrt{wu}, z = \sqrt{uv}$，它把函数 $f(x,y,z)$ 变为 $F(u,v,w)$. 证明：
$$xf'_x + yf'_y + zf'_z = uF'_u + vF'_v + wF'_w.$$

5.2.9 令 $\xi = 2xy, \eta = x^2 - y^2$，解下列方程（解可含任意函数）：

(1) $y\dfrac{\partial u}{\partial x} + x\dfrac{\partial u}{\partial y} = 0$； (2) $x\dfrac{\partial u}{\partial x} - y\dfrac{\partial u}{\partial y} = 0$.

5.2.10 令 $\xi = x, \eta = y - x, \zeta = z - x$，求方程 $\dfrac{\partial u}{\partial x} + \dfrac{\partial u}{\partial y} + \dfrac{\partial u}{\partial z} = 0$ 的解.

5.2.11 设 $u(x,y), v(x,y)$ 为连续可微函数，且满足方程组
$$\dfrac{\partial u}{\partial x} = \dfrac{\partial v}{\partial y}, \quad \dfrac{\partial u}{\partial y} = -\dfrac{\partial v}{\partial x}.$$

作自变量变换：$x = r\cos\theta, y = r\sin\theta$，证方程组变为
$$\dfrac{\partial u}{\partial r} = \dfrac{1}{r}\dfrac{\partial v}{\partial \theta}, \quad \dfrac{1}{r}\dfrac{\partial u}{\partial \theta} = -\dfrac{\partial v}{\partial r}.$$

5.2.12 再对上题所得方程组作变换：$R = \sqrt{u^2 + v^2}, \Phi = \arctan\dfrac{v}{u}$. 证明方程组变为
$$\dfrac{\partial \ln R}{\partial r} = \dfrac{1}{r}\dfrac{\partial \Phi}{\partial \theta}, \quad \dfrac{1}{r}\dfrac{\partial \ln R}{\partial \theta} = -\dfrac{\partial \Phi}{\partial r}.$$

5.2.13 设 $f(x,y)=x^2-xy+y^2, (x_0,y_0)=(1,1)$.

(1) 若方向 l 与基 e_1,e_2 的夹角为 $\pi/3$ 和 $\pi/6$,求方向导数 $\dfrac{\partial f(1,1)}{\partial l}$;

(2) 求在怎样的方向上方向导数 $\dfrac{\partial f(1,1)}{\partial l}$ 有最大值、最小值、等于零.

5.2.14 设 $u=f(x,y,z)$,令
$$x=r\sin\varphi\cos\theta, \quad y=r\sin\varphi\sin\theta, \quad z=r\cos\varphi.$$
在 (x,y,z) 点作三个互相正交的向量 e_r,e_φ,e_θ. 向量 e_r 表示 φ,θ 固定沿着 r 增加的方向,其余两个作类似理解. 证明:
$$\frac{\partial u}{\partial e_r}=\frac{\partial u}{\partial r}, \quad \frac{\partial u}{\partial e_\varphi}=\frac{1}{r}\frac{\partial u}{\partial \varphi}, \quad \frac{\partial u}{\partial e_\theta}=\frac{1}{r\sin\varphi}\frac{\partial u}{\partial \theta}.$$

5.2.15 设在第一卦限上连续可微函数 $u(x,y),v(x,y)$ 满足方程组
$$\frac{\partial u}{\partial x}=\frac{\partial v}{\partial y}, \quad \frac{\partial u}{\partial y}=-\frac{\partial v}{\partial x},$$
且 u 只是 $\sqrt{x^2+y^2}$ 的函数,试求出 $u(x,y)$ 和 $v(x,y)$.

5.2.16 设 $f(\boldsymbol{x})$ 定义在凸区域 $\Omega\subset\boldsymbol{R}^m$ 上,对 $\forall\ \boldsymbol{x}_1,\boldsymbol{x}_2\in\Omega,t\in[0,1]$,满足
$$f[t\boldsymbol{x}_1+(1-t)\boldsymbol{x}_2]\leqslant tf(\boldsymbol{x}_1)+(1-t)f(\boldsymbol{x}_2),$$
则称 f 为凹函数. 若 $f(\boldsymbol{x})$ 是凸域 Ω 上的可微凹函数,证明:

(1) $f(\boldsymbol{x})-f(\boldsymbol{x}_0)\geqslant\dfrac{f[\boldsymbol{x}_0+t(\boldsymbol{x}-\boldsymbol{x}_0)]-f(\boldsymbol{x}_0)}{t},\ \boldsymbol{x},\boldsymbol{x}_0\in\Omega$;

(2) $f(\boldsymbol{x})\geqslant f(\boldsymbol{x}_0)+\mathrm{D}f(\boldsymbol{x}_0)(\boldsymbol{x}-\boldsymbol{x}_0)$.

5.2.17 求下列函数的二阶偏导数:

(1) $u=xy+\dfrac{y}{x}$; (2) $u=(xy)^z$.

5.2.18 对下列函数求指定阶的偏导数:

(1) $u=x^4+y^4-2x^2y^2$,求所有三阶偏导数;

(2) $u=x^3\sin y+y^3\sin x$,求 $\dfrac{\partial^6 u}{\partial x^3\partial y^3}$;

(3) $u=\mathrm{e}^{xyz}$,求 $\dfrac{\partial^3 u}{\partial x\partial y\partial z}$;

(4) $u=\ln\sqrt{x^2+y^2}$,求 $\dfrac{\partial^4 u}{\partial x^2\partial y^2}$.

5.2.19 求高阶导数:

(1) $u=(x-a)^p(y-b)^q$,求 $\dfrac{\partial^{p+q}u}{\partial x^p\partial y^q}$; (2) $u=\dfrac{x+y}{x-y}(x\neq y)$,求 $\dfrac{\partial^{m+n}u}{\partial x^m\partial y^n}$;

(3) $u=\ln(ax+by)$,求 $\dfrac{\partial^{m+n}u}{\partial x^m\partial y^n}$; (4) $u=xyz\mathrm{e}^{x+y+z}$,求 $\dfrac{\partial^{p+q+r}u}{\partial x^p\partial y^q\partial z^r}$.

5.2.20 求下列函数的二阶偏导数:

(1) $u=f(x+y,\ xy)$; (2) $u=f(x+y+z,\ x^2+y^2+z^2)$;

(3) $u=f\left(\dfrac{x}{y},\dfrac{y}{z}\right)$； (4) $u=f(x^2+y^2+z^2)$.

5.2.21 验证下列函数满足调和方程
$$\nabla^2 u = \frac{\partial^2 u}{\partial x^2} + \frac{\partial^2 u}{\partial y^2} = 0.$$

(1) $u=\ln\sqrt{x^2+y^2}$； (2) $u=\arctan\dfrac{y}{x}$.

5.2.22 证明：函数 $u=\dfrac{1}{2a\sqrt{\pi t}}e^{-\frac{(x-b)^2}{4a^2 t}}$ (a,b 为实数)当 $t>0$ 时满足方程
$$\frac{\partial u}{\partial t} = a^2 \frac{\partial^2 u}{\partial x^2}.$$

5.2.23 设 $x=f(u,v), y=g(u,v)$ 满足方程
$$\frac{\partial f}{\partial u} = \frac{\partial g}{\partial v}, \quad \frac{\partial f}{\partial v} = -\frac{\partial g}{\partial u},$$
又设 $w=w(x,y)$ 满足方程 $\dfrac{\partial^2 w}{\partial x^2}+\dfrac{\partial^2 w}{\partial y^2}=0$. 证明：

(1) 函数 $w=w[f(u,v),g(u,v)]$ 满足方程：$\dfrac{\partial^2 w}{\partial u^2}+\dfrac{\partial^2 w}{\partial v^2}=0$；

(2) $\dfrac{\partial^2 (fg)}{\partial u^2}+\dfrac{\partial^2 (fg)}{\partial v^2}=0$.

5.2.24 作变量替换 $\xi=x+t, \eta=x-t$，求解方程 $\dfrac{\partial^2 u}{\partial t^2}=\dfrac{\partial^2 u}{\partial x^2}$，并验证之.

5.2.25 求下列函数在 $(0,0)$ 点邻域展开为带皮亚诺余项的四阶泰勒公式：

(1) $u=\sin(x^2+y^2)$； (2) $u=\sqrt{1+x^2+y^2}$；
(3) $u=\ln(1+x)\ln(1+y)$； (4) $u=e^x\cos y$.

5.2.26 设函数 $f(x,y)$ 满足 $\dfrac{\partial^2 f}{\partial x^2}=y, \dfrac{\partial^2 f}{\partial x \partial y}=x+y, \dfrac{\partial^2 f}{\partial y^2}=x$，试求出函数 $f(x,y)$.

5.2.27 设 Ω 为含原点的凸域，$u=f(x,y)$ 在 Ω 上可微，且满足
$$x\frac{\partial f}{\partial x}+y\frac{\partial f}{\partial y}=0.$$
求证：$f(x,y)$ 在 Ω 上恒为常数. 若 Ω 不含原点，问 $f(x,y)$ 是否为常数. 考查例子 $u=\arctan\dfrac{y}{x}$.

5.2.28 求下列函数 $f(\boldsymbol{x})$ ($\boldsymbol{x}\in \boldsymbol{R}^m$) 的微分：

(1) $f(\boldsymbol{x})=(\boldsymbol{Ax}-\boldsymbol{b})\cdot(\boldsymbol{Ax}-\boldsymbol{b})$，其中 $\boldsymbol{A}$ 为 $n\times m$ 矩阵，$\boldsymbol{b}\in \boldsymbol{R}^n$；

(2) $f(\boldsymbol{x})=\dfrac{1}{|\boldsymbol{x}|}$.

5.2.29 设 $f: \boldsymbol{R}^m \to \boldsymbol{R}^l, g: \boldsymbol{R}^m \to \boldsymbol{R}^n$ 是可微函数. 试用复合函数求导公式，证

明公式
$$Df(x)g(x) = f(x)Dg(x) + g(x)Df(x).$$

5.2.30 设 $f(x) = \dfrac{x}{|x|}$, $x \in \mathbf{R}^m$.

(1) 求 $Df(x)$;

(2) 取方向 $l = \dfrac{x}{|x|}$, 求方向导数 $\dfrac{\partial f}{\partial l}$;

(3) 取方向 l 满足 $l \cdot x = 0$, 求方向导数 $\dfrac{\partial f}{\partial l}$;

(4) 求导数的范数 $\|Df(x)\|$.

5.2.31 求下列变换的雅可比行列式:

(1) $x_1 = r\cos\theta$, $x_2 = r\sin\theta$, 求 $\dfrac{\partial(x_1, x_2)}{\partial(r, \theta)}$;

(2) $x_1 = r\cos\theta_1$, $x_2 = r\sin\theta_1\cos\theta_2$, $x_3 = r\sin\theta_1\sin\theta_2$, 求 $\dfrac{\partial(x_1, x_2, x_3)}{\partial(r, \theta_1, \theta_2)}$;

(3) $\begin{cases} x_1 = r\cos\theta_1, \\ x_2 = r\sin\theta_1\cos\theta_2, \\ x_3 = r\sin\theta_1\sin\theta_2\cos\theta_3, \\ \vdots \\ x_{m-1} = r\sin\theta_1\sin\theta_2\sin\theta_3\cdots\sin\theta_{m-2}\cos\theta_{m-1}, \\ x_m = r\sin\theta_1\sin\theta_2\sin\theta_3\cdots\sin\theta_{m-2}\sin\theta_{m-1}, \end{cases}$ $r \geqslant 0, 0 < \theta_1, \cdots, \theta_{m-2} < \pi,$ $0 < \theta_{m-1} < 2\pi,$

试用数学归纳法求 $\dfrac{\partial(x_1, x_2, \cdots, x_m)}{\partial(r, \theta_1, \cdots, \theta_{m-1})}$.

5.2.32 设 Ω 为 $\mathbf{R}^m$ 中凸区域, $f(x) \in C^2(\Omega, \mathbf{R})$. 若 f 的海色矩阵 $H_f(x)$ 是半正定的. 证明: $f(x)$ 是 Ω 上的凹函数.

§3 反函数与隐函数

内 容 提 要

1. 微分中值不等式

设 $\Omega \subset \mathbf{R}^m$ 为凸集, $f(x) \in C^1(\Omega, \mathbf{R}^n)$, 则 $\forall a, b \in \Omega$, $\exists \xi \in \Omega$, 使得
$$|f(b) - f(a)| \leqslant \|Df(\xi)\| \, |b - a|.$$

2. 反函数存在定理

设 $\Omega \subset \mathbf{R}^m$ 是开集, $f(x) \in C^1(\Omega, \mathbf{R}^m)$, $a \in \Omega$, $\det Df(a) \neq 0$, 则存在一开球 $U = U(a; \delta) \subset \Omega$, 使得 $f(x)$ 在 U 上是单叶的. $V = f(U)$ 是开集,
$$f^{-1}(y) \in C^1(V, \mathbf{R}^m),$$
且
$$Df^{-1}(y) = [Df(x)]^{-1}_{x = f^{-1}(y)},$$

因此有
$$\frac{\partial(x_1,x_2,\cdots,x_m)}{\partial(y_1,y_2,\cdots,y_m)} = \left[\frac{\partial(y_1,y_2,\cdots,y_m)}{\partial(x_1,x_2,\cdots,x_m)}\right]^{-1}_{x=f^{-1}(y)}.$$

由定理知：$\forall\, x \in \Omega$，若 $\det \mathrm{D}f(x) \neq 0$，则 $f(\Omega)$ 是开集.

3. 隐函数存在定理

设 $\Omega \subset \mathbf{R}^m \times \mathbf{R}^n$ 是一开集，$x \in \mathbf{R}^m$，$y \in \mathbf{R}^n$，$F(x,y)$ 满足：$F(x,y) \in C^1(\Omega, \mathbf{R}^n)$；点 $(x_0, y_0) \in \Omega, F(x_0, y_0) = \mathbf{0}$；

$$\det \mathrm{D}_y F(x_0, y_0) = \left.\frac{\partial(F_1,\cdots,F_n)}{\partial(y_1,\cdots,y_n)}\right|_{(x_0,y_0)} \neq 0.$$

则在 $\mathbf{R}^m$ 中存在 x_0 的一个邻域 $U(x_0)$，及惟一的函数 $y = \boldsymbol{\varphi}(x)$，满足
$$\boldsymbol{\varphi}(x) \in C^1(U(x_0), \mathbf{R}^n),$$
使得 $x \in U(x_0)$ 时，$(x, \boldsymbol{\varphi}(x)) \in \Omega$，且
$$F(x, \boldsymbol{\varphi}(x)) = \mathbf{0}, \quad \boldsymbol{\varphi}(x_0) = y_0,$$
$$\mathrm{D}_x F(x,y) + \mathrm{D}_y F(x,y) \mathrm{D}\boldsymbol{\varphi}(x) = 0.$$

4. 函数相关性

设 $\Omega \subset \mathbf{R}^m$ 为开集，$F(x) \in C^1(\Omega, \mathbf{R}^n)$，$\mathrm{D}F(x)$ 在 Ω 上的秩恒为 $l \geqslant 1$. 若 $l < n$，则对任意 $a \in \Omega$，$\exists$ 邻域 $U(a)$，$F(x)$ 的 n 个分量在 $U(a)$ 上函数相关；若 $l = n$，则 $F(x)$ 的 n 个分量在 Ω 上彼此独立.

典型例题分析

例 1 设 $x = x(y,z), y = y(z,x), z = z(x,y)$ 为由方程 $F(x,y,z) = 0$ 所确定的隐函数. 证明：
$$\frac{\partial x}{\partial y} \cdot \frac{\partial y}{\partial z} \cdot \frac{\partial z}{\partial x} = -1.$$

证 由隐函数定理知
$$\frac{\partial x}{\partial y} = \frac{\frac{\partial F}{\partial y}}{\frac{\partial F}{\partial x}}, \quad \frac{\partial y}{\partial z} = -\frac{\frac{\partial F}{\partial z}}{\frac{\partial F}{\partial y}}, \quad \frac{\partial z}{\partial x} = -\frac{\frac{\partial F}{\partial x}}{\frac{\partial F}{\partial z}},$$

所以得
$$\frac{\partial x}{\partial y} \cdot \frac{\partial y}{\partial z} \cdot \frac{\partial z}{\partial x} = -1.$$

评注 多元偏导数记号与一元微分记号不同，它不能理解成两个量之比.

例 2 求由方程 $f(x-y, y-z, z-x) = 0$ 所确定的函数 $z = $

$z(x,y)$ 的微分.

解 由一阶微分的形式的不变性,对方程求微分得
$$f_1'(\mathrm{d}x - \mathrm{d}y) + f_2'(\mathrm{d}y - \mathrm{d}z) + f_3'(\mathrm{d}z - \mathrm{d}x) = 0,$$

解出 $\quad \mathrm{d}z = \dfrac{f_1' - f_3'}{f_2' - f_3'}\mathrm{d}x + \dfrac{f_2' - f_1'}{f_2' - f_3'}\mathrm{d}y \quad (f_2' - f_3' \neq 0).$

评注 若题需要求一阶偏导数时,我们可以利用一阶微分的形式的不变性,先求出微分,从而求出所有一阶偏导数.

例 3 变换 $x+y=u, y=uv$ 把区域 $\{(u,v)|u>0, v>0\}$ 变为区域 $\{(x,y)|x+y>0, y>0\}$. 试求雅可比行列式
$$\frac{\partial(x,y)}{\partial(u,v)}, \quad \frac{\partial(u,v)}{\partial(x,y)}.$$

解法 1 把 x, y 写成 u, v 的函数: $x=u(1-v), y=uv$,所以
$$\frac{\partial(x,y)}{\partial(u,v)} = \begin{vmatrix} x_u' & x_v' \\ y_u' & y_v' \end{vmatrix} = \begin{vmatrix} 1-v & -u \\ v & u \end{vmatrix}$$
$$= u(1-v) + uv = u.$$

逆变换的雅可比行列式为
$$\frac{\partial(u,v)}{\partial(x,y)} = \left[\frac{\partial(x,y)}{\partial(u,v)}\right]^{-1} = \frac{1}{u} = \frac{1}{x+y}.$$

解法 2 若变换不易解出 x, y 或 u, v 时,我们只能用隐函数求偏导数方法来求雅可比行列式,一般来说所得行列式可以含有变量 x, y, u, v. 方程组先对 u 求偏导数,得
$$\begin{cases} x_u' + y_u' = 1, \\ y_u' = v, \end{cases} \quad \text{解出} \quad \begin{cases} x_u' = 1-v, \\ y_u' = v. \end{cases}$$

再对 v 求偏导数,得
$$\begin{cases} x_v' + y_v' = 0, \\ y_v' = u, \end{cases} \quad \text{解出} \quad \begin{cases} x_v' = -u, \\ y_v' = u, \end{cases}$$

所以 $\quad \dfrac{\partial(x,y)}{\partial(u,v)} = \begin{vmatrix} 1-v & -u \\ v & u \end{vmatrix} = u.$

例 4 证明:由方程 $y=x\varphi(z)+\psi(z)$ 所确定的函数 $z=z(x,y)$ 满足方程

$$\left(\frac{\partial z}{\partial y}\right)^2 \frac{\partial^2 z}{\partial x^2} - 2\frac{\partial z}{\partial x}\frac{\partial z}{\partial y}\frac{\partial^2 z}{\partial x \partial y} + \left(\frac{\partial z}{\partial x}\right)^2 \frac{\partial^2 z}{\partial y^2} = 0.$$

解法 1 先对方程求一阶偏导数,得

$$\begin{cases} 0 = \varphi(z) + x\varphi'(z)\dfrac{\partial z}{\partial x} + \psi'(z)\dfrac{\partial z}{\partial x}, \\ 1 = x\varphi'(z)\dfrac{\partial z}{\partial y} + \psi'(z)\dfrac{\partial z}{\partial y} \quad (x\varphi' + \psi' \neq 0). \end{cases}$$

再对上式求偏导数,有

$$\begin{cases} 0 = 2\varphi'\dfrac{\partial z}{\partial x} + (x\varphi'' + \psi'')\left(\dfrac{\partial z}{\partial x}\right)^2 + (x\varphi' + \psi')\dfrac{\partial^2 z}{\partial x^2}, & (3.1) \\ 0 = \varphi'\dfrac{\partial z}{\partial y} + (x\varphi'' + \psi'')\dfrac{\partial z}{\partial x}\dfrac{\partial z}{\partial y} + (x\varphi' + \psi')\dfrac{\partial^2 z}{\partial x \partial y}, & (3.2) \\ 0 = (x\varphi'' + \psi'')\left(\dfrac{\partial z}{\partial y}\right)^2 + (x\varphi' + \psi')\dfrac{\partial^2 z}{\partial y^2}. & (3.3) \end{cases}$$

由(3.1)式$\times\left(\dfrac{\partial z}{\partial y}\right)^2 -$(3.2)式$\times 2\dfrac{\partial z}{\partial x}\dfrac{\partial z}{\partial y}+$(3.3)式$\times\left(\dfrac{\partial z}{\partial x}\right)^2$,推出

$$(x\varphi' + \psi')\left[\left(\frac{\partial z}{\partial y}\right)^2 \frac{\partial^2 z}{\partial x^2} - 2\frac{\partial z}{\partial x}\frac{\partial z}{\partial y}\frac{\partial^2 z}{\partial x \partial y} + \left(\frac{\partial z}{\partial x}\right)^2 \frac{\partial^2 z}{\partial y^2}\right] = 0.$$

上式消去 $x\varphi' + \psi' \neq 0$,即得所求方程.

解法 2 对 $y = x\varphi(z) + \psi(z)$ 微分两次得

$$0 = 2\varphi'(z)\mathrm{d}x\mathrm{d}z + (x\varphi'' + \psi'')(\mathrm{d}z)^2 + (x\varphi' + \psi')\mathrm{d}^2 z. \quad (3.4)$$

令 $\boldsymbol{h} = \left(\dfrac{\partial z}{\partial y}, -\dfrac{\partial z}{\partial x}\right)$,则

$$\mathrm{d}z(\boldsymbol{h}) = \frac{\partial z}{\partial x}\mathrm{d}x(\boldsymbol{h}) + \frac{\partial z}{\partial y}\mathrm{d}y(\boldsymbol{h}) = \frac{\partial z}{\partial x}\frac{\partial z}{\partial y} - \frac{\partial z}{\partial y}\frac{\partial z}{\partial x} = 0.$$

由(3.4)式得出 $\mathrm{d}^2 z(\boldsymbol{h}) = 0$.

另一方面,

$$\mathrm{d}^2 z = \frac{\partial^2 z}{\partial x^2}\mathrm{d}x^2 + 2\frac{\partial^2 z}{\partial x \partial y}\mathrm{d}x\mathrm{d}y + \frac{\partial^2 z}{\partial y^2}\mathrm{d}y^2,$$

由它在 $\boldsymbol{h}$ 的值为零,即得

$$0 = \mathrm{d}^2 z(\boldsymbol{h}) = \frac{\partial^2 z}{\partial x^2}\left(\frac{\partial z}{\partial y}\right)^2 - 2\frac{\partial^2 z}{\partial x \partial y}\frac{\partial z}{\partial x}\frac{\partial z}{\partial y} + \frac{\partial^2 z}{\partial y^2}\left(\frac{\partial z}{\partial x}\right)^2.$$

解法 3 方程 $y = x\varphi(z) + \psi(z)$ 和由它所确定的函数 $z = z(x, y)$ 表示的是同一个曲面,所以 $z = c$ 与曲面 $z = z(x, y)$ 的交线为一直

线,故 $y''_{xx}=0$. 这样由 $c=z(x,y)$ 出发对 x 求二次导数得

$$0 = \frac{\partial z}{\partial x} + \frac{\partial z}{\partial y} y'_x, \quad 解出 \quad y'_x = -\frac{\partial z}{\partial x} \Big/ \frac{\partial z}{\partial y},$$

$$0 = \frac{\partial^2 z}{\partial x^2} + 2\frac{\partial^2 z}{\partial x \partial y} y'_x + \frac{\partial^2 z}{\partial y^2}(y'_x)^2 + \frac{\partial z}{\partial y} y''_{xx}.$$

将 y'_x 代入上式,并注意 $y''_{xx}=0$,即得

$$0 = \frac{\left(\frac{\partial z}{\partial y}\right)^2 \frac{\partial^2 z}{\partial x^2} - 2\frac{\partial z}{\partial x}\frac{\partial z}{\partial y}\frac{\partial^2 z}{\partial x \partial y} + \left(\frac{\partial z}{\partial x}\right)^2 \frac{\partial^2 z}{\partial y^2}}{\left(\frac{\partial z}{\partial y}\right)^2}.$$

例 5 取 y 为因变量,解方程

$$\left(\frac{\partial z}{\partial y}\right)^2 \frac{\partial^2 z}{\partial x^2} - 2\frac{\partial z}{\partial x}\frac{\partial z}{\partial y}\frac{\partial^2 z}{\partial x \partial y} + \left(\frac{\partial z}{\partial x}\right)^2 \frac{\partial^2 z}{\partial y^2} = 0.$$

解 由上题启发,$z=z(x,y)$ 中把 x,z 看成自变量,对 x 求偏导数,得

$$0 = \frac{\partial z}{\partial x} + \frac{\partial z}{\partial y}\frac{\partial y}{\partial x}, \quad 解出 \quad \frac{\partial y}{\partial x} = -\frac{\partial z}{\partial x} \Big/ \frac{\partial z}{\partial y}.$$

再对 x 求偏导,得

$$0 = \frac{\partial^2 z}{\partial x^2} + 2\frac{\partial^2 z}{\partial x \partial y}\frac{\partial y}{\partial x} + \frac{\partial^2 z}{\partial y^2}\left(\frac{\partial y}{\partial x}\right)^2 + \frac{\partial z}{\partial y}\frac{\partial^2 y}{\partial x^2}.$$

将 $\frac{\partial y}{\partial x}$ 代入上式,有

$$0 = \frac{\left(\frac{\partial z}{\partial y}\right)^2 \frac{\partial^2 z}{\partial x^2} - 2\frac{\partial z}{\partial x}\frac{\partial z}{\partial y}\frac{\partial^2 z}{\partial x \partial y} + \left(\frac{\partial z}{\partial x}\right)^2 \frac{\partial^2 z}{\partial y^2}}{\left(\frac{\partial z}{\partial y}\right)^2} + \frac{\partial z}{\partial y}\frac{\partial^2 y}{\partial x^2}.$$

利用条件得出 $\frac{\partial z}{\partial y}\frac{\partial^2 y}{\partial x^2}=0$,$y$ 可取为因变量隐含条件 $\frac{\partial z}{\partial y}\neq 0$,所以 $\frac{\partial^2 y}{\partial x^2}=0$,由此解出 $y=x\varphi(z)+\psi(z)$.

例 6 设函数 $u=u(x,y)$ 由方程

$$u=f(x,y,z,t), \quad g(y,z,t)=0, \quad h(z,t)=0$$

定义,求 $\frac{\partial u}{\partial x}, \frac{\partial u}{\partial y}$.

解 函数 $u=u(x,y)$ 可按如下步骤得出:先由后两个方程把 t,z 解为 y 的函数,再代入前式而得 $u=u(x,y)$. 这样求导过程如下:

$$\frac{\partial u}{\partial x} = \frac{\partial f}{\partial x}, \quad \frac{\partial u}{\partial y} = \frac{\partial f}{\partial y} + \frac{\partial f}{\partial z}\frac{\mathrm{d}z}{\mathrm{d}y} + \frac{\partial f}{\partial t}\frac{\mathrm{d}t}{\mathrm{d}y}. \tag{3.5}$$

再由后两式求 $\dfrac{\mathrm{d}z}{\mathrm{d}y}, \dfrac{\mathrm{d}t}{\mathrm{d}y}$. 因

$$\begin{cases} \dfrac{\partial g}{\partial y} + \dfrac{\partial g}{\partial z}\dfrac{\mathrm{d}z}{\mathrm{d}y} + \dfrac{\partial g}{\partial t}\dfrac{\mathrm{d}t}{\mathrm{d}y} = 0, \\ \dfrac{\partial h}{\partial z}\dfrac{\mathrm{d}z}{\mathrm{d}y} + \dfrac{\partial h}{\partial t}\dfrac{\mathrm{d}t}{\mathrm{d}y} = 0, \end{cases}$$

解出
$$\frac{\mathrm{d}z}{\mathrm{d}y} = -\frac{\dfrac{\partial g}{\partial y}\dfrac{\partial h}{\partial t}}{\dfrac{\partial(g,h)}{\partial(z,t)}}, \quad \frac{\mathrm{d}t}{\mathrm{d}y} = \frac{\dfrac{\partial g}{\partial y}\dfrac{\partial h}{\partial z}}{\dfrac{\partial(g,h)}{\partial(z,t)}}.$$

把结果代入(3.5)式，即得

$$\frac{\partial u}{\partial y} = \frac{\partial f}{\partial y} + \frac{-\dfrac{\partial f}{\partial z}\dfrac{\partial g}{\partial y}\dfrac{\partial h}{\partial t} + \dfrac{\partial f}{\partial t}\dfrac{\partial g}{\partial y}\dfrac{\partial h}{\partial z}}{\dfrac{\partial(g,h)}{\partial(z,t)}} = \frac{\dfrac{\partial(f,g,h)}{\partial(y,z,t)}}{\dfrac{\partial(g,h)}{\partial(z,t)}}.$$

评注 (1) 若函数 $u = f(x,y,z,t)$ 记作 $u = u(x,y,z,t)$，则 (3.5) 式中 $\dfrac{\partial f}{\partial y}$ 相应地记为 $\dfrac{\partial u}{\partial y}$. 这时等式两边都有 $\dfrac{\partial u}{\partial y}$，左边的 $\dfrac{\partial u}{\partial y}$ 表示把 z, t 看成 y 的函数时求出的偏导数，右边的 $\dfrac{\partial u}{\partial y}$ 表示把 z, t 看成自变量时求出的偏导数. 当然我们不希望引起记号的混淆，故将函数与因变量采用不同记号来表示.

（2）求导前先要分析函数关系，明确谁是因变量，谁是中间变量，谁是自变量. 这题也可看成由方程组

$$\begin{cases} f(x,y,z,t) - u = 0, \\ g(y,z,t) = 0, \\ h(z,t) = 0 \end{cases}$$

解出 u, z, t 是 x, y 的函数. 现在 z, t 不是看成中间变量，而是看成因变量. 由隐函数求导得

$$\begin{cases} \dfrac{\partial f}{\partial y} + \dfrac{\partial f}{\partial z}\dfrac{\partial z}{\partial y} + \dfrac{\partial f}{\partial t}\dfrac{\partial t}{\partial y} - 1 \cdot \dfrac{\partial u}{\partial y} = 0, \\ \dfrac{\partial g}{\partial y} + \dfrac{\partial g}{\partial z}\dfrac{\partial z}{\partial y} + \dfrac{\partial g}{\partial t}\cdot\dfrac{\partial t}{\partial y} + 0 \cdot \dfrac{\partial u}{\partial y} = 0, \\ \dfrac{\partial h}{\partial z}\dfrac{\partial z}{\partial y} + \dfrac{\partial h}{\partial t}\dfrac{\partial t}{\partial y} + 0 \cdot \dfrac{\partial u}{\partial y} = 0. \end{cases}$$

把 $\frac{\partial z}{\partial y}, \frac{\partial t}{\partial y}, \frac{\partial u}{\partial y}$ 当作未知数,即可求出 $\frac{\partial u}{\partial y}$.

练习题 5.3

5.3.1 求由下列方程所定义的函数 y 的一阶、二阶导数:

(1) $\ln \sqrt{x^2+y^2} = \arctan \frac{y}{x}$; (2) $xy + 2^y = 0$.

5.3.2 对下列方程所确定的 $z = z(x,y)$,求一阶偏导数:

(1) $x^n + y^n + z^n = a^n$; (2) $x + y + z = e^{x+y+z}$.

5.3.3 对下列方程所确定的 $z = z(x,y)$,求二阶偏导数:

(1) $xy + yz + zx = 1$; (2) $\frac{1}{xy} + \frac{1}{yz} + \frac{1}{zx} = 1$.

5.3.4 求由下列方程所确定的 $z = z(x,y)$ 的微分:

(1) $f(xy, z-y) = 0$; (2) $f(x, x+y, x+y+z) = 0$.

5.3.5 设 $z = z(x,y)$ 由方程 $x^2 + y^2 + z^2 = yf\left(\dfrac{z}{y}\right)$ 所确定,证明:
$$(x^2 - y^2 - z^2)\frac{\partial z}{\partial x} + 2xy\frac{\partial z}{\partial y} = 2xz.$$

5.3.6 设 $z = z(x,y)$ 由方程 $F\left(x + \dfrac{z}{y}, y + \dfrac{z}{x}\right) = 0$ 所确定,证明:
$$x\frac{\partial z}{\partial x} + y\frac{\partial z}{\partial y} = z - xy.$$

5.3.7 设 $u = u(x,y,z)$ 由方程 $F(u^2 - x^2, u^2 - y^2, u^2 - z^2) = 0$ 所确定,证明:
$$\frac{u'_x}{x} + \frac{u'_y}{y} + \frac{u'_z}{z} = \frac{1}{u}.$$

5.3.8 设 $u = u(x,y,z)$ 由方程 $\dfrac{x^2}{a^2+u} + \dfrac{y^2}{b^2+u} + \dfrac{z^2}{c^2+u} = 1$ 所确定,证明:
$$\left(\frac{\partial u}{\partial x}\right)^2 + \left(\frac{\partial u}{\partial y}\right)^2 + \left(\frac{\partial u}{\partial z}\right)^2 = 2x\frac{\partial u}{\partial x} + 2y\frac{\partial u}{\partial y} + 2z\frac{\partial u}{\partial z}.$$

5.3.9 求函数 $z = f(x+y, z+y)$ 的二阶偏导数.

5.3.10 证明:由方程组
$$\begin{cases} z = ax + y\varphi(a) + \psi(a), \\ 0 = x + y\varphi'(a) + \psi'(a) \end{cases}$$
所确定的函数 $z = z(x,y)$ 满足方程
$$\frac{\partial^2 z}{\partial x^2} \cdot \frac{\partial^2 z}{\partial y^2} - \left(\frac{\partial^2 z}{\partial x \partial y}\right)^2 = 0.$$

5.3.11 若 $z = z(x,y)$ 满足方程 $\dfrac{\partial^2 z}{\partial x^2} \cdot \dfrac{\partial^2 z}{\partial y^2} - \left(\dfrac{\partial^2 z}{\partial x \partial y}\right)^2 = 0$. 证明:若把 $z =$

$z(x,y)$ 中的 y 看成 x,z 的函数,则它满足同样形状的方程:
$$\frac{\partial^2 y}{\partial x^2}\cdot\frac{\partial^2 y}{\partial z^2}-\left(\frac{\partial^2 y}{\partial x\partial z}\right)^2=0.$$

5.3.12 设 $u=e^x\cos y, v=e^x\sin y$. 求证:

(1) 当 $(x,y)\in \boldsymbol{R}^2$ 时, $\dfrac{\partial(u,v)}{\partial(x,y)}\neq 0$, 但变换不是一一的;

(2) 记 $\Omega=\{(x,y)\,|\,0<y<2\pi,-\infty<x<+\infty\}$, 这时变换在 Ω 上是一一的, 并求出逆变换.

5.3.13 求下列变换的雅可比行列式 $\dfrac{\partial(x,y)}{\partial(u,v)},\dfrac{\partial(u,v)}{\partial(x,y)}$:

(1) $\begin{cases}u=xy,\\ v=\dfrac{x}{y};\end{cases}$ (2) $\begin{cases}u=x^2+y^2,\\ v=2xy.\end{cases}$

5.3.14 由下列方程组求 $\dfrac{\mathrm{d}y}{\mathrm{d}x},\dfrac{\mathrm{d}z}{\mathrm{d}x},\dfrac{\mathrm{d}^2y}{\mathrm{d}x^2},\dfrac{\mathrm{d}^2z}{\mathrm{d}x^2}$:

(1) $\begin{cases}x+y+z=0,\\ x^2+y^2+z^2=6;\end{cases}$ (2) $\begin{cases}z=x^2+y^2,\\ 2x^2+2y^2-z^2=0.\end{cases}$

5.3.15 求由方程组 $x=u\cos v, y=u\sin v, z=v$ 所确定的函数 $z=z(x,y)$ 的一阶、二阶偏导数.

5.3.16 设 $u=f(x-ut,y-ut,z-ut), g(x,y,z)=0$. 求 $\dfrac{\partial u}{\partial x},\dfrac{\partial u}{\partial y}$, 并问这时 t 是自变量还是因变量?

5.3.17 设 $z=z(x,y)$ 满足方程组 $f(x,y,z,t)=0,g(x,y,z,t)=0$, 求 $\mathrm{d}z$.

5.3.18 设 $\Omega\subset\boldsymbol{R}^m$ 是凸区域, $\boldsymbol{f}(\boldsymbol{x})\in C^1(\Omega,\boldsymbol{R}^m), D\boldsymbol{f}(\boldsymbol{x})$ 在 Ω 上是正定矩阵. 求证: $\boldsymbol{f}(\boldsymbol{x})$ 是 Ω 上的单叶函数.

5.3.19 设 $\boldsymbol{x}\in\boldsymbol{R}^m, f(\boldsymbol{x})\in C^2(U(\boldsymbol{x}_0),\boldsymbol{R}), Df(\boldsymbol{x}_0)=0, \det H_f(\boldsymbol{x}_0)\neq 0$. 求证: $\exists\,\delta>0$, 当 $\boldsymbol{x}\in U(\boldsymbol{x}_0;\delta)\setminus\{\boldsymbol{x}_0\}$ 时, $Df(\boldsymbol{x})\neq 0$.

5.3.20 假设 $\boldsymbol{f}(\boldsymbol{x})\in C^1(\boldsymbol{R}^m,\boldsymbol{R}^m)$, 并且在 $\boldsymbol{R}^m$ 上 $\det D\boldsymbol{f}(\boldsymbol{x})\neq 0$. 又当 $|\boldsymbol{x}|\to +\infty$ 时, $|\boldsymbol{f}(\boldsymbol{x})|\to+\infty$. 证明: $\boldsymbol{f}(\boldsymbol{R}^m)=\boldsymbol{R}^m$.

§4 切空间与极值

内 容 提 要

1. 参数方程给出的曲面的切空间

设 $S\subset\boldsymbol{R}^m$ 为 k 维曲面 $(k<m)$. $\boldsymbol{x}_0\in S$, 在 $\boldsymbol{x}_0$ 邻域内曲面 S 可用参数方程 $\boldsymbol{x}=\boldsymbol{x}(\boldsymbol{t})$ 表示, $\boldsymbol{x}_0=\boldsymbol{x}(\boldsymbol{t}_0)$, 且函数 $\boldsymbol{x}=\boldsymbol{x}(\boldsymbol{t})$ 是邻域 $U(\boldsymbol{t}_0)$ 到 $U(\boldsymbol{x}_0)\cap S$ 的一一映射, 在 $U(\boldsymbol{t}_0)$ 上 $\boldsymbol{x}(\boldsymbol{t})$ 连续可微. 微分 $D\boldsymbol{x}(\boldsymbol{t})$ 的秩为 k, 则 S 在 $\boldsymbol{x}_0$ 点的切空间为

$$x - x_0 = \mathrm{D}x(t_0)t \quad (t \in \mathbf{R}^k).$$

如给定三维空间中的曲线 $x=x(t), y=y(t), z=z(t)$ (t 为实数),则曲线在 (x_0,y_0,z_0) 点的切线方程为

$$x - x_0 = x'(t_0)t, \quad y - y_0 = y'(t_0)t, \quad z - z_0 = z'(t_0)t \quad (t \in \mathbf{R}),$$

或消去 t,得切线方程为

$$\frac{x - x_0}{x'(t_0)} = \frac{y - y_0}{y'(t_0)} = \frac{z - z_0}{z'(t_0)}.$$

向量 $T=(x'(t_0), y'(t_0), z'(t_0))$ 为曲线在 (x_0,y_0,z_0) 点的切向量.

又如给定空间曲面 $x=x(u,v), y=y(u,v), z=z(u,v)$,记函数在 $M(u_0,v_0)$ 点的值 x_0, y_0, z_0,则曲面在 (x_0,y_0,z_0) 点的切平面方程为

$$\begin{bmatrix} x - x_0 \\ y - y_0 \\ z - z_0 \end{bmatrix} = \begin{bmatrix} \dfrac{\partial x}{\partial u} & \dfrac{\partial x}{\partial v} \\ \dfrac{\partial y}{\partial u} & \dfrac{\partial y}{\partial v} \\ \dfrac{\partial z}{\partial u} & \dfrac{\partial z}{\partial v} \end{bmatrix}_M \begin{bmatrix} u \\ v \end{bmatrix} \quad ((u,v) \in \mathbf{R}^2),$$

或消去 u, v 得切平面方程为

$$(x-x_0)\frac{\partial(y,z)}{\partial(u,v)}\bigg|_M + (y-y_0)\frac{\partial(z,x)}{\partial(u,v)}\bigg|_M + (z-z_0)\frac{\partial(x,y)}{\partial(u,v)}\bigg|_M = 0.$$

向量 $N = \left(\dfrac{\partial(y,z)}{\partial(u,v)}, \dfrac{\partial(z,x)}{\partial(u,v)}, \dfrac{\partial(x,y)}{\partial(u,v)} \right)_M$ 为曲面在 (x_0,y_0,z_0) 点的法向量.

2. 隐函数方程给出的曲面的切空间

设 $S \subset \mathbf{R}^m$ 为一 k 维曲面($k<m$), S 由方程 $f(x)=0$ 给出. 函数 $f(x)$ 满足:存在开区域 $\Omega \supset S$, $f(x) \in C^1(\Omega, \mathbf{R}^{m-k})$,且 $\mathrm{D}f(x)$ 在 S 上的秩为 $m-k$. 则 S 在 $x_0 \in S$ 点的切空间为

$$\mathrm{D}f(x_0)(x - x_0) = \mathbf{0}.$$

如给定平面曲线 $f(x,y)=0$,记号 ( )$_M$ 表示在 $M(x_0,y_0)$ 点取值. 则曲线在 M 点的切线方程为

$$(x - x_0)\frac{\partial f}{\partial x_M} + (y - y_0)\frac{\partial f}{\partial y_M} = 0.$$

向量 $N = \left(\dfrac{\partial f}{\partial x}, \dfrac{\partial f}{\partial y} \right)_M$ 为曲线在 M 点的法向量.

又如给定空间曲面 $f(x,y,z)=0$,它在 M 点的切平面方程为

$$(x - x_0)\frac{\partial f}{\partial x_M} + (y - y_0)\frac{\partial f}{\partial y_M} + (z - z_0)\frac{\partial f}{\partial z_M} = 0.$$

向量 $N = \left(\dfrac{\partial f}{\partial x}, \dfrac{\partial f}{\partial y}, \dfrac{\partial f}{\partial z} \right)_M$ 为曲面在 M 点的法向量.

再如给定空间曲线

$$f_1(x,y,z) = 0, \quad f_2(x,y,z) = 0,$$

它在 M 点的切线方程为

$$\begin{bmatrix} \dfrac{\partial f_1}{\partial x} & \dfrac{\partial f_1}{\partial y} & \dfrac{\partial f_1}{\partial z} \\ \dfrac{\partial f_2}{\partial x} & \dfrac{\partial f_2}{\partial y} & \dfrac{\partial f_2}{\partial z} \end{bmatrix}_M \begin{bmatrix} x - x_0 \\ y - y_0 \\ z - z_0 \end{bmatrix} = \begin{bmatrix} 0 \\ 0 \end{bmatrix}.$$

或改写成

$$\frac{x - x_0}{\dfrac{\partial(f_1, f_2)}{\partial(y, z)}_M} = \frac{y - y_0}{\dfrac{\partial(f_1, f_2)}{\partial(z, x)}_M} = \frac{z - z_0}{\dfrac{\partial(f_1, f_2)}{\partial(x, y)}_M}.$$

向量 $T = \left(\dfrac{\partial(f_1, f_2)}{\partial(y, z)}, \dfrac{\partial(f_1, f_2)}{\partial(z, x)}, \dfrac{\partial(f_1, f_2)}{\partial(x, y)} \right)_M$ 为曲线在 M 点的切向量.

3. 通常极值

设 $\Omega \subset \mathbf{R}^m, f(\mathbf{x}) \in C^2(\Omega, \mathbf{R})$, $\mathbf{a}$ 是 Ω 的内点. 若 $f(\mathbf{x})$ 在 $\mathbf{a}$ 点取极值, 则

$$\mathrm{D}f(\mathbf{a}) = \mathbf{0}.$$

又设 $\det H_f(\mathbf{a}) \neq 0$. 若 $H_f(\mathbf{a})$ 是正定矩阵, 或主子行列式 $\Delta_n > 0$ $(n=1,\cdots, m)$ 时, $f(\mathbf{a})$ 为极小值; 若 $H_f(\mathbf{a})$ 是负定矩阵, 或主子行列式 Δ_n 满足 $(-1)^n \Delta_n > 0$ $(n=1,\cdots, m)$ 时, $f(\mathbf{a})$ 为极大值; 若 $H_f(\mathbf{a})$ 既非正定也非负定, 或主子行列式不满足上述两种情形, $f(\mathbf{a})$ 无极值.

4. 最小二乘法

设矩阵 $A_{n \times m}$ 的秩为 m $(m < n)$, 则函数

$$f(\mathbf{x}) = (A\mathbf{x} - \mathbf{b}) \cdot (A\mathbf{x} - \mathbf{b}) \quad (\mathbf{b} \in \mathbf{R}^n, \mathbf{x} \in \mathbf{R}^m)$$

的最小值为: $\mathbf{x} = (A^\mathrm{T} A)^{-1} A^\mathrm{T} \mathbf{b}$.

5. 条件极值

设 $\Omega \subset \mathbf{R}^m, f(\mathbf{x}) \in C^1(\Omega, \mathbf{R}), \mathbf{g}(\mathbf{x}) \in C^1(\Omega, \mathbf{R}^n)$ $(n < m)$. 若 $\mathbf{x}_0$ 是函数 $f(\mathbf{x})$ 在条件 $\mathbf{g}(\mathbf{x}) = \mathbf{0}$ 下的极值点, 矩阵 $\mathrm{D}\mathbf{g}(\mathbf{x}_0)$ 的秩为 n, 则 $\exists \boldsymbol{\lambda}_0 \in \mathbf{R}^n$, 使点 $(\mathbf{x}_0, \boldsymbol{\lambda}_0)$ 为函数

$$\Phi(\mathbf{x}, \boldsymbol{\lambda}) = f(\mathbf{x}) + \boldsymbol{\lambda}^\mathrm{T} \cdot \mathbf{g}(\mathbf{x})$$

的临界点, 即

$$\mathrm{D}_x \Phi(\mathbf{x}_0, \boldsymbol{\lambda}_0) = \mathrm{D}f(\mathbf{x}_0) + \boldsymbol{\lambda}_0^\mathrm{T} \mathrm{D}\mathbf{g}(\mathbf{x}_0) = \mathbf{0},$$
$$\mathrm{D}_\lambda \Phi(\mathbf{x}_0, \boldsymbol{\lambda}_0) = \mathbf{g}^\mathrm{T}(\mathbf{x}_0) = \mathbf{0},$$

$\boldsymbol{\lambda}$ 称为**拉格朗日乘子**. 当 $\mathrm{D}f(\mathbf{x}_0) \neq \mathbf{0}$ 时, 条件的几何意义为: 等值面 $f(\mathbf{x}) = f(\mathbf{x}_0)$ 在 $\mathbf{x}_0$ 点的法向量位于约束曲面 $\mathbf{g}(\mathbf{x}) = \mathbf{0}$ $(m - n$ 维$)$ 在 $\mathbf{x}_0$ 点的法空间内.

由通常极值的充分条件易得条件极值的充分条件. 若函数 $\Phi(\mathbf{x}, \boldsymbol{\lambda}_0)$ 在 $\mathbf{x}_0$ 的海色矩阵是正定的, 则 $\mathbf{x}_0$ 为条件极小值点; 若 $\mathbf{x}_0$ 的海色矩阵是负定的, 则 $\mathbf{x}_0$ 为

条件极大值点.

典型例题分析

例 1 求曲线 $x^2+y^2+z^2=6, x+y+z=0$ 在 $(1,-2,1)$ 点的切线方程.

解 切向量

$$T=\left[\begin{vmatrix}2y & 2z \\ 1 & 1\end{vmatrix}, \begin{vmatrix}2z & 2x \\ 1 & 1\end{vmatrix}, \begin{vmatrix}2x & 2y \\ 1 & 1\end{vmatrix}\right]_{(1,-2,1)}=(-6,0,6),$$

所以切线方程为

$$\frac{x-1}{-6}=\frac{y+2}{0}=\frac{z-1}{6},$$

或

$$x+z=2, \quad y+2=0.$$

例 2 求椭球面 $\dfrac{x^2}{a^2}+\dfrac{y^2}{b^2}+\dfrac{z^2}{c^2}=1$ 在 $M(x_0,y_0,z_0)$ 点的切平面方程.

解 法向量 $N=\left(\dfrac{2x_0}{a^2},\dfrac{2y_0}{b^2},\dfrac{2z_0}{c^2}\right)$,所以切平面方程为

$$(x-x_0)\frac{2x_0}{a^2}+(y-y_0)\frac{2y_0}{b^2}+(z-z_0)\frac{2z_0}{c^2}=0,$$

化简得

$$\frac{xx_0}{a^2}+\frac{yy_0}{b^2}+\frac{zz_0}{c^2}=1.$$

例 3 给定曲面 $F\left(\dfrac{x-a}{z-c},\dfrac{y-b}{z-c}\right)=0$ (a,b,c 为常数),或由它确定的曲面 $z=z(x,y)$.证明:

(1) 曲面的切平面通过一个定点;

(2) 函数 $z=z(x,y)$ 满足方程 $\dfrac{\partial^2 z}{\partial x^2}\cdot\dfrac{\partial^2 z}{\partial y^2}-\left(\dfrac{\partial^2 z}{\partial x\partial y}\right)^2=0.$

证 (1) 因

$$\begin{cases} F_1'\cdot\left(\dfrac{1}{z-c}-\dfrac{x-a}{(z-c)^2}\dfrac{\partial z}{\partial x}\right)+F_2'\cdot\left(-\dfrac{y-b}{(z-c)^2}\dfrac{\partial z}{\partial x}\right)=0, \\ F_1'\cdot\left(-\dfrac{x-a}{(z-c)^2}\dfrac{\partial z}{\partial y}\right)+F_2'\cdot\left(\dfrac{1}{z-c}-\dfrac{y-b}{(z-c)^2}\dfrac{\partial z}{\partial y}\right)=0 \end{cases}$$

及 F_1' 与 F_2' 不能同时为零,得出

$$\begin{vmatrix} (z-c)-(x-a)\dfrac{\partial z}{\partial x} & -(y-b)\dfrac{\partial z}{\partial x} \\ -(x-a)\dfrac{\partial z}{\partial y} & (z-c)-(y-b)\dfrac{\partial z}{\partial y} \end{vmatrix}=0,$$

化简得 $(x-a)\dfrac{\partial z}{\partial x}+(y-b)\dfrac{\partial z}{\partial y}=z-c.$

把它与过 (a,b,c) 点的切平面方程比较,即知曲面 $z=z(x,y)$ 的切平面过定点 (a,b,c).

(2) 对上式再求偏导数,得

$$\begin{cases} \dfrac{\partial z}{\partial x}+(x-a)\dfrac{\partial^2 z}{\partial x^2}+(y-b)\dfrac{\partial^2 z}{\partial x\partial y}=\dfrac{\partial z}{\partial x}, \\ (x-a)\dfrac{\partial^2 z}{\partial x\partial y}+\dfrac{\partial z}{\partial y}+(y-b)\dfrac{\partial^2 z}{\partial y^2}=\dfrac{\partial z}{\partial y}, \end{cases}$$

化简得 $\begin{cases} (x-a)\dfrac{\partial^2 z}{\partial x^2}=-(y-b)\dfrac{\partial^2 z}{\partial x\partial y}, \\ (y-b)\dfrac{\partial^2 z}{\partial y^2}=-(x-a)\dfrac{\partial^2 z}{\partial x\partial y}. \end{cases}$

当 $(x-a)(y-b)\neq 0$ 时,即可看出 $\dfrac{\partial^2 z}{\partial x^2}\cdot\dfrac{\partial^2 z}{\partial y^2}=\left(\dfrac{\partial^2 z}{\partial x\partial y}\right)^2$ 成立. 由函数连续可微性,知上式对 $x=a$ 或 $y=b$ 时也成立.

例 4 给定 $f(x,y)=2(y-x^2)^2-\dfrac{1}{7}x^7-y^2.$

(1) 求 $f(x,y)$ 的极值;

(2) 证明:沿 $(0,0)$ 点的每条直线,$(0,0)$ 点都是定义在该直线上的函数 $f(x,y)$ 的极小值点.

解 (1) 由

$$\begin{cases} f'_x=-8x(y-x^2)-x^6=0, \\ f'_y=4(y-x^2)-2y=0 \end{cases}$$

解出 $\begin{cases} x_1=0, \\ y_1=0 \end{cases}$ 与 $\begin{cases} x_2=-2, \\ y_2=8. \end{cases}$

又由

$$f''_{xx}=-8y+24x^2-6x^5,\quad f''_{xy}=-8x,\quad f''_{yy}=2$$

得 $H_f(-2,8)=\begin{bmatrix} 224 & 16 \\ 16 & 2 \end{bmatrix},$

$$\Delta_1 = 224 > 0, \quad \Delta_2 = \begin{vmatrix} 224 & 16 \\ 16 & 2 \end{vmatrix} = 192 > 0,$$

所以$(-2,8)$为函数的极小值点,极小值为$f(-2,8)=-\dfrac{352}{7}$.

对临界点$(0,0)$,函数的海色矩阵不满足极值的充分条件.但令$x=0,f(0,y)=y^2$,这说明原点邻域中y轴上的函数值比原点值大.又令$y=x^2,f(x,x^2)=-\dfrac{1}{7}x^7-x^4$,这说明原点邻域中抛物线$y=x^2$上函数值比原点值小,所以原点无极值.

(2) 考虑直线$y=kx$,

$$f(x,kx) = 2k^2x^2 - 4kx^3 + 2x^4 - \frac{1}{7}x^7 - k^2x^2$$
$$= x^2\left(k^2 - 4kx + 2x^2 - \frac{1}{7}x^5\right).$$

$k\neq 0$时,可以看出只要x充分小有$f(x,kx)\geqslant 0$. $k=0$时,

$$f(x,0) = 2x^4 - \frac{1}{7}x^7 = x^4\left(2 - \frac{1}{7}x^3\right),$$

只要x充分小同样有$f(x,0)\geqslant 0$.这说明限于直线$y=kx$上考虑时,函数在$(0,0)$点有极小值.

例5 求证:锐角三角形内一点到三顶点连线成等角时,该点到三顶点距离之和为最小.

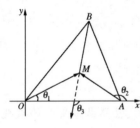

图 5.4

证 设三角形的三顶点为$O(0,0)$,$A(a,0),B(b,c)$.则三角形内一点$M(x,y)$到三顶点距离之和为

$$f(x,y) = \sqrt{x^2+y^2} + \sqrt{(x-a)^2+y^2} + \sqrt{(x-b)^2+(y-c)^2}.$$

设向量$\overrightarrow{OM},\overrightarrow{AM},\overrightarrow{BM}$与$x$轴的夹角分别为$\theta_1,\theta_2,\theta_3$(见图5.4),则

$$f'_x = \frac{x}{\sqrt{x^2+y^2}} + \frac{x-a}{\sqrt{(x-a)^2+y^2}} + \frac{x-b}{\sqrt{(x-b)^2+(y-c)^2}}$$
$$= \cos\theta_1 + \cos\theta_2 + \cos\theta_3 \xlongequal{\text{令}} 0, \quad (4.1)$$

$$f'_y = \frac{y}{\sqrt{x^2+y^2}} + \frac{y}{\sqrt{(x-a)^2+y^2}} + \frac{y-c}{\sqrt{(x-b)^2+(y-c)^2}}$$

$$= \sin\theta_1 + \sin\theta_2 + \sin\theta_3 \xrightarrow{\text{令}} 0. \qquad (4.2)$$

由(4.1)与(4.2)式,得

$$\begin{cases} \cos\theta_1 + \cos\theta_2 = -\cos\theta_3, & (4.3) \\ \sin\theta_1 + \sin\theta_2 = -\sin\theta_3. & (4.4) \end{cases}$$

再由$(4.3)式^2 + (4.4)式^2$解出$\cos(\theta_2 - \theta_1) = -1/2$,故$\theta_2 - \theta_1 = 2\pi/3$或$4\pi/3$. 同理$\theta_3 - \theta_2 = 2\pi/3$或$4\pi/3$. 结合实际意义可见$\theta_2 - \theta_1 = \theta_3 - \theta_2 = 2\pi/3$时,函数$f(x,y)$取到最小值.

要说明函数$f(x,y)$在三角形内部确有最小值,我们可以这样来看. 先限制在三条边上考查,显然函数在三个垂足之一取到最小值. 然后让动点从该垂足处垂直地向三角形内部移动距离ε,则一条连线缩短的距离为ε,另两条连线伸长的距离为ε^2数量级,故函数$f(x,y)$在三角形内部有最小值.

例 6 求由方程$2x^2 + y^2 + z^2 + 2xy - 2x - 2y - 4z + 4 = 0$所确定的函数$z = z(x,y)$的极值.

解法 1 由隐函数求导,得

$$\begin{cases} 4x + 2z\dfrac{\partial z}{\partial x} + 2y - 2 - 4\dfrac{\partial z}{\partial x} = 0, & (4.5) \\ 2y + 2z\dfrac{\partial z}{\partial y} + 2x - 2 - 4\dfrac{\partial z}{\partial y} = 0. & (4.6) \end{cases}$$

令$\dfrac{\partial z}{\partial x} = \dfrac{\partial z}{\partial y} = 0$,得方程组

$$\begin{cases} 2x + y - 1 = 0, \\ y + x - 1 = 0. \end{cases}$$

由此求出临界点$x = 0, y = 1$. 再代入原方程,求出两个隐函数的值为

$$z_1 = z_1(0,1) = 1, \quad z_2 = z_2(0,1) = 3.$$

求二阶偏导数,由(4.5)和(4.6)式,得

$$\begin{cases} 4 + 2\left(\dfrac{\partial z}{\partial x}\right)^2 + 2z\dfrac{\partial^2 z}{\partial x^2} - 4\dfrac{\partial^2 z}{\partial x^2} = 0, & (4.7) \\ 2\dfrac{\partial z}{\partial x}\dfrac{\partial z}{\partial y} + 2z\dfrac{\partial^2 z}{\partial x \partial y} + 2 - 4\dfrac{\partial^2 z}{\partial x \partial y} = 0, & (4.8) \\ 2 + 2\left(\dfrac{\partial z}{\partial y}\right)^2 + 2z\dfrac{\partial^2 z}{\partial y^2} - 4\dfrac{\partial^2 z}{\partial y^2} = 0. & (4.9) \end{cases}$$

用 $x=0, y=1, z_1=1$ 代入上式,得

$$A_1 = \frac{\partial^2 z}{\partial x^2} = 2 > 0, \quad B_1 = \frac{\partial^2 z}{\partial x \partial y} = 1, \quad C_1 = \frac{\partial^2 z}{\partial y^2} = 1,$$

$A_1 C_1 - B_1^2 = 1 > 0$,所以隐函数 $z_1(x,y)$ 在 $(0,1)$ 点有极小值 1. 用 $x=0, y=1, z_2=3$ 代入 (4.7) 式～(4.9) 式,得 $A_2=-2<0, B_2=-1, C_2=-1, A_2 C_2 - B_2^2 = 1 > 0$. 所以隐函数 $z_2(x,y)$ 在 $(0,1)$ 点有极大值 3.

解法 2 取目标函数 $f(x,y,z)=z$,约束条件为原方程. 令
$$\Phi(x,y,z,\lambda) = z + \lambda(2x^2 + y^2 + z^2 + 2xy - 2x - 2y - 4z + 4).$$

求导得

$$\begin{cases} \Phi'_x = \lambda(4x + 2y - 2) = 0, & (4.10) \\ \Phi'_y = \lambda(2y + 2x - 2) = 0, & (4.11) \\ \Phi'_z = 1 + \lambda(2z - 4) = 0, & (4.12) \\ \Phi'_\lambda = 2x^2 + y^2 + z^2 + 2xy - 2x - 2y - 4z + 4 = 0. & (4.13) \end{cases}$$

容易看出 $\lambda \neq 0$,所以由 (4.10) 和 (4.11) 式解出 $x=0, y=1$. 再由 (4.13) 式解出 $z_1=1, z_2=3$,经 (4.12) 式解出

$$\lambda_1 = 1/2, \quad \lambda_2 = -1/2.$$

$\Phi(x,y,z,1/2)$ 在 $(0,1,1)$ 点的海色矩阵为

$$\begin{bmatrix} 2 & 1 & 0 \\ 1 & 1 & 0 \\ 0 & 0 & 1 \end{bmatrix}.$$

它的主对角线行列式

$$\Delta_1 = 2 > 0, \quad \Delta_2 = 1 > 0, \quad \Delta_3 = 1 > 0.$$

所以隐函数 $z_1(x,y)$ 在 $(0,1)$ 点有极小值 1. $\Phi(x,y,z,-1/2)$ 在 $(0,1,3)$ 点的海色矩阵为

$$\begin{bmatrix} -2 & -1 & 0 \\ -1 & -1 & 0 \\ 0 & 0 & -1 \end{bmatrix}.$$

它的主对角线行列式 $\Delta_1=-2<0, \Delta_2=1>0, \Delta_3=-1<0$. 所以隐函数 $z_2(x,y)$ 在 $(0,1)$ 点有极大值 3.

例7 求椭圆 $5x^2+4xy+2y^2=1$ 的长半轴 a 和短半轴 b.

解 问题可转化为求函数 $f(x,y)=x^2+y^2$ 在条件 $5x^2+4xy+2y^2=1$ 下的极值. 令
$$\Phi(x,y)=x^2+y^2-\lambda(5x^2+4xy+2y^2-1),$$
则
$$\begin{cases} \Phi'_x=2x-10\lambda x-4\lambda y=0,\\ \Phi'_y=2y-4\lambda x-4\lambda y=0, \end{cases}$$
化简得
$$\begin{cases} (1-5\lambda)x-2\lambda y=0, & (4.14)\\ -2\lambda x+(1-2\lambda)y=0. & (4.15) \end{cases}$$
要上述方程组有非零解(因从实际意义看条件极值存在,即方程组一定有解),其系数行列式必须为零,即
$$\begin{vmatrix} 1-5\lambda & -2\lambda \\ -2\lambda & 1-2\lambda \end{vmatrix}=0,$$
由此得 $1-7\lambda+6\lambda^2=0$,解出 $\lambda_1=1, \lambda_2=1/6$. 设对应于 λ_i 方程组的解为 (x_i,y_i) $(i=1,2)$,把它们代入方程组,且 (4.14) 式 $\times x_i+$ (4.15) 式 $\times y_i$,得
$$x_i^2+y_i^2-\lambda_i(5x_i^2+4x_iy_i+2y_i^2)=0,$$
即得
$$\begin{cases} x_1^2+y_1^2=\lambda_1=1,\\ x_2^2+y_2^2=\lambda_2=1/6. \end{cases}$$
所以长半轴 $a=\sqrt{x_1^2+y_1^2}=1, b=\sqrt{x_2^2+y_2^2}=1/\sqrt{6}$.

例8 给定 n 阶行列式 $A=|a_{ij}|$.

(1) 求证:在行向量长有限条件下,即 $\sum\limits_{j=1}^{n}a_{ij}^2=s_i$ $(i=1,\cdots,n)$ 条件下,使 A 达到最大值的列向量两两正交;

(2) 求证:
$$A^2 \leqslant \prod_{i=1}^{n}\left(\sum_{j=1}^{n}a_{ij}^2\right).$$

证 (1) 这是一个 $n\times n$ 个变量的条件极值问题. 令

$$\Phi = \begin{vmatrix} a_{11} & a_{12} & \cdots & a_{1n} \\ \vdots & \vdots & & \vdots \\ a_{i1} & a_{i2} & \cdots & a_{in} \\ \vdots & \vdots & & \vdots \\ a_{l1} & a_{l2} & \cdots & a_{ln} \\ \vdots & \vdots & & \vdots \\ a_{n1} & a_{n2} & \cdots & a_{nn} \end{vmatrix} - \lambda_1 \left(\sum_{j=1}^n a_{1j}^2 - s_1 \right) - \cdots - \lambda_n \left(\sum_{j=1}^n a_{nj}^2 - s_n \right).$$

记 a_{ij} 的代数余子式为 Δ_{ij}，我们有

$$\Phi'_{a_{i1}} = \begin{vmatrix} 0 & a_{12} & \cdots & a_{1n} \\ \vdots & \vdots & & \vdots \\ 1 & a_{i2} & \cdots & a_{in} \\ \vdots & \vdots & & \vdots \\ 0 & a_{l2} & \cdots & a_{ln} \\ \vdots & \vdots & & \vdots \\ 0 & a_{n2} & \cdots & a_{nn} \end{vmatrix} - 2\lambda_i a_{i1} = \Delta_{i1} - 2\lambda_i a_{i1} \xrightarrow{\text{令}} 0.$$

Φ 对每个变量 a_{ij} 求导，共得 $n \times n$ 个等式：

$$\Phi'_{a_{ij}} = \Delta_{ij} - 2\lambda_i a_{ij} = 0 \quad (i, j = 1, 2, \cdots, n),$$

由此可得

$$\sum_{j=1}^n a_{lj} \Delta_{ij} - 2\lambda_i \sum_{j=1}^n a_{lj} a_{ij} = 0.$$

上式第一项即为行列式 A 中第 i 行元素换成第 l 行元素的值，故有

$$\begin{cases} 2\lambda_i \sum_{j=1}^n a_{lj} a_{ij} = 0, & l \neq i, \quad (4.16) \\ A - 2\lambda_i s_i = 0, & l = i. \quad (4.17) \end{cases}$$

因 A 的最大值不会等于零(如取 $a_{ii} = \sqrt{s_i}$，其余为零)，由 (4.17) 式知 $\lambda_i \neq 0$ $(i=1, \cdots, n)$. 再由 (4.16) 式知 $\sum_{j=1}^n a_{lj} a_{ij} = 0$，即使 A 达到最大值的行向量两两正交.

(2) 给定行列式 $A = |a_{ij}|$ 后，令 $\sum_{j=1}^n a_{ij}^2 = s_i$ $(i=1, \cdots, n)$. 然后考

虑行列式 $\tilde{A}=|\tilde{a}_{ij}|$ 在条件 $\sum_{j=1}^{n}\tilde{a}_{ij}^{2}=s_i$ 下的极值问题. 由(1)知, 当行向量两两正交时, 使 $\tilde{A}$ 达到最大值 $\tilde{A}=|\tilde{a}_{ij}|$ (为了节省符号起见, 我们将达到最大值的元素 $\tilde{a}_{ij}$ 与变量 $\tilde{a}_{ij}$ 采用同一记号), 故

$$A^2 \leqslant \tilde{A}^2 = \tilde{A}\tilde{A}^{\mathrm{T}} = \begin{vmatrix} s_1 & 0 & \cdots & 0 \\ 0 & s_2 & \cdots & 0 \\ \vdots & \vdots & & \vdots \\ 0 & 0 & \cdots & s_n \end{vmatrix}$$

$$= s_1 \cdot s_2 \cdot \cdots \cdot s_n = \prod_{i=1}^{n}\Big(\sum_{j=1}^{n} a_{ij}^2\Big).$$

评注 结果表明：在 R^n 空间中, 由 n 个长度一定的向量组成的平行 $2n$ 面体的体积, 只在当 n 个向量两两正交时组成的 $2n$ 面长方体体积最大.

练 习 题 5.4

5.4.1 求曲线 $z=x^2+y^2$, $2x^2+2y^2-z^2=0$ 在 $(1,1,2)$ 点的切线方程.

5.4.2 在曲线 $y=x^2$, $z=x^3$ 上求一点, 使该点的切线平行于平面
$$x+2y+z=4.$$

5.4.3 求下列曲面在指定点的切平面和法线方程：

(1) $x^2+y^2+z^2=169$, $M(3,4,12)$；

(2) $z=\arctan(x/y)$, $M(1,1,\pi/4)$；

(3) $3x^2+2y^2=2z+1$, $M(1,1,2)$；

(4) $z=y+\ln(x/z)$, $M(1,1,1)$.

5.4.4 求曲面 $x=u\cos v$, $y=u\sin v$, $z=v$ 在 $(\sqrt{2},\sqrt{2},\pi/4)$ 点的切平面方程.

5.4.5 求曲面 $x^2+2y^2+3z^2=21$ 的平行于平面 $x+4y+6z=0$ 的各切平面.

5.4.6 求曲面 $x^2+y^2+z^2=x$ 的切平面, 使其垂直于平面
$$x-y-z=2 \quad \text{和} \quad x-y-z/2=2.$$

5.4.7 试确定正数 λ, 使曲面 $xyz=\lambda$ 与椭球面 $\dfrac{x^2}{a^2}+\dfrac{y^2}{b^2}+\dfrac{z^2}{c^2}=1$ 的某点相切.

5.4.8 证明：曲面 $\sqrt{x}+\sqrt{y}+\sqrt{z}=\sqrt{a}$ 的切平面在坐标轴上割

下的诸线段之和为常量.

5.4.9 证明:曲面 $F(x-az,y-bz)=0$ 的切平面与某一定直线平行,其中 a,b 为常数.

5.4.10 证明:曲面 $ax+by+cz=\Phi(x^2+y^2+z^2)$ 在 $M(x_0,y_0,z_0)$ 点的法向量与向量 (x_0,y_0,z_0) 及 (a,b,c) 共面.

5.4.11 求下列函数的极值:
(1) $f(x,y)=x^2-xy+y^2-2x+y$;
(2) $f(x,y)=\sin x \sin y \sin(x+y)$ $(0 \leqslant x, y \leqslant \pi)$;
(3) $f(x,y,z)=(x+y+z)e^{-(x^2+y^2+z^2)}$.

5.4.12 确立最小正数 A 和最大负数 B,使不等式
$$\frac{B}{xy} \leqslant \ln(x^2+y^2) \leqslant A(x^2+y^2)$$
在第一象限内成立.

5.4.13 求函数 $f(a,b)=\int_0^1 [x^2-a-bx]^2 \mathrm{d}x$ 的最小值.

5.4.14 作容积为 V 的闭口长方形容器,问长、宽、高成何比例时用料最省?

5.4.15 有一块铁片,宽 $b=24\,\mathrm{cm}$,要把它的两边折起做成一个槽,使得容积最大,求每边的倾角 α 和折起的宽度 x.

5.4.16 在椭球面 $\dfrac{x^2}{a^2}+\dfrac{y^2}{b^2}+\dfrac{z^2}{c^2}=1$ 内接长方体中,求体积为最大的那个长方体.

5.4.17 给定曲面 $z=1-x^2-z^2$,求过第一象限中曲面的切平面,使它与第一象限坐标面所围的四面体体积最小.

5.4.18 设 $u(x,y)$ 在 $x^2+y^2 \leqslant 1$ 上连续,在 $x^2+y^2<1$ 上满足
$$\frac{\partial^2 u}{\partial x^2}+\frac{\partial^2 u}{\partial y^2}=u,$$
且在 $x^2+y^2=1$ 上 $u(x,y)>0$. 证明:
(1) 当 $x^2+y^2 \leqslant 1$ 时, $u(x,y) \geqslant 0$;
(2) 当 $x^2+y^2 \leqslant 1$ 时, $u(x,y) > 0$.

5.4.19 设 $a>0, c>0, ac-b^2>0$,则方程 $ax^2+2bxy+cy^2=1$ 表示椭圆. 试证该椭圆的面积为 $\dfrac{\pi}{\sqrt{ac-b^2}}$.

5.4.20 (1) 在 $x^2+y^2=1$ 的条件下,求 $f(x,y)=ax^2+2bxy+cy^2$ 的最大值与最小值;
(2) 利用(1)证明:当 $a>0, ac-b^2>0$ 时,二次型 $f(x,y)$ 是正定的;当 $a<$

$0, ac-b^2 > 0$ 时,二次型 $f(x,y)$ 是负定的.

5.4.21 求圆的内接 n 边形中面积最大者.

5.4.22 求圆的外切 n 边形中面积最小者.

5.4.23 证明:椭圆的内接三角形中,面积最大的三角形的顶点处的椭圆法线必与三角形的该顶点的对边垂直;由此求出面积最大的内接三角形.

5.4.24 给定椭球 $\dfrac{x^2}{a^2}+\dfrac{y^2}{b^2}+\dfrac{z^2}{c^2}=1$.

(1) 求第一象限中椭球的切平面,使它与坐标平面围成的四面体体积最小;

(2) 证明体积最小的椭球外切八面体体积 $\leqslant 4\sqrt{3}\,abc$.

5.4.25 设凸四边形各边长分别为 a,b,c,d. 求证:凸四边形对角和为 π 时面积最大.

5.4.26 长为 a 的铁丝切成两段,一段围成一个正方形,另一段围成一个圆. 这两段的长各为多少时,由它们所围正方形面积和圆面积之和最大?

5.4.27 要制作一个中间是圆柱,两端为相同的正圆锥的空浮标,它的体积是一定的,要使所用材料最省,圆柱和圆锥的尺寸应成何比例?

5.4.28 求抛物线 $y=x^2$ 和直线 $x-y=1$ 间的最短距离.

5.4.29 在 $\boldsymbol{R}^m$ 中给定超平面 $\boldsymbol{x} \cdot \boldsymbol{a} - c = 0, \boldsymbol{x}, \boldsymbol{a} \in \boldsymbol{R}^m, c$ 为实数. $\boldsymbol{x}_0 \in \boldsymbol{R}^m$,试求 $\boldsymbol{x}_0$ 到超平面的距离.

§5 含参变量的定积分

内 容 提 要

1. 连续与可微性

定理 1 设 $D=[a,b]\times[\alpha,\beta], f(x,y)\in C^i(D,\boldsymbol{R}), \varphi(x),\psi(x)\in C^i([a,b],[\alpha,\beta])(i=0,1)$,则

$$J(x)=\int_{\varphi(x)}^{\psi(x)} f(x,y)\mathrm{d}y \in C^i[a,b] \quad (i=0,1),$$

且

$$J'(x)=\int_{\varphi(x)}^{\psi(x)} \frac{\partial f(x,y)}{\partial x}\mathrm{d}y + f[x,\psi(x)]\psi'(x) - f[x,\varphi(x)]\varphi'(x).$$

2. 可积性

定理 2 设 $D=[a,b]\times[\alpha,\beta], f(x,y)\in C(D,\boldsymbol{R})$,则

$$\int_a^b \left[\int_\alpha^\beta f(x,y)\mathrm{d}y\right]\mathrm{d}x = \int_\alpha^\beta \left[\int_a^b f(x,y)\mathrm{d}x\right]\mathrm{d}y.$$

典型例题分析

例1 设 $f(x)$ 是周期为 2π 的连续函数,令
$$F(x) = \frac{1}{2h}\int_{x-h}^{x+h} f(t)\mathrm{d}t,$$
试求 $F(x)$ 的傅里叶系数.

解 由
$$F(x) = \frac{1}{2h}\int_{x-h}^{x+h} f(t)\mathrm{d}t = \frac{1}{2h}\int_{-h}^{h} f(x+y)\mathrm{d}y$$
可看出 $F(x)$ 也是周期为 2π 的连续函数. 记 $F(x)$ 的傅氏系数为 A_n, B_n, $f(x)$ 的傅氏系数为 a_n, b_n,则

$$A_0 = \frac{1}{\pi}\int_{-\pi}^{\pi} F(x)\mathrm{d}x = \frac{1}{2\pi h}\int_{-\pi}^{\pi}\left[\int_{-h}^{h} f(x+y)\mathrm{d}y\right]\mathrm{d}x$$
$$= \frac{1}{2\pi h}\int_{-h}^{h}\int_{-\pi}^{\pi} f(x+y)\mathrm{d}x\mathrm{d}y$$
$$= \frac{1}{2\pi h}\int_{-h}^{h}\int_{y-\pi}^{y+\pi} f(t)\mathrm{d}t\mathrm{d}y = \frac{1}{2\pi h}\int_{-h}^{h}\int_{-\pi}^{\pi} f(t)\mathrm{d}t\mathrm{d}y$$
$$= \frac{1}{2h}\int_{-h}^{h} a_0 \mathrm{d}y = a_0,$$
$$A_n = \frac{1}{\pi}\int_{-\pi}^{\pi} F(x)\cos nx\mathrm{d}x$$
$$= \frac{1}{2\pi h}\int_{-\pi}^{\pi}\int_{-h}^{h} f(x+y)\cos nx\mathrm{d}y\mathrm{d}x$$
$$= \frac{1}{2\pi h}\int_{-h}^{h}\int_{-\pi}^{\pi} f(x+y)\cos nx\mathrm{d}x\mathrm{d}y$$
$$= \frac{1}{2\pi h}\int_{-h}^{h}\int_{-\pi}^{\pi} f(t)\cos n(t-y)\mathrm{d}t\mathrm{d}y$$
$$= \frac{1}{2h}\int_{-h}^{h}(a_n\cos ny + b_n\sin ny)\mathrm{d}y = \frac{\sin nh}{nh}a_n.$$

同理可证 $B_n = \frac{\sin nh}{nh}b_n$.

评注 在傅里叶级数习题中,我们用傅氏级数一致收敛定理,得出 $F(x)$ 的傅氏级数一致收敛于 $F(x)$. 利用此题,我们又可得出 $F(x)$ 的傅氏级数一致收敛的另一证明.

例2 利用 $\frac{1}{2\pi}\int_0^{2\pi}\frac{1-r^2}{1-2r\cos x+r^2}\mathrm{d}x=1$,试计算积分

$$I(r) = \int_0^{2\pi} \ln(1 - 2r\cos x + r^2)dx \quad (r > 0, r \neq 1).$$

解 在矩形 $0 \leqslant x \leqslant 2\pi, 0 \leqslant r \leqslant r_0 (<1)$ 上，函数 $\ln(1-2r\cos x + r^2)$ 及其对 r 的偏导数在矩形上连续，故 $I(r) \in C[0, r_0]$，及

$$I'(r) = \int_0^{2\pi} \frac{2(r - \cos x)}{1 - 2r\cos x + r^2}dx \quad (0 \leqslant r \leqslant r_0).$$

由 r_0 的任意性，得出 $I(r) \in C[0,1)$ 且上述积分在 $[0,1)$ 上成立. 当 $r > 0$ 时，

$$I'(r) = \frac{1}{r}\int_0^{2\pi}\left[1 - \frac{1-r^2}{1 - 2r\cos x + r^2}\right]dx = 0,$$

故
$$I(r) = c \quad (0 < r < 1).$$

由 $I(r) \in C[0,1)$，所以 $I(r) = c \ (0 \leqslant r < 1)$，并令 $r = 0$，定出任意常数 $c = I(0) = 0$，最后得 $I(r) = 0 \ (0 \leqslant r < 1)$. 当 $r > 1$ 时，

$$I(r) = \int_0^{2\pi} \ln(1 - 2r\cos x + r^2)dx$$
$$= \int_0^{2\pi} \ln r^2 dx + I(1/r) = 4\pi \ln r.$$

评注 重积分部分讨论单层位势时，需要用到这个积分.

例 3 设 $f(x) = \int_0^x \left[\int_t^x e^{-s^2}ds\right]dt$，求 $f'(x)$ 与 $f(x)$.

解 $\forall R > 0$，考虑矩形 $|x| \leqslant R, |t| \leqslant R$. 函数 $\int_t^x e^{-s^2}ds$ 及其对 x 的偏导数 e^{-x^2} 在矩形上连续，$\varphi(x) = 0, \psi(x) = x$ 显然符合定理 1 中条件，于是有

$$f'(x) = \int_0^x e^{-x^2}dt + \int_x^x e^{-s^2}ds = xe^{-x^2}.$$

因 $f(0) = 0$，所以

$$f(x) = \int_0^x te^{-t^2}dt = \frac{1}{2} - \frac{1}{2}e^{-x^2}.$$

练 习 题 5.5

5.5.1 求下列极限：

(1) $\lim\limits_{x \to 0}\int_{-1}^1 \sqrt{x^2 + y^2}dy$； (2) $\lim\limits_{x \to 0}\int_0^2 y^2\cos xy\, dy$； (3) $\lim\limits_{a \to 0}\int_a^{1+a} \frac{dx}{1 + x^2 + a^2}$.

5.5.2 设 $f(x)$ 连续，$F(x)=\int_0^x f(t)(x-t)^{n-1}\mathrm{d}t$，求 $F^{(n)}(x)$.

5.5.3 设 $f(x)\in C^2(-\infty,\infty), F(x)\in C^1(-\infty,\infty)$,
$$u=\frac{1}{2}[f(x+at)+f(x-at)]+\frac{1}{2n}\int_{x-at}^{x+at}F(y)\mathrm{d}y.$$

求证：当 $-\infty<x<\infty, t\geqslant 0$ 时，$u(x,t), \dfrac{\partial^2 u}{\partial t^2}, \dfrac{\partial^2 u}{\partial x^2}$ 连续，且满足
$$\frac{\partial^2 u}{\partial t^2}=a^2\frac{\partial^2 v}{\partial x^2},\quad u(x,0)=f(x),\quad \frac{\partial u(x,0)}{\partial t}=F(x).$$

5.5.4 求 $F'(x)$：

(1) $F(x)=\int_{\sin x}^{\cos x}\mathrm{e}^{x\sqrt{1-y^2}}\mathrm{d}y$； (2) $F(x)=\int_{a+x}^{b+x}\dfrac{\sin xy}{y}\mathrm{d}y$；

(3) $F(x)=\int_0^x\int_{t^2}^{x^2}f(t,s)\mathrm{d}s\mathrm{d}t$.

5.5.5 设 $f(x)\in R[-\pi,\pi]$，求函数
$$F(\alpha_0,\alpha_1,\cdots,\alpha_n,\beta_1,\cdots,\beta_n)$$
$$=\frac{1}{\pi}\int_{-\pi}^{\pi}\left[f(x)-\frac{\alpha_0}{2}-\sum_{k=1}^{n}(\alpha_k\cos kx+\beta_k\sin kx)\right]^2\mathrm{d}x$$

的最小值.

5.5.6 设 $f(x)$ 是周期为 2π 的连续函数. a_n, b_n 为其傅氏系数，A_n, B_n 是卷积函数
$$F(x)=\frac{1}{\pi}\int_{-\pi}^{\pi}f(t)f(x-t)\mathrm{d}t$$

的傅氏系数. 求证：

(1) $A_0=a_0^2, A_n=a_n^2+b_n^2, B_n=0$ $(n=1,2,\cdots)$；

(2) $\dfrac{1}{\pi}\int_{-\pi}^{\pi}f^2(t)\mathrm{d}t=\dfrac{a_0^2}{2}+\sum_{n=1}^{\infty}(a_n^2+b_n^2)$.

5.5.7 设 $F(x)=\int_0^{2\pi}\mathrm{e}^{x\cos\theta}\cos(x\sin\theta)\mathrm{d}\theta$，求证：$F(x)\equiv 2\pi$.

5.5.8 计算积分 $\int_0^1\dfrac{x^2-x}{\ln x}\mathrm{d}x$.

§6 含参变量的广义积分

内 容 提 要

1. 一致收敛概念

定义 设 $X\subset \boldsymbol{R}, \forall\ x\in X$，广义积分
$$\int_a^{+\infty}f(x,y)\mathrm{d}y$$

收敛. 又 $\forall \varepsilon > 0, \exists \Delta$, 当 $A > \Delta$ 时, $\forall x \in X$, 有
$$\left| \int_A^{+\infty} f(x,y) \mathrm{d}y \right| < \varepsilon,$$
则称积分 $\int_a^{+\infty} f(x,y) \mathrm{d}y$ 在 X 上**一致收敛**.

2. 一致收敛的收敛原理

柯西收敛原理 积分
$$\int_a^{+\infty} f(x,y) \mathrm{d}y$$
在 X 上一致收敛的充要条件是：$\forall \varepsilon > 0, \exists \Delta > 0$, 当 $A, A' > \Delta$ 时, $\forall x \in X$, 有
$$\left| \int_A^{A'} f(x,y) \mathrm{d}y \right| < \varepsilon.$$

3. 一致收敛判别法

魏尔斯特拉斯判别法 若 $x \in X, y \geqslant a$ 时, 有 $|f(x,y)| \leqslant F(y)$, 且
$$\int_a^{+\infty} F(y) \mathrm{d}y < +\infty,$$
则积分 $\int_0^{\infty} (x,y) \mathrm{d}y$ 在 X 上一致收敛.

狄利克雷判别法 若 $\exists$ 常数 $M > 0, \forall x \in X, A \geqslant a$ 时, 有
$$\left| \int_a^A f(x,y) \mathrm{d}y \right| \leqslant M;$$
又 $\forall x \in X, g(x,y)$ 是 y 的单调函数, 且 $y \to +\infty$ 时, $g(x,y)$ 在 X 上一致趋于零, 则积分
$$\int_a^{\infty} f(x,y) g(x,y) \mathrm{d}y$$
在 X 上一致收敛.

阿贝尔判别法 若积分 $\int_a^{+\infty} f(x,y) \mathrm{d}y$ 在 X 上一致收敛; 又 $\forall x \in X$, $g(x,y)$ 是 y 的单调函数, 且在 $X \times [a, +\infty)$ 上有界, 即 $|g(x,y)| \leqslant M$. 则积分
$$\int_a^{\infty} f(x,y) g(x,y) \mathrm{d}y$$
在 X 上一致收敛.

4. 连续性与可积性

设 $D = [a,b] \times [a, +\infty), f(x,y) \in C(D, \mathbf{R})$, 且积分 $\int_a^{+\infty} f(x,y) \mathrm{d}y$ 在 $[a,b]$ 上一致收敛, 则
$$K(x) = \int_a^{+\infty} f(x,y) \mathrm{d}y \in C[a,b],$$

$$\int_a^b K(x)\mathrm{d}x = \int_a^b\left[\int_a^{+\infty}f(x,y)\mathrm{d}y\right]\mathrm{d}x = \int_a^{+\infty}\left[\int_a^b f(x,y)\mathrm{d}x\right]\mathrm{d}y.$$

5. 可微性

设 $D=[a,b]\times[a,+\infty)$, $f(x,y)\in C^1(D,\boldsymbol{R})$, 积分
$$K(x) = \int_a^{+\infty}f(x,y)\mathrm{d}y$$
在 $[a,b]$ 上收敛, 积分
$$\int_a^{+\infty}\frac{\partial f(x,y)}{\partial x}\mathrm{d}y$$
在 $[a,b]$ 上一致收敛, 则
$$K'(x) = \frac{\mathrm{d}}{\mathrm{d}x}\int_a^{+\infty}f(x,y)\mathrm{d}y = \int_a^{+\infty}\frac{\partial f(x,y)}{\partial x}\mathrm{d}y.$$

6. 广义可积性

设 $f(x,y)$ 在 $x\geqslant a, y\geqslant a$ 上非负连续, 积分
$$\int_a^{+\infty}f(x,y)\mathrm{d}x \in C\ (y\geqslant a),\quad \int_a^{+\infty}f(x,y)\mathrm{d}y \in C\ (x\geqslant a),$$
则
$$\int_a^{+\infty}\left[\int_a^{+\infty}f(x,y)\mathrm{d}y\right]\mathrm{d}x = \int_a^{+\infty}\left[\int_a^{+\infty}f(x,y)\mathrm{d}x\right]\mathrm{d}y.$$

7. 几个重要积分

$$\int_0^{+\infty}\frac{\sin x}{x}\mathrm{d}x = \frac{\pi}{2},\qquad \int_0^{+\infty}\mathrm{e}^{-x^2}\mathrm{d}x = \frac{\sqrt{\pi}}{2},$$

$$\int_0^{+\infty}\mathrm{e}^{-x^2}\cos ax\,\mathrm{d}x = \frac{\sqrt{\pi}}{2}\mathrm{e}^{-\frac{1}{4}a^2},\quad \int_0^{+\infty}\frac{\cos ax}{1+x^2}\mathrm{d}x = \frac{\pi}{2}\mathrm{e}^{-|a|},$$

$$\int_0^{+\infty}\frac{x\sin ax}{1+x^2}\mathrm{d}x = \frac{\pi}{2}\mathrm{sgn}\,a\,\mathrm{e}^{-|a|}.$$

8. B 函数与 Γ 函数

$$\Gamma(x) = \int_0^{+\infty}t^{x-1}\mathrm{e}^{-t}\mathrm{d}t\quad (x>0),$$

$$\Gamma(x+1) = x\Gamma(x)\quad (x>0),$$

$$\Gamma(x)\Gamma(1-x) = \frac{\pi}{\sin \pi x}\quad (0<x<1),$$

$$\Gamma(1/2) = \sqrt{\pi},$$

$$\mathrm{B}(x,y) = \int_0^1 t^{x-1}(1-t)^{y-1}\mathrm{d}t$$

$$= 2\int_0^{\frac{\pi}{2}}\sin^{2x-1}\theta\cos^{2y-1}\theta\,\mathrm{d}\theta$$

$$= \frac{\Gamma(x)\Gamma(y)}{\Gamma(x+y)} \quad (x>0, y>0).$$

典型例题分析

例 1 计算积分

$$I = \int_0^{+\infty} \frac{e^{-ax} - e^{-bx}}{x} dx \quad (b > a > 0).$$

解法 1 因

$$\frac{e^{-ax} - e^{-bx}}{x} = \int_a^b e^{-tx} dt \quad (x \geqslant 0),$$

所以

$$I = \int_0^{+\infty} \frac{e^{-ax} - e^{-bx}}{x} dx = \int_0^{+\infty} \int_a^b e^{-tx} dt dx.$$

由于函数 e^{-tx} 在 $x \geqslant 0, a \leqslant t \leqslant b$ 上连续,又 $|e^{-tx}| \leqslant e^{-ax}$ 及

$$\int_0^{+\infty} e^{-ax} dx < +\infty,$$

由魏尔斯特拉斯判别法,积分 $\int_0^{+\infty} e^{-tx} dx$ 在 $[a,b]$ 上一致收敛,故

$$I = \int_a^b \int_0^{+\infty} e^{-tx} dx dt = \int_a^b \frac{dt}{t} = \ln \frac{b}{a}.$$

解法 2 引入参数 t,

$$I(t) = \int_0^{+\infty} \frac{e^{-tx} - e^{-bx}}{x} dx,$$

函数 $f(t,x) = \frac{e^{-tx} - e^{-bx}}{x}$ 及 $f'_t(t,x) = -e^{-tx}$ 在 $x \geqslant 0, a \leqslant t \leqslant b$ 上连续,积分 $\int_0^{+\infty} f(t,x) dx$ 收敛,积分

$$\int_0^{+\infty} f'_t(t,x) dx = -\int_0^{+\infty} e^{-tx} dx$$

在 $[a,b]$ 上一致收敛,故

$$I'(t) = \int_0^{+\infty} -e^{-tx} dx = -\frac{1}{t}.$$

解出 $I(t) = -\ln t + C$. 令 $t = b$,定出任意常数 $C = \ln b$,故 $I(t) = \ln \frac{b}{t}$.
所求积分 $I = I(a) = \ln \frac{b}{a}$.

解法 3 令 $x=-\dfrac{2}{a}\ln t$,把含参变量的广义积分变为含参变量的定积分:

$$I=\int_0^{+\infty}\frac{e^{-ax}-e^{-bx}}{x}dx=\int_0^1\frac{t^{\frac{2b}{a}-1}-t}{\ln t}dt.$$

因

$$\frac{t^{\frac{2b}{a}-1}-1}{\ln t}=\int_1^{\frac{2b}{a}-1}t^x dx,$$

所以

$$I=\int_0^1\int_1^{\frac{2b}{a}-1}t^x dx dt=\int_1^{\frac{2b}{a}-1}\int_0^1 t^x dt dx$$

$$=\int_1^{\frac{2b}{a}-1}\frac{dx}{x+1}=\ln\frac{b}{a}.$$

解法 4 由广义积分定义与定积分第一中值定理得

$$I=\lim_{\substack{N\to+\infty\\ \varepsilon\to 0^+}}\int_\varepsilon^N\frac{e^{-ax}-e^{-bx}}{x}dx$$

$$=\lim_{\substack{N\to+\infty\\ \varepsilon\to 0^+}}\left[\int_{a\varepsilon}^{aN}\frac{e^{-t}}{t}dt-\int_{b\varepsilon}^{bN}\frac{e^{-t}}{t}dt\right]$$

$$=\lim_{\substack{N\to+\infty\\ \varepsilon\to 0^+}}\left[\int_{a\varepsilon}^{b\varepsilon}\frac{e^{-t}}{t}dt-\int_{aN}^{bN}\frac{e^{-t}}{t}dt\right]$$

$$=\lim_{\substack{N\to+\infty\\ \varepsilon\to 0^+}}\left[e^{-\xi}\ln\frac{b}{a}-e^{-\eta}\ln\frac{b}{a}\right]$$

$$(a\varepsilon\leqslant\xi\leqslant b\varepsilon, aN\leqslant\eta\leqslant bN)$$

$$=\ln\frac{b}{a}.$$

例 2 计算下列积分:

(1) $\displaystyle\int_0^1\frac{dx}{\sqrt{1-x^{1/4}}}$;   (2) $\displaystyle\int_0^{\frac{\pi}{2}}\sqrt{\tan x}\,dx$;

(3) $\displaystyle\int_0^{+\infty}x^{2n}e^{-x^2}dx.$

解 (1) 令 $x^{1/4}=t$,有

$$\int_0^1 \frac{\mathrm{d}x}{\sqrt{1-x^{1/4}}} = \int_0^1 4t^3(1-t)^{-1/2}\mathrm{d}t = 4\mathrm{B}(4,1/2)$$

$$= 4\frac{\Gamma(4)\Gamma(1/2)}{\Gamma(4+1/2)}$$

$$= 4\frac{3!\sqrt{\pi}}{(3+1/2)(2+1/2)(1+1/2)\sqrt{\pi}}$$

$$= \frac{64}{35}.$$

(2) $\int_0^{\frac{\pi}{2}} \sqrt{\tan x}\,\mathrm{d}x = \int_0^{\frac{\pi}{2}} \sin^{\frac{1}{2}}x\cos^{-\frac{1}{2}}x\,\mathrm{d}x = \frac{1}{2}\mathrm{B}\left(\frac{3}{4},\frac{1}{4}\right)$

$$= \frac{1}{2}\frac{\Gamma(3/4)\Gamma(1/4)}{\Gamma(1)} = \frac{1}{2}\cdot\frac{\pi}{\sin\pi/4} = \frac{\pi}{\sqrt{2}}.$$

(3) **解法 1** 令 $x^2 = t$,我们有

$$\int_0^{+\infty} x^{2n}\mathrm{e}^{-x^2}\mathrm{d}x = \int_0^{+\infty} t^n\mathrm{e}^{-t}\frac{\mathrm{d}t}{2\sqrt{t}} = \frac{1}{2}\int_0^{+\infty} t^{n-\frac{1}{2}}\mathrm{e}^{-t}\mathrm{d}t$$

$$= \frac{1}{2}\Gamma\left(n+\frac{1}{2}\right) = \frac{(2n-1)!!}{2^{n+1}}\sqrt{\pi}.$$

解法 2 因

$$\int_0^{+\infty} \mathrm{e}^{-ax^2}\mathrm{d}x = \frac{\sqrt{\pi}}{2}a^{-\frac{1}{2}},$$

上式对 a 求导得

$$\int_0^{+\infty} x^2\mathrm{e}^{-ax^2}\mathrm{d}x = \frac{\sqrt{\pi}}{2}\cdot\frac{1}{2}a^{-\frac{3}{2}}.$$

再对 a 微一次得

$$\int_0^{+\infty} x^4\mathrm{e}^{-ax^2}\mathrm{d}x = \frac{\sqrt{\pi}}{2}\cdot\frac{3!!}{2^2}a^{-\frac{5}{2}}.$$

依次微下去,微到第 n 次得

$$\int_0^{+\infty} x^{2n}\mathrm{e}^{-ax^2}\mathrm{d}x = \frac{\sqrt{\pi}}{2}\cdot\frac{(2n-1)!!}{2^n}a^{-\frac{2n+1}{2}}.$$

令 $a=1$,即得

$$\int_0^{+\infty} x^{2n}\mathrm{e}^{-x^2}\mathrm{d}x = \frac{(2n-1)!!}{2^{n+1}}\sqrt{\pi}.$$

例3 令 $f(t)=\int_1^{+\infty}\dfrac{\cos xt}{1+x^2}\mathrm{d}x$,证明:

(1) 积分在 $-\infty<t<+\infty$ 上一致收敛;

(2) $f(t)\in C\,(-\infty,+\infty)$;

(3) $\lim\limits_{t\to\infty}f(t)=0$;

(4) $f(t)$ 在 $[0,\pi]$ 上至少有一零点.

证 (1) 因 $\left|\dfrac{\cos xt}{1+x^2}\right|\leqslant\dfrac{1}{1+x^2}$,及 $\int_1^{+\infty}\dfrac{\mathrm{d}x}{1+x^2}<+\infty$,所以积分在 $-\infty<t<+\infty$ 上一致收敛.

(2) 因 $\dfrac{\cos xt}{1+x^2}$ 在 $x\geqslant 1,|t|\leqslant R$ 上连续,由连续性定理知,$f(t)$ 在 $|t|\leqslant R$ 上连续,再由 R 的任意性,有 $f(t)\in C(-\infty,+\infty)$.

(3) 由积分一致收敛性,$\forall\,\varepsilon>0,\exists\,A,\forall\,t$,有
$$\left|\int_A^{+\infty}\frac{\cos xt}{1+x^2}\mathrm{d}x\right|<\varepsilon. \tag{6.1}$$

再由黎曼引理①知
$$\lim_{t\to\infty}\int_1^A\frac{1}{1+x^2}\cos xt\,\mathrm{d}x=0,$$

所以 $\exists\,T>0$,当 $|t|>T$ 时,有
$$\left|\int_1^A\frac{\cos xt}{1+x^2}\mathrm{d}x\right|<\varepsilon. \tag{6.2}$$

结合(6.1)与(6.2)式得到当 $|t|>T$ 时,有
$$\left|\int_1^{+\infty}\frac{\cos xt}{1+x^2}\mathrm{d}x\right|<2\varepsilon,$$

即
$$\lim_{t\to\infty}f(t)=\lim_{t\to\infty}\int_1^{+\infty}\frac{\cos xt}{1+x^2}\mathrm{d}x=0.$$

(4) 要得结论,只需证 $f(\pi)\leqslant 0$,或证 $\int_0^\pi f(t)\mathrm{d}t\leqslant 0$,或证
$$\int_0^\pi \sin t\cdot f(t)\mathrm{d}t\leqslant 0.$$

我们来证最后一个不等式.

---

① 黎曼引理 设 $f(x)$ 在 $[a,b]$ 上可积或绝对可积,则
$$\lim_{\lambda\to+\infty}\int_a^b f(x)\cos\lambda x\,\mathrm{d}x=0,\quad \lim_{\lambda\to+\infty}\int_a^b f(x)\sin\lambda x\,\mathrm{d}x=0.$$

因函数 $\dfrac{\sin(t)\cos(xt)}{1+x^2}$ 在 $x\geqslant 1, 0\leqslant t\leqslant \pi$ 上连续，积分
$$\int_1^\infty \frac{\sin(t)\cos(xt)}{1+x^2}dx$$
对 t 一致收敛，所以可以交换求积次序，得
$$\begin{aligned}\int_0^\pi \sin t\cdot f(t)dt &= \int_1^\infty \int_0^\pi \frac{\cos(xt)\sin(t)}{1+x^2}dt dx\\ &=\frac{1}{2}\int_1^\infty\int_0^\pi \frac{\sin(x+1)t-\sin(x-1)t}{1+x^2}dt dx\\ &=\int_1^\infty \frac{1+\cos\pi x}{1-x^4}dx \leqslant 0.\end{aligned}$$
注意负值函数 $\dfrac{1+\cos\pi x}{1-x^4}$ 在 $x=1$ 点只要补充定义后即连续.

应用定积分第一中值定理，得
$$\int_0^\pi \sin f(t)dt = f(\xi)\int_0^\pi \sin t dt = 2f(\xi)\leqslant 0 \quad (0\leqslant \xi\leqslant \pi).$$
若 $f(\xi)=0$，命题得证. 若 $f(\xi)<0$，由 $f(0)=\int_1^\infty \dfrac{dx}{1+x^2}=\dfrac{\pi}{4}>0$ 及连续函数的介值定理，知存在 η $(0\leqslant \eta\leqslant \xi)$，使 $f(\eta)=0$. 命题得证.

练习题 5.6

5.6.1 证明下列积分在所给区间上一致收敛：
(1) $\int_0^{+\infty} \dfrac{\cos(xy)}{x^2+y^2}dy$ $(x\geqslant a>0)$；   (2) $\int_1^{+\infty} x^a e^{-x}dx$ $(a\leqslant \alpha\leqslant b)$；
(3) $\int_0^{+\infty} \dfrac{\sin x^2}{1+x^p}dx$ $(p\geqslant 0)$；   (4) $\int_0^{+\infty} \dfrac{\sin x}{x}e^{-ax}dx$ $(a\geqslant 0)$.

5.6.2 设 $f(x)\in C[0,+\infty)$ 且有界，$f(0)>0$. 讨论函数
$$F(y)=\int_0^{+\infty} \frac{yf(x)}{x^2+y^2}dx$$
的连续性.

5.6.3 计算积分 $I=\int_0^{+\infty} \dfrac{\arctan bx-\arctan ax}{x}dx$ $(b>a>0)$.

5.6.4 通过引入参数，计算积分
$$\int_0^{+\infty} \frac{\ln(1+x^2)}{1+x^2}dx.$$

5.6.5 通过引入收敛因子 e^{-ax} 的方法，计算积分
$$I=\int_0^\infty \frac{\cos bx-\cos ax}{x}dx \quad (b>a>0).$$

5.6.6 利用已知积分求下列积分 $(b>a>0)$：

313

(1) $\int_0^{+\infty} \dfrac{e^{-ax^2}-e^{-bx^2}}{x}dx$;   (2) $\int_0^{+\infty} \dfrac{(e^{-ax}-e^{-bx})^2}{x^2}dx$.

5.6.7 利用已知积分求下列积分：

(1) $\int_0^{+\infty} \left(\dfrac{\sin x}{x}\right)^2 dx$;   (2) $\int_0^{+\infty} \dfrac{\sin^4 x}{x^2}dx$;

(3) $\int_{-\infty}^{+\infty} e^{-(ax^2+bx+c)}dx \ (a>0)$;   (4) $\int_{-\infty}^{+\infty} e^{-\left(x^2+\frac{a^2}{x^2}\right)}dx \ (a>0)$;

(5) $\int_0^{+\infty} \dfrac{e^{-x^2}-\cos x}{x^2}dx$;   (6) $\int_0^{+\infty} \dfrac{\sin(ax)\cos(\beta x)}{x}dx$.

5.6.8 利用已知积分 $\int_0^{+\infty} \dfrac{dx}{x^2+a^2}$ 求积分

$$\int_0^{+\infty} \dfrac{dx}{(x^2+a^2)^n} \ (n \text{ 为自然数}, a>0).$$

5.6.9 利用 B 函数和 Γ 函数计算下列积分：

(1) $\int_0^1 \sqrt{x-x^2}dx$;   (2) $\int_0^a x^2\sqrt{a^2-x^2}dx \ (a>0)$;

(3) $\int_0^1 \dfrac{x^n}{(1-x^2)^{1/2}}dx \ (n \text{ 为自然数})$;

(4) $\int_0^{\frac{\pi}{2}} \sin^6 x \cos^4 x dx$;   (5) $\int_0^{\infty} \dfrac{dx}{1+x^4}$;

(6) $\int_0^{\pi} \dfrac{dx}{\sqrt{3-\cos x}}$.

5.6.10 证明：

$$\int_{-1}^1 (1+x)^p (1-x)^q dx = 2^{p+q+1} B(p+1, q+1)$$
$$(p>-1, q>-1).$$

5.6.11 证明：

$$\int_0^{\frac{\pi}{2}} \sin^a x dx = \int_0^{\frac{\pi}{2}} \cos^a x dx = \dfrac{1}{2} B\left(\dfrac{1}{2}, \dfrac{a+1}{2}\right).$$

5.6.12 证明：

(1) $\int_0^{+\infty} e^{-x^n}dx = \dfrac{1}{n}\Gamma\left(\dfrac{1}{n}\right) \ (n>0)$;

(2) $\lim\limits_{n\to\infty}\int_0^{\infty} e^{-x^n}dx = 1$.

5.6.13 设 $\int_{-\infty}^{+\infty} |f(x)|dx$ 存在，求证：

(1) $F(u) = \int_{-\infty}^{+\infty} f(x)\cos(ux)dx$ 在 $(-\infty, +\infty)$ 上连续；

(2) $F(u)$ 在 $(-\infty, +\infty)$ 上一致连续.

5.6.14 设 $f(x)$ 在 $[0, +\infty)$ 上可积，$\forall A>0, f(x)\in R[0,A]$. 求证：

$$\lim_{a\to 0}\int_0^{+\infty} e^{-ax}f(x)dx = \int_0^{+\infty} f(x)dx.$$

第六章 多元函数积分学

§1 重积分的概念与性质、重积分化累次积分

内 容 提 要

1. 重积分的概念与性质

1) 容积的概念

设 $\Omega \subset \boldsymbol{R}^m$ 为有界点集,超平面 $x_i = k/2^n (k=0,\pm 1,\pm 2,\cdots; i=1,\cdots,m)$ 把 $\boldsymbol{R}^m$ 分成无限个闭立方体之和集.每个立方体的容积定义为 $1/2^{nm}$.$V_n^-(\Omega)$ 表示所有含于 $\Omega°$ 内的闭立方体的容积之和;$V_n^+(\Omega)$ 表示所有与 $\overline{\Omega}$ 的交集不为空集的闭立方体的容积之和.称 $V^-(\Omega) = \lim\limits_{n\to\infty} V_n^-(\Omega)$ 为 Ω 的**内容积**;

$$V^+(\Omega) = \lim_{n\to\infty} V^+(\Omega)$$

为 Ω 的**外容积**.若 $V^-(\Omega) = V^+(\Omega)$,称 Ω 为**可测图形**,它的公共值(记为 $V(\Omega)$)称为 Ω 的**容积**.

2) 容积的性质

$\Omega \subset \boldsymbol{R}^m$ 为可测图形的充要条件是:$\partial \Omega = \overline{\Omega} \setminus \Omega°$ 的容积为零.

若 $\Omega_1,\cdots,\Omega_l$ 为可测图形,则 $\bigcup\limits_{k=1}^{l} \Omega_k$,$\bigcap\limits_{k=1}^{l} \Omega_k$,$\Omega_1 \setminus \Omega_2$ 也是可测图形.

若 $\Omega°_i \cap \Omega°_j = \varnothing (i \neq j)$,则 $V\left(\bigcup\limits_{k=1}^{l} \Omega_k\right) = \sum\limits_{k=1}^{l} V(\Omega_k)$.

3) 重积分的定义

设 Ω 为 $\boldsymbol{R}^m$ 中的可测图形,$f: \Omega \to \boldsymbol{R}$.将 Ω 剖分为有限个两两无公共内点的可测图形之和,记剖分为 $\Delta = \{\Omega_1,\cdots,\Omega_n\}$,$\|\Delta\| = \max\limits_{1 \leqslant i \leqslant n}\{\mathrm{d}\Omega_i\}$.$\forall \xi_i \in \Omega_i (i=1,\cdots,n)$,作黎曼和 $\sum\limits_{i=1}^{n} f(\xi_i) V(\Omega_i)$.若极限

$$\lim_{\|\Delta\|\to 0} \sum_{i=1}^{n} f(\xi_i) V(\Omega_i)$$

存在,且与剖分 Δ 的点 ξ_i 的取法无关,则称极限值为函数 f 在集合 Ω 上的**重积分**,记作 $\int_\Omega f(\boldsymbol{x}) \mathrm{d}V$.

4) 可积的充要条件

设 $\Omega \subset \mathbf{R}^m$ 为可测图形,$f: \Omega \to \mathbf{R}$ 是有界函数,$\Delta = \{\Omega_1, \cdots, \Omega_n\}$ 为 Ω 的一个剖分. 令
$$M_i = \sup_{x \in \Omega_i} \{f(x)\}, \quad m_i = \inf_{x \in \Omega_i} \{f(x)\},$$
$$\omega_i = M_i - m_i \quad (i = 1, \cdots, n),$$

称
$$S^+(f, \Delta) = \sum_{i=1}^n M_i V(\Omega_i), \quad S^-(f, \Delta) = \sum_{i=1}^n m_i V(\Omega_i)$$

分别为函数 f 关于剖分 Δ 的**大和**与**小和**. 称
$$\overline{\int}_\Omega f(x) \mathrm{d}V = \inf_{(\Delta)} S^+(f, \Delta), \quad \underline{\int}_\Omega f(x) \mathrm{d}V = \sup_{(\Delta)} S^-(f, \Delta)$$

分别为函数 f 在 Ω 上的**上积分**和**下积分**. 则下面四个命题等价:

(1) f 在 Ω 上可积;

(2) $\lim\limits_{\|\Delta\| \to 0} [S^+(f, \Delta) - S^-(f, \Delta)] = \lim\limits_{\|\Delta\| \to 0} \sum\limits_{i=1}^n \omega_i V(\Omega_i) = 0$;

(3) $\forall \varepsilon > 0$, $\exists \Omega$ 的一个剖分 Δ, 使 $S^+(f, \Delta) - S^-(f, \Delta) < \varepsilon$;

(4) $\overline{\int}_\Omega f(x) \mathrm{d}V = \underline{\int}_\Omega f(x) \mathrm{d}V$.

5) 可积函数

设 Ω 是闭可测图形,$E \subset \Omega$,集合 E 的容积为零,$f(x)$ 在 $\Omega \setminus E$ 上连续,在 Ω 上有界,则 $f(x)$ 在 Ω 上可积. 可积函数 f 常记作 $f \in R(\Omega)$.

6) 重积分性质

设 Ω 是可测图形,f, g 在 Ω 上可积且有界. 则有下列性质:

(1) $f \pm g \in R(\Omega)$,且 $\int_\Omega (f \pm g) \mathrm{d}V = \int_\Omega f \mathrm{d}V \pm \int_\Omega g \mathrm{d}V$;

(2) $kf \in R(\Omega)$ (k 为常数),且 $\int_\Omega kf \mathrm{d}V = k \int_\Omega f \mathrm{d}V$;

(3) 若在 Ω 上有 $f \leqslant g$,则 $\int_\Omega f \mathrm{d}V \leqslant \int_\Omega g \mathrm{d}V$;

(4) $|f| \in R(\Omega)$,且 $\left| \int_\Omega f \mathrm{d}V \right| \leqslant \int_\Omega |f| \mathrm{d}V$;

(5) $f \cdot g \in R(\Omega)$;

(6) Ω_1, Ω_2 为可测图形,$\Omega_1^\circ \cap \Omega_2^\circ = \varnothing$. 记 $\Omega = \Omega_1 \cup \Omega_2$,则 f 在 Ω 上可积的充要条件为 f 在 Ω_1, Ω_2 上可积,这时有
$$\int_\Omega f \mathrm{d}V = \int_{\Omega_1} f \mathrm{d}V + \int_{\Omega_2} f \mathrm{d}V;$$

(7) Ω 是闭可测区域,$f \in C(\Omega)$,则 $\exists \xi \in \Omega$,使
$$\int_\Omega f(x) \mathrm{d}V = f(\xi) V(\Omega).$$

2. 重积分化累次积分

1) 重积分化累次积分公式

设 R_1 为 $\boldsymbol{R}^m$ 中的长方体,R_2 为 $\boldsymbol{R}^l$ 中的长方体,则 $R_1 \times R_2$ 为 $\boldsymbol{R}^{m+l}$ 中的长方体.$(\boldsymbol{x},\boldsymbol{y})$ 表示 $R_1 \times R_2$ 中的点,设 $f(\boldsymbol{x},\boldsymbol{y})$ 在 $R_1 \times R_2$ 上可积,积分记作

$$\int_{R_1 \times R_2} f(\boldsymbol{x},\boldsymbol{y}) \mathrm{d}\boldsymbol{x} \mathrm{d}\boldsymbol{y}.$$

固定 $\boldsymbol{y} \in R_2$,作为 $\boldsymbol{x}$ 的函数 $f(\boldsymbol{x},\boldsymbol{y})$ 在 R_1 上可积,积分记作

$$\int_{R_1} f(\boldsymbol{x},\boldsymbol{y}) \mathrm{d}\boldsymbol{x}.$$

则上述积分作为 $\boldsymbol{y}$ 的函数在 R_2 上可积,且

$$\int_{R_2} \left[\int_{R_1} f(\boldsymbol{x},\boldsymbol{y}) \mathrm{d}\boldsymbol{x} \right] \mathrm{d}\boldsymbol{y} = \int_{R_1 \times R_2} f(\boldsymbol{x},\boldsymbol{y}) \mathrm{d}\boldsymbol{x} \mathrm{d}\boldsymbol{y}.$$

2) 二重积分化累次积分

(1) 设 $D = \{(x,y) | a \leqslant x \leqslant b, \varphi_1(x) \leqslant y \leqslant \varphi_2(x)\}, \varphi_1(x), \varphi_2(x) \in C[a,b]$.若 $f(x,y) \in C(D)$,则

$$\iint_D f(x,y) \mathrm{d}x \mathrm{d}y = \int_a^b \mathrm{d}x \int_{\varphi_1(x)}^{\varphi_2(x)} f(x,y) \mathrm{d}y.$$

(2) 设 $D = \{(x,y) | c \leqslant y \leqslant d, \psi_1(y) \leqslant x \leqslant \psi_2(y)\}, \psi_1(y), \psi_2(y) \in C[c,d]$.若 $f(x,y) \in C(D)$,则

$$\iint_D f(x,y) \mathrm{d}x \mathrm{d}y = \int_c^d \mathrm{d}y \int_{\psi_1(y)}^{\psi_2(y)} f(x,y) \mathrm{d}x.$$

3) 三重积分化累次积分

(1) 设 D 为 $\boldsymbol{R}^2$ 中的闭可测图形,$\varphi_i(x,y) \in C(D)$ $(i=1,2)$,$\Omega = \{(x,y,z) | (x,y) \in D, \varphi_1(x,y) \leqslant z \leqslant \varphi_2(x,y)\}$.若 $f(x,y,z) \in C(\Omega)$,则

$$\iiint_\Omega f(x,y,z) \mathrm{d}x \mathrm{d}y \mathrm{d}z = \iint_D \mathrm{d}x \mathrm{d}y \int_{\varphi_1(x,y)}^{\varphi_2(x,y)} f(x,y,z) \mathrm{d}z.$$

(2) 设 $\boldsymbol{R}^3$ 中的可测图形 Ω 可表示为

$$\Omega = \{(x,y,z) | a_3 \leqslant z \leqslant b_3, (x,y) \in D(z)\},$$

$D(z)$ 为 $\boldsymbol{R}^2$ 中的可测图形,$f(x,y,z) \in C(\Omega)$,则

$$\iiint_\Omega f(x,y,z) \mathrm{d}x \mathrm{d}y \mathrm{d}z = \int_{a_3}^{b_3} \mathrm{d}z \iint_{D(z)} f(x,y,z) \mathrm{d}x \mathrm{d}y.$$

典型例题分析

例 1 设 $A \subset B$ 为 $\boldsymbol{R}^m$ 中的有界集,证明

(1) $V^-(A) \leqslant V^-(B), V^+(A) \leqslant V^+(B)$;

(2) 若 $V(B)=0$,则 $V(A)=0$.

证 (1) 用超平面 $x_i=k/2^n (k=0,\pm 1,\pm 2,\cdots;i=1,\cdots,m)$ 作 R^m 的 n 阶网格,若某个网格(即闭立方体)含在 $A°$ 内,则必含在 $B°$ 内,所以 $V_n^-(A) \leqslant V_n^-(B)$. 令 $n\to\infty$,即得 $V^-(A) \leqslant V^-(B)$.

又某个网格与 $\bar{A}$ 的交不为空集,它必与 $\bar{B}$ 的交不为空集,所以 $V_n^+(A) \leqslant V_n^+(B)$. 令 $n\to\infty$,即得
$$V^+(A) \leqslant V^+(B).$$

(2) 由 $V(B)=0$,意味着 $V^+(B)=0$,根据(1)得 $V^+(A)=0$. 而直接由内容积与外容积定义可知
$$0 \leqslant V^-(A) \leqslant V^+(A) = 0,$$
所以 $V(A)=0$.

例 2 设 Ω 是 R^m 中的闭可测图形,f 是 Ω 上的非负有界函数. 令
$$D = \{(x_1,\cdots,x_m,y) | (x_1,\cdots,x_m) \in \Omega,$$
$$0 \leqslant y \leqslant f(x_1,\cdots,x_m)\} \subset R^{m+1}.$$

证明:

(1) 对 Ω 的任一剖分 Δ,D 的 $m+1$ 维内容积与外容积满足
$$S^-(f,\Delta) \leqslant V^-(D) \leqslant V^+(D) \leqslant S^+(f,\Delta);$$

(2) 若 $f \in R(\Omega)$,则
$$V(D) = V^{(m+1)}(D) = \int_\Omega f dV.$$

证 (1) 作 Ω 的剖分 $\Delta = \{\Omega_1,\cdots,\Omega_n\}$,相应的大和与小和分别为
$$S^+(f,\Delta) = \sum_{i=1}^n M_i V(\Omega_i), \quad S^-(f,\Delta) = \sum_{i=1}^n m_i V(\Omega_i).$$

在 Ω 上定义两个阶梯函数:
$$\bar{\varphi}(x) = \begin{cases} M_i, & x \in \Omega_i°, i=1,\cdots,n, \\ M, & \Omega \text{ 上其他点}, \end{cases}$$
$$\varphi(x) = \begin{cases} m_i, & x \in \Omega_i°, i=1,\cdots,n, \\ 0, & \Omega \text{ 上其他点}, \end{cases}$$

其中 M 为 f 的上界. 令
$$D^+ = \{(x,y) | x \in \Omega, 0 \leqslant y \leqslant \bar{\varphi}(x) |\},$$

$$D^- = \{(x,y) | x \in \Omega, 0 \leq y \leq \varphi(x) |\},$$

则 $D^- \subset D \subset D^+$，容易看出集合 D^- 与 D^+ 的 $m+1$ 维容积存在，且分别等于小和 $S^-(f, \Delta)$ 和大和 $S^+(f, \Delta)$. 这样由上题得到

$$S^-(f, \Delta) = V^-(D^-) \leq V^-(D) \leq V^+(D) \leq V^+(D^+)$$
$$= S^+(f, \Delta).$$

(2) 上式令 $\|\Delta\| \to 0$，即得

$$\int_\Omega f dV \leq V^-(D) \leq V^+(D) \leq \int_\Omega f dV.$$

由此推出 D 的 $m+1$ 维容积存在，且 $V^{(m+1)}(D) = \int_\Omega f dV$.

评注 这题是由函数 f 的可积性得出集合 D 是可测图形. 反之，我们也可以通过 D 是可测图形来定义函数 f 的可积性，用集合 D 的 $m+1$ 维容积来定义 f 在 Ω 上的积分. 若 f 是 Ω 上的任一有界函数，只需考虑函数

$$f^+ = \frac{|f| + f}{2} \quad \text{与} \quad f^- = \frac{|f| - f}{2}.$$

如果两个非负函数 f^+ 与 f^- 按刚才的定义是可积的，则定义 f 是可积的，并定义 f 的积分是 f^+ 的积分减去 f^- 的积分.

例3 设 Ω 是 $\boldsymbol{R}^m$ 中的闭可测图形，$y = f(x) \in C(\Omega)$，则点集

$$S = \{(x, f(x)) | x \in \Omega\}$$

的 $m+1$ 维容积为零.

证 因集合平移不改变它的容积，及有界闭集上的连续函数必有界，故无妨设 $f(x) \geq 0$. 再由闭可测图形上的连续函数一定可积和例2的结果，知集合

$$D = \{(x,y) | x \in \Omega, 0 \leq y \leq f(x)\}$$

的 $m+1$ 维容积存在，当然它是 $m+1$ 维空间中的可测图形，所以 ∂D 的 $m+1$ 维容积为零. 而集合 $S \subset \partial D$，由此得出 S 的 $m+1$ 维容积为零.

评注 由这题可得如下结论：在 $\boldsymbol{R}^{m+1}$ 空间里由有限个显式方程给出的 m 维连续曲面围成的区域是 $m+1$ 维可测图形. 这里要求显式方程的定义域是 m 维闭可测图形.

例4 假设可测图形 Ω 关于超平面 $x_m = 0$ 对称，即若 $(x_1, \cdots,$

$x_{m-1}, x_m) \in \Omega$, 必有 $(x_1, \cdots, x_{m-1}, -x_m) \in \Omega$. 又函数 $f(x_1, \cdots, x_m)$ 关于 x_m 是奇函数,且 $f \in R(\Omega)$,则 $\int_\Omega f(\boldsymbol{x}) \mathrm{d}V = 0$.

证 设 Ω 包含在正方形 $\{(x_1, \cdots, x_m) \mid |x_i| \leqslant M (i = 1, \cdots, m)\}$ 内. 考虑集合

$$\Omega \cap \{(x_1, \cdots, x_{m-1}, x_m) \mid x_m \geqslant 0, |x_i| \leqslant M \ (i = 1, \cdots, m-1)\}.$$

它们是两个可测图形的交集,故为可测图形. 对此可测图形作一剖分 $\{\Omega_1, \cdots, \Omega_n\}$,并取 $\xi_i \in \Omega_i (i = 1, \cdots, n)$.

令 $\Omega_{n+i} = \{(x_1, \cdots, x_{m-1}, x_m) \mid (x_1, \cdots, x_{m-1}, -x_m) \in \Omega_i\}$ $(i = 1, \cdots, n)$,显然它是可测图形. 再令 ξ_{n+i} 为 ξ_i 分量中第 m 个分量变号所得的点,显然 $\xi_{n+i} \in \Omega_{n+i}, f(\xi_{n+i}) = -f(\xi_i)$ $(i = 1, \cdots, n)$.

这样我们得到 Ω 的一个剖分 $\Delta = \{\Omega_1, \cdots, \Omega_n, \Omega_{n+1}, \cdots, \Omega_{2n}\}$,相应的黎曼和为

$$\sum_{i=1}^n [f(\xi_i) V(\Omega_i) + f(\xi_{n+i}) V(\Omega_{n+i})]$$

$$= \sum_{i=1}^n [f(\xi_i) + f(\xi_{n+i})] V(\Omega_i) = 0.$$

令 $\|\Delta\| \to 0$,即得 $\int_\Omega f(\boldsymbol{x}) \mathrm{d}V = 0$.

例 5 若 $f(x) \in R[a,b]$. 证明: $f(x) \in R([a,b] \times [c,d])$.

证 $\forall \varepsilon > 0$,由 $f(x) \in R[a,b]$, $\exists$ 区间 $[a,b]$ 的一个分法 Δ:
$$a = x_0 < x_1 < \cdots < x_n = b.$$

令

$$M_i = \sup_{x_{i-1} \leqslant x \leqslant x_i} f(x), \quad m_i = \inf_{x_{i-1} \leqslant x \leqslant x_i} f(x) \ (i = 1, \cdots, n).$$

相应的大和与小和为

$$S^+(f, \Delta) = \sum_{i=1}^n M_i \Delta x_i, \quad S^-(f, \Delta) = \sum_{i=1}^n m_i \Delta x_i$$
$$(\Delta x_i = x_i - x_{i-1}, i = 1, \cdots, n).$$

根据一元函数可积的充要条件,我们有

$$S^+(f, \Delta) - S^-(f, \Delta) < \frac{\varepsilon}{d - c}. \tag{1.1}$$

对应区间分法 Δ,可得矩形的一个剖分 $\widetilde{\Delta} = \{\Omega_1, \cdots, \Omega_n\}$,其中 $\Omega_i =$

$\{(x,y)|x_{i-1}\leqslant x\leqslant x_i, c\leqslant y\leqslant d\}(i=1,\cdots,n)$. 函数 f 在 Ω_i 上的上确界与下确界仍为 M_i 与 $m_i(i=1,\cdots,n)$. 故对应剖分 $\tilde{\Delta}$ 的大和与小和为

$$\tilde{S}^+(f,\tilde{\Delta}) = \sum_{i=1}^n M_i \Delta x_i(d-c), \quad \tilde{S}^-(f,\tilde{\Delta}) = \sum_{i=1}^n m_i \Delta x_i(d-c).$$

由(1.1)式得出

$$\tilde{S}^+(f,\tilde{\Delta}) - \tilde{S}^-(f,\tilde{\Delta}) < \varepsilon.$$

根据重积分可积的充要条件,知 f 在矩形 $[a,b]\times[c,d]$ 上可积.

例 6 在 $\mathbf{R}^2$ 上给定 $\Omega = \{(x,y)|0\leqslant x\leqslant 1, 0\leqslant y\leqslant 1\} \bigcup \{(x,y)|x=0, 1\leqslant y\leqslant 2\}$,及函数

$$f(x,y) = \begin{cases} 1, & 0\leqslant x\leqslant 1, 0\leqslant y\leqslant 1, \\ \dfrac{1}{2-y}, & x=0, 1<y<2, \\ 1, & x=0, y=2. \end{cases}$$

证明:无界函数 $f(x,y)$ 在 Ω 上可积.

证 作 Ω 的剖分 $\Delta=\{\Omega_1,\cdots,\Omega_n\}$,令 $\|\Delta\|=\delta<1$,则

$$1 = \sum_{i=1}^n V(\Omega_i) \leqslant \sum_{i=1}^n f(x_i,y_i)V(\Omega_i) \quad ((x_i,y_i)\in\Omega_i).$$

为了估计上界,把 Ω_i 分成三类:以 $(0,1)$ 为心,以 δ 为半径的圆记作 U,整个落在 $\bar{U}$ 内的 Ω_i 归作第二类. 不完全落在 $\bar{U}$ 内的 Ω_i,要么整个落在正方形 $0\leqslant x\leqslant 1, 0\leqslant y\leqslant 1$ 内,归作第一类;要么整个落在 $x=0, 1\leqslant y\leqslant 2$ 上,归作第三类. 容易看出

$$1 \leqslant \sum_{i=1}^n f(x_i,y_i)V(\Omega_i)$$
$$= \sum_1 f(x_i,y_i)V(\Omega_i) + \sum_2 f(x_i,y_i)V(\Omega_i)$$
$$+ \sum_3 f(x_i,y_i)V(\Omega_i)$$
$$\leqslant 1 + \frac{1}{2-1-\delta}\cdot\pi\delta^2 + 0.$$

令 $\|\Delta\|=\delta\to 0$,得

$$\lim_{\|\Delta\|\to 0}\sum_{i=1}^n f(x_i,y_i)V(\Omega_i) = 1,$$

故 $f(x,y) \in R(\Omega)$.

例7 计算重积分
$$I = \iint_D \sqrt{1-y^2} \, dx \, dy,$$
其中 D 为 $x^2+y^2=1$ 与 $y=|x|$ 所围成区域.

解 先画出区域 D 的图形(见图 6.1),由于被积函数和积分区域关于 y 轴对称,所以只需考虑 D 在第一象限部分. 引直线 $y=1/\sqrt{2}$ 把该部分分成两个区域. 结合图形可写出两个部分区域上的积分限.

$$I = 2\int_0^{\frac{1}{\sqrt{2}}} dy \int_0^y \sqrt{1-y^2} \, dx + 2\int_{\frac{1}{\sqrt{2}}}^1 dy \int_0^{\sqrt{1-y^2}} \sqrt{1-y^2} \, dx$$

$$= 2\int_0^{\frac{1}{\sqrt{2}}} y\sqrt{1-y^2} \, dy + 2\int_{\frac{1}{\sqrt{2}}}^1 (1-y^2) \, dy$$

$$= -\frac{2}{3}(1-y^2)^{3/2} \Big|_0^{\frac{1}{\sqrt{2}}} + 2\left(y - \frac{y^3}{3}\right)\Big|_{\frac{1}{\sqrt{2}}}^1$$

$$= -\frac{2}{3}\left(\frac{1}{2\sqrt{2}} - 1\right) + 2\left(\frac{2}{3} - \frac{5}{6\sqrt{2}}\right)$$

$$= 2 - \sqrt{2}.$$

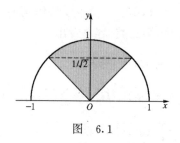

图 6.1

评注 (1) 先对 x 积分时,积分限可以是 y 的函数,它表明先沿变线段上积分;再对 y 积分时,积分限一定是常数,它表明变线段扫过的范围,正好就是求积的区域.

(2) 若被积函数只含 y,则先对 x 求积分要简单些. 若先对 y 积分,虽然只有一个积分式

$$I = \int_0^{\frac{1}{\sqrt{2}}} dx \int_x^{\sqrt{1-x^2}} \sqrt{1-y^2} dy,$$

但积分需要费点功夫.

例 8 计算积分 $I = \int_0^1 dy \int_y^1 \dfrac{y}{\sqrt{1+x^3}} dx.$

解 内层积分积不出来,不妨换一求积次序. 为此由所给积分限画出积分区域 D 的图形(见图 6.2). 于是

$$I = \iint_D \frac{y}{\sqrt{1+x^3}} dxdy = \int_0^1 dx \int_0^x \frac{y}{\sqrt{1+x^3}} dy$$

$$= \frac{1}{2} \int_0^1 \frac{x^2}{\sqrt{1+x^3}} dx = \frac{1}{3}(\sqrt{2} - 1).$$

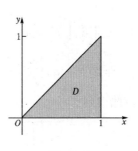

图 6.2

评注 这题表明求积次序不仅影响求积难易程度,也关系到积分能不能积出来.

例 9 计算积分 $I = \int_0^1 \dfrac{x-1}{\ln x} dx.$

解 这是一个求定积分的问题,但原函数求不出来. 注意到

$$\frac{x-1}{\ln x} = \int_0^1 x^y dy.$$

令 $f(x, y) = x^y$, 由 $\lim\limits_{x \to 0^+} x^y = 0\ (y > 0)$, $\lim\limits_{y \to 0^+} x^y = 1\ (x > 0)$. 说明函数 f 在正 y 轴上取值为零,在正 x 轴上取值为 1,所在它只在 $(0,0)$ 点不连续,而在正方形 $D = [0,1] \times [0,1]$ 上 $x^y \leqslant 1$, 故 f 在正方形上可积,符合重积分化累次积分条件. 我们有

$$I = \int_0^1 \frac{x-1}{\ln x} dx = \iint_D x^y dxdy$$

$$= \int_0^1 dy \int_0^1 x^y dx = \int_0^1 \frac{dy}{1+y} = \ln 2.$$

例 10 设 $f(x) \in R[a,b]$, $D = [a,b] \times [a,b]$. 利用 $[f(x) - f(y)]^2$ 的积分证明

$$\left(\int_a^b f(x)dx \right)^2 \leqslant (b-a) \int_a^b f^2(x)dx.$$

证 由例 5 知 $f(x) \in R(D)$, 再由可积性质得出 $[f(x) - f(y)]^2$

$\in R(D)$. 于是

$$0 \leqslant \iint_D [f(x) - f(y)]^2 \mathrm{d}x\mathrm{d}y$$
$$= \iint_D f^2(x)\mathrm{d}x\mathrm{d}y - 2\iint_D f(x)f(y)\mathrm{d}x\mathrm{d}y + \iint_D f^2(y)\mathrm{d}x\mathrm{d}y$$
$$= \int_a^b \mathrm{d}y \int_a^b f^2(x)\mathrm{d}x - 2\int_a^b f(x)\mathrm{d}x \cdot \int_a^b f(y)\mathrm{d}y + \int_a^b \mathrm{d}x \int_a^b f^2(y)\mathrm{d}y$$
$$= 2(b-a)\int_a^b f^2(x)\mathrm{d}x - 2\left(\int_a^b f(x)\mathrm{d}x\right)^2.$$

由此得到

$$\left(\int_a^b f(x)\mathrm{d}x\right)^2 \leqslant (b-a)\int_a^b f^2(x)\mathrm{d}x.$$

评注 对矩形区域,对特殊被积函数 $f(x) \cdot g(y)$,重积分不仅要化为累次积分,而要化为两个定积分相乘.

例 11 计算重积分 $I = \iiint_\Omega (x+y+z)\mathrm{d}x\mathrm{d}y\mathrm{d}z$,其中 Ω 是由曲面 $2z = x^2 + y^2$ 与 $x^2 + y^2 + z^2 = 3$ 所围成的区域.

解 先画出区域 Ω 的图形,并求出两曲面的交线为 $z=1$ 平面上的圆 $x^2 + y^2 = 2$(见图 6.3). 由对称性知

$$\iiint_\Omega x\mathrm{d}x\mathrm{d}y\mathrm{d}z = \iiint_\Omega y\mathrm{d}x\mathrm{d}y\mathrm{d}z = 0.$$

$$I = \iiint_\Omega z\mathrm{d}x\mathrm{d}y\mathrm{d}z$$
$$= \int_0^1 \mathrm{d}z \iint_{D(z)} z\mathrm{d}x\mathrm{d}y + \int_1^{\sqrt{3}} \mathrm{d}z \iint_{D(z)} z\mathrm{d}x\mathrm{d}y$$
$$= 2 \cdot \int_0^1 \pi z^2 \mathrm{d}z + \int_1^{\sqrt{3}} \pi z(3-z^2)\mathrm{d}z$$
$$= \frac{5}{3}\pi.$$

评注 当被积函数只含 z 时,先对 x,y 积分较简单.若先对 z 积分,就要计算积分

$$I = \iint\limits_{x^2+y^2 \leqslant 2} dxdy \int_{\frac{x^2+y^2}{2}}^{\sqrt{3-x^2-y^2}} zdz.$$

一般来说,若被积函数只含一个变量时,可先对另外两个变量求重积分,然后求定积分;若被积函数只含两个变量时,可先对第三个变量求定积分,然后再求重积分.

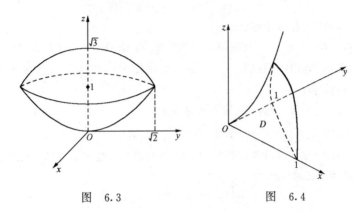

图 6.3　　　　　　图 6.4

例 12　求曲面 $z=xy, z=0, x+y=1$ 所围立体的体积.

解　由图 6.4 看出,所围立体在 xy 平面上的投影区域 D 为 $x \geqslant 0, y \geqslant 0, x+y \leqslant 1$. 所以

$$V = \iint\limits_{D} xy dxdy = \int_0^1 dx \int_0^{1-x} xy dy$$

$$= \frac{1}{2} \int_0^1 x(1-x)^2 dx = \frac{1}{24}.$$

练 习 题 6.1

6.1.1　试求 R^2 中点集 $E=\{(x,y) | 0 \leqslant x \leqslant 1, 0 \leqslant y \leqslant 1, x$ 与 y 至少有一为有理数$\}$ 的内容度和外容度. 问 E 是否是可测图形?

6.1.2　设 A, B, C 是 R^m 中的可测图形,证明:

(1) $V(A \backslash B) = V(A) - V(A \cap B)$;

(2) $V(A \cup B) = V(A) + V(B) - V(A \cap B)$;

(3) $V(A \cup B \cup C) = V(A) + V(B) + V(C) - V(A \cap B) - V(A \cap C)$
$\qquad - V(B \cap C) + V(A \cap B \cap C).$

6.1.3 举例说明 R^m 中两个点集 E_1 和 E_2 都不是可测图形,但 $E_1 \cup E_2$, $E_1 \cap E_2$ 都是可测图形. 问是否还可能有 $E_1 \setminus E_2$ 也是可测图形.

6.1.4 设 Ω 为 R^m 中一可测图形. 证明: $\Omega°$ 和 $\overline{\Omega}$ 为可测图形,且 $V(\Omega°) = V(\Omega) = V(\overline{\Omega})$.

6.1.5 在 R^2 的区域 $D = \{(x,y) \mid |x| \leqslant 1, |y| \leqslant 1\}$ 上给定函数
$$f(x,y) = \begin{cases} 1, & \text{当 } x, y \text{ 都是有理数}, \\ 0, & \text{当 } x, y \text{ 至少有一是无理数}. \end{cases}$$
问 $f(x,y)$ 是否在 D 上可积.

6.1.6 设 R^m 中的开集 Ω 为可测图形,$f: \Omega \to R, f \in C(\Omega)$,且 $f(x) \geqslant 0$ $(x \in \Omega)$,但不恒为零. 证明: $\int_\Omega f(x) \mathrm{d}V > 0$. 如果 Ω 不是开集,上述结论是否正确?举例说明.

6.1.7 设 R^m 中的开区域 Ω 是可测图形,$f \in C(\Omega, R)$. 如果对于任一可测图形 $B \subset \Omega$,都有 $\int_B f \mathrm{d}V = 0$. 证明: $f(x) \equiv 0$ $(x \in \Omega)$.

6.1.8 设定义在可测图形 $\Omega \subset R^m$ 上的两个函数 f, g 有界、可积,而且 $g(x)$ 在 Ω 上之值非负. 令
$$m = \inf_{x \in \Omega} \{f(x)\}, \quad M = \sup_{x \in \Omega} \{f(x)\}.$$
证明:

(1) $F(t) = \int_\Omega [f(x) - t] g(x) \mathrm{d}V$ 是 $[m, M]$ 上的连续函数;

(2) 存在 $\mu \in [m, M]$,使得
$$\int_\Omega f \cdot g \mathrm{d}V = \mu \cdot \int_\Omega g \mathrm{d}V.$$

6.1.9 设 $f(x) \in R[-1, 1]$,证明: $f(x - y) \in R([0,1] \times [0,1])$.

6.1.10 设 $\Omega \subset R^m$ 为可测图形,Q 为长方体,$\Omega \subset Q°, f(x) \in R(\Omega)$. 定义
$$F(x) = \begin{cases} f(x), & x \in \Omega, \\ 0, & x \in Q \setminus \Omega. \end{cases}$$
求证: $F(x) \in R(Q)$.

6.1.11 设 Ω 为 R^m 中点集,Q 为长方体,$\Omega \subset Q°$. 定义函数
$$\chi(x) = \begin{cases} 1, & x \in \Omega, \\ 0, & x \in Q \setminus \Omega. \end{cases}$$
若 $\chi(x)$ 在 Q 上可积,证明: Ω 为可测图形.

6.1.12 在下列积分中改变积分的顺序:

(1) $\int_1^e \mathrm{d}x \int_0^{\ln x} f(x, y) \mathrm{d}y$; (2) $\int_0^2 \mathrm{d}y \int_{y^2}^{3y} f(x, y) \mathrm{d}x$;

(3) $\int_{-1}^{1}dx\int_{-\sqrt{1-x^2}}^{1-x^2}f(x,y)dy$;   (4) $\int_{1}^{2}dx\int_{\sqrt{x}}^{2}f(x,y)dy$.

6.1.13 计算下列二重积分：

(1) Ω 是由 $y^2=2px$ ($p>0$) 与 $x=\dfrac{p}{2}$ 围成的区域,求
$$\iint_{\Omega}x^m y^k dxdy \quad (m>0,k \text{ 为正整数});$$

(2) $\Omega=\{(x,y)\,|\,0\leqslant x\leqslant y^2, 0\leqslant y\leqslant 2+x, x\leqslant 2\}$,求 $\iint_{\Omega}xy\,dxdy$;

(3) Ω 是由 $y=\sqrt{1-x^2}, y=0$ 围成,求 $\iint_{\Omega}(x^2+3xy^2)dxdy$;

(4) Ω 是由 $y=e^x, y=1, x=0$ 及 $x=1$ 围成,求 $\iint_{\Omega}(x+y)dxdy$;

(5) Ω 是以 $(1,1),(2,3),(3,1)$ 和 $(4,3)$ 为顶点的四边形,求
$$\iint_{\Omega}(x+y)dxdy;$$

(6) Ω 是由 $y=x^2, y=4x$ 和 $y=4$ 围成,求 $\iint_{\Omega}\sin x\,dxdy$.

6.1.14 计算下列积分：

(1) $\int_{0}^{\frac{\pi}{2}}dy\int_{y}^{\frac{\pi}{2}}\dfrac{\sin x}{x}dx$;   (2) $\int_{0}^{1}dy\int_{y}^{1}e^{-x^2}dx$.

6.1.15 设在 $D=[a,b]\times[c,d]$ 上定义的二元函数 $f(x,y)\in C^2(D)$,证明：

(1) $\iint_{D}f''_{xy}(x,y)dxdy=\iint_{D}f''_{yx}(x,y)dxdy$;

(2) 利用(1)证明 $f''_{xy}(x,y)=f''_{yx}(x,y), (x,y)\in D$ (这里不准用求偏导与秩序无关定理).

6.1.16 设 $f(x), g(x)\in R[a,b], D=[a,b]\times[a,b]$,考虑 $[f(x)g(y)-g(x)f(y)]^2$ 在 D 上的重积分,证明：
$$\left(\int_{a}^{b}f(x)g(x)dx\right)^2\leqslant\int_{a}^{b}f^2(x)dx\cdot\int_{a}^{b}g^2(x)dx.$$

6.1.17 求下列立体 Ω 的体积：

(1) Ω 是由曲面 $z=xy, x+y+z=1$ 和 $z=0$ 围成；

(2) Ω 是由 $y^2+z^2=1, |x+y|=1, |x-y|=1$ 围成.

6.1.18 证明：若 $b>a>0$,则有

(1) $\lim\limits_{T\to\infty}\int_{0}^{T}dx\int_{a}^{b}e^{-xy}dy=\ln\dfrac{b}{a}$;   (2) $\int_{0}^{+\infty}\dfrac{e^{-ax}-e^{-bx}}{x}dx=\ln\dfrac{b}{a}$.

6.1.19 设 $f(t)$ 在 $t\geqslant 0$ 上连续可微,而且 $\int_1^{+\infty}\dfrac{f(t)}{t}\mathrm{d}t$ 收敛. 证明:当 $b>a>0$ 时,有

(1) $\lim\limits_{T\to\infty}\int_0^T\mathrm{d}x\int_a^b f'(xy)\mathrm{d}y=-f(0)\ln\dfrac{b}{a}$;

(2) $\int_0^{+\infty}\dfrac{f(ax)-f(bx)}{x}\mathrm{d}x=f(0)\ln\dfrac{b}{a}$.

6.1.20 设 $f(x,y)$ 在 $x^2+y^2\leqslant R^2$ 上可积,$0<h<R$,令
$$F(\xi,\eta)=\iint\limits_{(x-\xi)^2+(y-\eta)^2\leqslant h^2}f(x,y)\mathrm{d}x\mathrm{d}y.$$
证明:$F(\xi,\eta)$ 在 $\xi^2+\eta^2<(R-h)^2$ 上连续.

6.1.21 改变下列三重积分化为累次积分的顺序(只写出 $\mathrm{d}x,\mathrm{d}z$ 互换的顺序):

(1) $\int_0^1\mathrm{d}x\int_0^{1-x}\mathrm{d}y\int_0^{x+y}f\mathrm{d}z$; (2) $\int_{-1}^1\mathrm{d}x\int_{-\sqrt{1-x^2}}^{\sqrt{1-x^2}}\mathrm{d}y\int_{\sqrt{x^2+y^2}}^1 f\mathrm{d}z$.

6.1.22 计算下列三重积分:

(1) $\iiint\limits_{\Omega}xy^2z^3\mathrm{d}x\mathrm{d}y\mathrm{d}z$, Ω 是由曲面 $z=xy, y=x, x=1, z=0$ 所围成;

(2) $\iiint\limits_{\Omega}\dfrac{\mathrm{d}x\mathrm{d}y\mathrm{d}z}{(1+x+y+z)^3}$, Ω 是由曲面 $x+y+z=1, x=0, y=0, z=0$ 所围成;

(3) $\iiint\limits_{\Omega}\cos az\mathrm{d}x\mathrm{d}y\mathrm{d}z$, $\Omega:x^2+y^2+z^2\leqslant R^2$;

(4) $\iiint\limits_{\Omega}(1+x^4)\mathrm{d}x\mathrm{d}y\mathrm{d}z$, Ω 是由曲面 $x^2=y^2+z^2, x=2, x=1$ 所围成.

6.1.23 计算三重积分
$$I=\int_0^1\mathrm{d}x\int_x^1\mathrm{d}y\int_y^1\sqrt{1+z^4}\mathrm{d}z.$$

§2 重积分变换

内 容 提 要

1. 正则变换

设 G 是 $\boldsymbol{R}^m$ 中的开集,变换 $T:G\to\boldsymbol{R}^m$. $\boldsymbol{x}=T(\boldsymbol{u})$ 满足:$T\in C^1(G)$;T 是 G 上单叶变换;$\det DT(\boldsymbol{u})\neq 0$ $(\boldsymbol{u}\in G)$,则称 T 是**正则变换**.

若正则变换有形式:

$$T: \begin{cases} x_j = u_j, & j \neq i, \\ x_i = \varphi_i(u_1, \cdots, u_m), \end{cases}$$

则称 T 为**简单变换**.

2. 正则变换分解

设 T 是开集 $G \subset \mathbf{R}^m$ 上的正则变换,$\forall\ \boldsymbol{u}_0 \in G, \exists$ 邻域 $U(\boldsymbol{u}_0; r_0)$,使变换 T 在 $U(\boldsymbol{u}_0; r_0)$ 上分解成 m 个简单变换 $T_i (1 \leqslant i \leqslant m)$ 的复合:
$$T = T_m \circ T_{m-1} \circ \cdots \circ T_2 \circ T_1.$$

3. 零容度集

设 G 同上,$\overline{E} \subset G, T$ 为 G 上的连续可微变换,即 $T \in C^1(G)$.若 $V(E) = 0$,则 $V(T(E)) = 0$.

4. 重积分变换公式(I)

设 G 为 $\mathbf{R}^m$ 中的开集,$T: G \to T(G)$ 是正则变换,Ω 是 G 内的闭可测图形,$f \in C(T(\Omega))$,则
$$\int_{T(\Omega)} f \mathrm{d}V = \int_{\Omega} f \circ T |\det DT| \mathrm{d}V.$$

5. 重积分变换公式(II)

设 G 同上,$T \in C^1(G), \Omega \subset G$ 是可测闭区域,T 是 Ω° 上的正则变换,$f \in C(T(\Omega))$,则
$$\int_{T(\Omega)} f \mathrm{d}V = \int_{\Omega} f \circ T \cdot |\det DT| \mathrm{d}V.$$

6. 平面极坐标变换

变换 $T: x = r\cos\theta, y = r\sin\theta\ (r \geqslant 0, 0 \leqslant \theta < 2\pi)$,
$$\Omega = \{(r, \theta) | \alpha \leqslant \theta \leqslant \beta, r_1(\theta) \leqslant r \leqslant r_2(\theta)\},$$
则
$$\iint_{T(\Omega)} f(x, y) \mathrm{d}x \mathrm{d}y = \int_\alpha^\beta \mathrm{d}\theta \int_{r_1(\theta)}^{r_2(\theta)} f(r\cos\theta, r\sin\theta) r \mathrm{d}r.$$

7. 空间柱坐标变换

变换 $T: x = r\cos\theta, y = r\sin\theta, z = z\ (r > 0, 0 \leqslant \theta < 2\pi, -\infty < z < +\infty)$,则
$$\iiint_{T(\Omega)} f(x, y, z) \mathrm{d}x \mathrm{d}y \mathrm{d}z = \iiint_{\Omega} f(r\cos\theta, r\sin\theta, z) r \mathrm{d}\theta \mathrm{d}r \mathrm{d}z.$$

8. 空间球坐标变换

变换 $T: x = r\sin\varphi\cos\theta, y = r\sin\varphi\sin\theta, z = r\cos\varphi\ (r > 0, 0 < \varphi < \pi, 0 \leqslant \theta < 2\pi)$,则
$$\iiint_{T(\Omega)} f(x, y, z) \mathrm{d}x \mathrm{d}y \mathrm{d}z = \iiint_{\Omega} f(r\sin\varphi\cos\theta, r\sin\varphi\sin\theta, r\cos\varphi) r^2 \sin\varphi \mathrm{d}\theta \mathrm{d}\varphi \mathrm{d}r.$$

典型例题分析

例 1 计算二重积分 $I = \iint\limits_{\Omega} (x^2 + y^2) dx dy$,其中 Ω 是由双纽线

$$(x^2 + y^2)^2 = a^2(x^2 - y^2) \ (x \geqslant 0)$$

围成的区域.

解 令 $x = r\cos\theta, y = r\sin\theta$. 双纽线方程

$$r = a\sqrt{\cos 2\theta} \ (-\pi/4 \leqslant \theta \leqslant \pi/4) \ (\text{图 6.5}).$$

由于区域和被积函数关于 x 轴对称,故

$$I = 2\int_0^{\frac{\pi}{4}} d\theta \int_0^{a\sqrt{\cos 2\theta}} r^2 \cdot r dr = \frac{a^4}{2} \int_0^{\frac{\pi}{4}} \cos^2 2\theta d\theta$$

$$= \frac{a^4}{4} \int_0^{\frac{\pi}{2}} \cos^2\theta d\theta = \frac{\pi}{16} a^4.$$

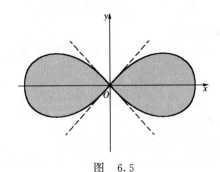

图 6.5

评注 对 r 的内层积分,积分限可以是 θ 的函数,这表明沿变线段积分;对 θ 的外层积分,积分限一定是常数,表明变线段转过的角度,使它正好得出求积区域 Ω.

例 2 计算积分 $I = \iint\limits_{x^2+y^2 \leqslant 1} |3x + 4y| dx dy$.

解法 1 令 $x = r\cos\theta, y = r\sin\theta$,则

$$I = \int_0^{2\pi} d\theta \int_0^1 |3\cos\theta + 4\sin\theta| r^2 dr$$

$$= \frac{5}{3} \int_0^{2\pi} |\cos(\theta - \theta_0)| d\theta \left(\theta_0 = \arccos\frac{3}{5}\right)$$

$$= \frac{5}{3}\int_0^{2\pi}|\cos\theta|\mathrm{d}\theta = \frac{20}{3}\int_0^{\frac{\pi}{2}}\cos\theta\mathrm{d}\theta = \frac{20}{3}.$$

解法 2 令 $\xi = \frac{3}{5}x + \frac{4}{5}y, \eta = -\frac{4}{5}x + \frac{3}{5}y$,变换的雅可比行列式为

$$\left|\frac{\partial(\xi,\eta)}{\partial(x,y)}\right| = 1, \quad 故 \quad \left|\frac{\partial(x,y)}{\partial(\xi,\eta)}\right| = 1.$$

且变换把区域 $x^2 + y^2 \leqslant 1$ 变为区域 $\xi^2 + \eta^2 \leqslant 1$. 所以

$$I = \iint_{\xi^2+\eta^2\leqslant 1}|5\xi|\mathrm{d}\xi\mathrm{d}\eta = \int_{-1}^{1}\mathrm{d}\xi\int_{-\sqrt{1-\xi^2}}^{\sqrt{1-\xi^2}}|5\xi|\mathrm{d}\eta$$

$$= \int_{-1}^{1}|5\xi|\cdot 2\sqrt{1-\xi^2}\mathrm{d}\xi = 20\int_0^1 \xi\sqrt{1-\xi^2}\mathrm{d}\xi$$

$$= \frac{20}{3}.$$

评注 当然也可作 $\xi = 3x + 4y, \eta = -4x + 3y$ 的变换. 用这种方法,可证一般的形式积分

$$\iint_{x^2+y^2\leqslant 1}f(ax+by)\mathrm{d}x\mathrm{d}y = 2\int_{-1}^{1}\sqrt{1-\xi^2}f(\xi\sqrt{a^2+b^2})\mathrm{d}\xi.$$

例 3 计算重积分 $I = \iiint_\Omega \sqrt{x^2+y^2+z^2}\mathrm{d}x\mathrm{d}y\mathrm{d}z$, 其中 Ω 是集合 $x^2+y^2+z^2\leqslant z$ 与 $x^2+y^2\leqslant z^2$ 的公共部分.

解 作球坐标变换: $x = r\sin\varphi\cos\theta, y = r\sin\varphi\sin\theta, z = r\cos\varphi$. 方程 $x^2+y^2+z^2 = z$ 与 $x^2+y^2 = z^2$ 变为 $r = \cos\varphi$ 与 $\varphi = \pi/4$. 固定 θ, 半平面 $\theta = \theta$ 与 Ω 的交集为 $D(\theta)$, 如图 6.6 所示. 所以

$$I = \int_0^{2\pi}\mathrm{d}\theta\int_0^{\frac{\pi}{4}}\mathrm{d}\varphi\int_0^{\cos\varphi}r\cdot r^2\sin\varphi\mathrm{d}r$$

$$= \frac{\pi}{2}\int_0^{\frac{\pi}{4}}\cos^4\varphi\sin\varphi\mathrm{d}\varphi = \frac{\pi}{10}\left(1 - \frac{1}{4\sqrt{2}}\right).$$

评注 先画出半平面与 Ω 的交集 $D(\theta)$, 利用平面极坐标定限法写出 r 与 φ 的积分限, r

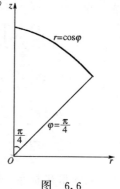

图 6.6

的积分限可以依赖 φ 与 θ,φ 的积分限可以依赖 θ,然后确定 θ 的范围,表明变区域 $D(\theta)$ 转过的角度,使它正好得到求积区域 Ω.

这题若用柱坐标变换,由图 6.7 可写出积分限为

$$I = \int_0^{2\pi} d\theta \int_0^{\frac{1}{2}} dr \int_r^{\frac{1}{2}+\sqrt{\frac{1}{4}-r}} \sqrt{r^2+z^2}\, r\, dz$$

$$= \int_0^{2\pi} d\theta \int_{\frac{1}{2}}^{1} dz \int_0^{\sqrt{z-z^2}} \sqrt{r^2+z^2}\, r\, dr$$

$$+ \int_0^{2\pi} d\theta \int_0^{\frac{1}{2}} dz \int_0^{z} \sqrt{r^2+z^2}\, r\, dr.$$

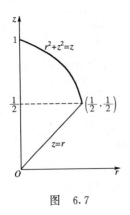

图 6.7

例 4 (1) 计算重积分

$$I = \iiint_{x^2+y^2+z^2 \leqslant R^2} \frac{dxdydz}{\sqrt{x^2+y^2+(z-h)^2}} \quad (h > R);$$

(2) 写出球的单层位势

$$u(a,b,c) = \iiint_{x^2+y^2+z^2 \leqslant R^2} -\frac{dxdydz}{\sqrt{(x-a)^2+(y-b)^2+(z-c)^2}}$$

$$(a^2+b^2+c^2 > R^2).$$

解 (1) 令 $x=r\cos\theta, y=r\sin\theta, z=z$,则

$$I = \int_0^{2\pi} d\theta \int_{-R}^{R} dz \int_0^{\sqrt{R^2-z^2}} \frac{r\, dr}{\sqrt{r^2+(z-h)^2}}$$

$$= \pi \int_{-R}^{R} dz \int_0^{\sqrt{R^2-z^2}} \frac{dr^2}{\sqrt{r^2+(z-h)^2}}$$

$$= 2\pi \int_{-R}^{R} [\sqrt{R^2+h^2-2hz} - (h-z)] dz$$

$$= 2\pi \left[-\frac{1}{3h}(R^2+h^2-2hz)^{3/2} + \frac{(h-z)^2}{2} \right] \Big|_{-R}^{R}$$

$$= \frac{4\pi R^3}{3h}.$$

(2) 取坐标系 $O\xi\eta\zeta$,使 ζ 轴过 (a,b,c) 点,且使坐标系 $O\xi\eta\zeta$ 到坐

标系 $Oxyz$ 之间的变换为正交变换,变换的行列式为 1. 显然该变换把半径为 R 的球仍变为半径为 R 的球. 令 $a^2+b^2+c^2=h^2$,则由(1)知

$$u(a,b,c) = \iiint\limits_{\xi^2+\eta^2+\zeta^2\leqslant R^2} \frac{\mathrm{d}\xi\mathrm{d}\eta\mathrm{d}\zeta}{\sqrt{\xi^2+\eta^2+(\zeta-h)^2}}$$

$$= \frac{4\pi R^3}{3\cdot\sqrt{a^2+b^2+c^2}}.$$

评注 球的单层位势相当于把球的质量集中于球心时产生的位势. 从物理意义看,设在球体均匀分布密度为 ρ 的电荷,然后有一单位正电荷从点 (a,b,c) 移至无穷,带电球体对它所作的功等于把电荷集中于球心时对它所作的功一样.

例 5 设 $p,q,s\geqslant 0$,证明

$$I = \iint\limits_{\substack{x\geqslant 0, y\geqslant 0 \\ x+y\leqslant 1}} x^p y^q (1-x-y)^s \mathrm{d}x\mathrm{d}y$$

$$= \frac{\Gamma(p+1)\Gamma(q+1)\Gamma(s+1)}{\Gamma(p+q+s+3)}.$$

证法 1 令 $x=r\cos^2\theta, y=r\sin^2\theta$,变换的雅可比行列式为

$$\frac{\partial(x,y)}{\partial(r,\theta)} = \begin{vmatrix} \cos^2\theta & -2r\cos\theta\sin\theta \\ \sin^2\theta & 2r\sin\theta\cos\theta \end{vmatrix}$$

$$= 2r\sin\theta\cos\theta,$$

所以

$$I = 2\int_0^{\frac{\pi}{2}} \cos^{2p+1}\theta \sin^{2q+1}\theta \mathrm{d}\theta \int_0^1 r^{p+q+1}(1-r)^s \mathrm{d}r$$

$$= \mathrm{B}(p+1,q+1)\mathrm{B}(p+q+2,s+1)$$

$$= \frac{\Gamma(p+1)\Gamma(q+1)}{\Gamma(p+q+2)} \cdot \frac{\Gamma(p+q+2)\Gamma(s+1)}{\Gamma(p+q+s+3)}$$

$$= \frac{\Gamma(p+1)\Gamma(q+1)\Gamma(s+1)}{\Gamma(p+q+s+3)}.$$

证法 2 因 $I = \int_0^1 \mathrm{d}x \int_0^{1-x} x^p y^q (1-x-y)^s \mathrm{d}y$,对内层积分作定积分变换 $y=(1-x)t$,则

$$I = \int_0^1 dx \int_0^1 x^p(1-x)^{q+s+1} t^q (1-t)^s dt$$

$$= \int_0^1 x^p(1-x)^{q+s+1} dx \cdot \int_0^1 t^q(1-t)^s dt$$

$$= B(p+1, q+s+2) \cdot B(q+1, s+1)$$

$$= \frac{\Gamma(p+1)\Gamma(q+1)\Gamma(s+1)}{\Gamma(p+q+s+3)}.$$

例 6 计算重积分

$$I = \iint_D x \, dx \, dy,$$

其中 D 是以 $(x_1, y_1), (x_2, y_2), (x_3, y_3)$ 为顶点,面积为 A 的三角形.

解 三角形为凸集,它的点总可表示为

$$\begin{cases} x = \sum_{i=1}^3 t_i x_i, \\ y = \sum_{i=1}^3 t_i y_i, \end{cases} \quad (t_1 \geqslant 0, t_2 \geqslant 0, t_3 \geqslant 0, t_1+t_2+t_3 = 1)$$

故启发我们作变换:

$$\begin{cases} x = x_3 + \xi(x_1 - x_3) + \eta(x_2 - x_3), \\ y = y_3 + \xi(y_1 - y_3) + \eta(y_2 - y_3) \end{cases}$$

$$(D \to \xi \geqslant 0, \eta \geqslant 0, \xi + \eta \leqslant 1),$$

所以

$$I = \iint_{\substack{\xi \geqslant 0, \eta \geqslant 0 \\ \xi + \eta \leqslant 1}} [x_3 + \xi(x_1 - x_3) + \eta(x_2 - x_3)] \left| \frac{\partial(x,y)}{\partial(\xi,\eta)} \right| d\xi d\eta$$

(利用例 5)

$$= 2A \left[\frac{x_3}{2} + \frac{x_1 - x_3}{6} + \frac{x_2 - x_3}{6} \right]$$

$$= \frac{x_1 + x_2 + x_3}{3} A.$$

评注 如果利用重心公式,直接可得所求结论,但我们的方法具有一般性.

练 习 题 6.2

6.2.1 计算下列积分：

(1) $\iint_\Omega (x^2+y^2)dxdy$, Ω 是由曲线 $(x^2+y^2)^2=2xy$ 围成；

(2) $\iint_\Omega xdxdy$, Ω 是由阿基米德螺线 $r=\theta$ 和半射线 $\theta=\pi$ 围成；

(3) $\iint_\Omega xydxdy$, Ω 是由对数螺线 $r=e^\theta$ 和半射线 $\theta=0, \theta=\pi/2$ 围成.

6.2.2 求下列曲面围成的体积：

(1) $z=xy, x^2+y^2=a^2, z=0$；

(2) $z=x^2+y^2, x+y+z=1$；

(3) $x^2+y^2+z^2=a^2, x^2+y^2\leqslant a|x|$ $(a>0)$.

6.2.3 求下列积分：

(1) $\iint_\Omega \sqrt{1-\dfrac{x^2}{a^2}-\dfrac{y^2}{b^2}}dxdy$, Ω 是由 $\dfrac{x^2}{a^2}+\dfrac{y^2}{b^2}=1$ 围成；

(2) $\iint_\Omega (x^2+y^2)dxdy$, Ω 是由 $x^4+y^4=1$ 围成；

(3) $\iint_\Omega (x+y)dxdy$, Ω 是由 $y=4x^2, y=9x^2, x=4y^2, x=9y^2$ 围成；

(4) $\iint_\Omega xydxdy$, Ω 是由 $xy=2, xy=4, y=x, y=2x$ 围成.

6.2.4 D 是以 $(x_1,y_1), (x_2,y_2), (x_3,y_3)$ 为顶点,面积为 A (>0) 的三角形,求

$$\iint_\Omega x^2 dxdy.$$

6.2.5 (1) 计算积分

$$I = \iint_{x^2+y^2\leqslant R^2} \ln\frac{1}{\sqrt{(x-h)^2+y^2}}dxdy \quad (h>R);$$

(2) 写出圆的单层位势

$$u(a,b) = \iint_{x^2+y^2\leqslant R^2} \ln\frac{1}{\sqrt{(x-a)^2+(y-b)^2}}dxdy$$
$$(a^2+b^2>R^2).$$

6.2.6 设 $f(x,y)$ 在 $x^2+y^2\leqslant 1$ 上连续可微,求

$$I = \iint_{x^2+y^2 \leq 1} \frac{xf'_y - yf'_x}{\sqrt{x^2+y^2}} \mathrm{d}x\mathrm{d}y.$$

6.2.7 给定积分 $I = \iint_D \left[\left(\frac{\partial f}{\partial x}\right)^2 + \left(\frac{\partial f}{\partial y}\right)^2\right]\mathrm{d}x\mathrm{d}y$，作正则变换 $x = x(u,v)$，$y = y(u,v)$，区域 D 变为 Ω，如果变换满足：

$$\frac{\partial x}{\partial u} = \frac{\partial y}{\partial v}, \quad \frac{\partial x}{\partial v} = -\frac{\partial y}{\partial u},$$

证明

$$I = \iint_\Omega \left[\left(\frac{\partial f}{\partial u}\right)^2 + \left(\frac{\partial f}{\partial v}\right)^2\right]\mathrm{d}u\mathrm{d}v.$$

6.2.8 求下列积分：

(1) $\iiint_\Omega (x^2+y^2)^2 \mathrm{d}x\mathrm{d}y\mathrm{d}z$，$\Omega$ 由曲面 $z = x^2+y^2, z=1, z=2$ 围成；

(2) $\iiint_\Omega (\sqrt{x^2+y^2})^3 \mathrm{d}x\mathrm{d}y\mathrm{d}z$，$\Omega$ 由曲面 $x^2+y^2=9, x^2+y^2=16, z^2=x^2+y^2$，$z \geq 0$ 围成；

(3) $\iiint_\Omega (x^2+y^2)\mathrm{d}x\mathrm{d}y\mathrm{d}z$，$\Omega$ 由曲面 $z = 16(x^2+y^2), z = 4(x^2+y^2), z=16$ 围成.

6.2.9 求下列积分：

(1) $\iiint_\Omega x^3 yz\mathrm{d}x\mathrm{d}y\mathrm{d}z$，$\Omega$ 由 $x^2+y^2+z^2 \leq 1, x \geq 0, y \geq 0, z \geq 0$ 所确定；

(2) $\iiint_\Omega (\sqrt{x^2+y^2+z^2})^5 \mathrm{d}x\mathrm{d}y\mathrm{d}z$，$\Omega$ 由不等式 $x^2+y^2+z^2 \leq 2z$ 所确定；

(3) $\iiint_\Omega x^2 \mathrm{d}x\mathrm{d}y\mathrm{d}z$，$\Omega$ 是由 $x^2+y^2 \leq z^2, x^2+y^2+z^2 \leq 8$ 所确定.

6.2.10 求下列积分：

(1) Ω 由 $z = \frac{x^2+y^2}{a}, z = \frac{x^2+y^2}{b}, xy = c, xy = d, y = \alpha x, y = \beta x$ 围成（其中 $0 < a < b, 0 < c < d, 0 < \alpha < \beta$），求

$$\iiint_\Omega x^2 y^2 z \mathrm{d}x\mathrm{d}y\mathrm{d}z;$$

(2) Ω 由 $x = az^2, x = bz^2 (z > 0, 0 < a < b), x = \alpha y, x = \beta y\ (0 < \alpha < \beta)$ 以及 $x = h\ (>0)$ 围成，求

$$\iiint_\Omega y^4 \mathrm{d}x\mathrm{d}y\mathrm{d}z.$$

(3) Ω 由 $\dfrac{x^2}{a^2}+\dfrac{y^2}{b^2}+\dfrac{z^2}{c^2}=1$ 围成,求
$$\iiint_{\Omega} e^{\sqrt{\frac{x^2}{a^2}+\frac{y^2}{b^2}+\frac{z^2}{c^2}}} dxdydz.$$

6.2.11 设一元函数 $f(t)\in C[0,+\infty)$. 令
$$F(t)=\iiint_{\Omega_t} f\left(\dfrac{x^2}{a^2}+\dfrac{y^2}{b^2}+\dfrac{z^2}{c^2}\right) dxdydz,$$
其中 $\Omega_t=\left\{(x,y,z)\left|\dfrac{x^2}{a^2}+\dfrac{y^2}{b^2}+\dfrac{z^2}{c^2}\leqslant t^2\right.\right\}$. 证明:

(1) $F(t)\in C^1[0,+\infty)$;   (2) 求出 $F'(t)$ 的表达式.

6.2.12 设 Ω 是由平面 $x+y+z=1, y=0, z=0, x=0$ 围成的区域. 证明
$$\iiint_{\Omega} x^p y^q z^s (1-x-y-z)^t dxdydz$$
$$=\dfrac{\Gamma(p+1)\Gamma(q+1)\Gamma(s+1)\Gamma(t+1)}{\Gamma(p+q+s+t+4)},$$
其中 $p\geqslant 0, q\geqslant 0, s\geqslant 0, t\geqslant 0$.

6.2.13 设 Ω 是以 (x_i,y_i,z_i) $(i=1,2,3,4)$ 为顶点,体积为 $V(>0)$ 的四面体,求
$$\iiint_{\Omega} x dxdydz.$$

6.2.14 用广义球坐标求 n 维球的容积,即求 $x_1^2+x_2^2+\cdots+x_n^2\leqslant R^2$ 的体积. 所谓广义球坐标即为
$$\begin{cases} x_1=r\cos\theta_1, & r\geqslant 0,\\ x_2=r\sin\theta_1\cos\theta_2, & 0\leqslant\theta_i\leqslant\pi,\\ \;\;\vdots & i=1,\cdots,n-2,\\ x_{n-1}=r\sin\theta_1\sin\theta_2\cdots\sin\theta_{n-2}\cos\theta_{n-1}, & 0\leqslant\theta_{n-1}\leqslant 2\pi.\\ x_n=r\sin\theta_1\sin\theta_2\cdots\sin\theta_{n-2}\sin\theta_{n-1}, \end{cases}$$

6.2.15 求 n 面体: $x_i\geqslant 0$ $(i=1,2,\cdots,n), x_1+x_2+\cdots+x_n\leqslant a$ $(a>0)$ 的容积.

6.2.16 证明
$$\int\cdots\int_{\substack{0\leqslant\sum\limits_{i=1}^{n}x_i\leqslant a \\ x_i\geqslant 0\,(i=1,\cdots,n)}} f(x_1+x_2+\cdots+x_n) dx_1 dx_2\cdots dx_n$$
$$=\int_0^a f(x)\dfrac{x^{n-1}}{(n-1)!} dx.$$

§3 曲线积分与格林公式

内 容 提 要

1. 曲线积分

1) 第一型曲线积分定义

设 L 是 $\mathbf{R}^3$ 中一条可求长的曲线,$f(x,y,z)$ 在 L 上定义. 将 L 依次分为 n 小段 $\Delta L_i (i=1,\cdots,n)$,每小段 ΔL_i 的长记为 $\Delta s_i (i=1,\cdots,n)$,$\forall\ (\xi_i,\eta_i,\zeta_i) \in \Delta L_i$ $(i=1,\cdots,n)$,令 $\lambda = \max\limits_{1 \leqslant i \leqslant n} \{\Delta s_i\}$,则(若极限存在)

$$\int_L f(x,y,z) \mathrm{d}s \xlongequal{\text{定义}} \lim_{\lambda \to 0} \sum_{i=1}^n f(\xi_i, \eta_i, \zeta_i) \Delta s_i.$$

若 L 由参数式 $\boldsymbol{r}(t) = x(t)\boldsymbol{i} + y(t)\boldsymbol{j} + z(t)\boldsymbol{k} \in C^1[a,b]$ 给出,且 $f(x,y,z) \in C(L)$,则

$$\int_L f(x,y,z) \mathrm{d}s = \int_a^b f[x(t),y(t),z(t)] \sqrt{x'^2(t) + y'^2(t) + z'^2(t)} \mathrm{d}t.$$

2) 第二型曲线积分定义

设 $\widehat{AB}$ 为 $\mathbf{R}^3$ 中一简单定向曲线,在 $\widehat{AB}$ 上给定函数

$$\boldsymbol{F}(x,y,z) = P(x,y,z)\boldsymbol{i} + Q(x,y,z)\boldsymbol{j} + R(x,y,z)\boldsymbol{k}.$$

将 $\widehat{AB}$ 用分点 $A_i(x_i,y_i,z_i)$ $(i=0,1,\cdots,n)$ 分成 n 段: $A=A_0,A_1,\cdots,A_n=B$,令 $\Delta x_i = x_i - x_{i-1}, \Delta y_i = y_i - y_{i-1}, \Delta z_i = z_i - z_{i-1} (i=1,\cdots,n)$. $\forall\ (\xi_i,\eta_i,\zeta_i) \in \widehat{A_i A_{i-1}}$ $(i=1,\cdots,n)$. 令 $\lambda = \max\limits_{1 \leqslant i \leqslant n} d(\widehat{A_i A_{i-1}})$. 则(若极限存在)

$$\int_{\widehat{AB}} P\mathrm{d}x + Q\mathrm{d}y + R\mathrm{d}z$$

$$\xlongequal{\text{定义}} \lim_{\lambda \to 0} \sum_{i=1}^n [P(\xi_i,\eta_i,\zeta_i)\Delta x_i + Q(\xi_i,\eta_i,\zeta_i)\Delta y_i + R(\xi_i,\eta_i,\zeta_i)\Delta z_i].$$

由定义可见

$$\int_{\widehat{AB}} P\mathrm{d}x + Q\mathrm{d}y + R\mathrm{d}z = -\int_{\widehat{BA}} P\mathrm{d}x + Q\mathrm{d}y + R\mathrm{d}z.$$

若曲线 $\widehat{AB}$ 由参数方程 $\boldsymbol{r}(t) = x(t)\boldsymbol{i} + y(t)\boldsymbol{j} + z(t)\boldsymbol{k} \in C^1[a,b]$ 给出,且 $\boldsymbol{r}(a) = A, \boldsymbol{r}(b) = B, \boldsymbol{F} \in C(\widehat{AB})$,则

$$\int_{\widehat{AB}} P\mathrm{d}x + Q\mathrm{d}y + R\mathrm{d}z = \int_a^b [Px'(t) + Qy'(t) + Rz'(t)]\mathrm{d}t,$$

其中 P,Q,R 中的 x,y,z 用 $x(t),y(t),z(t)$ 代入.

3) 两型曲线积分之间的联系

在上述条件下,我们有

$$\int_{\widehat{AB}} P\mathrm{d}x + Q\mathrm{d}y + R\mathrm{d}z$$
$$= \int_{\widehat{AB}} [P\cos\langle\boldsymbol{\tau},\boldsymbol{i}\rangle + Q\cos\langle\boldsymbol{\tau},\boldsymbol{j}\rangle + R\cos\langle\boldsymbol{\tau},\boldsymbol{k}\rangle]\mathrm{d}s,$$

其中 $\boldsymbol{\tau}$ 为曲线 $\widehat{AB}$ 方向的切向量，$\cos\langle\boldsymbol{\tau},\boldsymbol{i}\rangle$，$\cos\langle\boldsymbol{\tau},\boldsymbol{j}\rangle$，$\cos\langle\boldsymbol{\tau},\boldsymbol{k}\rangle$ 为切向量 $\boldsymbol{\tau}$ 的方向余弦，$\boldsymbol{i},\boldsymbol{j},\boldsymbol{k}$ 分别是 x 轴、y 轴、z 轴上的单位向量。

平面情形
$$\int_{\widehat{AB}} P\mathrm{d}x + Q\mathrm{d}y = \int_{\widehat{AB}} [P\cos\langle\boldsymbol{\tau},\boldsymbol{i}\rangle + Q\cos\langle\boldsymbol{\tau},\boldsymbol{j}\rangle]\mathrm{d}s$$
$$= \int_{\widehat{AB}} [Q\cos\langle\boldsymbol{n},\boldsymbol{i}\rangle - P\cos\langle\boldsymbol{n},\boldsymbol{j}\rangle]\mathrm{d}s,$$

$\boldsymbol{n}$ 为曲线 $\widehat{AB}$ 的法向量，$[\boldsymbol{n},\boldsymbol{\tau}]$ 成右手系标架。

2. 格林公式

1) 单连通区域

设 Ω 为一平面或空间区域，对于 Ω 内任意一条闭曲线，总可以在 Ω 内连续地收缩成 Ω 内一点，则称 Ω 是**单连通区域**。否则称 Ω 是**多连通区域**。

2) 格林公式(I)

设 D 是平面有界闭域，∂D 是有限条封闭的彼此不相交的可求长曲线的并集，$P(x,y),Q(x,y) \in C^1(D)$，则
$$\int_{\partial D^+} P\mathrm{d}x + Q\mathrm{d}y = \iint_D \left(\frac{\partial Q}{\partial x} - \frac{\partial P}{\partial y}\right)\mathrm{d}x\mathrm{d}y$$
$$= \iint_D \begin{vmatrix} \frac{\partial}{\partial x} & \frac{\partial}{\partial y} \\ P & Q \end{vmatrix} \mathrm{d}x\mathrm{d}y,$$

其中 ∂D^+ 表示边界的正向，若 L 是 ∂D 的一条封闭曲线，则 L 定向如下：当人沿 L 进行时，使区域 D 在它的左边；或在 L 上一点作一右手系标架 $[\boldsymbol{e}_1,\boldsymbol{e}_2]$，使 $\boldsymbol{e}_1$ 指向 L 的外法线方向，则 $\boldsymbol{e}_2$ 的指向即为 L 的方向。

3) 格林公式(II)

设 D 同上，∂D 是有限条封闭的彼此不交的逐段光滑曲线，$P,Q \in C^1(D)$，则
$$\int_{\partial D^+} [P\cos\langle\boldsymbol{n},x\rangle + Q\cos\langle\boldsymbol{n},y\rangle]\mathrm{d}s = \iint_D \left(\frac{\partial P}{\partial x} + \frac{\partial Q}{\partial y}\right)\mathrm{d}x\mathrm{d}y,$$

$\boldsymbol{n}$ 为边界曲线的外法线方向。

4) 外微分

把被积表达式 ω 中的函数（如 P,Q）换成它的微分，化简时，凡出现两个 $\mathrm{d}x$（或 $\mathrm{d}y$ 或 $\mathrm{d}z$）的项规定为零，凡交换 $\mathrm{d}x$ 与 $\mathrm{d}y$ 位置（或 $\mathrm{d}y$ 与 $\mathrm{d}z$ 或 $\mathrm{d}z$ 与 $\mathrm{d}x$）时规定该项变号，这样所得的式子称为 ω 的外微分，记作 $\mathrm{d}\omega$。格林公式可表达如

下:被积表达式 ω 在区域边界上的积分,等于它的外微分在区域上的积分,即
$$\int_{\partial D^+}\omega = \iint_D d\omega.$$
边界正向规定同上.

典型例题分析

例 1 计算第一型曲线积分 $I = \int_L \sqrt{x^2+y^2}\,ds$,$L: x^2+y^2 = ax$.

解法 1 写出曲线的参数方程:
$$x = \frac{a}{2} + \frac{a}{2}\cos t, \quad y = \frac{a}{2}\sin t \quad (0 \leqslant t \leqslant 2\pi).$$

因为 $ds = \sqrt{\left(\frac{a}{2}\sin t\right)^2 + \left(\frac{a}{2}\cos t\right)^2}\,dt = \frac{a}{2}dt$,所以
$$I = \int_L \sqrt{x^2+y^2}\,ds = \int_0^{2\pi} \frac{a}{2}\sqrt{\frac{a^2(1+\cos t)}{2}}\,dt$$
$$= \frac{a^2}{2}\int_0^{2\pi}\left|\cos\frac{t}{2}\right|dt = 2a^2\int_0^{\frac{\pi}{2}}\cos t\,dt = 2a^2.$$

解法 2 由对称性只需考虑沿上半圆周 $L_1: y = \sqrt{ax-x^2}$ ($0 \leqslant x \leqslant a$)的积分,这时 $ds = \frac{a}{2}\frac{dx}{\sqrt{x(a-x)}}$,所以
$$I = 2\int_{L_1}\sqrt{x^2+y^2}\,ds = 2\int_0^a \sqrt{ax}\cdot\frac{a}{2}\frac{dx}{\sqrt{x(a-x)}}$$
$$= a\sqrt{a}\int_0^a \frac{dx}{\sqrt{a-x}} = 2a^2.$$

例 2 计算第一型曲线积分 $I = \int_L x^2\,ds$,L 为球面 $x^2+y^2+z^2 = a^2$ 与平面 $x+y+z=0$ 的交线.

解 由对称性知 $\int_L x^2\,ds = \int_L y^2\,ds = \int_L z^2\,ds$,所以
$$I = \int_L x^2\,ds = \frac{1}{3}\int_L (x^2+y^2+z^2)\,ds$$
$$= \frac{a^2}{3}\int_L ds = \frac{a^2}{3}\cdot 2\pi a = \frac{2}{3}\pi a^3.$$

例 3 计算第二型曲线积分

$$I = \int_{\widehat{AB}} y\mathrm{d}x - x\mathrm{d}y,$$

其中 $A(1,1), B(2,4)$ 分为两种情况：

(1) $\widehat{AB}$ 为联结 A,B 的直线段； (2) $\widehat{AB}$ 为抛物线 $y=x^2$.

解 (1) $\widehat{AB}$ 直线段的方程为 $y=3x-2$，所以

$$I = \int_1^2 [(3x-2) - 3x]\mathrm{d}x = -2.$$

(2) $I = \int_1^2 (x^2 - x \cdot 2x)\mathrm{d}x = -\int_1^2 x^2 \mathrm{d}x = -\frac{7}{3}.$

例 4 计算第二型曲线积分

$$I = \oint_L \frac{x\mathrm{d}y - y\mathrm{d}x}{x^2 + y^2}.$$

(1) $L: x^2 + y^2 = a^2$ 沿逆时针方向；

(2) $L: |x| \leqslant 1, |y| \leqslant 1$ 的边界，沿逆时针方向.

解 (1) L 的参数方程为 $x = a\cos t, y = a\sin t$ $(0 \leqslant t \leqslant 2\pi)$，所以

$$I = \frac{1}{a^2} \oint_L x\mathrm{d}y - y\mathrm{d}x$$

$$= \frac{1}{a^2} \int_0^{2\pi} (a^2\cos^2 t + a^2 \sin^2 t)\mathrm{d}t = 2\pi.$$

(2) $I = \oint_L \frac{x\mathrm{d}y - y\mathrm{d}x}{x^2 + y^2}$

$$= \int_{-1}^1 \frac{\mathrm{d}x}{1+x^2} + \int_{-1}^1 \frac{\mathrm{d}y}{1+y^2} + \int_1^{-1} \frac{-1 \cdot \mathrm{d}x}{1+x^2} - \int_1^{-1} \frac{-1 \cdot \mathrm{d}y}{1+y^2}$$

$$= 4\int_{-1}^1 \frac{\mathrm{d}x}{1+x^2} = 2\pi.$$

评注 (1) 因 $\theta = \arctan \frac{y}{x}$，它在 $x^2 + y^2 > 0$ 上是多值函数. 注意 $\mathrm{d}\theta = \frac{x\mathrm{d}y - y\mathrm{d}x}{x^2 + y^2}$，所以 $I = \int_L \mathrm{d}\theta = \theta \Big|_0^{2\pi} = 2\pi.$

(2) 除利用参数方程或原函数求积外，也可化为第一型曲线积分. 令 $\boldsymbol{r} = x\boldsymbol{i} + y\boldsymbol{j}, r = |\boldsymbol{r}|$. 则

$$I = \oint_L \frac{x\cos\langle \tau, y\rangle - y\cos\langle \tau, x\rangle}{x^2 + y^2}\mathrm{d}s$$

$$= \oint_L \frac{x\cos\langle n, x\rangle + y\cos\langle n, y\rangle}{x^2 + y^2}\mathrm{d}s$$

$$= \oint_L \frac{\boldsymbol{r} \cdot \boldsymbol{n}}{r^2} \mathrm{d}s \xrightarrow{\boldsymbol{r} \text{与} \boldsymbol{n} \text{方向一致}} \frac{1}{a} \oint_L \mathrm{d}s = 2\pi.$$

例 5 设 $f(x,y)$ 在 $\boldsymbol{R}^2$ 上连续,r 为定数,记 D 是以 (x,y) 点为心,以 r 为半径的圆,即 $(\xi-x)^2+(\eta-y)^2 \leqslant r^2$,$L$ 为 D 的边界沿逆时针方向. 令

$$F(x,y) = \iint_D f(\xi,\eta) \mathrm{d}\xi \mathrm{d}\eta.$$

证明:

(1) $F(x,y)$ 的偏导数存在,且

$$\frac{\partial F}{\partial x} = \int_L f(\xi,\eta) \mathrm{d}\eta, \quad \frac{\partial F}{\partial y} = -\int_L f(\xi,\eta) \mathrm{d}\xi;$$

(2) 上述偏导数是 x,y 的连续函数.

证 (1) 由重积分化累次积分公式,得

$$F(x,y) = \int_{y-r}^{y+r} \mathrm{d}\eta \int_{x-\sqrt{r^2-(\eta-y)^2}}^{x+\sqrt{r^2-(\eta-y)^2}} f(\xi,\eta) \mathrm{d}\xi.$$

当 y 固定时,作为 η,x 的函数,

$$g(\eta,x) = \int_{x-\sqrt{r^2-(\eta-y)^2}}^{x+\sqrt{r^2-(\eta-y)^2}} f(\xi,\eta) \mathrm{d}\xi$$

在 $y-r \leqslant \eta \leqslant y+r, x \in (-\infty,+\infty)$ 上连续,且 $g(\eta,x)$ 对 x 的偏导数

$$g'_x(\eta,x) = f(x+\sqrt{r^2-(\eta-y)^2},\eta) \\ - f(x-\sqrt{r^2-(\eta-y)^2},\eta)$$

也在 $y-r \leqslant \eta \leqslant y+r, x \in (-\infty,+\infty)$ 上连续,故根据参变积分求导定理知

$$\frac{\partial F}{\partial x} = \int_{y-r}^{y+r} [f(x+\sqrt{r^2-(\eta-y)^2},\eta) \\ - f(x-\sqrt{r^2-(\eta-y)^2},\eta)] \mathrm{d}\eta.$$

再根据第二型曲线积分的计算,即可看出

$$\frac{\partial F}{\partial x} = \int_{(\xi-x)^2+(\eta-y)^2=r^2} f(\xi,\eta) \mathrm{d}\eta = \int_L f(\xi,\eta) \mathrm{d}\eta.$$

同理可证

$$\frac{\partial F}{\partial y} = -\int_L f(\xi, \eta) d\xi.$$

(2) 为了说明 $\dfrac{\partial F}{\partial x}, \dfrac{\partial F}{\partial y}$ 是 x, y 的连续函数,只需注意

$$\frac{\partial F}{\partial x} = \int_0^{2\pi} f[x + r\cos\theta, y + r\sin\theta] r\cos\theta d\theta,$$

$$\frac{\partial F}{\partial y} = \int_0^{2\pi} f[x + r\cos\theta, y + r\sin\theta] r\sin\theta d\theta.$$

这样根据参变积分中的连续性定理,即可看出 $\dfrac{\partial F}{\partial x}, \dfrac{\partial F}{\partial y}$ 是 x, y 的二元连续函数.

例 6 求第二型曲线积分

$$I = \oint_L \frac{x dy - y dx}{x^2 + y^2}.$$

(1) L 是圆周:$x^2 + y^2 = \varepsilon^2$;

(2) L 是不过原点的简单、可求长闭曲线,且 L 所围区域 D 不含原点;

(3) L 是环绕原点的简单、可求长闭曲线;

(4) L 是环绕原点两圈的可求长闭曲线.

解 (1) $I = \oint_L \dfrac{x dy - y dx}{x^2 + y^2} = \dfrac{1}{\varepsilon^2} \oint_L x dy - y dx$

$= \dfrac{1}{\varepsilon^2} \iint_D 2 dx dy = 2\pi.$

(2) 令 $P = -\dfrac{y}{x^2+y^2}, Q = \dfrac{x}{x^2+y^2}$. 因 $\dfrac{\partial Q}{\partial x} = \dfrac{y^2-x^2}{(x^2+y^2)^2} = \dfrac{\partial P}{\partial y} \in C^1(\overline{D})$,所以由格林公式得

$$I = \oint_L \frac{x dy - y dx}{x^2 + y^2} = \iint_D \left(\frac{\partial Q}{\partial x} - \frac{\partial P}{\partial y} \right) dx dy = 0.$$

(3) 以原点为心,以 ε 为半径作圆 C_ε:$x^2+y^2=\varepsilon^2$,其中 ε 小于原点到集合 L 的距离. 记 L 与 C_ε 所围的区域为 D. C_ε^- 表示顺时针方向的圆周. 则由格林公式得

$$\int_L \frac{x dy - y dx}{x^2 + y^2} + \int_{C_\varepsilon} \frac{x dy - y dx}{x^2 + y^2} = \iint_D \left(\frac{\partial Q}{\partial x} - \frac{\partial P}{\partial y} \right) dx dy = 0,$$

由此推出

$$I = \int_L \frac{x\mathrm{d}y - y\mathrm{d}x}{x^2 + y^2} = -\int_{C_\varepsilon^-} \frac{x\mathrm{d}y - y\mathrm{d}x}{x^2 + y^2}$$
$$= \int_{C_\varepsilon} \frac{x\mathrm{d}y - y\mathrm{d}x}{x^2 + y^2} = 2\pi.$$

(4) 把绕原点两圈的曲线 L 拆成两条绕原点的简单闭曲线的并集：$L = C_1 + C_2, C_i$ 为简单闭曲线,则

$$I = \int_L \frac{x\mathrm{d}y - y\mathrm{d}x}{x^2 + y^2} = \int_{C_1} \frac{x\mathrm{d}y - y\mathrm{d}x}{x^2 + y^2} + \int_{C_2} \frac{x\mathrm{d}y - y\mathrm{d}x}{x^2 + y^2} = 4\pi.$$

例7 计算第二型曲线积分

$$I = \int_{\widehat{AO}} (\mathrm{e}^x \sin y - y^2)\mathrm{d}x + \mathrm{e}^x \cos y \mathrm{d}y,$$

其中 $\widehat{AO}$ 为自 $A(a, 0)$ 至 $O(0, 0)$ 的上半圆周 $x^2 + y^2 = ax$.

解 用位于 x 轴上的线段 $\overline{OA}$ 与上半圆周 $\widehat{AO}$ 形成一闭路,记所围区域为 D,则

$$\int_{\widehat{AO}} (\mathrm{e}^x \sin y - y^2)\mathrm{d}x + \mathrm{e}^x \cos y \mathrm{d}y + \int_{\overline{OA}} (\mathrm{e}^x \sin y - y^2)\mathrm{d}x + \mathrm{e}^x \cos y \mathrm{d}y$$
$$= \iint_D (\mathrm{e}^x \cos y - \mathrm{e}^x \cos y + 2y)\mathrm{d}x\mathrm{d}y = 2\iint_D y\mathrm{d}x\mathrm{d}y,$$

所以

$$I = 2\iint_D y\mathrm{d}x\mathrm{d}y - \int_{\overline{OA}} (\mathrm{e}^x \sin y - y^2)\mathrm{d}x + \mathrm{e}^x \cos y \mathrm{d}y$$
$$= \int_0^a \mathrm{d}x \int_0^{\sqrt{ax-x^2}} 2y\mathrm{d}y = \int_0^a (ax - x^2)\mathrm{d}x = \frac{a^3}{6}.$$

例8 设 D 为平面区域, $u(x, y) \in C^2(D)$. 证明: $u(x, y)$ 是调和函数,即 u 满足 $\frac{\partial^2 u}{\partial x^2} + \frac{\partial^2 u}{\partial y^2} \equiv 0$ 的充要条件是: 对 D 内任一圆周 L, 且 L 所围圆属于 D, 都有

$$\int_L \frac{\partial u}{\partial \boldsymbol{n}} \mathrm{d}s = 0.$$

证 设 $u(x, y)$ 为 D 上调和函数, L 所围区域记为 $\Omega \subset D$. 由方向导数公式和格林公式,即得

$$\oint_L \frac{\partial u}{\partial \boldsymbol{n}} \mathrm{d}s = \oint_L \left(\frac{\partial u}{\partial x} \cos \langle \boldsymbol{n}, \boldsymbol{i} \rangle + \frac{\partial u}{\partial y} \cos \langle \boldsymbol{n}, \boldsymbol{j} \rangle \right) \mathrm{d}s$$

$$= \iint_\Omega \left(\frac{\partial^2 u}{\partial x^2} + \frac{\partial^2 u}{\partial y^2}\right) \mathrm{d}x\mathrm{d}y = 0.$$

反之,设 $\oint_L \frac{\partial u}{\partial \boldsymbol{n}} \mathrm{d}s = 0$,要证 $\frac{\partial^2 u}{\partial x^2} + \frac{\partial^2 u}{\partial y^2} \equiv 0$,我们用反证法. 假设 $\frac{\partial^2 u}{\partial x^2} + \frac{\partial^2 u}{\partial y^2} \not\equiv 0$,则它在某一点 $(x_0, y_0) \in D$ 不为零. 无妨设它的值 a 为正的. 由连续性,$\exists \delta > 0$,使 $\frac{\partial^2 u}{\partial x^2} + \frac{\partial^2 u}{\partial y^2}$ 在 $(x-x_0)^2 + (y-y_0)^2 \leqslant \delta^2$ 上的值大于等于 $a/2$(必要时可缩小 δ,使圆包含在 D 内). 取圆周 L:$(x-x_0)^2 + (y-y_0)^2 = \delta^2$,则

$$\oint_L \frac{\partial u}{\partial \boldsymbol{n}} \mathrm{d}s = \iint_{(x-x_0)^2+(y-y_0)^2 \leqslant \delta^2} \left(\frac{\partial^2 u}{\partial x^2} + \frac{\partial^2 u}{\partial y^2}\right) \mathrm{d}x\mathrm{d}y$$
$$\geqslant \frac{a}{2} \cdot \pi\delta^2 > 0.$$

与已知条件矛盾. 这矛盾说明 $u(x, y)$ 为调和函数.

例9 在例 8 的条件下,证明 $u(x, y)$ 在 D 上是调和函数的充要条件为:$\forall P_0(x_0, y_0) \in D$,

$$u(x_0, y_0) = \frac{1}{2\pi} \int_0^{2\pi} u(x_0 + r\cos\theta, y_0 + r\sin\theta) \mathrm{d}\theta,$$
$$0 < r < d = \rho(P_0, \partial D).$$

证 取 L:$(x-x_0)^2 + (y-y_0)^2 = r^2$,这时 L 的外法线方向即为半径 r 的方向,由例 8 知 u 为调和函数的充要条件为:

$$\oint_L \frac{\partial u}{\partial \boldsymbol{r}} \mathrm{d}s = 0.$$

设 u 为调和函数,则有

$$\oint_L \frac{\partial u}{\partial \boldsymbol{r}} \mathrm{d}s = r\int_0^{2\pi} u_r'(x_0 + r\cos\theta, y_0 + r\sin\theta) \mathrm{d}\theta = 0.$$

在 $0 \leqslant \theta \leqslant 2\pi, 0 < \varepsilon \leqslant r \leqslant d-\varepsilon$ 上应用积分号下求微分定理,得

$$\frac{\partial}{\partial r}\int_0^{2\pi} u(x_0 + r\cos\theta, y_0 + r\sin\theta) \mathrm{d}\theta = 0.$$

所以在 $[\varepsilon, d-\varepsilon]$ 上,

$$g(r) \xmapsto{\text{定义}} \int_0^{2\pi} u(x_0 + r\cos\theta, y_0 + r\sin\theta) \mathrm{d}\theta = C.$$

由 ε 的任意性,推出在 $0<r<d$ 上 $g(r)=C$. 再根据连续性定理,知 $g(r)$ 在 $[0,d]$ 上连续,所以 $C=2\pi u(x_0,y_0)$,即得

$$u(x_0,y_0) = \frac{1}{2\pi}\int_0^{2\pi} u(x_0+r\cos\theta, y_0+r\sin\theta)\mathrm{d}\theta \quad (0 \leqslant r < d).$$

反之,若上式成立,两边对 r 求导得

$$0 = \frac{\partial}{\partial r}\int_0^{2\pi} u(x_0+r\cos\theta, y_0+r\sin\theta)\mathrm{d}\theta.$$

由上面的推导可得 $\int_0^{2\pi} \frac{\partial u}{\partial r}\mathrm{d}\theta = 0$,因而

$$r\int_0^{2\pi}\frac{\partial u}{\partial r}\mathrm{d}\theta = \oint_L \frac{\partial u}{\partial r}\mathrm{d}s = 0,$$

所以 u 为调和函数.

练习题 6.3

6.3.1 求下列第一型曲线积分:

(1) $\int_L y^2 \mathrm{d}s$, L 为摆线的一拱: $x=a(t-\sin t), y=a(1-\cos t)$ $(0 \leqslant t \leqslant 2\pi)$;

(2) $\int_L (x^{\frac{4}{3}}+y^{\frac{4}{3}})\mathrm{d}s$, L 为内摆线: $x^{\frac{2}{3}}+y^{\frac{2}{3}}=a^{\frac{2}{3}}$;

(3) $\int_L xyz\mathrm{d}s$, L 为螺线: $x=a\cos t, y=a\sin t, z=bt$ $(0\leqslant t\leqslant 2\pi)(0<a<b)$.

6.3.2 计算第一型曲线积分:

(1) $\int_L (xy+yz+zx)\mathrm{d}s$, L 为球面 $x^2+y^2+z^2=a^2$ 与平面 $x+y+z=0$ 之交线;

(2) $\int_L xy\mathrm{d}s$, L 同上.

6.3.3 (1) 求第一型曲线积分:

$$I = \int_{x^2+y^2=R^2} \ln\frac{1}{\sqrt{(x-h)^2+y^2}}\mathrm{d}s \quad (h\neq R);$$

(2) 写出圆周的单层位势:

$$U(a,b) = \int_{x^2+y^2=R^2} \ln\frac{1}{\sqrt{(x-a)^2+(y-b)^2}}\mathrm{d}s,$$

其中 $a^2+b^2\neq R^2$.

6.3.4 设 $f(x,y)$ 在 L 上连续,L 是一封闭的逐段光滑简单曲线. 证明:

$$u(x,y) = \oint_L f(\xi,\eta)\ln\frac{1}{\sqrt{(\xi-x)^2+(\eta-y)^2}}\mathrm{d}s$$

当 $x^2+y^2\to+\infty$ 时趋于零的充要条件是 $\oint_L f(\xi,\eta)\mathrm{d}s=0$.

6.3.5 设 $u(x,y)$ 在 $\boldsymbol{R}^2$ 上连续,对任意 $r>0$. 证明:等式
$$u(x,y)=\frac{1}{\pi r^2}\iint_{(\xi-x)^2+(y-\eta)^2\leqslant r^2}u(\xi,\eta)\mathrm{d}\xi\mathrm{d}\eta$$

成立的充要条件是等式
$$u(x,y)=\frac{1}{2\pi r}\int_{(\xi-x)^2+(\eta-y)^2=r^2}u(\xi,\eta)\mathrm{d}s$$
$$=\frac{1}{2\pi}\int_0^{2\pi}u(x+r\cos\theta,y+r\sin\theta)\mathrm{d}\theta \quad (\forall\ r>0)$$

成立.

6.3.6 求下列第二型曲线积分:

(1) $\int_{\widehat{AB}}(x-2xy^2)\mathrm{d}x+(y-2x^2y)\mathrm{d}y$,其中 $A(0,0),B(2,4),\widehat{AB}:y=x^2$;

(2) $\int_{\widehat{AB}}(x+y)\mathrm{d}x+xy\mathrm{d}y$,其中 $A(0,0),B(2,0),\widehat{AB}:y=1-|1-x|$;

(3) $\int_{\widehat{AB}}(x-y)\mathrm{d}x+(y-z)\mathrm{d}y+(z-x)\mathrm{d}z$,其中 $A(0,0,0),B(1,1,1),\widehat{AB}:$ $x=t,y=t^2,z=t^3$;

(4) $\int_{\widehat{AB}}y^2\mathrm{d}x+z^2\mathrm{d}y+x^2\mathrm{d}z$,其中 $A(a,0,0),B(a,0,2\pi\gamma),\widehat{AB}:x=a\cos t$, $y=\beta\sin t,z=\gamma t(a,\beta,\gamma$ 为正数).

6.3.7 求第二型曲线积分
$$\int_L(y^2-z^2)\mathrm{d}x+(z^2-x^2)\mathrm{d}y+(x^2-y^2)\mathrm{d}z.$$

(1) L 为球面三角形 $x^2+y^2+z^2=1,x\geqslant 0,y\geqslant 0,z\geqslant 0$ 的边界线,从球的外侧看去,L 的方向为逆时针方向;

(2) L 是球面 $x^2+y^2+z^2=a^2$ 和柱面 $x^2+y^2=ax$ $(a>0)$ 的交线位于 xy 平面上方部分,从 x 轴上 $(b,0,0)$ $(b>a)$ 点看去,L 的方向是顺时针方向.

6.3.8 求第二型曲线积分
$$\oint_L\frac{x\mathrm{d}x+y\mathrm{d}y}{x^2+y^2}.$$

(1) L 为圆周 $x^2+y^2=a^2$,逆时针方向;

(2) L 为正方形 $|x|\leqslant 1,|y|\leqslant 1$ 的边界,逆时针方向.

6.3.9 计算第二型曲线积分
$$\oint_L(x^2+y^2)\mathrm{d}x+(x+y)^2\mathrm{d}y,$$

L 为圆周 $x^2+y^2=ax$,逆时针方向.

6.3.10 设 P,Q,R 为 L 上的连续函数，L 为光滑弧段，弧长为 l. 证明：
$$\left|\int_L P\mathrm{d}x+Q\mathrm{d}y+R\mathrm{d}z\right|\leqslant M\cdot l,$$
其中 $M=\max\limits_{(x,y,z)\in L}\{\sqrt{P^2+Q^2+R^2}\}$.

6.3.11 计算下列积分：

(1) $\oint_{\partial D}xy^2\mathrm{d}y-yx^2\mathrm{d}x$，$D:\dfrac{x^2}{a^2}+\dfrac{y^2}{b^2}\leqslant 1$；

(2) $\oint_{\partial D}(x^2+y^3)\mathrm{d}x-(x^3-y^2)\mathrm{d}y$，$D:x^2+y^2\leqslant 1$；

(3) $\oint_{\partial D}e^y\sin x\mathrm{d}x+e^{-x}\sin y\mathrm{d}y$，$D:a\leqslant x\leqslant b,c\leqslant y\leqslant d$.

6.3.12 计算下列积分：

(1) $\int_{\widehat{AO}}(x^2+y^2)\mathrm{d}x+(x+y)^2\mathrm{d}y$，$A(a,0),O(0,0),\widehat{AO}:x^2+y^2=ax$ $(y\geqslant 0)$；

(2) $\int_{\widehat{OA}}e^x[(1-\cos y)\mathrm{d}x-(y-\sin y)\mathrm{d}y]$，$A(\pi,0),O(0,0),\widehat{OA}:y=\sin x$；

(3) $\int_{\widehat{OA}}e^{-(x^2-y^2)}[x(1-x^2-y^2)\mathrm{d}x+y(1+x^2+y^2)\mathrm{d}y]$，$A(1,1),O(0,0),\widehat{OA}:y=x^2$.

6.3.13 设 C 为光滑的简单闭曲线，求下列积分：

(1) $\oint_C\cos\langle\boldsymbol{l},\boldsymbol{n}\rangle\mathrm{d}s$，$\boldsymbol{l}$ 为给定的方向，$\boldsymbol{n}$ 为 C 的外法线方向；

(2) $\oint_C\cos\langle\boldsymbol{r},\boldsymbol{n}\rangle\mathrm{d}s$，$\boldsymbol{r}=x\boldsymbol{i}+y\boldsymbol{j}$，$\boldsymbol{n}$ 为 C 的外法线方向.

6.3.14 (1) 设 $f(x,y)=\ln\dfrac{1}{\sqrt{(x-a)^2+(y-b)^2}}$ $(a^2+b^2\neq R^2)$，试证函数在圆 $x^2+y^2=R^2$ 上每点沿外法线方向 $\boldsymbol{n}$ 的方向导数为
$$\dfrac{\partial f}{\partial\boldsymbol{n}}=-\dfrac{(x-a)\cos\langle\boldsymbol{\tau},\boldsymbol{j}\rangle-(y-b)\cos\langle\boldsymbol{\tau},\boldsymbol{i}\rangle}{(x-a)^2+(y-b)^2},$$
其中 $\boldsymbol{\tau}$ 为圆的切向量，$\boldsymbol{i},\boldsymbol{j}$ 分别为 x 轴、y 轴上的单位向量；

(2) 求圆周 $x^2+y^2=R^2$ 的双层位势
$$u(a,b)=\int_{x^2+y^2=R^2}\dfrac{(x-a)\mathrm{d}y-(y-b)\mathrm{d}x}{(x-a)^2+(y-b)^2}\quad(a^2+b^2\neq R^2).$$

6.3.15 (1) 求积分 $I=\int_{\partial D}e^{-(x^2-y^2)}(\cos 2xy\mathrm{d}x+\sin 2xy\mathrm{d}y)$，$D:|x|\leqslant R,0\leqslant y\leqslant b$；

(2) 证明：$\lim\limits_{R\to+\infty}\int_0^b e^{-(R^2-y^2)}\sin 2Ry\mathrm{d}y=0$；

(3) 证明：$\int_{-\infty}^{+\infty}e^{-x^2}\cos 2bx\mathrm{d}x=\sqrt{\pi}\,e^{-b^2}$.

6.3.16 设 $A>0, C>0, AC-B^2>0$,求证:
$$\oint_L \frac{x\mathrm{d}y - y\mathrm{d}x}{Ax^2 + 2Bxy + Cy^2} = \frac{2\pi}{\sqrt{AC-B^2}}, \quad L: x^2+y^2 = R^2.$$

6.3.17 设 $f(x,y)$ 在上半平面 $y>0$ 上连续可微.证明:对上半平面上的任一光滑闭曲线 C,等式
$$\oint_C f(x,y)(x\mathrm{d}y - y\mathrm{d}x) = 0$$
成立的充要条件是: $f(x,y)$ 为 2 次齐次函数.

6.3.18 计算线积分
$$I = \oint_L \frac{\mathrm{e}^x}{x^2+y^2}[(x\cos y + y\sin y)\mathrm{d}y + (x\sin y - y\cos y)\mathrm{d}x],$$
其中 L 是包含原点在其内部的光滑简单闭曲线.

6.3.19 设 C 是逐段光滑简单闭曲线,它围成的区域记作 D,函数 $u(x,y), v(x,y) \in C^2(\overline{D})$. 证明
$$\oint_C v\frac{\partial u}{\partial n}\mathrm{d}s = \iint_D v\left[\frac{\partial^2 u}{\partial x^2} + \frac{\partial^2 u}{\partial y^2}\right]\mathrm{d}x\mathrm{d}y + \iint_D \left[\frac{\partial u}{\partial x}\frac{\partial v}{\partial x} + \frac{\partial u}{\partial y}\frac{\partial v}{\partial y}\right]\mathrm{d}x\mathrm{d}y.$$

6.3.20 设 C 与 D 的条件同上题, $u(x,y)$ 是 D 上调和函数.证明:若 $u(x,y)|_C = 0$,则 $u(x,y) \equiv 0, (x,y) \in D$.

§4 曲面积分

内 容 提 要

1. 曲面面积

若曲面由显方程 $z = f(x,y) \in C^1(\Omega)$ 给出,Ω 为 $\mathbf{R}^2$ 上的闭可测图形,则曲面面积为
$$S = \iint_\Omega \sqrt{1 + \left(\frac{\partial f}{\partial x}\right)^2 + \left(\frac{\partial f}{\partial y}\right)^2}\mathrm{d}x\mathrm{d}y.$$

若曲面由参数方程 $\boldsymbol{r}(u,v) = x(u,v)\boldsymbol{i} + y(u,v)\boldsymbol{j} + z(u,v)\boldsymbol{k} \in C^1(\Omega)$ 给出, $\mathrm{D}\boldsymbol{r}(u,v)$ 的秩为 2, Ω 同上所述,则曲面面积为
$$S = \iint_\Omega \sqrt{A^2 + B^2 + C^2}\mathrm{d}u\mathrm{d}v = \iint_\Omega \sqrt{EG - F^2}\mathrm{d}u\mathrm{d}v,$$
其中
$$A = \frac{\partial(y,z)}{\partial(u,v)}, \quad B = \frac{\partial(z,x)}{\partial(u,v)}, \quad C = \frac{\partial(x,y)}{\partial(u,v)},$$
$$E = \boldsymbol{r}'_u \cdot \boldsymbol{r}'_u, \quad F = \boldsymbol{r}'_u \cdot \boldsymbol{r}'_v, \quad G = \boldsymbol{r}'_v \cdot \boldsymbol{r}'_v.$$

2. 第一型曲面积分

设 S 为光滑曲面片,$f(x,y,z)$ 在 S 上定义. 作 S 的分割 $\Delta = \{\Delta S_1,\cdots,\Delta S_n\}$,同时也用 ΔS_i 表示面积. 在每个 ΔS_i 上任取一点 $M_i(x_i,y_i,z_i)$ ($i=1,\cdots,n$). 令 $\|\Delta\| = \max\limits_{1 \leqslant i \leqslant n}\{d(\Delta S_i)\}$. 则称极限(如果存在) $\lim\limits_{\|\Delta\| \to 0} \sum\limits_{i=1}^{n} f(x_i,y_i,z_i)\Delta S_i$ 为 f 在 S 上的**第一型曲面积分**,记作

$$\lim_{\|\Delta\| \to 0} \sum_{i=1}^{n} f(x_i,y_i,z_i)\Delta S_i = \iint\limits_{S} f(x,y,z)\mathrm{d}S.$$

若 S 是由参数式 $\boldsymbol{r}(u,v) \in C^1(\Omega)$ 给出的光滑曲面片,$f(x,y,z) \in C(S)$,则

$$\iint\limits_{S} f(x,y,z)\mathrm{d}S = \iint\limits_{\Omega} f[x(u,v),y(u,v),z(u,v)]\sqrt{A^2+B^2+C^2}\mathrm{d}u\mathrm{d}v.$$

3. 曲面的侧

设 S 为光滑曲面,对任意一点 $M \in S$,取定 M 点法向量的一个朝向. 让 M 沿 S 上但不越过 S 边界的任一闭路运动,在运动过程中使法向量连续地变化,当 M 点回到原来位置时,若法向量的方向跟出发时的方向相同,则称曲面 S 是**双侧曲面**,否则称 S 为**单侧曲面**.

对双侧曲面,称取定法向量的曲面 S 为**定向曲面**. 给定定向曲面 S,它的边界 L 的正定向规定如下:在 L 上一点作右手系标架 $[\boldsymbol{e}_1,\boldsymbol{e}_2,\boldsymbol{e}_3]$,使 $\boldsymbol{e}_1$ 与曲面 S 取定的法向量一致,$\boldsymbol{e}_2$ 指向 L 的外法线方向,则 $\boldsymbol{e}_3$ 的方向即曲线 L 的正定向.

4. 第二型曲面积分

设 S 为一定向曲面,取定的法向量

$$\boldsymbol{n} = \cos\alpha \boldsymbol{i} + \cos\beta \boldsymbol{j} + \cos\gamma \boldsymbol{k}.$$

在 S 上给定一向量函数

$$\boldsymbol{F}(x,y,z) = P(x,y,z)\boldsymbol{i} + Q(x,y,z)\boldsymbol{j} + R(x,y,z)\boldsymbol{k},$$

则称

$$\iint\limits_{S} (P\cos\alpha + Q\cos\beta + R\cos\gamma)\mathrm{d}S \xlongequal{\text{定义}} \iint\limits_{S} P\mathrm{d}y\mathrm{d}z + Q\mathrm{d}z\mathrm{d}x + R\mathrm{d}x\mathrm{d}y$$

为 $\boldsymbol{F}$ 在 S 上的**第二型曲面积分**. 若 $\boldsymbol{F} \in C(S)$,S 的参数方程 $\boldsymbol{r}(u,v) \in C^1(\Omega)$,$A,B,C$ 意义同前面给出的表达式,则

$$\iint\limits_{S} P\mathrm{d}y\mathrm{d}z + Q\mathrm{d}z\mathrm{d}x + R\mathrm{d}x\mathrm{d}y = \pm \iint\limits_{\Omega} (PA + QB + RC)\mathrm{d}u\mathrm{d}v,$$

重积分前正负号根据 S 取定的侧来定.

典型例题分析

例 1 求球面 $x^2+y^2+z^2=a^2$ 被柱面 $x^2+y^2=ax$ 截下部分的面

积.

解 记曲线 $x^2+y^2=ax$ 所围平面区域为 D，球面的方程为 $z=\pm\sqrt{a^2-x^2-y^2}$。由对称性可只考虑 Oxy 平面之上那部分，所以

$$S = 2\iint_D \sqrt{1+\left(\frac{\partial z}{\partial x}\right)^2+\left(\frac{\partial z}{\partial y}\right)^2}\mathrm{d}x\mathrm{d}y$$

$$= 2\iint_D \frac{a}{\sqrt{a^2-x^2-y^2}}\mathrm{d}x\mathrm{d}y$$

$$= 2\int_{-\frac{\pi}{2}}^{\frac{\pi}{2}}\mathrm{d}\theta\int_0^{a\cos\theta}\frac{a}{\sqrt{a^2-r^2}}r\mathrm{d}r$$

$$= 2a^2\int_{-\frac{\pi}{2}}^{\frac{\pi}{2}}(1-|\sin\theta|)\mathrm{d}\theta = 4a^2\left(\frac{\pi}{2}-1\right).$$

例 2 计算第一型曲面积分

$$I = \iint_S (x+y+z)\mathrm{d}S, \quad S: x^2+y^2+z^2=a^2, \quad z \geqslant 0.$$

解 由对称性知 $\iint_S x\mathrm{d}S = \iint_S y\mathrm{d}S = 0$，又由例 1 得出

$$\mathrm{d}S = \sqrt{1+\left(\frac{\partial z}{\partial x}\right)^2+\left(\frac{\partial z}{\partial y}\right)^2}\mathrm{d}x\mathrm{d}y$$

$$= \frac{a}{\sqrt{a^2-x^2-y^2}}\mathrm{d}x\mathrm{d}y = \frac{a}{z}\mathrm{d}x\mathrm{d}y,$$

所以

$$I = \iint_S z\mathrm{d}S = \iint_{x^2+y^2\leqslant a^2} a\mathrm{d}x\mathrm{d}y = a\cdot\pi a^2 = \pi a^3.$$

例 3 (1) 求积分

$$I = \iint_{x^2+y^2+z^2=R^2}\frac{\mathrm{d}S}{\sqrt{x^2+y^2+(z-h)^2}} \quad (h \neq R);$$

(2) 求球面的单层位势

$$u(a,b,c) = \iint_{x^2+y^2+z^2=R^2}\frac{\mathrm{d}S}{\sqrt{(x-a)^2+(y-b)^2+(z-c)^2}}$$
$$(a^2+b^2+c^2 \neq R^2).$$

解 (1) 令 $x=R\cos\theta\sin\varphi, y=R\sin\theta\sin\varphi, z=R\cos\varphi$ ($0\leqslant\theta\leqslant 2\pi$, $0\leqslant\varphi\leqslant\pi$).

$$\begin{bmatrix} x'_\varphi & y'_\varphi & z'_\varphi \\ x'_\theta & y'_\theta & z'_\theta \end{bmatrix} = \begin{bmatrix} R\cos\theta\cos\varphi & R\sin\theta\cos\varphi & -R\sin\varphi \\ -R\sin\theta\sin\varphi & R\cos\theta\sin\varphi & 0 \end{bmatrix},$$

得

$$A=R^2\cos\theta\sin^2\varphi, \quad B=R^2\sin\theta\sin^2\varphi, \quad C=R^2\sin\varphi\cos\varphi,$$
$$dS=\sqrt{A^2+B^2+C^2}d\theta d\varphi=R^2\sin\varphi d\theta d\varphi,$$

所以

$$I=\int_0^{2\pi}d\theta\int_0^\pi\frac{R^2\sin\varphi\,d\varphi}{\sqrt{R^2-2Rh\cos\varphi+h^2}}$$
$$=\frac{\pi}{h}\int_0^\pi\frac{R\,d(R^2-2Rh\cos\varphi+h^2)}{\sqrt{R^2-2Rh\cos\varphi+h^2}}$$
$$=\frac{2\pi R}{h}\sqrt{R^2-2Rh\cos\varphi+h^2}\Big|_0^\pi$$
$$=\frac{2\pi R}{h}[(R+h)-|R-h|]$$
$$=\begin{cases}\dfrac{4\pi R^2}{h}, & h>R, \\ 4\pi R, & 0<h<R.\end{cases}$$

(2) 作坐标系的正交变换,使新坐标 $O\xi\eta\zeta$ 的 ζ 轴通过 (a,b,c) 点. 则由(1)知

$$u(a,b,c)=\iint\limits_{\xi^2+\eta^2+\zeta^2=R^2}\frac{dS}{\sqrt{\xi^2+\eta^2+(\zeta-h)^2}}\quad(h^2=a^2+b^2+c^2)$$
$$=\begin{cases}\dfrac{4\pi R^2}{\sqrt{a^2+b^2+c^2}}, & a^2+b^2+c^2>R^2, \\ 4\pi R, & 0<a^2+b^2+c^2<R^2.\end{cases}$$

评注 球面的单层位势相当于把球面质量(或电量)集中于原点时的位势一样,在球面内部各点位势为常数.

例 4 计算第二型曲面积分

$$I=\oiint\limits_{x^2+y^2+z^2=R^2}\frac{x\,dy dz+y\,dz dx+z\,dx dy}{(x^2+y^2+z^2)^{3/2}}.$$

解法 1 显然
$$I = \frac{1}{R^3} \iint\limits_{x^2+y^2+z^2=R^2} x\mathrm{d}y\mathrm{d}z + y\mathrm{d}z\mathrm{d}x + z\mathrm{d}x\mathrm{d}y.$$

因球面的外侧单位法向量为 $\left(\dfrac{x}{R}, \dfrac{y}{R}, \dfrac{z}{R}\right)$ 及

$$\frac{x}{R}\mathrm{d}S = \mathrm{d}y\mathrm{d}z, \quad \frac{y}{R}\mathrm{d}S = \mathrm{d}z\mathrm{d}x, \quad \frac{z}{R}\mathrm{d}S = \mathrm{d}x\mathrm{d}y,$$

所以
$$I = \frac{1}{R^4} \iint\limits_{x^2+y^2+z^2=R^2} (x^2+y^2+z^2)\mathrm{d}S$$
$$= \frac{1}{R^2} \iint\limits_{x^2+y^2+z^2=R^2} \mathrm{d}S = 4\pi.$$

解法 2 令 $x = R\cos\theta\sin\varphi, y = R\sin\theta\sin\varphi, z = R\cos\varphi$ ($0 \leqslant \theta \leqslant 2\pi$, $0 \leqslant \varphi \leqslant \pi$). 由例 3 知

$$A = R^2\cos\theta\sin^2\varphi, \quad B = R^2\sin\theta\sin^2\varphi, \quad C = R^2\sin\varphi\cos\varphi.$$

因曲面取外侧,为了使上半球面的 $C > 0$,故计算公式中取正号,于是有

$$I = \frac{1}{R^3} \iint\limits_{\substack{0 \leqslant \theta \leqslant 2\pi \\ 0 \leqslant \varphi \leqslant 2\pi}} (R\cos\theta\sin\varphi \cdot R^2\cos\theta\sin^2\varphi + R\sin\theta\sin\varphi$$
$$\times R^2\sin\theta\sin^2\varphi + R\cos\varphi \cdot R^2\sin\varphi\cos\varphi)\mathrm{d}\theta\mathrm{d}\varphi$$
$$= \frac{1}{R^3}\int_0^{2\pi}\mathrm{d}\theta\int_0^{\pi} R^3\sin\varphi\mathrm{d}\varphi = 2\pi\int_0^{\pi}\sin\varphi\mathrm{d}\varphi = 4\pi.$$

评注 解法 1 也可采用向量写法. 令 $\boldsymbol{r} = x\boldsymbol{i} + y\boldsymbol{j} + z\boldsymbol{k}, r = |\boldsymbol{r}|$,则

$$I = \iint\limits_{x^2+y^2+z^2=R^2} \frac{x\cos\langle\boldsymbol{n},\boldsymbol{i}\rangle + y\cos\langle\boldsymbol{n},\boldsymbol{j}\rangle + z\cos\langle\boldsymbol{n},\boldsymbol{k}\rangle}{r^3}\mathrm{d}S$$
$$= \iint\limits_{S} \frac{\boldsymbol{r}\cdot\boldsymbol{n}}{r^3}\mathrm{d}S = \iint\limits_{S} \frac{1}{r^2}\mathrm{d}S = \frac{1}{R^2}\iint\limits_{S}\mathrm{d}S = 4\pi.$$

例 5 设 $f(x) \in C[0,1]$,证明:

(1) $\int_0^{\frac{\pi}{2}}\int_0^{\frac{\pi}{2}} \sin\varphi f(\sin\theta\sin\varphi)\mathrm{d}\theta\mathrm{d}\varphi = \dfrac{\pi}{2}\int_0^{\frac{\pi}{2}} \sin\varphi f(\cos\varphi)\mathrm{d}\varphi$;

353

(2) 计算重积分 $I = \iint\limits_{0 \leqslant \substack{\theta \\ \varphi} \leqslant \frac{\pi}{2}} \sin\varphi \mathrm{e}^{\sin\theta\sin\varphi} \mathrm{d}\theta \mathrm{d}\varphi$.

证 (1) 令 S 为 $x^2+y^2+z^2=1, x\geqslant 0, y\geqslant 0, z\geqslant 0$. 由对称性显然可得
$$\iint\limits_S f(y)\mathrm{d}S = \iint\limits_S f(z)\mathrm{d}S,$$
而
$$\iint\limits_S f(y)\mathrm{d}S = \int_0^{\frac{\pi}{2}} \int_0^{\frac{\pi}{2}} f(\sin\theta\sin\varphi)\sin\varphi \mathrm{d}\theta \mathrm{d}\varphi,$$
$$\iint\limits_S f(z)\mathrm{d}S = \int_0^{\frac{\pi}{2}} \int_0^{\frac{\pi}{2}} f(\cos\varphi)\sin\varphi \mathrm{d}\theta \mathrm{d}\varphi$$
$$= \frac{\pi}{2} \int_0^{\frac{\pi}{2}} \sin\varphi f(\cos\varphi) \mathrm{d}\varphi,$$
所以
$$\int_0^{\frac{\pi}{2}} \int_0^{\frac{\pi}{2}} \sin\varphi f(\sin\theta\sin\varphi) \mathrm{d}\theta \mathrm{d}\varphi = \frac{\pi}{2} \int_0^{\frac{\pi}{2}} \sin\varphi f(\cos\varphi) \mathrm{d}\varphi.$$

(2) 利用(1)的结果得
$$I = \iint\limits_{0 \leqslant \substack{\theta \\ \varphi} \leqslant \frac{\pi}{2}} \sin\varphi \mathrm{e}^{\sin\theta\sin\varphi} \mathrm{d}\theta \mathrm{d}\varphi = \frac{\pi}{2} \int_0^{\frac{\pi}{2}} \sin\varphi \mathrm{e}^{\cos\varphi} \mathrm{d}\varphi$$
$$= -\frac{\pi}{2} \mathrm{e}^{\cos\varphi} \Big|_0^{\frac{\pi}{2}} = \frac{\pi}{2}(\mathrm{e}-1).$$

练 习 题 6.4

6.4.1 求环面 $x=(b+a\cos\varphi)\cos\theta, y=(b+a\cos\varphi)\sin\theta, z=a\sin\varphi$ ($0<a<b$) 被两条经线 $\theta=\theta_1, \theta=\theta_2$ 和两条纬线 $\varphi=\varphi_1, \varphi=\varphi_2$ 所围成的那部分面积,并求出整个环面面积.

6.4.2 求螺旋面 $x=r\cos\varphi, y=r\sin\varphi, z=h\varphi$ ($0<r<a, 0<\varphi<2\pi$)的面积.

6.4.3 求球面 $x^2+y^2+z^2=a^2$ 包含在柱体 $y^2+z^2\leqslant 1$ ($a>1$)中那部分的面积.

6.4.4 求曲面 $z=\sqrt{2xy}$ 被平面 $x+y=1, x=1$ 及 $y=1$ 所截下的那部分

的面积.

6.4.5 求曲面 $x^2+y^2=\dfrac{1}{3}z^2, \sqrt{2}\,x+z=2a\ (a>0)$ 围成的立体的表面积.

6.4.6 平面上一椭圆绕其长轴旋转得一旋转椭球 Ω,求 Ω 之表面积.

6.4.7 求下列第一型曲面积分:

(1) $\iint\limits_{S}(x^2+y^2)\mathrm{d}S, S$ 为立体 $\sqrt{x^2+y^2}\leqslant z\leqslant 2$ 的边界面;

(2) $\iint\limits_{S}|xyz|\mathrm{d}S, S$ 为曲面 $z=x^2+y^2$ 被平面 $z=1$ 割下的部分;

(3) $\iint\limits_{S}z^2\mathrm{d}S, S$ 为螺旋面: $x=u\cos v, y=u\sin v, z=v\ (0\leqslant u\leqslant a, 0\leqslant v\leqslant 2\pi)$;

(4) $\iint\limits_{S}(x^2+y^2)\mathrm{d}S, S: x^2+y^2+z^2=R^2.$

6.4.8 设 $f(x)$ 为一元连续函数. 证明: 普阿松公式
$$\iint\limits_{S}f(ax+by+cz)\mathrm{d}S=2\pi\int_{-1}^{1}f(\sqrt{a^2+b^2+c^2}\,\xi)\mathrm{d}\xi,$$
其中 S 为球面: $x^2+y^2+z^2=1.$

6.4.9 计算 $F(t)=\iint\limits_{S}f(x,y,z)\mathrm{d}S$,其中 S 是一平面 $x+y+z=t$,而
$$f(x,y,z)=\begin{cases}1-x^2-y^2-z^2, & x^2+y^2+z^2\leqslant 1,\\ 0, & x^2+y^2+z^2>1,\end{cases}$$
并做出 $F(t)$ 的图形.

6.4.10 求下列第二型曲面积分:

(1) $\iint\limits_{S}x^3\mathrm{d}y\mathrm{d}z+y^3\mathrm{d}z\mathrm{d}x+z^3\mathrm{d}x\mathrm{d}y, S$ 为球面 $x^2+y^2+z^2=R^2$ 的外侧;

(2) $\iint\limits_{S}x^2\mathrm{d}y\mathrm{d}z+y^2\mathrm{d}z\mathrm{d}x+z^2\mathrm{d}x\mathrm{d}y, S$ 是立体 Ω 的边界面的外侧,Ω 的表达式为
$$\Omega=\{(x,y,z)\,|\,0\leqslant x\leqslant a, 0\leqslant y\leqslant b, 0\leqslant z\leqslant c\};$$

(3) $\iint\limits_{S}x\mathrm{d}y\mathrm{d}z+y\mathrm{d}z\mathrm{d}x+z\mathrm{d}x\mathrm{d}y, S$ 为球面
$$(x-a)^2+(y-b)^2+(z-c)^2=R^2$$
的上半部分的上侧;

(4) $\iint\limits_{S}\left(\dfrac{\mathrm{d}y\mathrm{d}z}{x}+\dfrac{\mathrm{d}z\mathrm{d}x}{y}+\dfrac{\mathrm{d}x\mathrm{d}y}{z}\right), S$ 为椭球面 $\dfrac{x^2}{a^2}+\dfrac{y^2}{b^2}+\dfrac{z^2}{c^2}=1$ 的外侧.

§5 奥氏公式、斯托克斯公式、线积分与路径无关

内 容 提 要

1. 奥氏公式

设 $V\subset \boldsymbol{R}^3$ 是有界闭区域,它的边界 ∂V 是由有限个分块光滑、互不相交的闭双侧曲面组成. 函数 $P,Q,R\in C^1(V)$. 则有奥氏公式

$$\iint\limits_{\partial V} P\mathrm{d}y\mathrm{d}z + Q\mathrm{d}z\mathrm{d}x + R\mathrm{d}x\mathrm{d}y$$

$$= \iiint\limits_{V}\left(\frac{\partial P}{\partial x} + \frac{\partial Q}{\partial y} + \frac{\partial R}{\partial z}\right)\mathrm{d}x\mathrm{d}y\mathrm{d}z,$$

∂V 定向取外法线方向.

2. 斯托克斯公式

设 $S\subset \boldsymbol{R}^3$ 为一光滑双侧曲面,∂S 由有限条逐段光滑、互不相交的闭曲线组成. 函数 P,Q,R 在包含 $\overline{S}$ 的开集上有连续的偏导数,则有斯托克斯公式:

$$\int_{\partial S} P\mathrm{d}x + Q\mathrm{d}y + R\mathrm{d}z = \iint\limits_{S}\left(\frac{\partial R}{\partial y} - \frac{\partial Q}{\partial z}\right)\mathrm{d}y\mathrm{d}z + \left(\frac{\partial P}{\partial z} - \frac{\partial R}{\partial x}\right)\mathrm{d}z\mathrm{d}x$$

$$+ \left(\frac{\partial Q}{\partial x} - \frac{\partial P}{\partial y}\right)\mathrm{d}x\mathrm{d}y$$

$$= \iint\limits_{S}\begin{vmatrix} \cos\alpha & \cos\beta & \cos\gamma \\ \frac{\partial}{\partial x} & \frac{\partial}{\partial y} & \frac{\partial}{\partial z} \\ P & Q & R \end{vmatrix}\mathrm{d}S,$$

其中 $\cos\alpha,\cos\beta,\cos\gamma$ 为 S 的取定法线方向的方向余弦,∂S 的定向由 S 的定向决定.

3. 曲线积分与路径无关

设 $G\subset \boldsymbol{R}^3$ 为区域,$P,Q,R\in C(G)$,记 $\omega=P\mathrm{d}x+Q\mathrm{d}y+R\mathrm{d}z$,若对任意两点 $A,B\in G$,对任意两条连接 A,B 的定向曲线(即 A 为起点,B 为终点)$\Gamma_i\subset G$ ($i=1,2$),都有

$$\int_{\Gamma_1}\omega = \int_{\Gamma_2}\omega,$$

则称 ω 在 G 上的**线积分与路径无关**;

若在 G 上存在函数 $f\in C^1(G)$,使 $\mathrm{d}f=\omega$,则称 ω 在 G 上是**恰当的**;

若 ω 的外微分为零,即 $\mathrm{d}\omega=0$,则称 ω 在 G 上是**闭的**.

我们有下面三个结论:

(1) ω 在 G 上与路径无关的充要条件是:ω 沿 G 上任一闭路的积分为零;

(2) ω 在 G 上与路径无关的充要条件是:ω 在 G 上是恰当的,这时
$$\int_{\widehat{AB}}\omega = f|_A^B = f(B) - f(A);$$

(3) 若 G 是单连通区域,ω 在 G 上与路径无关的充要条件是:ω 在 G 上是闭的.

4. 当线积分与路径无关时,求原函数的公式

当线积分与路径无关时,可用对一个变量求不定积分的方法求出原函数. 例如 $du = Pdx + Qdy$,则
$$u = \int Pdx + \int \left[Q - \frac{\partial}{\partial y}\int Pdx\right]dy.$$

若 $du = Pdx + Qdy + Rdz$,则
$$u = \int Pdx + \int\left[Q - \frac{\partial}{\partial y}\int Pdx\right]dy$$
$$+ \int\left[R - \frac{\partial}{\partial z}\int Pdx - \frac{\partial}{\partial z}\int\left[Q - \frac{\partial}{\partial y}\int Pdx\right]dy\right]dz.$$

典型例题分析

例 1 计算第二型曲面积分
$$I = \iint\limits_S \frac{xdydz + ydzdx + zdxdy}{(x^2 + y^2 + z^2)^{3/2}}.$$

(1) $S: x^2 + y^2 + z^2 = \varepsilon^2$;

(2) S 是不含原点在其内部的光滑闭曲面;

(3) S 是含原点在其内部的光滑闭曲面.

解 (1) $I = \dfrac{1}{\varepsilon^3}\iint\limits_S xdydz + ydzdx + zdxdy$

$= \dfrac{1}{\varepsilon^3}\iiint\limits_V (1+1+1)dxdydz = \dfrac{3}{\varepsilon^3} \cdot \dfrac{4}{3}\pi\varepsilon^3 = 4\pi.$

(2) $P = \dfrac{x}{r^3}, Q = \dfrac{y}{r^3}, R = \dfrac{z}{r^3}, \boldsymbol{r} = x\boldsymbol{i} + y\boldsymbol{j} + z\boldsymbol{k}, r = |\boldsymbol{r}|$,

$$\frac{\partial P}{\partial x} = \frac{1}{r^3} - \frac{3x^2}{r^5}, \quad \frac{\partial Q}{\partial y} = \frac{1}{r^3} - \frac{3y^2}{r^5},$$

$$\frac{\partial R}{\partial z} = \frac{1}{r^3} - \frac{3z^2}{r^5},$$

所以

$$I = \iint\limits_{S} \frac{x\mathrm{d}y\mathrm{d}z + y\mathrm{d}z\mathrm{d}x + z\mathrm{d}x\mathrm{d}y}{r^3}$$

$$= \iiint\limits_{V} \left(\frac{\partial P}{\partial x} + \frac{\partial Q}{\partial y} + \frac{\partial R}{\partial z} \right) \mathrm{d}x\mathrm{d}y\mathrm{d}z$$

$$= \iiint\limits_{V} 0 \mathrm{d}x\mathrm{d}y\mathrm{d}z = 0.$$

(3) 由于函数 P,Q,R 及其偏导数在 S 所围区域上不连续(在原点处不连续),为此作半径充分小的球面 S_ε: $x^2+y^2+z^2=\varepsilon^2$,使 S_ε 在 S 所围区域内,记 S_ε 与 S 间的区域为 V_ε. 注意

$$I = \iint\limits_{S} \frac{x\mathrm{d}y\mathrm{d}z + y\mathrm{d}z\mathrm{d}x + z\mathrm{d}x\mathrm{d}y}{r^3} = \iint\limits_{S} \frac{\boldsymbol{r} \cdot \boldsymbol{n}}{r^3} \mathrm{d}S,$$

并用 S_ε^- 表示取内法线方向的定向曲面. 则由奥氏公式得

$$\iint\limits_{S} \frac{\boldsymbol{r} \cdot \boldsymbol{n}}{r^3} \mathrm{d}S + \iint\limits_{S_\varepsilon^-} \frac{\boldsymbol{r} \cdot \boldsymbol{n}}{r^3} \mathrm{d}S = \iiint\limits_{V} 0 \mathrm{d}x\mathrm{d}y\mathrm{d}z = 0,$$

所以

$$I = \iint\limits_{S} \frac{\boldsymbol{r} \cdot \boldsymbol{n}}{r^3} \mathrm{d}S = -\iint\limits_{S_\varepsilon^-} \frac{\boldsymbol{r} \cdot \boldsymbol{n}}{r^3} \mathrm{d}S = \iint\limits_{S_\varepsilon} \frac{\boldsymbol{r} \cdot \boldsymbol{n}}{r^3} \mathrm{d}S = 4\pi.$$

例 2 计算曲面积分

$$I = \iint\limits_{S} x^2\mathrm{d}y\mathrm{d}z + y^2\mathrm{d}z\mathrm{d}x + z^2\mathrm{d}x\mathrm{d}y,$$

其中 S 为锥面 $x^2+y^2=z^2(0 \leqslant z \leqslant h)$ 所示那部分的外侧.

解法 1 S 不是封闭曲面,为此令 S_1: $z=h(x^2+y^2 \leqslant h^2)$,取上侧,则

$$\left\{ \iint\limits_{S} + \iint\limits_{S_1} \right\} x^2\mathrm{d}y\mathrm{d}z + y^2\mathrm{d}z\mathrm{d}x + z^2\mathrm{d}x\mathrm{d}y$$

$$= \iiint\limits_{V} 2(x+y+z)\mathrm{d}x\mathrm{d}y\mathrm{d}z = 2\iiint\limits_{V} z\mathrm{d}x\mathrm{d}y\mathrm{d}z$$

$$= 2\int_0^h \mathrm{d}z \iint\limits_{x^2+y^2 \leqslant z^2} z\mathrm{d}x\mathrm{d}y = 2\int_0^h \pi z^3 \mathrm{d}z = \frac{\pi}{2}h^4,$$

由此得出

$$I = \iint\limits_{S} x^2 \mathrm{d}y\mathrm{d}z + y^2 \mathrm{d}z\mathrm{d}x + z^2 \mathrm{d}x\mathrm{d}y$$

$$= \frac{\pi}{2}h^4 - \iint\limits_{S_1} x^2 \mathrm{d}y\mathrm{d}z + y^2 \mathrm{d}z\mathrm{d}x + z^2 \mathrm{d}x\mathrm{d}y$$

$$= \frac{\pi}{2}h^4 - \iint\limits_{x^2+y^2 \leqslant h^2} h^2 \mathrm{d}x\mathrm{d}y = \frac{\pi}{2}h^4 - \pi h^4 = -\frac{\pi}{2}h^4.$$

解法 2 锥面的参数表示为 $x = r\cos\theta, y = r\sin\theta, z = r$ ($0 \leqslant r \leqslant h$, $0 \leqslant \theta \leqslant 2\pi$). 因

$$\begin{bmatrix} x'_r & y'_r & z'_r \\ x'_\theta & y'_\theta & z'_\theta \end{bmatrix} = \begin{bmatrix} \cos\theta & \sin\theta & 1 \\ -r\sin\theta & r\cos\theta & 0 \end{bmatrix},$$

所以 $A = -r\cos\theta, B = -r\sin\theta, C = r$. 由于取外侧,故法向量的第三个分量 C 应小于零,所以积分前取负号. 于是

$$I = -\iint\limits_{\substack{0 \leqslant r \leqslant h \\ 0 \leqslant \theta \leqslant 2\pi}} [-r^2\cos^2\theta \cdot r\cos\theta - r^2\sin^2\theta \cdot r\sin\theta + r^2 \cdot r] \mathrm{d}r\mathrm{d}\theta$$

$$= \int_0^h \mathrm{d}r \int_0^{2\pi} r^3 (\cos^3\theta + \sin^3\theta - 1) \mathrm{d}\theta$$

$$= -2\pi \int_0^h r^3 \mathrm{d}r = -\frac{\pi}{2}h^4.$$

解法 3 因 $z = \sqrt{x^2+y^2}$,所以 $z'_x = \dfrac{x}{\sqrt{x^2+y^2}}, z'_y = \dfrac{y}{\sqrt{x^2+y^2}}$. 法向量 $\boldsymbol{n} = (z'_x, z'_y, -1)$ 的第三个分量是负的,与指定的曲面侧一致,故公式前取正号. 这样有

$$I = \iint\limits_{x^2+y^2 \leqslant h^2} \left[x^2 \cdot \frac{x}{\sqrt{x^2+y^2}} + y^2 \frac{y}{\sqrt{x^2+y^2}} - (x^2+y^2) \right] \mathrm{d}x\mathrm{d}y.$$

由对称性可看出

$$I = -\iint\limits_{x^2+y^2 \leqslant h^2} (x^2+y^2) \mathrm{d}x\mathrm{d}y = -\int_0^{2\pi} \mathrm{d}\theta \int_0^h r^2 \cdot r \mathrm{d}r$$

$$= -\frac{\pi}{2}h^4.$$

例3 计算线积分
$$I = \oint_C y\,dx + z\,dy + x\,dz,$$
其中 C 为球面 $x^2+y^2+z^2=a^2$ 与平面 $x+y+z=0$ 的交线,从 Ox 轴正向看去,C 是依反时针方向进行的.

解 记 S 是平面 $x+y+z=0$ 被球面 $x^2+y^2+z^2=a^2$ 所截下的那部分,取上侧,即取平面的单位法向量
$$\boldsymbol{n} = (\cos\alpha, \cos\beta, \cos\gamma) = (1/\sqrt{3}, 1/\sqrt{3}, 1/\sqrt{3}).$$
由斯托克斯公式得
$$I = \int_C y\,dx + z\,dy + x\,dz = \iint_S d(y\,dx + z\,dy + x\,dz)$$
$$= -\iint_S dy\,dz + dz\,dx + dx\,dy$$
$$= -\iint_S (\cos\alpha + \cos\beta + \cos\gamma)\,dS$$
$$= -\iint_S \left(\frac{1}{\sqrt{3}} + \frac{1}{\sqrt{3}} + \frac{1}{\sqrt{3}}\right)dS = -\sqrt{3}\,\pi a^2.$$

例4 问下列线积分在区域上是否与路径无关:

(1) $\int_{AB} \dfrac{x\,dx + y\,dy}{(x^2+y^2)^{3/2}}$, $G: y>0$;

(2) $\int_{AB} \dfrac{x\,dx + y\,dy}{(x^2+y^2)^{3/2}}$, $G: x^2+y^2>0$;

(3) $\int_{AB} \dfrac{x\,dy - y\,dx}{x^2+y^2}$, $G: x^2+y^2>0$.

解 (1) 对单连通区域,只要 $\left(\dfrac{\partial Q}{\partial x} - \dfrac{\partial P}{\partial y}\right)dx\,dy = 0$,即 $\dfrac{\partial Q}{\partial x} = \dfrac{\partial P}{\partial y}$,则线积分 $\int_{AB} P\,dx + Q\,dy$ 就与路径无关.现在
$$P = \frac{x}{r^3}, \quad Q = \frac{y}{r^3}, \quad r = \sqrt{x^2+y^2},$$
$$\frac{\partial Q}{\partial x} = -\frac{3xy}{r^5} = \frac{\partial P}{\partial y},$$
所以线积分在 G 上与路径无关.

(2) 此时 G 非单连通区域,由 $\dfrac{\partial Q}{\partial x}=\dfrac{\partial P}{\partial y}$ 得不出线积分与路径无关. 但由

$$\frac{x\mathrm{d}x+y\mathrm{d}y}{r^3}=\frac{1}{2}\frac{\mathrm{d}(x^2+y^2)}{r^3}=\frac{1}{2}\frac{\mathrm{d}r^2}{r^3}$$
$$=\frac{\mathrm{d}r}{r^2}=\mathrm{d}\left(-\frac{1}{r}\right),$$

即可看出在 G 上存在原函数

$$u=-\frac{1}{\sqrt{x^2+y^2}},\quad \mathrm{d}u=\frac{x\mathrm{d}x+y\mathrm{d}y}{r^3},$$

所以线积分在 G 上与路径无关.

(3) 因

$$\int_{x^2+y^2=1}\frac{x\mathrm{d}y-y\mathrm{d}x}{x^2+y^2}=\iint_{x^2+y^2\leqslant 1}2\mathrm{d}x\mathrm{d}y=2\pi,$$

所以线积分与路径有关.

评注 (3)中被积表达式虽有原函数 $u=\arctan\dfrac{y}{x}$ 存在,用极坐标表示原函数,即为 $u=\theta$,它在 G 上是一无穷多值的函数,而定理要求 G 上存在连续单值原函数时,线积分才与路径无关,所以原函数 $u=\theta$ 不符合定理要求. 如果考虑上半平面区域,这时可以取出连续单值原函数 $u=\theta$ $(0<\theta<\pi)$,所以线积分在上半平面上与路径无关.

例 5 求下列线积分:

(1) $\int_{AB}(x^2+2xy-y^2)\mathrm{d}x+(x^2-2xy-y^2)\mathrm{d}y, A(0,0), B(2,1)$;

(2) $\int_{AB}(x^2+y+z)\mathrm{d}x+(y^2+x+z)\mathrm{d}y+(z^2+x+y)\mathrm{d}z, A(0,0,0), B(1,1,1)$.

解 (1) 令 $P=x^2+2xy-y^2, Q=x^2-2xy-y^2$. $\dfrac{\partial Q}{\partial x}=2x-2y=\dfrac{\partial P}{\partial y}$ 在全平面成立,所以线积分在全平面上与路径无关,这时必有原函数存在. 为求被积表达式的原函数,先求积分

$$\int P\mathrm{d}x=\int(x^2+2xy-y^2)\mathrm{d}x=\frac{1}{3}x^3+x^2y-xy^2,$$
$$\int\left[Q-\frac{\partial}{\partial y}\int P\mathrm{d}x\right]\mathrm{d}y=\int(-y^2)\mathrm{d}y=-\frac{1}{3}y^3+C,$$

所以原函数 $u = \frac{1}{3}x^3 + x^2y - xy^2 - \frac{1}{3}y^3 + C$，因而

$$\int_{AB} (x^2 + 2xy - y^2)dx + (x^2 - 2xy - y^2)dy$$

$$= \left(\frac{1}{3}x^3 + x^2y - xy^2 - \frac{1}{3}y^3 + C \right) \Big|_{(0,0)}^{(2,1)}$$

$$= \frac{13}{3}.$$

(2) 记被积表达式为 ω，则 ω 的外微分

$$d\omega = (2xdx + dy + dz)dx + (dx + 2ydy + dz)dy$$
$$+ (dx + dy + 2zdz)dz$$
$$= dydx + dzdx + dxdy + dzdy + dxdz + dydz$$
$$= 0,$$

所以线积分在全空间上与路径无关．为求 ω 的原函数，先求三个不定积分：

$$\int P dx = \int (x^2 + y + z)dx = \frac{1}{3}x^3 + xy + xz;$$

$$\int \left[Q - \frac{\partial}{\partial y} \int P dx \right] dy = \int (y^2 + z)dy = \frac{1}{3}y^3 + yz;$$

$$\int \left[R - \frac{\partial}{\partial z} \int P dx - \frac{\partial}{\partial z} \int \left[Q - \frac{\partial}{\partial y} \int P dx \right] dy \right] dz$$
$$= \int z^2 dz = \frac{1}{3}z^3 + C.$$

所以原函数为

$$u = \frac{1}{3}(x^3 + y^3 + z^3) + xy + yz + zx + C.$$

因而

$$\int_{AB} (x^2 + y + z)dx + (y^2 + z + x)dy + (z^2 + x + y)dz$$

$$= \left[\frac{1}{3}(x^3 + y^3 + z^3) + xy + yz + zx \right] \Big|_{(0,0,0)}^{(1,1,1)} = 4.$$

评注 具体求 u 时，先求不定积分 $\int P dx$．再把 Q 中含 x 的项删去后，对变量 y 求不定积分．再把 R 中含 x 及含 y 的项删去后，对变量 z 求不定积分．三部分相加即为所求的原函数．

练 习 题 6.5

6.5.1 利用奥氏公式求下列积分：

（1）$\iint\limits_{S} x\mathrm{d}y\mathrm{d}z + y\mathrm{d}z\mathrm{d}x + z\mathrm{d}x\mathrm{d}y$, S: $(x-a)^2+(y-b)^2+(z-c)^2=R^2$, 外侧；

（2）$\iint\limits_{S} x^2\mathrm{d}y\mathrm{d}z + y^2\mathrm{d}z\mathrm{d}x + z^2\mathrm{d}x\mathrm{d}y$, S: $x^2+y^2 \leqslant z \leqslant h$ 的边界面, 外侧；

（3）$\iint\limits_{S} (x-y+z)\mathrm{d}y\mathrm{d}z + (y-z+x)\mathrm{d}z\mathrm{d}x + (z-x+y)\mathrm{d}x\mathrm{d}y$, S 为曲面
$$|x-y+z| + |y-z+x| + |z-x+y| = 1$$
的外侧.

6.5.2 计算下列曲面积分：

（1）$\iint\limits_{S} (x^2-y^2)\mathrm{d}y\mathrm{d}z + (y^2-z^2)\mathrm{d}z\mathrm{d}x + (z^2-x^2)\mathrm{d}x\mathrm{d}y$, S 是 $\dfrac{x^2}{a^2}+\dfrac{y^2}{b^2}+\dfrac{z^2}{c^2}=1$ ($z\geqslant 0$) 的上侧；

（2）$\iint\limits_{S} (x+\cos y)\mathrm{d}y\mathrm{d}z + (y+\cos z)\mathrm{d}z\mathrm{d}x + (z+\cos x)\mathrm{d}x\mathrm{d}y$, 其中 S 为 $x+y+z=\pi$ 在第一卦限部分, 上侧.

6.5.3 （1）求
$$f(x,y,z) = \frac{1}{\sqrt{(x-a)^2+(y-b)^2+(z-c)^2}} \quad (a^2+b^2+c^2 \neq R^2)$$
沿球面 $x^2+y^2+z^2=R^2$ 上各点外法线方向的方向导数；

（2）求球面的双层位势
$$u(a,b,c) = \iint\limits_{x^2+y^2+z^2=R^2} \frac{(x-a)\mathrm{d}y\mathrm{d}z + (y-b)\mathrm{d}z\mathrm{d}x + (z-c)\mathrm{d}x\mathrm{d}y}{[(x-a)^2+(y-b)^2+(z-c)^2]^{3/2}}$$
$$(a^2+b^2+c^2 \neq R^2).$$

6.5.4 设 V 为可测闭区域, $\partial V = S$ 为光滑闭曲面, 函数 $u(x,y,z), v(x,y,z) \in C^2(V)$. 证明：
$$\iint\limits_{S} v\frac{\partial u}{\partial \boldsymbol{n}}\mathrm{d}S = \iiint\limits_{V} v\left(\frac{\partial^2 u}{\partial x^2} + \frac{\partial^2 u}{\partial y^2} + \frac{\partial^2 u}{\partial z^2}\right)\mathrm{d}x\mathrm{d}y\mathrm{d}z$$
$$+ \iiint\limits_{V} \left[\frac{\partial u}{\partial x}\frac{\partial v}{\partial x} + \frac{\partial u}{\partial y}\frac{\partial v}{\partial y} + \frac{\partial u}{\partial z}\frac{\partial v}{\partial z}\right]\mathrm{d}x\mathrm{d}y\mathrm{d}z,$$
其中 $\boldsymbol{n}$ 为 S 的外法线方向.

6.5.5 设 V, S 条件同上题, $u(x,y,z)$ 为调和函数：$\dfrac{\partial^2 u}{\partial x^2} + \dfrac{\partial^2 u}{\partial y^2} + \dfrac{\partial^2 u}{\partial z^2} = 0$, 且

$u(x,y,z)|_S = 0$ (即函数 u 在边界 S 上取值为零). 证明:
$$u(x,y,z) \equiv 0 \quad (x,y,z) \in V.$$

6.5.6 设 V,S 条件同上, u 为调和函数, $v(x,y,z)|_S = 0$. 证明:
$$\iiint_V \left[\frac{\partial u}{\partial x}\frac{\partial v}{\partial x} + \frac{\partial u}{\partial y}\frac{\partial v}{\partial y} + \frac{\partial u}{\partial z}\frac{\partial v}{\partial z} \right] dx dy dz = 0.$$

6.5.7 设 V,S 条件同上, $u,w \in C^2(V)$, u 是调和函数, 且
$$[w(x,y,z) - u(x,y,z)]|_S = 0.$$
证明
$$\iiint_V \left[\left(\frac{\partial u}{\partial x}\right)^2 + \left(\frac{\partial u}{\partial y}\right)^2 + \left(\frac{\partial u}{\partial z}\right)^2 \right] dx dy dz$$
$$\leq \iiint_V \left[\left(\frac{\partial w}{\partial x}\right)^2 + \left(\frac{\partial w}{\partial y}\right)^2 + \left(\frac{\partial w}{\partial z}\right)^2 \right] dx dy dz.$$

6.5.8 求下列曲线积分:

(1) $\oint_L (y-z)dx + (z-x)dy + (x-y)dz$, 式中 L 为椭圆, 即 $x^2 + y^2 = R^2$ 与 $\frac{x}{a} + \frac{z}{h} = 1 \ (a>0, h>0)$ 的交线, 若从 Ox 轴正向看去, 此椭圆是依反时针方向进行的;

(2) $\oint_L (y-z)dx + (z-x)dy + (x-y)dz$, 式中 L 为圆周, 即 $x^2 + y^2 + z^2 = a^2$ 与 $y = x\tan\alpha \left(0 < \alpha < \pi, \alpha \neq \frac{\pi}{2}\right)$ 的交线, 若从 Ox 轴的正向看去, 圆周是依反时针方向进行的;

(3) $\oint_L y^2 dx + z^2 dy + x^2 dz$, 式中 L 为维维安尼曲线: $x^2 + y^2 + z^2 = a^2$, $x^2 + y^2 = ax \ (z \geq 0, a > 0)$, 若从 Ox 轴的正向看去, 曲线是依反时针方向进行的;

(4) $\oint_L (y^2 + z^2)dx + (x^2 + z^2)dy + (x^2 + y^2)dz$, 式中 L 是曲线: $x^2 + y^2 + z^2 = 2Rx, x^2 + y^2 = 2rx \ (0 < r < R, z > 0)$, 此曲线是如下进行的: 由它所包围的在球 $x^2 + y^2 + z^2 = 2Rx$ 外表面上的最小区域保持在左方.

6.5.9 下列被积表达式是否是恰当的, 若恰当试, 求原函数:

(1) $\omega = (10xy - 8y)dx + (5x^2 - 8x + 3)dy$;

(2) $\omega = (4x^3 y^3 - y^2)dx + (3x^4 y^2 - 2xy)dy$;

(3) $\omega = [(x+y+1)e^x - e^y]dx + [e^x - (x+y+1)e^y]dy$.

6.5.10 证明下列被积表达式是恰当的, 并求线积分:

(1) $\omega = (x^2 - 2yz)dx + (y^2 - 2xz)dy + (z^2 - 2xy)dz$, 求 $\int_{(0,0,0)}^{(1,1,1)} \omega$;

(2) $\omega=(yze^{xyz}+2x)dx+(zxe^{xyz}+3y^2)dy+(xye^{xyz}+4z^3)dz$, 求 $\int_{(0,0,0)}^{(x,y,z)}\omega$;

(3) $\omega=[2x\sin(x+y+z)+x^2\cos(x+y+z)]dx+x^2\cos(x+y+z)(dy+dz)$, 求 $\int_{(1,2,3)}^{(x,y,z)}\omega$.

6.5.11 设 Ω 为包含原点的单连通区域,线积分 $\int_{\widehat{AB}}Pdx+Qdy+Rdz$ 在 Ω 上与路径无关,若 P,Q,R 皆为 n 次齐次函数,证明:线积分

$$\int_{\widehat{AB}}xdP+ydQ+zdR$$

也在 Ω 上与路径无关.

6.5.12 设 Ω 是包含原点的凸区域,$P,Q,R\in C^1(\Omega)$. 证明下面四个命题等价:

(1) $\omega=Pdydz+Qdzdx+Rdxdy$ 的曲面积分与曲面无关,即 S_1,S_2 为定向光滑曲面,$\partial S_1=\partial S_2$,由 S_1,S_2 的定向决定的边界正定向相同,则有

$$\iint_{S_1}\omega=\iint_{S_2}\omega;$$

(2) 设 S 为 Ω 内任一光滑闭曲面,则有 $\iint_S\omega=0$;

(3) 被积表达式 ω 是封闭的,即外微分 $d\omega=0$,或

$$\frac{\partial P}{\partial x}+\frac{\partial Q}{\partial y}+\frac{\partial R}{\partial z}\equiv 0;$$

(4) ω 是恰当的,即存在

$$\eta=\int_0^1 t[zQ(tx,ty,tz)-yR(tx,ty,tz)]dtdx$$
$$+\int_0^1 t[xR(tx,ty,tz)-zP(tx,ty,tz)]dtdy$$
$$+\int_0^1 t[yP(tx,ty,tz)-xQ(tx,ty,tz)]dtdz,$$

使 $d\eta=\omega$.

§6 场 论

内 容 提 要

1. 场的概念

空间中或空间中部分区域内任一点都有一物理量与之对应,我们称这种物理量的分布为**场**. 如果物理量是数量,称为数量场;如果物理量是向量,称为向

量场.

2. 梯度

给定数量场 $u(x,y,z)$，C 为常数，则由方程 $u(x,y,z)=C$ 决定的曲面称为数量场的等位面. 给定一点 M 及方向 $\boldsymbol{l}=(\cos\alpha,\cos\beta,\cos\gamma)$，数量场沿 $\boldsymbol{l}$ 方向的方向导数为

$$\frac{\partial u}{\partial l}=\frac{\partial u}{\partial x}\cos\alpha+\frac{\partial u}{\partial y}\cos\beta+\frac{\partial u}{\partial z}\cos\gamma.$$

上述偏导数都在 M 点取值.

数量场在 M 点的**梯度**为一向量，它的方向是使方向导数达到最大的那个方向，它的大小是数量场沿该方向的方向导数. 记作 $\mathrm{grad}u(M)$.

梯度为一向量场，记作 $\mathrm{grad}u=\nabla u=\left(\frac{\partial u}{\partial x},\frac{\partial u}{\partial y},\frac{\partial u}{\partial z}\right)$，$\nabla=\frac{\partial}{\partial x}\boldsymbol{i}+\frac{\partial}{\partial y}\boldsymbol{j}+\frac{\partial}{\partial z}\boldsymbol{k}$ 称为奈布拉算符.

3. 向量线

给定向量场 $\boldsymbol{F}=P\boldsymbol{i}+Q\boldsymbol{j}+R\boldsymbol{k}$. 若曲线的每一点切向量与向量场在该点的方向一致，则称此曲线为**向量线**，向量线满足：

$$\frac{\mathrm{d}x}{P}=\frac{\mathrm{d}y}{Q}=\frac{\mathrm{d}z}{R}.$$

4. 散度

给定向量场 $\boldsymbol{F}$ 及双侧曲面 S，称积分

$$\iint\limits_{S}\boldsymbol{F}\cdot\mathrm{d}\boldsymbol{S}\quad(\mathrm{d}\boldsymbol{S}=\boldsymbol{n}\mathrm{d}S)$$

为 $\boldsymbol{F}$ 通过曲面 S 的**通量**. 称通量与体积比的极限

$$\lim_{S\to M}\frac{\iint\limits_{S}\boldsymbol{F}\cdot\mathrm{d}\boldsymbol{S}}{V}$$

(V 为 S 所围的区域的体积) 为向量场在 M 点的**散度**，记作 $\mathrm{div}\boldsymbol{F}(M)$.

散度为一数量场. 记作 $\mathrm{div}\boldsymbol{F}=\nabla\cdot\boldsymbol{F}=\frac{\partial P}{\partial x}+\frac{\partial Q}{\partial y}+\frac{\partial R}{\partial z}$. $\mathrm{div}\boldsymbol{F}\equiv 0$ 的场为**无源场**.

$$\mathrm{div}\,\mathrm{grad}u=\nabla^{2}u\triangleq\Delta u=\frac{\partial^{2}u}{\partial x^{2}}+\frac{\partial^{2}u}{\partial y^{2}}+\frac{\partial^{2}u}{\partial z^{2}}.$$

奥氏公式为

$$\iint\limits_{S}\boldsymbol{F}\cdot\mathrm{d}\boldsymbol{S}=\iiint\limits_{V}\mathrm{div}\boldsymbol{F}\mathrm{d}S.$$

5. 旋度

给定向量场 $\boldsymbol{F}$ 及定向曲线 C，称

$$\oint_C \boldsymbol{F} \cdot \mathrm{d}\boldsymbol{s} \quad (\mathrm{d}\boldsymbol{s} = \boldsymbol{n}\mathrm{d}s)$$

为 $\boldsymbol{F}$ 沿定向闭曲线 C 的环量。在法向量为 $\boldsymbol{n} = (\cos\alpha, \cos\beta, \cos\gamma)$ 的平面上作定向闭路 C 环绕 M 点,记 C 所围的区域的面积为 S,则环量与面积比的极限为向量场在 M 点绕 $\boldsymbol{n}$ 方向的**方向旋量**:

$$h_n = \lim_{C \to M} \frac{\int_C \boldsymbol{F} \cdot \mathrm{d}\boldsymbol{s}}{S}$$

$$= \left(\frac{\partial R}{\partial y} - \frac{\partial Q}{\partial z}\right)\cos\alpha + \left(\frac{\partial P}{\partial z} - \frac{\partial R}{\partial x}\right)\cos\beta + \left(\frac{\partial Q}{\partial x} - \frac{\partial P}{\partial y}\right)\cos\gamma,$$

上述偏导数都在 M 点取值.

向量场在 M 点的旋度为一向量,它的方向是使方向旋量达到最大的那个方向,它的大小是向量场绕该方向的方向旋量,记作 $\mathrm{rot}\boldsymbol{F}(M)$.

旋度为一向量场,记作

$$\mathrm{rot}\boldsymbol{F} = \nabla \times \boldsymbol{F}$$

$$= \left(\frac{\partial R}{\partial y} - \frac{\partial Q}{\partial z}\right)\boldsymbol{i} + \left(\frac{\partial P}{\partial z} - \frac{\partial R}{\partial x}\right)\boldsymbol{j} + \left(\frac{\partial Q}{\partial x} - \frac{\partial P}{\partial y}\right)\boldsymbol{k}.$$

若区域内 $\mathrm{rot}\boldsymbol{F} \equiv 0$,则称 $\boldsymbol{F}$ 为**无旋场**.

斯托克斯公式为

$$\oint_C \boldsymbol{F} \cdot \mathrm{d}\boldsymbol{s} = \iint_S \mathrm{rot}\boldsymbol{F} \cdot \mathrm{d}\boldsymbol{s}.$$

6. 保守场

若向量场 $\boldsymbol{F}$ 在区域 G 内的线积分 $\int_C \boldsymbol{F} \cdot \mathrm{d}\boldsymbol{s}$ 与路径无关,则称 $\boldsymbol{F}$ 为保守场.

下面三个命题等价:

(1) $\boldsymbol{F}$ 是保守场;

(2) 沿任一闭路 C 的环量为零;

(3) 有势函数 $u(x, y, z)$ 存在,使 $\mathrm{grad}\, u = \boldsymbol{F}$.

若 G 是单连通区域,则保守场与无旋场等价.

典型例题分析

例 1 设 $\boldsymbol{r} = x\boldsymbol{i} + y\boldsymbol{j} + z\boldsymbol{k}, r = |\boldsymbol{r}|$,求 $\mathrm{grad}\, f(r)$.

解 令 $u = f(r)$,$\dfrac{\partial u}{\partial x} = f'(r)\dfrac{x}{r}$,$\dfrac{\partial u}{\partial y} = f'(r)\dfrac{y}{r}$,$\dfrac{\partial u}{\partial z} = f'(r)\dfrac{z}{r}$,

所以

$$\mathrm{grad}\, f(r) = f'(r)\frac{\boldsymbol{r}}{r}.$$

例 2 设 $F=f(r)r$ (r 与 r 意义同例 1).

(1) 求证：$\text{rot}F\equiv 0$；

(2) $f(r)$ 是什么函数时，$\text{div}F\equiv 0$.

解 (1) 令 $P=f(r)x$，$Q=f(r)y$，$R=f(r)z$，则

$$\frac{\partial R}{\partial y}-\frac{\partial Q}{\partial z}=f'(r)\frac{yz}{r}-f'(r)\frac{yz}{r}\equiv 0,$$

同理 $\frac{\partial P}{\partial z}-\frac{\partial R}{\partial x}\equiv 0$，$\frac{\partial Q}{\partial x}-\frac{\partial P}{\partial y}\equiv 0$. 所以 $\text{rot}F\equiv 0$.

(2) $\frac{\partial P}{\partial x}=f(r)+f'(r)\frac{x^2}{r}$，$\frac{\partial Q}{\partial y}=f(r)+f'(r)\frac{y^2}{r}$，

$$\frac{\partial R}{\partial z}=f(r)+f'(r)\frac{z^2}{r}.$$

要使

$$\text{div}F=\frac{\partial P}{\partial x}+\frac{\partial Q}{\partial y}+\frac{\partial R}{\partial z}=3f(r)+rf'(r)=0,$$

只要

$$3r^2 f(r)+r^3 f'(r)=(r^3 f(r))'=0,$$

所以 $f(r)=\frac{c}{r^3}$ (c 为任意常数)时，$\text{div}F\equiv 0$.

例 3 设 $f(x,y,z)\in C^1$，在 M 点给定一组正交单位向量 τ_1,τ_2,τ_3.

(1) 若 l 为一单位向量，证明：

$$\frac{\partial f}{\partial l}=\frac{\partial f}{\partial \tau_1}\cos\langle l,\tau_1\rangle+\frac{\partial f}{\partial \tau_2}\cos\langle l,\tau_2\rangle+\frac{\partial f}{\partial \tau_3}\cos\langle l,\tau_3\rangle;$$

(2) 证明 $\text{grad}f=\frac{\partial f}{\partial \tau_1}\tau_1+\frac{\partial f}{\partial \tau_2}\tau_2+\frac{\partial f}{\partial \tau_3}\tau_3$.

证 (1) 采用矩阵写法，有

$$\begin{pmatrix}\frac{\partial f}{\partial \tau_1} & \frac{\partial f}{\partial \tau_2} & \frac{\partial f}{\partial \tau_3}\end{pmatrix}\begin{bmatrix}\cos\langle l,\tau_1\rangle \\ \cos\langle l,\tau_2\rangle \\ \cos\langle l,\tau_3\rangle\end{bmatrix}$$

$$=\begin{pmatrix}\frac{\partial f}{\partial x} & \frac{\partial f}{\partial y} & \frac{\partial f}{\partial z}\end{pmatrix}\begin{bmatrix}\cos\langle \tau_1,i\rangle & \cos\langle \tau_2,i\rangle & \cos\langle \tau_3,i\rangle \\ \cos\langle \tau_1,j\rangle & \cos\langle \tau_2,j\rangle & \cos\langle \tau_3,j\rangle \\ \cos\langle \tau_1,k\rangle & \cos\langle \tau_2,k\rangle & \cos\langle \tau_3,k\rangle\end{bmatrix}\begin{bmatrix}\cos\langle l,\tau_1\rangle \\ \cos\langle l,\tau_2\rangle \\ \cos\langle l,\tau_3\rangle\end{bmatrix}$$

$$= \left(\frac{\partial f}{\partial x} \quad \frac{\partial f}{\partial y} \quad \frac{\partial f}{\partial z}\right) \begin{bmatrix} \cos\langle l,i\rangle \\ \cos\langle l,j\rangle \\ \cos\langle l,k\rangle \end{bmatrix} = \frac{\partial f}{\partial l}.$$

(2) 记 $g = \frac{\partial f}{\partial \tau_1}\tau_1 + \frac{\partial f}{\partial \tau_2}\tau_2 + \frac{\partial f}{\partial \tau_3}\tau_3$，由(1) $\frac{\partial f}{\partial l} = g \cdot l$ 知 $\frac{\partial f}{\partial l} = \mathrm{grad} f \cdot l$. 由 l 的任意性，即得 $\mathrm{grad} f = g$.

例 4 设 $u = u(x,y)$，令 $x = r\cos\theta, y = r\sin\theta, u = u(r\cos\theta, r\sin\theta)$. 再令 e_r, e_θ 分别是 M 点的径向与圆周方向的单位向量. 证明：在 M 点有

$$\mathrm{grad} u = \frac{\partial u}{\partial r}e_r + \frac{1}{r}\frac{\partial u}{\partial \theta}e_\theta.$$

证 由方向导数的计算公式和复合函数求导法则，得

$$\frac{\partial u}{\partial e_r} = \frac{\partial u}{\partial x}\cos\theta + \frac{\partial u}{\partial y}\sin\theta = \frac{\partial u}{\partial r},$$

$$\frac{\partial u}{\partial e_\theta} = \frac{\partial u}{\partial x}(-\sin\theta) + \frac{\partial u}{\partial y}\cos\theta = \frac{1}{r}\frac{\partial u}{\partial \theta}.$$

应用例 3 的结果，即知

$$\mathrm{grad} u = \frac{\partial u}{\partial r}e_r + \frac{1}{r}\frac{\partial u}{\partial \theta}e_\theta.$$

例 5 证明：在平面区域 $x^2 + y^2 > 0$ 上，向量场

$$F = \frac{x}{x^2 + y^2}i + \frac{y}{x^2 + y^2}j$$

是保守场.

证 令 $u = \frac{1}{2}\ln(x^2 + y^2)$，则 $\mathrm{grad} u = F$. 说明场 F 有势函数存在，所以 F 是保守场.

评注 因为区域不是单连通域，所以不能用 $\mathrm{rot} F \equiv 0$ $\left(或 \frac{\partial Q}{\partial x} \equiv \frac{\partial P}{\partial y}\right)$ 来判别 F 是保守场.

练 习 题 6.6

6.6.1 设 $u(x,y,z) \in C^2, f(t) \in C^2$. 求

(1) $\mathrm{grad} f(u)$； (2) $\mathrm{div}\,\mathrm{grad} f(u)$.

6.6.2 c 为常向量，$r = \sqrt{x^2 + y^2 + z^2}, f(r)$ 可微. 求

(1) $\text{div}[f(r)\boldsymbol{c}]$； (2) $\text{rot}[f(r)\boldsymbol{c}]$.

6.6.3 $\boldsymbol{c}$ 为常向量，$\boldsymbol{r}=x\boldsymbol{i}+y\boldsymbol{j}+z\boldsymbol{k}$，$r=|\boldsymbol{r}|$. 求

(1) $\text{div}[\boldsymbol{c}\times f(r)\boldsymbol{r}]$； (2) $\text{rot}[\boldsymbol{c}\times f(r)\boldsymbol{r}]$.

6.6.4 证明：(1) $\text{rot}(\text{grad}\,u)=0$； (2) $\text{div}(\text{rot}\boldsymbol{F})=0$.

6.6.5 设 $u=u(x,y,z)$，作柱坐标变换：$x=r\cos\theta, y=r\sin\theta, z=z$. 令 $\boldsymbol{e}_r$, $\boldsymbol{e}_\theta, \boldsymbol{e}_z=\boldsymbol{k}$ 为两两正交的单位向量. 证明

$$\text{grad}\,u = \frac{\partial u}{\partial r}\boldsymbol{e}_r + \frac{1}{r}\frac{\partial u}{\partial \theta}\boldsymbol{e}_\theta + \frac{\partial u}{\partial z}\boldsymbol{e}_z.$$

6.6.6 设 $u=u(x,y,z)$，作球坐标变换：$x=r\cos\theta\sin\varphi, y=r\sin\theta\sin\varphi, z=r\cos\varphi$. 令 $\boldsymbol{e}_r, \boldsymbol{e}_\varphi, \boldsymbol{e}_\theta$ 为两两正交的单位向量. 证明

$$\text{grad}\,u = \frac{\partial u}{\partial r}\boldsymbol{e}_r + \frac{1}{r}\frac{\partial u}{\partial \varphi}\boldsymbol{e}_\varphi + \frac{1}{r\sin\varphi}\frac{\partial u}{\partial \theta}\boldsymbol{e}_\theta.$$

6.6.7 设物体 Ω 以一定的角速度 ω 绕轴 $\boldsymbol{l}=(\cos\alpha,\cos\beta,\cos\gamma)$ 旋转.

(1) 求物体 Ω 上各点的速度，即求速度场 $\boldsymbol{v}$； (2) 求 $\text{rot}\,\boldsymbol{v}$.

6.6.8 证明：场 $\boldsymbol{F}=yz(2x+y+z)\boldsymbol{i}+xz(x+2y+z)\boldsymbol{j}+xy(x+y+2z)\boldsymbol{k}$ 是保守场，并求势函数.

6.6.9 设 $f(x,y,z)$ 是一次齐次函数，$\boldsymbol{F}=\frac{1}{4}f(x,y,z)\boldsymbol{r}$. 试证：

$$\text{div}\boldsymbol{F} = f(x,y,z).$$

6.6.10 设 $\boldsymbol{R}^3$ 空间有一变换 $T: x_i=x_i(p_1,p_2,p_3)$ $(i=1,2,3)$，或记作 $\boldsymbol{x}=T(\boldsymbol{p})$. 又设向量 $\frac{\partial \boldsymbol{x}}{\partial p_1}, \frac{\partial \boldsymbol{x}}{\partial p_2}, \frac{\partial \boldsymbol{x}}{\partial p_3}$ 两两互相正交，记 $H_i=\left|\frac{\partial \boldsymbol{x}}{\partial p_i}\right|$ $(i=1,2,3)$，单位向量 $\boldsymbol{e}_i=\frac{1}{H_i}\frac{\partial \boldsymbol{x}}{\partial p_i}$ $(i=1,2,3)$. 又 $\boldsymbol{F}=F_1\boldsymbol{e}_1+F_2\boldsymbol{e}_2+F_3\boldsymbol{e}_3$. 则有

$$\text{div}\boldsymbol{F} = \frac{1}{H_1 H_2 H_3}\sum_{i=1}^{3}\frac{\partial}{\partial p_i}\left(F_i\frac{H_1 H_2 H_3}{H_i}\right).$$

试利用此公式求下列各式：

(1) 在空间柱坐标系，求 $\text{div grad}\,u(r,\theta,z)$；

(2) 在平面极坐标系，求 $\text{div grad}\,u(r,\theta)$；

(3) 在空间球坐标系，求 $\text{div grad}\,u(r,\varphi,\theta)$.

第七章 典型综合题分析

本章选择一些典型的综合性习题,其目的是引导学生在做题时,打破知识的章节界限,能从多角度分析问题,并运用多方面的知识解决问题. 这些综合题大多给出了多种解法,旨在开拓读者的思路,提高综合解题能力. 有些题是选自历年数学类硕士研究生入学考试试题,可供考研的读者考研复习时参考.

例1 设 $b>a>0$. 求证

$$\sqrt{ba} < \frac{b-a}{\ln b - \ln a} < \frac{a+b}{2}. \tag{7.1}$$

证法1 将(7.1)式改写成

$$\frac{2(b-a)}{a+b} < \ln\frac{b}{a} < \frac{b-a}{\sqrt{ab}} \quad (b>a>0). \tag{7.2}$$

令 $x=b/a$,则(7.2)式又可改写成

$$\frac{2(x-1)}{x+1} < \ln x < \frac{x-1}{\sqrt{x}} \quad (x>1). \tag{7.3}$$

作辅助函数 $F(x) \xlongequal{\text{定义}} \ln x - \dfrac{2(x-1)}{x+1}$. 求 $F'(x)$ 得

$$F'(x) = \frac{(x-1)^2}{x(x+1)^2} > 0 \quad (x>1).$$

所以 $F(x)$ 在 $x \geqslant 1$ 上严格上升,于是对 $\forall\, x>1$,有 $F(x)>F(1)=0$,即

$$\frac{2(x-1)}{x+1} < \ln x \quad (x>1).$$

这就是(7.3)式的第一个不等式. 为了证(7.3)式的第二个不等式,再作辅助函数 $G(x) \xlongequal{\text{定义}} \dfrac{x-1}{\sqrt{x}} - \ln x$. 求 $G'(x)$ 得

$$G'(x) = \frac{(\sqrt{x}-1)^2}{2x\sqrt{x}} > 0 \quad (x>1).$$

371

所以 $G(x)$ 在 $x\geqslant 1$ 上严格上升, 于是对 $\forall\ x>1$, 有 $G(x)>G(1)=0$, 即
$$\ln x < \frac{x-1}{\sqrt{x}} \quad (x>1).$$

证法 2 令 $t=\ln b-\ln a$, 则 (7.1) 式改写成
$$e^{\frac{t}{2}} < \frac{e^t-1}{t} < \frac{1+e^t}{2} \quad (t>0). \tag{7.4}$$

利用 e^t 的泰勒级数, 容易求得, 对 $\forall\ t>0$,
$$\frac{e^t-1}{t} = 1+\frac{t}{2}+\sum_{n=2}^{\infty}\frac{t^n}{(n+1)!},$$
$$e^{\frac{t}{2}} = 1+\frac{t}{2}+\sum_{n=2}^{\infty}\frac{t^n}{n!2^n},$$
$$\frac{1+e^t}{2} = 1+\frac{t}{2}+\sum_{n=2}^{\infty}\frac{t^n}{2n!}.$$

比较这些级数的系数, 由于
$$2n! < (n+1)! < n!2^n \quad (n\geqslant 2),$$
立得 (7.4) 式.

证法 3 (7.4) 式乘以 $e^{-\frac{t}{2}}$, 并令 $x=\frac{t}{2}$, 则 (7.4) 式可改写成
$$1 < \frac{\text{sh}x}{x} < \text{ch}x \quad (x>0). \tag{7.5}$$

根据微分中值定理, 对 $\forall\ x>0$, $\exists\ \xi\in(0,x)$, 使得
$$\text{sh}x = \text{sh}x - \text{sh}0 = \text{ch}\xi(x-0) = x\text{ch}\xi.$$
又因为
$$1 < \text{ch}\xi < \text{ch}x \quad (0<\xi<x),$$
即得 (7.5) 式
$$1 < \text{ch}\xi = \frac{\text{sh}x}{x} < \text{ch}x.$$

证法 4 (7.5) 式可改写成
$$\text{th}x = \frac{\text{sh}x}{\text{ch}x} < x < \text{sh}x \quad (x>0), \tag{7.6}$$

容易验证直线 $y=x$ 是曲线 $y=\text{sh}x$ 与曲线 $y=\text{th}x$ 在 $x=0$ 点的公共切线, 以及当 $x>0$ 时, $y=\text{sh}x$ 为下凸曲线 (因 $y''=\text{sh}x>0$), 所以

曲线在其切线的上方；$y=\text{th}\,x$ 为上凸曲线（因 $y''=-2\text{sh}\,x/\text{ch}^3 x<0$），所以曲线在其切线的下方. 因此(7.6)式成立.

证法 5 将(7.4)式改写成
$$e^{t/2} < \frac{1}{t}\int_0^t e^x \mathrm{d}x < \frac{1+e^t}{2}. \tag{7.7}$$

因为 $y=e^x$ 是凹函数，所以
$$e^x = e^{\frac{x}{t}\cdot t + \left(1-\frac{x}{t}\right)\cdot 0} < \frac{x}{t}e^t + \left(1-\frac{x}{t}\right) \quad (0<x<t).$$

上式自 0 至 t 积分，即得
$$\frac{1}{t}\int_0^t e^x \mathrm{d}x < \frac{1+e^t}{2}.$$

另一方面，还因为 $y=e^x$ 是凹函数，所以
$$\frac{1}{t}\int_0^t e^x \mathrm{d}x = \frac{1}{t}\left[\int_0^{\frac{t}{2}} e^x \mathrm{d}x + \int_{\frac{t}{2}}^t e^x \mathrm{d}x\right]$$
$$= \frac{1}{t}\int_0^{\frac{t}{2}} (e^{\frac{t}{2}-\xi} + e^{\frac{t}{2}+\xi})\mathrm{d}\xi > \frac{1}{t}\int_0^{\frac{t}{2}} 2e^{\frac{t}{2}}\mathrm{d}\xi = e^{\frac{t}{2}}.$$

证法 6 将(7.1)式改写成
$$\frac{2}{a+b} < \frac{\ln b - \ln a}{b-a} < \frac{1}{\sqrt{ab}} \quad (b>a>0). \tag{7.8}$$

因为 $\int_a^{\sqrt{ab}} \frac{1}{x}\mathrm{d}x = \ln\sqrt{\frac{b}{a}} = \int_{\sqrt{ab}}^b \frac{1}{x}\mathrm{d}x$，所以
$$\frac{\ln b - \ln a}{b-a} = \frac{1}{b-a}\int_a^b \frac{1}{x}\mathrm{d}x = \frac{2}{b-a}\int_a^{\sqrt{ab}} \frac{1}{x}\mathrm{d}x. \tag{7.9}$$

又因为 $y=1/x$ 是凹函数，所以
$$\int_a^{\sqrt{ab}} \frac{1}{x}\mathrm{d}x < \frac{1}{2}\left(\frac{1}{a}+\frac{1}{\sqrt{ab}}\right)(\sqrt{ab}-a) = \frac{b-a}{2\sqrt{ab}}. \tag{7.10}$$

联立(7.9)和(7.10)式，即得
$$\frac{\ln b - \ln a}{b-a} < \frac{1}{\sqrt{ab}}.$$

另一方面，还因为 $y=1/x$ 是凹函数，所以曲线 $y=1/x$ 在横坐标为 $\frac{a+b}{2}$ 的点处的切线：

$$T(x) = \frac{2}{a+b} - \frac{4}{(a+b)^2}\left(x - \frac{a+b}{2}\right)$$

在曲线 $y=\frac{1}{x}$ 的下方. 于是

$$\frac{\ln b - \ln a}{b-a} = \frac{1}{b-a}\int_a^b \frac{1}{x}dx > \frac{1}{b-a}\int_a^b T(x)dx$$

$$= \frac{1}{b-a} \cdot \frac{1}{2}(b-a)(T(a)+T(b)) = \frac{2}{a+b}.$$

证法 7 注意

$$\bar{x} \xrightarrow{\text{定义}} \frac{b-a}{\ln b - \ln a} = \frac{\int_a^b x \cdot \frac{1}{x}dx}{\int_a^b \frac{1}{x}dx}$$

表示曲线 $y=\frac{1}{x}$ 在 $[a,b]$ 上形成的曲边梯形薄片(记为 A)的重心横坐标(薄片的面密度为 1). 于是 (7.1) 式可改写成

$$\sqrt{ab} < \bar{x} = \frac{\int_a^b x \cdot \frac{1}{x}dx}{\int_a^b \frac{1}{x}dx} < \frac{a+b}{2}.$$

再将上式改写成两个不等式,其中一个为

$$\int_a^{\frac{a+b}{2}}\left(\frac{a+b}{2}-x\right)\frac{1}{x}dx > \int_{\frac{a+b}{2}}^b\left(x-\frac{a+b}{2}\right)\frac{1}{x}dx. \quad (7.11)$$

其物理意义是:曲边梯形 A 在直线 $x=\frac{a+b}{2}$ 的左边部分比右边部分对直线 $x=\frac{a+b}{2}$ 轴的静力矩来得大. 另一个不等式为

$$\int_{\sqrt{ab}}^b (x-\sqrt{ab})\frac{1}{x}dx > \int_a^{\sqrt{ab}}(\sqrt{ab}-x)\frac{1}{x}dx, \quad (7.12)$$

其物理意义是:曲边梯形 A 在直线 $x=\sqrt{ab}$ 的右边部分比左边部分对直线 $x=\sqrt{ab}$ 轴的静力矩来得大.

先证 (7.11) 式. 对下面积分分别作 $\frac{a+b}{2}-x=u$ 和 $x-\frac{a+b}{2}=u$ 的变换:

$$\int_a^{\frac{a+b}{2}}\left(\frac{a+b}{2}-x\right)\frac{1}{x}dx - \int_{\frac{a+b}{2}}^b\left(x-\frac{a+b}{2}\right)\frac{1}{x}dx$$

$$= \int_0^{\frac{b-a}{2}} \frac{u\mathrm{d}u}{\frac{a+b}{2}-u} - \int_0^{\frac{b-a}{2}} \frac{u\mathrm{d}u}{u+\frac{a+b}{2}}$$

$$= \int_0^{\frac{b-a}{2}} \frac{2u^2\mathrm{d}u}{\left(\frac{a+b}{2}\right)^2 - u^2} > 0.$$

再证(7.12)式. 对下面积分分别作 $\dfrac{x}{\sqrt{ab}}=t$ 和 $\dfrac{\sqrt{ab}}{x}=t$ 的变换:

$$\int_{\sqrt{ab}}^b (x-\sqrt{ab})\frac{1}{x}\mathrm{d}x - \int_a^{\sqrt{ab}}(\sqrt{ab}-x)\frac{1}{x}\mathrm{d}x$$

$$= \sqrt{ab}\int_1^{\sqrt{b/a}} \frac{t-1}{t}\mathrm{d}t - \sqrt{ab}\int_1^{\sqrt{b/a}} \frac{t-1}{t^2}\mathrm{d}t$$

$$= \sqrt{ab}\int_1^{\sqrt{b/a}}\left(\frac{t-1}{t}\right)^2\mathrm{d}t > 0.$$

联立(7.11)和(7.12)式,即得(7.1)式成立.

证法 8 设 $f(x)\xlongequal{\text{定义}}\ln\dfrac{b+x}{a+x}$,则

$$\ln b - \ln a = \ln\frac{b}{a} = f(0) - f(+\infty) = -\int_0^{+\infty} f'(x)\mathrm{d}x$$

$$= (b-a)\int_0^{+\infty}\frac{\mathrm{d}x}{(x+a)(b+x)}. \tag{7.13}$$

又

$$(x+\sqrt{ab})^2 < (x+a)(x+b) < \left(x+\frac{a+b}{2}\right)^2 \quad (x>0). \tag{7.14}$$

联立(7.13)和(7.14)式,一方面,

$$\frac{\ln b - \ln a}{b-a} = \int_0^{+\infty}\frac{\mathrm{d}x}{(x+a)(x+b)} > \int_0^{+\infty}\frac{\mathrm{d}x}{\left(x+\frac{a+b}{2}\right)^2} = \frac{2}{a+b};$$

另一方面,

$$\frac{\ln b - \ln a}{b-a} = \int_0^{+\infty}\frac{\mathrm{d}x}{(x+a)(x+b)} < \int_0^{+\infty}\frac{\mathrm{d}x}{(x+\sqrt{ab})^2} = \frac{1}{\sqrt{ab}}.$$

例 2 设 $f(x)=\mathrm{e}^{x^2}\int_x^{+\infty}\mathrm{e}^{-t^2}\mathrm{d}t$,求证: $f(x)\leqslant\sqrt{\pi}/2\,(x\geqslant 0)$.

证法 1 令 $u=t-x$,则当 $x\geq 0$ 时,
$$f(x) = e^{x^2}\int_0^\infty e^{-(u+x)^2}du = \int_0^\infty e^{-u^2}\cdot e^{-2ux}du$$
$$\leq \int_0^\infty e^{-u^2}du = \frac{\sqrt{\pi}}{2}.$$

证法 2 令 $u=t-x$, $f(x)=\int_0^\infty e^{-u^2-2ux}du$,利用广义参变量积分求导定理,得
$$f'(x) = \int_0^\infty (-2u)e^{-u^2-2ux}du < 0,$$
所以函数 $f(x)$ 在实轴严格递减. 特别当 $x\geq 0$ 时,有
$$f(x) \leq f(0) = \frac{\sqrt{\pi}}{2}.$$

证法 3 由
$$\left(\int_x^\infty e^{-t^2}dt\right)^2 = \int_x^\infty\int_x^\infty e^{-(u^2+v^2)}dudv \leq \iint_{\substack{u^2+v^2\geq 2x^2 \\ u\geq 0, v\geq 0}} e^{-(u^2+v^2)}dudv$$
$$= \int_{\sqrt{2}x}^\infty re^{-r^2}dr\int_0^{\frac{\pi}{2}}d\theta = \frac{\pi}{4}e^{-2x^2} \quad (x\geq 0),$$
两边开平方,即得 $f(x)\leq \sqrt{\pi}/2$.

例 3 求证:$f(x)=xe^{-x^2}\int_0^x e^{t^2}dt$ 在 $(-\infty,\infty)$ 上有界.

证法 1 因为 $f(-x)=f(x)$,即 $f(x)$ 是偶函数,所以只需证明 $f(x)$ 在 $[0,+\infty)$ 上有界.

用洛必达法则:
$$\lim_{x\to +\infty} f(x) = \lim_{x\to +\infty}\frac{\int_0^x e^{t^2}dt}{\frac{1}{x}e^{x^2}} = \lim_{x\to +\infty}\frac{e^{x^2}}{2e^{x^2}-\frac{1}{x^2}e^{x^2}} = \lim_{x\to +\infty}\frac{1}{2-\frac{1}{x^2}} = \frac{1}{2}.$$

因此 $\exists A>0$,使得 $0<f(x)<1(\forall\ x>A)$. 又由 $f(x)$ 在 $[0,A]$ 上连续,故 $\exists M_1>0$,使得 $0\leq f(x)\leq M_1(\forall\ x\in[0,A])$. 取
$$M=\max(1,M_1),$$
则有 $0\leq f(x)\leq M(\forall\ x\in[0,+\infty))$.

证法 2 由证法 1 知只需证 $f(x)$ 在 $[0,+\infty)$ 上有界,对 $\forall\, x>1$,根据柯西中值定理,$\exists\, \xi\in(1,x)$,使得

$$\frac{\int_0^x e^{t^2}dt - \int_0^1 e^{t^2}dt}{\frac{1}{x}e^{x^2} - e} = \frac{e^{\xi^2}}{-\frac{1}{\xi^2}e^{\xi^2} + 2e^{\xi^2}} = \frac{1}{2-\frac{1}{\xi^2}} \leqslant 1. \quad (7.15)$$

又当 $x>1$ 时,$e^{x^2-1} > x^2 > x$,即得 $\frac{1}{x}e^{x^2} > e$. 于是由 (7.15) 式得

$$\int_0^x e^{t^2}dt \leqslant \frac{1}{x}e^{x^2} - e + \int_0^1 e^{t^2}dt \leqslant \frac{1}{x}e^{x^2},$$

即得 $0 \leqslant f(x) \leqslant 1 (\forall\, x>1)$. 又当 $x\in[0,1]$ 时,

$$0 \leqslant f(x) \leqslant \int_0^1 e^t dt \cdot \max_{0\leqslant x\leqslant 1} xe^{-x^2} = \frac{e-1}{\sqrt{2e}} < \sqrt{\frac{2}{e}} < 1.$$

故有

$$0 \leqslant f(x) \leqslant 1 \quad (\forall\, x \in [0,+\infty)).$$

证法 3 利用幂级数逐项积分.

$$\int_0^x e^{t^2}dt = \int_0^x \sum_{n=0}^\infty \frac{t^{2n}}{n!}dt = \sum_{n=0}^\infty \frac{x^{2n+1}}{(2n+1)n!},$$

即得

$$x\int_0^x e^{t^2}dt = \sum_{n=0}^\infty \frac{x^{2n+2}}{(2n+1)n!};$$

又

$$e^{x^2} = \sum_{n=0}^\infty \frac{x^{2n}}{n!} = 1 + \sum_{n=0}^\infty \frac{x^{2n+2}}{(n+1)!}.$$

由于 $(2n+1)n! \geqslant (n+1)!\ (n\geqslant 0)$,得到

$$0 \leqslant x\int_0^x e^{t^2}dt < e^{x^2} \quad (\forall\, x \in \mathbf{R}),$$

即

$$0 \leqslant f(x) < 1 \quad (\forall\, x \in \mathbf{R}).$$

例 4 设 $f(x)$ 在 $\mathbf{R}$ 上连续可导,且 $\sup\limits_{x\in\mathbf{R}}|e^{-x^2}f'(x)| < +\infty$,求证:

$$\sup_{x\in\mathbf{R}}|xe^{-x^2}f(x)| < +\infty.$$

证法 1 设 $M = \sup\limits_{x\in\mathbf{R}}|e^{-x^2}f'(x)|$,则 $|f'(x)| \leqslant Me^{x^2}$,且

$$|f(x)| \leqslant |f(x) - f(0)| + |f(0)| \leqslant \left|\int_0^x |f'(t)| dt\right| + |f(0)|$$

$$\leqslant M\left|\int_0^x e^{t^2} dt\right| + |f(0)| \quad (\forall\, x \in \mathbf{R}). \tag{7.16}$$

根据例3证法2结果及 $\max\limits_{x \in \mathbf{R}} |xe^{-x^2}| \leqslant 1$，由(7.16)式可得当 $\forall\, x \in \mathbf{R}$ 时，有

$$|xe^{-x^2} f(x)| \leqslant M\left|xe^{-x^2}\int_0^x e^{-t^2} dt\right| + |xe^{-x^2} f(0)| \leqslant M + |f(0)|.$$

证法2 对 $\forall\, x > 1$，根据柯西中值定理，$\exists\, \xi \in (1, x)$，使得

$$\left|\frac{f(x) - f(1)}{\frac{1}{x}e^{x^2} - e}\right| = \left|\frac{f'(\xi)}{-\frac{1}{\xi^2}e^{\xi^2} + 2e^{\xi^2}}\right| = \left|\frac{e^{-\xi^2} f'(\xi)}{2 - \frac{1}{\xi^2}}\right| \leqslant M,$$

$$\tag{7.17}$$

其中 $M = \sup\limits_{x \in \mathbf{R}} |e^{-x^2} f'(x)|$. 又当 $x > 1$ 时，$e^{x^2-1} > x^2 > x$ 或 $\frac{1}{x}e^{x^2} > e$. 于是由(7.17)式推出

$$|f(x)| \leqslant |f(1)| + M\left(\frac{1}{x}e^{x^2} - e\right) \leqslant |f(1)| + M\frac{1}{x}e^{x^2}$$
$$(\forall\, x > 1),$$

即得

$$|xe^{-x^2} f(x)| \leqslant |xe^{-x^2} f(1)| + M \leqslant |f(1)| + M$$
$$(\forall\, x > 1). \tag{7.18}$$

同理对 $\forall\, x < -1$，可推出

$$|xe^{-x^2} f(x)| \leqslant |f(-1)| + M \quad (\forall\, x < -1). \tag{7.19}$$

又 $f(x) \in C[-1, 1]$，故可设 $|f(x)| \leqslant M_0 (|x| \leqslant 1)$，因此

$$|xe^{-x^2} f(x)| \leqslant |f(x)| \leqslant M_0 \quad (|x| \leqslant 1). \tag{7.20}$$

联合(7.18)~(7.20)式，我们有

$$|xe^{-x^2} f(x)| \leqslant M_0 + M \quad (\forall\, x \in \mathbf{R}).$$

例5 设 $f_n(x) = \cos x + \cos^2 x + \cdots + \cos^n x$. 求证：

(1) 对任意自然数 n，方程 $f_n(x) = 1$ 在 $[0, \pi/3]$ 内有且仅有一个根；

(2) 设 $x_n \in \left[0, \dfrac{\pi}{3}\right)$ 是 $f_n(x)=1$ 的根,则 $\lim\limits_{n\to\infty} x_n = \dfrac{\pi}{3}$.

证 (1) 当 $n=1$ 时,$x_1=0$ 适合 $f_1(x_1)=\cos 0=1$;当 $n>1$ 时,$f_n(0)=n>1$,而 $f_n\left(\dfrac{\pi}{3}\right)=1-\dfrac{1}{2^n}<1$,根据连续函数的中间值定理,$\exists\, x_n \in \left(0, \dfrac{\pi}{3}\right)$,使得 $f_n(x_n)=1$. 又

$$f_n'(x) = -\sin x(1+2\cos x+\cdots+n\cos^{n-1} x)<0, \quad x\in(0,\pi/3).$$

这意味着 $f_n(x)$ 在 $(0,\pi/3)$ 内严格单调下降,从而上述 x_n 惟一,即方程 $f_n(x)=1$ 在 $[0,\pi/3)$ 内有且仅有一个根. 到此(1)证毕.

关于(2)下面给出几种证法.

证法 1 因为

$$f_n\left(\dfrac{\pi}{4}\right) = \cos\dfrac{\pi}{4}+\cos^2\dfrac{\pi}{4}+\cdots+\cos^n\dfrac{\pi}{4}$$

$$= (\sqrt{2}+1) \times \left(1-\left(\dfrac{1}{\sqrt{2}}\right)^n\right),$$

所以 $\lim\limits_{n\to\infty} f_n\left(\dfrac{\pi}{4}\right) = \sqrt{2}+1 > 1$. 由极限定义,$\exists\, N$,使得

$$f_n\left(\dfrac{\pi}{4}\right) > 1 \quad (\forall\, n \geqslant N).$$

又 $f_n(x)$ 对 x 严格单调下降,$f_n(x_n)=1$,故有 $x_n>\pi/4\,(\forall\, n\geqslant N)$. 进一步用微分中值定理,对 $\forall\, n\geqslant N$,$\exists\, \xi_n \in (x_n, \pi/3)$(此时 $\xi_n > x_n > \pi/4$),使得

$$\left|f_n(x_n)-f_n\left(\dfrac{\pi}{3}\right)\right| = |f_n'(\xi_n)|\left|x_n-\dfrac{\pi}{3}\right|$$

$$\geqslant |\sin \xi_n|\left|x_n-\dfrac{\pi}{3}\right| \geqslant \dfrac{1}{\sqrt{2}}\left|x_n-\dfrac{\pi}{3}\right|,$$

从而 $0 \leqslant \left|x_n-\dfrac{\pi}{3}\right| \leqslant \sqrt{2}\left|f_n(x_n)-f_n\left(\dfrac{\pi}{3}\right)\right| = \dfrac{\sqrt{2}}{2^n}$. 于是根据极限两边夹挤原理,推出 $\lim\limits_{n\to\infty} x_n = \dfrac{\pi}{3}$.

证法 2 考虑辅助函数 $f(x) \xlongequal{\text{定义}} \dfrac{\cos x}{1-\cos x}\left(0<x\leqslant\dfrac{\pi}{3}\right)$. 因

$$f'(x) = -\dfrac{\sin x}{(1-\cos x)^2} < 0 \quad \left(\forall\, 0<x<\dfrac{\pi}{3}\right),$$

所以 $f(x)$ 在 $(0, \pi/3]$ 内严格单调下降. 因此, $\forall\ 0<\varepsilon<\pi/3$,
$$\lim_{n\to\infty} f_n\left(\frac{\pi}{3}-\varepsilon\right) = f\left(\frac{\pi}{3}-\varepsilon\right) > f\left(\frac{\pi}{3}\right) = 1,$$
从而 $\exists\ N(\varepsilon)$, 使得 $\forall\ n \geqslant N(\varepsilon)$ 时, 有 $f_n\left(\frac{\pi}{3}-\varepsilon\right)>1$. 又 $f_n(x)$ 对 x 严格单调下降, $f_n(x_n)=1$, 故有
$$\frac{\pi}{3}-\varepsilon < x_n < \frac{\pi}{3} \quad (\forall\ n \geqslant N(\varepsilon)),$$
也就有 $|x_n - \pi/3| < \varepsilon (\forall\ n \geqslant N(\varepsilon))$, 即得 $\lim_{n\to\infty} x_n = \pi/3$.

证法 3　先证明 x_n 是单调增加序列. 事实上,
$$f_{n+1}(x) > f_n(x) \quad (x \in [0, \pi/3)).$$
由 $f_{n+1}(x_{n+1}) = 1 = f_n(x_n) < f_{n+1}(x_n)$, 及 $f_{n+1}(x)$ 对 x 在 $[0, \pi/3)$ 内严格单调下降, 即得 $x_n < x_{n+1} (n=1,2,\cdots)$. 由 (1) 知 $x_n < \pi/3$, 于是 $\{x_n\}$ 是单调增加的有上界序列, 从而极限 $\lim_{n\to\infty} x_n$ 存在. 设 $\lim_{n\to\infty} x_n = a$. 下面证明 $a = \pi/3$.

由 $x_n < x_{n+1}$, 推出 $\cos x_n > \cos x_{n+1}$, 因此
$$\cos x_n < \cos x_2 < 1 \quad (\forall\ n > 2),$$
进而有 $0 < \cos^{n+1} x_n < \cos^{n+1} x_2$. 根据两边夹挤原理, 可知 $\lim_{n\to\infty} \cos^{n+1} x_n = 0$. 于是由
$$1 = f_n(x_n) = \frac{\cos x_n - \cos^{n+1} x_n}{1 - \cos x_n}$$
两边令 $n \to +\infty$ 取极限, 即得 $1 = \frac{\cos a}{1 - \cos a}$, 从而 $a = \frac{\pi}{3}$.

证法 4　因为 $f_n(x)$ 对 n 单调增加, 根据微分中值定理,
$$\exists\ \xi \in (\min(x_n, x_{n+1}), \max(x_n, x_{n+1})),$$
使得
$$f'_{n+1}(\xi)(x_{n+1} - x_n) = f_{n+1}(x_{n+1}) - f_{n+1}(x_n)$$
$$= 1 - f_{n+1}(x_n) < 1 - f_n(x_n) = 0.$$
又 $f'_{n+1}(\xi) < 0$, 即得 $x_{n+1} - x_n > 0$, 这说明 $x_n \leqslant x_{n+1}, x_n$ 单调上升且有界. 设 $\lim_{n\to\infty} x_n = a$, 则 $a > x_2 > 0$. 因为 $f_n(x)$ 的极限函数
$$\lim_{n\to\infty} f_n(x) = \frac{\cos x}{1 - \cos x} \quad \left(x \in \left[x_2, \frac{\pi}{3}\right]\right)$$

在 $\left[x_2, \dfrac{\pi}{3}\right]$ 上连续,且 $f_{n+1}(x) > f_n(x)$. 根据狄尼定理,我们有
$$f_n(x) \xrightarrow{\text{一致}} \frac{\cos x}{1-\cos x} \quad \left(n \to \infty, x \in \left[x_2, \frac{\pi}{3}\right]\right),$$
从而 $1 \equiv f_n(x_n) \to \dfrac{\cos a}{1-\cos a}(n \to \infty)$,即有 $\cos a = \dfrac{1}{2}$,或 $a = \dfrac{\pi}{3}$.

例 6 设 $f(x) = \dfrac{1}{1-x-x^2}$,求证 $\sum\limits_{n=0}^{\infty} \dfrac{n!}{f^{(n)}(0)}$ 收敛.

证法 1 记 $a = \dfrac{\sqrt{5}-1}{2}, b = \dfrac{\sqrt{5}+1}{2}$. 则
$$\begin{aligned}
f(x) &= \frac{1}{\sqrt{5}} \left\{ \frac{1}{a-x} + \frac{1}{b+x} \right\} \\
&= \frac{1}{\sqrt{5}\,a} \sum_{n=0}^{\infty} \left(\frac{x}{a}\right)^n + \frac{1}{\sqrt{5}\,b} \sum_{n=0}^{\infty} \left(-\frac{x}{b}\right)^n \\
&= \sum_{n=0}^{\infty} \left\{ \frac{1}{\sqrt{5}} \frac{1}{a^{n+1}} + \frac{(-1)^n}{\sqrt{5}\, b^{n+1}} \right\} x^n \quad (|x| < a).
\end{aligned}$$

由此得到
$$\frac{f^{(n)}(0)}{n!} = \frac{1}{\sqrt{5}} \frac{1}{a^{n+1}} + \frac{(-1)^n}{\sqrt{5}\, b^{n+1}}.$$

因为 $ab=1$,所以
$$\begin{aligned}
\frac{f^{(n)}(0)}{n!} &= \frac{1}{\sqrt{5}} b^{n+1} + \frac{1}{\sqrt{5}} (-1)^n a^{n+1} \\
&= \frac{b^{n+1}}{\sqrt{5}} \left[1 + (-1)^n \left(\frac{a}{b}\right)^{n+1} \right] \\
&\geqslant \frac{b^{n+1}}{\sqrt{5}} \left[1 - \left(\frac{a}{b}\right)^{n+1} \right] > 0.
\end{aligned}$$

又
$$\lim_{n \to \infty} \frac{\dfrac{n!}{f^{(n)}(0)}}{a^{n+1}} = \lim_{n \to \infty} \frac{\sqrt{5}}{1 + (-1)^n \left(\dfrac{a}{b}\right)^{n+1}} = \sqrt{5},$$

而级数 $\sum\limits_{n=0}^{\infty} \sqrt{5}\, a^{n+1}$ 收敛,故 $\sum\limits_{n=0}^{\infty} \dfrac{n!}{f^{(n)}(0)}$ 收敛.

证法 2 将 $f(x)$ 的表达式改写成方程:

$$f(x) - xf(x) - x^2 f(x) = 1.$$

两边求 n 阶导数并代入 $x=0$ 得到

$$f^{(n)}(0) - nf^{(n-1)}(0) - n(n-1)f^{(n-2)}(0) = 0.$$

再两边除以 $n!$，推出

$$\frac{f^{(n)}(0)}{n!} = \frac{f^{(n-1)}(0)}{(n-1)!} + \frac{f^{(n-2)}(0)}{(n-2)!}.$$

又 $f(0)=1, f'(0)=1$，令 $a_n = \frac{f^{(n)}(0)}{n!}$，则有

$$a_{n+1} = a_n + a_{n-1}, \quad a_0 = a_1 = 1. \tag{7.21}$$

下面只要证明 $\sum_{n=0}^{\infty} \frac{1}{a_n}$ 收敛. 由 (7.21) 式推出

$$a_{n+1} = a_n + a_{n-1} = 2a_{n-1} + a_{n-2} > 2a_{n-1},$$

于是

$$\frac{\frac{1}{a_{2k+1}}}{\frac{1}{a_{2k-1}}} = \frac{a_{2k-1}}{a_{2k+1}} < \frac{1}{2}, \quad \frac{\frac{1}{a_{2k}}}{\frac{1}{a_{2k-2}}} = \frac{a_{2k-2}}{a_{2k}} < \frac{1}{2},$$

由此得出级数 $\sum_{k=0}^{\infty} \frac{1}{a_{2k+1}}$ 与级数 $\sum_{k=0}^{\infty} \frac{1}{a_{2k}}$ 收敛，从而

$$\sum_{n=0}^{\infty} \frac{1}{a_n} = \sum_{k=0}^{\infty} \left(\frac{1}{a_{2k}} + \frac{1}{a_{2k+1}} \right)$$

收敛.

证法 3 设 $f(x) = \sum_{k=0}^{\infty} a_k x^k$，则 $(1-x-x^2) \sum_{k=0}^{\infty} a_k x^k = 1$. 整理后得

$$a_0 + (a_1 - a_0)x + \sum_{m=0}^{\infty} (a_{m+2} - a_{m+1} - a_m) x^{m+2} = 1.$$

由此推出 $a_0 = 1, a_1 = 1, a_{m+2} = a_{m+1} + a_m (m=0,1,\cdots)$. 下同证法 2.

证法 4 设 $a = \frac{\sqrt{5}-1}{2}, b = \frac{\sqrt{5}+1}{2}$，则

$$f(x) = \frac{1}{\sqrt{5}} \left\{ \frac{1}{a-x} + \frac{1}{b+x} \right\},$$

$$f^{(n)}(x) = \frac{1}{\sqrt{5}} \left\{ \frac{n!}{(a-x)^{n+1}} + \frac{(-1)^n n!}{(x+b)^{n+1}} \right\},$$

由此推出 $\dfrac{f^{(n)}(0)}{n!}=\dfrac{1}{\sqrt{5}\,a^{n+1}}+\dfrac{(-1)^n}{\sqrt{5}\,b^{n+1}}$. 下同证法 1.

证法 5 $f(x)=\dfrac{1}{1-x(1+x)}=\displaystyle\sum_{n=0}^{\infty}x^n(1+x)^n$ ($|x(1+x)|<1$).

又 $(1+x)^n=\displaystyle\sum_{k=0}^{n}C_n^k x^k$,代入上式整理后得到

$$f(x)=\sum_{n=0}^{\infty}\sum_{k=0}^{n}C_n^k x^{n+k}=\sum_{n=0}^{\infty}\sum_{m=n}^{2n}C_n^{m-n}x^m=\sum_{m=0}^{\infty}\left(\sum_{n\geqslant\frac{m}{2}}^{m}C_n^{m-n}\right)x^m.$$

由此得到
$$\dfrac{f^{(m)}(0)}{m!}=\sum_{n\geqslant\frac{m}{2}}^{m}C_n^{m-n}.$$

当 $m\geqslant 4$ 时,取 $n_0=m-2\geqslant\dfrac{m}{2}$,那么

$$\sum_{n\geqslant\frac{m}{2}}^{m}C_n^{m-n}>C_{n_0}^{m-n_0}=C_{m-2}^2=\dfrac{(m-2)(m-3)}{2}.$$

从而
$$\dfrac{m!}{f^{(m)}(0)}<\dfrac{2}{(m-2)(m-3)}\leqslant\dfrac{16}{m^2}\quad(m\geqslant 4).$$

于是 $\displaystyle\sum_{m=4}^{\infty}\dfrac{m!}{f^{(m)}(0)}$ 收敛,即有 $\displaystyle\sum_{m=0}^{\infty}\dfrac{m!}{f^{(m)}(0)}$ 收敛.

例 7 设 $f(x)$ 在 $(-\infty,\infty)$ 连续,
$$\int_{-\infty}^{+\infty}|f(x)|\mathrm{d}x<+\infty,\quad \int_{-\infty}^{+\infty}|f(x)|^2\mathrm{d}x<+\infty.$$

定义
$$\psi(x)=\int_{-\infty}^{+\infty}\int_{-\infty}^{+\infty}\mathrm{e}^{-(|x-\xi|+|x-\eta|)}|f(\xi)||f(\eta)|\mathrm{d}\xi\mathrm{d}\eta.$$

求证:
$$\int_{-\infty}^{+\infty}\psi(x)\mathrm{d}x\leqslant 4\int_{-\infty}^{+\infty}|f(x)|^2\mathrm{d}x.$$

证法 1 利用 $|f(\xi)||f(\eta)|\leqslant\dfrac{1}{2}[|f(\xi)|^2+|f(\eta)|^2]$,则

$$\psi(x)\leqslant\int_{-\infty}^{+\infty}\int_{-\infty}^{+\infty}\mathrm{e}^{-(|x-\xi|+|x-\eta|)}\dfrac{|f(\xi)|^2+|f(\eta)|^2}{2}\mathrm{d}\xi\mathrm{d}\eta$$

$$=\dfrac{1}{2}\int_{-\infty}^{+\infty}|f(\xi)|^2\mathrm{e}^{-|x-\xi|}\mathrm{d}\xi\int_{-\infty}^{+\infty}\mathrm{e}^{-|x-\eta|}\mathrm{d}\eta$$

$$+ \frac{1}{2}\int_{-\infty}^{+\infty}|f(\eta)|^2 e^{-|x-\eta|}d\eta \int_{-\infty}^{+\infty}e^{-|x-\xi|}d\xi. \quad (7.22)$$

又

$$\int_{-\infty}^{+\infty}e^{-|x-\eta|}d\eta = \int_{-\infty}^{+\infty}e^{-|x-\xi|}d\xi = \int_{-\infty}^{+\infty}e^{-|u|}du$$
$$= 2\int_{0}^{+\infty}e^{-u}du = 2, \quad (7.23)$$

代入(7.22)式得到

$$\psi(x) \leqslant 2\int_{-\infty}^{+\infty}|f(\xi)|^2 e^{-|x-\xi|}d\xi.$$

再用(7.23)式推出

$$\int_{-\infty}^{+\infty}\psi(x)dx \leqslant 2\int_{-\infty}^{+\infty}e^{-|x-\xi|}dx \int_{-\infty}^{+\infty}|f(\xi)|^2 d\xi = 4\int_{-\infty}^{+\infty}|f(\xi)|^2 d\xi.$$

证法 2 利用柯西-施瓦兹不等式，

$$\psi(x) = \left(\int_{-\infty}^{+\infty}e^{-|x-\xi|}f(\xi)d\xi\right)^2 = \left(\int_{-\infty}^{+\infty}e^{-\frac{|x-\xi|}{2}}e^{-\frac{|x-\xi|}{2}}|f(\xi)|d\xi\right)^2$$
$$\leqslant \int_{-\infty}^{+\infty}e^{-|x-\xi|}d\xi \int_{-\infty}^{+\infty}e^{-|x-\xi|}|f(\xi)|^2 d\xi$$
$$= 2\int_{-\infty}^{+\infty}e^{-|x-\xi|}|f(\xi)|^2 d\xi.$$

下同证法 1.

证法 3 通过计算求得

$$\int_{-\infty}^{+\infty}e^{-(|x-\xi|+|x-\eta|)}dx = e^{-|\xi-\eta|}(1+|\xi-\eta|),$$

因此

$$\int_{-\infty}^{+\infty}\psi(x)dx = \int_{-\infty}^{+\infty}\int_{-\infty}^{+\infty}|f(\xi)||f(\eta)|d\xi d\eta \int_{-\infty}^{+\infty}e^{-(|x-\xi|+|x-\eta|)}dx$$
$$= \int_{-\infty}^{+\infty}\int_{-\infty}^{+\infty}|f(\xi)||f(\eta)|e^{-|\xi-\eta|}(1+|\xi-\eta|)d\xi d\eta$$
$$\leqslant \frac{1}{2}\int_{-\infty}^{+\infty}\int_{-\infty}^{+\infty}(|f(\xi)|^2+|f(\eta)|^2)$$
$$\times e^{-|\xi-\eta|}(1+|\xi-\eta|)d\xi d\eta$$
$$= \int_{-\infty}^{+\infty}|f(\xi)|^2 d\xi \int_{-\infty}^{+\infty}(1+|\xi-\eta|)e^{-|\xi-\eta|}d\eta$$

$$=\int_{-\infty}^{+\infty}|f(\xi)|^2\mathrm{d}\xi\int_{-\infty}^{+\infty}(1+|u|)\mathrm{e}^{-u}\mathrm{d}u=4\int_{-\infty}^{+\infty}|f(\xi)|^2\mathrm{d}\xi.$$

例8 设 $f(x)=\sum\limits_{n=1}^{\infty}n\mathrm{e}^{-n}\cos nx$,求证：

(1) $\max\limits_{0\leqslant x\leqslant 2\pi}|f(x)|\geqslant\dfrac{2}{\mathrm{e}}$; (2) $f'(x)$ 存在；

(3) $\max\limits_{0\leqslant x\leqslant 2\pi}|f'(x)|\geqslant\dfrac{2}{\pi\mathrm{e}}$.

证 (1) $f(0)=\sum\limits_{n=1}^{\infty}n\mathrm{e}^{-n}=\dfrac{1}{\mathrm{e}}+\sum\limits_{n=2}^{\infty}n\mathrm{e}^{-n}$

$$\geqslant\dfrac{1}{\mathrm{e}}+2\sum_{n=2}^{\infty}\mathrm{e}^{-n}=\dfrac{1}{\mathrm{e}}\left(1+\dfrac{2}{\mathrm{e}-1}\right)>\dfrac{2}{\mathrm{e}},$$

因此 $\max\limits_{0\leqslant x\leqslant 2\pi}|f(x)|\geqslant|f(0)|>2/\mathrm{e}.$

(2) 因为级数

$$\sum_{n=1}^{\infty}(n\mathrm{e}^{-n}\cos nx)'=-\sum_{n=1}^{\infty}n^2\mathrm{e}^{-n}\sin nx$$

在实轴上一致收敛,所以 $f'(x)$ 存在,并且连续,可表示为

$$f'(x)=-\sum_{n=1}^{\infty}n^2\mathrm{e}^{-n}\sin nx.$$

(3) **证法1** 用贝塞尔不等式,

$$\int_0^{2\pi}|f'(x)|^2\mathrm{d}x=\sum_{n=1}^{\infty}\pi n^2\mathrm{e}^{-2n}>\dfrac{\pi}{\mathrm{e}^2}.$$

又设 $|f'(x_0)|^2=\max\limits_{0\leqslant x\leqslant 2\pi}|f'(x)|^2$,则

$$|f'(x_0)|^2\geqslant\dfrac{1}{2\pi}\int_0^{2\pi}|f'(x)|^2\mathrm{d}x\geqslant\dfrac{1}{2\mathrm{e}^2}.$$

从而

$$\max_{0\leqslant x\leqslant 2\pi}|f'(x)|\geqslant\dfrac{1}{\sqrt{2}\,\mathrm{e}}>\dfrac{2}{\pi\mathrm{e}}.$$

证法2 由 $f'(x)$ 的傅氏系数公式,

$$\dfrac{1}{\pi}\int_0^{2\pi}f'(x)\sin x\mathrm{d}x=-\dfrac{1}{\mathrm{e}},$$

所以

$$\dfrac{1}{\mathrm{e}}=\dfrac{1}{\pi}\left|\int_0^{2\pi}f'(x)\sin x\mathrm{d}x\right|\leqslant\dfrac{1}{\pi}\int_0^{2\pi}|f'(x)||\sin x|\mathrm{d}x$$

$$\leqslant \max_{0\leqslant x\leqslant 2\pi}|f'(x)| \cdot \frac{1}{\pi}\int_0^{2\pi}|\sin x|\mathrm{d}x = \frac{4}{\pi}\max_{0\leqslant x\leqslant 2\pi}|f'(x)|,$$

由此即得

$$\max_{0\leqslant x\leqslant 2\pi}|f'(x)| \geqslant \frac{\pi}{4\mathrm{e}} > \frac{2}{\pi\mathrm{e}}.$$

例9 求证：t 的方程

$$\frac{x^2}{a-t} + \frac{y^2}{b-t} + \frac{z^2}{c-t} = 1 \quad (a>b>c)$$

(1) 有三个不同实根 t_1, t_2, t_3，分别属于区间 $-\infty < t_1 < c, c < t_2 < b, b < t_3 < a$，其中 (x,y,z) 不在坐标平面上；

(2) 过任意点的三个曲面 $t_i(x,y,z) = $ 常数$(i=1,2,3)$ 互相正交。

证 (1) 令 $f(t) = \frac{x^2}{a-t} + \frac{y^2}{b-t} + \frac{z^2}{c-t} - 1$，则

$$\lim_{t\to a^-}f(t) = \lim_{t\to b^-}f(t) = \lim_{t\to c^-}f(t) = +\infty;$$

$$\lim_{t\to b^+}f(t) = \lim_{t\to c^+}f(t) = -\infty, \quad \lim_{t\to -\infty}f(t) = -1;$$

$$f'(t) = \frac{x^2}{(a-t)^2} + \frac{y^2}{(b-t)^2} + \frac{z^2}{(c-t)^2} > 0 \quad (t\neq a,b,c).$$

由连续函数中间值定理及单调性，存在惟一的 $t_1 \in (-\infty, c), t_2 \in (c, b), t_3 \in (b, a)$，使得 $f(t_1)=0, f(t_2)=0, f(t_3)=0$.

(2) 根据(1)我们有

$$\frac{x^2}{a-t_i} + \frac{y^2}{b-t_i} + \frac{z^2}{c-t_i} = 1 \quad (i=1,2,3). \quad (7.24)$$

对(7.24)式微分得到

$$\mathrm{d}t_i = \frac{2x\mathrm{d}x}{T_i(a-t_i)} + \frac{2y\mathrm{d}y}{T_i(b-t_i)} + \frac{2z\mathrm{d}z}{T_i(c-t_i)},$$

其中 $T_i \xlongequal{\text{定义}} \left[\frac{x^2}{(a-t_i)^2} + \frac{y^2}{(b-t_i)^2} + \frac{z^2}{(c-t_i)^2}\right](i=1,2,3)$，由此推出

$$\frac{\partial t_i}{\partial x} = \frac{2x}{T_i(a-t_i)}, \quad \frac{\partial t_i}{\partial y} = \frac{2y}{T_i(b-t_i)},$$

$$\frac{\partial t_i}{\partial z} = \frac{2z}{T_i(c-t_i)} \quad (i=1,2,3).$$

于是当 $i \neq j$ 时，

$$\frac{\partial t_i}{\partial x}\frac{\partial t_j}{\partial x}+\frac{\partial t_i}{\partial y}\frac{\partial t_j}{\partial y}+\frac{\partial t_i}{\partial z}\frac{\partial t_j}{\partial z}$$

$$=\frac{4}{T_i T_j}\Big[\frac{x^2}{(a-t_i)(a-t_j)}+\frac{y^2}{(b-t_i)(b-t_j)}$$

$$+\frac{z^2}{(c-t_i)(c-t_j)}\Big]. \tag{7.25}$$

再由(7.24)式可得

$$\frac{x^2(t_i-t_j)}{(a-t_i)(a-t_j)}+\frac{y^2(t_i-t_j)}{(b-t_i)(b-t_j)}+\frac{z^2(t_i-t_j)}{(c-t_i)(c-t_j)}=0. \tag{7.26}$$

(7.26)式除以 $t_i-t_j\neq 0$,并将所得结果代入(7.25)式,即得

$$\frac{\partial t_i}{\partial x}\frac{\partial t_j}{\partial x}+\frac{\partial t_i}{\partial y}\frac{\partial t_j}{\partial y}+\frac{\partial t_i}{\partial z}\frac{\partial t_j}{\partial z}=0 \quad (i,j=1,2,3;i\neq j),$$

这意味着过任意点的三曲面 $t_i(x,y,z)=$ 常数 $(i=1,2,3)$ 的法向量 $\left(\frac{\partial t_i}{\partial x},\frac{\partial t_i}{\partial y},\frac{\partial t_i}{\partial z}\right)$ 两两正交,即三曲面互相正交.

例 10 求证: $\int_0^1 \frac{\ln(1+x)}{1+x^2}\mathrm{d}x=\frac{\pi}{8}\ln 2.$

证法 1 令 $x=\tan t, \mathrm{d}x=\sec^2 t\mathrm{d}t$,则

$$\int_0^1\frac{\ln(1+x)}{1+x^2}\mathrm{d}x=\int_0^{\frac{\pi}{4}}\ln(1+\tan t)\mathrm{d}t$$

$$=\int_0^{\frac{\pi}{4}}\ln(\sin t+\cos t)\mathrm{d}t-\int_0^{\frac{\pi}{4}}\ln(\cos t)\mathrm{d}t$$

$$=\int_0^{\frac{\pi}{4}}\ln\sqrt{2}\sin\left(t+\frac{\pi}{4}\right)\mathrm{d}t-\int_0^{\frac{\pi}{4}}\ln(\cos t)\mathrm{d}t$$

$$=\frac{\pi}{8}\ln 2+\int_0^{\frac{\pi}{4}}\ln\left(\sin\left(t+\frac{\pi}{4}\right)\right)\mathrm{d}t-\int_0^{\frac{\pi}{4}}\ln(\cos t)\mathrm{d}t. \tag{7.27}$$

又令 $t=\frac{\pi}{4}-u$,则

$$\int_0^{\frac{\pi}{4}}\ln\left(\sin\left(t+\frac{\pi}{4}\right)\right)\mathrm{d}t=\int_0^{\frac{\pi}{4}}\ln(\cos u)\mathrm{d}u. \tag{7.28}$$

(7.28)式代入(7.27)式即得结论.

证法 2 设 $J(y) = \int_0^1 \dfrac{\ln(1+xy)}{1+x^2}\mathrm{d}x$,则 $J(0)=0$,

$$\dfrac{\mathrm{d}J}{\mathrm{d}y} = \int_0^1 \dfrac{x}{(1+x^2)(1+xy)}\mathrm{d}x$$

$$= \int_0^1 \dfrac{1}{1+y^2}\left[\dfrac{x}{1+x^2}+\dfrac{y}{1+x^2}-\dfrac{y}{1+xy}\right]\mathrm{d}x$$

$$= \dfrac{1}{1+y^2}\left[\dfrac{1}{2}\ln 2+\dfrac{\pi}{4}y-\ln(1+y)\right].$$

对上式两边从 0 到 1 积分,得 $J(1)-J(0) = \dfrac{\pi}{4}\ln 2 - J(1)$,由此推出

$$J(1) = \int_0^1 \dfrac{\ln(1+x)}{1+x^2}\mathrm{d}x = \dfrac{\pi}{8}\ln 2.$$

证法 3 设 $I(y) = \int_0^y \dfrac{\ln(1+xy)}{1+x^2}\mathrm{d}x$,则 $I(0)=0$,

$$\dfrac{\mathrm{d}I}{\mathrm{d}y} = \dfrac{\ln(1+y^2)}{1+y^2} + \int_0^y \dfrac{x}{(1+x^2)(1+xy)}\mathrm{d}x$$

$$= \dfrac{\ln(1+y^2)}{2(1+y^2)} + \dfrac{y\arctan y}{1+y^2}.$$

上式两边从 0 到 y 积分,得

$$I(y) = \dfrac{1}{2}\left\{\int_0^y \ln(1+t^2)\mathrm{d}\arctan t + \int_0^y \arctan t\,\mathrm{d}\ln(1+t^2)\right\}$$

$$= \dfrac{1}{2}\ln(1+y^2)\arctan y,$$

于是

$$\int_0^1 \dfrac{\ln(1+x)}{1+x^2}\mathrm{d}x = I(1) = \dfrac{\pi}{8}\ln 2.$$

证法 4 设 $I = \int_0^1 \dfrac{\ln(1+x)}{1+x^2}\mathrm{d}x$. 因为 $\ln(1+x) = \int_0^1 \dfrac{x}{1+xy}\mathrm{d}y$,所以

$$I = \int_0^1 \dfrac{1}{1+x^2}\mathrm{d}x \int_0^1 \dfrac{x}{1+xy}\mathrm{d}y = \int_0^1 \mathrm{d}y \int_0^1 \dfrac{x\mathrm{d}x}{(1+x^2)(1+xy)}$$

$$= \int_0^1 \dfrac{1}{1+y^2}\left\{\dfrac{1}{2}\ln 2 + \dfrac{\pi}{4}y - \ln(1+y)\right\}\mathrm{d}y = \dfrac{\pi}{4}\ln 2 - I,$$

从而

$$I = \dfrac{\pi}{8}\ln 2.$$

例 11 设 $f(x)$ 在 $(-\infty, +\infty)$ 上二次连续可微,

$$|f(x)|\leqslant 1, \quad |f(0)|^2+|f'(0)|^2=4.$$

求证：$\exists\, \xi\in \mathbf{R}$，使得 $f(\xi)+f''(\xi)=0$.

证 考虑函数 $F(x)\xlongequal{\text{定义}}|f(x)|^2+|f'(x)|^2$，则 $F(0)=4$，
$$F'(x)=2f'(x)[f(x)+f''(x)].$$

为了证明结论，只要找到一个点 ξ，它既是 $F'(x)$ 的零点，又是 $f'(x)$ 的非零点就行了.

$\forall\, X>0$，由题设 $|f(x)|\leqslant 1$，利用微分中值定理，$\exists\, \xi_1\in(-X,0)$ 及 $\xi_2\in(0,X)$，使得

$$|f'(\xi_1)|=\left|\frac{f(0)-f(-X)}{X}\right|\leqslant \frac{2}{X},$$

$$|f'(\xi_2)|=\left|\frac{f(X)-f(0)}{X}\right|\leqslant \frac{2}{X}.$$

由此可见，如果取 $X=2$，那么

$$\max(F(\xi_1),F(\xi_2))\leqslant 1+\frac{4}{X^2}=2<F(0).$$

因此 $\exists\, \xi\in(\xi_1,\xi_2)$，使得 $F(\xi)=\max\limits_{\xi_1\leqslant x\leqslant \xi_2} F(x)$. 因为 ξ 是极值点，所以 $F'(\xi)=0$. 另外

$$|f'(\xi)|^2=F(\xi)-|f(\xi)|^2\geqslant F(0)-1=3,$$

所以 $f'(\xi)\neq 0$. 于是有 $f(\xi)+f''(\xi)=\dfrac{F'(\xi)}{2f'(\xi)}=0$.

例 12 设 $f(x)$ 无穷次可微，且
$$|f^{(n)}(x)|\leqslant M, \quad f(1/n)=0 \quad (n=1,2,\cdots).$$
求证：$f(x)\equiv 0$.

证法 1 记 $R_N(x)\xlongequal{\text{定义}}f(x)-\sum\limits_{n=0}^{N}\dfrac{f^{(n)}(0)}{n!}x^n$. 则 $\exists\, 0<\theta<1$，使得

$$|R_N(x)|=\left|\frac{f^{(N+1)}(\theta x)}{(N+1)!}x^{N+1}\right|\leqslant \frac{M|x|^{N+1}}{(N+1)!}\to 0 \quad (N\to +\infty),$$

从而

$$f(x)=\sum_{n=0}^{+\infty}\frac{f^{(n)}(0)}{n!}x^n, \quad x\in(-\infty,+\infty).$$

下面用反证法. 假设 $f(x)\not\equiv 0$，那么 $\exists\, m$，使得 $f^{(m)}(0)\neq 0$，而

$f(0)=f'(0)=\cdots=f^{(m-1)}(0)=0$. 于是
$$f(x) = \sum_{n=m}^{+\infty} \frac{f^{(n)}(0)}{n!}x^n = x^m \varphi(x),$$
其中 $\varphi(x) \xlongequal{\text{定义}} \sum_{n=m}^{+\infty} \frac{f^{(n)}(0)}{n!}x^{n-m}$. 显然 $\varphi(x)$ 连续,并且
$$\varphi(0) = \frac{f^{(m)}(0)}{m!} \neq 0.$$
另一方面,由 $f(1/n)=0(n=1,2,\cdots)$ 得出 $\varphi(1/n)=0(n=1,2,\cdots)$,从而 $\varphi(0)=0$. 这样引出矛盾. 所以 $f(x)\equiv 0$.

证法2 (1) 用数学归纳法证明. 对任意整数 $k\geqslant 0$,存在对 n 严格下降的序列 $x_n^{(k)}\to 0(n\to +\infty)$,使得 $f^{(k)}(x_n^{(k)})=0(n=1,2,\cdots)$. 当 $k=0$ 时,由题设可知取 $x_n^{(0)}=\dfrac{1}{n}(n=1,2,\cdots)$ 便符合要求. 今设 $x_n^{(k)}\to 0(n\to \infty)$,$x_n^{(k)}>x_{n+1}^{(k)}$ 且 $f^{(k)}(x_n^{(k)})=0(n=1,2,\cdots)$. 由于 $f^{(k)}(x)$ 可微,根据罗尔定理,对 $\forall n\in \mathbf{N}, \exists\ x_n^{(k+1)}\in (x_{n+1}^{(k)},x_n^{(k)})$,使得 $f^{(k+1)}(x_n^{(k+1)})=0(n=1,2,\cdots)$. 显然 $x_n^{(k+1)}\to 0$ 且
$$x_n^{(k+1)}>x_{n+1}^{(k+1)} \quad (n=1,2,\cdots).$$

(2) 因为 $f^{(k)}(x)$ 连续及 $f^{(k)}(x_n^{(k)})=0$,令 $n\to +\infty$,即得
$$f^{(k)}(0)=0 \quad (k=0,1,2,\cdots).$$

(3) 由(2),对 $\forall\ x\in \mathbf{R}$,按泰勒公式,有
$$|f(x)| = \left|\frac{f^{(k)}(\theta x)}{k!}x^k\right| \leqslant \frac{M|x|^k}{k!}.$$
令 $k\to \infty$,即得 $f(x)\equiv 0$.

例13 设 $f(x)$ 在 $(-\infty,+\infty)$ 可微,$f(0)=0$,且处处有 $|f'(x)|\leqslant |f(x)|$. 求证:$f(x)\equiv 0(\forall\ x\in \mathbf{R})$.

证 (1) 证 $f(x)\equiv 0(\forall\ x\in [0,1])$. 对 $\forall\ x>0$,利用微分中值定理,推出
$$|f(x)| = |f(x)-f(0)| = |f'(x_1)|x \leqslant |f(x_1)|x$$
$$(0<x_1<x).$$
用 x_1 代替上式中的 x,有 $|f(x_1)|\leqslant |f(x_2)|x_1(0<x_2<x_1)$. 同理
$$|f(x_2)| \leqslant |f(x_3)|x_2 \quad (0<x_3<x_2), \quad \cdots$$
$$|f(x_{n-1})| \leqslant |f(x_n)|x_{n-1} \quad (0<x_n<x_{n-1}).$$

将以上几个不等式的左边和右边分别相乘,得
$$|f(x)| \leqslant x \cdot x_1 \cdots x_{n-1}|f(x_n)| \leqslant x^n|f(x_n)|.$$
因为 $f(x)$ 在 $[0,1]$ 上连续,故有 $M_1 > 0$,使得
$$|f(x)| \leqslant M_1 \quad (\forall\ x \in [0,1]).$$
于是,当 $0 \leqslant x < 1$ 时,有 $|f(x)| \leqslant M_1 x^n \to 0$(当 $n \to \infty$). 由此得出 $f(x) \equiv 0 (0 \leqslant x < 1)$. 又由连续性,有 $f(1) = 0$. 从而
$$f(x) \equiv 0 \quad (\forall\ x \in [0,1]).$$

(2) 证 $f(x) \equiv 0 (x \geqslant 0)$. 用数学归纳法.(1)已证 $f(x)$ 在 $[0,1]$ 中恒等于 0,今设 $f(x)$ 在 $[0,n]$ 上恒等于 0. 令 $f_n(x) = f(x+n)$,则有
$$f_n(0) = 0, \quad |f_n'(x)| = |f'(x+n)| \leqslant |f(x+n)| = |f_n(x)|.$$
用(1)的结果,便可推出 $f_n(x) \equiv 0 (\forall\ x \in [0,1])$,即
$$f(x) \equiv 0 \quad (\forall\ x \in [n, n+1]).$$
从而 $f(x) \equiv 0 (\forall\ x \in [0, n+1])$. 这样利用数学归纳法原理便可推得 $\forall\ n \in \mathbf{N}$,有 $f(x) \equiv 0 (\forall\ x \in [0,n])$,这显然蕴含着 $f(x)$ 在 $[0, \infty)$ 上恒等于 0.

(3) 证 $f(x) \equiv 0 (\forall\ x \leqslant 0)$. 令 $f_-(x) = f(-x)$,则有 $f_-(0) = 0$,且
$$|f_-'(x)| = |f'(-x)| \leqslant |f(-x)| = |f_-(x)|.$$
利用(2)的结果,便可推出 $f_-(x) \equiv 0 (\forall\ x \geqslant 0)$,即
$$f(x) \equiv 0 \quad (\forall\ x \leqslant 0).$$

例 14 设 $f(x) \in C[0,1]$,且 $\int_0^1 f(x)\mathrm{d}x = 0, \int_0^1 xf(x)\mathrm{d}x = 1$. 求证:
$$\max_{0 \leqslant x \leqslant 1} |f(x)| > 4.$$

证 用反证法. 如果 $|f(x)| \leqslant 4$,那么
$$1 = \left|\int_0^1 \left(x - \frac{1}{2}\right)f(x)\mathrm{d}x\right| \leqslant \int_0^1 \left|x - \frac{1}{2}\right| |f(x)|\mathrm{d}x$$
$$\leqslant 4 \int_0^1 \left|x - \frac{1}{2}\right| \mathrm{d}x = 1,$$
由此推出 $\int_0^1 \left|x - \frac{1}{2}\right| |f(x)|\mathrm{d}x = 1$,从而

$$\int_0^1 (4-|f(x)|)\left|x-\frac{1}{2}\right|\mathrm{d}x=0,$$

即得 $|f(x)|\equiv 4$. 又 $f(x)$ 连续，可见 $f(x)\equiv 4$ 或 $f(x)\equiv -4$. 这些都与 $\int_0^1 f(x)\mathrm{d}x=0$ 矛盾.

例 15 设 $f''(x)\geqslant 0(-\infty<x<+\infty), u(x)\in C(-\infty,+\infty)$. 求证：对 $\forall a>0$，有

$$\frac{1}{a}\int_0^a f[u(x)]\mathrm{d}x \geqslant f\left(\frac{1}{a}\int_0^a u(x)\mathrm{d}x\right).$$

证 令 $A=\dfrac{1}{a}\int_0^a u(x)\mathrm{d}x$. 根据 $f(x)$ 的凹性，有

$$f(t)\geqslant f'(A)(t-A)+f(A) \quad (\forall\, t\in(-\infty,+\infty)).$$

代入 $t=u(x)$，并对 x 从 0 到 a 积分，得

$$\frac{1}{a}\int_0^a f(u(x))\mathrm{d}x \geqslant f'(A)\left(\frac{1}{a}\int_0^a u(x)\mathrm{d}x - A\right) + f(A) = f(A),$$

即

$$\frac{1}{a}\int_0^a f(u(x))\mathrm{d}x \geqslant f\left(\frac{1}{a}\int_0^a u(x)\mathrm{d}x\right).$$

例 16 设 $f(x)$ 在 $[a,b]$ 上可微，$f'(x)$ 单调上升并满足 $|f'(x)|\geqslant m>0$. 求证：

$$\left|\int_a^b \cos f(x)\mathrm{d}x\right| \leqslant \frac{2}{m}.$$

证法 1 根据达布定理，$f'(x)$ 的单调性条件蕴含 $f'(x)$ 的连续性，又因为 $|f'(x)|\geqslant m>0$，所以 $f'(x)$ 不变号，不妨设 $f'(x)>0$，则有 $f(x)$ 严格单调增加. 根据积分第二中值定理，

$$\int_a^b \cos f(x)\mathrm{d}x = \int_a^b \frac{f'(x)\cos f(x)}{f'(x)}\mathrm{d}x = \frac{1}{f'(a)}\int_a^\xi \cos f(x)\mathrm{d}f(x),$$

从而

$$\left|\int_a^b \cos f(x)\mathrm{d}x\right| \leqslant \frac{1}{f'(a)}|\sin f(\xi)-\sin f(a)| \leqslant \frac{2}{m}.$$

证法 2 不妨设 $f'(x)>0$（否则考虑 $-f(x)$），则有 $f(x)$ 严格单调增加. 设 f 的反函数为 $g:[f(a),f(b)]\to[a,b]$，则

$$\frac{\mathrm{d}g}{\mathrm{d}y}=\frac{1}{f'(x)}\leqslant \frac{1}{m} \quad (\forall\, y\in[f(a),f(b)]).$$

对要估计的积分作反函数换元,再利用积分第二中值定理,得到

$$\left|\int_a^b \cos f(x) dx\right| = \left|\int_{f(a)}^{f(b)} \cos y \cdot g'(y) dy\right| = \left|g'(f(a))\int_{f(a)}^{\xi} \cos y\, dy\right|$$

$$\leqslant \frac{1}{m}|\sin\xi - \sin f(a)| \leqslant \frac{2}{m}.$$

例 17 设 $f(x)$ 在 $[a,b]$ 上可微,且 $|f'(x)|\leqslant M$. 求证:

$$\left|\frac{1}{b-a}\int_a^b f(x)dx - \frac{f(a)+f(b)}{2}\right| \leqslant \frac{M(b-a)}{4}(1-\theta^2),$$

其中 $\theta \xlongequal{\text{定义}} \dfrac{f(b)-f(a)}{M(b-a)}$.

证法 1 根据微分中值定理,

$$f(x) \leqslant \begin{cases} f(a) + M(x-a) & (a \leqslant x \leqslant \alpha), \\ f(b) + M(b-x) & (\alpha \leqslant x \leqslant b), \end{cases}$$

其中 $\alpha = \dfrac{1}{2}(a+b+\theta(b-a))$. 因此,

$$\frac{1}{b-a}\int_a^b f(x)dx \leqslant \frac{1}{b-a}\int_a^\alpha [f(a)+M(x-a)]dx$$

$$+ \frac{1}{b-a}\int_\alpha^b [f(b)+M(b-x)]dx$$

$$= \frac{\alpha-a}{b-a}f(a) + \frac{b-\alpha}{b-a}f(b)$$

$$+ \frac{M}{2(b-a)}[(\alpha-a)^2 + (b-\alpha)^2]$$

$$= \frac{1}{2}(1+\theta)f(a) + \frac{1}{2}(1-\theta)f(b)$$

$$+ \frac{M(b-a)}{8}[(1+\theta)^2 + (1-\theta)^2]$$

$$= \frac{1}{2}(f(a)+f(b)) + \frac{M(b-a)}{4}(1-\theta^2).$$

(7.29)

同理

$$f(x) \geqslant \begin{cases} f(a) - M(x-a) & (a \leqslant x \leqslant \beta), \\ f(b) - M(b-x) & (\beta \leqslant x \leqslant b), \end{cases}$$

其中 $\beta = \dfrac{1}{2}(a+b-\theta(b-a))$. 因此

$$\frac{1}{b-a}\int_a^b f(x)\mathrm{d}x \geqslant \frac{1}{b-a}\int_a^\beta [f(a)-M(x-a)]\mathrm{d}x$$
$$+ \frac{1}{b-a}\int_\beta^b [f(b)-M(b-x)]\mathrm{d}x$$
$$= \frac{\beta-a}{b-a}f(a) + \frac{b-\beta}{b-a}f(b)$$
$$- \frac{M}{2(b-a)}[(\beta-a)^2 + (b-\beta)^2]$$
$$= \frac{1}{2}(1-\theta)f(a) + \frac{1}{2}(1+\theta)f(b)$$
$$- \frac{M(b-a)}{8}[(1-\theta)^2 + (1+\theta)^2]$$
$$= \frac{1}{2}[f(a)+f(b)] - \frac{M(b-a)}{4}(1-\theta^2). \quad (7.30)$$

联立(7.29)和(7.30)式即得结论.

证法 2 对 $\forall |\lambda|\leqslant 1$,令 $\gamma \xlongequal{\text{定义}} \frac{a+b}{2} + \frac{\lambda}{2}(b-a)$. 用分部积分法推得
$$\int_a^b f(x)\mathrm{d}x = \int_a^b f(x)\mathrm{d}(x-\gamma)$$
$$= (b-\gamma)f(b) + (\gamma-a)f(a)$$
$$+ \int_a^\gamma f'(x)(\gamma-x)\mathrm{d}x - \int_\gamma^b f'(x)(x-\gamma)\mathrm{d}x.$$

两边除以$(b-a)$并根据积分中值定理,容易推出
$$\frac{1}{b-a}\int_a^b f(x)\mathrm{d}x - \frac{1}{2}[f(a)+f(b)]$$
$$= \frac{1}{2}\lambda[f(a)-f(b)] + \frac{b-a}{8}[(1+\lambda)^2 f'(\xi)$$
$$- (1-\lambda)^2 f'(\eta)]. \quad (7.31)$$

在(7.31)式中取 $\lambda=\theta$,有
$$\frac{1}{b-a}\int_a^b f(x)\mathrm{d}x - \frac{1}{2}[f(a)+f(b)]$$
$$\leqslant -\frac{1}{2}M(b-a)\theta^2 + \frac{M}{8}(b-a)[(1+\theta)^2 + (1-\theta)^2]$$

$$= \frac{M}{4}(b-a)(1-\theta^2). \tag{7.32}$$

在(7.31)式中取 $\lambda = -\theta$,有

$$\frac{1}{b-a}\int_a^b f(x)\mathrm{d}x - \frac{1}{2}[f(a)+f(b)]$$

$$\geqslant \frac{1}{2}M(b-a)\theta^2 - \frac{M}{8}(b-a)[(1+\theta)^2 + (1-\theta)^2]$$

$$= -\frac{M}{4}(b-a)(1-\theta^2). \tag{7.33}$$

联立(7.32)和(7.33)式即得结论.

例18 设 $f(x)$ 在 $(-\infty,+\infty)$ 上二次连续可微,并满足:

(1) $f(x) \leqslant f''(x)$;

(2) $\lim\limits_{x \to \pm\infty} \mathrm{e}^{-|x|} f(x) = 0$.

求证: $f(x) \leqslant 0$ ($\forall\, x \in (-\infty,+\infty)$).

证法1 $\forall\, x_0 \in \mathbf{R}$ 及 $\forall\, x \geqslant x_0$,由条件(1)有

$$0 \leqslant \int_{x_0}^x \mathrm{e}^t (f''(t) - f(t))\mathrm{d}t$$

$$= \int_{x_0}^x \mathrm{e}^t (f''(t) + f'(t))\mathrm{d}t - \int_{x_0}^x \mathrm{e}^t (f'(t)+f(t))\mathrm{d}t$$

$$= \mathrm{e}^t f'(t) \Big|_{x_0}^x - \mathrm{e}^t f(t) \Big|_{x_0}^x$$

$$= \mathrm{e}^x (f'(x) - f(x)) - \mathrm{e}^{x_0}[f'(x_0) - f(x_0)].$$

两边同时乘以 e^{-2x},得

$$\mathrm{e}^{-x}[f'(x) - f(x)] \geqslant \mathrm{e}^{x_0}[f'(x_0) - f(x_0)]\mathrm{e}^{-2x}.$$

两边从 x_0 到 x 积分,推出

$$\mathrm{e}^{-x} f(x) - \mathrm{e}^{-x_0} f(x_0) \geqslant \frac{1}{2}(\mathrm{e}^{-2x_0} - \mathrm{e}^{-2x})\mathrm{e}^{x_0}[f'(x_0) - f(x_0)].$$

令 $x \to +\infty$,由条件(2)得

$$-\mathrm{e}^{-x_0} f(x_0) \geqslant \frac{1}{2}\mathrm{e}^{-x_0}[f'(x_0) - f(x_0)],$$

即 $\qquad f'(x_0) + f(x_0) \leqslant 0 \quad (\forall\, x_0 \in \mathbf{R}).$

因此 $\dfrac{\mathrm{d}}{\mathrm{d}x}(\mathrm{e}^x f(x)) = \mathrm{e}^x (f'(x) + f(x)) \leqslant 0 (\forall\, x \in \mathbf{R})$. 从而 $\mathrm{e}^x f(x)$ 单

调下降,即 $e^x f(x) \leqslant e^{x_0} f(x_0) (\forall\ x \geqslant x_0)$. 令 $x_0 \to -\infty$,由条件(2)推出 $e^x f(x) \leqslant 0$,即得 $f(x) \leqslant 0\ (\forall\ x \in \mathbf{R})$.

证法 2 考虑函数 $F(x) = c_1 e^x + c_2 e^{-x} - f(x)(c_1, c_2 > 0)$,则有
$$F''(x) = c_1 e^x + c_2 e^{-x} - f''(x)$$
$$\leqslant c_1 e^x + c_2 e^{-x} - f(x) = F(x) \quad (\forall\ x \in \mathbf{R}),$$
且
$$\lim_{x \to +\infty} e^{-x} F(x) = c_1 \quad \text{或} \quad F(x) \sim c_1 e^x \quad (x \to +\infty),$$
$$\lim_{x \to -\infty} e^x F(x) = c_2 \quad \text{或} \quad F(x) \sim c_2 e^{-x} \quad (x \to -\infty),$$
从而 $\lim_{x \to \pm\infty} F(x) = +\infty$. 由此可见,$F(x)$ 在 $(-\infty, +\infty)$ 上达到最小值. 记 $F(x)$ 达到最小值的点为 x^*,则有 $F(x^*) \leqslant F(x)(\forall\ x \in \mathbf{R})$,且 $F''(x^*) \geqslant 0$(否则 x^* 为极大值点). 这样
$$F(x) \geqslant F(x^*) \geqslant F''(x^*) \geqslant 0 \quad (\forall\ x \in \mathbf{R}),$$
即 $c_1 e^x + c_2 e^{-x} \geqslant f(x)(\forall\ x \in \mathbf{R})$. 再令 $c_1 \to 0, c_2 \to 0$,即得
$$f(x) \leqslant 0 \quad (\forall\ x \in \mathbf{R}).$$

例 19 设 $f(x) \in C^1[0, \infty)$,$xf'(x)$ 在 $[0, \infty)$ 上有界,并且
$$\frac{1}{x} \int_x^{2x} |f(t)| \mathrm{d}t \to 0 \quad (x \to +\infty).$$
求证:$f(x) \to 0 (x \to +\infty)$.

证 令 $M \xlongequal{\text{定义}} \sup_{x \geqslant 0} |xf'(x)|$,则有 $|f'(x)| \leqslant \dfrac{M}{x} (\forall\ x > 0)$. 对 $\forall\ x_0 > 0$ 及 $x \geqslant x_0$,由微积分基本定理,
$$|f(x) - f(x_0)| = \left|\int_{x_0}^x f'(t) \mathrm{d}t\right| \leqslant \int_{x_0}^x |f'(t)| \mathrm{d}t$$
$$\leqslant \int_{x_0}^x \frac{M}{t} \mathrm{d}t \leqslant \frac{M}{x_0}(x - x_0),$$
即得
$$|f(x)| \geqslant |f(x_0)| - \frac{M}{x_0}(x - x_0) \quad (\forall\ x \geqslant x_0 > 0). \tag{7.34}$$

我们先证 $\exists\ X > 0$,使得
$$|f(x)| < M \quad (\forall\ x > X). \tag{7.35}$$

用反证法. 假定使(7.35)式成立的 X 不存在, 那么 $\forall n \in N, \exists x_n > n$, 使得 $|f(x_n)| \geq M$. 由(7.34)式有

$$|f(x)| \geq |f(x_n)| - \frac{M}{x_n}(x - x_n)$$

$$= |f(x_n)|\left\{1 - \frac{1}{T_n}(x - x_n)\right\} \quad (x \geq x_n),$$

其中 $T_n \xrightarrow{\text{定义}} \dfrac{x_n|f(x_n)|}{M} \geq x_n$, 因此

$$\frac{1}{x_n}\int_{x_n}^{2x_n}|f(x)|\mathrm{d}x \geq \frac{1}{x_n}\int_{x_n}^{2x_n}|f(x_n)|\left\{1 - \frac{1}{x_n}(x - x_n)\right\}\mathrm{d}x$$

$$= \frac{|f(x_n)|}{x_n} \cdot \frac{1}{2}x_n = \frac{|f(x_n)|}{2} \geq \frac{M}{2} > 0.$$

这与 $x_n \to +\infty (n \to \infty)$ 时

$$\lim_{n \to \infty}\frac{1}{x_n}\int_{x_n}^{2x_n}|f(x)|\mathrm{d}x = 0$$

矛盾. 于是使(7.35)式成立的 X 的确存在.

现在 $\forall x_0 > X$, 由(7.35)式有 $|f(x_0)| < M$, 从而 $T \xrightarrow{\text{定义}} \dfrac{x_0|f(x_0)|}{M} < x_0$, 因此, 根据(7.34)式有

$$\int_{x_0}^{2x_0}|f(x)|\mathrm{d}x \geq \int_{x_0}^{x_0+T}|f(x)|\mathrm{d}x \geq T|f(x_0)| - \frac{M}{x_0} \cdot \frac{1}{2}T^2$$

$$= T\left(|f(x_0)| - \frac{MT}{2x_0}\right) = \frac{T}{2}|f(x_0)| = \frac{x_0|f(x_0)|^2}{2M},$$

即得

$$|f(x_0)|^2 \leq \frac{2M}{x_0}\int_{x_0}^{2x_0}|f(x)|\mathrm{d}x \quad (\forall x_0 > X).$$

改写成

$$0 \leq |f(x)| \leq \left(\frac{2M}{x}\int_{x}^{2x}|f(t)|\mathrm{d}t\right)^{\frac{1}{2}} \quad (\forall x > X).$$

由极限两边夹挤准则即得结论.

例 20 假设函数 $f(x)$ 在闭区间 $[0,b]$ 上单调增加, 函数 $g(x)$ 使得广义积分 $\int_0^{+\infty}\dfrac{g(x)}{x}\mathrm{d}x$ 收敛. 求证:

$$\lim_{p\to+\infty}\int_0^b f(x)\frac{g(px)}{x}\mathrm{d}x = f(0^+)\int_0^{+\infty}\frac{g(x)}{x}\mathrm{d}x.$$

证 分解

$$\int_0^b f(x)\frac{g(px)}{x}\mathrm{d}x = f(0^+)\int_0^b \frac{g(px)}{x}\mathrm{d}x$$
$$+ \int_0^b [f(x) - f(0^+)]\frac{g(px)}{x}\mathrm{d}x.$$

因为

$$\lim_{p\to+\infty} f(0^+)\int_0^b \frac{g(px)}{x}\mathrm{d}x = \lim_{p\to+\infty} f(0^+)\int_0^{bp} \frac{g(t)}{t}\mathrm{d}t$$
$$= f(0^+)\int_0^{+\infty}\frac{g(x)}{x}\mathrm{d}x,$$

所以为了结论成立,只要证明

$$\lim_{p\to+\infty}\int_0^b [f(x) - f(0^+)]\frac{g(px)}{x}\mathrm{d}x = 0. \quad (7.36)$$

由 $\int_0^{+\infty}\frac{g(x)}{x}\mathrm{d}x$ 收敛,可设 $\left|\int_0^x \frac{g(x)}{x}\mathrm{d}x\right|\leqslant M(\forall\, X>0)$. 又 $\forall\, \varepsilon>0$, $\exists\, 0<\delta<b$, 使得 $0\leqslant f(x) - f(0^+)<\varepsilon (0\leqslant x\leqslant\delta)$. 于是由积分第二中值定理,$\exists\, 0<\xi<\delta$ 及 $\delta<\eta<b$, 使得

$$\left|\int_0^\delta [f(x) - f(0^+)]\frac{g(px)}{x}\mathrm{d}x\right|$$
$$= |f(\delta) - f(0^+)|\left|\int_\xi^\delta \frac{g(px)}{x}\mathrm{d}x\right|$$
$$= |f(\delta) - f(0^+)|\left|\int_{p\xi}^{p\delta}\frac{g(x)}{x}\mathrm{d}x\right| < 2M\varepsilon, \quad (7.37)$$

及

$$\left|\int_\delta^b [f(x) - f(0^+)]\frac{g(px)}{x}\mathrm{d}x\right|$$
$$= |f(b) - f(0^+)|\left|\int_\eta^b \frac{g(px)}{x}\mathrm{d}x\right|$$
$$= |f(b) - f(0^+)|\left|\int_{p\eta}^{pb}\frac{g(x)}{x}\mathrm{d}x\right|. \quad (7.38)$$

又由柯西收敛准则,$\exists\, P>0$, 使得

$$\left|\int_{p\eta}^{pb} \frac{g(x)}{x} dx\right| < \varepsilon \quad (p > P). \tag{7.39}$$

联立(7.37)~(7.39)式,当 $p > P$ 时,有

$$\left|\int_0^b [f(x) - f(0^+)] \frac{g(px)}{x} dx\right| < (2M + |f(b) - f(0^+)|)\varepsilon.$$

由 ε 的任意性,(7.36)式得证.

例 21 设 $F(x,y,z)$ 在 $\mathbf{R}^3$ 中有连续的一阶偏导数,并满足

$$y\frac{\partial F}{\partial x} - x\frac{\partial F}{\partial y} + \frac{\partial F}{\partial z} \geqslant \alpha > 0 \quad (\alpha \text{ 为常数}).$$

求证:当点 (x,y,z) 沿着曲线 $\Gamma: x = -\cos t, y = \sin t, z = t (t \geqslant 0)$ 趋向无穷时, $F(x,y,z) \to +\infty$.

证 考虑一元函数 $f(t) \stackrel{\text{定义}}{=\!=\!=} F(-\cos t, \sin t, t)$,则

$$\frac{df}{dt} = \frac{\partial F}{\partial x}\sin t + \frac{\partial F}{\partial y}\cos t + \frac{\partial F}{\partial z}.$$

当 $(x,y,z) \in \Gamma$ 时,有 $\frac{df}{dt} = y\frac{\partial F}{\partial x} - x\frac{\partial F}{\partial y} + \frac{\partial F}{\partial z} \geqslant \alpha > 0$. 因此,根据微分中值定理,有 $F(x,y,z) - F(-1,0,0) = f(t) - f(0) = f'(\xi)t \geqslant \alpha t$,即得 $F(x,y,z) \geqslant F(-1,0,0) + \alpha t$. 于是 $F(x,y,z) \to +\infty \ (t \to +\infty)$.

例 22 设 $u = u(x,y)$ 在平面区域 D 上二阶连续可微. 求证:

$$\frac{\partial^2 u}{\partial x^2} + \frac{\partial^2 u}{\partial y^2} \geqslant 0 \quad (\forall \ (x,y) \in D)$$

成立的充要条件为

$$u(x_0, y_0) \leqslant \frac{1}{2\pi} \int_0^{2\pi} u(x_0 + r\cos\theta, y_0 + r\sin\theta) d\theta \quad (\forall \ (x_0, y_0) \in D),$$

其中 $0 \leqslant r < d(x_0, y_0)$, d 是点 (x_0, y_0) 到 D 的边界 ∂D 的距离.

证 设 $c_r(x_0, y_0)$ 和 $\Delta_r(x_0, y_0)$ 分别表示以 (x_0, y_0) 为中心,以 r 为半径的圆周和圆盘. 由格林公式

$$\iint_{\Delta_r(x_0,y_0)} \left(\frac{\partial^2 u}{\partial x^2} + \frac{\partial^2 u}{\partial y^2}\right) dx dy = \int_{c_r(x_0,y_0)} \frac{\partial u}{\partial n} ds, \tag{7.40}$$

其中 n 为圆 $c_r(x_0, y_0)$ 的外法线方向.

如果 $\frac{\partial^2 u}{\partial x^2} + \frac{\partial^2 u}{\partial y^2} \geqslant 0 (\forall \ (x,y) \in D)$,对 $\forall \ (x_0, y_0) \in D$,由(7.40)式有

$$\int_{c_r(x_0,y_0)}\frac{\partial u}{\partial n}\mathrm{d}s=\int_{c_r}\frac{\partial u}{\partial r}\mathrm{d}s=r\frac{\partial}{\partial r}\int_0^{2\pi}u(x_0+r\cos\theta,y_0+r\sin\theta)\mathrm{d}\theta\geqslant 0,$$

从而

$$f(r)\xlongequal{\text{定义}}\int_0^{2\pi}u(x_0+r\cos\theta,y_0+r\sin\theta)\mathrm{d}\theta$$

在 $[0,d]$ 上单调增加,于是 $f(r)\geqslant f(0)$,即

$$2\pi u(x_0,y_0)\leqslant\int_0^{2\pi}u(x_0+r\cos\theta,y_0+r\sin\theta)\mathrm{d}\theta. \tag{7.41}$$

反之,如果(7.41)式对 $\forall\,(x_0,y_0)\in D$ 成立,要证

$$\frac{\partial^2 u}{\partial x^2}+\frac{\partial^2 u}{\partial y^2}\geqslant 0 \quad (\forall\,(x,y)\in D), \tag{7.42}$$

用反证法. 假设 $\exists\,(x_1,y_1)\in D$,使得

$$u''_{xx}(x_1,y_1)+u''_{yy}(x_1,y_1)<0.$$

由二阶偏导数连续性,$\exists\,0<\delta<d(x_1,y_1)$,使得

$$u''_{xx}(x,y)+u''_{yy}(x,y)<0 \quad (\forall\,(x,y)\in\Delta_\delta(x_1,y_1)).$$

取 $0<r<\delta$,则由格林公式有

$$\int_{c_r(x_1,y_1)}\frac{\partial u}{\partial n}\mathrm{d}s=\int_{c_r(x_1,y_1)}\frac{\partial u}{\partial r}\mathrm{d}s<0,$$

即得

$$\frac{\partial}{\partial r}\int_0^{2\pi}u(x_1+r\cos\theta,y_1+r\sin\theta)\mathrm{d}\theta<0.$$

从而 $f_1(r)=\int_0^{2\pi}u(x_1+r\cos\theta,y_1+r\sin\theta)\mathrm{d}\theta$ 在 $[0,\delta]$ 上严格单调下降,于是 $f_1(r)<f_1(0)(0<r<\delta)$,即

$$2\pi u(x_1,y_1)>\int_0^{2\pi}u(x_1+r\cos\theta,y_1+r\sin\theta)\mathrm{d}\theta,$$

这与假设矛盾. 从而(7.42)式成立.

例 23 设 $U(\boldsymbol{x}_0,\delta_0)\subset\boldsymbol{R}^n, f\in C^2(U(\boldsymbol{x}_0,\delta_0)),\nabla f(\boldsymbol{x}_0)=0$. 又设对任意单位向量 $\boldsymbol{\alpha}\in\boldsymbol{R}^n,(\boldsymbol{\alpha}\cdot\nabla)^2 f(\boldsymbol{x}_0)>0$. 求证: $\exists\,0<\delta<\delta_0$,使

$$(\boldsymbol{x}-\boldsymbol{x}_0)\cdot\nabla f(\boldsymbol{x})>0 \quad (\forall\,\boldsymbol{x}\in U(\boldsymbol{x}_0,\delta)\setminus\{\boldsymbol{x}_0\}).$$

证 因为 $g(\boldsymbol{\alpha})\xlongequal{\text{定义}}(\boldsymbol{\alpha}\cdot\nabla)^2 f(\boldsymbol{x}_0)$ 在闭集

$$S\xlongequal{\text{定义}}\{\boldsymbol{\alpha}\in\boldsymbol{R}^n\,|\,|\boldsymbol{\alpha}|=1\}$$

上是连续函数,所以 $m \xmathrel{\overset{\text{定义}}{=\!=\!=}} \inf\{g(\boldsymbol{\alpha})|\boldsymbol{\alpha}\in S\} > 0$. 又对 $\forall\, \boldsymbol{\alpha}\in S$,有 $(\boldsymbol{\alpha}=(\alpha^1,\alpha^2,\cdots,\alpha^n))$

$$|(\boldsymbol{\alpha}\cdot\nabla)^2 f(\boldsymbol{x}) - (\boldsymbol{\alpha}\cdot\nabla)^2 f(\boldsymbol{x}_0)|$$
$$= \left|\sum_{i,j=1}^{n}\left(\frac{\partial^2 f(\boldsymbol{x})}{\partial x^j \partial x^i}-\frac{\partial^2 f(\boldsymbol{x}_0)}{\partial x^j \partial x^i}\right)\alpha^i \alpha^j\right|$$
$$\leqslant \sum_{i,j=1}^{n}\left|\frac{\partial^2 f(\boldsymbol{x})}{\partial x^j \partial x^i}-\frac{\partial^2 f(\boldsymbol{x}_0)}{\partial x^j \partial x^i}\right|.$$

因此 $\exists\, 0<\delta<\delta_0$,使得

$$|(\boldsymbol{\alpha}\cdot\nabla)^2 f(x) - (\boldsymbol{\alpha}\cdot\nabla)^2 f(\boldsymbol{x}_0)| < \frac{m}{2}\quad(\forall\, \boldsymbol{x}\in U(\boldsymbol{x}_0,\delta)).$$

于是 $\forall\, \boldsymbol{x}\in U(\boldsymbol{x}_0,\delta)$ 时,有

$$(\boldsymbol{\alpha}\cdot\nabla)^2 f(\boldsymbol{x}) \geqslant (\boldsymbol{\alpha}\cdot\nabla)^2 f(\boldsymbol{x}_0) - |(\boldsymbol{\alpha}\cdot\nabla)^2 f(\boldsymbol{x}) - (\boldsymbol{\alpha}\cdot\nabla)^2 f(\boldsymbol{x}_0)|$$
$$\geqslant \frac{m}{2} > 0.$$

今对 $\forall\, \boldsymbol{x}\in U(\boldsymbol{x}_0,\delta)\setminus\{\boldsymbol{x}_0\}$,考虑辅助函数

$$F(t)\xmathrel{\overset{\text{定义}}{=\!=\!=}} f(\boldsymbol{x}_0+t(\boldsymbol{x}-\boldsymbol{x}_0))\quad(0\leqslant t\leqslant 1),$$

则有

$$F'(t) = (\boldsymbol{x}-\boldsymbol{x}_0)\cdot\nabla f(\boldsymbol{x}_0+t(\boldsymbol{x}-\boldsymbol{x}_0)),$$
$$F''(t) = ((\boldsymbol{x}-\boldsymbol{x}_0)\cdot\nabla)^2 f(\boldsymbol{x}_0+t(\boldsymbol{x}-\boldsymbol{x}_0))$$
$$= |\boldsymbol{x}-\boldsymbol{x}_0|^2 (\boldsymbol{\alpha}\cdot\nabla)^2 f(\boldsymbol{x}_0+t(\boldsymbol{x}-\boldsymbol{x}_0))$$
$$\geqslant \frac{m}{2}|\boldsymbol{x}-\boldsymbol{x}_0|^2 > 0\quad(0\leqslant t\leqslant 1),$$

其中

$$\boldsymbol{\alpha}\xmathrel{\overset{\text{定义}}{=\!=\!=}}\frac{\boldsymbol{x}-\boldsymbol{x}_0}{|\boldsymbol{x}-\boldsymbol{x}_0|}\in S.$$

由此可见,$F'(t)$ 在 $[0,1]$ 上严格单调增加,于是对于 $\forall\, \boldsymbol{x}\in U(\boldsymbol{x}_0,\delta)\setminus\{\boldsymbol{x}_0\}$,有

$$(\boldsymbol{x}-\boldsymbol{x}_0)\cdot\nabla f(\boldsymbol{x}) = F'(1) > F'(0) = (\boldsymbol{x}-\boldsymbol{x}_0)\cdot\nabla f(\boldsymbol{x}_0) = 0.$$

例 24 设 $U(\boldsymbol{x}_0,\delta)\subset \boldsymbol{R}^n$,$f$ 在 $U(\boldsymbol{x}_0,\delta)$ 内连续,在 $U(\boldsymbol{x}_0,\delta)\setminus\{\boldsymbol{x}_0\}$ 内可微. 求证:

(1) 如果 $(\boldsymbol{x}-\boldsymbol{x}_0)\nabla f(\boldsymbol{x}) < 0 (\forall\, \boldsymbol{x}\in U(\boldsymbol{x}_0,\delta)\setminus\{\boldsymbol{x}_0\})$,那么 $\boldsymbol{x}_0$ 是 f 的一个极大值点;

(2) 如果 $(x-x_0) \cdot \nabla f(x) > 0 (\forall\ x \in U(x_0, \delta) \setminus \{x_0\})$，那么 x_0 是 f 的一个极小值点；

(3) 如果 $f(x,y) = x^2 + 2xy + 3y^2 + 2x + 10y + 9$，则 $(1,-2)$ 是 $f(x,y)$ 的一个极小值点.

证 (1) 设 $F(t) \xrightarrow{\text{定义}} f(x_0 + t(x-x_0))(0 \leqslant t \leqslant 1)$. 显然 $F(t)$ 在 $[0,1]$ 上连续，在 $(0,1)$ 内可微，且
$$F'(t) = (x-x_0) \cdot \nabla f(x_0 + t(x-x_0)).$$
根据微分中值定理，$\exists\ \xi \in (0,1)$，使得
$$f(x) - f(x_0) = F(1) - F(0) = F'(\xi)$$
$$= (x-x_0) \cdot \nabla f(x_0 + \xi(x-x_0)).$$
于是，当 $x \in U(x_0, \delta) \setminus \{x_0\}$ 时，$x_0 + \xi(x-x_0) \in U(x_0, \delta) \setminus \{x_0\}$. 所以 $(x-x_0) \cdot \nabla f(x_0 + \xi(x-x_0)) < 0$，即有 $f(x) < f(x_0)$.

(2) 考虑 $f^* = -f$，由假设有
$$(x-x_0) \cdot \nabla f^*(x) = -(x-x_0) \cdot \nabla f(x) < 0$$
$$(\forall\ x \in U(x_0, \delta) \setminus \{x_0\}).$$
根据(1)的结果推出 $f^*(x) < f^*(x_0)$，即 $f(x) > f(x_0)$.

(3) 令 $u = x-1, v = y+2$，则
$$(x-1, y+2) \cdot \nabla f(x,y)$$
$$= (x-1, y+2) \cdot (2x+2y+2, 2x+6y+10)$$
$$= 2u(u+v) + 2v(u+3v) = 2[(u+v)^2 + 2v^2] > 0$$
$(\forall\ (u,v) \neq (0,0))$. 利用(2)的结果，即可肯定 $(1,-2)$ 是 $f(x,y)$ 的一个极小值点.

例25 设 $f(x)$ 在 $\mathbf{R}$ 上有二阶连续导数，且有
$$M_0 = \int_{-\infty}^{+\infty} |f(x)| dx < +\infty, \quad M_2 = \int_{-\infty}^{+\infty} |f''(x)| dx < +\infty.$$
求证：(1) $M_1 = \int_{-\infty}^{\infty} |f'(x)| dx < +\infty$； (2) $M_1^2 \leqslant 4M_0 M_2$.

证 (1) $\forall\ h > 0$，由积分的恒等变换式（由分部积分可证）
$$f(x+h) = f(x) + f'(x)h + \int_x^{x+h} (x+h-t) f''(t) dt,$$
可得导函数及其积分的估计式：

$$|f'(x)| \leqslant \frac{1}{h}\Big[|f(x+h)|+|f(x)|+\int_x^{x+h}(x+h-t)|f''(t)|dt\Big],$$

$$\int_a^b |f'(x)|dx \leqslant \frac{1}{h}\Big[\int_a^b |f(x+h)|dx + \int_a^b |f(x)|dx$$
$$+ \int_a^b dx \int_x^{x+h}(x+h-t)|f''(t)|dt\Big]$$
$$\leqslant \frac{1}{h}\Big[2\int_{-\infty}^{+\infty}|f(x)|dx + \iint_D (x+h-t)|f''(t)|dtdx\Big],$$
$$\tag{7.43}$$

其中区域 D 由直线 $t=x, t=x+h, x=a, x=b$ 围成. 根据重积分化累次积分公式得

$$\iint_D (x+h-t)|f''(t)|dtdx$$
$$= \int_a^{a+h}dt\int_a^t (x+h-t)|f''(t)|dx$$
$$+ \int_{a+h}^b dt\int_{t-h}^t (x+h-t)|f''(t)|dx$$
$$+ \int_b^{b+h}dt\int_{t-h}^b (x+h-t)|f''(t)|dx$$
$$\leqslant \frac{h^2}{2}\int_a^{a+h}|f''(t)|dt + \frac{h^2}{2}\int_{a+h}^b |f''(t)|dt + \frac{h^2}{2}\int_b^{b+h}|f''(t)|dt$$
$$= \frac{h^2}{2}\int_a^{b+h}|f''(t)|dt. \tag{7.44}$$

联立(7.43)和(7.44)式,有

$$\int_a^b |f'(x)|dx \leqslant \frac{1}{h}\Big[2\int_{-\infty}^{\infty}|f(x)|dx + \frac{h^2}{2}\int_a^{b+h}|f''(t)|dt\Big]$$
$$\leqslant \frac{2}{h}M_0 + \frac{h}{2}M_2.$$

令 $a\to -\infty, b\to +\infty$,即得 $M_1 = \int_{-\infty}^{+\infty}|f'(x)|dx \leqslant \frac{2}{h}M_0 + \frac{h}{2}M_2$.

(2) 取 $h=2\sqrt{M_0/M_2}$,代入(1)即得

$$M_1 \leqslant 2\sqrt{M_0 M_2} \quad \text{或} \quad M_1^2 \leqslant 4M_0 M_2.$$

例 26 设 D 为 $\boldsymbol{R}^n$ 中的有界闭集,映射 $f: D \to D$ 满足: $\forall\ x, y \in D, x \neq y$, 有 $|f(x)-f(y)|<|x-y|$. 证明:映射 f 有惟一的不动点 $x^* \in D$, 即有惟一一点 $x^* \in D$, 使 $f(x^*) = x^*$.

证 $\forall\ x_1 \in D$, 令 $x_{n+1} = f(x_n)$ $(n=1, 2, \cdots)$. 显然 $x_n \in D$ $(n=1, 2, \cdots)$. 由条件

$$|x_{n+2} - x_{n+1}| = |f(x_{n+1}) - f(x_n)| < |x_{n+1} - x_n| \quad (n=1, 2, \cdots),$$

故有

$$\lim_{n \to \infty} |x_{n+1} - x_n| = a \geqslant 0. \tag{7.45}$$

因 D 为有界闭集,由波尔察诺定理,$\exists$ 子序列 $\{x_{n_k}\}$, 使

$$\lim_{k \to \infty} x_{n_k} = x^* \in D.$$

再由条件知 f 在 D 上连续,所以

$$\lim_{k \to \infty} x_{n_k+1} = \lim_{k \to \infty} f(x_{n_k}) = f(x^*) \xrightarrow{\text{记为}} \tilde{x}, \tag{7.46}$$

$$\lim_{k \to \infty} x_{n_k+2} = \lim_{k \to \infty} f(x_{n_k+1}) = f(\tilde{x}). \tag{7.47}$$

要证不动点存在,只要证 $x^* = \tilde{x}$. 为此,对下式

$$|x_{n_k+2} - x_{n_k+1}| = |f(x_{n_k+1}) - f(x_{n_k})| < |x_{n_k+1} - x_{n_k}|$$

取极限 $(k \to +\infty)$, 由 (7.46), (7.47) 式,得到

$$|f(\tilde{x}) - f(x^*)| \leqslant |\tilde{x} - x^*|.$$

再由 (7.45) 式知上式等号成立,即 $|f(\tilde{x}) - f(x^*)| = |\tilde{x} - x^*|$. 根据题设必有 $\tilde{x} = x^*$, 即 $f(x^*) = x^*$. 不动点惟一性由条件即可看出.

例 27 设 $D: x^2 + y^2 < 1$. $f(x, y)$ 为有界正值函数,在 D 上有二阶连续偏导数,且满足

$$\Delta \ln f(x, y) \geqslant f^2(x, y) \quad \left(\Delta \text{ 为拉普拉斯算符,即 } \Delta = \frac{\partial^2}{\partial x^2} + \frac{\partial^2}{\partial y^2}\right).$$

证明

$$f(x, y) \leqslant \frac{2}{1 - x^2 - y^2} \quad (\forall\ (x, y) \in D).$$

证 令 $g(x, y) \xrightarrow{\text{定义}} \dfrac{2}{1 - x^2 - y^2}$, 则

$$\Delta \ln g(x, y) = \frac{4}{(1 - x^2 - y^2)^2} = g^2(x, y),$$

所以

$$\Delta(\ln g(x,y) - \ln f(x,y)) \leqslant g^2(x,y) - f^2(x,y). \quad (7.48)$$

记函数 $F(x,y) = \ln g(x,y) - \ln f(x,y) = \ln \dfrac{g(x,y)}{f(x,y)}$, 由条件可得出

$$\lim_{(x,y)\to \partial D} F(x,y) = +\infty.$$

所以函数 $F(x,y)$ 在 D 内某一点达到最小值,设最小值点为 (x_0, y_0),则

$$\ln \frac{g(x,y)}{f(x,y)} = F(x,y) \geqslant F(x_0, y_0) = \ln \frac{g(x_0, y_0)}{f(x_0, y_0)}$$

$$(\forall \, (x,y) \in D), \quad (7.49)$$

且在该点处 $\dfrac{\partial^2 F(x_0, y_0)}{\partial x^2} \geqslant 0$, $\dfrac{\partial^2 F(x_0, y_0)}{\partial y^2} \geqslant 0$(否则与 (x_0, y_0) 是 F 最小值矛盾). 相加即得 $\Delta(\ln g(x_0, y_0) - \ln f(x_0, y_0)) \geqslant 0$. 再由 (7.48) 式得出 $g^2(x_0, y_0) - f^2(x_0, y_0) \geqslant 0$,进而可得 $g(x_0, y_0)/f(x_0, y_0) \geqslant 1$. 把结果代入 (7.49) 式得到

$$\ln \frac{g(x,y)}{f(x,y)} \geqslant \ln \frac{g(x_0, y_0)}{f(x_0, y_0)} \geqslant 0 \quad (\forall \, (x,y) \in D),$$

即有

$$f(x,y) \leqslant g(x,y) = \frac{2}{1 - x^2 - y^2} \quad (\forall \, (x,y) \in D).$$

例 28 设 $f(x,y)$ 在 $x^2 + y^2 < 1$ 上二次连续可微,且满足

$$\frac{\partial^2 f}{\partial x^2} + \frac{\partial^2 f}{\partial y^2} = e^{-(x^2+y^2)}.$$

证明:

$$\iint\limits_{x^2+y^2<1} \left(x \frac{\partial f}{\partial x} + y \frac{\partial f}{\partial y} \right) \mathrm{d}x\mathrm{d}y = \frac{\pi}{2e}.$$

证法 1 令 $x = r\cos\theta$, $y = r\sin\theta$, 则 $\dfrac{\partial f}{\partial r} = \dfrac{\partial f}{\partial x}\cos\theta + \dfrac{\partial f}{\partial y}\sin\theta$,因此 $r\dfrac{\partial f}{\partial r} = x\dfrac{\partial f}{\partial x} + y\dfrac{\partial f}{\partial y}$,所以

$$\iint\limits_{x^2+y^2<1} \left(x \frac{\partial f}{\partial x} + y \frac{\partial f}{\partial y} \right) \mathrm{d}x\mathrm{d}y = \int_0^1 \mathrm{d}r \int_0^{2\pi} r \frac{\partial f}{\partial r} \cdot r \mathrm{d}\theta. \quad (7.50)$$

再由格林公式有

$$\int_0^{2\pi} \frac{\partial f}{\partial r} r \mathrm{d}\theta = \int_{x^2+y^2=r^2} \frac{\partial f}{\partial n} \mathrm{d}s$$

$$= \iint_{x^2+y^2\leqslant r^2} \left(\frac{\partial^2 f}{\partial x^2} + \frac{\partial^2 f}{\partial y^2}\right)dxdy = \iint_{x^2+y^2\leqslant r^2} e^{-(x^2+y^2)}dxdy$$

$$= \int_0^{2\pi}d\theta\int_0^r te^{-t^2}dt = \pi(1-e^{-r^2}) \quad (0<r<1).$$

把所得结果代入(7.50)式,我们得到

$$\iint_{x^2+y^2<1}\left(x\frac{\partial f}{\partial x} + y\frac{\partial f}{\partial y}\right)dxdy = \int_0^1 \pi(1-e^{-r^2})rdr$$

$$= \frac{\pi}{2} + \frac{\pi}{2}(e^{-1}-1) = \frac{\pi}{2e}.$$

证法 2 利用广义格林公式

$$\int_{c_r}v\frac{\partial u}{\partial n}ds = \iint_{\Delta_r}\left(\frac{\partial u}{\partial x}\frac{\partial v}{\partial x} + \frac{\partial u}{\partial y}\frac{\partial v}{\partial y}\right)dxdy + \iint_{\Delta_r}v\left(\frac{\partial^2 u}{\partial x^2} + \frac{\partial^2 u}{\partial y^2}\right)dxdy,$$

其中 c_r, Δ_r 分别表示圆周 $x^2+y^2=r^2$ 与圆盘 $x^2+y^2\leqslant r^2(0<r<1)$.

现在取 $u(x,y)=f(x,y), v(x,y)=\frac{1}{2}(x^2+y^2)$,则

$$\iint_{\Delta_r}\left(x\frac{\partial f}{\partial x} + y\frac{\partial f}{\partial y}\right)dxdy = \lim_{r\to 1}\iint_{\Delta_r}\left(x\frac{\partial f}{\partial x} + y\frac{\partial f}{\partial y}\right)dxdy$$

$$= \lim_{r\to 1}\left[\int_{c_r}\frac{x^2+y^2}{2}\frac{\partial f}{\partial n}ds - \iint_{\Delta_r}\frac{x^2+y^2}{2}\left(\frac{\partial^2 f}{\partial x^2} + \frac{\partial^2 f}{\partial y^2}\right)dxdy\right]$$

$$= \lim_{r\to 1}\left[\frac{r^2}{2}\int_{c_r}\frac{\partial f}{\partial n}ds - \iint_{\Delta_r}\frac{x^2+y^2}{2}\cdot e^{-(x^2+y^2)}dxdy\right]$$

$$= \lim_{r\to 1}\left[\frac{1}{2}\iint_{\Delta_r}\left(\frac{\partial^2 f}{\partial x^2} + \frac{\partial^2 f}{\partial y^2}\right)dxdy - \int_0^{2\pi}d\theta\int_0^1 \frac{t^2}{2}e^{-t^2}\cdot tdt\right]$$

$$= \frac{1}{2}\int_0^{2\pi}d\theta\int_0^1 e^{-t^2}tdt - \int_0^{2\pi}d\theta\int_0^1 \frac{t^3}{2}e^{-t^2}dt = \frac{\pi}{2e}.$$

证法 3 由证法1看出,若 $f(x,y)$ 是调和函数,即 $\frac{\partial^2 f}{\partial x^2} + \frac{\partial^2 f}{\partial y^2} = 0$,则积分 $\iint_{x^2+y^2<1}\left(x\frac{\partial f}{\partial x}+y\frac{\partial f}{\partial y}\right)dxdy = 0$. 所以证明结果只要找一特解即成. 设要找的解为 $f(x,y)=f(\sqrt{x^2+y^2})=f(r)$,则

$$\frac{\partial f}{\partial x} = f'(r)\frac{x}{r}, \quad \frac{\partial^2 f}{\partial x^2} = f''(r)\frac{x^2}{r^2} + f'(r)\frac{1}{r} - f'(r)\frac{x^2}{r^3}.$$

同理

$$\frac{\partial^2 f}{\partial y^2} = f''(r)\frac{y^2}{r^2} + f'(r)\frac{1}{r} - f'(r)\frac{y^2}{r^3}.$$

把结果代入 f 满足的方程,得

$$f''(r) + f'(r)\frac{1}{r} = e^{-r^2} \quad \text{或} \quad \frac{d}{dr}\left(r\frac{df}{dr}\right) = re^{-r^2}.$$

积分一次得 $r\dfrac{df}{dr} = -\dfrac{1}{2}e^{-r^2} + C$. 为了保证函数的连续性要求,任意常数 C 必须取 $1/2$,即

$$r\frac{df}{dr} = \frac{1}{2}(1 - e^{-r^2}).$$

于是

$$\iint\limits_{x^2+y^2<1}\left(x\frac{\partial f}{\partial x} + y\frac{\partial f}{\partial y}\right)dxdy = \int_0^{2\pi}d\theta\int_0^1\frac{1}{2}(1-e^{-r^2})\cdot rdr = \frac{\pi}{2e}.$$

例 29 设 Ω 为空间第一卦限区域,函数 $f(x,y,z)$ 在 Ω 上有连续一阶偏导数. S 为 Ω 中任一光滑闭曲面,试给出第二型曲面积分

$$\iint\limits_S f(x,y,z)(xdydz + ydzdx + zdxdy) = 0$$

的充要条件,并证明之.

证 应用奥氏公式,有

$$\iint\limits_S f(x,y,z)(xdydz + ydzdx + zdxdy)$$

$$= \iiint\limits_V\left(3f + x\frac{\partial f}{\partial x} + y\frac{\partial f}{\partial y} + z\frac{\partial f}{\partial z}\right)dxdydz,$$

其中 V 表示 S 所围区域. 若函数 f 是一个 -3 次齐次函数,且上式右端被积函数为零,故对任一光滑闭曲面 S,曲面积分为零.

反之,若对任一光滑闭曲面 S 曲面积分为零,容易证明在 Ω 上有

$$x\frac{\partial f}{\partial x} + y\frac{\partial f}{\partial y} + z\frac{\partial f}{\partial z} + 3f \equiv 0. \tag{7.51}$$

令 $\xi = x, \eta = y/x, \zeta = z/x$,或 $x = \xi, y = \xi\eta, z = \xi\zeta$,在这个变换下有

$$\frac{\partial f}{\partial \xi} = \frac{\partial f}{\partial x} \cdot 1 + \frac{\partial f}{\partial y}\eta + \frac{\partial f}{\partial z}\zeta,$$

因此 $\xi \frac{\partial f}{\partial \xi} = \frac{\partial f}{\partial x}\xi + \frac{\partial f}{\partial y}\xi\eta + \frac{\partial f}{\partial z}\xi\zeta = x\frac{\partial f}{\partial x} + y\frac{\partial f}{\partial y} + z\frac{\partial f}{\partial z}$,所以方程 (7.51)式变为 $\xi \frac{\partial f}{\partial \xi} + 3f = 0$,或 $\xi^3 \frac{\partial f}{\partial \xi} + 3\xi^2 f = 0$. 解方程时注意

$$\xi^3 \frac{\partial f}{\partial \xi} + 3\xi^2 f = (\xi^3 f)'_\xi = 0.$$

所以 $f(\xi,\eta,\zeta) = \frac{1}{\xi^3} g(\eta,\zeta)$,其中函数 g 为任一可微函数,这样回到原变量,得出

$$f(x,y,z) = \frac{1}{x^3} g\left(\frac{y}{x}, \frac{z}{x}\right).$$

由此即可看出 f 是一个 -3 次齐次函数.

例 30 设 $A > 0, AC - B^2 > 0$. 求平面曲线 $Ax^2 + 2Bxy + Cy^2 = 1$ 所围的图形面积.

解法 1 由曲线方程解出

$$y_\pm = -\frac{Bx}{C} \pm \frac{1}{C}\sqrt{C - (AC - B^2)x^2}.$$

再由 $y_+ = y_-$,得出曲线 $y = y_+(x)$ 与曲线 $y = y_-(x)$ 的两个交点的横坐标为

$$x_\pm = \pm \sqrt{C}/D, \quad D \xrightarrow{\text{记为}} \sqrt{AC - B^2}.$$

于是平面曲线 $Ax^2 + 2Bxy + Cy^2 = 1$ 所围图形的面积,就是曲线 $y = y_+(x)$ 与曲线 $y = y_-(x)$ 所围图形的面积,此面积

$$\begin{aligned}
S &= \int_{x_-}^{x_+} (y_+(x) - y_-(x)) \mathrm{d}x \\
&= \frac{2}{C} \int_{-\sqrt{C}/D}^{\sqrt{C}/D} \sqrt{C - D^2 x^2} \mathrm{d}x \quad (\diamondsuit\ u = Dx) \\
&= \frac{4}{CD} \int_0^{\sqrt{C}} \sqrt{C - u^2} \mathrm{d}u = \frac{4}{CD} \cdot \frac{\pi}{4} (\sqrt{C})^2 \\
&= \frac{\pi}{D} = \frac{\pi}{\sqrt{AC - B^2}}.
\end{aligned}$$

解法 2 所给的椭圆在极坐标下的方程为

$$r^2 = \frac{1}{A\cos^2\theta + 2B\cos\theta\sin\theta + C\sin^2\theta},$$

所以椭圆的面积为

$$S = \frac{1}{2}\int_0^{2\pi} r^2 d\theta = \frac{1}{2}\int_0^{2\pi} \frac{d\theta}{A\cos^2\theta + 2B\cos\theta\sin\theta + C\sin^2\theta}$$

$$= \frac{1}{2}\left[\int_0^{\pi/2} + \int_{\pi/2}^{\pi} + \int_{\pi}^{3\pi/2} + \int_{3\pi/2}^{2\pi}\right] \frac{d\tan\theta}{A + 2B\tan\theta + C\tan^2\theta}$$

$$= \frac{1}{2}\left[\int_0^{\pi/2} + \int_{\pi/2}^{\pi} + \int_{\pi}^{3\pi/2} + \int_{3\pi/2}^{2\pi}\right] \times d\frac{1}{\sqrt{AC-B^2}}\tan^{-1}\frac{C\tan\theta+B}{\sqrt{AC-B^2}}$$

$$= \frac{1}{2\sqrt{AC-B^2}}\left[\frac{\pi}{2} - \arctan\frac{B}{\sqrt{AC-B^2}} + \arctan\frac{B}{\sqrt{AC-B^2}}\right.$$

$$\left. + \frac{\pi}{2} + \frac{\pi}{2} - \arctan\frac{B}{\sqrt{AC-B^2}} + \arctan\frac{B}{\sqrt{AC-B^2}} + \frac{\pi}{2}\right]$$

$$= \frac{\pi}{\sqrt{AC-B^2}}.$$

解法 3 设所给椭圆上的点 (x, y) 到原点的距离为 d, 则 $d^2 = x^2 + y^2$, 考虑在条件 $Ax^2 + 2Bxy + Cy^2 = 1$ 下求 d 的极值. 令

$$F(x, y) \xlongequal{\text{定义}} x^2 + y^2 + \lambda(Ax^2 + 2Bxy + Cy^2 - 1),$$

$$\begin{cases} F'_x = (2 + 2A\lambda)x + 2B\lambda y = 0, & (7.52) \\ F'_y = 2B\lambda x + (2 + 2C\lambda)y = 0. & (7.53) \end{cases}$$

将 (7.52) 和 (7.53) 式看成未知数为 x, y 的齐次线性方程组,它有非零解,必须有系数行列式为 0,即得

$$(AC - B^2)\lambda^2 + (A + C)\lambda + 1 = 0. \quad (7.54)$$

这是 λ 的二次方程,设它的两根为 λ_1, λ_2,显然 $\lambda_1 < 0, \lambda_2 < 0$. 方程 (7.52) 乘以 x 加上方程 (7.53) 乘以 y,得到

$$x^2 + y^2 + \lambda(Ax^2 + 2Bxy + Cy^2) = 0,$$

即得 $d = \sqrt{x^2 + y^2} = \sqrt{-\lambda}$. 于是由 (7.54) 式,有

$$\min d \cdot \max d = \sqrt{\lambda_1 \lambda_2} = 1/\sqrt{AC - B^2}.$$

因为 $\max d$ 和 $\min d$ 分别表示椭圆的长半轴和短半轴,所以所求的椭圆面积为

$$S = \pi/\sqrt{AC - B^2}.$$

解法 4 用极坐标：$x=r\cos\theta, y=r\sin\theta$. 所给椭圆在极坐标下的方程为
$$r^2 = \frac{1}{A\cos^2\theta + B\sin 2\theta + C\sin^2\theta} = \frac{1}{(A+C)/2 + h\sin(2\theta+\varphi)}, \tag{7.55}$$

其中 $h = \sqrt{B^2 + \left(\frac{A-C}{2}\right)^2}$, $\varphi \xlongequal{\text{定义}} \arccos\frac{B}{h}$. 由(7.55)式易见
$$\max r^2 = \frac{1}{(A+C)/2 - h}, \quad \min r^2 = \frac{1}{(A+C)/2 + h}.$$

于是所求椭圆面积
$$S = \pi \max r \cdot \min r = \pi \bigg/ \sqrt{\left(\frac{A+C}{2}\right)^2 - h^2} = \pi / \sqrt{AC - B^2}.$$

解法 5 将所给曲线方程配方,得
$$A\left(x + \frac{B}{A}y\right)^2 + \left(C - \frac{B^2}{A}\right)y^2 = 1.$$

作变换 $u = \sqrt{A}\left(x + \frac{B}{A}y\right), v = \sqrt{C - \frac{B^2}{A}}y$, 则有
$$\frac{\partial(u,v)}{\partial(x,y)} = \sqrt{AC - B^2} \Rightarrow \frac{\partial(x,y)}{\partial(u,v)} = \frac{1}{\sqrt{AC - B^2}}.$$

于是所求面积
$$S = \iint\limits_{Ax^2+2Bxy+Cy^2 \leqslant 1} \mathrm{d}x\mathrm{d}y = \iint\limits_{u^2+v^2 \leqslant 1} \frac{1}{\sqrt{AC-B^2}} \mathrm{d}u\mathrm{d}v = \frac{\pi}{\sqrt{AC-B^2}}.$$

解法 6 考虑过原点的直线 $y = kx$, 它与所给椭圆有两个交点, 设它们的坐标分别为 $(x_1, kx_1), (x_2, kx_2)$, 这两个交点之间的距离为
$$d = \sqrt{1+k^2}|x_2 - x_1|.$$

将 $y = kx$ 代入椭圆方程, 得 $x^2(A + 2Bk + Ck^2) = 1$. 由此解得
$$x_1 = -x_2 = \frac{1}{\sqrt{A + 2Bk + Ck^2}},$$

从而
$$d = 2\sqrt{1+k^2} / \sqrt{A + 2Bk + Ck^2}.$$

对任意实数 k, 令
$$\lambda(k) = \left(\frac{d}{2}\right)^2 = \frac{1+k^2}{A + 2Bk + Ck^2}, \tag{7.56}$$

$$\lambda'(k) = \frac{2k(A + 2Bk + Ck^2) - (1 + k^2)(2B + 2Ck)}{(A + 2Bk + Ck^2)^2}$$

$$= \frac{2[Bk^2 + (A - C)k - B]}{(A + 2Bk + Ck^2)^2} \xlongequal{\diamondsuit} 0.$$

由于 $B=0$ 时结论显然成立，我们只需讨论 $B \neq 0$ 的情形. 这时上式变为

$$Bk^2 + (A - C)k - B = 0. \tag{7.57}$$

设方程(7.57)的解为 k_1, k_2. 由(7.56)式及 $\lambda'(k_i) = 0$，我们得到

$$\lambda(k_i) = \frac{1 + k_i^2}{A + 2Bk_i + Ck_i^2} = \frac{k_i}{B + Ck_i} \quad (i = 1, 2).$$

进一步再由(7.57)式得到

$$S = \pi \sqrt{\lambda(k_1)\lambda(k_2)} = \pi \sqrt{\frac{k_1 \cdot k_2}{B^2 + CB(k_1 + k_2) + C^2 k_1 \cdot k_2}}$$

$$= \pi \sqrt{\frac{-1}{B^2 + CB \cdot \dfrac{C - A}{B} - C^2}} = \frac{\pi}{\sqrt{AC - B^2}}.$$

解法 7 因为 $A > 0, AC - B^2 > 0$，所以 $\begin{bmatrix} A & B \\ B & C \end{bmatrix}$ 是正定矩阵，从而存在正定矩阵 $\begin{bmatrix} p & q \\ q & r \end{bmatrix}$，满足

$$\begin{bmatrix} p & q \\ q & r \end{bmatrix}^2 = \begin{bmatrix} A & B \\ B & C \end{bmatrix}.$$

令 $\begin{bmatrix} u \\ v \end{bmatrix} = \begin{bmatrix} p & q \\ q & r \end{bmatrix} \begin{bmatrix} x \\ y \end{bmatrix}$，则有

$$Ax^2 + 2Bxy + Cy^2 = (x \quad y) \begin{bmatrix} A & B \\ B & C \end{bmatrix} \begin{bmatrix} x \\ y \end{bmatrix}$$

$$= (x \quad y) \begin{bmatrix} p & q \\ q & r \end{bmatrix} \begin{bmatrix} p & q \\ q & r \end{bmatrix} \begin{bmatrix} x \\ y \end{bmatrix} = u^2 + v^2,$$

且 $\dfrac{\partial(x, y)}{\partial(u, v)} = \left[\dfrac{\partial(u, v)}{\partial(x, y)} \right]^{-1} = \begin{vmatrix} p & q \\ q & r \end{vmatrix}^{-1} = \begin{vmatrix} A & B \\ B & C \end{vmatrix}^{-1/2}$

$$= \frac{1}{\sqrt{AC - B^2}}.$$

于是所求椭圆面积

$$S = \iint_{Ax^2+2Bxy+Cy^2 \leqslant 1} dxdy = \iint_{u^2+v^2 \leqslant 1} \frac{1}{\sqrt{AC-B^2}} dudv = \frac{\pi}{\sqrt{AC-B^2}}.$$

解法 8 前半部分同解法 6 一样,考虑过原点的直线 $y=kx$,它与椭圆 $Ax^2+2Bxy+Cy^2=1$ 有两个交点,它们之间距离为 d,则

$$\lambda(k) = \left(\frac{d}{2}\right)^2 = \frac{1+k^2}{A+2Bk+Ck^2}. \tag{7.58}$$

如果 $\lambda(k)$ 不是极值,那么由椭圆图形的对称性容易看出,一定有两个不同的 k 取到同一个 $\lambda(k)$ 的值;如果 $\lambda(k)$ 是极值,那么就只有一个 k 取到该 $\lambda(k)$ 的值.由此可见,对应于极值的 λ,由(7.58)式改写成的 k 的二次方程

$$(C\lambda-1)k^2 + 2B\lambda k + (A\lambda-1) = 0$$

的判别式应等于零,即 $-(AC-B^2)\lambda^2+(A+C)\lambda-1=0$.这是 λ 的二次方程,设它的解为 λ_1,λ_2,显然它们都是(7.58)式所定义的 λ 的极值.于是求出椭圆的长、短半轴为 $\sqrt{\lambda_1},\sqrt{\lambda_2}$,因此所求面积为

$$S = \pi\sqrt{\lambda_1 \cdot \lambda_2} = \pi\sqrt{\frac{-1}{-(AC-B^2)}} = \frac{\pi}{\sqrt{AC-B^2}}.$$

例 31 利用级数收敛性证明无穷积分 $\int_0^{+\infty} (-1)^{[x^2]}$ 收敛,其中 $[x^2]$ 表示不超过 x^2 的最大整数.

证 因为当 $\sqrt{n} \leqslant x < \sqrt{n+1}$ 时,$[x^2]=n$ $(n=0,1,2,\cdots)$,所以

$$\int_0^{+\infty} (-1)^{[x^2]} = \sum_{n=0}^{\infty} \int_{\sqrt{n}}^{\sqrt{n+1}} (-1)^{[x^2]} dx$$

$$= \sum_{n=0}^{\infty} (-1)^n (\sqrt{n+1}-\sqrt{n}).$$

于是由于上式右端的无穷级数收敛,得知左端的无穷积分收敛.

例 32 设 $a_n \geqslant 0$,$\sum_{n=1}^{\infty} \frac{a_n}{n}$ 收敛,求证:$\sum_{n=1}^{\infty} \sum_{m=1}^{\infty} \frac{a_n}{n^2+m^2}$ 收敛.

证 对 $\forall n,k \in \mathbf{N}$,注意到

$$\sum_{n=2}^{k} \frac{a_n}{n^2+m^2} \leqslant \int_1^k \frac{a_n}{n^2+x^2} dx$$

$$= \frac{a_n}{n}\left(\arctan\frac{k}{n} - \arctan\frac{1}{n}\right) < \frac{\pi}{2} \cdot \frac{a_n}{n},$$

于是有

$$c_n \xlongequal{\text{定义}} \sum_{m=1}^{\infty}\frac{a_n}{n^2+m^2} = \frac{a_n}{n^2+1} + \sum_{m=2}^{\infty}\frac{a_n}{n^2+m^2}$$

$$\leqslant \frac{1}{2}(\pi+1)\frac{a_n}{n},$$

于是 $\sum_{n=1}^{\infty}c_n$ 收敛,即 $\sum_{n=1}^{\infty}\sum_{m=1}^{\infty}\frac{a_n}{n^2+m^2}$ 收敛.

例 33 设有一座小山,取它的底面所在的平面为 Oxy 坐标平面,其底部所占的区域为

$$D = \{(x,y) | x^2 + y^2 - xy \leqslant 75\}.$$

小山的高度函数为 $h(x,y) = 75 - x^2 - y^2 + xy$.

(1) 设 $M(x_0, y_0)$ 为区域 D 上一点,问 $h(x,y)$ 在该点沿平面上什么方向的方向导数最大?若记此方向导数的最大值为 $g(x_0, y_0)$,试写出 $g(x_0, y_0)$ 的表达式.

(2) 现欲利用此小山开展攀岩活动,为此需要在山脚寻找一上山坡度最大的点作为攀登的起点. 也就是说,要在 D 的边界线 $x^2 + y^2 - xy = 75$ 上找出使(1)中的 $g(x,y)$ 达到最大值的点. 试确定攀登起点的位置.

解法 1 (1) 高度函数 $h(x,y)$ 在点 $M(x_0,y_0)$ 处的梯度是

$$\mathrm{grad}\,h(x,y)\bigg|_{(x_0,y_0)} = (y_0 - 2x_0)\boldsymbol{i} + (x_0 - 2y_0)\boldsymbol{j}.$$

由梯度的几何意义知,沿此梯度方向,高度函数 $h(x,y)$ 的方向导数取最大值,并且这个最大值就是此梯度的模. 于是

$$g(x_0, y_0) = \sqrt{(y_0-2x_0)^2 + (x_0-2y_0)^2}$$
$$= \sqrt{5x_0^2 + 5y_0^2 - 8x_0 y_0}.$$

(2) 令 $f(x,y) = g^2(x,y) = 5x^2 + 5y^2 - 8xy$,依题意,只需求二元函数 $f(x,y)$ 在约束条件 $x^2 + y^2 - xy = 75$ 下的最大值点.

令 $L(x,y,\lambda) = 5x^2 + 5y^2 - 8xy + \lambda(x^2+y^2-xy-75)$,则

$$L'_x = 10x - 8y + \lambda(2x-y) \xlongequal{\diamondsuit} 0, \qquad (7.59)$$

$$L'_y = 10y - 8x + \lambda(2y - x) \xrightarrow{\diamondsuit} 0, \qquad (7.60)$$

$$L'_\lambda = x^2 + y^2 - xy - 75 \xrightarrow{\diamondsuit} 0, \qquad (7.61)$$

把(7.59)与(7.60)式相加,得

$$10(x+y) - 8(x+y) + \lambda(x+y) = 0$$
$$\Rightarrow (x+y)(\lambda + 2) = 0,$$

由此得 $\qquad x + y = 0, \quad \lambda = -2.$

当 $y = -x$ 时,则由(7.61)式得到 $x = \pm 5, y = \mp 5$.

当 $\lambda = -2$ 时,则由(7.59)式得到 $y = x$,再由(7.61)式得到

$$x = \pm 5\sqrt{3}, \quad y = \pm 5\sqrt{3}.$$

于是得到 4 个可能的极值点

$$M_1(5, -5), \quad M_2(-5, 5), \quad M_3(5\sqrt{3}, 5\sqrt{3}),$$
$$M_4(-5\sqrt{3}, -5\sqrt{3}).$$

又 $\quad f(M_1) = f(M_2) = 450, \quad f(M_3) = f(M_4) = 150,$
故 M_1, M_2 可作为攀登起点.

解法 2 把山看做曲面,山在某一处坡度的大小就是曲面在该处的切平面与水平面的夹角的大小,也就是切平面的法线与 z 轴的夹角(锐角的那个)的大小.山曲面 $z = h(x, y)$ 在点 $M(x, y)$ 处的切平面法向量是 $\{h'_x, h'_y, -1\}$,设它与 z 轴的夹角(锐角的那个)为 θ,那么

$$\cos\theta = \frac{1}{\sqrt{1 + (h'_x)^2 + (h'_y)^2}} = \frac{1}{\sqrt{(y-2x)^2 + (x-2y)^2}}$$
$$= \frac{1}{\sqrt{5x^2 + 5y^2 - 8xy}}.$$

由此可见,为了要在 D 的边界线 $x^2 + y^2 - xy = 75$ 上找出使 θ 最大,只要使 $\cos\theta$ 最小,也只要二元函数 $5x^2 + 5y^2 - 8xy$ 在条件 $x^2 + y^2 - xy = 75$ 下找最大值.以下同解法 1.

例 34 (1) 设 $c_k > 0$,求证: $\left(\sum_{k=1}^{n} c_k\right)^2 \leqslant n\sum_{k=1}^{n} c_k^2.$

(2) 设 $T_n(x)$ 为 n 阶三角多项式,求证:

$$\max_{-\pi \leqslant x \leqslant \pi} |T'_n(x)| \leqslant n^2 \max_{-\pi \leqslant x \leqslant \pi} |T_n(x)|.$$

证 (1) 用数学归纳法.当 $n = 1$ 时,结论显然成立.下面证当

$k=n$ 时结论成立推出 $k=n+1$ 时结论成立.

$$\left(\sum_{k=1}^{n}c_k+c_{n+1}\right)^2=\left(\sum_{k=1}^{n}c_k\right)^2+c_{n+1}^2+2c_{n+1}\sum_{k=1}^{n}c_k$$

$$\leqslant n\sum_{k=1}^{n}c_k^2+c_{n+1}^2+nc_{n+1}^2+\sum_{k=1}^{n}c_k^2=(n+1)\sum_{k=1}^{n+1}c_k^2.$$

(2) 设 $T_n(x)=\dfrac{a_0}{2}+\sum_{k=1}^{n}(a_k\cos kx+b_k\sin kx)$,则有

$$2\max_{-\pi\leqslant x\leqslant \pi}|T_n(x)|^2\geqslant\frac{1}{\pi}\int_{-\pi}^{\pi}|T_n(x)|^2\mathrm{d}x=\frac{a_0^2}{2}+\sum_{k=1}^{n}(a_k^2+b_k^2),$$

$$\frac{1}{n}T'_n(x)=\sum_{k=1}^{n}\frac{k}{n}(b_k\cos kx-a_k\sin kx).$$

由此推出

$$\left|\frac{1}{n}T'_n(x)\right|\leqslant\sum_{k=1}^{n}|b_k\cos kx-a_k\sin kx|$$

$$=\sum_{k=1}^{n}|\langle b_k,a_k\rangle\cdot\langle\cos kx,-\sin kx\rangle|\leqslant\sum_{k=1}^{n}\sqrt{b_k^2+a_k^2}.$$

于是根据第(1)小题

$$\left|\frac{1}{n}T'_n(x)\right|^2\leqslant\left(\sum_{k=1}^{n}\sqrt{b_k^2+a_k^2}\right)^2\leqslant n\sum_{k=1}^{n}(b_k^2+a_k^2)$$

$$\leqslant 2n\max_{-\pi\leqslant x\leqslant \pi}|T_n(x)|^2,$$

即得

$$\left|\frac{1}{n}T'_n(x)\right|\leqslant\sqrt{2n}\max_{-\pi\leqslant x\leqslant \pi}|T_n(x)|\leqslant n\max_{-\pi\leqslant x\leqslant \pi}|T_n(x)|\quad(n\geqslant 2);$$

而当 $n=1$ 时,结论显然成立.

例35 设 $f(x)$ 在 $(-\infty,+\infty)$ 上二次连续可微, $|f(x)|\leqslant 1$, $|f(0)|^2+|f'(0)|^2=1+\delta^2(\delta>0$ 为常数). 求证:存在 $\xi\in\mathbf{R}$,使得 $f(\xi)+f''(\xi)=0$.

证法1 作辅助函数 $F(x)=f^2(x)+f'^2(x)$,则

$$F(0)=1+\delta^2,\quad F'(x)=2f'(x)(f(x)+f''(x)).$$

(1) 如果 $F'(0)=0$,可取 $\xi=0$;

(2) 如果 $F'(0)\neq 0$,不妨 $F'(0)>0$.

首先,$F'(x)$ 在 $(0,\infty)$ 上必有零点.事实上,如果不然的话,

$F'(x)$ 在 $(0,\infty)$ 上恒正,那么由 $F(x)$ 单调上升推出
$$F(x) \geqslant F(0) = 1 + \delta^2 \Longrightarrow |f'(x)| \geqslant \delta,$$
这与 $|f(x)| \leqslant 1$ 的假设矛盾.

其次,因为 $F'(0) \neq 0$,即 0 不是 $F'(x)$ 的零点,从而 $F'(x)$ 在 $(0,\infty)$ 上的零点是一个非空有下界的数集,由 $F'(x)$ 的连续性,其下确界是 $F'(x)$ 在 $(0,\infty)$ 上的最小零点. 设此最小零点为 ξ.

最后,证明 $f'(\xi) \neq 0$,从而 ξ 为所求. 事实上,因为在 $(0,\xi)$ 上,
$$F'(x) > 0 \Longrightarrow F(x) \uparrow \Longrightarrow F(x) \geqslant F(0) = 1 + \delta^2$$
$$\Longrightarrow |f'(x)| \geqslant \delta \Longrightarrow |f'(\xi)| \geqslant \delta > 0.$$
于是 $F'(\xi) = 2f'(\xi)(f(\xi) + f''(\xi)) = 0 \Longrightarrow f(\xi) + f''(\xi) = 0.$

证法 2 作辅助函数如证法 1. 下面分两种情况:

(1) 如果 $F(0)$ 是 $F(x)$ 的最大值,那么
$$0 = F'(0) = 2f'(0)(f(0) + f''(0)),$$
而 $|f'(0)| \geqslant \delta \neq 0$,于是 $f(0) + f''(0) = 0$,即可取 $\xi = 0$.

(2) 如果 $F(0)$ 不是 $F(x)$ 的最大值,那么 $\exists\, a \neq 0$,使得 $F(a) > 1 + \delta^2$,不妨设 $a > 0$,任取 $k > \dfrac{2}{\delta^2}$,根据微分中值定理,$\exists\, b \in (a, a+k\delta)$,使得
$$f'(b) = \frac{f(a+k\delta) - f(a)}{k\delta} \Longrightarrow |f'(b)| \leqslant \frac{|f(a+k\delta)| + |f(a)|}{k\delta}$$
$$\leqslant \frac{2}{k\delta} < \delta \Longrightarrow F(b) < 1 + \delta^2.$$

于是在 $[0,b]$ 上,因为 $F(a) > F(0) > F(b)$,$a \in (0,b)$,所以最大值不在端点达到,设 $c \in (0,b)$,达到最大值,则 $F'(c) = 0$. 又因为
$$\begin{cases} F(c) > F(0) = 1 + \delta^2 \\ f^2(c) \leqslant 1 \end{cases} \Longrightarrow |f'(c)| > \delta,$$
即有 $f'(c) \neq 0$. 故可取 $\xi = c$.

综合练习题

7.1 试求保证不等式
$$e^x + e^{-x} \leqslant 2e^{cx^2} \quad (\forall\, x \in (-\infty, \infty))$$
成立的实数 c 的条件.

7.2 设 $f(x)$ 在 $[a,b]$ 上连续可微,又设 $\exists\, c \in [a,b]$,使得 $f'(c) = 0$. 求证:

$\exists\ \xi\in(a,b)$,使得
$$f'(\xi)=\frac{f(\xi)-f(a)}{b-a}.$$

7.3 设 $f(x)$ 在实轴上有界且可微,并满足
$$|f(x)+f'(x)|\leqslant 1\quad(\forall\ x\in(-\infty,\infty)).$$
求证:$|f(x)|\leqslant 1(\forall\ x\in(-\infty,\infty))$.

7.4 设 $f(x)$ 为一连续函数,且 $0\leqslant f(x)<1(|x|\leqslant 1)$. 求证:
$$\int_0^1\frac{f(x)}{1-f(x)}\mathrm{d}x\geqslant\frac{\int_0^1 f(x)\mathrm{d}x}{1-\int_0^1 f(x)\mathrm{d}x}.$$

7.5 求证:$\int_0^{\sqrt{2\pi}}\sin x^2\mathrm{d}x>0$.

7.6 设 $|x|<1$,求 $\int_0^{\frac{\pi}{2}}\ln(1-x^2\cos^2\theta)\mathrm{d}\theta$.

7.7 设 $\rho(\xi)=\frac{1}{\pi}\frac{y}{(\xi-x)^2+y^2}$,其中 ξ,x 为任意实数,y 为正实数. 求证:
$$\int_{-\infty}^{+\infty}|\xi-x|^{\frac{1}{2}}\rho(\xi)\mathrm{d}\xi=\sqrt{2y}.$$

7.8 设 $I_n=\int_1^{1+\frac{1}{n}}\sqrt{1+x^n}\mathrm{d}x$,求证:
(1) $\lim\limits_{n\to\infty}I_n=0$; (2) 极限 $\lim\limits_{n\to\infty}nI_n$ 存在,并求出此极限值.

7.9 求证:$\sum\limits_{n=1}^{\infty}\left(n\ln\frac{2n+1}{2n-1}-1\right)=\frac{1}{2}(1-\ln 2)$.

7.10 设 $a_1=a_2=1,a_{n+1}=a_n+a_{n-1}(n=2,3,\cdots)$,求 $\sum\limits_{n=1}^{\infty}a_n x^{n-1}$ 的收敛半径,并求其和函数.

7.11 设 $f(x)$ 是 $[a,+\infty)$ 上的一致连续函数,且 $\int_a^{+\infty}f(x)\mathrm{d}x$ 收敛. 求证:
$$\lim_{x\to+\infty}f(x)=0.$$

7.12 求证:$\int_0^1 x^{-x}\mathrm{d}x=\sum\limits_{n=1}^{\infty}n^{-n}$.

7.13 设 $\rho(t)$ 是实轴上的连续函数,满足:
(1) 当 $|t|\geqslant 1$ 时,$\rho(t)=0$; (2) $\int_{-\infty}^{+\infty}\rho(t)\mathrm{d}t=0$; (3) $\int_{-\infty}^{+\infty}t\rho(t)\mathrm{d}t=1$.
又设 $f(t)$ 在 $(-\infty,+\infty)$ 上可微,求证:
$$\lim_{\lambda\to 0^+}\int_{-\infty}^{+\infty}\frac{1}{\lambda^2}\rho\left(\frac{t-x}{\lambda}\right)f(t)\mathrm{d}t=f'(x).$$

7.14 求证：$z=x^n\varphi\left(\dfrac{y}{x}\right)-x^{-n}\psi\left(\dfrac{y}{x}\right)$ 满足方程
$$x^2\dfrac{\partial^2 z}{\partial x^2}+2xy\dfrac{\partial^2 z}{\partial x\partial y}+y^2\dfrac{\partial^2 z}{\partial y^2}+x\dfrac{\partial z}{\partial x}+y\dfrac{\partial z}{\partial y}=n^2 z.$$

7.15 求 $\displaystyle\iiiint_{x^2+y^2+z^2\leqslant t^2\leqslant 1}\dfrac{1}{1+t^4}\mathrm{d}x\mathrm{d}y\mathrm{d}z\mathrm{d}t.$

7.16 (1) 计算积分 $A=\displaystyle\int_0^1\int_0^1\left|xy-\dfrac{1}{4}\right|\mathrm{d}x\mathrm{d}y;$

(2) 设 $z=f(x,y)$ 在闭正方形 $D: 0\leqslant x\leqslant 1, 0\leqslant y\leqslant 1$ 上连续,且满足下列条件：
$$\iint_D f(x,y)\mathrm{d}x\mathrm{d}y=0,\quad \iint_D xyf(x,y)\mathrm{d}x\mathrm{d}y=1.$$
求证: $\exists\,(\xi,\eta)\in D$ 使得 $|f(\xi,\eta)|\geqslant\dfrac{1}{A}.$

7.17 设 $y=f(x)$ 在 $(-\infty,+\infty)$ 上有定义,在任意有穷区间上有界并可积,且 $\displaystyle\int_{-\infty}^{+\infty}|f(x)|^2\mathrm{d}x<+\infty.$ 又设 a 是一实常数, $\dfrac{1}{2}<a<1$. 求证: 积分
$$\int_{-\infty}^{+\infty}\dfrac{f(x)}{|x-t|^a}\mathrm{d}x\quad(\forall\,t\in(-\infty,+\infty))$$
收敛,且 $\varphi(t)\xlongequal{\text{定义}}\displaystyle\int_{-\infty}^{+\infty}\dfrac{f(x)}{|x-t|^a}\mathrm{d}x$ 在实轴上连续.

7.18 给定重积分
$$\iiint_D\left[\dfrac{1}{yz}\dfrac{\partial F}{\partial x}+\dfrac{1}{xz}\dfrac{\partial F}{\partial y}+\dfrac{1}{xy}\dfrac{\partial F}{\partial z}\right]\mathrm{d}x\mathrm{d}y\mathrm{d}z,$$
其中 $D=\{(x,y,z)\,|\,1\leqslant yz\leqslant 2, 1\leqslant xz\leqslant 2, 1\leqslant xy\leqslant 2\}, F\in C^1(D).$ 试将积分作下面变换: $u=yz, v=xz, w=xy.$ 要求变换后的积分中出现 u,v,w 和 F 关于 u,v,w 的偏导数.

7.19 设 $0<a<4$, 记 $r=\sqrt{x^2+y^2+z^2}.$ 求证:
$$\iiint_{R^3}\dfrac{|x|+|y|+|z|}{\mathrm{e}^{r^a}-1}\mathrm{d}x\mathrm{d}y\mathrm{d}z$$
收敛且其值为 $6\pi\displaystyle\int_0^{+\infty}\dfrac{\rho^3}{\mathrm{e}^{\rho^a}-1}\mathrm{d}\rho.$

7.20 设 $P(x,y), Q(x,y)$ 在全平面上有连续偏导数,而且对以 $\forall\,(x_0,y_0)\in \boldsymbol{R}^2$ 为中心,以 $\forall\,r>0$ 为半径的上半圆 C:
$$x=x_0+r\cos\theta,\quad y=y_0+r\sin\theta\quad(0\leqslant\theta\leqslant\pi),$$
都有
$$\int_C P(x,y)\mathrm{d}x+Q(x,y)\mathrm{d}y=0.$$
求证: $P(x,y)=0, \dfrac{\partial Q}{\partial x}\equiv 0\,(\forall\,(x,y)\in\boldsymbol{R}^2).$

练习题答案、提示与解答

第一章 分析基础

练习题 1.1

1.1.1 将 a 改写成 $\frac{1}{2}(a+b+a-b)$；将 b 改写成 $\frac{1}{2}(b+a+b-a)$.

1.1.2 分 $|1-b|\geqslant\frac{1}{2}$ 和 $|1-b|<\frac{1}{2}$ 两种情况考虑. 当 $|1-b|\geqslant\frac{1}{2}$ 时结论显然；当 $|1-b|<\frac{1}{2}$ 时，用反证法，并利用上一题.

1.1.3 视 $\max\{a,b\}$ 与 $\min\{a,b\}$ 为未知数，容易建立方程组：
$$\begin{cases} \max\{a,b\}+\min\{a,b\}=a+b, \\ \max\{a,b\}-\min\{a,b\}=|a-b|. \end{cases}$$

练习题 1.2

1.2.1 (3) $f(2^{n-1}x)$.

1.2.4 (1) 无穷多个； (2) 有且仅有一个，即 $f(x)\equiv x$.

1.2.5 因为 $f(b-x)=f(b+x)$，令 $x=b-t$ 得
$$f(t-2b)=-f(t)=-f(t+2b-2b)=f(t+2b),$$
所以周期为 $4b$.

练习题 1.3

1.3.1 (2) $x_n=\frac{1}{2^n}$； (3) $x_n=\frac{n}{n+1}$.

1.3.2 $x_{n+1}=1-\sqrt{1-x_n}\xrightarrow{\text{写成}}\frac{x_n}{1+\sqrt{1-x_n}}\Longrightarrow 0<x_n\downarrow\Longrightarrow \lim_{n\to\infty}x_n=0$,
$\lim_{n\to\infty}\frac{x_{n+1}}{x_n}=\frac{1}{2}$.

1.3.3 对给定的 $c>1$, $x_{n+1}=\sqrt{cx_n}\Longrightarrow x_n\uparrow$, $0<x_n<c\Longrightarrow \lim_{n\to\infty}x_n=c$ 或
$$\frac{x_{n+1}}{c}=\sqrt{\frac{x_n}{c}}\xrightarrow{y_n=\frac{x_n}{c}}y_{n+1}=\sqrt{y_n}$$

$$\Rightarrow y_n = (y_{n-1})^{\frac{1}{2}} = \cdots = (y_1)^{\frac{1}{2^{n-1}}} \to 1 \Rightarrow \lim_{n\to\infty} x_n = c.$$

1.3.4 (2) $\sqrt{A}$.

1.3.5 $x_n \xrightarrow{\text{定义}} \dfrac{F_{n-1}}{F_n} \Rightarrow x_{n+1} = \dfrac{F_n}{F_{n+1}} = \dfrac{F_n}{F_n + F_{n-1}} = \dfrac{1}{1 + \dfrac{F_{n-1}}{F_n}} = \dfrac{1}{1 + x_n}.$

1.3.6 (1) 将 $\sqrt{n+1} - \sqrt{n}$ 改写成 $\dfrac{1}{\sqrt{n+1} + \sqrt{n}}$.

(2) 用第(1)小题,

$$x_{n+1} - x_n = \dfrac{1}{\sqrt{n+1}} - 2(\sqrt{n+1} - \sqrt{n}) < 0 \Rightarrow x_n \downarrow,$$

以及

$$x_n > \sum_{k=1}^{n} 2(\sqrt{k+1} - \sqrt{k}) - 2\sqrt{n}$$
$$= 2(\sqrt{n+1} - 1) - 2\sqrt{n} > -2.$$

1.3.7 $0 < a_1 < b_1 \xrightarrow{\text{数学归纳法}} 0 < a_n < b_n \Rightarrow a_n \uparrow; b_n \downarrow; b_2 - a_2 = \dfrac{b_1 - a_1 + 2(a_1 - a_2)}{2} < \dfrac{b_1 - a_1}{2}, \cdots, b_n - a_n < \dfrac{b_1 - a_1}{2^n}$. 用区间套定理肯定序列 $\{a_n\}$, $\{b_n\}$ 的极限存在,并趋于同一极限.

1.3.8 $\left(1 + \dfrac{1}{k^2}\right)^{k^2} < e \xrightarrow{\text{两边取对数}} k^2 \ln\left(1 + \dfrac{1}{k^2}\right) < 1 \Rightarrow 1 + \dfrac{1}{k^2} < e^{\frac{1}{k^2}}$

$$\Rightarrow \prod_{k=2}^{n} \left(1 + \dfrac{1}{k^2}\right) < e^{\sum_{k=2}^{n} \frac{1}{k^2}}.$$

再注意到

$$\dfrac{1}{k^2} < \dfrac{1}{k(k-1)} \ (k \geqslant 2) \Rightarrow \sum_{k=2}^{n} \dfrac{1}{k^2} < \sum_{k=2}^{n} \left(\dfrac{1}{k-1} - \dfrac{1}{k}\right)$$
$$= 1 - \dfrac{1}{n} < 1 \ (n > 2),$$

故有

$$\prod_{k=2}^{n} \left(1 + \dfrac{1}{k^2}\right) < e.$$

1.3.9 $\dfrac{x_{n+1}}{x_n} = \dfrac{(2n+2)^2}{(2n+1)(2n+3)}$

$$\Rightarrow \begin{cases} \dfrac{x_{n+1}}{x_n} > 1 \Rightarrow x_n \uparrow; \\ x_k < \left(1 + \dfrac{1}{k^2}\right) x_{k-1} \ (k \geqslant 2) \\ \Rightarrow x_n < \prod_{k=2}^{n} \left(1 + \dfrac{1}{k^2}\right) x_1 \xrightarrow{\text{见上题}} < e \cdot x_1. \end{cases}$$

1.3.10 $x_{n+1}=\sqrt{c+x_n}, x_n\uparrow$; $0<x_n<\sqrt{c}+1$; $\lim\limits_{n\to\infty}x_n=\dfrac{1+\sqrt{1+4c}}{2}$.

1.3.11 用序列的收敛原理, $|x_{n+p}-x_n|=\left|\sum\limits_{k=n+1}^{n+p}a_k\right|\leqslant\sum\limits_{k=n+1}^{n+p}|a_k|$.

1.3.12 $|x_{n+p}-x_n|=\left|\sum\limits_{k=n+1}^{n+p}a_k\right|=\left|\sum\limits_{k=n+1}^{n+p}(a_k-c_k)+c_k\right|$

$\leqslant\sum\limits_{k=n+1}^{n+p}(a_k-c_k)+\left|\sum\limits_{k=n+1}^{n+p}c_k\right|$

$\leqslant\sum\limits_{k=n+1}^{n+p}(b_k-c_k)+\left|\sum\limits_{k=n+1}^{n+p}c_k\right|$.

1.3.13 $|x_{n+p}-x_n|\leqslant q|x_{n+p-1}-x_{n-1}|\leqslant\cdots\leqslant q^n|x_1-x_0|$.

1.3.14 利用上题结果.

1.3.15 $x_{2n}\uparrow, x_{2n+1}\downarrow$, 且 $[x_{2n},x_{2n+1}]$ $(n=0,1,\cdots)$ 形成一串闭区间套.

练习题 1.4

1.4.3 $3>x_n+\dfrac{4}{x_{n+1}^2}\xrightarrow{\text{写成}}\dfrac{1}{2}x_n+\dfrac{1}{2}x_n+\dfrac{4}{x_{n+1}^2}\geqslant 3\sqrt[3]{\dfrac{1}{2}x_n\cdot\dfrac{1}{2}x_n\cdot\dfrac{4}{x_{n+1}^2}}$

$=3\left(\dfrac{x_n}{x_{n+1}}\right)^{\frac{2}{3}}\Longrightarrow x_n\uparrow$.

1.4.4 对 $\forall x\in R, n\in N$, 有

$f(x)=f(x+nT)\Longrightarrow f(x)=\lim\limits_{n\to\infty}f(x+nT)=0$.

1.4.6 0;

$\dfrac{1}{k(n-k+1)}=\dfrac{1}{n+1}\left(\dfrac{1}{k}+\dfrac{1}{n-k+1}\right)\Longrightarrow\sum\limits_{k=1}^{n}\dfrac{1}{k(n-k+1)}$

$=\dfrac{1}{n+1}\sum\limits_{k=1}^{n}\left(\dfrac{1}{k}+\dfrac{1}{n-k+1}\right)=\dfrac{2}{n+1}\sum\limits_{k=1}^{n}\dfrac{1}{k}$.

1.4.7 令 $b_n=a_n+a_{n-1}+\cdots+a_2+a_1$, 并将

$\dfrac{a_n}{n}\xrightarrow{\text{写成}}\dfrac{b_n}{n}-\dfrac{b_{n-1}}{n}=\left(\dfrac{b_n}{n}-a\right)-\left(\dfrac{b_{n-1}}{n-1}\cdot\dfrac{n-1}{n}-a\right)$

$=\left(\dfrac{b_n}{n}-a\right)-\left(\dfrac{b_{n-1}}{n-1}-a\right)+\dfrac{b_{n-1}}{n(n-1)}$.

1.4.8 $x_n\xrightarrow{\text{写成}}x_n-x_{n-2}+x_{n-2}-x_{n-4}+\cdots+x_4-x_2+x_2$ 或

$x_n\xrightarrow{\text{写成}}x_n-x_{n-2}+x_{n-2}-x_{n-4}+\cdots+x_3-x_1+x_1$.

1.4.9 $f(0)=e^{-2}$.

1.4.12 $\dfrac{1}{x_n+1}=\dfrac{x_n}{x_{n+1}}=\dfrac{x_n}{x_{n+1}}=\dfrac{1}{x_n}-\dfrac{1}{x_{n+1}}\Longrightarrow\sum\limits_{k=1}^{n}\left(\dfrac{1}{x_k}-\dfrac{1}{x_{k+1}}\right)$

$$= \frac{1}{x_1} - \frac{1}{x_{n+1}} = 2 - \frac{1}{x_{n+1}}.$$

1.4.13 $x=0$(可去间断点)，$x=-1$(无穷间断点).

练习题 1.5

1.5.2 令 $f(x)=y$.

1.5.3 (2) $f_{n+1}(c_{n+1})=1=f_n(c_n) \overset{f_n(x)>f_{n+1}(x)}{>} f_{n+1}(c_n)$，又 $f_{n+1}(x)\uparrow$，从而 $c_n\uparrow$. 设 $\lim\limits_{n\to\infty}c_n=c$，则 $c\leqslant 1$. 假定 $c<1$，则有

$$1 = f_n(c_n) = c_n^n + c_n \xrightarrow{n\to\infty} 1 = 0 + c,$$

即得 $c=1$，矛盾. 故 $c=1$.

1.5.7 用反证法. 假设 $x_n \not\to x^*$，则 $\exists \delta_0>0$ 和 n_k ($k=1,2,\cdots$)，使得 $|x_{n_k}-x^*|\geqslant\delta_0$. 根据波尔察诺定理，序列$\{x_{n_k}\}$有收敛子列，不妨将此子列仍记作$\{x_{n_k}\}$，并设 $\lim\limits_{k\to\infty}x_{n_k}=x_0$，则有 $|x_0-x^*|\geqslant\delta_0$，同时

$$f(x_0) = \lim_{k\to\infty} f(x_{n_k}) = f(x^*),$$

这与 $f(x)$ 有惟一的取到最大值的点 x^* 矛盾.

1.5.9 令 $F(x)=f(x)-a$，由 $F(a)<0$，$\lim\limits_{x\to\pm\infty}F(x)=+\infty$，显然 $\exists\ a_1<a<a_2$，使得

$$f(a_1) = a = f(a_2) \Longrightarrow f(f(a_1)) = f(a) = f(f(a_2)).$$

1.5.10 用反证法. 假设 $f(x)$ 在 $[a,b]$ 上无上界，则 $\exists\ x_n\in[a,b]$ 使得

$$f(x_n) > n \ (n=1,2,\cdots) \xrightarrow{\text{波尔察诺定理}} \exists\ \{x_{n_k}\},$$

及 $c\in[a,b]$ 使得 $\lim\limits_{k\to\infty}x_{n_k}=c$. 这样，一方面由 $f(x)$ 在点 $x=c$ 处上半连续，对 $\varepsilon_0=1$，$\exists\ \delta>0$，使得

$$f(x) < f(c)+1 \ (\forall\ x\in(c-\delta,c+\delta)\cap[a,b]).$$

另一方面，$\lim\limits_{k\to\infty}x_{n_k}=c \Longrightarrow \exists\ K\in\mathbf{N}$，使得

$$|x_{n_k}-c|<\delta \Longrightarrow n_k < f(x_{n_k}) < f(c)+1 \ (\forall\ k>K)，矛盾.$$

1.5.13 只需对 $A=0$ 进行证明，若 $A\neq 0$，则用 $f(x)-A$ 代替 $f(x)$ 即可. 对 $\forall\ \varepsilon>0$，取 $\delta>0$，使得对 $\forall\ x_1,x_2>0$，当 $|x_1-x_2|<\delta$ 时，有 $|f(x_1)-f(x_2)|<\varepsilon/2$(由一致连续性). 取 $m\in\mathbf{N}$，使得 $1/m<\delta$，并将区间$[0,1]$ m 等分，设分点为

$$0 = x_0 < x_1 < x_2 < \cdots < x_{m-1} < x_m = 1,$$

则对 $\forall\ x\in[0,1]$，$\exists\ x_k$，使得 $|x-x_k|<\delta$.

因为 $\lim\limits_{n\to\infty}f(x_k+n)=0$ ($k=1,2,\cdots,m$)，所以对每个固定的 $k=1,2,\cdots,m$，$\exists\ N_k\in\mathbf{N}$，使得 $|f(x_k+n)|<\varepsilon/2$ ($n>N_k$). 令 $N=\max\{N_1,N_2,\cdots,N_m\}$，则当 $n>N$ 时，就有 $|f(x_k+n)|<\varepsilon/2$ ($k=1,2,\cdots,m$).

现在假设 $x > N+1$，并且设 $n = [x]$，则因为 $x - n = x - [x] \in [0,1]$，所以存在 x_k，使得 $|x - (x_k + n)| = |(x-n) - x_k| < \delta$，于是就有
$$|f(x)| = |f(x) - f(n + x_k) + f(n + x_k)|$$
$$\leq |f(x) - f(n + x_k)| + |f(n + x_k)|$$
$$\leq \varepsilon/2 + \varepsilon/2, \quad \forall\, x > N + 1.$$
所以 $\lim\limits_{x \to +\infty} f(x) = 0$. 证毕.

第二章　一元函数微分学

练习题 2.1

2.1.1 0.

2.1.3 令 $\lambda_n = \dfrac{\alpha_n}{\alpha_n - \beta_n}$，则 $1 - \lambda_n = \dfrac{-\beta_n}{\alpha_n - \beta_n}$. 从而
$$\frac{f(\alpha_n + x_0) - f(\beta_n + x_0)}{\alpha_n - \beta_n} = \lambda_n \left[\frac{f(\alpha_n + x_0) - f(x_0)}{\alpha_n} - f'(x_0) \right]$$
$$+ (1 - \lambda_n) \left[\frac{f(\beta_n + x_0) - f(x_0)}{\beta_n} - f'(x_0) \right].$$

2.1.5 (1) $y = 5x + 4$；(2) $b = 3$；(3) $y = 3x + 3, y = 7x + 3$.

2.1.6 $a = 2, b = -1$.

2.1.7 (1) 用隐函数求导，
$$\frac{2}{3x^{1/3}} + \frac{2}{3y^{1/3}} y' = 0 \Longrightarrow y' = -\frac{y^{1/3}}{x^{1/3}}.$$
切线在 x 轴上的截距为
$$u = x - \frac{y}{y'} = x + y^{2/3} x^{1/3} = x + (a^{2/3} - x^{2/3}) x^{1/3} = a^{2/3} x^{1/3};$$
切线在 y 轴上的截距为
$$v = y - xy' = y + x^{2/3} y^{1/3} = y^{1/3}(x^{2/3} + y^{2/3}) = a^{2/3} y^{1/3}.$$
于是切线夹在两坐标轴之间的长度为
$$\sqrt{u^2 + v^2} = a^{2/3} \sqrt{x^{2/3} + y^{2/3}} = a^{2/3} \sqrt{a^{2/3}} = a.$$
(2) $x = a\cos^3 t, y = a\sin^3 t$.

2.1.8 $y'_x = \tan t$，切线段的长度 $= \dfrac{\sqrt{1 + y_x'^2}}{|y'_x|} |y| = a$.

2.1.9 当 $\lambda = \dfrac{ab}{2}$ 时，切线方程为 $\dfrac{x}{a} + \dfrac{y}{b} = \pm \sqrt{2}$；当 $\lambda = -\dfrac{ab}{2}$ 时，切线方程为 $-\dfrac{x}{a} + \dfrac{y}{b} = \pm \sqrt{2}$.

2.1.10 $m = \dfrac{1}{e}$.

2.1.11 (2) $y^{2k}(0) = 0$, $y^{2k+1}(0) = 4^k(k!)^2$ $(k=0,1,\cdots)$.

2.1.12 $\dfrac{x}{1-x^2} = -\dfrac{1}{2}\left(\dfrac{1}{x-1} + \dfrac{1}{x+1}\right)$.

2.1.13 用数学归纳法.

2.1.14 $\tan\beta = \dfrac{r}{r'} = \dfrac{2r^2}{2rr'} = \dfrac{2a^2\cos 2\theta}{-2a^2\sin 2\theta} = -\cot 2\theta = \tan\left(2\theta + \dfrac{\pi}{2}\right)$.

练习题 2.2

2.2.1 设函数 $f(x)$ 在点 $d \in (a,b)$ 处不可导. 分别在 (a,d) 上和在 (d,b) 上对 $f(x)$ 用微分中值定理, 并取 $\theta = \dfrac{d-a}{b-a}$.

2.2.2 设 $f(x)$ 在 $[0,2]$ 上的最大值为 M, 最小值为 m, 注意到
$$m \leqslant \dfrac{f(0)+f(1)+f(2)}{3} \leqslant M.$$
由介值定理知, $\exists c \in [0,2]$, 使得
$$f(c) = \dfrac{f(0)+f(1)+f(2)}{3} = 1.$$
再应用罗尔定理, $\exists \xi \in (c,3) \subset (0,3)$, 使得 $f'(\xi) = 0$.

2.2.3 考虑辅助函数 $g(x) \xrightarrow{\text{定义}} e^{-kx} \cdot f(x)$, 证函数 $g(x)$ 在 (a,b) 内有两个零点.

2.2.5 (1) 此时 x_0 是极值点.

(2) 对辅助函数 $g(x) \xrightarrow{\text{定义}} f(x) - f'(x_0)x$ 用第(1)小题结论.

2.2.7 要证的是在 $(0,1)$ 内 $f(x)f'(1-x) - 2f'(x)f(1-x)$ 有零点 $\Longleftrightarrow$ $[f^2(x)f(1-x)]'$ 有零点, 故作辅助函数 $g(x) \xrightarrow{\text{定义}} f^2(x)f(1-x)$.

2.2.9 设 $f'(a) = f'(b) = k$, 作辅助函数 $g(x) = f(x) - kx$. 对 $g(x)$ 用本节例题第 11 题结果.

2.2.10 用柯西中值定理和 $\sqrt{x}$ 在 $[0, +\infty)$ 上一致连续.

练习题 2.3

2.3.1 (2) 用第(1)小题结论.
$$\dfrac{|a+b|}{1+|a+b|} \leqslant \dfrac{|a|+|b|}{1+|a|+|b|} \leqslant \dfrac{|a|}{1+|a|} + \dfrac{|b|}{1+|b|}.$$

2.3.6 (1) $\dfrac{f(x)+g(x)}{f(x)-g(x)} \xrightarrow{\text{写成}} \dfrac{\dfrac{f(x)}{g(x)}+1}{\dfrac{f(x)}{g(x)}-1}.$

(2) 用第(1)小题结论.

2.3.7 把 $(-\infty,+\infty)$ 分为 $(-\infty,x_1)\cup(x_1,x_2)\cup(x_2,x_3)\cup(x_3,+\infty)$,列表讨论.答案:选C.

在 x_1 附近	$x<x_1$	x_1	$x>x_1$
$f'(x)$	−	0	+
$f(x)$	↗	极大值	↘

在 0 附近	$x<0$	0	$x>0$
$f'(x)$	+	不存在	−
$f(x)$	↗	极大值	↘

在 x_2 附近	$x<x_2$	x_2	$x>x_2$
$f'(x)$	−	0	+
$f(x)$	↘	极小值	↗

在 x_3 附近	$x<x_3$	x_3	$x>x_3$
$f'(x)$	−	0	+
$f(x)$	↘	极小值	↗

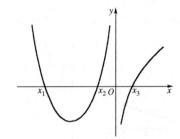

第2.3.7题图

2.3.8 (2) $\sqrt[3]{3}$.

2.3.9 利用 $f(x)=f'(x)+\dfrac{x^{2n}}{(2n)!}$.

2.3.11 $A=\dfrac{2}{e}$, $B=-\dfrac{2}{e}$.

2.3.12 (1) $2\sqrt{x_0}\,y+\dfrac{1}{x_0}x=3$.

(2) 当 $x_0=\dfrac{1}{4}\sqrt[3]{4}$ 时,达到最小值 $\dfrac{9}{4}\sqrt[3]{4}$.

2.3.14 (1) $y-\dfrac{1}{x_0^2}=-\dfrac{2}{x_0^3}(x-x_0)$; (2) $x_0=\pm\sqrt{2}$.

2.3.15 当 $R=H$ 时取到最小值 $3\sqrt[3]{\pi V^2}$.

2.3.16 细棒在杯中的长度为 $\dfrac{l}{8}+\sqrt{\dfrac{l^2}{64}+2a^2}$.

2.3.17 (1) $V(\alpha)=\dfrac{\alpha^2 R^3}{12\pi}\sqrt{1-\left(\dfrac{\alpha}{2\pi}\right)^2}$. (2) $\alpha=\dfrac{2\sqrt{6}}{3}\pi$.

练习题 2.4

2.4.6 图形如下图所示.

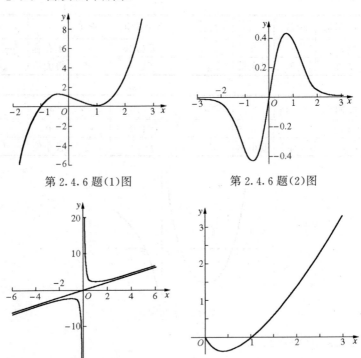

第 2.4.6 题(1)图   第 2.4.6 题(2)图

第 2.4.6 题(3)图   第 2.4.6 题(4)图

练习题 2.5

2.5.1 $\lim\limits_{x\to+\infty} f(x) \xrightarrow{\text{写成}} \lim\limits_{x\to+\infty} \dfrac{e^x f(x)}{e^x} \xrightarrow{\text{洛必达法则}} \lim\limits_{x\to+\infty} \dfrac{(e^x f(x))'}{(e^x)'}.$

2.5.2 用待定系数法,构造函数
$$P(x) = \frac{x^3}{2} + \left(\frac{1}{2} - f(0)\right) x^2 + f(0).$$

并考虑辅助函数 $F(x)=f(x)-P(x)$,显然 $F(x)$ 在 $[-1,1]$ 上具有连续的三阶导数,且
$$F(-1) = F(1) = F(0) = F'(0) = 0.$$
对函数 $F(x)$ 分别在区间 $[-1,0]$,$[0,1]$ 用罗尔定理,可知存在
$$-1 < \theta_1 < 0, \quad 0 < \theta_2 < 1,$$

使得 $$F'(\theta_1) = F'(\theta_2) = 0.$$

对导函数 $F'(x)$ 分别在 $[\theta_1,0]$, $[0,\theta_2]$ 上用罗尔定理,又可知存在
$$-1 < \theta_1 < \eta_1 < 0, \quad 0 < \eta_2 < \theta_2 < 1,$$

使得 $$F''(\eta_1) = F''(\eta_2) = 0.$$

再对二阶导函数 $F''(x)$ 在 $[\eta_1,\eta_2]$ 上用罗尔定理,又可知存在 $\xi \in (\eta_1,\eta_2) \subset (-1,1)$ 使得 $F'''(\xi)=0$,即 $f'''(\xi)=3$.

2.5.4 (1) $\lim\limits_{x\to 0}\dfrac{x^2-\sin^2 x}{x^2\sin^2 x} = \lim\limits_{x\to 0}\dfrac{x^2-\sin^2 x}{x^4} = \dfrac{1}{3}$

$\Longrightarrow \dfrac{1}{x_{n+1}^2} - \dfrac{1}{x_n^2} = \dfrac{1}{\sin^2 x_n} - \dfrac{1}{x_n^2} \to \dfrac{1}{3}.$

(2) 用第(1)小题结论.

$b_n \xlongequal{\text{定义}} \dfrac{1}{x_n^2} \Longrightarrow b_{n+1} - b_n \to \dfrac{1}{3} \Longrightarrow \dfrac{b_n}{n} \to \dfrac{1}{3},$ 即 $\dfrac{1}{nx_n^2} \to \dfrac{1}{3}.$

2.5.6 $1 + \dfrac{1}{2}x + \dfrac{7}{8}x^2 + \dfrac{17}{16}x^3 + \dfrac{203}{128}x^4 + O(x^5).$

2.5.7 $\lim\limits_{x\to 0}\theta^2 = \lim\limits_{x\to 0}\left(\dfrac{1}{x^2} - \dfrac{1}{(\arcsin x)^2}\right) = \dfrac{1}{3}.$

2.5.8 $f(x+t) = f(t) + f'(x)t + \dfrac{f''(\xi)}{2}t^2 \quad (x,t>0, \xi\in(x,x+t))$

$\Longrightarrow |tf'(x)| \leqslant 2M_0 + \dfrac{t^2}{2}M_2.$

练 习 题 2.6

2.6.5 (1) 令
$$f(x) = \ln\dfrac{2x+2}{2x+1} + x\ln\left(1+\dfrac{1}{x}\right) - 1 \Longrightarrow f(x) \to 0 \quad (x\to +\infty),$$

则有
$$f'(x) = \ln\left(\dfrac{1}{x}+1\right) - \dfrac{2}{2x+1} \Longrightarrow f'(x) \to 0 \quad (x\to +\infty),$$

又 $f''(x) = -\dfrac{1}{x(x+1)(2x+1)^2} < 0$,故有
$$f'(x) \searrow 0 \quad (x\to +\infty) \Longrightarrow f'(x) > 0 \quad (x>0),$$

于是 $f(x) \nearrow 0 \quad (x\to +\infty) \Longrightarrow f(x) < 0 \quad (x>0),$

即证得左边的不等式. 为了证明右边的不等式,令
$$g(x) = \ln\dfrac{2x+1}{2x} + x\ln\left(1+\dfrac{1}{x}\right) - 1.$$

根据
$$g'(x) = \ln\left(\dfrac{1}{x}+1\right) - \dfrac{2x+2x^2+1}{x(x+1)(2x+1)},$$

$$g''(x) = \frac{5x + 5x^2 + 1}{x^2(x+1)^2(2x+1)^2},$$

用证左边不等式的同样方法,得到 $g(x)<0$,从而证得右边的不等式.

(2) 用第(1)小题结论,即有
$$\frac{n}{2n+1}\left(1+\frac{1}{n}\right)^n < n\left[e - \left(1+\frac{1}{n}\right)^n\right] < \frac{1}{2}\left(1+\frac{1}{n}\right)^n.$$
再用夹挤准则即得结论.

2.6.6 令
$$f(x) \xlongequal{\text{定义}} a_0 x^n + a_1 x^{n-1} + \cdots + a_{n-1} x = 0,$$
则有 $f(0)=0, f(x_0)=0$,在 $[0, x_0]$ 上用罗尔定理即得结论.

2.6.7 解法1 考虑函数 $f(x) = \dfrac{e^x}{x^2}$,则 $y=f(x)$ 的定义域为 $(-\infty, 0) \cup (0, +\infty)$ 且

$$f'(x) = \frac{e^x(x-2)}{x^3} \begin{cases} <0 & (0<x<2), \\ =0 & (x=2), \\ >0 & (x<0 \text{ 或 } x>2). \end{cases}$$

又 $\lim\limits_{x \to -\infty} f(x) = 0, \lim\limits_{x \to 0} f(x) = +\infty, \lim\limits_{x \to +\infty} f(x) = +\infty$,因此,函数 $y=f(x)$ 的图形(见图(a))被其垂直渐近线 $x=0$ 分为两支,并且 $\min\limits_{x>0} f(x) = f(2) = \dfrac{e^2}{4}$. 于是,考察平行于 x 轴的直线 $y=a$ 与曲线 $y=f(x)$ 的交点个数可得以下结论:

(1) 当 $0 < a < \dfrac{e^2}{4}$ 时,方程只有一个根,位于 $(-\infty, 0)$ 内;

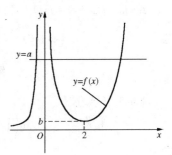

第 2.6.7 题图(a) $b = \dfrac{e^2}{4}$

(2) 当 $a = \dfrac{e^2}{4}$ 时,方程有两个根,其一位于 $(-\infty, 0)$ 内,另一个是 $x=2$;

(3) 当 $a > \dfrac{e^2}{4}$ 时,方程有三个根,其一位于 $(-\infty, 0)$ 内,另外两个分别位于 $(0, 2)$ 与 $(2, +\infty)$ 内.

解法2 令 $f(x) = e^x - ax^2$,则 $f'(x) = e^x - 2ax$.

(1) 当 $x<0$ 时,$f'(x)>0, f(x)$ 严格单调增加. 又因为
$$f(0) = 1, \quad \lim_{x \to -\infty} f(x) = -\infty,$$
所以方程 $f(x)=0$ 在 $(-\infty, 0)$ 内有且仅有一个根.

(2) $x=0$ 不是方程 $f(x)=0$ 的根.

(3) 当 $x>0$ 时,原方程与 $x=\ln a+2\ln x$ 同解.

令 $g(x)=x-\ln a-2\ln x\ (x>0)$. 则由

$$\lim_{x\to 0^+}g(x)=\lim_{x\to +\infty}g(x)=+\infty,$$

$$g'(x)=\frac{x-2}{x}=\begin{cases}<0 & (0<x<2),\\ =0 & (x=2),\\ >0 & (x>2),\end{cases}$$

可见点 $x=2$ 是函数 $g(x)$ 在 $(0,+\infty)$ 内的惟一极值点,并且是极小点,从而在点 $x=2$ 达到函数 $g(x)$ 在 $(0,+\infty)$ 内的最小值:$g(2)=\ln\dfrac{e^2}{4a}$ (见图(b)). 于是

当 $g(2)>0$ 时,即当 $0<a<\dfrac{e^2}{4}$ 时, $g(x)=0$ 无根,也就是 $f(x)=0$ 无根;

当 $g(2)=0$ 时,即当 $a=\dfrac{e^2}{4}$ 时, $g(x)=0$ 有且仅有一个根,也就是 $f(x)=0$ 有且仅有一个根;

当 $g(2)<0$ 时,即当 $a>\dfrac{e^2}{4}$ 时, $g(x)=0$ 有两个根,也就是 $f(x)=0$ 有两个根.

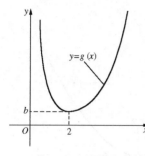

第2.6.7题图(b)

$b=\ln\dfrac{e^2}{4a}$

综合(1),(2)和(3)三个部分找到的 $f(x)=0$ 的根,即得与解法1相同的结论.

评注 本例值得注意的是在解法2中,用到先分区间然后再综合起来找方程根的办法.由于适当地分了区间,在各个区间上找原方程的同解方程比较简单.本例之所以能用较简单的 $g(x)=0$ 找根,代替原方程 $f(x)=0$ 找根,正是由于这个代替是在 $(0,+\infty)$ 这部分区间上进行的.

2.6.9 (1) $x=\sqrt[3]{\dfrac{2}{p}}$ 为极小值点,$f\left(\sqrt[3]{\dfrac{2}{p}}\right)=3\left(\dfrac{p}{2}\right)^{\frac{2}{3}}+q$;

(2) $\left(\dfrac{2}{p}\right)^2+\left(\dfrac{q}{3}\right)^3<0$.

2.6.10 解法1 令

$$f(x)=\ln^4 x-4\ln x+4x.$$

则 $y=f(x)$ 的定义域为 $(0,+\infty)$,且

$$\lim_{x\to 0^+}f(x)=+\infty,\quad \lim_{x\to +\infty}f(x)=+\infty,$$

$$f'(x)=\frac{4(\ln^3 x+x-1)}{x}\begin{cases}<0 & (0<x<1),\\ =0 & (x=1),\\ >0 & (x>1),\end{cases}$$

429

因此,点 $x=1$ 是函数 $f(x)$ 在 $(0,+\infty)$ 内的惟一极值点,并且是极小点.从而在点 $x=1$ 处达到函数 $f(x)$ 在 $(0,+\infty)$ 内的最小值 $f(1)=4$.其简图如图(a)所示.考察平行于 x 轴的直线 $y=k$ 与曲线 $y=f(x)$ 的交点个数可得以下结论:

当 $k<4$ 时,直线 $y=k$ 与曲线 $y=f(x)$ 无交点,$\ln^4 x-4\ln x+4x=k$ 无实根;当 $k=4$ 时,直线 $y=k$ 与曲线 $y=f(x)$ 相切,$\ln^4 x-4\ln x+4x=k$ 有惟一实根;当 $k>4$ 时,直线 $y=k$ 与曲线 $y=f(x)$ 有两个交点,$\ln^4 x-4\ln x+4x=k$ 有两个实根,分别位于 $(0,1)$ 与 $(1,+\infty)$.

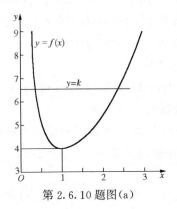

第 2.6.10 题图(a)

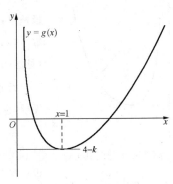

第 2.6.10 题图(b)

解法 2 令
$$g(x)=\ln^4 x-4\ln x+4x-k.$$
则 $y=g(x)$ 的定义域为 $(0,+\infty)$,且
$$\lim_{x\to 0^+}g(x)=+\infty,\quad \lim_{x\to +\infty}g(x)=+\infty.$$
$$g'(x)=\frac{4(\ln^3 x+x-1)}{x}\begin{cases}<0 & (0<x<1),\\ =0 & (x=1),\\ >0 & (x>1).\end{cases}$$

因此,点 $x=1$ 是函数 $g(x)$ 在 $(0,+\infty)$ 内的惟一极值点,并且是极小点.从而在点 $x=1$ 处达到函数 $g(x)$ 在 $(0,+\infty)$ 内的最小值 $g(1)=4-k$.其简图如图(b)所示.考察当 k 变化时,最小值点 $(1,4-k)$ 的位置:

当 $k<4$ 时,$4-k>0$,最小值点 $(1,4-k)$ 在 x 轴上方,曲线 $y=g(x)$ 与 x 轴无交点,$g(x)=0$ 无实根;

当 $k=4$ 时,最小值点 $(1,4-k)$ 在 x 轴上,曲线 $y=g(x)$ 与 x 轴相切,$g(x)=0$ 有惟一实根;

当 $k>4$ 时,$4-k<0$,最小值点 $(1,4-k)$ 在 x 轴下方,曲线 $y=f(x)$ 与 x 轴有两个交点,$g(x)=0$ 有两个实根,分别位于 $(0,1)$ 与 $(1,+\infty)$.

2.6.11 设 $f(x)=x^{n+2}-2x^n-1$,则有

$$f(0) = f(\sqrt{2}) = -1, \quad \lim_{x\to+\infty} f(x) = +\infty,$$

$$f'(\lambda) = (n+2)\lambda^{n-1}\left(\lambda^2 - \frac{2n}{2n+2}\right) \begin{cases} <0 & \left(\lambda < \sqrt{\frac{2n}{2n+2}}\right), \\ =0 & \left(\lambda = \sqrt{\frac{2n}{2n+2}}\right), \\ >0 & \left(\lambda > \sqrt{\frac{2n}{2n+2}}\right), \end{cases}$$

及 $\sqrt{\dfrac{2n}{2n+2}} < \sqrt{2}$,参看本题图知 f 只有惟一正根.

2.6.12 作出函数 $\dfrac{1+x+\dfrac{x^2}{2}}{e^x}$ 的简图(如图所示).

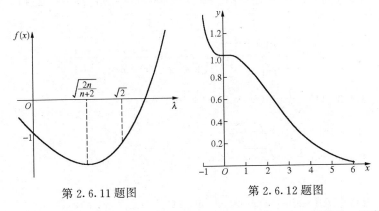

第 2.6.11 题图   第 2.6.12 题图

2.6.14 先证明 $f(x) \equiv 0$ ($\forall x \in (a,b), |x-x_0| < 1/2$).可证对一切自然数 k,有

$$|f''(x)| \leqslant \alpha(1+|x-x_0|)^k |x-x_0|^k,$$

其中记 $\alpha \xlongequal{\text{定义}} \max_{x \in (a,b)} |f'(x)| + \max_{x \in (a,b)} |f(x)|$.

第三章 一元函数积分学

练习题 3.1

3.1.1 (1) $x - e^x + \dfrac{1}{2}e^{2x} + C$;   (2) $-\arctan x - \dfrac{1}{x} + C$;

(3) $\dfrac{4}{7}x^{\frac{7}{4}}+C$;   (4) $2\arcsin x+C$;

(5) $\tan x-x+C$;

(6) $\dfrac{1}{2\cos 2x+2}(4\sin 2x-2x-2x\cos 2x)+C$;

(7) $-4\dfrac{\sin 4x}{2-2\cos 4x}+C$;   (8) $-8\dfrac{\sin 2x}{2-2\cos 4x}+C$;

(9) $\dfrac{1}{6}\sqrt{6}\arctan\dfrac{1}{2}x\sqrt{6}+C$;

(10) $\dfrac{1}{12}\sqrt{6}\ln\left(x+\dfrac{1}{3}\sqrt{6}\right)-\dfrac{1}{12}\sqrt{6}\ln\left(x-\dfrac{1}{3}\sqrt{6}\right)+C$;

(11) $\sqrt[3]{1-3x}\left(\dfrac{3}{4}x-\dfrac{1}{4}\right)+C$;

(12) $\sqrt[3]{1-3x}\left(\dfrac{3}{7}x^2-\dfrac{1}{28}x-\dfrac{1}{28}\right)+C$.

3.1.2 $I+J=\displaystyle\int\dfrac{1+\dfrac{1}{x^2}}{x^2+\dfrac{1}{x^2}}dx=\displaystyle\int\dfrac{d\left(x-\dfrac{1}{x}\right)}{\left(x-\dfrac{1}{x}\right)^2+2}=\dfrac{1}{\sqrt{2}}\arctan\dfrac{x^2-1}{x\sqrt{2}}+C_1$;

$I-J=\displaystyle\int\dfrac{d\left(x+\dfrac{1}{x}\right)}{2-\left(x+\dfrac{1}{x}\right)^2}=\dfrac{1}{2\sqrt{2}}\ln\dfrac{x^2+x\sqrt{2}+1}{x^2-x\sqrt{2}+1}+C_2$.

3.1.3 (1) $\dfrac{1}{\sqrt{3}}\ln(\sqrt{3}\,x+\sqrt{3x^2-2})+C$;

(2) $\ln|x|-\ln(1+\sqrt{x^2+1})+C$;

(3) $a\arcsin\dfrac{x}{a}+\sqrt{a^2-x^2}+C$;

(4) $\begin{cases} x+C & (a=0), \\ \sqrt{x^2-a^2}-a\ln|x+\sqrt{x^2-a^2}|+C & (a>0, x>a), \\ -\sqrt{x^2-a^2}-a\ln|x-\sqrt{x^2-a^2}|+C & (a>0, x<-a); \end{cases}$

(5) $\ln\left(x+\dfrac{1}{2}+\sqrt{x+x^2+1}\right)+C$;

(6) $\dfrac{1}{4}\sqrt{4x+4x^2+3}+\dfrac{5}{4}\ln(2x+1+\sqrt{4x^2+4x+3})+C$;

(7) $\begin{cases} 2\ln|\sqrt{x+a}+\sqrt{x+b}| & (x>-a), \\ -2\ln|\sqrt{-x-a}+\sqrt{-x-b}| & (x<-b); \end{cases}$

(8) $\dfrac{1}{1-x\sqrt{x}}\left(\dfrac{4}{3}x\sqrt{x}-\dfrac{4}{3}\right)+C$.

3.1.4 (1) $-\dfrac{1}{x}\sqrt{x^2+1}+C$;   (2) $\dfrac{1}{a^2}\cdot\dfrac{x}{\sqrt{a^2+x^2}}+C$;

(3) $\sqrt{a^2-x^2}+a\ln\left|\dfrac{x}{a+\sqrt{a^2-x^2}}\right|+C$;

(4) $\sqrt{x^2-a^2}-a\arccos\dfrac{a}{x}+C$;

(5) $\begin{cases}\dfrac{x}{4}(x^2-2)\sqrt{4-x^2}+\arcsin\left(\dfrac{x^2}{2}-1\right)+C,\\ \text{或}\dfrac{x^3}{4}\cdot\sqrt{4-x^2}-\dfrac{x}{2}\cdot\sqrt{4-x^2}+2\arcsin\dfrac{x}{2}+C,\\ \text{或}\dfrac{x}{2}\cdot\sqrt{4-x^2}+2\arcsin\dfrac{x}{2}-\dfrac{x}{4}\cdot(4-x^2)^{\frac{3}{2}}+C;\end{cases}$

(6) $2\sqrt{x}-x+\dfrac{2}{3}x^{\frac{3}{2}}-2\ln|\sqrt{x}+1|+C$.

3.1.5 (1) $2\arctan x-2x+x\ln(x^2+1)+C$;

(2) $\begin{cases}\dfrac{1}{2}\ln^2 x+C & (\alpha=-1),\\ \dfrac{x^{\alpha+1}}{\alpha+1}\left(\ln x-\dfrac{1}{\alpha+1}\right) & (\alpha\neq-1);\end{cases}$

(3) $\sqrt{x}\left(\dfrac{16}{27}x-\dfrac{8}{9}x\ln x+\dfrac{2}{3}x\ln^2 x\right)+C$;

(4) $-\dfrac{1}{4}e^{-2x}-\dfrac{1}{2}xe^{-2x}-\dfrac{1}{2}x^2e^{-2x}+C$;

(5) $\int x\cos\beta x\,dx=\dfrac{1}{\beta^2}(\cos x\beta+x\beta\sin x\beta)+C$;

(6) $\dfrac{1}{4}\cos 2x+\dfrac{1}{2}x\sin 2x-\dfrac{1}{2}x^2\cos 2x+C$;

(7) $\dfrac{1}{2}\arctan x-\dfrac{1}{2}x+\dfrac{1}{2}x^2\arctan x+C$;

(8) $-\dfrac{1}{x}\arcsin x-\ln\left|\dfrac{1+\sqrt{1-x^2}}{x}\right|+C$;

(9) $x\tan x+\ln|\cos x|+C$; (10) $\dfrac{e^x(x-2)}{x+2}+C$.

3.1.6 应用公式:
$$\int(f(x)+f'(x))e^x\,dx=e^x f(x)+C,$$
$$\int(f'(x)-f(x))e^{-x}\,dx=e^{-x}f(x)+C.$$

(1) $e^x\sqrt{1+x^2}+C$; (2) $e^x\sec x+C$;

(3) $e^{-x}\sin x+C$; (4) $x^2 e^{-x}+C$.

3.1.7 (1) $\dfrac{1}{2}x\sqrt{a^2-x^2}+\dfrac{1}{2}a^2\arcsin\dfrac{x}{a}+C$;

(2) $\dfrac{1}{2}x\sqrt{x^2-a^2}-\dfrac{1}{2}a^2\ln(x+\sqrt{x^2-a^2})+C$;

(3) $(x+1)\arcsin\sqrt{\dfrac{x}{x+1}} - \sqrt{x} + C$;

(4) $\dfrac{x+1}{2\sqrt{1+x^2}} e^{\arctan x} + C$;

(5) 由 $\int x\ln(1+x^2)dx = \dfrac{1}{2}(1+x^2)\ln(x^2+1) - \dfrac{1}{2}x^2 + C_1$ 推出

原式 $= \int \arctan x\, d\left[\dfrac{1}{2}(1+x^2)\ln(x^2+1) - \dfrac{1}{2}x^2\right]$

$= \dfrac{1}{2}\arctan x[(1+x^2)\ln(x^2+1) - x^2 - 3] - \dfrac{x}{2}\ln(x^2+1) + C$;

(6) 由 $\int \dfrac{x^3}{\sqrt{1-x^2}}dx = -\dfrac{1}{3}(x^2+2)\sqrt{1-x^2} + C_1$ 推出

原式 $= \int \arccos x\, d\left[-\dfrac{1}{3}(x^2+2)\sqrt{1-x^2}\right]$

$= -\dfrac{1}{3}(x^2+2)\sqrt{1-x^2}\arccos x - \dfrac{x}{9}(x^2+6) + C$.

3.1.8 (1) $\dfrac{x}{2}[\sin(\ln x) - \cos(\ln x)] + C$;

(2) $\dfrac{x}{2}[\sin(\ln x) + \cos(\ln x)] + C$;

(3) $\dfrac{xe^x}{2}(\cos x + \sin x) - \dfrac{1}{2}e^x \sin x + C$;

(4) $\dfrac{xe^x}{2}(\sin x - \cos x) + \dfrac{1}{2}e^x \cos x + C$.

3.1.9 (1) $I_n = x^n e^x - n I_{n-1}$;

(2) $I_{n,m} = \dfrac{1}{n+1}x^{n+1}(\ln x)^m - \dfrac{m}{n+1}I_{n,m-1}$;

(3) $I_n = -\dfrac{\sin^{n-1}x \cos x}{n} + \dfrac{n-1}{n}I_{n-2}$;

(4) $I_n = -\dfrac{\cos x}{(n-1)\sin^{n-1}x} + \dfrac{n-2}{n-1}I_{n-2}$.

3.1.10 (1) 由 $\dfrac{2x+3}{(x-2)(x+5)} = \dfrac{1}{x-2} + \dfrac{1}{x+5}$ 得出

原式 $= \ln(3x + x^2 - 10) + C$;

(2) 由 $\dfrac{1}{8-2x-x^2} = \dfrac{1}{6(x+4)} - \dfrac{1}{6(x-2)}$ 得出

原式 $= \dfrac{1}{6}\ln(x+4) - \dfrac{1}{6}\ln(x-2) + C$;

(3) 由 $\dfrac{1}{(x+1)^2(x-1)} = \dfrac{1}{4(x-1)} - \dfrac{1}{4(x+1)} - \dfrac{1}{2(x+1)^2}$ 得出

原式 $= \dfrac{1}{4}\ln(x-1) - \dfrac{1}{4}\ln(x+1) + \dfrac{1}{2x+2} + C$;

(4) 由 $\dfrac{2x-3}{x^2+2x+1}=\dfrac{2}{x+1}-\dfrac{5}{(x+1)^2}$ 得出

$$\text{原式} = 2\ln(x+1) + \dfrac{5}{x+1} + C;$$

(5) 由 $\dfrac{1}{(x+1)(x^2+1)}=\dfrac{1}{2(x+1)}+\dfrac{1}{x^2+1}\left(\dfrac{1}{2}-\dfrac{1}{2}x\right)$ 得出

$$\text{原式} = \dfrac{1}{2}\arctan x + \dfrac{1}{2}\ln(x+1) - \dfrac{1}{4}\ln(x^2+1) + C;$$

(6) 由 $\dfrac{x^4}{x^4+5x^2+4}=\dfrac{1}{3(x^2+1)}-\dfrac{16}{3(x^2+4)}+1$ 得出

$$\text{原式} = x + \dfrac{1}{3}\arctan x - \dfrac{8}{3}\arctan\dfrac{1}{2}x + C.$$

3.1.11 (1) $\dfrac{1}{3}\sin^3 x + C;$ (2) $\ln|\sin x + 1| + C;$

(3) $\dfrac{1}{2}\sin^2 x - \ln|\cos x| + C;$ (4) $\ln|\cos x| + \dfrac{1}{2}\tan^2 x + C;$

(5) $\dfrac{1}{7}\cos^7 x - \dfrac{1}{5}\cos^5 x + C;$ (6) $\cos x - 2\arctan(\cos x) + C;$

(7) $\dfrac{1}{2}\ln\left|\dfrac{1+\sin x}{1-\sin x}\right| - \dfrac{1}{\sin x} + C$ 或 $\ln|\sec x + \tan x| - \dfrac{1}{\sin x} + C;$

(8) $\ln(1+\cos^2 x) - \cos^2 x + C.$

3.1.12 (1) $\tan x + \dfrac{1}{3}\tan^3 x + C;$ (2) $\sqrt{2}\arctan\dfrac{\tan x}{\sqrt{2}} - x + C;$

(3) $\arctan(\tan^2 x) + C;$ (4) $\dfrac{2}{\sqrt{7}}\arctan\dfrac{2}{\sqrt{7}}\left(\tan x + \dfrac{1}{2}\right) + C.$

3.1.13 (1) $\dfrac{1}{2}\tan\dfrac{x}{2} + \dfrac{1}{6}\tan^3\dfrac{x}{2} + C;$

(2) $\dfrac{2}{1-r^2}\arctan\left(\dfrac{1+r}{1-r}\tan\dfrac{\theta}{2}\right) + C;$

(3) $\dfrac{4}{3}[\sqrt[4]{x^3} - \ln(\sqrt[4]{x^3}+1)] + C;$

(4) $\sqrt{x} + \dfrac{x}{2} - \dfrac{1}{2}\sqrt{x(x+1)} - \dfrac{1}{2}\ln(\sqrt{x+1}+\sqrt{x}) + C;$

(5) $\dfrac{1}{3}x^3 - \dfrac{1}{3}(x^2-1)^{\frac{3}{2}} + C;$

(6) $\ln\left|\dfrac{u-1}{u}\right| - 2\arctan u + C,$ 其中 $u = \dfrac{1+\sqrt{1-2x-x^2}}{x}.$

3.1.14 (1) 原式 $\xlongequal{u=\sqrt{\frac{x+1}{x-1}}} -4\displaystyle\int\dfrac{u^2 du}{(u^2+1)(u^2-1)}$

$$= \ln\left|\dfrac{1+u}{1-u}\right| - 2\arctan u + C;$$

(2) 原式 $\xlongequal{u=\sqrt[6]{1+x}} 6\int \dfrac{u^3 du}{u+1} = 2u^3 - 3u^2 + 6u + 6\ln|u+1| + C$；

(3) 原式 $= \int \dfrac{\sqrt{x^4+1}}{x} dx \xlongequal{u=x^2} \dfrac{1}{2}\int \dfrac{\sqrt{1+u^2}}{u} du = \dfrac{1}{2}\int \dfrac{1+u^2}{u\sqrt{1+u^2}} du$

$= \dfrac{1}{2}\int \dfrac{u}{\sqrt{1+u^2}} du + \dfrac{1}{2}\int \dfrac{du}{u^2\sqrt{1+\dfrac{1}{u^2}}}$

$= \dfrac{\sqrt{1+u^2}}{2} - \dfrac{1}{2}\ln\left|\dfrac{1}{u} + \sqrt{1+\dfrac{1}{u^2}}\right| + C$；

(4) 原式 $\xlongequal{u=x+\sqrt{x^2-x+1}} 2\int \dfrac{u^2-u+1}{u(2u-1)^2} du$

$= 2\ln|u| - \dfrac{3}{2}\ln|2u-1| - \dfrac{3}{2(2u-1)} + C.$

3.1.15 (1) 原式 $\xlongequal{u=\sqrt{1+\sqrt[3]{x^2}}} 3\int (u^2-1)^2 du = \dfrac{3}{5}u^5 - 2u^3 + 3u + C$；

(2) 原式 $\xlongequal{u=\cos x} -\int \dfrac{\sqrt{u}}{\sqrt{1-u^2}} du = -\int u^{\frac{1}{2}}(1-u^2)^{-\frac{1}{2}} du$，不可积.

练习题 3.2

3.2.3 设 $x_k = \dfrac{k}{n}$ $(k=0,1,\cdots,n)$，根据 n 个正数的算术平均不小于调和平均，有

$$\dfrac{1}{n}\sum_{k=1}^{n} f(x_k) \geqslant \dfrac{n}{\sum_{k=1}^{n} \dfrac{1}{f(x_k)}}.$$

3.2.5 由 $0 \leqslant (x+a)(b-x) = -x^2 + x(b-a) + ab$ 推知

$$\int_{-a}^{b} [-x^2 + (b-a)x + ab] f(x) dx \geqslant 0.$$

3.2.6 设 $f(x_M) = \max\limits_{a \leqslant x \leqslant b} f(x)$. 先考虑 $f(a) = f(x_M)$ 或 $f(b) = f(x_M)$ 的情况. 这时，因为

$$f(x) \geqslant f(a) + \dfrac{f(b)-f(a)}{b-a}(x-a),$$

以及 $f(x) \geqslant 0$ 的条件，所以

$$\int_a^b f(x) dx \geqslant \dfrac{b-a}{2}(f(a)+f(b)) \geqslant \dfrac{b-a}{2}\max\{f(a), f(b)\}$$

$$= \dfrac{b-a}{2} f(x_M),$$

即结论成立. 再考虑 $x_M \in (a,b)$ 的情况. 在区间 $[a,x_M]$ 和 $[x_M,b]$ 上, 分别应用前一情况的结果, 则有

$$\int_a^{x_M} f(x)\mathrm{d}x \geqslant \frac{x_M - a}{2} f(x_M),$$

$$\int_{x_M}^b f(x)\mathrm{d}x \geqslant \frac{b - x_M}{2} f(x_M) \Longrightarrow \int_a^b f(x)\mathrm{d}x \geqslant \frac{b - a}{2} f(x_M).$$

3.2.7 设 $x_M, \xi \in [a,b]$ 使得

$$|f(x_M)| = \max_{a \leqslant x \leqslant b} |f(x)|, \quad f(\xi) = \frac{1}{b-a}\int_a^b f(x)\mathrm{d}x,$$

则有 $|f(x_M)| \leqslant |f(\xi)| + |f(x_M) - f(\xi)| = |f(\xi)| + \left|\int_\xi^{x_M} f'(x)\mathrm{d}x\right|$

$$\leqslant |f(\xi)| + \int_a^b |f'(x)|\mathrm{d}x.$$

3.2.8 (2) 将 $t = \int_0^1 f(x)\mathrm{d}x$ 代入第(1)小题的不等式, 注意:

$$\int_0^1 f(x)\mathrm{d}x - \int_0^1 \left\{\int_0^1 f(x)\mathrm{d}x\right\}\mathrm{d}x = 0.$$

3.2.9 $0 \leqslant \sin x \leqslant x$ ($\forall\ 0 \leqslant x \leqslant b < 1$) $\Longrightarrow$

$$\int_0^b \frac{\sin x}{\sqrt{1-x^2}}\mathrm{d}x \leqslant \int_0^b \frac{x}{\sqrt{1-x^2}}\mathrm{d}x = 1 - \sqrt{1-b^2} \leqslant 1.$$

3.2.10 $\int_0^{\frac{\pi}{2}} \sin(\sin x)\mathrm{d}x \xrightarrow{u=\sin x} \int_0^1 \frac{\sin u}{\sqrt{1-u^2}}\mathrm{d}u \leqslant 1,$

$\int_0^{\frac{\pi}{2}} \cos(\cos x)\mathrm{d}x \xrightarrow{u=\cos x} \int_0^1 \frac{\cos u}{\sqrt{1-u^2}}\mathrm{d}u \geqslant 1.$

练习题 3.3

3.3.1 (1) 因为 $f(x)$ 有界, 并且只有一个不连续点 $x=0$, 所以 $f(x)$ 在 $[-1,1]$ 上可积.

(2) 由微积分基本定理,

$$\int_{-1}^x f(t)\mathrm{d}t = x^2 \sin\frac{1}{x} + \sin 1.$$

因此变上限积分 $\int_{-1}^x f(t)\mathrm{d}t$ 在点 $x=0$ 处可导.

评注 本题说明在可积函数的不连续点处, 变上限积分也可以在该点可导.

3.3.2 (1) $\begin{cases} 1 - \ln 2 & (\alpha = -1), \\ \dfrac{2^\alpha - 2\alpha}{2^\alpha(1-\alpha)(2-\alpha)} & (\alpha \neq -1); \end{cases}$

(2) 原式 $\xlongequal{u=\sqrt{x}}$ $\int_0^1 2u\ln(u+1)\mathrm{d}u = \frac{1}{2}$;   (3) $\frac{1}{a^2}$;

(4) $2-\sqrt{2}+\ln\frac{\sqrt{2}+1}{\sqrt{3}}$;

(5) 原式 $\xlongequal{u=\sqrt{x}}$ $\int_0^2 \frac{2u^2}{u^2+1}\mathrm{d}u = 4-2\arctan 2$;

(6) 原式 $\xlongequal{\text{分部积分}}$ $\frac{1}{4}\pi - \int_0^1 \frac{\sqrt{x}}{2(x+1)}\mathrm{d}x \xlongequal{u=\sqrt{x}} \frac{1}{4}\pi - \left(1-\frac{1}{4}\pi\right)$

$= \frac{\pi}{2}-1$.

3.3.3 (1) 1;   (2) $-\frac{\sqrt{3}}{2}+\ln(2+\sqrt{3})$;

(3) $\frac{\pi}{8}-\frac{1}{4}\ln 2$;   (4) $\frac{1}{3}\ln 2$;

(5) 原式 $\xlongequal{u=1-x}$ $\int_0^1 \frac{1-u}{e^u+e^{1-u}}\mathrm{d}u = \int_0^1 \frac{1}{e^u+e^{1-u}}\mathrm{d}u - \int_0^1 \frac{u}{e^u+e^{1-u}}\mathrm{d}u$

$\Rightarrow$ 2 原式 $= \int_0^1 \frac{\mathrm{d}u}{e^u+e^{1-u}}$

$\Rightarrow$ 原式 $= \frac{1}{2\sqrt{e}}\left(\arctan\sqrt{e}-\arctan\frac{1}{\sqrt{e}}\right)$;

(6) $\int_0^\pi \frac{\mathrm{d}x}{2\cos^2 x+\sin^2 x} = \int_0^{\frac{\pi}{2}} \frac{\mathrm{d}x}{1+\cos^2 x} + \int_{\frac{\pi}{2}}^\pi \frac{\mathrm{d}x}{1+\cos^2 x} = 2\int_0^{\frac{\pi}{2}} \frac{\mathrm{d}x}{1+\cos^2 x}$

$= 2\int_0^{\frac{\pi}{2}} \frac{\mathrm{d}\tan x}{1+2\tan^2 x} = \frac{\pi}{\sqrt{2}}$.

3.3.4 (1) 对参数 x 不同数值分情况求解.

原式 $= \begin{cases} \frac{1}{2}(1+x)^2 & (-1\leqslant x<0), \\ 1-\frac{1}{2}(1-x)^2 & (x\geqslant 0). \end{cases}$

(2) $|x-x^2| = \begin{cases} x-x^2 & (0<x<1) \\ x^2-x & (x\geqslant 1) \end{cases} \Rightarrow$

原式 $= \int_{\frac{1}{2}}^1 \frac{1}{\sqrt{x-x^2}}\mathrm{d}x + \int_1^{\frac{3}{2}} \frac{1}{\sqrt{x^2-x}}\mathrm{d}x = \frac{\pi}{2}+\ln(2+\sqrt{3})$.

3.3.5 $\int_0^1 x^2 f''(2x)\mathrm{d}x = \frac{1}{2}\int_0^1 x^2 \mathrm{d}f'(2x)$

$= \frac{1}{2}x^2 f'(2x)\Big|_0^1 - \int_0^1 xf'(2x)\mathrm{d}x = -\int_0^1 xf'(2x)\mathrm{d}x$

$$= -\frac{1}{2}\int_0^1 x\mathrm{d}f(2x) = -\frac{1}{2}\left[xf(2x)\Big|_0^1 - \int_0^1 f(2x)\mathrm{d}x\right]$$

$$\xrightarrow{2x=t} -\frac{1}{2}f(2) + \frac{1}{4}\int_0^2 f(t)\mathrm{d}t = -\frac{1}{4} + \frac{1}{4} = 0.$$

3.3.6 $\left.\begin{array}{l}f(u+\pi) = f(u) + \sin(u+\pi) = f(u) - \sin u \\ f(u+2\pi) = f(u+\pi) + \sin(u+2\pi) = f(u)\end{array}\right\} \Longrightarrow$

$$\int_\pi^{2\pi} f(x)\mathrm{d}x + \int_{2\pi}^{3\pi} f(x)\mathrm{d}x = \int_0^\pi (2f(u) - \sin u)\mathrm{d}u = \pi^2 - 2.$$

3.3.7 原式 $\xrightarrow{u = 1 - \frac{t}{n}} \int_0^1 \frac{1-u^n}{1-u}\mathrm{d}u = \int_0^1 (1 + u + u^2 + \cdots + u^{n-1})\mathrm{d}u$

$$= 1 + \frac{1}{2} + \cdots + \frac{1}{n}.$$

3.3.8 原式左边 $= \int_a^x [f'(t) - f'(a)]\mathrm{d}t = \int_a^x [f'(t) - f'(a)]\mathrm{d}(t-x)$

$\xrightarrow{\text{分部积分}}$ 原式右边.

3.3.9 原式左边 $\xrightarrow{x = \frac{ab}{u}} \int_a^b f\left(\frac{ab}{u}\right) \frac{\ln\frac{ab}{u}}{u}\mathrm{d}u$

$$= \int_a^b f(u)\frac{\ln(ab)}{u}\mathrm{d}u - \text{原式左边}.$$

3.3.10 (1) 原式左边令 $x = \frac{a^2}{u}$; (2) 原式左边令 $u = x^2$;

(3) 对 $f(x) \xrightarrow{\text{定义}} g\left(x + \frac{a^2}{x}\right)$ 用第(2)小题结论.

3.3.12 因为

$$\int_{\frac{\pi}{4}}^{\frac{\pi}{2}} \frac{\cos x - \sin x}{1 + x^2}\mathrm{d}x \xrightarrow{x = \frac{\pi}{2} - u} \int_0^{\frac{\pi}{4}} \frac{\sin u - \cos u}{1 + \left(\frac{\pi}{2} - u\right)^2}\mathrm{d}x,$$

以及 $\frac{\pi}{2} - x \geqslant x \quad \left(\forall\ 0 \leqslant x \leqslant \frac{\pi}{4}\right)$, 所以

原式右边 $-$ 原式左边 $= \int_0^{\frac{\pi}{4}} (\cos x - \sin x)\left[\frac{1}{1+x^2} - \frac{1}{1 + \left(\frac{\pi}{2} - x\right)^2}\right] \geqslant 0$;

或用积分中值定理,存在 $\xi \in \left(0, \frac{\pi}{4}\right), \eta \in \left(\frac{\pi}{4}, \frac{\pi}{2}\right)$ 使得

$$\begin{cases}\int_0^{\frac{\pi}{4}} \frac{\cos x - \sin x}{1 + x^2}\mathrm{d}x = \frac{1}{1+\xi^2}\int_0^{\frac{\pi}{4}} (\cos x - \sin x)\mathrm{d}x = \frac{\sqrt{2} - 1}{1 + \xi^2}, \\ \int_{\frac{\pi}{4}}^{\frac{\pi}{2}} \frac{\cos x - \sin x}{1 + x^2}\mathrm{d}x = \frac{1}{1+\eta^2}\int_{\frac{\pi}{4}}^{\frac{\pi}{2}} (\cos x - \sin x)\mathrm{d}x = \frac{\sqrt{2} - 1}{1 + \eta^2},\end{cases}$$

故有　原式右边 － 原式左边 $= (\sqrt{2} - 1)\left(\dfrac{1}{1+\xi^2} - \dfrac{1}{1+\eta^2}\right) \geqslant 0.$

3.3.13　先证 $f\left(\dfrac{a+b}{2}\right) = 0$ 的特殊情况. 这时用泰勒公式, 并注意到 $x - \dfrac{a+b}{2}$ 在 $[a,b]$ 上的积分为 0, 有

$$f(x) = f'\left(\dfrac{a+b}{2}\right)\left(x - \dfrac{a+b}{2}\right) + \dfrac{1}{2}f''(\xi)\left(x - \dfrac{a+b}{2}\right)^2 \quad (\xi \in (a,b))$$

$$\Longrightarrow \left|\int_a^b f(x)\mathrm{d}x\right| \leqslant \dfrac{M_2}{24}(b-a)^3.$$

对于一般情况, 令

$$g(x) \xrightarrow{\text{定义}} f(x) - f\left(\dfrac{a+b}{2}\right),$$

则有 $g\left(\dfrac{a+b}{2}\right) = 0$, 对函数 $g(x)$ 用前一情况的结果即得结论.

3.3.14　用反证法. 如果 $f(x)$ 在 (a,b) 上只有 m 个零点, 设其中在左、右邻域内 $f(x)$ 符号相反的零点个数为 r, 则 $r \leqslant m$. 设 $a < x_1 < x_2 < \cdots < x_r < b$ 是这样的零点. 且不妨设 $f(x) > 0 \ (\forall \ x \in (a, x_1))$. 令

$$p(x) \xrightarrow{\text{定义}} (x_1 - x)(x_2 - x)\cdots(x_r - x),$$

则有 $\quad f(x)p(x) \gneqq 0 \quad (\forall \ x \in (a,b)) \Longrightarrow \int_a^b f(x)p(x)\mathrm{d}x > 0.$

但是 $p(x)$ 是 $r \ (r \leqslant m)$ 次多项式, 设 $p(x) = \sum\limits_{k=0}^{r} c_k x^k$, 则有

$$\int_a^b f(x)p(x)\mathrm{d}x = \sum_{k=0}^{r} c_k \int_a^b x^k f(x)\mathrm{d}x = 0,$$

矛盾.

3.3.15　(1) 因为 $|\cos x|$ 是以 π 为周期的周期函数, 在每个周期上积分值相等, 所以

$$2n = \int_0^{n\pi} |\cos x|\mathrm{d}x \leqslant S(x) < \int_0^{(n+1)\pi} |\cos x|\mathrm{d}x = 2(n+1).$$

(2) 由用第(1)小题结论及夹挤准则, 得 $\lim\limits_{x \to +\infty} \dfrac{S(x)}{x} = \dfrac{2}{\pi}.$

3.3.16　$f'(0)$. 由于被积函数也含有参数 a, 先作变量代换使得参数 a 只出现在积分限上, 或先用积分中值定理去掉积分号, 使得原式变成函数求极限.

3.3.17　(1) 用洛必达法则, 或者用分段论证法: 先证 $l = 0$ 的特殊情况, 此时对 $\forall \ \varepsilon \in (0,1), \exists \ X_1 > 0$, 使得 $|f(x)| < \dfrac{\varepsilon}{2}$ 对所有的 $x > X_1$ 成立.

$$\left|\dfrac{1}{x}\int_0^x f(t)\mathrm{d}t\right| \leqslant \dfrac{1}{x}\int_0^{X_1} |f(t)|\mathrm{d}t + \dfrac{\varepsilon}{2}.$$

对固定的 X_1,取 $X>X_1$ 使得对 $x>X$,有
$$\frac{1}{x}\int_0^{X_1}|f(t)|\mathrm{d}t<\frac{\varepsilon}{2}.$$
对一般情况,令 $g(x)\xrightarrow{\text{定义}}f(x)-l$,对 $g(x)$ 用前一情况的结论.

(2) 如果不增加另外条件,第(1)小题的逆命题不成立,例如 $f(x)=\cos x$. 但是加上一个条件"$f(x)$ 在 $[0,+\infty)$ 上单调上升"后,逆命题成立. 事实上,因为
$$\frac{1}{x}\int_0^x f(x)\mathrm{d}t=f(x)=\frac{1}{x}\int_x^{2x}f(x)\mathrm{d}x\leqslant\frac{1}{x}\int_x^{2x}f(t)\mathrm{d}t,$$
又
$$\frac{1}{x}\int_0^x f(t)\mathrm{d}t\to l,$$
$$\frac{1}{x}\int_x^{2x}f(t)\mathrm{d}t=2\cdot\frac{1}{2x}\int_0^{2x}f(t)\mathrm{d}t-\frac{1}{x}\int_0^x f(t)\mathrm{d}t\to 2l-l=l$$
$$\xRightarrow{\text{由夹挤准则}}\lim_{x\to+\infty}f(x)=l.$$

3.3.18 $\int_0^1 f(nx)\mathrm{d}x\xlongequal{u=nx}\frac{1}{n}\int_0^n f(u)\mathrm{d}u$,只要求 $\lim\limits_{x\to+\infty}\frac{1}{x}\int_0^x f(u)\mathrm{d}u$,用上一题的结果.

3.3.19 设
$$M=\max_{x\in[a,b]}f(x)>0,\quad f(x_0)=M\quad(a<x_0<b),$$
则对 $\forall\,\varepsilon\in(0,M),\exists\,\delta>0$,使得
$$M-\frac{\varepsilon}{2}<f(x)\leqslant M\quad(\forall\,x\in(x_0-\delta,x_0+\delta)).$$
令 $I_n=\left\{\int_a^b[f(x)]^n\mathrm{d}x\right\}^{\frac{1}{n}}$,则有
$$(2\delta)^{\frac{1}{n}}\left(M-\frac{\varepsilon}{2}\right)\leqslant\left\{\int_{x_0-\delta}^{x_0+\delta}[f(x)]^n\mathrm{d}x\right\}^{\frac{1}{n}}\leqslant I_n\leqslant M(b-a)^{\frac{1}{n}}.$$
又因为 $\lim\limits_{n\to\infty}(2\delta)^{\frac{1}{n}}=1,\lim\limits_{n\to\infty}(b-a)^{\frac{1}{n}}=1$,所以对上述的 $\varepsilon>0$,存在 $N\in\mathbb{N}$ 使得
$$(2\delta)^{\frac{1}{n}}\left(M-\frac{\varepsilon}{2}\right)>M-\varepsilon,\quad M(b-a)^{\frac{1}{n}}<M+\varepsilon\quad(\forall\,n>N)$$
$$\Longrightarrow M-\varepsilon<I_n<M+\varepsilon\quad(\forall\,n>N).$$

3.3.20 对 $\forall\,x_2>x_1>0$,
$$F(x_1)=\frac{1}{x_1}\int_0^{x_1}f(t)\mathrm{d}t\xlongequal{u=x_1 t}\int_0^1 f(x_1 u)\mathrm{d}u,$$
$$F(x_2)=\frac{1}{x_2}\int_0^{x_2}f(t)\mathrm{d}t\xlongequal{u=x_2 t}\int_0^1 f(x_2 u)\mathrm{d}u.$$
因为 $f(x)\uparrow$,所以

$$F(x_1) = \int_0^1 f(x_1 u) \mathrm{d}u \leqslant \int_0^1 f(x_2 u) \mathrm{d}u = F(x_2) \Longrightarrow F(x) \uparrow.$$

再由 $f(x)$ 单调上升,有
$$f(0+0) \leqslant f(xu) \leqslant f(x) \quad (\forall\ x > 0, 0 \leqslant u \leqslant 1)$$

推出
$$f(0+0) = F(0) \leqslant F(x) = \int_0^1 f(xu) \mathrm{d}u \leqslant f(x),$$

由此根据夹挤准则,有
$$\lim_{x \to 0+0} F(x) = f(0+0) = F(0).$$

练习题 3.4

3.4.1 (1) πab; (2) $\dfrac{4}{3}\pi abc$.

3.4.2 体积为 $2\pi a^3$;侧面积为 $\sqrt{5}\,\pi a^2(\sqrt{5}+1)$.

3.4.3 (1) 所围图形的面积 $\dfrac{3\pi}{2}a^2$; (2) 弧长 $8a$;

(3) 绕极轴旋转一周所产生立体的体积 $\dfrac{8\pi}{3}a^3$;

(4) 绕极轴旋转一周所产生立体的侧面积 $\dfrac{32\pi}{5}a^2$.

3.4.4 (1) 半圆重心 $\left(0, \dfrac{4R}{3\pi}\right)$; (2) 半圆周重心 $\left(0, \dfrac{2R}{\pi}\right)$.

3.4.5 半球重心 $\left(0, 0, \dfrac{3R}{8}\right)$.

3.4.6 $\left(0, 0, \dfrac{3}{4}h\right), \dfrac{\pi}{10}h^5$.   **3.4.7** 18×9.8 N.

3.4.8 $y = -x^2 + 3$.   **3.4.9** $p = \dfrac{10}{3}, a = \dfrac{\sqrt{5}}{3}$.

3.4.10 (1) 设第 n 次击打后,桩被打进地下 x_n,第 n 次击打时,汽锤所做的功为 w_n ($n = 1, 2, \cdots$). 依题设,当桩被打进地下的深度为 x 时,土层对桩的阻力为 kx,所以
$$W_1 = \int_0^{x_1} kx \mathrm{d}x = \frac{1}{2}kx_1^2 = \frac{1}{2}ka^2,$$
$$W_2 = \int_{x_1}^{x_2} kx \mathrm{d}x = \frac{1}{2}k(x_2^2 - x_1^2) = \frac{1}{2}k(x_2^2 - a^2).$$

又 $W_2 = rW_1 \Longrightarrow x_2^2 - a^2 = ra^2$,即 $x_2^2 = (1+r)a^2$. 进一步,因此有
$$W_3 = \int_{x_2}^{x_3} kx \mathrm{d}x = \frac{1}{2}k(x_3^2 - x_2^2) = \frac{1}{2}k[x_3^2 - (1+r)a^2].$$

再由 $W_3 = rW_2 \Longrightarrow r^2 W_1 \Longrightarrow x_3^2 - (1+r)a^2 = r^2 a^2 \Longrightarrow x_3 = \sqrt{1 + r + r^2}\,a$. 即汽锤击

打桩 3 次后,可将桩打进地下 $\sqrt{1+r+r^2}a$ m.

(2) 用数学归纳法,设 $x_n = \sqrt{1+r+\cdots+r^{n-1}}a$,则

$$W_{n+1} = \int_{x_n}^{x_{n+1}} kx\mathrm{d}x = \frac{1}{2}k(x_{n+1}^2 - x_n^2)$$

$$= \frac{1}{2}k[x_{n+1}^2 - (1+r+\cdots+r^{n-1})a^2].$$

由于

$$W_{n+1} = rW_n = r^2 W_{n-1} = \cdots = r^n W_1 = \frac{1}{2}kr^n a^2,$$

故有

$$x_{n+1}^2 - (1+r+\cdots+r^{n-1})a^2 = r^n a^2 \Longrightarrow$$

$$x_{n+1} = \sqrt{1+r+\cdots+r^n}a = \sqrt{\frac{1-r^{n+1}}{1-r}}a,$$

于是

$$\lim_{n\to\infty} x_n = \lim_{n\to\infty} x_{n+1} = \sqrt{\frac{1}{1-r}}a.$$

即若击打次数不限,汽锤至多能将桩打进地下 $\sqrt{\frac{1}{1-r}}a$ m.

练 习 题 3.5

3.5.1 (1) 收敛; (2) 收敛; (3) 收敛;
(4) 当 $1<p<2$ 时,收敛; (5) 当 $p>1, q<1$ 时,收敛;
(6) 当 $p<1, q<1$ 时,收敛.

3.5.2 (1) 收敛; (2) 收敛; (3) 收敛; (4) 收敛.

3.5.3 收敛.记被积函数为 $f(x)$,当 $x\to 0$ 时,$f(x)\to b-a$;当 $x>1$ 时,

$$0 < f(x) = \frac{1}{x}\int_{ax}^{bx}\frac{\mathrm{d}t}{1+t^2} \leqslant \frac{b-a}{a^2 x^2}.$$

3.5.4 (1) 收敛,非绝对收敛; (2) 收敛,非绝对收敛;
(3) 收敛,非绝对收敛; (4) 绝对收敛.

3.5.5 (1) 收敛; (2) 收敛; (3) 收敛.

3.5.7 先证 $\lim\limits_{x\to+\infty}\int_{\frac{x}{2}}^{x} f(t)\mathrm{d}t = 0.$

第四章 级 数

练 习 题 4.1

4.1.1 (1) $\frac{1}{3}$; (2) $\frac{1}{4}$.

4.1.2 (1) 收敛；(2) 收敛；(3) 收敛；(4) 收敛；(5) 收敛；(6) 发散；(7) 收敛.

4.1.3 (1) 发散；(2) 收敛；(3) 收敛；(4) 收敛.

4.1.4 (1) 收敛；(2) 收敛；(3) 收敛；(4) 收敛；

(5) $\begin{cases} \text{当 } a = \frac{1}{2} \text{ 时收敛,} \\ \text{当 } a \neq \frac{1}{2} \text{ 时发散;} \end{cases}$ (6) $\begin{cases} \text{当 } p > 1 \text{ 时收敛,} \\ \text{当 } 0 < p < 1 \text{ 时发散.} \end{cases}$

4.1.8 利用上题结论,设 $a_n \xlongequal{\text{定义}} \dfrac{n}{p_1 + p_2 + \cdots + p_n}$,可证 $a_{2n} \leqslant \dfrac{2}{p_n}$.

4.1.9 (1) 收敛；(2) 收敛；(3) 收敛；(4) 收敛.

4.1.10 (1) 收敛；(2) 收敛；(3) 收敛；(4) 收敛.

4.1.11 (1) $\begin{cases} \text{当 } |x| \neq 1 \text{ 时绝对收敛,} \\ \text{当 } |x| = 1 \text{ 时发散;} \end{cases}$ (2) $\begin{cases} \text{当 } x \geqslant 0 \text{ 时绝对收敛,} \\ \text{当 } x < 0 \text{ 时发散.} \end{cases}$

4.1.12 (1) $\begin{cases} \text{当 } p > 1 \text{ 时绝对收敛,} \\ \text{当 } \frac{1}{2} < p \leqslant 1 \text{ 时条件收敛;} \end{cases}$ (2) $\begin{cases} \text{当 } p > 1 \text{ 时绝对收敛,} \\ \text{当 } 0 < p \leqslant 1 \text{ 时条件收敛.} \end{cases}$

4.1.14 利用阿贝尔求和.

4.1.15 (1) 用柯西收敛原理证级数发散. (2) 用第(1)小题结论.

4.1.19 利用 4.1.8 题及级数重排定理.

4.1.21 (2) $\dfrac{\sqrt{5}+1}{2}$.

4.1.25 (2) 用反证法证得级数 $\sum\limits_{n=1}^{\infty} \dfrac{1}{(n+1)^r}$ $(0 < r < 1)$ 收敛,从而得矛盾.

练 习 题 4.2

4.2.1 (1) 当 $0 \leqslant x \leqslant b$ 时,$f_n(x) \xrightarrow{\text{一致}} 0$；当 $0 \leqslant x \leqslant 1$ 时,不一致收敛；当 $a \leqslant x < +\infty$ 时,$f_n(x) \xrightarrow{\text{一致}} 1$.

(2) 在 $-\infty < x < +\infty$ 上 $f_n(x) \xrightarrow{\text{一致}} \dfrac{|x|-x}{2}$.

4.2.4 (1) 一致收敛；(2) 一致收敛；(3) 一致收敛；(4) 一致收敛.

4.2.5 用反证法. 令

$$r_n(x) \xlongequal{\text{定义}} S(x) - \sum_{k=1}^{n} u_k(x).$$

假设 $\sum\limits_{n=1}^{\infty} u_n(x)$ 不一致收敛,则 $\exists\, \varepsilon_0 > 0$ 及序列 $x_{n_k} \in [a,b]$ 使得 $\lim\limits_{k \to \infty} x_{n_k} = x_0$,$r_{n_k}(x_{n_k}) \geqslant \varepsilon_0$. 这样,由单调性,对 $\forall\, m \in \mathbf{N}$,当 $n_k \geqslant m$ 时,

$$r_m(x_{n_k}) \geqslant r_{n_k}(x_{n_k}) \geqslant \varepsilon_0,$$

再由连续性推出 $r_m(x_0) \geqslant \varepsilon_0$,这与 $\sum_{n=1}^{\infty} u_n(x_0)$ 收敛矛盾.

4.2.6 利用上一题或利用一致收敛级数乘一有界函数仍一致收敛.

4.2.9 用反证法.归结为与一致收敛原理矛盾.

4.2.18 利用连续性定理的证明方法,不能用连续性定理的结果.比如 $\{x_n\}$ 可以取 $(0,1)$ 内的所有有理数,即序列

$$\left\{\frac{1}{2}, \frac{1}{3}, \frac{2}{3}, \frac{1}{4}, \frac{2}{4}, \frac{3}{4}, \frac{1}{5}, \frac{2}{5}, \frac{3}{5}, \frac{4}{5}, \cdots\right\}.$$

练 习 题 4.3

4.3.1 (1) $R=1$,当 $x=-1$ 时收敛,当 $x=1$ 时发散;

(2) $R=1$,当 $x=-1$ 时收敛,当 $x=1$ 时发散;

(3) $R=\dfrac{1}{\sqrt{e}}$,当 $x=\pm\dfrac{1}{\sqrt{e}}$ 时发散;

(4) $R=\dfrac{1}{3}$,当 $x=-\dfrac{1}{3}$ 时收敛,当 $x=\dfrac{1}{3}$ 时发散;

(5) $R=\dfrac{1}{3}$,当 $x=\pm\dfrac{1}{3}$ 时发散.

4.3.2 (1) $0 \leqslant x < +\infty$; (2) $\left[-\dfrac{\sqrt{5}+1}{2}, \dfrac{\sqrt{5}-1}{2}\right]$.

4.3.4 (1) $\left(\dfrac{x}{2}+1\right)e^{\frac{x}{2}}-1$; (2) $\dfrac{1}{4}\ln\dfrac{1+x}{1-x}+\dfrac{1}{2}\arctan x$ ($|x|<1$);

(3) $\dfrac{1+x}{(1-x)^3}$ ($|x|<1$).

4.3.5 (1) 3; (2) $2(1-\ln 2)$; (3) $\ln 2 - 2 + \dfrac{\pi}{2}$.

4.3.9 (1) $\dfrac{1}{2}\sum_{n=1}^{+\infty}\left[n+\dfrac{1-(-1)^n}{2}\right]x^n$ ($|x|<1$);

(2) $x+\sum_{n=1}^{+\infty}\dfrac{(2n-1)!!}{n!\,2^n}x^{n+1}$ ($|x|<1$);

(3) $1+\sum_{n=1}^{+\infty}(-1)^n\dfrac{2^{2n-1}}{(2n)!}x^{2n}$ ($|x|<\infty$);

(4) $-\sum_{n=0}^{+\infty}\dfrac{x^{3(n+1)}}{n+1}+\sum_{n=0}^{+\infty}\dfrac{x^{n+1}}{n+1}$ 或 $x+\dfrac{x^2}{2}-\sum_{n=0}^{+\infty}\dfrac{\cos\dfrac{2n\pi}{3}}{n+3}x^{n+3}$ ($|x|<1$);

(5) $\sum_{n=1}^{+\infty}(-1)^{n-1}\dfrac{x^n}{n}+\sum_{n=1}^{+\infty}(-1)^{n-1}\dfrac{x^{2n}}{n}$ 或

$$\sum_{n=1}^{+\infty} \frac{(-1)^n - 2\cos\frac{n}{2}\pi}{n} x^n \quad (|x|<1);$$

(6) $2\sum_{n=0}^{+\infty} \frac{x^{2n+1}}{2n+1}$ $(|x|<1)$.

4.3.11 (1) $\sum_{n=1}^{+\infty} \frac{(-1)^{n-1}}{n}\left(1 + \frac{1}{3} + \frac{1}{5} + \cdots + \frac{1}{2n-1}\right) x^{2n}$ $(|x|<1)$;

(2) $\frac{\pi^2}{16}$.

4.3.12 (1) $R=1$, 当 $x=-1$ 时收敛, 当 $x=1$ 时发散;

(2) $R=\frac{1}{e}$, 当 $x=-\frac{1}{e}$ 时收敛, 当 $x=\frac{1}{e}$ 时发散.

4.3.13 (1) $y^{(2n)}(0) = 0$, $\frac{y^{(2n+1)}(0)}{(2n+1)!} = \frac{(2n)!!}{(2n+1)!}$ $(n=0,1,\cdots)$;

(3) 证明端点等式成立时, 先利用函数 $\arcsin^2 x$ 有界, 得出级数 $\sum_{n=0}^{+\infty} \frac{(2n)!!}{(2n+1)!} \cdot \frac{1}{n+1}$ 收敛.

4.3.15 (1) $\sum_{n=1}^{+\infty} \frac{\sin n\theta}{n} x^n$ $(|x|<1)$; (2) $\sum_{n=1}^{+\infty} \frac{\cos n\theta}{n} x^n$ $(|x|<1)$.

4.3.16 利用上一题及阿贝尔引理.

4.3.17 $\sum_{n=0}^{+\infty} c_n x^n$, 其中 $c_n \xlongequal{\text{定义}} \sum_{k=0}^{+\infty} a_k$, $R=1$.

4.3.18 考虑两个幂级数 $\sum_{n=0}^{+\infty} a_n x^n$ 与 $\sum_{n=0}^{+\infty} b_n x^n$.

练 习 题 4.4

4.4.2 (1) $\frac{3}{8} - \frac{1}{2}\cos 2x + \frac{1}{8}\cos 4x$; (2) $\frac{4}{\pi} \sum_{n=1}^{+\infty} \frac{\sin(2n-1)x}{2n-1}$;

(3) $\frac{8}{\pi} \sum_{n=1}^{+\infty} (-1)^n \frac{n}{1-4n^2} \sin nx$; (4) $\frac{2}{\pi} - \frac{4}{\pi} \sum_{n=1}^{+\infty} \frac{\cos 2nx}{4n^2-1}$.

4.4.3 $\frac{\pi}{2} - \frac{4}{\pi} \sum_{n=1}^{+\infty} \frac{\cos(2n-1)x}{(2n-1)^2}$.

(1) $\sum_{n=1}^{+\infty} \frac{1}{(2n-1)^2} = \frac{\pi^2}{8}$; (2) $\sum_{n=1}^{+\infty} \frac{1}{n^2} = \frac{\pi^2}{6}$; (3) $\sum_{n=1}^{+\infty} \frac{(-1)^{n-1}}{n^2} = \frac{\pi^2}{12}$.

4.4.4 $\frac{\sinh \pi}{\pi}\left\{1 + 2\sum_{n=1}^{+\infty} \frac{(-1)^n}{1+n^2}(\cos nx - n\sin nx)\right\} = \begin{cases} e^x & (|x|<\pi), \\ \cosh\pi & (x=\pm\pi), \end{cases}$

$\sum_{n=1}^{+\infty} \frac{1}{1+n^2} = \frac{\pi \coth\pi - 1}{2}$.

4.4.5 (1) $\dfrac{h}{\pi}+\dfrac{2}{\pi}\sum\limits_{n=1}^{+\infty}\dfrac{\sin nh\cos nx}{n}=\begin{cases}1 & (0\leqslant x<h),\\ \dfrac{1}{2} & (x=h),\\ 0 & (h<x\leqslant\pi);\end{cases}$

(2) $\dfrac{2}{\pi}\sum\limits_{n=1}^{+\infty}\dfrac{(1-\cos nh)\sin nx}{n}=\begin{cases}1 & (0<x<h),\\ \dfrac{1}{2} & (x=h),\\ 0 & (x=0,h<x<\pi).\end{cases}$

4.4.6 (1) 利用 $\cos ax$ ($|x|\leqslant\pi$) 的傅氏展式;

(3) 对上一小题逐项求导.

4.4.7 考虑 $T_n(x)\cos nx$ 在 $[-\pi,\pi]$ 上的积分.

4.4.8 (2) 利用 $\displaystyle\int_0^\infty \dfrac{\sin x}{x}\mathrm{d}x=\lim_{n\to\infty}\int_0^{\left(n+\frac{1}{2}\right)\pi}\dfrac{\sin x}{x}\mathrm{d}x.$

4.4.9 先考虑 $g(x)\geqslant 0$ 情形, 将 $[0,T]$ 区间 n 等分, 在每一个小区间上用第一积分中值定理. 然后再把一般情形 $g(x)$ 化为正值情形.

4.4.10 (1) 把被积函数展成级数, 此函数在 $[0,b]$ 上一致收敛. 逐项积分后的函数在 $[0,b]$ 上一致收敛, 故可对 b 取极限.

(3) 利用本节典型例题分析第 5 题.

4.4.14 (1) $x^4=\dfrac{2}{3}\pi^4-48\sum\limits_{n=1}^{+\infty}\dfrac{(-1)^{n-1}}{n^4}-8\pi^2\sum\limits_{n=1}^{+\infty}(-1)^{n-1}\dfrac{\cos nx}{n^2}$

$\qquad\qquad +48\sum\limits_{n=1}^{+\infty}\dfrac{(-1)^{n-1}}{n^4}\cos nx,$

$\sum\limits_{n=1}^{+\infty}\dfrac{(-1)^{n-1}}{n^4}=\dfrac{7}{720}\pi^4;$

(2) $x^4=\dfrac{1}{5}\pi^4-8\pi^2\sum\limits_{n=1}^{+\infty}(-1)^{n-1}\dfrac{\cos nx}{n^2}+48\sum\limits_{n=1}^{+\infty}\dfrac{(-1)^{n-1}}{n^4}\cos nx,$

$\sum\limits_{n=1}^{+\infty}\dfrac{1}{n^8}=\dfrac{1}{9450}\pi^8.$

4.4.15 $f(x)=\dfrac{2h}{\pi}\left[\dfrac{1}{2}+\sum\limits_{n=1}^{+\infty}\left(\dfrac{\sin nh}{nh}\right)^2\cos nx\right],$

(1) $\sum\limits_{n=1}^{+\infty}\dfrac{\sin^2 nh}{n^2}=\dfrac{h}{2}(\pi-h);$ (2) $\sum\limits_{n=1}^{+\infty}\dfrac{\cos^2 nh}{n^2}=\dfrac{\pi^2}{6}-\dfrac{h}{2}(\pi-h);$

(3) $\sum\limits_{n=1}^{+\infty}\dfrac{\sin^4 nh}{n^4}=\dfrac{\pi h^3}{2}\left(\dfrac{2}{3}-\dfrac{h}{\pi}\right).$

4.4.17 $x=\dfrac{1}{2}-\dfrac{1}{\pi}\sum\limits_{n=1}^{+\infty}\dfrac{\sin 2n\pi x}{n}\ (0<x<1).$

4.4.18 $\dfrac{A}{2}+\dfrac{2A}{\pi}\sum\limits_{n=1}^{+\infty}\dfrac{1}{2n+1}\sin(2n+1)\dfrac{\pi x}{l}=\begin{cases} A & (0<x<l), \\ \dfrac{A}{2} & (x=0,l,2l), \\ 0 & (l<x<2l). \end{cases}$

4.4.19 $\sum\limits_{n=1}^{+\infty}\dfrac{\sin nh}{nh}b_n\sin nx.$

第五章 多元函数微分学

练习题 5.1

5.1.1 平行四边形两对角线长度平方和等于四边长度平方之和.

5.1.3 (1) 设 $x_0\in H$,取 $\delta=\dfrac{c-x_0\cdot z}{|z|}$,则 $U(x_0,\delta)\subset H$.

5.1.4 (4) 所给的不等式等价于: $0<x<y, 0<y<z, 0<z<1$.

5.1.7 对 $\forall\, x\in A, \rho(x,B)=\rho_x$,则令 $W=\bigcup\limits_{x\in A}U\left(x,\dfrac{1}{2}\rho_x\right)$;

$\forall\, x\in B, \widetilde{\rho}(x,A)=\widetilde{\rho}_x$,则令 $V=\bigcup\limits_{x\in B}U\left(x,\dfrac{1}{2}\widetilde{\rho}_x\right)$.

5.1.9 对 $\forall\, x_n\in F_n$,则 $\{x_n\}$ 为有界点列,证它是哥西序列.

5.1.12 平方后化为内积处理.

5.1.13 (1) 定义域为闭正方形: $|x|\leqslant 1, |y|\leqslant 1$;

(2) 定义域为两圆 $(x-1)^2+y^2=1, (x-1/2)^2+y^2=(1/2)^2$ 之间的月牙形区域(不包括小圆圆周);

(3) 定义域由直线 $y=\pm x$ 围成的且包含 x 轴的一对对顶角,$(0,0)$ 点除外. 等位线为

$$y=\sin cx \quad \left(|c|\leqslant\dfrac{\pi}{2}\right);$$

(4) 定义域为双叶双曲面 $x^2+y^2-z^2=-1$ 所围的上下两个开区域,等位面为双叶双曲面

$$x^2+y^2-z^2=-1-e^c \quad (-\infty<c<+\infty).$$

5.1.14 (1) 2; (2) 0; (3) 0; (4) 0.

5.1.15 (2) 考虑点 (x,y) 沿曲线 $y=-x+x^2$ 趋于 $(0,0)$.

5.1.16 (1) 只在点 $(0,0)$ 处不连续; (2) 在全平面连续;

(3) 只在点 $(0,0)$ 处不连续; (4) 在全平面连续.

5.1.17 只需证 $\varphi(y)$ 在 y 轴上一元连续.

5.1.18 (1) 利用柯西收敛原理.

5.1.20 证 $|\rho(x,E)-\rho(y,E)|\leqslant |x-y|$.

5.1.24 用反证法. 假设 $f^{-1}(x)$ 在点 $x_0\in f(\overline{\Omega})$ 处不连续, 可得出 $f(x)$ 不单叶.

5.1.25 (1) 先证 $\forall\varepsilon>0, \exists\delta>0$, 当 $0<|x_1-a|<\delta, 0<|x_2-a|<\delta$ 时, 对 $\forall y\neq b$, 有 $|f(x_1,y)-f(x_2,y)|<\varepsilon$;

(2) 利用
$$|\psi(y)-c|\leqslant |\psi(y)-f(x_1,y)|+|f(x_1,y)-\varphi(x_1)|+|\varphi(x_1)-c|.$$
先取 x_1 充分接近于 a, 使前后两个绝对值小于 $\dfrac{\varepsilon}{3}$, 然后固定 x_1, 找 δ, 使得当 $0<|y-b|<\varepsilon$ 时, 中间那个绝对值也小于 $\dfrac{\varepsilon}{3}$.

练习题 5.2

5.2.1 (1) $u'_x=\dfrac{y^2}{(x^2+y^2)^{\frac{3}{2}}}$, $u'_y=-\dfrac{xy}{(x^2+y^2)^{\frac{3}{2}}}$;

(2) $u'_x=2\dfrac{x}{y}\sec^2\dfrac{x^2}{y}$, $u'_y=-\dfrac{x^2}{y^2}\sec^2\dfrac{x^2}{y}$;

(3) $u'_x=\cos y\cos(x\cos y)$, $u'_y=-x\sin y\cos(x\cos y)$;

(4) $u'_x=\dfrac{1}{y}e^{\frac{x}{y}}-\dfrac{x}{y^2}e^{\frac{x}{y}}$;

(5) $u'_x=\dfrac{x}{x^2+y^2}$, $u'_y=\dfrac{y}{x^2+y^2}$;

(6) $u=\arctan x+\arctan y$, $u'_x=\dfrac{1}{x^2+1}$, $u'_y=\dfrac{1}{y^2+1}$;

(7) $u'_x=\dfrac{z}{x}\left(\dfrac{x}{y}\right)^z$, $u'_y=-\dfrac{z}{y}\left(\dfrac{x}{y}\right)^z$, $u'_z=\left(\dfrac{x}{y}\right)^z\ln\dfrac{x}{y}$;

(8) $u'_x=\dfrac{xz}{(x^2+y^2)\sqrt{x^2+y^2-z^2}}$, $u'_y=\dfrac{yz}{(x^2+y^2)\sqrt{x^2+y^2-z^2}}$,

$u'_z=-\dfrac{1}{\sqrt{x^2+y^2-z^2}}$.

5.2.3 (2) $f'_x(0,0)=f'_y(0,0)=0$;

(3) $f'_x(x,y)=\dfrac{2xy^3}{(x^2+y^2)^2}$, $f'_y(x,y)=\dfrac{x^2(x^2-y^2)}{(x^2+y^2)^2}$.

5.2.4 $f'_x(x,y)=\begin{cases}\dfrac{xy\cos xy-\sin xy}{x^2} & (x\neq 0),\\ 0 & (x=0);\end{cases}$

$f'_y(x,y)=\begin{cases}\cos xy & (x\neq 0),\\ 0 & (x=0).\end{cases}$

5.2.5 (1) $u'_x=\dfrac{z}{y}f'$, $u'_y=-\dfrac{xz}{y^2}f'$, $u'_z=\dfrac{x}{y}f'$;

(2) $u'_x = u'_y = f'_1, u'_z = f'_2$;

(3) $u'_x = f'_1 + yf'_2 + yzf'_3, u'_y = xf'_2 + xzf'_3, u'_z = xyf'_3$;

(4) $u'_x = f'_1 + 2xf'_2, u'_y = f'_1 + 2yf'_2, u'_z = f'_1 + 2zf'_2$;

(5) $u'_x = \frac{1}{y}f'_1, u'_y = -\frac{x}{y^2}f'_1 + \frac{1}{z}f'_2, u'_z = -\frac{y}{z^2}f'_2$;

(6) $u'_x = 2(xf'_1 + xf'_2 + yf'_3), u'_y = 2(yf'_1 - yf'_2 + xf'_3)$.

5.2.7 作 $\xi = x, \eta = \frac{y}{x}, \zeta = \frac{z}{x}$ 变换,方程变为 $\xi \frac{\partial f}{\partial \xi} = nf$,或令 $g(t) = f(tx, ty, tz)$,方程变为 $t\frac{\mathrm{d}g}{\mathrm{d}t} = ng$,即 $\left(\frac{g(t)}{t^n}\right)' \equiv 0$.

5.2.8 由变换特点可得 $f(tx, ty, tz) = F(tu, tv, tw)$.

5.2.9 (1) $u = f(x^2 - y^2)$; (2) $u = f(2xy)$.

5.2.10 $u = f(y - x, z - x)$.

5.2.13 (1) $\frac{1+\sqrt{3}}{2}$;

(2) 当 l 与 x 轴夹角为 $\frac{\pi}{4}$ 时有最大值,当 l 与 x 轴夹角为 $\frac{5\pi}{4}$ 时有最小值,夹角为 $\frac{3\pi}{4}$ 或 $\frac{7\pi}{4}$ 时方向导数为 0.

5.2.14 $\begin{cases} e_r = (\sin\varphi\cos\theta, \sin\varphi\sin\theta, \cos\varphi), \\ e_\varphi = (\cos\varphi\cos\theta, \cos\varphi\sin\theta, -\sin\varphi), \\ e_\theta = (-\sin\theta, \cos\theta, 0). \end{cases}$

5.2.15 $\begin{cases} u = c\ln\sqrt{x^2 + y^2}, \\ v = c\arctan\frac{y}{x} \ (c \text{ 为常数}). \end{cases}$

5.2.16 (2) 固定 x,令 $x \to 0$.

5.2.17 (1) $u''_{xx} = \frac{2}{x^3}y, u''_{xy} = -\frac{1}{x^2} + 1, u''_{yy} = 0$;

(2) $\begin{cases} u''_{xx} = \frac{z(z-1)(xy)^z}{x^2}, u''_{xy} = (xy)^{z-1}z^2, u''_{xz} = \frac{(z\ln xy + 1)(xy)^z}{x}, \\ u''_{yy} = \frac{z(z-1)(xy)^z}{y^2}, u''_{yz} = \frac{(z\ln xy + 1)(xy)^z}{y}, u''_{zz} = (\ln^2 xy)(xy)^z. \end{cases}$

5.2.18 (1) $\begin{cases} u'''_{xxx} = 24x, u'''_{xxy} = -8y, \\ u'''_{xyy} = -8x, u'''_{yyy} = 24y; \end{cases}$ (2) $-6(\cos x + \cos y)$;

(3) $e^{xyz}(3xyz + x^2y^2z^2 + 1)$; (4) $\frac{6(x^4 + y^4 - 6x^2y^2)}{(x^2 + y^2)^4}$.

5.2.19 (1) $p!\,q!$; (2) $\frac{2(-1)^m(n+m-1)!\,(nx + my)}{(x - y)^{n+m+1}}$;

(3) $(-1)^{n+m-1}\dfrac{(n+m-1)!\ a^m b^n}{(ax+by)^{n+m}}$; (4) $(x+p)(y+q)(z+r)e^{x+y+z}$.

5.2.20 (1) $\begin{cases} u''_{xx}=f''_{11}+2yf''_{12}+y^2 f''_{22}, \\ u''_{yy}=f''_{11}+2xf''_{12}+x^2 f''_{22}, \\ u''_{xy}=f''_{11}+(x-y)f''_{12}+xyf''_{22}+f'_2; \end{cases}$

(2) $u''_{xx}=f''_{11}+4xf''_{12}+4x^2 f''_{22}+2f'_2$, $u''_{yy}=f''_{11}+2(x+y)f''_{12}+4xyf''_{22}$,其余由对称性即可写出;

(3) $u''_{xx}=\dfrac{1}{y^2}f''_{11}$, $u''_{yy}=\dfrac{x^2}{y^4}f''_{11}-\dfrac{2x}{y^2 z}f''_{12}+\dfrac{1}{z^2}f''_{22}+\dfrac{2x}{y^3}f'_1$,

$u''_{zz}=\dfrac{2y}{z^3}f'_2+\dfrac{y^2}{z^4}f''_{22}$, $u''_{xy}=-\dfrac{x}{y^3}f''_{11}+\dfrac{1}{yz}-\dfrac{1}{y^2}f'_1$,

$u''_{xz}=-\dfrac{1}{z^2}f''_{12}$, $u''_{yz}=\dfrac{x}{yz}f''_{12}-\dfrac{y}{z^3}f''_{22}+\dfrac{1}{z^2}f'_2$;

(4) $u''_{xx}=4x^2 f''+2f'$, $u''_{xy}=4xyf''$,其余由对称性即可写出.

5.2.22 只要证明 $\dfrac{\partial \ln u}{\partial t}=a^2\left[\left(\dfrac{\partial \ln u}{\partial x}\right)^2+\dfrac{\partial^2 \ln u}{\partial x^2}\right]$. 事实上,因为

$$\dfrac{\partial \ln u}{\partial t}=\dfrac{1}{u}\dfrac{\partial u}{\partial t}\Longleftrightarrow \dfrac{\partial u}{\partial t}=u\dfrac{\partial \ln u}{\partial t},$$

$$\dfrac{\partial \ln u}{\partial x}=\dfrac{1}{u}\dfrac{\partial u}{\partial x}\Longleftrightarrow \dfrac{\partial u}{\partial x}=u\dfrac{\partial \ln u}{\partial x},$$

$$\dfrac{1}{u}\dfrac{\partial^2 u}{\partial x^2}=\left(\dfrac{\partial \ln u}{\partial x}\right)^2+\dfrac{\partial^2 \ln u}{\partial x^2},$$

所以 $\dfrac{\partial u}{\partial t}=a^2\dfrac{\partial^2 u}{\partial x^2}\Longleftrightarrow \dfrac{\partial \ln u}{\partial t}=a^2\left[\left(\dfrac{\partial \ln u}{\partial x}\right)^2+\dfrac{\partial^2 \ln u}{\partial x^2}\right].$

因为 $u=\dfrac{1}{2a\sqrt{\pi t}}\exp\left(-\dfrac{(x-b)^2}{4a^2 t}\right)$,所以

$$\ln u=\ln\dfrac{1}{a\sqrt{\pi t}}-\ln 2+\dfrac{1}{4a^2 t}(2bx-b^2-x^2),$$

$$\dfrac{\partial \ln u}{\partial t}=-\dfrac{1}{2t}+\dfrac{1}{4a^2 t^2}(b^2-2bx+x^2)=-\dfrac{1}{2t}+\dfrac{1}{4a^2 t^2}(x-b)^2,$$

$$\dfrac{\partial \ln u}{\partial x}=\dfrac{1}{2a^2 t}(b-x),\quad \dfrac{\partial^2 \ln u}{\partial x^2}=-\dfrac{1}{2a^2 t},$$

于是 $a^2\left[\left(\dfrac{\partial \ln u}{\partial x}\right)^2+\dfrac{\partial^2 \ln u}{\partial x^2}\right]=-\dfrac{1}{2t}+\dfrac{1}{4a^2 t^2}(b-x)^2=\dfrac{\partial}{\partial t}(\ln u).$

5.2.23 (1) 由条件可得 $\dfrac{\partial^2 f}{\partial u^2}+\dfrac{\partial^2 f}{\partial v^2}=0$, $\dfrac{\partial^2 g}{\partial u^2}+\dfrac{\partial^2 g}{\partial v^2}=0$;

(2) 取 $w=x\cdot y$.

5.2.24 $u=f(x+t)+g(x-t)$, f,g 为任意二次可微函数.

5.2.25 (1) $x^2+y^2+o(\rho^4)$;

(2) $1+\dfrac{1}{2}(x^2+y^2)-\dfrac{1}{8}(x^2+y^2)^2+o(\rho^4)$;

(3) $xy-\dfrac{1}{2}xy(x+y)+\dfrac{1}{4}x^2y^2+\dfrac{1}{3}(xy^3+yx^3)+o(\rho^4)$;

(4) $1+x+\dfrac{1}{2}(x^2-y^2)+\dfrac{x^3}{6}-\dfrac{xy^2}{2}+\dfrac{x^4}{24}-\dfrac{1}{4}x^2y^2+\dfrac{y^4}{24}+o(\rho^4)$.

5.2.26 $a+bx+cy+\dfrac{1}{2}(x^2y+yx^2)$,其中 a,b,c 为任意常数.

5.2.28 (1) $Df(x)=2(Ax-b)^T A$; (2) $-\dfrac{x^T}{|x|^3}$.

5.2.29 令
$$\begin{cases} F: R^{n+1} \to R^n, \ F(u)=F(u_1,u_2,\cdots,u_n,u_{n+1}) \\ \qquad\qquad\qquad =(u_1u_{n+1},u_2u_{n+1},\cdots,u_nu_{n+1}), \\ G: R^m \to R^{n+1}, u=G(x)=(g_1(x),\cdots,g_n(x),f(x)), \end{cases}$$
则
$$F \circ G(x) = f(x)g(x).$$

5.2.30 (1) $\dfrac{1}{|x|}\left(I-\dfrac{1}{|x|^2}xx^T\right)$, $I_{m\times m}$ 为单位矩阵;

(2) $\dfrac{\partial f}{\partial l}=0$; (3) $\dfrac{\partial f}{\partial l}=\dfrac{1}{|x|}l$; (4) $\|Df(x)\|=\max\limits_{|l|=1}\left|\dfrac{\partial f}{\partial l}\right|=\dfrac{1}{|x|}$.

5.2.31 (1) r; (2) $r^2\sin\theta_1$;

(3) $r^{m-1}\sin^{m-2}\theta_1\sin^{m-3}\theta_2\cdots\sin\theta_{m-2}$ (引入中间变量 $t_1=r\cos\theta_1$, $t_2=r\sin\theta_1$, $t_3=\theta_2,\cdots,t_m=\theta_{m-1}$).

5.2.32 对 $\forall\ x_1,x_2\in\Omega$, 在点 $x_0=tx_1+(1-t)x_2$ 处应用泰勒公式.

练 习 题 5.3

5.3.1 (1) $y'=\dfrac{x+y}{x-y}$, $y''=\dfrac{2x^2+y^2}{(x-y)^3}$;

(2) $y'=-\dfrac{y}{2^y\ln 2+x}$,

$y''=\dfrac{1}{(2^y\ln 2+x)^3}\cdot(2xy+y2^{y+1}\ln 2-y^2 2^y(\ln 2)^2)$.

5.3.2 (1) $z'_x=-\left(\dfrac{x}{z}\right)^{n-1}$, $z'_y=-\left(\dfrac{y}{z}\right)^{n-1}$; (2) $z'_x=-1=z'_y$.

5.3.3 (1) $z''_{xx}=\dfrac{2(y+z)}{(x+y)^2}$, $z''_{xy}=\dfrac{2z}{(x+y)^2}$, $z''_{yy}=\dfrac{2(x+z)}{(x+y)^2}$;

(2) $z''_{xx}=\dfrac{2y(yz-1)}{(1-xy)^2}$, $z''_{xy}=\dfrac{2z}{(1-xy)^2}$, $z''_{yy}=\dfrac{2z(xz-1)}{(1-xy)^2}$.

5.3.4 (1) $dz=-\dfrac{yf'_1}{f'_2}dx+\dfrac{f'_2-xf'_1}{f'_2}dy$;

(2) $dz=-\dfrac{f'_1+f'_2+f'_3}{f'_3}dx-\dfrac{f'_2+f'_3}{f'_3}dy$.

5.3.6 令 $w=xy+z$,本题等价于 $F\left(\dfrac{w}{y},\dfrac{w}{x}\right)=0 \Longrightarrow x\dfrac{\partial w}{\partial x}+y\dfrac{\partial w}{\partial y}=w.$

5.3.9 $z''_{xx}=\dfrac{(1-f'_2)^2 f''_{11}+2f'_1(1-f'_2)f''_{12}+f'^2_1 f''_{22}}{(1-f'_2)^3},$

$z''_{xy}=\dfrac{(1-f'_2)^2 f''_{11}+(1-f'_2)(1+2f'_1)f''_{12}+f'_1(1+f'_1)f''_{22}}{(1-f'_2)^3},$

$z''_{yy}=\dfrac{(1-f'_2)^2 f''_{11}+2(1-f'_2)(1+f'_1)f''_{12}+(1+f'_1)^2 f''_{22}}{(1-f'_2)^3}.$

5.3.12 (2) 当 (u,v) 位于第一象限时,$x=\ln\sqrt{u^2+v^2}$,$y=\arctan\dfrac{v}{u}$,

当 (u,v) 位于第二、三象限时,$x=\ln\sqrt{u^2+v^2}$,$y=\pi+\arctan\dfrac{v}{u}$,

当 (u,v) 位于第四象限时,$x=\ln\sqrt{u^2+v^2}$,$y=2\pi+\arctan\dfrac{v}{u}.$

5.3.13 (1) $\dfrac{\partial(u,v)}{\partial(x,y)}=-\dfrac{2x}{y}$,$\dfrac{\partial(x,y)}{\partial(u,v)}=-\dfrac{1}{2v}$;

(2) $\dfrac{\partial(u,v)}{\partial(x,y)}=4(x^2-y^2)$,$\dfrac{\partial(x,y)}{\partial(u,v)}=\dfrac{1}{4\sqrt{u^2-v^2}}.$

练 习 题 5.4

5.4.1 $\dfrac{x-1}{1}=\dfrac{y-1}{-1}=\dfrac{z-2}{0}$ 或 $z=2,x+y=2.$

5.4.2 $(-1,1,-1)$ 与 $\left(-\dfrac{1}{3},\dfrac{1}{9},-\dfrac{1}{27}\right).$

5.4.3 (1) $3x+4y+12z=169$,$\dfrac{x-3}{3}=\dfrac{y-4}{4}=\dfrac{z-12}{12}$;

(2) $y+2z-x=\dfrac{\pi}{2}$,$\dfrac{x-1}{3}=\dfrac{y-1}{1}=\dfrac{z-\dfrac{\pi}{4}}{2}$;

(3) $3x+2y-z=3$,$\dfrac{x-1}{3}=\dfrac{y-1}{2}=\dfrac{z-2}{-1}$;

(4) $x+y-2z=0$,$\dfrac{x-1}{1}=\dfrac{y-1}{1}=\dfrac{z-1}{-2}.$

5.4.4 $\dfrac{x}{\sqrt{2}}-\dfrac{y}{\sqrt{2}}+2z=\dfrac{\pi}{2}.$ **5.4.5** $x+4y+6z=\pm 21.$

5.4.6 $x+y=\dfrac{1}{2}\pm\dfrac{1}{\sqrt{2}}.$ **5.4.7** $\dfrac{abc}{3\sqrt{3}}.$

5.4.9 即证 $a\dfrac{\partial z}{\partial x}+b\dfrac{\partial z}{\partial y}=1.$

5.4.10 即证 $(cy-bz)\dfrac{\partial z}{\partial x}+(az-cx)\dfrac{\partial z}{\partial y}=bx-ay.$

5.4.11 (1) 极小值 $f(1,0)=-1$;

(2) 极大值 $f\left(\dfrac{\pi}{3},\dfrac{\pi}{3}\right)=\dfrac{3}{8}\sqrt{3}$,极小值 $f\left(\dfrac{2\pi}{3},\dfrac{2\pi}{3}\right)=-\dfrac{3}{8}\sqrt{3}$;

(3) 极大值 $f\left(\dfrac{1}{2\sqrt{3}},\dfrac{1}{2\sqrt{3}},\dfrac{1}{2\sqrt{3}}\right)=\dfrac{\sqrt{3}}{2}\mathrm{e}^{-\frac{1}{4}}$,

极小值 $f\left(-\dfrac{1}{2\sqrt{3}},-\dfrac{1}{2\sqrt{3}},-\dfrac{1}{2\sqrt{3}}\right)=-\dfrac{\sqrt{3}}{2}\mathrm{e}^{-\frac{1}{4}}$.

5.4.12 $A=\dfrac{1}{\mathrm{e}}$, $B=-\dfrac{1}{2\mathrm{e}}$. **5.4.13** $f\left(-\dfrac{1}{6},1\right)=\dfrac{7}{60}$.

5.4.14 长：宽：高 $=2:2:1$. **5.4.15** $\alpha=\dfrac{\pi}{3}$, $x=8\,\mathrm{cm}$.

5.4.16 长方体的三边长度分别为 $\dfrac{2a}{\sqrt{3}}$, $\dfrac{2b}{\sqrt{3}}$, $\dfrac{2c}{\sqrt{3}}$.

5.4.17 $x+y+z=\dfrac{3}{2}$.

5.4.18 (1) 用反证法；(2) 考虑 $u(x,y)-\varepsilon(\mathrm{e}^x+\mathrm{e}^y)$.

5.4.19 注意到若 (x_0,y_0) 是曲线上的点,则 $(-x_0,-y_0)$ 也是该曲线上的点. 因此,原点 $(0,0)$ 即为曲线的中心,求函数 $u(x,y)=2\sqrt{x^2+y^2}$ 在条件 $ax^2+2bxy+cy^2=1$ 下的最小值和最大值分别为椭圆的短轴和长轴.

5.4.20 (1) 最大值和最小值为 $\dfrac{(a+c)\pm\sqrt{(a-c)^2+4b^2}}{2}$.

5.4.21 正 n 边形. **5.4.22** 正 n 边形.

5.4.23 $\dfrac{3\sqrt{3}}{4}ab$. **5.4.24** (1) $\dfrac{x}{a}+\dfrac{y}{b}+\dfrac{z}{c}=\sqrt{3}$.

5.4.26 $\dfrac{4a}{4+\pi}$ 和 $\dfrac{\pi a}{4+\pi}$.

5.4.27 圆柱高：圆锥高：圆柱半径 $=2:2:\sqrt{5}$.

5.4.28 $\dfrac{3}{4\sqrt{2}}$. **5.4.29** $\dfrac{|x\cdot a-c|}{|a|}$.

练习题 5.5

5.5.1 (1) 1；(2) $\dfrac{8}{3}$；(3) $\dfrac{\pi}{4}$.

5.5.2 $(n-1)!\,f(x)$.

5.5.4 (1) $-\sin x\mathrm{e}^{x|\sin x|}-\cos x\mathrm{e}^{x|\cos x|}+\displaystyle\int_{\sin x}^{\cos x}\sqrt{1-y^2}\,\mathrm{e}^{x\sqrt{1-y^2}}\,\mathrm{d}y$;

(2) $\left(\dfrac{1}{x}+\dfrac{1}{b+x}\right)\sin x(b+x)-\left(\dfrac{1}{x}+\dfrac{1}{a+x}\right)\sin x(a+x)$;

(3) $2x\displaystyle\int_0^x f(t,x^2)\,\mathrm{d}t$.

5.5.5 $\begin{cases} \alpha_k = \dfrac{1}{\pi}\displaystyle\int_{-\pi}^{\pi} f(x)\cos kx\,\mathrm{d}x & (k=0,1,\cdots,n), \\ \beta_k = \dfrac{1}{\pi}\displaystyle\int_{-\pi}^{\pi} f(x)\sin kx\,\mathrm{d}x & (k=1,2,\cdots,n). \end{cases}$

5.5.8 $\ln\dfrac{3}{2}$.

练 习 题 5.6

5.6.2 $F(0)=0$, $\lim\limits_{y\to 0+0} F(y) = \lim\limits_{y\to 0+0}\displaystyle\int_0^{+\infty}\dfrac{f(yt)\mathrm{d}t}{1+t^2}=f(0)\dfrac{\pi}{2}$. 故 $y=0$ 为不连续点, 在 $y>0$ 上连续.

5.6.3 $\dfrac{\pi}{2}\ln\dfrac{b}{a}$. 　　5.6.4 $\pi\ln 2$. 　　5.6.5 $\ln\dfrac{a}{b}$.

5.6.6 (1) $\dfrac{1}{2}\ln\dfrac{b}{a}$; (2) $\ln\dfrac{(2b)^{2b}(2a)^{2a}}{(a+b)^{2a+2b}}$.

5.6.7 (1) $\dfrac{\pi}{2}$; (2) $\dfrac{\pi}{4}$; (3) $\sqrt{\dfrac{\pi}{a}}\mathrm{e}^{\frac{b^2-4ac}{4a}}$;

(4) $\sqrt{\pi}\,\mathrm{e}^{-2a}$; (5) $\dfrac{\pi}{2}-\sqrt{\pi}$;

(6) 当 $|\alpha|<|\beta|$ 时, 积分值为 0, 当 $|\alpha|=|\beta|$ 时, 积分值为 $\dfrac{\pi}{4}\mathrm{sign}\alpha$, 当 $|\alpha|>|\beta|$ 时, 积分值为 $\dfrac{\pi}{2}\mathrm{sign}\alpha$.

5.6.8 $\dfrac{\pi}{2}\dfrac{(2n-1)!!}{(2n)!!}\dfrac{1}{a^{2n+1}}$.

5.6.9 (1) $\dfrac{\pi}{8}$; (2) $\dfrac{\pi}{16}a^4$;

(3) 当 n 为奇数时, 积分值为 $\dfrac{(n-1)!!}{n!!}$,

当 n 为偶数时, 积分值为 $\dfrac{(n-1)!!}{n!!}\dfrac{\pi}{2}$;

(4) $\dfrac{3\pi}{516}$; (5) $\dfrac{\pi}{2\sqrt{2}}$; (6) $\dfrac{\sqrt{2}}{4}B\left(\dfrac{1}{4},\dfrac{1}{2}\right)$.

5.6.13 (1) 从定义出发把积分分成三段估计;
(2) 利用 $\lim\limits_{\lambda\to+\infty}\displaystyle\int_a^b f(x)\cos\lambda x\,\mathrm{d}x=0$.

第六章　多元函数积分学

练 习 题 6.1

6.1.1 $V^-(E)=0$, $V^+(E)=1$, 故 E 不可测.

6.1.3 取 E_1 为题 6.1.1 中的 E，$E_2=\{(x,y)\mid 0\leqslant x\leqslant 1,0\leqslant y\leqslant 1\}\setminus E_1$，$E_1\setminus E_2$ 是不可测图形.

6.1.5 不可积.

6.1.6 若 Ω 是容度为零的可测图形知结论不正确.

6.1.9 用直线 $x-y=c_i$ 把区域分割成几个小区域.

6.1.11 R^m 的 n 阶网格可用作 Q 的一个分划 $\{\Omega_1,\cdots,\Omega_l\}$，若闭立方体 Ω_i 含于 $\overline{\Omega}$ 内，但不含于 $\overset{\circ}{\Omega}$ 内，必要时可对 Ω_i 添加一线段. 若闭立方体 Ω_i 与 Ω 的交集为空集，必要时也可对 Ω_i 添加一线段，这样得到 $\{\Omega_1,\cdots,\Omega_l\}$ 仍为 Q 的一个分划.

6.1.12 (1) $\int_0^1 dy \int_{e^y}^{e} f(x,y)dx$；

(2) $\int_0^4 dx \int_{\frac{x}{3}}^{\sqrt{x}} f(x,y)dy + \int_4^6 dx \int_{\frac{x}{3}}^{2} f(x,y)dy$；

(3) $\int_{-1}^0 dy \int_{-\sqrt{1-y^2}}^{\sqrt{1-y^2}} f(x,y)dx$；

(4) $\int_0^{\sqrt{2}} dy \int_0^{y^2} f(x,y)dx + \int_{\sqrt{2}}^2 dy \int_0^2 f(x,y)dx$.

6.1.13 (1) 当 k 为奇数时，积分值为 0，当 k 为偶数时，积分值为
$$\frac{1}{2^{m-1}}\cdot\frac{p^{m+k+2}}{(k+1)(2m+k+3)};$$

(2) 10； (3) $\dfrac{\pi}{8}$； (4) $\dfrac{3+e^2}{4}$； (5) 18； (6) $4\sin 1 - 4\sin 2 - 2\cos 2 + 2$.

6.1.14 (1) 1； (2) $\dfrac{1}{2}(1-e^{-1})$.

6.1.17 (1) $\dfrac{17}{12}-2\ln 2$； (2) $2\pi-\dfrac{8}{3}$.

6.1.20 证 $|F(\xi+\Delta\xi,\eta+\Delta\eta)-F(\xi,\eta)|\leqslant 2M\pi[h^2-(h-\delta)^2]$，其中
$$M=\sup_{x^2+y^2\leqslant R^2}|f(x,y)|, \quad \delta=\sqrt{\Delta\xi^2+\Delta\eta^2}.$$

6.1.21 (1) $\int_0^1 dz \int_0^z dy \int_{z-y}^{1-y} f(x,y)dx + \int_0^1 dz \int_z^1 dy \int_0^{1-y} f(x,y)dx$；

(2) $\int_0^1 dz \int_{-z}^z dy \int_{-\sqrt{z^2-y^2}}^{\sqrt{z^2-y^2}} f(x,y)dx$.

6.1.22 (1) $\dfrac{1}{364}$； (2) $\dfrac{1}{2}\ln 2-\dfrac{5}{16}$；

(3) $\dfrac{4\pi}{a^2}\left(\dfrac{\sin aR}{a}-R\cos aR\right)$； (4) $\dfrac{430}{21}\pi$.

6.1.23 $\dfrac{2\sqrt{2}-1}{18}$.

练习题 6.2

6.2.1 (1) $\dfrac{\pi}{8}$; (2) $4-\pi^2$; (3) $\dfrac{1+e^{2\pi}}{80}$.

6.2.2 (1) $\dfrac{a^4}{2}$; (2) $\dfrac{9\pi}{8}$; (3) $\dfrac{16}{9a^3}$.

6.2.3 (1) $\dfrac{2}{3}\pi ab$;

(2) $\dfrac{3}{10}\left[\dfrac{1}{4\cdot\sqrt[3]{4}}-\dfrac{1}{9\cdot\sqrt[3]{9}}\right]\cdot\left[\dfrac{1}{8\cdot\sqrt[3]{2}}-\dfrac{1}{27\cdot\sqrt[3]{3}}\right]$;

(3) $3\ln 2$.

6.2.4 (1) $\dfrac{A}{6}(x_1^2+x_2^2+x_3^2+x_1x_2+x_2x_3+x_3x_1)$.

6.2.5 (1) $\pi R^2 \ln\dfrac{1}{h}$ (利用第五章 §5 典型例题分析例 4);

(2) $\pi R^2 \ln\dfrac{1}{\sqrt{a^2+b^2}}$.

6.2.6 $I=0$ (先对 θ 积分).

6.2.8 (1) $\dfrac{5}{4}\pi$; (2) $\dfrac{3367}{3}\pi$; (3) 40π.

6.2.9 (1) $\dfrac{1}{192}$; (2) $\dfrac{64}{9}\pi$; (3) $\dfrac{128(4\sqrt{2}-5)}{15}\pi$.

6.2.10 (1) $\dfrac{1}{40}\left(\dfrac{1}{a^2}-\dfrac{1}{b^2}\right)(d^5-c^5)\cdot\left[(\beta^2-\alpha^2)\left(1+\dfrac{1}{\alpha^2\beta^2}\right)+4\ln\dfrac{\beta}{\alpha}\right]$;

(2) $\dfrac{2}{65}\left(\dfrac{1}{\sqrt{a}}-\dfrac{1}{\sqrt{b}}\right)\left(\dfrac{1}{\alpha^5}-\dfrac{1}{\beta^5}\right)h^6\sqrt{h}$;

(3) $4(e-2)\pi abc$.

6.2.11 (1) $F(t)=4\pi abc\int_0^t f(r^2)r^2\,\mathrm{d}r$; (2) $F'(t)=4\pi abct^2 f(t^2)$.

6.2.12 作变量代换 $x=r\sin^2\varphi\cos^2\theta, y=r\sin^2\varphi\sin^2\theta, z=r\cos^2\varphi$.

6.2.13 $\dfrac{x_1+x_2+x_3+x_4}{4}V$.

6.2.14 $\dfrac{\pi^{\frac{n}{2}}}{\Gamma\left(\dfrac{n}{2}+1\right)}R^n$.

6.2.15 $\dfrac{a^n}{n!}$.

6.2.16 先用数学归纳法,然后再作二重积分变换. 或作 n 重积分变换:
$$\begin{cases} y_i = x_i & (i=1,2,\cdots,n-1), \\ y_n = x_1 + \cdots + x_n, \end{cases}$$

然后应用上一题结果.

练习题 6.3

6.3.1 (1) $\dfrac{256}{15}a^3$； (2) $4a^{\frac{7}{3}}$； (3) $-\dfrac{\pi}{2}a^2b\sqrt{a^2+b^2}$.

6.3.2 (1) $-\pi a^3$； (2) $-\dfrac{1}{3}\pi a^3$.

6.3.3 (1) 当 $h<R$ 时，积分值为 $2\pi R\ln\dfrac{1}{R}$，当 $h>R$ 时，值为 $2\pi R\ln\dfrac{1}{h}$；

(2) 当 $a^2+b^2<R^2$ 时，$2\pi R\ln\dfrac{1}{R}$，当 $a^2+b^2>R^2$ 时，$2\pi R\ln\dfrac{1}{\sqrt{a^2+b^2}}$.

6.3.4 $\lim\limits_{x^2+y^2\to\infty}[\ln\sqrt{x^2+y^2}-\ln\sqrt{(\xi-x)^2+(\eta-y)^2}]=0$ 对于 L 上的点 (ξ,η) 一致地成立.

6.3.6 (1) -54； (2) $\dfrac{8}{3}$； (3) $\dfrac{1}{60}$； (4) $\pi\gamma(a^2+4\gamma\beta)$.

6.3.7 (1) -4； (2) $\dfrac{\pi}{4}a^3$.

6.3.8 (1) 0； (2) 0.   **6.3.9** $\dfrac{\pi}{4}a^3$.

6.3.10 化成第一型曲线积分，然后应用柯西不等式.

6.3.11 (1) $\dfrac{ab}{4}(a^2+b^2)\pi$； (2) $-\dfrac{3}{2}\pi$；

(3) $(\cos c-\cos d)(e^{-b}-e^{-a})+(\cos b-\cos a)(e^d-e^c)$.

6.3.12 (1) $\left(\dfrac{\pi}{8}-\dfrac{1}{3}\right)a^3$； (2) $\dfrac{1}{5}(e^\pi-1)$； (3) 1.

6.3.13 (1) 0； (2) $2A$，A 为闭曲线所围的面积.

6.3.14 (2) 当 $a^2+b^2<R^2$ 时，积分值为 2π，当 $a^2+b^2>R^2$ 时，值为 0.

6.3.15 (1) 0； (3) 利用 $\int_{-\infty}^{+\infty}e^{-x^2}dx=\sqrt{\pi}$.

6.3.16 参看练习题 5.5.1.

6.3.18 把 L 换成曲线 $x^2+y^2=\varepsilon^2$ ($\forall\ \varepsilon>0$)时积分值不变.

练习题 6.4

6.4.1 $a(\theta_2-\theta_1)[b(\varphi_2-\varphi_1)+a(\sin\varphi_2-\sin\varphi_1)]$.

6.4.2 $\pi\left[a\sqrt{a^2+h^2}+h^2\ln\dfrac{a+\sqrt{a^2+h^2}}{h}\right]$.

6.4.3 $2\pi a(a-\sqrt{a^2-1})$.   **6.4.4** $\dfrac{4\sqrt{2}}{3}-\dfrac{\sqrt{2}}{4}\pi$.

6.4.5 $4\pi a^2(3+2\sqrt{3})$.

6.4.6 $2\pi b^2 + 2\pi ab \dfrac{\arcsin\varepsilon}{\varepsilon} \left(\varepsilon = \dfrac{\sqrt{a^2-b^2}}{a}\right)$, a 为椭圆长半轴,b 为椭圆短半轴.

6.4.7 (1) $8\pi(\sqrt{2}+1)$; (2) $\dfrac{125\sqrt{5}-1}{420}$;

(3) $\dfrac{4}{3}\pi^3[a\sqrt{1+a^2}+\ln(a+\sqrt{1+a^2})]$; (4) $\dfrac{8}{3}\pi R^4$.

6.4.8 作空间正交变换,使
$$\iint\limits_{S} f(ax+by+cz)\mathrm{d}S = \iint\limits_{\xi^2+\eta^2+\zeta^2=1} f(\sqrt{a^2+b^2+c^2}\,\xi)\mathrm{d}S.$$

6.4.9 当 $|t|>\sqrt{3}$ 时,$F(t)=0$,当 $|t|\leqslant\sqrt{3}$ 时,$F(t)=\dfrac{\pi}{18}(3-t^2)^2$. 计算时可作正交变换把积分变换为
$$F(t) = \iint\limits_{S_1}(1-\xi^2-\eta^2-\zeta^2)\mathrm{d}S,$$

其中 S_1 为平面 $\sqrt{2}\,\xi+\zeta=t$ 被球 $\xi^2+\eta^2+\zeta^2\leqslant 1$ 截下的部分.

6.4.10 (1) $\dfrac{12}{5}\pi R^5$; (2) $(a+b+c)abc$; (3) $\pi R^2(2R+c)$;

(4) $\dfrac{4\pi}{abc}(a^2b^2+a^2c^2+b^2c^2)$.

练习题 6.5

6.5.1 (1) $4\pi R^3$; (2) $\dfrac{2}{3}\pi h^3$; (3) 1(利用变换求重积分).

6.5.2 (1) $\dfrac{\pi}{4}ab(2c^2-a^2)$; (2) $\dfrac{\pi^3}{2}+6$.

6.5.3 (1) $\dfrac{\partial f}{\partial n} = -\dfrac{(x-a)\cos\alpha+(y-b)\cos\beta+(z-c)\cos\gamma}{[(x-a)^2+(y-b)^2+(z-c)^2]^{\frac{3}{2}}}$,

其中 $n=\{\cos\alpha,\cos\beta,\cos\gamma\}$ 表示在点 (x,y,z) 处的外法向上的单位向量;

(2) $\begin{cases} 4\pi & (\text{当 } a^2+b^2+c^2<R^2) \\ 0 & (\text{当 } a^2+b^2+c^2>R^2) \end{cases}$

6.5.7 令 $v(x,y,z)=w(x,y,z)-u(x,y,z)$,则 $v|_S=0$ 可用上题结果.

6.5.8 (1) $-2\pi(a+h)\dfrac{R^2}{a}$; (2) $2\pi a^2(\cos\alpha-\sin\alpha)$; (3) $-\dfrac{\pi}{4}a^3$;

(4) $2\pi Rr^2$,注意 $\dfrac{x-R}{R}\mathrm{d}S=\mathrm{d}y\mathrm{d}z$,$\dfrac{y}{R}\mathrm{d}S=\mathrm{d}z\mathrm{d}x$,$\dfrac{z}{R}\mathrm{d}S=\mathrm{d}x\mathrm{d}y$.

6.5.9 (1) $5x^2y-8xy+3y+c$; (2) $x^4y^3-xy^2+c$;

(3) $(x+y)(e^x-e^y)+c$.

6.5.10 (1) -1; (2) $e^{xyz}+x^2+y^3+z^4$; (3) $x^2\sin(x+y+z)-\sin 6$.

6.5.11 $xdP+ydQ+zdR=n(Pdx+Qdy+Rdz)$.

6.5.12 $(1)\Rightarrow(2)$ 只需把闭曲面看成具有公共边界的两光滑曲面组成；
$(2)\Rightarrow(3)$ 只需应用奥氏公式；
$(3)\Rightarrow(4)$ 直接计算 $d\eta$；
$(4)\Rightarrow(1)$ 只需应用斯托克斯公式.

练习题 6.6

6.6.1 (1) $f'(u)\nabla u$； (2) $f''(u)\nabla u \cdot \nabla u + f'(u)\Delta u$.

6.6.2 (1) $\dfrac{f'(r)}{r}\boldsymbol{r}\cdot\boldsymbol{c}$； (2) $\dfrac{f'(r)}{r}\boldsymbol{r}\times\boldsymbol{c}$.

6.6.3 (1) 0； (2) $2\dfrac{f'(r)}{r}\boldsymbol{c}+\dfrac{f'(r)}{r}[\boldsymbol{c}(\boldsymbol{r}\cdot\boldsymbol{r})-\boldsymbol{r}(\boldsymbol{c}\cdot\boldsymbol{r})]$.

6.6.5 根据本节典型例题分析例 4，只需证
$$\frac{\partial u}{\partial \boldsymbol{e}_r}=\frac{\partial u}{\partial r},\quad \frac{\partial u}{\partial \boldsymbol{e}_\theta}=\frac{1}{r}\frac{\partial u}{\partial \theta},\quad \frac{\partial u}{\partial \boldsymbol{e}_z}=\frac{\partial u}{\partial z}.$$

6.6.6 证方向导数 $\dfrac{\partial u}{\partial \boldsymbol{e}_r}=\dfrac{\partial u}{\partial r}$, $\dfrac{\partial u}{\partial \boldsymbol{e}_\varphi}=\dfrac{1}{r}\dfrac{\partial u}{\partial \varphi}$, $\dfrac{\partial u}{\partial \boldsymbol{e}_\theta}=\dfrac{1}{r\sin\varphi}\dfrac{\partial u}{\partial \theta}$.

6.6.7 (1) $\boldsymbol{v}=\boldsymbol{\omega}\times\boldsymbol{r}$； (2) $\mathrm{rot}\,\boldsymbol{v}=2\boldsymbol{\omega}$.

6.6.8 $xyz(x+y+z)+c$.

6.6.10 (1) $H_1=1$, $\boldsymbol{e}_1=\boldsymbol{e}_r$, $H_2=r$, $\boldsymbol{e}_2=\boldsymbol{e}_\theta$, $H_3=1$, $\boldsymbol{e}_3=\boldsymbol{e}_z$,
$$\frac{1}{r}\frac{\partial}{\partial r}\left(r\frac{\partial u}{\partial r}\right)+\frac{1}{r^2}\frac{\partial^2 u}{\partial \theta^2}+\frac{\partial^2 u}{\partial z^2};$$

(2) $\dfrac{1}{r}\dfrac{\partial}{\partial r}\left(r\dfrac{\partial u}{\partial r}\right)+\dfrac{1}{r^2}\dfrac{\partial^2 u}{\partial \theta^2}$;

(3) $H_1=1$, $\boldsymbol{e}_1=\boldsymbol{e}_r$, $H_2=r$, $\boldsymbol{e}_2=\boldsymbol{e}_\varphi$, $H_3=r\sin\varphi$, $\boldsymbol{e}_3=\boldsymbol{e}_\theta$,
$$\frac{1}{r^2}\frac{\partial}{\partial r}\left(r^2\frac{\partial u}{\partial r}\right)+\frac{1}{r^2\sin\varphi}\frac{\partial}{\partial \varphi}\left(\sin\varphi\frac{\partial u}{\partial \varphi}\right)+\frac{1}{r^2\sin^2\varphi}\frac{\partial^2 u}{\partial \theta^2}.$$

第七章 典型综合题分析

综合练习题

7.1 $c\geqslant 1/2$. **分析** 为了表达方便，应用双曲函数记号：
$$\cosh x=\frac{e^x+e^{-x}}{2},\quad \sinh x=\frac{e^x-e^{-x}}{2}.$$

对给定的不等式两边取对数，易知该不等式等价于：
$$\frac{1}{x^2}\ln(\cosh x)\leqslant c,\quad \forall\, x\in(-\infty,+\infty).$$

因此,只要 $c \geq \max\limits_{x \in \mathbf{R}}\left\{\dfrac{1}{x^2}\ln(\cosh x)\right\}$. 为此,求函数

$$f(x) = \begin{cases} \dfrac{1}{x^2}\ln(\cosh x), & x \neq 0, \\ \lim\limits_{x \to 0}\dfrac{1}{x^2}\ln(\cosh x), & x = 0 \end{cases}$$

在 $(-\infty, +\infty)$ 上的最大值.

解 先证一个辅助不等式:
$$\sinh x < x\cosh x \quad (x > 0). \tag{1}$$

事实上,令 $g(x) = x\cosh x - \sinh x$,则有
$$g'(x) = x\sinh x > 0 \quad (x > 0),$$

由此推出
$$g(x) > g(0) = 0 \quad (x > 0),$$

即(1)式成立.

进一步,注意到 $f(x)$ 是偶函数,所以只需考查 $x \in (0, +\infty)$. 又因为对 $\forall x > 0$,有
$$\ln(\cosh x) = \int_0^x \frac{\sinh t}{\cosh t}\,\mathrm{d}t,$$

所以对 $\forall x > 0$,有

$$\begin{array}{ccc} f(x) & & 1/2 \\ \| & & \| \\ \dfrac{1}{x^2}\displaystyle\int_0^x \dfrac{\sinh t}{\cosh t}\,\mathrm{d}t & \underset{<}{\text{因(1)式}} & \dfrac{1}{x^2}\displaystyle\int_0^x t\,\mathrm{d}t \end{array}$$

从此 U 形等式-不等式串的两端即知
$$f(x) < 1/2, \quad x \in (0, +\infty).$$

又因为 $f(x)$ 是偶函数,所以
$$f(x) < 1/2, \quad x \neq 0. \tag{2}$$

最后,用洛必达法则,我们有

$$\begin{array}{ccc} f(0) & & 1/2 \\ \| & & \| \\ \lim\limits_{x \to 0}\dfrac{1}{x^2}\ln(\cosh x) & & \lim\limits_{x \to 0}\dfrac{\mathrm{e}^{-x}(\mathrm{e}^{2x}-1)}{4x} \\ \| & & \| \\ \lim\limits_{x \to 0}\dfrac{\frac{\sinh x}{\cosh x}}{2x} & = & \lim\limits_{x \to 0}\dfrac{\sinh x}{2x} \end{array}$$

从此 U 形等式串的两端即知
$$f(0) = 1/2. \tag{3}$$
联合(2),(3)式,即知 $\max\limits_{x\in \mathbf{R}}\{f(x)\}=1/2$. 于是保证不等式
$$e^x + e^{-x} \leqslant 2e^{cx^2} \quad (\forall\, x \in (-\infty, +\infty))$$
成立的实数 c 的条件是 $c \geqslant 1/2$.

7.2 用两种证法证明本题结论.

分析 1 从要证的结果出发,试作辅助函数
$$F(x) = f'(x) - \frac{f(x) - f(a)}{b - a}.$$

证法 1 下分三种情况考查.

情况 1 $f(c) > f(a)$. 因为 $f'(c)=0$,所以
$$F(c) = f'(c) - \frac{f(c) - f(a)}{b - a}$$
$$= -\frac{f(c) - f(a)}{b - a} < 0.$$

进一步,设 $f(x)$ 在 $[a, c]$ 上的最大值在点 $x = s$ 处取到(见图). 因为假定 $f(c) > f(a)$,所以 $a < s \leqslant c$,并且有 $f'(s) = 0$. 由微分中值定理,

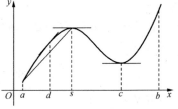

$$\exists\, d \in (a, s), \quad 使得 \quad f'(d) = \frac{f(s) - f(a)}{s - a}.$$

于是

$$\begin{array}{ccc} F(d) & & 0 \\ \| & & \wedge \\ f'(d) - \dfrac{f(d)-f(a)}{b-a} & & \dfrac{f(s)-f(d)}{b-a} \\ \| & & \| \\ \dfrac{f(s)-f(a)}{s-a} - \dfrac{f(d)-f(a)}{b-a} & > & \dfrac{f(s)-f(a)}{b-a} - \dfrac{f(d)-f(a)}{b-a} \end{array}$$

从此 U 形等式-不等式串的两端即知 $F(d) > 0$.

联立 $\begin{cases} F(c) < 0, \\ F(d) > 0, \end{cases}$ 根据连续函数中间值定理,$\exists\, \xi \in (d, c)$,使得 $F(\xi) = 0$,即有
$$f'(\xi) = \frac{f(\xi) - f(a)}{b - a}.$$

情况 2 $f(c) < f(a)$. 令 $g(x) = -f(x)$, 则有 $g(c) > g(a)$, 对函数 $g(x)$ 应用情况 1 的结果, $\exists\, \xi \in (a, b)$, 使得

$$g'(\xi) = \frac{g(\xi) - g(a)}{b - a}, \quad \text{也就是} \quad f'(\xi) = \frac{f(\xi) - f(a)}{b - a}.$$

情况 3 $f(c) = f(a)$. 在这种情况下, 若 $f(x) \equiv f(a), \forall\, x \in (a, c)$, 那么任取 $\xi \in (a, c)$, 都满足

$$f'(\xi) = \frac{f(\xi) - f(a)}{b - a} = 0;$$

否则 $f(x)$ 在 $[a, c]$ 上不恒等于 $f(a)$, 这时 $f(x)$ 在 $[a, c]$ 上的最大值和最小值不能同时在端点达到, 不妨设 $\exists\, c^* \in (a, c)$, 使得 $f(c^*) = \max\limits_{x \in [a,c]} f(x)$, 则有

$$f'(c^*) = 0, \quad \text{并且} \quad f(c^*) > f(a),$$

再以 c^* 代替 c, 用情况 1 的结果即得结论.

分析 2 将要证的结果

$$\exists\, \xi \in (a, b), \quad \text{使得} \quad f'(\xi) - \frac{f(\xi) - f(a)}{b - a} = 0$$

改写为 $\exists\, \xi \in (a, b)$, 使得

$$\left\{ [f(x) - f(a)]' - \frac{1}{b-a}[f(x) - f(a)] \right\}\bigg|_{x=\xi} = 0,$$

再改写为 $\exists\, \xi \in (a, b)$, 使得

$$\{[f(x) - f(a)]\mathrm{e}^{\frac{-x}{b-a}}\}'|_{x=\xi} = 0. \tag{1}$$

证法 2 作辅助函数 $F(x) = [f(x) - f(a)]\mathrm{e}^{\frac{-x}{b-a}}$, 则 $F(x)$ 连续可微, 并且

$$\begin{aligned} F'(x) &= f'(x)\mathrm{e}^{\frac{-x}{b-a}} - \frac{f(x) - f(a)}{b - a}\mathrm{e}^{\frac{-x}{b-a}} \\ &= \left[f'(x) - \frac{f(x) - f(a)}{b - a} \right]\mathrm{e}^{\frac{-x}{b-a}}, \end{aligned} \tag{2}$$

$$F'(c) = \left[f'(c) - \frac{f(c) - f(a)}{b - a} \right]\mathrm{e}^{\frac{-c}{b-a}} = -\frac{f(c) - f(a)}{b - a}\mathrm{e}^{\frac{-c}{b-a}},$$

$$F(c) = (f(c) - f(a))\mathrm{e}^{\frac{-c}{b-a}},$$

$$\frac{F'(c)}{F(c)} = \frac{-\dfrac{f(c) - f(a)}{b - a}\mathrm{e}^{\frac{-c}{b-a}}}{(f(c) - f(a))\mathrm{e}^{\frac{-c}{b-a}}} = -\frac{1}{b - a},$$

由此可见

$$F'(c) = -\frac{1}{b-a}F(c). \tag{3}$$

如果 $f(c) = f(a)$, 则有 $F(a) = F(c) = 0$, 根据 Rolle 定理, $\exists\, \xi \in (a, c)$, 使

$F'(\xi)=0$,即(1)式成立;

否则 $f(c)\neq f(a)$,不妨假定 $f(c)>f(a)$,则有 $F(c)>0$,根据(3)式则有 $F'(c)<0$.

下面分两种情况:情况 1 $f'(a)>0$.此时根据(2)式,$F'(a)=f'(a)\mathrm{e}^{\frac{-a}{b-a}}>0$.联合 $\begin{cases}F'(c)<0,\\ F'(a)>0\end{cases}\Rightarrow \exists\ \xi\in(a,c)$,使得 $F'(\xi)=0$,即(1)式成立.

情况 2 $f'(a)<0$.此时根据(2)式,$F'(a)=f'(a)\mathrm{e}^{\frac{-a}{b-a}}<0$.
设 $f(x)$ 在 $[a,c]$ 上的最小值在 $x=s$ 处取到.因为
$$f(c)>f(a),\quad f'(a)<0,$$
所以 $a<s<c$,并且有 $f'(s)=0$(见下图).因此有

$$\underset{\substack{\|\\ \left[f'(s)-\dfrac{f(s)-f(a)}{b-a}\right]\mathrm{e}^{\frac{-s}{b-a}}}}{F'(s)} = \underset{\substack{\wedge\\ -\dfrac{f(s)-f(a)}{b-a}\mathrm{e}^{\frac{-s}{b-a}}}}{0}$$

从此 U 形等式-不等式串的两端即知 $F'(s)\geqslant 0$.

如果 $F'(s)=0$,则取 $\xi=s$;否则 $F'(s)>0$,联立
$\begin{cases}F'(a)<0,\\ F'(s)>0\end{cases}\Rightarrow \exists\ \xi\in(a,s),$
使得 $F'(\xi)=0$,即(1)式成立.

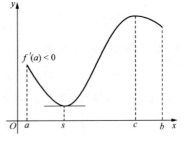

7.3 证法 1 在不等式两边同乘以 e^x,便知
$$|f(x)+f'(x)|\leqslant 1\quad(\forall\ x\in(-\infty,+\infty))$$
等价于
$$|(\mathrm{e}^x f(x))'|\leqslant \mathrm{e}^x\quad(\forall\ x\in(-\infty,+\infty)). \tag{1}$$
由此可见,对 $\forall\ a,b\in(-\infty,+\infty),a<b$,有

$$\begin{array}{ccc}
|\mathrm{e}^b f(b)-\mathrm{e}^a f(a)| & & |\mathrm{e}^b-\mathrm{e}^a| \\
\| & & \vee\!\vee \\
\left|\displaystyle\int_a^b(\mathrm{e}^x f(x))'\mathrm{d}x\right| & & \mathrm{e}^b-\mathrm{e}^a \\
\wedge\!\wedge & & \| \\
\displaystyle\int_a^b|(\mathrm{e}^x f(x))'|\,\mathrm{d}x & \underset{\leqslant}{\text{因(1)式}} & \displaystyle\int_a^b \mathrm{e}^x\mathrm{d}x
\end{array}$$

从此 U 形等式-不等式串的两端即知

$$|e^b f(b) - e^a f(a)| \leqslant |e^b - e^a|, \quad \forall a,b \in (-\infty, +\infty), a < b. \quad (2)$$

在不等式(2)的两边,令 $a \to -\infty$,即得

$$|f(b)| \leqslant 1 \quad (\forall b \in (-\infty, +\infty)).$$

证法 2 对 $\forall a, x \in (-\infty, +\infty)$,由柯西中值定理,并根据已知的条件 $|f(x)+f'(x)| \leqslant 1$,即知

$$\frac{e^x f(x) - e^a f(a)}{e^x - e^a} \xrightarrow{\exists \xi} f(\xi) + f'(\xi) \qquad |f(x)| \leqslant e^{a-x}|f(a)| + |1 - e^{a-x}|$$

$$\Downarrow \qquad\qquad\qquad\qquad \Uparrow$$

$$\left|\frac{e^x f(x) - e^a f(a)}{e^x - e^a}\right| \leqslant 1 \quad \Rightarrow \quad |f(x) - e^{a-x}f(a)| \leqslant |1 - e^{a-x}|$$

从此 U 形推理串的末端,得到

$$|f(x)| \leqslant e^{a-x}|f(a)| + |1 - e^{a-x}| \quad (\forall a, x \in (-\infty, +\infty)). \quad (3)$$

对任意固定的 $x \in (-\infty, +\infty)$,因为假设 $f(x)$ 有界,所以

$$\lim_{a \to -\infty} e^a |f(a)| = 0,$$

在(3)式中,令 $a \to -\infty$,即得

$$|f(x)| \leqslant 1 \quad (\forall x \in (-\infty, +\infty)).$$

证法 3 先证 $f(x) \leqslant 1 \ (\forall x \in (-\infty, +\infty))$.

令 $g(x) = e^x f(x) - e^x$,因为假设 $f(x)$ 有界,所以

$$\lim_{x \to -\infty} e^x f(x) = 0 \Rightarrow g(-\infty) = \lim_{x \to -\infty} g(x) = 0.$$

又

$$g'(x) \qquad\qquad\qquad 0$$
$$\| \qquad\qquad\qquad \vee\!\vee$$
$$(e^x f(x) - e^x)' \qquad\qquad e^x |f'(x) + f(x)| - e^x$$
$$\| \qquad\qquad\qquad \vee\!\vee$$
$$e^x f'(x) + e^x f(x) - e^x \; = \; e^x (f'(x) + f(x)) - e^x$$

从此 U 形等式-不等式串的两端即知

$$g'(x) \leqslant 0 \Rightarrow g(x) \leqslant g(-\infty) = 0,$$

即

$$f(x) \leqslant 1 \quad (\forall x \in (-\infty, +\infty)). \quad (4)$$

再证 $f(x) \geqslant -1 \ (\forall x \in (-\infty, +\infty))$.

令 $h(x) = e^x f(x) + e^x$,因为假设 $f(x)$ 有界,所以

$$\lim_{x \to -\infty} e^x f(x) = 0 \Rightarrow h(-\infty) = \lim_{x \to -\infty} h(x) = 0.$$

又

$$\begin{array}{ccc} h'(x) & & 0 \\ \| & & \wedge \\ (e^x f(x) + e^x)' & & e^x - e^x |f'(x) + f(x)| \\ \| & & \wedge \\ e^x f'(x) + e^x f(x) + e^x & = & e^x(f'(x) + f(x)) + e^x \end{array}$$

从此 U 形等式-不等式串的两端即知

$$h'(x) \geqslant 0 \Rightarrow h(x) \geqslant h(-\infty) = 0,$$

即
$$f(x) \geqslant -1 \quad (\forall\, x \in (-\infty, +\infty)). \tag{5}$$

联合(4),(5)式即得$-1 \leqslant f(x) \leqslant 1$,即$|f(x)| \leqslant 1$.

7.4 证 令 $\phi(t) = \dfrac{t}{1-t}$,则有 $\phi'(t) = \dfrac{1}{(1-t)^2}$,$\phi''(t) = \dfrac{2}{(1-t)^3} > 0$. 由此可见,$\phi(t)$在$[0,1]$上是凹函数.根据本书练习题 3.2.8(2),即有

$$\phi\left(\int_0^1 f(x)\mathrm{d}x\right) \leqslant \int_0^1 \phi(f(x))\mathrm{d}x \quad 即 \quad \frac{\int_0^1 f(x)\mathrm{d}x}{1 - \int_0^1 f(x)\mathrm{d}x} \leqslant \int_0^1 \frac{f(x)}{1 - f(x)}\mathrm{d}x.$$

7.5 令 $u = x^2$ 不等式左边化为

$$\frac{1}{2}\int_0^{2\pi} \frac{\sin u}{\sqrt{u}}\mathrm{d}u = \frac{1}{2}\left[\int_0^{\pi} \frac{\sin u}{\sqrt{u}}\mathrm{d}u + \int_{\pi}^{2\pi} \frac{\sin u}{\sqrt{u}}\mathrm{d}u\right].$$

在第二个积分中,令 $u = \pi + t$. 这样不等式左边化为

$$\frac{1}{2}\int_0^{\pi} \left(\frac{1}{\sqrt{u}} - \frac{1}{\sqrt{u+\pi}}\right)\sin u\, \mathrm{d}u.$$

7.6 $\pi[\ln(1 + \sqrt{1 - x^2}) - \ln 2]$.

7.7 所求积分可化为$\dfrac{4\sqrt{y}}{\pi}\int_0^{+\infty} \dfrac{x^2}{1+x^4}\mathrm{d}x$,再利用

$$\int_0^{+\infty} \frac{x^2}{1+x^4}\mathrm{d}x = \int_0^{+\infty} \frac{1}{1+x^4}\mathrm{d}x$$

来求此积分.

7.8 (2) 极限值可表示为定积分:

$$\int_1^e \frac{\sqrt{1+t}}{t}\mathrm{d}t \xrightarrow{u = \sqrt{1+t}} \int_{\sqrt{2}}^{\sqrt{e+1}} \frac{2u^2}{u^2 - 1}\mathrm{d}u$$

$$= 2(\sqrt{e+1} - \sqrt{2}) + \ln\frac{(\sqrt{e+1} - 1)(3 + 2\sqrt{2})}{\sqrt{e+1} + 1}.$$

7.9 对部分和应用斯特林公式和泰勒公式.

7.10 $R=\dfrac{\sqrt{5}-1}{2}$, $s(x)=\dfrac{1}{1-x-x^2}$.

7.11 因为函数 $f(x)$ 在 $[a,+\infty)$ 上一致连续,所以对 $\forall\,\varepsilon>0,\exists\,\delta>0$,不妨假定 $\delta\leqslant\dfrac{\varepsilon}{2}$,使得对 $\forall\,x_1,x_2\geqslant a$,只要 $|x_1-x_2|<\delta$,便有

$$|f(x_1)-f(x_2)|<\dfrac{\varepsilon}{2}.$$

又由积分 $\displaystyle\int_a^{+\infty}f(x)\mathrm{d}x$ 收敛,对上述的 $\delta>0,\exists\,X>\max\{0,a\}$,使得对 $\forall\,x>X$,有

$$\left|\int_x^{x+\delta}f(t)\mathrm{d}t\right|<\delta^2\xrightarrow{\text{积分中值定理}}\exists\,\xi\in[x,x+\delta]\text{ 使 }|f(\xi)|<\delta\leqslant\dfrac{\varepsilon}{2}.$$

于是对 $\forall\,\varepsilon>0,\exists\,X>\max\{0,a\}$,使得

$$|f(x)|\leqslant|f(x)-f(\xi)|+|f(\xi)|<\varepsilon.$$

7.12 证 对 $\forall\,x\in(0,1]$,有

$$x^{-x}=\mathrm{e}^{-x\ln x}=1+\sum_{n=1}^{\infty}(-1)^n\dfrac{x^n\ln^n x}{n!}. \qquad(1)$$

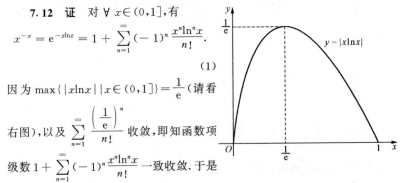

因为 $\max\{|x\ln x|\,|\,x\in(0,1]\}=\dfrac{1}{\mathrm{e}}$(请看右图),以及 $\displaystyle\sum_{n=1}^{\infty}\dfrac{\left(\dfrac{1}{\mathrm{e}}\right)^n}{n!}$ 收敛,即知函数项级数 $1+\displaystyle\sum_{n=1}^{\infty}(-1)^n\dfrac{x^n\ln^n x}{n!}$ 一致收敛. 于是通过对(1)式两边逐项积分,得到

$$\int_0^1 x^x\mathrm{d}x=1+\sum_{n=1}^{\infty}\dfrac{(-1)^n}{n!}\int_0^1 x^n\ln^n x\,\mathrm{d}x.$$

进一步,用分部积分法,有

$$\int_0^1 x^n\ln^n x\,\mathrm{d}x \qquad\qquad\qquad \dfrac{(-1)^n n!}{(n+1)^{n+1}}$$

$$\|\qquad\qquad\qquad\qquad\qquad\qquad\|$$

$$-\dfrac{n}{n+1}\int_0^1 x^n\ln^{n-1}x\,\mathrm{d}x \qquad\qquad\qquad \vdots$$

$$\|\qquad\qquad\qquad\qquad\qquad\qquad\|$$

$$\dfrac{n(n-1)}{(n+1)^2}\int_0^1 x^n\ln^{n-2}x\,\mathrm{d}x \quad=\quad \dfrac{-n(n-1)(n-2)}{(n+1)^3}\int_0^1 x^n\ln^{n-3}x\,\mathrm{d}x$$

从此 U 形等式串的两端即知

$$\int_0^1 x^n \ln^n x \, dx = \frac{(-1)^n n!}{(n+1)^{n+1}}. \tag{2}$$

联合(1),(2)两式即得

$$\int_0^1 x^x dx \qquad\qquad \sum_{n=1}^{\infty} n^{-n}$$
$$\parallel \qquad\qquad\qquad \parallel$$
$$1 + \sum_{n=1}^{\infty} \frac{(-1)^n}{n!} \int_0^1 x^n \ln^n x \, dx \;=\; 1 + \sum_{n=1}^{\infty} \frac{1}{(n+1)^{n+1}}$$

从此 U 形等式串的两端即知要证的等式成立.

7.13 作变换 $s = \dfrac{t-x}{\lambda}$,并注意 $f'(x) \xrightarrow{\text{写成}} \int_{-1}^{1} s\rho(s) f'(x) ds$.

7.14 只要是 n 次或 $-n$ 次齐次函数都满足方程.

7.15 $\dfrac{2\pi}{3}\ln 2$. **解** 记 $I = \iiiint\limits_{x^2+y^2+z^2 \leqslant t^2 \leqslant 1} \dfrac{1}{1+t^4} dxdydzdt$,用先三后一计算,即有

$$I \qquad\qquad\qquad \frac{2}{3}\pi\ln 2$$
$$\parallel \qquad\qquad\qquad \parallel$$
$$2\int_0^1 \frac{1}{1+t^4} dt \iiint\limits_{x^2+y^2+z^2 \leqslant t^2} dxdydz \;=\; 2\int_0^1 \frac{\frac{4}{3}\pi t^3}{1+t^4} dt$$

从此 U 形等式串的两端即知

$$\iiiint\limits_{x^2+y^2+z^2 \leqslant t^2 \leqslant 1} \frac{1}{1+t^4} dxdydzdt = \frac{2}{3}\pi\ln 2.$$

7.16 (1) **解** 记 $D_1 = \{(x,y) \in D \mid xy - 1/4 \geqslant 0\}$,$D_2 = D \backslash D_1$(如图),则有

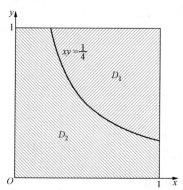

$$\begin{array}{ccc} A_1 & & \dfrac{3}{64}+\dfrac{1}{16}\ln 2 \\ \| & & \| \\ \iint\limits_{D_1}\left|xy-\dfrac{1}{4}\right|\mathrm{d}x\mathrm{d}y & & \int_{\frac{1}{4}}^{1}\dfrac{1}{32x}(16x^2+1-8x)\mathrm{d}x \\ \| & & \| \\ \iint\limits_{D_1}\left(xy-\dfrac{1}{4}\right)\mathrm{d}x\mathrm{d}y & = & \int_{\frac{1}{4}}^{1}\mathrm{d}x\int_{\frac{1}{4x}}^{1}\left(xy-\dfrac{1}{4}\right)\mathrm{d}y \end{array}$$

从此 U 形等式串的两端即知 $A_1=\dfrac{3}{64}+\dfrac{1}{16}\ln 2$. 又

$$\begin{array}{ccc} A_2 & & A_1 \\ \| & & \| \\ \iint\limits_{D_2}\left|xy-\dfrac{1}{4}\right|\mathrm{d}x\mathrm{d}y & & 0-(-A_1) \\ \| & & \| \\ \iint\limits_{D_2}\left(\dfrac{1}{4}-xy\right)\mathrm{d}x\mathrm{d}y & = & \iint\limits_{D}\left(\dfrac{1}{4}-xy\right)\mathrm{d}x\mathrm{d}y-\iint\limits_{D_1}\left(\dfrac{1}{4}-xy\right)\mathrm{d}x\mathrm{d}y \end{array}$$

从此 U 形等式串的两端即知 $A_2=A_1$, 于是

$$\begin{array}{ccc} A & & \dfrac{3}{32}+\dfrac{1}{8}\ln 2 \\ \| & & \| \\ A_1+A_2 & = & 2A_1 \end{array}$$

从此 U 形等式串的两端即知 $A=\dfrac{3}{32}+\dfrac{1}{8}\ln 2$.

(2) 用反证法. 如果 $\forall (x,y)\in D$, 都有 $|f(x,y)|<1/A$. 那么由于 $|f(x,y)|$ 在 D 上的连续性, 必有 $M=\max\limits_{(x,y)\in D}|f(x,y)|<1/A$. 于是

$$\begin{array}{ccc} 1 & & 1 \\ \| & & \| \\ \iint\limits_{D}\left(xy-\dfrac{1}{4}\right)f(x,y)\mathrm{d}x\mathrm{d}y & & \dfrac{1}{A}\cdot A \\ \wedge\!\!\!\wedge & & \vee \\ \iint\limits_{D}\left|xy-\dfrac{1}{4}\right||f(x,y)|\mathrm{d}x\mathrm{d}y & \leqslant & M\iint\limits_{D}\left|xy-\dfrac{1}{4}\right|\mathrm{d}x\mathrm{d}y \end{array}$$

从此 U 形等式-不等式串的两端即知 $1<1$, 矛盾.

7.17 对 $\forall\, t\in \mathbf{R}$ 要证 $\varphi(t)$ 存在时,将积分区间分成 $|x-t|\leqslant 1$,和 $|x-t|\geqslant 1$ 估计收敛. 要证 $\varphi(t)$ 连续时,用 $\varepsilon/3$ 论证法. 对 $\forall\, t'\in[t-1,t+1]$,考虑

$$\varphi(t') - \varphi(t) = \int_{-\infty}^{+\infty} \frac{f(y+t') - f(y+t)}{|y|^a}\mathrm{d}y.$$

对 $\forall\, \varepsilon>0$,取 $X>0$ 及 $0<\delta<1$ 使得

$$\left|\int_{|y|>X} \frac{f(y+t') - f(y+t)}{|y|^a}\mathrm{d}y\right| < \frac{\varepsilon}{3},$$

$$\left|\int_{|y|<\delta} \frac{f(y+t') - f(y+t)}{|y|^a}\mathrm{d}y\right| < \frac{\varepsilon}{3}.$$

固定 X 和 δ,用积分第二中值定理,可以得到

$$\left|\int_{\delta}^{X} \frac{f(y+t') - f(y+t)}{|y|^a}\mathrm{d}y\right| \leqslant \frac{4M}{\delta^a}|t'-t|, \tag{1}$$

$$\left|\int_{-X}^{-\delta} \frac{f(y+t') - f(y+t)}{|y|^a}\mathrm{d}y\right| \leqslant \frac{4M}{\delta^a}|t'-t|, \tag{2}$$

其中 $M \xmapsto{\text{定义}} \sup\limits_{|x|\leqslant X+|t|+1} \{|f(x)|\}$.

我们下面证明(1)式. 根据第二积分中值定理,$\exists\, \xi\in(\delta, X)$,使得

$$\left|\int_{\delta}^{X} \frac{f(y+t') - f(y+t)}{|y|^a}\mathrm{d}y\right|$$

$$= \frac{1}{|\delta|^a}\left|\int_{\delta}^{\xi}[f(y+t')-f(y+t)]\mathrm{d}y + \frac{1}{|X|^a}\int_{\xi}^{X}[f(y+t')-f(y+t)]\mathrm{d}y\right|$$

$$\leqslant \frac{1}{|\delta|^a}\left[\left|\int_{\delta}^{\xi}f(y+t')\mathrm{d}y - \int_{\delta}^{\xi}f(y+t)\mathrm{d}y\right| + \left|\int_{\xi}^{X}f(y+t')\mathrm{d}y - \int_{\xi}^{X}f(y+t)\mathrm{d}y\right|\right]$$

$$= \frac{1}{|\delta|^a}\left[\left|\int_{\delta+t'}^{\xi+t'}f(u)\mathrm{d}u - \int_{\delta+t}^{\xi+t}f(u)\mathrm{d}u\right| + \left|\int_{\xi+t'}^{X+t'}f(u)\mathrm{d}u - \int_{\xi+t}^{X+t}f(u)\mathrm{d}u\right|\right]$$

$$= \frac{1}{|\delta|^a}\left[\left|\int_{\delta+t'}^{\delta+t}f(u)\mathrm{d}u - \int_{\xi+t'}^{\xi+t}f(u)\mathrm{d}u\right| + \left|\int_{\xi+t'}^{\xi+t}f(u)\mathrm{d}u - \int_{X+t'}^{X+t}f(u)\mathrm{d}u\right|\right]$$

$$\leqslant \frac{1}{|\delta|^a}\left[\left|\int_{\delta+t'}^{\delta+t}f(u)\mathrm{d}u\right| + \left|\int_{\xi+t'}^{\xi+t}f(u)\mathrm{d}u\right| + \left|\int_{\xi+t'}^{\xi+t}f(u)\mathrm{d}u\right| + \left|\int_{X+t'}^{X+t}f(u)\mathrm{d}u\right|\right]$$

$$\leqslant \frac{4M}{|\delta|^a}|t'-t|.$$

同理可证明(2)式. 由此可得 $\varphi(t)$ 在实轴上连续.

7.18 解 因为 $uvw=x^2y^2z^2$,所以

$$x = \frac{\sqrt{uvw}}{yz} = \frac{\sqrt{uvw}}{u} = \sqrt{\frac{vw}{u}}, \quad y = \frac{\sqrt{uvw}}{xz} = \frac{\sqrt{uvw}}{v} = \sqrt{\frac{uw}{v}},$$

$$z = \frac{\sqrt{uvw}}{xy} = \frac{\sqrt{uvw}}{w} = \sqrt{\frac{uv}{w}}.$$

进一步,有

$$\frac{\partial x}{\partial u} = -\frac{1}{2\sqrt{u}\,u}\sqrt{vw} = -\frac{\sqrt{uvw}}{2u^2}, \quad \frac{\partial y}{\partial u} = \frac{\sqrt{uvw}}{2uv}, \quad \frac{\partial z}{\partial u} = \frac{\sqrt{uvw}}{2uw},$$

由此推出

$$2uF'_u \qquad\qquad\qquad \left(-\frac{1}{u}F'_x + \frac{1}{v}F'_y + \frac{1}{w}F'_z\right)\sqrt{uvw}$$

$$\|\qquad\qquad\qquad\qquad\qquad\qquad\|$$

$$2u\left(F'_x\frac{\partial x}{\partial u} + F'_y\frac{\partial y}{\partial u} + F'_z\frac{\partial z}{\partial u}\right) = 2u\left(F'_x\left(-\frac{\sqrt{uvw}}{2u^2}\right) + F'_y\left(\frac{\sqrt{uvw}}{2uv}\right)\right.$$

$$\left.+ F'_z\left(\frac{\sqrt{uvw}}{2uw}\right)\right)$$

从此 U 形等式-不等式串的两端即知

$$2uF'_u = \left(-\frac{1}{u}F'_x + \frac{1}{v}F'_y + \frac{1}{w}F'_z\right)\sqrt{uvw}. \tag{1}$$

根据轮换对称性,可得

$$2vF'_v = \left(\frac{1}{u}F'_x - \frac{1}{v}F'_y + \frac{1}{w}F'_z\right)\sqrt{uvw}, \tag{2}$$

$$2wF'_w = \left(\frac{1}{u}F'_x + \frac{1}{v}F'_y - \frac{1}{w}F'_z\right)\sqrt{uvw}. \tag{3}$$

(1)+(2)+(3),得到

$$2(uF'_u + vF'_v + wF'_w) = \left(\frac{1}{u}F'_x + \frac{1}{v}F'_y + \frac{1}{w}F'_z\right)\sqrt{uvw}.$$

因此原积分的被积函数

$$\frac{1}{yz}\frac{\partial F}{\partial x} + \frac{1}{xz}\frac{\partial F}{\partial y} + \frac{1}{xy}\frac{\partial F}{\partial z} = \frac{1}{u}F'_x + \frac{1}{v}F'_y + \frac{1}{w}F'_z = \frac{2(uF'_u + vF'_v + wF'_w)}{\sqrt{uvw}}.$$

又

$$\frac{\partial(u,v,w)}{\partial(x,y,z)} = \begin{vmatrix} 0 & z & y \\ z & 0 & x \\ y & x & 0 \end{vmatrix} = 2zyx = 2\sqrt{uvw},$$

故有

$$\mathrm{d}x\mathrm{d}y\mathrm{d}z \qquad\qquad \frac{1}{2\sqrt{uvw}}\mathrm{d}u\mathrm{d}v\mathrm{d}w$$

$$\|\qquad\qquad\qquad\qquad\|$$

$$\frac{\partial(x,y,z)}{\partial(u,v,w)}\mathrm{d}u\mathrm{d}v\mathrm{d}w = \left[\frac{\partial(u,v,w)}{\partial(x,y,z)}\right]^{-1}\mathrm{d}u\mathrm{d}v\mathrm{d}w$$

于是原积分化为

$$\iiint\limits_{D}\left[\frac{1}{yz}\frac{\partial F}{\partial x}+\frac{1}{xz}\frac{\partial F}{\partial y}+\frac{1}{xy}\frac{\partial F}{\partial z}\right]\mathrm{d}x\mathrm{d}y\mathrm{d}z$$

$$=\iiint\limits_{\widetilde{D}}\frac{2(uF'_u+vF'_v+wF'_w)}{\sqrt{uvw}}\cdot\frac{1}{2\sqrt{uvw}}\mathrm{d}u\mathrm{d}v\mathrm{d}w$$

$$=\iiint\limits_{\widetilde{D}}\left[\frac{1}{vw}F'_u+\frac{1}{uw}F'_v+\frac{1}{uv}F'_w\right]\mathrm{d}u\mathrm{d}v\mathrm{d}w,$$

其中 $\widetilde{D}=\{(u,v,w)\mid 1\leqslant u\leqslant 2, 1\leqslant v\leqslant 2, 1\leqslant w\leqslant 2\}$.

7.19 证 首先将广义的三重积分看成正常三重积分的极限,即

$$\iiint\limits_{R^3}\frac{|x|+|y|+|z|}{\mathrm{e}^{r^a}-1}\mathrm{d}v=\lim_{\substack{\varepsilon\to 0\\ R\to\infty}}\iiint\limits_{\varepsilon\leqslant r\leqslant R}\frac{|x|+|y|+|z|}{\mathrm{e}^{r^a}-1}\mathrm{d}v. \qquad (1)$$

其次,对任意固定的 $R>\varepsilon>0$,用球坐标计算

$$\iiint\limits_{\varepsilon\leqslant r\leqslant R}\frac{|x|+|y|+|z|}{\mathrm{e}^{r^a}-1}\mathrm{d}v.$$

令 $\begin{cases}x=\rho\sin\varphi\cos\theta,\\ y=\rho\sin\varphi\sin\theta,\\ z=\rho\cos\varphi,\end{cases}$ 则有 $0\leqslant\varphi\leqslant\pi, 0\leqslant\theta\leqslant 2\pi$,

$$\mathrm{d}v=\rho\mathrm{d}\varphi\cdot\rho\sin\varphi\cdot\mathrm{d}\theta\cdot\mathrm{d}\rho=\rho^2\sin\varphi\,\mathrm{d}\rho\mathrm{d}\varphi\,\mathrm{d}\theta,$$

$$|x|+|y|+|z|=\rho\sin\varphi|\cos\theta|+\rho\sin\varphi|\sin\theta|+\rho|\cos\varphi|,$$

$$\rho=\sqrt{x^2+y^2+z^2}=r.$$

因为

$$\int_0^\pi(\sin^2\varphi(|\cos\theta|+|\sin\theta|)+|\cos\varphi|\sin\varphi)\mathrm{d}\varphi$$

$$=(|\cos\theta|+|\sin\theta|)\int_0^\pi\sin^2\varphi\,\mathrm{d}\varphi+\int_0^\pi|\cos\varphi|\sin\varphi\,\mathrm{d}\varphi$$

$$=\frac{\pi}{2}(|\cos\theta|+|\sin\theta|)+1,$$

$$\int_0^{2\pi}\left(\frac{1}{2}\pi(|\cos\theta|+|\sin\theta|)+1\right)\mathrm{d}\theta=6\pi,$$

所以

$$\iiint\limits_{\varepsilon\leqslant r\leqslant R}\frac{|x|+|y|+|z|}{\mathrm{e}^{r^a}-1}\mathrm{d}v=\int_0^{2\pi}\mathrm{d}\theta\int_0^\pi(\sin^2\varphi(|\cos\theta|+|\sin\theta|)$$

$$+|\cos\varphi|\sin\varphi)\mathrm{d}\varphi\int_\varepsilon^R\frac{\rho^3}{\mathrm{e}^{\rho^a}-1}\mathrm{d}\rho$$

$$=6\pi\int_\varepsilon^R\frac{\rho^3}{\mathrm{e}^{\rho^a}-1}\mathrm{d}\rho.$$

进一步,考查 $\varepsilon\to 0, R\to\infty$ 上式的极限. 取极限,应用前面的计算结果,即有

$$\lim_{\substack{\varepsilon\to 0\\ R\to\infty}}\iiint_{\varepsilon\leqslant\rho\leqslant R}\frac{|x|+|y|+|z|}{\mathrm{e}^{r^a}-1}\mathrm{d}v = \lim_{\substack{\varepsilon\to 0\\ R\to\infty}}6\pi\int_{\varepsilon}^{R}\frac{\rho^3}{\mathrm{e}^{\rho^a}-1}\mathrm{d}\rho$$

$$= 6\pi\left(\lim_{\varepsilon\to 0}\int_{\varepsilon}^{1}\frac{\rho^3}{\mathrm{e}^{\rho^a}-1}\mathrm{d}\rho + \lim_{R\to\infty}\int_{1}^{R}\frac{\rho^3}{\mathrm{e}^{\rho^a}-1}\mathrm{d}\rho\right). \quad (2)$$

下面考查(2)式中的第一个极限,

$$0\leqslant\frac{\rho^3}{\mathrm{e}^{\rho^a}-1}\leqslant\frac{\rho^3}{\rho^a}=\frac{1}{\rho^{a-3}},$$

$$0<a<4\Rightarrow a-3=a-4+1<1,$$

根据一元函数的暇积分收敛判别法,即知

$$\lim_{\varepsilon\to 0}\int_{\varepsilon}^{1}\frac{\rho^3}{\mathrm{e}^{\rho^a}-1}\mathrm{d}\rho = \int_{0}^{1}\frac{\rho^3}{\mathrm{e}^{\rho^a}-1}\mathrm{d}\rho. \quad (3)$$

再考查(2)式中的第二个极限. 令 $\rho^a=t$,则有 $\rho=t^{\frac{1}{a}}$,并且

$$\int_{1}^{R}\frac{\rho^3}{\mathrm{e}^{\rho^a}-1}\mathrm{d}\rho = \frac{1}{a}\int_{1}^{R}\frac{t^{\frac{4}{a}-1}}{\mathrm{e}^{t}-1}\mathrm{d}t.$$

设 $n\in\mathbf{N}, n>1+\frac{4}{a}$,根据 e^t 的 Taylor 展开式,即知

$$\mathrm{e}^t-1>\frac{t^n}{n!}>\frac{t^{1+\frac{4}{a}}}{n!}\ (t>1),\quad\text{即有}\quad \frac{t^{\frac{4}{a}-1}}{\mathrm{e}^t-1}<\frac{n!}{t^2}\ (t>1).$$

根据一元函数的无穷积分收敛判别法,即知

$$\lim_{R\to\infty}\int_{1}^{R}\frac{\rho^3}{\mathrm{e}^{\rho^a}-1}\mathrm{d}\rho = \int_{1}^{+\infty}\frac{\rho^3}{\mathrm{e}^{\rho^a}-1}\mathrm{d}\rho. \quad (4)$$

联合(1)—(4)式即得

$$\iiint_{\mathbf{R}^3}\frac{|x|+|y|+|z|}{\mathrm{e}^{r^a}-1}\mathrm{d}v = 6\pi\int_{0}^{+\infty}\frac{\rho^3}{\mathrm{e}^{\rho^a}-1}\mathrm{d}\rho.$$

7.20 证 记以 $(x_0,y_0)\in\mathbf{R}^2$ 为中心,以 $r>0$ 为半径的上半圆 C 与直径

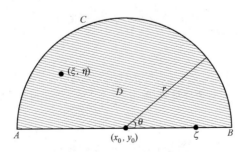

AB 所围成的区域为 D(如图所示),则有

$$\int_{AB} P(x,y)\mathrm{d}x + Q(x,y)\mathrm{d}y \qquad \left(\frac{\partial Q}{\partial x} - \frac{\partial P}{\partial y}\right)\Big|_{(\xi,\eta)\in D} \cdot \frac{\pi r^2}{2}$$

$$\| \text{(1)} \qquad\qquad\qquad \| \text{积分中值定理}$$

$$\oint_{C+AB} P(x,y)\mathrm{d}x + Q(x,y)\mathrm{d}y \xrightarrow{\text{Green 公式}} \iint_D \left(\frac{\partial Q}{\partial x} - \frac{\partial P}{\partial y}\right)\mathrm{d}x\mathrm{d}y$$

从此 U 形等式串的两端即知

$$\int_{AB} P(x,y)\mathrm{d}x + Q(x,y)\mathrm{d}y = \left(\frac{\partial Q}{\partial x} - \frac{\partial P}{\partial y}\right)\Big|_{(\xi,\eta)\in D} \times \frac{\pi r^2}{2}. \qquad (2)$$

另一方面,

$$\int_{AB} P(x,y)\mathrm{d}x + Q(x,y)\mathrm{d}y \qquad\qquad P(\zeta,y_0)\cdot 2r \;\; (x_0 - r \leqslant \zeta \leqslant x_0 + r)$$

$$\| \mathrm{d}y = 0 \qquad\qquad\qquad\qquad \|$$

$$\int_{AB} P(x,y)\mathrm{d}x \qquad \underline{\text{积分中值定理}} \qquad P(\zeta,y_0)\int_{x_0-r}^{x_0+r}\mathrm{d}x$$

从此 U 形等式串的两端即知

$$\int_{AB} P(x,y)\mathrm{d}x + Q(x,y)\mathrm{d}y = P(\zeta,y_0)\cdot 2r \quad (x_0 - r \leqslant \zeta \leqslant x_0 + r). \qquad (3)$$

比较(2),(3)两式即得

$$\left(\frac{\partial Q}{\partial x} - \frac{\partial P}{\partial y}\right)\Big|_{(\xi,\eta)\in D} \cdot \frac{\pi r}{2} = 2P(\zeta,y_0). \qquad (4)$$

注意到(4)式对任意的 $r>0$ 都成立. 因为

$$r \to 0 \Rightarrow \begin{cases} (\xi,\eta) \to (x_0,y_0), \\ \zeta \to x_0, \end{cases}$$

所以令 $r\to 0$,对(4)式两边取极限,即得 $P(x_0,y_0)=0$. 由 $(x_0,y_0)\in \boldsymbol{R}^2$ 的任意性,即有

$$P(x,y) \equiv 0, \quad \forall\ (x,y) \in \boldsymbol{R}^2.$$

将上式代入(4)式,即得

$$\frac{\partial Q}{\partial x}\Big|_{(\xi,\eta)\in D} = 0. \qquad (5)$$

再令 $r\to 0$,对(5)式两边取极限,即得 $\frac{\partial Q}{\partial x}\Big|_{(x_0,y_0)}=0$. 还由 $(x_0,y_0)\in \boldsymbol{R}^2$ 的任意性,即知

$$\frac{\partial Q}{\partial x} \equiv 0 \quad (\forall\ (x,y)\in \boldsymbol{R}^2).$$